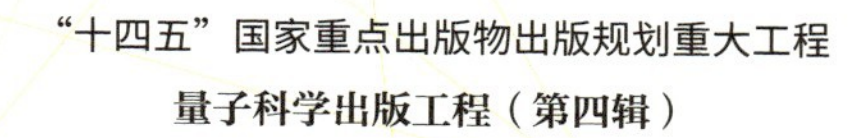


The Theory and Experimental Techniques of Quantum Optics

区泽宇 李小英 著

# 量子光学理论与实验技术

中国科学技术大学出版社

## 内 容 简 介

本书分为理论基础与实验技术两个部分. 理论基础部分首先介绍量子光学的历史和光量子化的必要性,再从麦克斯韦方程出发介绍经典光学的模式理论并在此基础上引入光场的量子化,然后讲解对光场量子态的单模与多模描述,并用格劳伯的光探测理论讨论量子光学与经典光学的关系,从而给出非经典光的判据与描述,最后介绍非线性光学及其在非经典光产生中的应用. 实验部分首先着重介绍量子光学的两大实验技术:光子计数与零拍探测,以及利用这两大实验技术进行的几个典型实验,然后介绍利用量子技术来实现位相精密测量精度的量子增强.

本书适合高等学校量子光学相关专业的研究生阅读、参考.

**图书在版编目(CIP)数据**

量子光学理论与实验技术/区泽宇,李小英著. --合肥:中国科学技术大学出版社,2024.9
(量子科学出版工程.第四辑)
国家出版基金项目
"十四五"国家重点出版物出版规划重大工程
ISBN 978-7-312-05918-6

Ⅰ.量… Ⅱ.①区… ②李… Ⅲ.量子光学 Ⅳ.O431.2

中国国家版本馆CIP数据核字(2024)第056964号

**量子光学理论与实验技术**
LIANGZI GUANGXUE LILUN YU SHIYAN JISHU

**出版** 中国科学技术大学出版社
安徽省合肥市金寨路96号,230026
http://press.ustc.edu.cn
https://zgkxjsdxcbs.tmall.com
**印刷** 合肥华苑印刷包装有限公司
**发行** 中国科学技术大学出版社
**开本** 787 mm×1092 mm 1/16
**印张** 25
**字数** 529千
**版次** 2024年9月第1版
**印次** 2024年9月第1次印刷
**定价** 128.00元

# 前　　言

光学是物理学中一门古老的学科. 经典光学的基础是麦克斯韦的电磁理论. 虽然量子光学是在 20 世纪 50 年代从经典相干理论和量子电动力学理论发展而来的,但该领域的研究活动直到 21 世纪初才有了爆炸式的发展,这是由于其在量子信息和量子理论基础验证方面的应用. 该领域的技术进步使得许多之前只在理论模型中才能出现的想法得以实现.

量子光学领域有许多优秀的教科书,从劳顿 (Loudon, 2000) 的经典著作开始,之后是曼德尔和沃尔夫 (Mandel, Wolf, 1997)、沃尔斯和米尔本 (Walls, Milburn, 2008)、史高丽和祖拜里 (Scully, Zubairy, 1995) 的综合论著以及阿加瓦尔 (Agarwal, 2013) 的最新书籍. 目前流行的教科书大多由理论物理学家编写,他们强调量子光学的理论方面,却忽略了大部分实验内容. 巴科 (Bachor, Ralph, 2004) 的书主要集中在量子光学的实验上,尽管第 2 版的编者中加入了理论物理学家拉尔夫, 涉及了量子光学的许多理论, 但关于实验和理论的讨论基本上是分开的. 因此,没有一本教科书涉及量子光学实验的理论. 在我们走访世界各地的实验室时,实验室里的学生经常问我们如何在真实的实验环境中描述光子,例如,光子是如何通过法布里–珀罗滤波器的? 那些在实验室里非常熟练和勤奋的学生没有太多时间深入思考这个问题,他们也很难在大多数的教科书中找到答案. 这背后的原因很简单:理论建立在简单且易于描述的情景之上,但实际的实验通常要复杂得多, 不能完全被理论所涵盖. 更困难的是, 一个完整的实验描述涉及场的模式概念,而这在目前流行的教科书中根本没有讨论. 模式的概念基于电磁场的经典波动理论,而大多数量子光学教科书并没有讨论这一理论.

模式的概念由兰姆 (即著名的氢原子兰姆位移的发现者) 在一篇标题很吸引人的论文《反光子》(Lamb, 1995) 中首先被着重强调并推广, 它是理解量子光学现象的最佳方法. 这个概念与现实中的实验密切相关,并能在复杂的实验环境中给出正确的物理图像.

然而,大多数教科书仅涉及单个或少数模式,不足以完整描述真实世界的情景,这其中通常会有多个模式被激发.正如我们将在本书中所要展示的那样,模式方法也有助于理解量子力学的一些基本概念,如波和粒子图像的统一以及不可区分性和干涉可见度的关系.

从更广泛的意义上讲,在量子光学的基础于 20 世纪后期奠定之后,我们进入了一个量子技术的工程应用时代,即研制实用的量子器件.在这个过程中,从经典物理到量子物理的转变是一个必要的步骤,因为大多数从事光学工作的人,特别是那些在实验室里工作的人都非常熟悉经典波动理论中的概念.从本书中可以看出,基于经典波动理论模式概念对量子光学进行的介绍将使这种转变相对容易:经典波动理论和光的量子理论之间存在着直接对应的关系.

本书分为两部分.在第 1 部分中,我们试图从实验工作者的角度出发构建量子光学的基础,并将理论与实验联系起来.首先,我们通过讨论汉伯里–布朗和特维斯 (Hanbury Brown-Twiss) 实验及其意义,介绍了从经典相干理论和半经典光学理论而来的量子光学的早期发展.由此自然地引出光子的反聚束效应,这需要借助光的量子理论.不同于传统的量子光学教科书,在讨论光场的量子化之前,我们首先介绍了经典电磁场的模式理论,并给出了从简单到复杂的多种情况下光学模式的例子,这些都是我们在光学实验室里经常遇到的.从这里开始,我们用多模语言讨论各种量子态就很简单了,这是描述实验的正确方法.之后,我们进一步深入讨论量子光学理论,包括格劳伯 (Glauber, 1963) 的量子相干和光探测理论、经典到量子的对应以及量子态的产生和转换.有了与实验密切相关的坚实理论基础,我们可以在第 2 部分讨论量子光学中两种最常用的实验技术,即光子计数和零拍探测.这两种技术对应量子信息中离散变量和连续变量的测量.在介绍了这两种技术之后,我们将介绍实验技术的一些应用.一些理论上更高深的内容将放在相关章节的末尾,并标记为进一步阅读内容.初学的学生或那些不想深入学习理论的人即使跳过这些部分,也不会影响对实验部分的理解.

本书的学术意义在于量子光学理论与实验的结合:理论有实验的支持,反过来,实验描述有坚实的理论基础.一方面,对于理论工作者来说,这本书为真实世界中的光子提供了正确的物理图像;另一方面,对于实验工作者来说,这本书将指导他们在实验室的日常工作,并带来进一步发现.

我们要感谢很多同事对本书提出的宝贵意见.

区泽宇　李小英

# 目　　录

## 第 2 部分　量子光学的实验技术及其应用

# 第1部分

# 量子光学的理论基础

# 第1章

# 量子光学发展历史概况及简介

## 1.1 历史背景

光是世界上最常见的物质,也是宇宙中最简单的能量系统. 因此,对光的理解在物理学的发展过程中起到了至关重要、承前启后的作用. 物理学中的许多突破性概念都起源于光学. 例如,费马最小作用量原理就首先在光学中得到:光在介质中的传播遵循两点间用时最短的原理,推广到其他物理系统时就是费马最小作用量原理. 而量子力学最早的概念性革命就出现在对黑体辐射的研究中. 量子信息是目前很热门的研究课题,很多量子信息处理的方案都是首先在光学系统中实现的,其背后的原因很直接:系统的简单性使得很多物理模型能够很容易地在光学中实现. 对光的理解有助于对其他物理系统的理解. 量子光学是目前最完善的光学理论,它能够解释观测到的所有光学现象.

经典光学的发展有几百年的历史,其最高形式是麦克斯韦的光的电磁理论. 虽然量子光学只是在近几十年里才有了快速发展,但它的起源却可以追溯到量子力学的起始.

普朗克关于黑体辐射的量子理论 (Planck, 1900) 是关于原子发射或吸收光的能量量子化. 他假设原子发出或吸收光的能量只能是某个小量 $\epsilon$ 的整数倍. 而爱因斯坦于 1905 年在解释光电效应时引入的光的能量子概念则是完全独立于原子的,是关于光场的量子化 (Einstein, 1905). 因此,一般认为,普朗克在 1900 年推出的黑体辐射理论是量子理论的开始,而光子的概念则是在 1905 年诞生的,是量子光学的起始.

值得一提的是,爱因斯坦在提出了光子的概念后又于 1909 年对黑体辐射的能量涨落进行了研究,并首次提出了光的波与粒子的二象性 (Einstein, 1909). 这个研究结果早于德布罗意的物质波粒二象性理论. 爱因斯坦从普朗克的黑体辐射能量谱公式出发,利用热力学的一般原理得到如下能量涨落公式:

$$\overline{(\Delta E)^2} = h\nu\overline{E} + \overline{E}^2/Z \tag{1.1}$$

其中,$\overline{E}$ 是物理量 $E$ 的平均值,$h\nu$ 是光子能量,$Z$ 是与频率 $\nu$ 和热能 $kT$ 有关的函数. 在讨论式 (1.1) 的物理意义时,爱因斯坦首先假设黑体辐射的光是由独立的粒子组成的. 他从随机粒子的泊松统计关系中得到了粒子数 $N$ 的涨落为 $\overline{(\Delta N)^2} = \overline{N}$. 利用他在光电效应论文里著名的能量子公式 $\epsilon = h\nu$ 以及总能量公式 $E = N\epsilon$,爱因斯坦得到光的粒子性 (p) 的贡献为 $\overline{(\Delta E)^2}_{\mathrm{p}} = h\nu\overline{E}$,即式 (1.1) 的第一项. 然后,爱因斯坦又假设黑体辐射的光是独立的平面波,从而得到光的波动性 (w) 的贡献为 $\overline{(\Delta E)^2}_{\mathrm{w}} = \overline{E}^2/Z$. 根据这些结果,爱因斯坦将方程 (1.1) 重写为 $\overline{(\Delta E)^2} = \overline{(\Delta E)^2}_{\mathrm{p}} + \overline{(\Delta E)^2}_{\mathrm{w}}$. 于是,爱因斯坦得出结论:黑体辐射的能量涨落既有粒子性同时又有波的性质,即波粒二象性. 在论文结束语中,爱因斯坦给出如下论断:理论物理发展的下一阶段将给我们带来一个光的理论,这个理论被认为是波动理论和粒子发射理论的某种结合……毋庸置疑,我们关于光的性质和组成的认识将有一个深刻的改变.

爱因斯坦在呼唤粒子与波动互相统一的光的全新理论. 这样的理论在量子力学的理论框架搭建完毕后由狄拉克在 1927 年提出 (Dirac, 1927). 之后,经由施温格、朝永振一郎和费曼等人发展并用重整化方法解决无穷大的难题后,该理论成为了现在标准模型理论中的量子电动力学. 这是目前最完全和得到最充分验证的理论. 其最著名的预测就是氢原子的 2S 和 2P 能级的兰姆移动,并为实验所验证 (Lamb, Retherford, 1947).

然而,早期量子电动力学所处理的问题多数只涉及单个光子与电子作用的行为. 对于多个光子的行为,一般只假设光子之间是独立无关的. 但是,Hanbury-Brown 和 Twiss 在 1956 年做的一个实验却发现事实并非如此 (Hanbury-Brown, Twiss,1956a). 光子的集体行为与多个独立光子的行为有很大不同. 多个光子的集体行为牵涉光场在不同地点 (或位置) 和不同时间的关联. 这是 20 世纪 50 年代由 Mandel 和 Wolf (1997) 发展的光的相干理论要解决的问题. 光的相干理论是从光的经典波动理论发展起来的. 它最早处理的是光的干涉现象,研究的是有关光场在不同点或不同时间相位之间的关联. 而 Hanbury-Brown 和 Twiss 的实验则第一次演示了光场强度之间的关联.

光的经典相干理论在建立不久之后就发展成为光的半经典理论. 这个理论只把与光相互作用的介质 (原子和分子) 进行量子化,而对光的处理仍沿用经典的麦克斯韦电磁波动理论. 它只因引入了光场的随机统计性质而成为统计光学. 它可以解释很多光学现象,包括 Hanbury Brown-Twiss 的光场强度之间的关联. 到了 20 世纪 70 年代初,这套理论在把介质量子化后可以解释包括光电效应、兰姆移动等量子电动力学现象. 这时,人们自然而然地提出了是否还需要对光场进行量子化的问题.

与光的经典相干理论相呼应,Glauber(1963a, 1963b) 在 1963 年发展了量子相干理论. 他在这个理论中首先基于量子电动力学给出了光探测的理论 (Glauber, 1964),由此定义了与经典相干理论类似的多级关联函数. 这是一个光的全量子理论,它是量子光学的基础. 格劳伯的光探测理论又是本书实验部分的基础. 如图 1.1 所示,左边虚线框里是光的量子理论所讨论的,而右边虚线框里是通过实验得到的. 格劳伯的光探测理论把理论与实验完全结合起来,在左框的理论与右框的实验之间架起了一道桥梁. 这也是本书的主要任务.

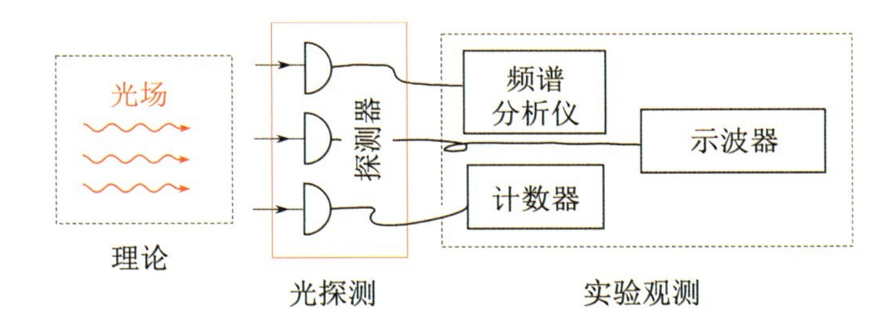


图 1.1 量子光学理论与实验关系简图

## 1.2 Hanbury Brown–Twiss 实验

Hanbury Brown-Twiss(HBT) 实验 (Hanbury-Brown, Twiss, 1956a) 是量子光学中最早的一个实验. 虽然它演示的是一个光的经典现象,但采用的实验技术却是量子光学的两大实验技术之一,被广泛应用于实验测量中. 可以说,该实验奠定了量子光学的基础. 此外，该实验第一次演示了光强或光振幅的涨落. 这有别于光在杨氏双缝实验中所展示的相干性，是关于光的相位关联.

HBT 实验的装置简图如图 1.2 所示. 实验的光源是水银蒸气灯. 光出来后经过一个光滤波器，用于选择一个单一的谱线并滤掉杂散光. 然后用一个分波器将其一分为二，再分别用两个光探测器测量，其中一个探测器固定在平移架上，以便于改变位置. 该探测器既可横向移动以进入和离开空间相干区域，也可纵向移动以进入和离开时间相干区域. 最后，将两个探测器输出的电信号相乘以实现关联测量. 实验首次观察到在空间相干区域之内两个点的光强涨落是有关联的，而在空间相干区域之外两个点的光强涨落是相互无关联的.

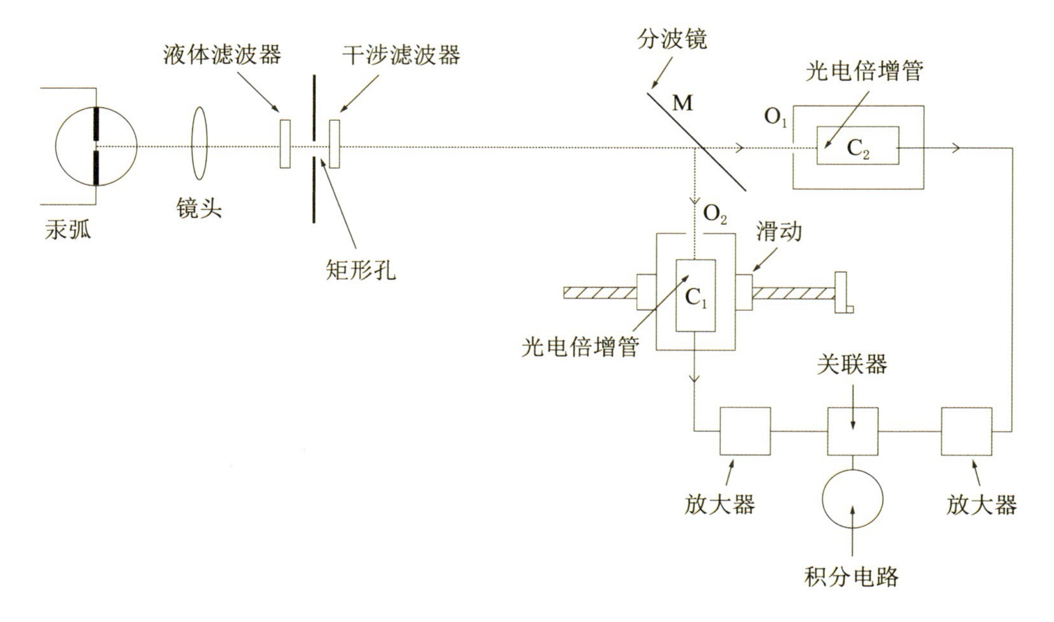


**图 1.2　Hanbury Brown-Twiss 实验装置简图**

改编自 Hanbury-Brown 和 Twiss(1956a).

发现了 HBT 现象之后，Hanbury-Brown 和 Twiss(1956b) 进一步发展了这种新的空间干涉关联的方法，并用于测量恒星的大小. 但这个实验的真正意义是突破了用单一光探测器对光进行测量的传统方法，用两个光探测器第一次测量了光强涨落之间的关联. 这是一个实验方法的突破，对量子光学的后续发展起到了决定性的作用.

HBT 实验的另一个意义是首次发现了光强或光波振幅的涨落. 在这之前，光波相位的涨落已经被观测到了，也即光波干涉中的相干现象. 这样，光波的振幅和相位都不是固定的，而是随时间变化涨落．下面，我们进一步了解这个现象．

## 1.3 光场相位与振幅的涨落和起伏

在光的波动描述中，理想的光波可以被写为平面波：

$$\boldsymbol{E}(\boldsymbol{r},t)=\boldsymbol{E}_0\cos(\boldsymbol{k}\cdot\boldsymbol{r}-\omega t+\varphi_0) \tag{1.2}$$

或被写为球面波：

$$\boldsymbol{E}(\boldsymbol{r},t)=\frac{\boldsymbol{E}_0}{r}\cos(kr-\omega t+\varphi_0) \tag{1.3}$$

其中，$\varphi_0$ 是与时间无关的初始相位．为了数学上的计算方便，我们一般用复数来表示余弦函数：

$$\boldsymbol{E}(\boldsymbol{r},t)=\boldsymbol{E}_0\mathrm{e}^{\mathrm{i}\varphi_0}\mathrm{e}^{\mathrm{i}(\boldsymbol{k}\cdot\boldsymbol{r}-\omega t)}=\boldsymbol{A}_0\mathrm{e}^{\mathrm{i}(\boldsymbol{k}\cdot\boldsymbol{r}-\omega t)} \tag{1.4}$$

这样，波函数的振幅和相位可以统一地用复振幅 $\boldsymbol{A}_0\equiv\boldsymbol{E}_0\mathrm{e}^{\mathrm{i}\varphi_0}$ 来表示．其中，波的强度 $I\equiv\boldsymbol{E}^*(\boldsymbol{r},t)\cdot\boldsymbol{E}(\boldsymbol{r},t)=\boldsymbol{E}_0\cdot\boldsymbol{E}_0=|\boldsymbol{A}_0|^2$ 只与复振幅的绝对值有关．

在这里，波函数与时间的关系是一个连续不间断的余弦函数．它被用来描述频率为 $\omega$ 的单色光波，其波列为无限长，如图 1.3 所示．

图 1.3　连续的无限长的单色波列

我们知道，光是由原子从激发态跃迁到下一个较低能量态时发射出来的，而原子的激发态是有寿命的．这样，原子发出的光就是长度为与原子激发态寿命相对应的一个波列，如图 1.4(a) 所示．因此，为了描述原子发出的光的有限长波列，我们可以把每个有限长波列连接起来：波列还是无限长，用以描述连续光，但中间有断裂不连续，如图 1.4(b) 所示．这是接近实际光场的第一个模型，其中，波的振幅是不变的，但其相位 $\varphi_0$ 不是固定的：$\varphi_0=\varphi(t)$，它每隔一段时间 $(\Delta T)$ 就会跳变到另一个随机的值上．

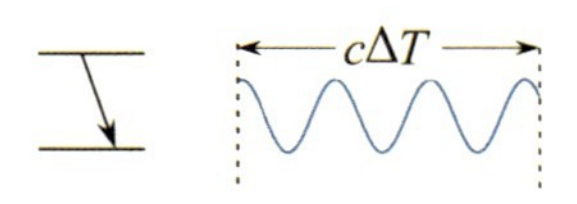


(a) 原子发出的有限长光波列，长度为$c\Delta T$，即光在原子激发态寿命$\Delta T$内所行走的距离

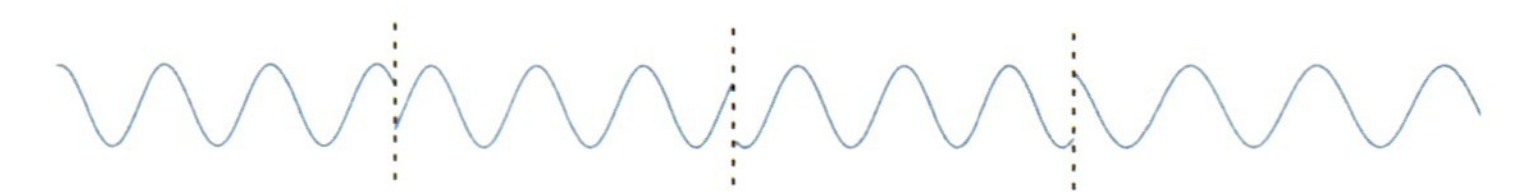

(b) 原子发出的有限长光波列连接形成的无限长波列

**图 1.4 原子发出的光波的模型**

初始相位 $\varphi_0$ 的变化会影响对干涉现象的观测. 首先,不同光场的相位差 $\varphi_{10}-\varphi_{20}$ 是随机的. 这样,干涉条纹就会被平均掉. 其次,即使两个光场是从同一光场分出来的,如迈克耳孙干涉仪,如果两个光场之间的延迟大于波列长度 $(c\Delta T)$,那么干涉条纹也会消失. 这是因为当 $T>\Delta T$ 时,$\varphi(t+T)-\varphi(t)$ 是随机的. 这就引入了光学相干性的概念 (1.5节中有更多描述),其中二阶光场关联函数

$$\gamma(\tau)\equiv\frac{\langle E^*(t+\tau)E(t)\rangle}{\langle E^*(t)E(t)\rangle} \tag{1.5}$$

可以描写相位的关联,它的绝对值给出干涉条纹的可见度. $\gamma(\tau)$ 不为零的区间就是相干时间 $T_c\sim\Delta T$. 这里的平均 $\langle\rangle$ 是对随机变量 $\varphi_0$ 的平均.

在上面的这个模型中，光场振幅不变，这样光场强度也不变. 这个模型不能解释 HBT 实验里测到的光场强度的涨落，为此，我们引入振幅变化. 这是因为每个原子发光的时间是随机的，如图 1.5 所示. 于是，在我们的光场的第二个模型中，整个复振幅 $\boldsymbol{A}_0\equiv\boldsymbol{E}_0\mathrm{e}^{\mathrm{i}\varphi_0}$(绝对值和相位) 是一个复随机变量. 为了更好地理解这个模型,下面简单介绍一下随机变量和随机过程.

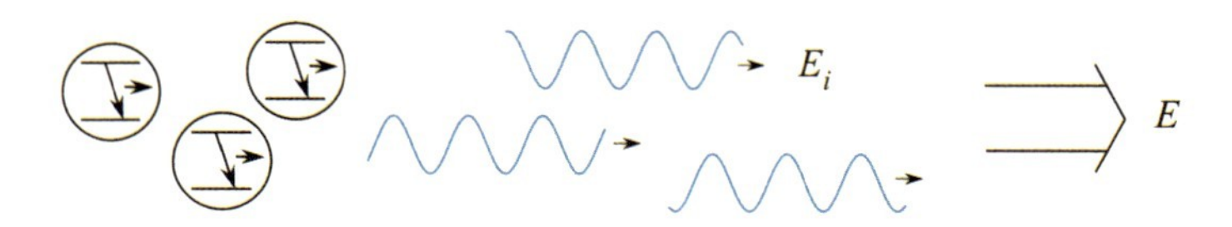


**图 1.5 原子的随机辐射**

## 1.4 随机变量与过程

在经典牛顿力学中,如果粒子数特别大,例如分子蒸气室里的分子系综,我们将无法解出所有粒子的运动方程. 这时,我们只能用统计的方法对这些粒子进行平均,以得到宏观可测量,这就是经典统计力学. 在经典光学中,当发光原子或传播介质原子的数目很大时,我们也无法通过麦克斯韦方程得到每个原子发出或散射的光波的解. 这时,我们也只能用统计的方法来处理这类问题,这就是经典统计光学,它是经典相干理论的基础. 统计力学与统计光学的数学基础是概率理论. 我们在本节系统地给出统计学和概率理论的主要结论和简单应用.

### 1.4.1 离散随机变量

考虑一个物理量 $A$. 在测量它时有 $m$ 个不同的值: $A=\{A_1,A_2,\cdots,A_m\}$. 例如, 掷硬币时只有正反两种可能的值: $A=\{$ 正, 反 $\}$; 而掷骰子则有六种不同的值: $A=\{1,2,\cdots,6\}$. 我们对这个量进行 $N$ 次测量, 其中有 $N_1$ 次得到 $A_1$, $N_2$ 次得到 $A_2,\cdots,N_m$ 次得到 $A_m$. 显然,$N_1+N_2+\cdots+N_m=N$.

从数学中的概率学可知,当 $N\to\infty$,$N_1/N$ 会趋于一个极限值:$p_1=\lim\limits_{N\to\infty}N_1/N$. 同样,$p_2=\lim\limits_{N\to\infty}N_2/N,\cdots,p_m=\lim\limits_{N\to\infty}N_m/N$. 这里,极限值 $p_1,p_2,\cdots,p_m$ 就是物理量 $A$ 取 $A_1,A_2,\cdots,A_m$ 值的概率. 显然,$0\leqslant p_i\leqslant 1(i=1,2,\cdots,m)$,并且满足归一性: $p_1+p_2+\cdots+p_m=\sum\limits_i p_i=1$.

物理量 $A$ 的平均值定义为

$$\langle A\rangle\equiv\frac{A_1N_1+A_2N_2+\cdots+A_mN_m}{N}=\sum_i A_ip_i \tag{1.6}$$

它的方差定义为

$$\mathrm{var}(A)\equiv\langle(A-\langle A\rangle)^2\rangle=\langle\Delta^2A\rangle=\langle A^2\rangle-\langle A\rangle^2 \tag{1.7}$$

而标准偏差则为 $\sigma_A\equiv\sqrt{\mathrm{var}(A)}=\sqrt{\langle\Delta^2A\rangle}$. 例如,对于掷骰子,如果骰子是一个规则的正方体,则 $p_1=p_2=\cdots=p_6=1/6$. 于是,$\langle A\rangle=3.5,\mathrm{var}(A)=2.9,\sigma_A=1.7$.

更高阶的矩为 ($r$ 为大于 0 的整数)

$$\langle A^r \rangle \equiv \frac{A_1^r N_1 + A_2^r N_2 + \cdots + A_m^r N_m}{N} = \sum_i A_i^r p_i \equiv \nu_r \tag{1.8}$$

它也可以从矩产生函数 $M(\xi) \equiv \langle \mathrm{e}^{\xi X} \rangle$ 得到:

$$\nu_r = \langle X^r \rangle = \frac{\mathrm{d}^r}{\mathrm{d}\xi^r} M(\xi)\Big|_{\xi=0} \tag{1.9}$$

还有一个很重要的函数为特征函数:$C(\xi) \equiv \langle \mathrm{e}^{\mathrm{i}\xi X} \rangle$,其中 i 为虚数单位.

## 1.4.2 连续随机变量

对于连续变量 $X = \{x_1, x_2\}$, 我们先把它离散化: 将该区间均等地分为 $M$ 个小区间, 即 $X = \{x_1, x_1 + \Delta\} + \{x_1 + \Delta, x_1 + 2\Delta\} + \cdots + \{x_1 + (M-1)\Delta, x_2\}$, 其中 $\Delta \equiv (x_2 - x_1)/M$. 然后, 与离散的情况一样, 对 $X$ 进行 $N$ 次测量, 并记下 $X$ 落到区间 $\{x_1, x_1 + \Delta\}$ 的次数为 $N_1$, 落到区间 $\{x_1 + \Delta, x_1 + 2\Delta\}$ 的次数为 $N_2$, 等等. 这样, 如同离散的情况, 对每个小区间我们可以得到概率 $p_1, p_2, \cdots, p_M$. 显然, 当 $M$ 很大时, $p_i \propto \Delta$. 于是, 我们可以得到第 $i$ 个小区间的概率密度:

$$p(x) = \lim_{M \to \infty} \frac{p_i}{\Delta} \quad \text{或} \quad \Delta P = p_i = p(x)\Delta \tag{1.10}$$

当 $\Delta \to 0, \Delta P \to \mathrm{d}P = p(x)\mathrm{d}x$ 是 $X$ 落在区间 $\{x, x + \mathrm{d}x\}$ 的概率. 而对于有限区间 $\{a, b\}$, $X$ 落在此区间的概率为

$$P_{ab} = \int_a^b p(x)\mathrm{d}x \tag{1.11}$$

显然, 我们可归一化:

$$P_{x_1 x_2} = \int_{x_1}^{x_2} p(x)\mathrm{d}x = 1 \tag{1.12}$$

如同离散情况下的概率 $p_1, p_2, \cdots$, 概率密度 $p(x)$ 确定了连续随机变量 $X$ 的特性, 其平均值、方差分别为

$$\langle X \rangle = \int_{x_1}^{x_2} x p(x)\mathrm{d}x, \quad \langle \Delta^2 X \rangle = \int_{x_1}^{x_2} (x - \langle X \rangle)^2 p(x)\mathrm{d}x \tag{1.13}$$

对于任意阶矩, 我们可以用矩产生函数和特征函数得到. 它们与概率密度 $p(x)$ 的关系为

$$M_X(\xi) = \int \mathrm{e}^{\xi x} p(x)\mathrm{d}x, \quad C_X(\xi) = \int \mathrm{e}^{\mathrm{i}\xi x} p(x)\mathrm{d}x \tag{1.14}$$

显然,方程 (1.12) 的概率归一化条件给出 $M(0)=1=C(0)$. 值得指出的是,概率密度 $p(x)$ 与特征函数 $C(\xi)$ 是一个傅里叶变换对. 我们可以从特征函数 $C(\xi)$ 通过傅里叶变换得到概率密度 $p(x)$:

$$p(x)=\frac{1}{2\pi}\int \mathrm{e}^{-\mathrm{i}\xi x}C_X(\xi)\mathrm{d}\xi \tag{1.15}$$

概率 $\{p_i\}$ 或概率密度 $p(x)$ 通常也称为概率分布. 比较著名的概率分布有:

(1) 高斯正态分布:

$$p(x)=\frac{1}{\sqrt{2\pi\sigma^2}}\mathrm{e}^{-(x-\mu)^2/(2\sigma^2)} \quad (\langle X\rangle=\mu,\ \ \mathrm{var}(X)=\sigma^2) \tag{1.16}$$

(2) 泊松分布 (分离变量)($N=\{0,1,2,\cdots,n,\cdots\}$):

$$p(k)=\frac{\lambda^k}{k!}\mathrm{e}^{-\lambda} \quad (\langle n\rangle=\lambda,\ \ \mathrm{var}(n)=\lambda) \tag{1.17}$$

(3) 二项分布 (分离变量)($n\leqslant N,p\leqslant 1$):

$$p(n)=\frac{N!p^n(1-p)^{N-n}}{n!(N-n)!} \quad (\langle n\rangle=pN,\ \mathrm{var}(n)=Np(1-p)) \tag{1.18}$$

### 1.4.3 多个随机变量的联合概率

对于多个随机变量,首先考虑投掷两个硬币的情况,一共有四种可能:$A=\{$(正 1 反 1),(正 1 反 2),(正 2 反 1),(正 2 反 2)$\}$. 而对于投掷两个骰子的情况,一共有 $6\times 6=36$ 种可能: $A=\{11,12,13,\cdots,21,22,23,\cdots,66\}$, 对这些可能我们都可以求出它们的概率是多少.

1. 联合概率

为了讨论方便,我们考虑两个离散随机变量: $X=\{x_1,x_2\},Y=\{y_1,y_2,y_3\}$. 我们把 $X=x_i,Y=y_j$ 同时出现的概率记为 $p_{ij}$,其中,$i,j$ 分别代表第一或第二个随机变量的标示指数. 这里,概率 $p_{ij}$ 被称为联合概率. 在目前的例子里,它有 $2\times 3=6$ 个值. 表 1.1列出这六种可能和它们的联合概率.

**表 1.1　$X,Y$ 随机变量联合概率列表**

| $(X,Y)$ | $y_1$ | $y_2$ | $y_3$ | $p_X$ |
|---|---|---|---|---|
| $x_1$ | $p_{11}$ | $p_{12}$ | $p_{13}$ | $p_X(x_1)$ |
| $x_2$ | $p_{21}$ | $p_{22}$ | $p_{23}$ | $p_X(x_2)$ |
| $p_Y$ | $p_Y(y_1)$ | $p_Y(y_2)$ | $p_Y(y_3)$ | |

当然,我们还可以像以前那样求 $X = x_1$ 的概率 $p_{x_1} = p(x_1)$ 是多少,或 $Y = y_3$ 的概率 $p_{y_3} = p(y_3)$ 为多少. 从表 1.1 可得 $p(x_1) = p_{11} + p_{12} + p_{13}$ 以及 $p(y_3) = p_{13} + p_{23}$. 概率归一要求:$\sum p_{ij} = 1 = p(x_1) + p(x_2) = p(y_1) + p(y_2) + p(y_3)$.

对于连续变量,考虑一个二维矢量 $\boldsymbol{R} = (X,Y)$. 如果变量 $X,Y$ 都是随机变量,那么 $\boldsymbol{R} = (X,Y)$ 就是一个二维随机矢量. 我们同样可以写下 $X = (x,x+\mathrm{d}x),Y = (y,y+\mathrm{d}y)$ 的联合概率:$\mathrm{d}P(x,y) = p(x,y)\mathrm{d}x\mathrm{d}y$. 归一化条件为

$$\int p(x,y)\mathrm{d}x\mathrm{d}y = 1 \tag{1.19}$$

从联合概率密度 $p(x,y)$,我们分别得到 $X$ 或 $Y$ 的概率密度 $p_X(x),p_Y(y)$:

$$p_X(x) = \int p(x,y)\mathrm{d}y, \qquad p_Y(y) = \int p(x,y)\mathrm{d}x \tag{1.20}$$

2. 条件概率

有了联合概率,我们可以进一步问:已知 $Y = y_3$ 时,$X = x_2$ 的概率是多少? 这是条件概率,其条件为 $Y = y_3$. 我们把它写为 $p(x_2|Y = y_3)$ 或缩写为 $p(x_2|y_3)$. 因为我们这里问的是随机变量 $X$ 取值的概率,而 $X$ 只取两个值,即 $x_1,x_2$,所以概率归一给出 $p(x_1|y_3) + p(x_2|y_3) = 1$. 换句话说,当 $Y = y_3$ 时,我们得到 $X = x_1$ 或 $X = x_2$,两个可能出现的总概率必须为 1. 同理,$p(x_1|y_j) + p(x_2|y_j) = 1(j = 1,2,3)$. 可以说,在讨论条件概率时,我们只关心满足条件 (例如 $y = y_3$) 的子集合,即 $(x_1,y_3),(x_2,y_3)$. 在这个子集合里,条件概率要归一. 注意条件概率 $p(x_1|y_3),p(x_2|y_3)$ 与联合概率 $p(x_1,y_3) = p_{13},p(x_2,y_3) = p_{23}$ 的区别:前者是归一的,而后者不归一. 当然它们之间是有联系的,显然,我们有 $p(x_1|y_3) \propto p(x_1,y_3) = p_{13}$, $p(x_2|y_3) \propto p(x_2,y_3) = p_{23}$,即 $p(x_i|y_3) = Cp_{i3}$. 归一化条件给出:$C = 1/(p_{13} + p_{23})$. 这样,我们得到

$$p_X(x_1|y_3) = \frac{p_{13}}{p_{13} + p_{23}}, \qquad p_X(x_2|y_3) = \frac{p_{23}}{p_{13} + p_{23}} \tag{1.21}$$

又从前面得到 $p(y_3)=p_{13}+p_{23}$,所以得到贝叶斯 (Bayes) 定理:$p(x_1,y_3)=p(x_1|y_3)p(y_3)$ 或其一般形式

$$p(x_i,y_j)=p_X(x_i|y_j)p_Y(y_j)=p_Y(y_j|x_i)p_X(x_i) \tag{1.22}$$

如果 $X,Y$ 是互相独立的,那么 $X$ 取何值与 $Y$ 完全无关,因此,$p(x_i|y_j)=p(x_i)$. 同理,$p(y_j|x_i)=p(y_j)$. 于是,从 Bayes 定理我们对两个独立变量 $X,Y$ 有 $p(x_i,y_j)=p(x_i)p(y_j)$.

以上讨论对连续变量一样适用,我们只需在方程中去掉下标 $i,j$.

### 3. 关联系数

在一般情况下,$p(x_i,y_j)\neq p(x_i)p(y_j)$,即 $p(x_i|y_j)$ 与 $Y$ 的取值有关. 而条件概率 $p(x_i|y_j)$ 描述了 $X$ 与 $Y$ 之间的关联. 例如,如果 $p(x_1|y_3)=1$,这就意味着每当 $Y=y_3$ 时,就一定有 $X=x_1$. 但反过来不一定对:当 $X=x_1$,并不一定有 $Y=y_3$. 不过,如果 $p(x_1|y_3)=1=p(y_3|x_1)$,那么 $x_1$ 与 $y_3$ 完全关联. 反之,如果 $p(x_i,y_j)=p(x_i)p(y_j)$,那么 $X$ 与 $Y$ 是完全不关联的.

对于部分关联的情况,我们要用协方差来描述,其定义为

$$\langle\Delta X\Delta Y\rangle=\langle XY\rangle-\langle X\rangle\langle Y\rangle \tag{1.23}$$

由柯西–施瓦茨 (Cauchy-Schwarz) 不等式, 我们得到 $|\langle\Delta X\Delta Y\rangle|^2\leqslant\langle\Delta^2X\rangle\langle\Delta^2Y\rangle$. 用不等式右边的量进行归一化,我们得到无量纲的关联系数:

$$\rho_{XY}\equiv\frac{|\langle\Delta X\Delta Y\rangle|}{\sqrt{\langle\Delta^2X\rangle\langle\Delta^2Y\rangle}} \tag{1.24}$$

显然, 如果 $X$ 与 $Y$ 完全无关联, 即 $p(x_i,y_j)=p(x_i)p(y_j)$, 我们有 $\rho_{XY}=0$; 如果 $\rho_{XY}=1$, 我们可以证明 $X$ 与 $Y$ 每次测量的值有一个线性关系: $X_n=CY_n+D(n=1,2,\cdots,N)$, 而且 $p(x_i)=p(y_i)\equiv p_i$ 或 $p(x_i,y_j)=p_i\delta_{ij}$. 于是, 由 Bayes 定理我们有 $p_X(x_i|y_j)=\delta_{ij}=p_Y(y_j|x_i)$. 这意味着 $X$ 与 $Y$ 完全关联. 对于一般情况,柯西–施瓦茨不等式给出 $0\leqslant\rho_{XY}\leqslant1$. 因此,关联系数 $\rho_{XY}$ 定量描述了 $X$ 与 $Y$ 的关联程度.

### 4. 高斯分布

对于两个变量的高斯分布,我们先从独立的情况入手. 它的联合概率密度是两个高斯分布之积:

$$p(x,y)=\frac{1}{2\pi\sigma_X\sigma_Y}\exp\left[-\frac{(x-\mu_X)^2}{2\sigma_X^2}-\frac{(y-\mu_Y)^2}{2\sigma_Y^2}\right] \tag{1.25}$$

把 $x,y$ 看作一个点的坐标,我们可以将 $X$-$Y$ 坐标旋转一下就得到两个变量的高斯分布的一般形式:

$$p(x,y)=\frac{1}{2\pi\sqrt{\mathcal{N}}}\mathrm{e}^{A(x-\mu_X)^2+B(x-\mu_X)(y-\mu_Y)+C(y-\mu_Y)^2} \tag{1.26}$$

其中,$B^2-4AC<0;A,C<0$. $\mathcal{N}=1/|B^2-4AC|$ 是归一因子. $X$ 与 $Y$ 的关联系数为 $\rho_{XY}=B/\sqrt{4AC}$.

$k$ 个变量 $X_1,\cdots,X_k$ 的高斯分布的一般形式为

$$p(x_1,\cdots,x_k)=\frac{1}{\sqrt{(2\pi)^k|\boldsymbol{\Sigma}|}}\exp\left[-\frac{1}{2}(\boldsymbol{x}-\boldsymbol{\mu})^{\mathrm{T}}\boldsymbol{\Sigma}^{-1}(\boldsymbol{x}-\boldsymbol{\mu})\right] \tag{1.27}$$

其中, $\boldsymbol{x}^{\mathrm{T}}=(x_1,\cdots,x_k)$ 为 $k$ 维实数矢量变量, $\boldsymbol{\mu}$ 为 $k$ 维实数矢量常数, $|\boldsymbol{\Sigma}|$ 为矩阵 $\boldsymbol{\Sigma}$ 的行列式, 而 $\boldsymbol{\Sigma}^{-1}$ 则为一个对称的正定矩阵. $X_i$ 与 $X_j$ 的关联系数为 $\rho_{ij}=\boldsymbol{\Sigma}_{ij}^{-1}/\sqrt{\boldsymbol{\Sigma}_{ii}^{-1}\boldsymbol{\Sigma}_{jj}^{-1}}$.

对于具有高斯概率分布的多个随机变量,我们有高阶矩的 Isserlis 定理:

$$\langle x_1x_2\cdots x_{2n}\rangle=\sum\prod\langle x_ix_j\rangle \tag{1.28}$$

$$\langle x_1x_2\cdots x_{2n+1}\rangle=0 \tag{1.29}$$

其中,$\sum$ 是对 $x_1x_2\cdots x_{2n}$ 中所有可能配对方式的求和,而 $\prod$ 是对 $x_1x_2\cdots x_{2n}$ 中配成对的求积. $\langle x_ix_j\rangle=\boldsymbol{\Sigma}_{ij}^{-1}$ 可以从对称矩阵 $\boldsymbol{\Sigma}^{-1}$ 中直接得到.

### 1.4.4 无穷多随机变量的中心极限定理

考虑 $M$ 个随机变量 $X_1,\cdots,X_M$ 的和:$\bar{X}\equiv X_1+X_2+\cdots+X_M$,它当然也是一个随机变量. 假设这 $M$ 个随机变量相互独立并具有相同的概率分布 $p(x)$. 概率理论的中心极限定理告诉我们,当 $M$ 很大时,$\bar{X}$ 的概率分布就是高斯正态分布,并且分布的平均值为 $M\langle X_i\rangle=M\int xp(x)\mathrm{d}x$,标准方差为 $M\langle\Delta^2X_i\rangle$. 这个结论与原来的概率分布 $p(x)$ 无关. 这也是我们经常遇到高斯分布以及高斯分布也被称为正态分布的原因.

### 1.4.5 随机过程

当随机变量随时间变化时，我们要考虑随机变量的动态的行为，这就是随机过程. 考虑一个随机变量 $X$ 的时间函数：$Y_X(t)=f(X,t)$. 在一个具体的时间 $t=t'$，$Y_X(t')=f(X,t')$ 是一个与 $X$ 有关的随机变量：$Y_X(t)=\{y=f(x,t),x=[x_1,x_2]\}$. 但对于 $X$ 的一个具体值 $x=x'$，$y_X(t)=f(x',t)$ 是一个时间的函数. $x'$ 是随机变量 $X$ 的一个观察的样本值，那么 $y_X(t)=f(x',t)$ 就是随机过程 $Y_X(t)=f(X,t)$ 的一个观察到的样本过程. 随机过程是由许多个样本过程组成系综而实现的. 例如，$Y_X(t)=X\cos\omega t$ 描述了振幅为随机的谐波过程. 图 1.6(a) 显示了两个观察到的样本过程.

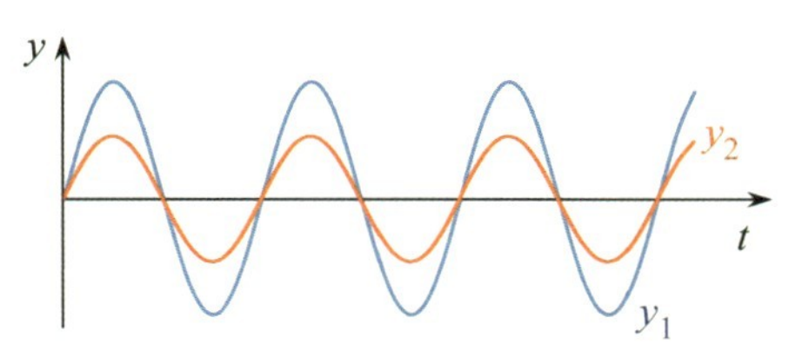


(a) 随机过程$Y_X(t)=X\cos\omega t$的两个样本过程

(b) 随机过程$Y_X(t)=\sum_i X_i\cos\omega_i t$的一个样本过程

**图 1.6 随机过程的具体样本过程**

图 1.6(a) 显示的两个样本过程看上去并不怎么随机，那是因为它只依赖于一个随机变量. 但如果它是多个随机变量的时间函数：$Y_X(t)=\sum\limits_i X_i\cos\omega_i t$，那么它的一个观察到的样本过程就很随机了，如图 1.6(b) 所示.

与随机变量一样，我们可以对随机过程 $Y_X(t)=f(X,t)$ 求平均：

$$\langle Y_X(t)\rangle=\int f(x,t)p_X(x)\mathrm{d}x \tag{1.30}$$

我们还可以看它在两个不同时间的关联：

$$\langle Y_X(t_1)Y_X(t_2)\rangle=\int f(x,t_1)f(x,t_2)p_X(x)\mathrm{d}x \tag{1.31}$$

因为是同一个过程,上式定义的量也称为自关联函数. 当一个连续的过程没有起点和终点时,它对时间平移不敏感. 这种过程被称为平稳过程,它满足

$$\langle Y_X(t_1+\tau)Y_X(t_2+\tau)\cdots Y_X(t_k+\tau)\rangle = \langle Y_X(t_1)Y_X(t_2)\cdots Y_X(t_k)\rangle \tag{1.32}$$

## 1.5 光的经典相干理论

在光的经典相干理论中,光场函数 $E(\boldsymbol{r},t)$ 是一个满足麦克斯韦方程的随机过程. 它可以写成某些随机变量和时间的函数:$E(\boldsymbol{r},t)=f(\{\alpha\},t)$. 在后面的章节 (第 4 章和第 5 章) 中,我们会给出具体的随机变量 $\{\alpha\}$. 我们在实验中测到的量是对这些随机变量的平均,例如,光强 $\langle I(\boldsymbol{r},t)\rangle_{\{\alpha\}}=\langle E^*(\boldsymbol{r},t)E(\boldsymbol{r},t)\rangle_{\{\alpha\}}$.

考虑光的干涉实验. 首先是杨氏双缝干涉实验 (见图 1.7). 在观察点 $P$, 光场可以写为

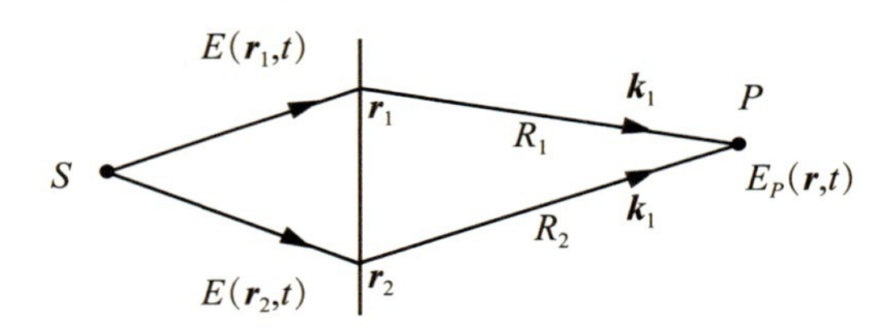


图 1.7 杨氏双缝干涉实验示意图

$$E_P(\boldsymbol{r},t)=\frac{E(\boldsymbol{r}_1,t-R_1/c)}{R_1}\mathrm{e}^{\mathrm{i}[\boldsymbol{k}_1\cdot(\boldsymbol{r}-\boldsymbol{r}_1)-\omega t]}+\frac{E(\boldsymbol{r}_2,t-R_2/c)}{R_2}\mathrm{e}^{\mathrm{i}[\boldsymbol{k}_2\cdot(\boldsymbol{r}-\boldsymbol{r}_2)-\omega t]} \tag{1.33}$$

这里,通过双缝的光可视为两个点光源,其光场由 $E(\boldsymbol{r},t)$ 来表示,$\boldsymbol{r}_1,\boldsymbol{r}_2$ 分别表示光场在双缝前的位置. 时间延迟源于不同的传播距离. 如果双缝到观察点 $P$ 的距离相等即 $R_1=R_2=R$,那么在 $P$ 点的光强为

$$\begin{aligned}\langle I_P(\boldsymbol{r},t')\rangle =&\langle |E(\boldsymbol{r}_1,t)|^2\rangle + \langle |E(\boldsymbol{r}_2,t)|^2\rangle \\ &+ \left[\langle E^*(\boldsymbol{r}_1,t)E(\boldsymbol{r}_2,t)\rangle \mathrm{e}^{\mathrm{i}(\boldsymbol{k}_1-\boldsymbol{k}_2)\cdot\boldsymbol{r}+\mathrm{i}\varphi_0} + \mathrm{c.c.}\right] \\ \propto& 1 + V|\gamma_{12}|\cos[(\boldsymbol{k}_1-\boldsymbol{k}_2)\cdot\boldsymbol{r}+\Delta\varphi]\end{aligned} \tag{1.34}$$

其中，$t'=t+R/c$. 上式中的余弦函数导致了干涉现象. 式中，$\varphi_0 \equiv \boldsymbol{k}_2\cdot\boldsymbol{r}_2-\boldsymbol{k}_1\cdot\boldsymbol{r}_1$，$\Delta\varphi$ 是与 $\varphi_0$ 有关的相位差，$V$ 是与 $\boldsymbol{r}_1$，$\boldsymbol{r}_2$ 两点光强有关的量：

$$V \equiv \frac{2\sqrt{\langle I(\boldsymbol{r}_1,t)\rangle\langle I(\boldsymbol{r}_2,t)\rangle}}{\langle I(\boldsymbol{r}_1,t)\rangle + \langle I(\boldsymbol{r}_2,t)\rangle} \tag{1.35}$$

其中，$\langle I(\boldsymbol{r}_i,t)\rangle = \langle |E(\boldsymbol{r}_i,t)|^2\rangle$ $(i=1,2)$. 而 $\gamma_{12}$ 则是由下式定义的光场空间相干函数：

$$\gamma_{12} \equiv \frac{\langle E^*(\boldsymbol{r}_1,t)E(\boldsymbol{r}_2,t)\rangle}{\sqrt{\langle I(\boldsymbol{r}_1,t)\rangle\langle I(\boldsymbol{r}_2,t)\rangle}} \tag{1.36}$$

这里，因为相位随时间而变化，$\langle E\rangle$ 一般为 0. 上式的 $\gamma_{12}$ 就是由方程 (1.24) 给出的随机变量 $E^*(\boldsymbol{r}_1,t)$ 与 $E(\boldsymbol{r}_2,t)$ 的关联系数. 从式 (1.34) 和式 (1.35) 可以看出，当两个光强相等时，空间相干函数 $\gamma_{12}$ 的绝对值就是干涉条纹的可见度. 因此，它描述了光场在空间两点 $\boldsymbol{r}_1$，$\boldsymbol{r}_2$ 的相干性质.

再来看 Mach-Zehnder 干涉仪 (见图 1.8). 类似的，可以证明，其干涉可见度由以下光场关联函数给出：

$$\gamma(\tau) \equiv \frac{\langle E^*(\boldsymbol{r},t+\tau)E(\boldsymbol{r},t)\rangle}{\sqrt{\langle I(\boldsymbol{r},t+\tau)\rangle\langle I(\boldsymbol{r},t)\rangle}} \tag{1.37}$$

这是时间相干函数，它给出光场在两个不同时刻的相干性. 因为余弦函数或正弦函数的原因，光场函数 $E(\boldsymbol{r},t)$ 对其相位的涨落远比对其绝对值或光强 $|E(\boldsymbol{r},t)|^2$ 的涨落更为敏感. 因此，相干函数 $\gamma_{12}$ 一般描述的是光场的相位关联.

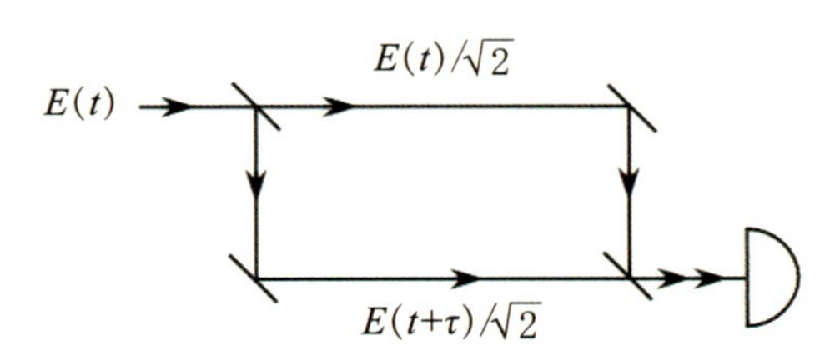


**图 1.8 Mach-Zehnder 干涉仪示意图**

在 HBT 实验里，由两个光探测器测到的关联，则给出空间两点或两个时间的光强的关联函数：

$$g^{(2)}(\tau) \equiv \frac{\langle I(\boldsymbol{r},t+\tau)I(\boldsymbol{r},t)\rangle}{\langle I(\boldsymbol{r},t+\tau)\rangle\langle I(\boldsymbol{r},t)\rangle} \tag{1.38}$$

其中,当 $\tau=0$ 时,我们得到光强的自关联:$g^{(2)}(0)=\langle I(0)^2\rangle/\langle I(0)\rangle^2$. 显然,$g^{(2)}(\tau)$ 与光场的强度 (振幅) 涨落有关,而与光场的相位涨落无关. 而前述的关联函数 $\gamma_{12}(\tau)$ 则与相位涨落紧密相关.

## 1.6 Hanbury Brown–Twiss 效应的经典解释

在 Hanbury Brown-Twiss 实验中,第一次通过测量光强的自关联函数 $g^{(2)}(\tau)$ 观察到光的聚束现象. 图 1.9 所示为 Hanbury Brown 和 Twiss 在 1958 年测到的结果. 它表示归一化后的关联函数 $\Gamma^2(\nu_0,d)\equiv g^{(2)}(\tau)-1$ 作为间距 $d$(等效于 $c\tau$) 的函数. 聚束现象出现在 $d=0$ 或 $\tau=0$,使得 $\Gamma^2(\nu_0,0)=1$ 或 $g^{(2)}(0)=\Gamma^2(\nu_0,0)+1=2$. 它表明光场强度是有涨落的,否则,$\langle I^2(\boldsymbol{r},t)\rangle=\langle I(\boldsymbol{r},t)\rangle^2$ 或 $g^{(2)}(0)=1$.

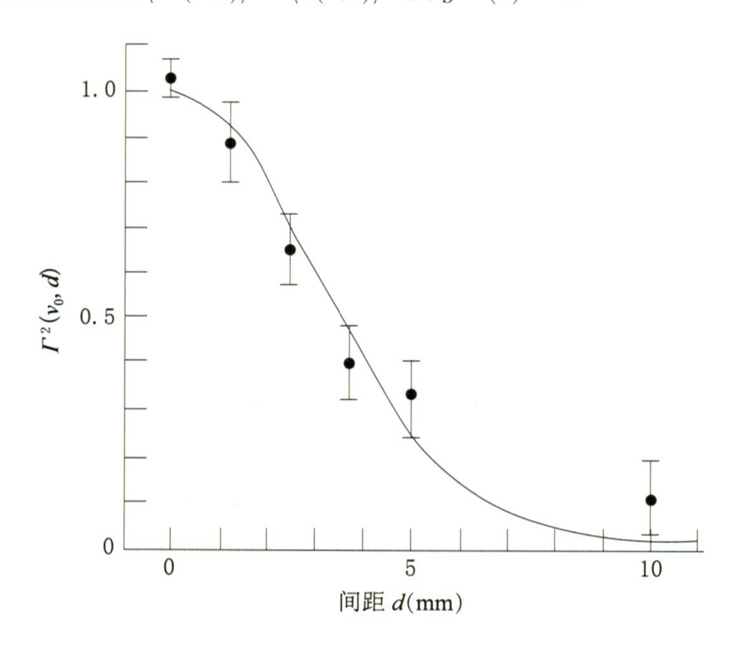


**图 1.9 Hanbury Brown-Twiss 实验中观察到的聚束现象**

改编自 Hanbury-Brown 和 Twiss(1958).

下面,我们用前面讲的统计光学的方法来解释 HBT 效应. 首先,当 $\tau\to\infty$ 时,$I(\tau)$

与 $I(0)$ 完全无关联. 因此, $\langle I(\tau)I(0)\rangle = \langle I(\tau)\rangle\langle I(0)\rangle$, 即 $g^{(2)}(\infty) = 1$ 或 $\Gamma^2(\nu_0,\infty) \equiv g^{(2)}(\infty) - 1 = 0$,与图 1.9 在 $d \to \infty$ 时相符. 对 $\tau = 0$ 的情况,它与光场强度的概率分布有关. 对此,我们要建立光场的模型. 对于原子蒸气泡,我们假设在 $t = 0$ 时,有 $N$ 个全同原子自发辐射发光. 所以观察到的光场可写为

$$E(0) = \sum_i A_i \mathrm{e}^{\mathrm{j}\varphi_i} = \sum_i (X_i + \mathrm{i}Y_i) \tag{1.39}$$

其中, $X_i = A_i \cos\varphi_i$, $Y_i = A_i \sin\varphi_i$. 由于原子发光时间的随意性,单个原子在 $t$ =0 时的振幅绝对值 $A_i$ 和相位 $\varphi_i$ 都是随机的,如图 1.5 所示. 这意味着,对于每个原子, $X_i$, $Y_i$ 是随机变量.

对于原子蒸气, $N \sim 10^{12\sim 14}$,因此我们可以把中心极限定理应用于 $E(0) = X + \mathrm{j}Y$,其中

$$X = \sum_i X_i, \quad Y = \sum_i Y_i \tag{1.40}$$

都是高斯随机变量. 因为 $\varphi_i$ 的随机性,所以 $\langle X\rangle = 0 = \langle Y\rangle$, $\langle X^2\rangle = \langle Y^2\rangle = \sigma^2$,其中 $\sigma^2$ 由光场的强度决定: $\langle I(0)\rangle = \langle |E(0)|^2\rangle = \langle X^2\rangle + \langle Y^2\rangle = 2\sigma^2$. 对于高阶的矩 $\langle I^2(0)\rangle$,我们用 1.4.3 小节所讲的多个高斯随机变量的 Isserlis 定理得到

$$\begin{aligned}\langle I^2(0)\rangle &= \langle (X^2 + Y^2)^2\rangle = \langle X^4\rangle + \langle Y^4\rangle + 2\langle X^2\rangle\langle Y^2\rangle \\ &= 3\sigma^4 + 3\sigma^4 + 2\sigma^2\sigma^2 = 8\sigma^4 = 2\langle I(0)\rangle^2\end{aligned} \tag{1.41}$$

这样,我们便得到了 HBT 聚束现象:

$$g^{(2)}(0) \equiv \frac{\langle I^2(0)\rangle}{\langle I(0)\rangle^2} = 2 \tag{1.42}$$

关于 $g^{(2)}(\tau)$ 对延迟 $\tau$ 或 $d$ 的关系,我们会在 4.2.4 小节给出由光场多模描述的更详细的讨论.

以上的推导过程显示,HBT 聚束现象完全是高斯分布的结果. 我们可以进一步证明随机变量 $I = X^2 + Y^2$ 具有指数分布: $p(I) = \mathrm{e}^{-I/I_0}/I_0$,其中 $I_0 = \langle I(0)\rangle$ (见习题 1.4). 由此,我们得到更高阶的聚束现象:

$$g^{(n)}(0) \equiv \frac{\langle I^n(0)\rangle}{\langle I(0)\rangle^n} = \frac{n!I_0^n}{I_0^n} = n! \tag{1.43}$$

在关于量子光学的后续章节里,我们会用光子的图像给出聚束现象的解释. 同时,我们将证明方程 (1.43) 显示的光子聚束现象是量子多光子干涉的结果 (见 8.3.1 小节).

## 1.7 反聚束现象与光的量子理论

聚束现象实际上就是数学里的柯西-施瓦茨不等式在统计光学里的具体体现. 对于任意两个实数随机变量 $X,Y$, 柯西–施瓦茨不等式给出: $|\langle XY\rangle|^2 \leqslant \langle X^2\rangle\langle Y^2\rangle$. 取 $X=I(0),Y=1$,我们便得到

$$\langle I(0)\rangle^2 \leqslant \langle I^2(0)\rangle \tag{1.44}$$

这就给出 $g^{(2)}(0)=\langle I^2(0)\rangle/\langle I(0)\rangle^2 \geqslant 1$,即聚束现象. 因此,光的波动理论在引入随机变量而成为统计光学后,必须满足光的聚束条件:$g^{(2)}(0)>1$.

然而, 如果我们假设光的粒子性, 正如爱因斯坦在解释光电效应时所为, 光子的能量已经为最小而不能再被切小. 当一束单个光子流通过分束器时,每个光子只能到分束器的其中一侧, 如图 1.10 所示. 因此, 在 HBT 实验里, 每个光子只能被一个探测器测到, 而另一个探测器则为零输出, 从而在两个探测器的光电流关联中给出零结果, 即 $\langle I^2(0)\rangle=0$ 或 $g^{(2)}=0<1$. 这就是光的反聚束现象. 它不满足光的聚束条件,因此不能被光的波动理论所解释. Kimble, Dagenais 和 Mandel(1977) 于 1977 年首次观察到了光的反聚束现象. 这一现象需要用量子光学理论才能解释.

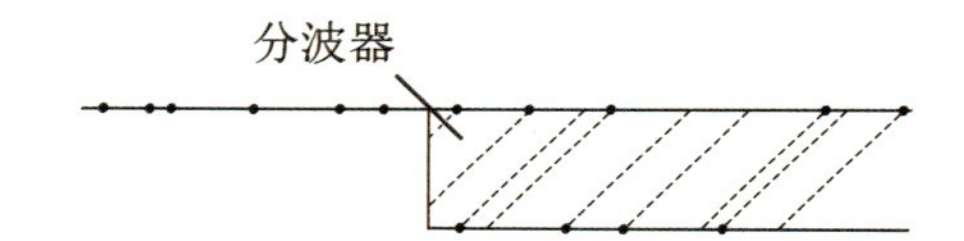


**图 1.10 光子流被分束器分离的情况**

每个光子只能到分波器的其中一侧. 虚线连接同时事件 ($\tau=0$). 没有两个光子在同一个时间出现在两边,从而得到光的反聚束现象.

## 1.8 量子光学所涉及的问题

在后续的部分章节里我们将讨论量子光学的如下几个问题:

(1) 如何用量子力学来描述光场? 本书将在第 3 章、第 4 章介绍光的量子态描述.

(2) 如何描述光场的演化? 本书将在第 6 章介绍光场量子态的变换.

(3) 光的量子理论与光的波动理论的关系如何？本书将在第 5 章把光的量子态分为经典态与非经典态.

(4) 光场之间如何相互作用？本书将在第 6 章引入非线性光学，用以产生各种新型的量子态.

(5) 如何观测光场？本书将在第 2 部分中对此进行讨论. 在这部分里，将引入 Glauber 的光电测量理论并与实验观测相结合，然后，我们要介绍量子光学的两个基本实验技术并给出它们的应用.

## 习　　题

**习题 1.1**　在 1.3节里，我们推出了光场涨落的第一个模型. 在图 1.4 中，光场的相位每隔一段 $\Delta T$ 时间就随机地跳到另一个值，而光波的振幅固定不变. 假如相位变化是完全随机的. 求这个光场的时间相干函数 $\gamma(\tau)$ 和相干时间 $T_c$.

**习题 1.2**　恒星干涉测量仪是一种测量恒星大小的技术，它是靠测量从恒星传播过来的光的空间相干性而得以实现的.

(1) 考虑两个间距为 $a$ 的独立点光源. 画一条垂直于两点连线的线. 现在沿着这条线移动距离 $D(\gg a)$，并考虑两个点，其中一个位于该线上，另一个离该线的距离为 $d(\ll D)$. 假设所有的点都在一个平面内. 求这两个点的场之间的二阶归一关联函数 $\gamma_{12}(d)$.

(2) 与 (1) 一样，但两个点光源被一个长度为 $a$ 的线光源所代替. 假设线光源上的点的振幅 $A(y)$ 满足 $\langle A^*(y)A(y')\rangle = A^2\delta(y-y')$，即线光源上的点是相互独立的.

(3) 与 (1) 一样，但线光源被一个大小为 $a\times b$ 的二维矩形光源替换. 假设光源上的点的振幅 $A(x,y)$ 满足 $\langle A^*(x,y)A(x',y')\rangle = A^2\delta(x-x')\delta(y-y')$. 证明 $|\gamma_{12}(c,d)| = \mathrm{sinc}[\pi ac/(\lambda D)]\mathrm{sinc}[\pi bd/(\lambda D)]$，其中 $(c,d)$ 是观察平面中的坐标，$\lambda$ 是光波长.

(4) 与 (1) 一样，但线光源被半径为 $R(\ll D)$ 的均匀圆形光源替换. 证明

$$|\gamma_{12}(d)| = 2J_1(\beta)/\beta \tag{1.45}$$

其中，$J_1$ 是一阶贝塞尔函数且 $\beta = 2\pi Rd/(\lambda D)$.

从这个练习题中，我们看出，在地球上用干涉的方法测量 $\gamma_{12}(d)$，可以得到一颗恒星的半径 $R$. 该技术首次由迈克尔逊提出 (Michelson, 1890,1920) 并实现 (Michelson et al., 1921). 此外，我们还看到，$\gamma_{12}$ 的函数形式就是用与光源形状相应的孔径得出的

衍射图案. 这实际上是 van Cittert Zernike 定理在远区形式的特例 (van Cittert, 1934; Zernike, 1938).

**习题 1.3** 光强关联测量可用于展示独立光源之间的高阶干涉现象. 下面我们将探讨此现象.

考虑两个完全独立的点光源, 其间距为 $a$. 设 $x$ 轴垂直于两点连线并穿过其中间. 沿着 $x$ 轴方向上走 $D$ 距离, 然后放置两个光探测器, 其连线也垂直于 $x$ 轴方向且距离 $x$ 轴为 $y_1, y_2$. 假设 $D \gg a, y_1, y_2$. 试求:

(1) 两个光探测器的光强.

(2) 两个光探测器的光强关联作为 $D, a, y_1, y_2$ 和波长 $\lambda$ 的函数.

**习题 1.4** 假设 $X, Y$ 为两个一样的独立的高斯随机变量, 其平均值为 0, 标准偏差为 $\sigma$.

(1) 计算 $C(r) \equiv \langle \exp[\mathrm{i}r(X^2+Y^2)] \rangle$, 其中 $r$ 为一个参数.

(2) 随机变量 $I = X^2 + Y^2$ 的特征函数就是 (1) 中算出的结果. 求它的概率分布 $p(I)$.

**习题 1.5** 中心极限定理的非严格证明.

我们为中心极限定理提供一个不是很严格的证明. 考虑 $N$ 个全同但独立的随机变量 $x_i (i = 1, 2, \cdots, N)$, 其平均值为 $\langle x_i \rangle = a$ 且方差为 $\langle (x_i - a)^2 \rangle = \sigma^2$ $(i = 1, 2, \cdots, N)$. 定义一个新的随机变量

$$X_N \equiv \left( \frac{1}{N} \sum_i x_i \right) - a \tag{1.46}$$

(1) 证明 $X_N$ 的平均值为 0 且方差为 $\mathrm{var}(X_N) = \sigma^2/N$.

(2) 利用 $\{x_i\}$ 的独立性证明 $X_N$ 的特征函数可写为

$$C_{X_N}(r) \equiv \big\langle \exp(\mathrm{i}rX_N) \big\rangle = \prod_i C_i(r) \tag{1.47}$$

其中, $C_i(r) = \langle \exp[\mathrm{i}r(x_i - a)/N] \rangle$.

(3) 把 $C_i(r)$ 展开到 $1/N$ 的第一个非零项.

(4) 对于很大的 $N$, 证明 $C_{X_N}(r) \approx \exp[-r^2\sigma^2/(2N)]$. 这就给出了方差为 $\mathrm{var}(X_N) = \sigma^2/N$ 的高斯分布, 它独立于 $x_i$ 的分布.

以上 (4) 中的结果显示, 在实验中进行 $N$ 次重复测量可以比一次测量的精度提高 $\sqrt{N}$ 倍.

# 第 2 章

# 光场的模式理论和光场的量子化

在第 1 章末提到了光的经典波动理论不能解释光的反聚束现象,必须用光的量子理论中的光子图像来进行解释. 与经典波动理论不同,光的量子理论能够覆盖所有已知的光学现象,因此是一个更普遍的理论. 但是,正如我们在本章中将要看到的,光的量子理论却是建立在麦克斯韦的经典电磁波动理论的基础上的.

从一个更加广泛的视角来看,光的量子理论是更普遍的量子场论中关于光子的那一部分. 在这一普遍的理论中,波和粒子是统一的,由此得到波粒二象性,其过程如下:不同的物质粒子,如电子、μ 子、光子、声子等,由它自己的场的波动方程来描述 (或为场方程,因为散布在空间的波为粒子提供了一个场). 不同的粒子有不同的场方程. 例如,电子的波动方程是狄拉克方程,而薛定谔方程则是无自旋的非相对论粒子的波动方程. 对于不同场的波动方程进行二次量子化,我们就能通过能量激发来产生这个场所描述的粒子. 之所以这个过程被称为二次量子化是因为从经典粒子的牛顿方程到波动方程 (如薛定谔方程和狄拉克方程) 是第一次量子化过程. 这个过程实现了能量的量子化,如氢原子能级. 因此,第一次量子化过程使经典粒子成为波 (或场),而二次量子化又回归为粒子. 但是，这个循环并不是回到原来的经典粒子，而是得出波粒统一的二象性新图像. 在引入光的量子场理论后，我们在本章末尾再来进一步探讨这一波粒统一的新图像.

对于光来说，其量子化的过程比其他粒子更特殊. 我们经常用的经典理论已经是波动理论了，其波动方程就是麦克斯韦方程. 光的二次量子化就是对麦克斯韦方程所描述的电磁场的量子化. 如果非要和其他粒子的量子化过程进行比较，那么从牛顿的光粒子理论 (几何光学理论) 到惠更斯的光波动理论，再到麦克斯韦的光电磁理论，这是光的第一次量子化过程. 不过，量子化发生在这个过程的什么地方好像不是很清楚. 因为在麦克斯韦的电磁理论中并没有量子化的概念. 其实，正如我们在本章中要讲的，在解具有边界条件的麦克斯韦方程时，电磁波的解只允许光具有某些频率，这很像解薛定谔方程时得到的离散的本征能量. 这就是电磁场的模式理论. 它是光的量子理论的基础.

因此，在讲光的量子理论之前，我们首先要系统地重温一下麦克斯韦的经典电磁波理论. 其中，光场的模式理论将是我们讲述的重点. 在此基础上，我们才能用谐振子模型对光场进行量子化. 实际上，光场的模式理论对理解经典波动理论也是非常有用的.

# 2.1 光的经典理论

## 2.1.1 麦克斯韦方程

光是由电场和磁场组成的. 在麦克斯韦的电磁理论中，电磁场是由电荷产生的. 但是电磁场与电荷是两种完全不同的物质. 在量子化过程中，我们必须把这两者分开处理. 为此，我们只考虑无电荷的纯电磁场，也称自由场. 电荷则作为另一种物质场而独立于电磁场并自由存在. 电磁场与电荷的物质场相互作用就产生了电磁作用力并导致电磁波发射和吸收. 与此相关的现象将在光与物质相互作用理论中给予讨论 (见第 6 章). 因此，在这里我们只处理无电荷的自由电磁场.

没有电荷和电流的麦克斯韦方程可以表示为

$$\nabla \times \boldsymbol{E} + \frac{1}{c}\frac{\partial \boldsymbol{B}}{\partial t} = 0 \tag{2.1}$$

$$\nabla \cdot \boldsymbol{B} = 0 \tag{2.2}$$

$$\nabla \times \boldsymbol{B} - \frac{1}{c}\frac{\partial \boldsymbol{E}}{\partial t} = 0 \tag{2.3}$$

$$\nabla \cdot \boldsymbol{E} = 0 \tag{2.4}$$

这里,我们用了 cgs 单位. 在这个单位体系里,电场和磁场具有同样的单位,而且它们在麦克斯韦方程里的地位是对称的.

对于方程 (2.2),我们可以引入矢量势 $\boldsymbol{A}$:$\boldsymbol{B} = \nabla \times \boldsymbol{A}$. 将它代入方程 (2.1),我们可以得到

$$\nabla \times \left(\boldsymbol{E} + \frac{1}{c}\frac{\partial \boldsymbol{A}}{\partial t}\right) = 0 \tag{2.5}$$

上面的方程还可以让我们引入标量势 $\phi$:$\boldsymbol{E} + \dfrac{1}{c}\dfrac{\partial \boldsymbol{A}}{\partial t} = -\nabla\phi$. 于是,电场和磁场可以由标量势 $\phi$ 和矢量势 $\boldsymbol{A}$ 来表示:

$$\boldsymbol{E} = -\frac{1}{c}\frac{\partial \boldsymbol{A}}{\partial t} - \nabla\phi, \quad \boldsymbol{B} = \nabla \times \boldsymbol{A} \tag{2.6}$$

将方程 (2.6) 代入方程 (2.3)、方程 (2.4),我们得到

$$\frac{1}{c^2}\frac{\partial^2 \boldsymbol{A}}{\partial t^2} - \nabla^2 \boldsymbol{A} + \nabla\left(\nabla \cdot \boldsymbol{A} + \frac{1}{c}\frac{\partial \phi}{\partial t}\right) = 0 \tag{2.7}$$

$$\nabla^2 \phi + \frac{1}{c}\nabla \cdot \frac{\partial \boldsymbol{A}}{\partial t} = 0 \tag{2.8}$$

但是,与 $\boldsymbol{E}$ 和 $\boldsymbol{B}$ 对应的 $\phi$ 和 $\boldsymbol{A}$ 并不是唯一的. 例如,下面的变换

$$\phi' = \phi + \frac{1}{c}\frac{\partial \chi}{\partial t}, \quad \boldsymbol{A}' = \boldsymbol{A} - \nabla\chi \tag{2.9}$$

使得 $\boldsymbol{E}$ 和 $\boldsymbol{B}$ 不变. 这样,我们可以自由选择 $\chi$ 来得到不同的 $\phi$ 和 $\boldsymbol{A}$. 它们都给出相同的 $\boldsymbol{E}$ 和 $\boldsymbol{B}$. 每一组不同的 $\phi$ 和 $\boldsymbol{A}$ 在场论里被称为一个规范表象,而 $\boldsymbol{E}$ 和 $\boldsymbol{B}$ 显然在规范变换下不变. 因此,电磁场具有规范不变性或规范对称性,因而它又被称为规范场. 常用的两个规范表象为:

(1) 洛伦兹规范表象:

$$\nabla \cdot \boldsymbol{A} + \frac{1}{c}\frac{\partial \phi}{\partial t} = 0 \tag{2.10}$$

(2) 库仑规范表象:

$$\nabla \cdot \boldsymbol{A} = 0 \tag{2.11}$$

显而易见，洛伦兹规范表象满足相对论中的洛伦兹不变性，适用于高能情况下的电磁场，如伽马射线．库仑规范表象更适用于低能情况下的电磁场，如常用的可见光波段．这个波段的光子能量在几个电子伏特．这个能量的电子速度是非相对论的．所以，在光的量子理论中，我们通常都用库仑规范表象．进一步来说，我们从电磁理论中知道，标量势 $\phi$ 是由电荷产生的．但自由场里没有电荷，所以我们可以令 $\phi = 0$．这时，洛伦兹规范表象与库仑规范表象一致，方程 (2.6)∼ 方程 (2.8) 变为

$$\nabla^2 \boldsymbol{A} - \frac{1}{c^2}\frac{\partial^2 \boldsymbol{A}}{\partial t^2} = 0 \tag{2.12}$$

$$\nabla \cdot \boldsymbol{A} = 0 \tag{2.13}$$

$$\boldsymbol{E} = -\frac{1}{c}\frac{\partial \boldsymbol{A}}{\partial t}, \quad \boldsymbol{B} = \nabla \times \boldsymbol{A} \tag{2.14}$$

方程 (2.12) 的形式是任何经典波必须满足的波方程形式．从方程 (2.12) 中，我们得到两个结论：电磁场可以以波的形式传播；电磁波的传播速度为光速 $c$．这就是麦克斯韦假设电磁波存在并认为光波就是电磁波的原因．这一点后来被赫兹证实．从现在起本书就简称麦克斯韦波动方程为麦克斯韦方程．

### 2.1.2 麦克斯韦方程的本征解

有了麦克斯韦方程之后，现在来求解它以得到光场的函数的具体形式．我们用数理方法中的分离变量法：方程 (2.12) 的时间变量微分和空间变量微分是分开的．这样，我们可以把 $\boldsymbol{A}(\boldsymbol{r},t)$ 中的时间部分和空间部分分开而写为 $\boldsymbol{A}(\boldsymbol{r},t) = q(t)\boldsymbol{A}(\boldsymbol{r})$．方程 (2.12) 和方程 (2.13) 就变为

$$\nabla^2 \boldsymbol{A}(\boldsymbol{r}) + k^2 \boldsymbol{A}(\boldsymbol{r}) = 0 \tag{2.15}$$

$$\nabla \cdot \boldsymbol{A}(\boldsymbol{r}) = 0 \tag{2.16}$$

$$\frac{\mathrm{d}^2 q(t)}{\mathrm{d}t^2} + \omega^2 q(t) = 0 \tag{2.17}$$

其中，$k$ 和 $\omega$ 为待定常数且满足 $k = \omega/c$．方程 (2.15) 被称为亥姆霍兹方程，它可认为是算符 $\nabla^2$ 的本征方程．从算符理论可以证明，对于确定的边界条件 [例如，$\boldsymbol{A}(\boldsymbol{r}) = 0(\boldsymbol{r} =$ 边界)]，我们总能找到一组 $k$ 值和一组正交归一的本征函数 $\{\boldsymbol{A}_\lambda(\boldsymbol{r})\}$，它们满足：

$$\nabla^2 \boldsymbol{A}_\lambda(\boldsymbol{r}) + k_\lambda^2 \boldsymbol{A}_\lambda(\boldsymbol{r}) = 0 \tag{2.18}$$

$$\nabla \cdot \boldsymbol{A}_\lambda(\boldsymbol{r}) = 0 \tag{2.19}$$

$$\int \mathrm{d}^3\boldsymbol{r}\boldsymbol{A}_\lambda^*(\boldsymbol{r}) \cdot \boldsymbol{A}_\mu(\boldsymbol{r}) = \delta_{\lambda\mu} \tag{2.20}$$

时间部分方程 (2.17) 的解就是简单谐振运动. 它有两个独立解: $q_\lambda^{(\pm)}(t) = q_\lambda(0)\mathrm{e}^{\pm\mathrm{i}\omega_\lambda t}$. 这里我们用复数来表达谐振运动, 其实部对应于谐振子的运动形式, 即余弦函数. 在这两个独立复数解中, 只有 $q_\lambda^{(-)}(t) = q_\lambda(0)\mathrm{e}^{-\mathrm{i}\omega_\lambda t}$ 对应于后面要讲到的平面波解, $q_\lambda^{(+)}(t) = q_\lambda(0)\mathrm{e}^{\mathrm{i}\omega_\lambda t}$ 是其共轭的部分, 它在转化为实数时会被加进来. 下面, 我们只用 $q_\lambda^{(-)}(t) = q_\lambda(0)\mathrm{e}^{-\mathrm{i}\omega_\lambda t}$ 作为时间部分的解.

将空间和时间部分结合, 我们就得到麦克斯韦方程的特殊本征解为 $\boldsymbol{A}_\lambda(\boldsymbol{r},t) = q_\lambda(0)\mathrm{e}^{-\mathrm{i}\omega_\lambda t}\boldsymbol{A}_\lambda(\boldsymbol{r})$. 由于方程 (2.12) 和方程 (2.13) 是线性和齐次性的, 任何解的叠加也是它的解. 算符理论更进一步证明, 算符 $\nabla^2$ 的本征函数是完备的, 即方程 (2.12) 和方程 (2.13) 的任意解都可以写为其本征解的线性叠加:

$$\boldsymbol{A}(\boldsymbol{r},t) = \sum_\lambda q_\lambda(t)\boldsymbol{A}_\lambda(\boldsymbol{r}) = \sum_\lambda q_\lambda(0)\mathrm{e}^{-\mathrm{i}\omega_\lambda t}\boldsymbol{A}_\lambda(\boldsymbol{r}) \tag{2.21}$$

或者, 如果我们用实数来表示光场, 即

$$\begin{aligned}\boldsymbol{A}(\boldsymbol{r},t) &= \sum_\lambda \left[q_\lambda(t)\boldsymbol{A}_\lambda(\boldsymbol{r}) + q_\lambda^*(t)\boldsymbol{A}_\lambda^*(\boldsymbol{r})\right] \\ &= \sum_\lambda q_\lambda(0)\mathrm{e}^{-\mathrm{i}\omega_\lambda t}\boldsymbol{A}_\lambda(\boldsymbol{r}) + \mathrm{c.c.}\end{aligned} \tag{2.22}$$

其中, $q_\lambda(0)$ 为某个任意常数. 由于 $\boldsymbol{A}_\lambda(\boldsymbol{r})$ 是归一的, $q_\lambda(0)$ 的大小就决定了光场的强度.

### 2.1.3 特殊本征解: 箱模型以及平面波解

前面讲过, 亥姆霍兹方程的解是由边界条件来决定的. 最简单的边界为箱子边界. 我们将用连续边界条件: 场函数 $\boldsymbol{A}(x,y,z)$ 在箱子相对的两个面上连续, 即

$$\begin{aligned}&\boldsymbol{A}(0,y,z) = \boldsymbol{A}(L,y,z), \quad \boldsymbol{A}(x,0,z) = \boldsymbol{A}(x,L,z) \\ &\boldsymbol{A}(x,y,0) = \boldsymbol{A}(x,y,L)\end{aligned} \tag{2.23}$$

其中, $L$ 是正方体箱子的边长. 很容易就能得到满足连续边界条件 (2.23) 的亥姆霍兹方程的平面波解:

$$\boldsymbol{A}_{\boldsymbol{k},s}^{(\mathrm{d})}(\boldsymbol{r}) = \hat{\epsilon}_s\mathrm{e}^{\mathrm{i}\boldsymbol{k}\cdot\boldsymbol{r}}/L^{3/2} \tag{2.24}$$

其中,$\hat{\epsilon}_s$ 为单位矢量. 波矢本征量为 $\boldsymbol{k}=2\pi(n_x,n_y,n_z)/L$,其中,$n_x,n_y,n_z$ 是任意整数. 因此,波矢本征量 $\boldsymbol{k}$ 覆盖整个 $\boldsymbol{k}$ 空间,但它的取值是离散的,其各个取值点之间的最小间距为 $\Delta k=2\pi/L$. 因为波矢本征量 $\boldsymbol{k}$ 为离散的,所以我们在场函数 $\boldsymbol{A}_{\boldsymbol{k},s}^{(\mathrm{d})}$ 中加入上标 $d$,用以区别下一节讨论的连续的情况.

单位矢量 $\hat{\epsilon}_s$ 决定了矢量函数 $\boldsymbol{A}(\boldsymbol{r})$ 的方向. 对三维矢量来说,它有三个独立方向,即 $\hat{\epsilon}_s(s=1,2,3)$ 对应于三个独立的偏振态. 但是,场函数 $\boldsymbol{A}_{\boldsymbol{k},s}^{(\mathrm{d})}$ 要满足方程 (2.19) 的库仑规范条件. 将方程 (2.24) 的场函数 $\boldsymbol{A}_{\boldsymbol{k},s}^{(\mathrm{d})}$ 代入方程 (2.19),我们得到 $\hat{\epsilon}_s$ 必须满足的横波条件:$\boldsymbol{k}\cdot\hat{\epsilon}_s=0$,即光场的偏振必须垂直于波矢 $\boldsymbol{k}$. 这样,$\hat{\epsilon}_s$ 只能有两个独立的相互垂直的偏振态,或为线性偏振的 $\hat{x},\hat{y}$ 或为圆偏振的 $\hat{\epsilon}_{\pm}=(\hat{x}\pm\mathrm{i}\hat{y})/\sqrt{2}$. 因为横波条件,光场的偏振矢量与波矢有关:$\hat{\epsilon}=\hat{\epsilon}_{\boldsymbol{k},s}(s=1,2)$. 设 $\hat{\boldsymbol{k}}=\boldsymbol{k}/k$ 为波矢 $\boldsymbol{k}$ 的单位矢量. 因为 $\hat{\boldsymbol{k}},\hat{\epsilon}_{\boldsymbol{k},1},\hat{\epsilon}_{\boldsymbol{k},2}$ 是三个互相垂直的单位矢量,它们就组成了三维矢量空间的基矢.

可以证明,由方程 (2.24) 表示的这套本征解满足离散的正交归一条件:

$$\int_{L^3}\mathrm{d}^3\boldsymbol{r}\boldsymbol{A}_{\boldsymbol{k},s}^{(\mathrm{d})*}(\boldsymbol{r})\cdot\boldsymbol{A}_{\boldsymbol{k}',s'}^{(\mathrm{d})}(\boldsymbol{r})=\delta_{\boldsymbol{k},\boldsymbol{k}'}\delta_{s,s'}\tag{2.25}$$

与时间部分结合,我们得到麦克斯韦方程 (2.12) 的平面波解:

$$\boldsymbol{A}(\boldsymbol{r},t)=\hat{\epsilon}_{\boldsymbol{k},s}\mathrm{e}^{\mathrm{i}(\boldsymbol{k}\cdot\boldsymbol{r}-\omega t)}/L^{3/2}$$

值得注意的是,波矢 $\boldsymbol{k}$ 的离散性导致角频率的量子化:

$$\omega=ck=(2\pi c/L)\sqrt{n_x^2+n_y^2+n_z^2}$$

这类似于第一次量子化时由薛定谔方程得到的能量量子化. 正如我们在本章开始所讲的,麦克斯韦方程就等效于薛定谔方程而给出光场的第一次量子化.

### 2.1.4 特殊本征解:连续 $\boldsymbol{k}$ 空间以及三维自由空间的平面波解

当 $L$ 趋于无穷时,有限的箱空间变为无穷的三维自由空间,而原本离散的 $\boldsymbol{k}$ 空间就过渡为连续的 $\boldsymbol{k}$ 空间. 为了这个过渡,我们重新定义方程 (2.24) 中光场函数的空间部分:

$$\boldsymbol{A}_{\boldsymbol{k},s}(\boldsymbol{r}) \equiv (L/2\pi)^{3/2}\boldsymbol{A}^{(\mathrm{d})}_{\boldsymbol{k},s}(\boldsymbol{r}) = \hat{\epsilon}_{\boldsymbol{k},s}\mathrm{e}^{\mathrm{i}\boldsymbol{k}\cdot\boldsymbol{r}}/(2\pi)^{3/2} \tag{2.26}$$

同时,正交归一条件变为

$$\int_{L^3} \mathrm{d}^3\boldsymbol{r}\boldsymbol{A}^*_{\boldsymbol{k},s}(\boldsymbol{r}) \cdot \boldsymbol{A}_{\boldsymbol{k}',s'}(\boldsymbol{r}) = \delta_{s,s'}\delta_{\boldsymbol{k},\boldsymbol{k}'}(L/2\pi)^3 = \delta_{s,s'}\delta_{\boldsymbol{k},\boldsymbol{k}'}/(\Delta k)^3 \tag{2.27}$$

这里,$\Delta k \equiv 2\pi/L$ 是离散波矢量 $\boldsymbol{k} = 2\pi(n_x,n_y,n_z)/L$ 的任一分量的值之间的最小间距. 当 $L$ 趋于无穷以及 $\Delta k$ 趋于零的极限下,我们得到如下过渡:

$$1 = \sum_{\boldsymbol{k}} \Delta k^3\delta_{\boldsymbol{k},\boldsymbol{k}'}/(\Delta k)^3 \to \int \mathrm{d}^3\boldsymbol{k}\delta^{(3)}(\boldsymbol{k}-\boldsymbol{k}') = 1 \tag{2.28}$$

因此,离散的 $\delta$ 函数变为连续的 $\delta$ 函数:

$$\lim_{L\to\infty} \delta_{\boldsymbol{k},\boldsymbol{k}'}/(\Delta k)^3 = \delta^{(3)}(\boldsymbol{k}-\boldsymbol{k}') \tag{2.29}$$

以上从离散到连续的过渡我们以后还会用到.

这样,我们便得到了方程 (2.26) 作为自由空间的三维平面波解,其正交归一条件为

$$\int \mathrm{d}^3\boldsymbol{r}\boldsymbol{A}^*_{\boldsymbol{k},s}(\boldsymbol{r}) \cdot \boldsymbol{A}_{\boldsymbol{k}',s'}(\boldsymbol{r}) = \delta_{s,s'}\delta^{(3)}(\boldsymbol{k}-\boldsymbol{k}') \tag{2.30}$$

其中波矢量 $\boldsymbol{k} = (k_x,k_y,k_z)$ 是三维连续 $\boldsymbol{k}$ 空间的任意矢量. 横波条件不变:$\boldsymbol{k}\cdot\hat{\epsilon}_{\boldsymbol{k},s} = 0$.

### 2.1.5 模式的概念及其分解

由于方程 (2.20) 中的正交归一关系, 麦克斯韦方程的每一个本征解都有其特殊意义. 首先, 麦克斯韦方程的任意解可以写为多个本征解的叠加, 即方程 (2.21) 或方程 (2.22). 我们在得到一组完备的本征解时也就得到了任意解. 其次, 虽然任意解是由多个本征解相加得到, 本征解的正交归一关系就使得各个本征解之间互相独立, 它们的叠加不会产生能量在它们之间的转换①. 这点可以从下面能量分解的表达式中看出. 在后面的实验部分, 我们会讲到光场的光强度, 它可由场的振幅表示为 $I(\boldsymbol{r},t) \propto \boldsymbol{E}^*(\boldsymbol{r},t)\cdot\boldsymbol{E}(\boldsymbol{r},t)$[其中 $\boldsymbol{E}$ 由方程 (2.14) 通过 $\boldsymbol{A}$ 的复数方程 (2.21) 得到]. 因此, 总光强为

$$I_{\mathrm{tot}} = \int \mathrm{d}^3\boldsymbol{r}I(\boldsymbol{r},t) \propto \int \mathrm{d}^3\boldsymbol{r}\boldsymbol{E}^*(\boldsymbol{r},t)\cdot\boldsymbol{E}(\boldsymbol{r},t) \tag{2.31}$$

① 两个光场叠加所产生的干涉现象是光场与探测器作用的结果,自由场的叠加不会引起能量的重新分布.

利用方程 (2.14) 和方程 (2.21) 以及正交归一关系方程 (2.20),我们得到

$$
\begin{aligned}
I_{\text{tot}} &\propto \frac{1}{c^2}\int \mathrm{d}^3\boldsymbol{r}\left[\sum_{\lambda}\dot{q}_{\lambda}^{*}(t)\boldsymbol{A}_{\lambda}^{*}(\boldsymbol{r})\right]\cdot\left[\sum_{\lambda'}\dot{q}_{\lambda'}(t)\boldsymbol{A}_{\lambda'}(\boldsymbol{r})\right]\\
&=\frac{1}{c^2}\sum_{\lambda,\lambda'}\dot{q}_{\lambda}^{*}(t)\dot{q}_{\lambda'}(t)\int \mathrm{d}^3\boldsymbol{r}\boldsymbol{A}_{\lambda}^{*}(\boldsymbol{r})\cdot\boldsymbol{A}_{\lambda'}(\boldsymbol{r})\\
&=\frac{1}{c^2}\sum_{\lambda,\lambda'}\dot{q}_{\lambda}^{*}(t)\dot{q}_{\lambda'}(t)\delta_{\lambda,\lambda'}\\
&=\frac{1}{c^2}\sum_{\lambda}|\dot{q}_{\lambda}(t)|^2\\
&=\sum_{\lambda}I_{\lambda}
\end{aligned}
\tag{2.32}
$$

其中,$I_{\lambda}\equiv|\dot{q}_{\lambda}(t)|^2/c^2$.

同样,下面我们证明光场的总能量 $U_{\text{tot}}$ 也能分解为各个本征解之和的表达式:

$$
U_{\text{tot}}=\sum_{\lambda}U_{\lambda}
\tag{2.33}
$$

为了证明上式,我们从电磁理论中得到电磁场的总能量表达式为

$$
U_{\text{tot}}=\frac{1}{8\pi}\int \mathrm{d}^3\boldsymbol{r}\left[\boldsymbol{E}(\boldsymbol{r},t)\cdot\boldsymbol{E}(\boldsymbol{r},t)+\boldsymbol{B}(\boldsymbol{r},t)\cdot\boldsymbol{B}(\boldsymbol{r},t)\right]
\tag{2.34}
$$

其中, $\boldsymbol{E},\boldsymbol{B}$ 是电场和磁场, 必须是实数. 因此它们由方程 (2.14) 通过 $\boldsymbol{A}$ 的实数方程 (2.22) 得到. 我们先计算方程 (2.34) 的第一项,即电场能量. 由方程 (2.14) 和正交归一方程 (2.20) 我们得到

$$
\begin{aligned}
U_{\text{tot}}^{(E)} &= \frac{1}{8\pi}\int \mathrm{d}^3\boldsymbol{r}\boldsymbol{E}(\boldsymbol{r},t)\cdot\boldsymbol{E}(\boldsymbol{r},t)\\
&=\frac{1}{8\pi c^2}\int \mathrm{d}^3\boldsymbol{r}\sum_{\lambda,\lambda'}\left[\dot{q}_{\lambda}(t)\boldsymbol{A}_{\lambda}(\boldsymbol{r})+\text{c.c.}\right]\cdot\left[\dot{q}_{\lambda'}(t)\boldsymbol{A}_{\lambda'}(\boldsymbol{r})+\text{c.c.}\right]\\
&=\frac{1}{8\pi c^2}\sum_{\lambda,\lambda'}\left[\dot{q}_{\lambda}(t)\dot{q}_{\lambda'}^{*}(t)+\dot{q}_{\lambda}^{*}(t)\dot{q}_{\lambda'}(t)\right]\delta_{\lambda,\lambda'}\\
&\quad+\frac{1}{8\pi c^2}\sum_{\lambda,\lambda'}\left[\dot{q}_{\lambda}(t)\dot{q}_{\lambda'}(t)\int \mathrm{d}^3\boldsymbol{r}\boldsymbol{A}_{\lambda}(\boldsymbol{r})\cdot\boldsymbol{A}_{\lambda'}(\boldsymbol{r})+\text{c.c.}\right]\\
&=\frac{1}{8\pi c^2}\sum_{\lambda}\left[\dot{q}_{\lambda}(t)\dot{q}_{\lambda}^{*}(t)+\dot{q}_{\lambda}^{*}(t)\dot{q}_{\lambda}(t)\right]\\
&\quad+\frac{1}{8\pi c^2}\sum_{\lambda,\lambda'}\left[\dot{q}_{\lambda}(t)\dot{q}_{\lambda'}(t)I_{\lambda,\lambda'}+\text{c.c.}\right]
\end{aligned}
\tag{2.35}
$$

这里 $I_{\lambda,\lambda'}\equiv\int \mathrm{d}^3\boldsymbol{r}\boldsymbol{A}_{\lambda}(\boldsymbol{r})\cdot\boldsymbol{A}_{\lambda'}(\boldsymbol{r})$. 为了以后引入算符方便,我们保持了 $\dot{q}_{\lambda}(t),\dot{q}_{\lambda}^{*}(t)$ 的原有乘积顺序. 磁场能量的计算需要用到以下矢量微分等式:

$$
\begin{aligned}
(\nabla\times\boldsymbol{A})\cdot(\nabla\times\boldsymbol{A}') =& \sum_m \left[(\nabla A_m)\cdot(\nabla A'_m)-(\nabla A_m)\cdot(\partial_m\boldsymbol{A}')\right]\\
=&\nabla\cdot\left(\sum_m A_m\nabla A'_m\right)-\boldsymbol{A}\cdot\nabla^2\boldsymbol{A}'\\
&-\nabla\cdot\left(\sum_m A_m\partial_m\boldsymbol{A}'\right)+\boldsymbol{A}\cdot\nabla(\nabla\cdot\boldsymbol{A}')
\end{aligned}
\tag{2.36}
$$

这里 $\{\boldsymbol{A},\boldsymbol{A}'\}=\{\boldsymbol{A}_\lambda,\boldsymbol{A}^*_{\lambda'}\}$ 或 $\{\boldsymbol{A}_\lambda,\boldsymbol{A}_{\lambda'}\}$. 在方程 (2.36) 中代入方程 (2.18) 和方程 (2.19), 我们得到

$$
\begin{aligned}
&(\nabla\times\boldsymbol{A})\cdot(\nabla\times\boldsymbol{A}')\\
&=\nabla\cdot\left(\sum_m A_m\nabla A'_m\right)-\nabla\cdot\left(\sum_m A_m\partial_m\boldsymbol{A}'\right)+k^2\boldsymbol{A}\cdot\boldsymbol{A}'
\end{aligned}
\tag{2.37}
$$

利用高斯散度定理

$$
\int \mathrm{d}^3\boldsymbol{r}(\nabla\cdot\boldsymbol{F})=\oint \mathrm{d}S(\hat{\boldsymbol{n}}\cdot\boldsymbol{F})
\tag{2.38}
$$

以及边界条件 $\boldsymbol{A}(\boldsymbol{r})=0$,方程 (2.37) 的空间积分变为[①]

$$
\int \mathrm{d}^3\boldsymbol{r}(\nabla\times\boldsymbol{A})\cdot(\nabla\times\boldsymbol{A}')=k^2\int \mathrm{d}^3\boldsymbol{r}\boldsymbol{A}\cdot\boldsymbol{A}'
\tag{2.39}
$$

我们现在可以计算方程 (2.34) 中的磁场部分:

$$
\begin{aligned}
U^{(B)}_{\text{tot}}&=\frac{1}{8\pi}\int \mathrm{d}^3\boldsymbol{r}\boldsymbol{B}(\boldsymbol{r},t)\cdot\boldsymbol{B}(\boldsymbol{r},t)\\
&=\frac{1}{8\pi}\int \mathrm{d}^3\boldsymbol{r}\sum_{\lambda,\lambda'}\left[q_\lambda(t)\nabla\times\boldsymbol{A}_\lambda(\boldsymbol{r})+\text{c.c.}\right]\cdot\left[q_{\lambda'}(t)\nabla\times\boldsymbol{A}_{\lambda'}(\boldsymbol{r})+\text{c.c.}\right]\\
&=\frac{1}{8\pi}\sum_{\lambda,\lambda'}\left[q_\lambda(t)q^*_{\lambda'}(t)\int \mathrm{d}^3\boldsymbol{r}(\nabla\times\boldsymbol{A}_\lambda(\boldsymbol{r}))\cdot(\nabla\times\boldsymbol{A}^*_{\lambda'}(\boldsymbol{r}))+\text{c.c.}\right]\\
&\quad+\frac{1}{8\pi}\sum_{\lambda,\lambda'}\left[q_\lambda(t)q_{\lambda'}(t)\int \mathrm{d}^3\boldsymbol{r}(\nabla\times\boldsymbol{A}_\lambda(\boldsymbol{r}))\cdot(\nabla\times\boldsymbol{A}_{\lambda'}(\boldsymbol{r}))+\text{c.c.}\right]\\
&=\frac{1}{8\pi}\sum_\lambda k^2_\lambda\left[q_\lambda(t)q^*_\lambda(t)+q^*_\lambda(t)q_\lambda(t)\right]\\
&\quad+\frac{1}{8\pi}\sum_{\lambda,\lambda'}k_\lambda k_{\lambda'}\left[q_\lambda(t)q_{\lambda'}(t)I_{\lambda,\lambda'}+\text{c.c.}\right]
\end{aligned}
\tag{2.40}
$$

这里我们用了正交归一方程 (2.20). 整合方程 (2.35) 和方程 (2.40) 并利用 $k_\lambda=\omega_\lambda/c$, 我们得到光场 (电磁场) 的总能量为

$$
U_{\text{tot}}=\frac{1}{8\pi c^2}\sum_\lambda\left\{\left[\dot{q}_\lambda(t)\dot{q}^*_\lambda(t)+\dot{q}^*_\lambda(t)\dot{q}_\lambda(t)\right]+\omega^2_\lambda\left[q_\lambda(t)q^*_\lambda(t)+q^*_\lambda(t)q_\lambda(t)\right]\right\}
$$

① 可以直接证明,2.1.3,2.1.4 小节里的平面波解也满足方程 (2.39).

$$+\frac{1}{8\pi c^2}\sum_{\lambda,\lambda'}\left\{\left[\dot{q}_\lambda(t)\dot{q}_{\lambda'}(t)+\omega_\lambda\omega_{\lambda'}q_\lambda(t)q_{\lambda'}(t)\right]I_{\lambda,\lambda'}+\text{c.c.}\right\} \tag{2.41}$$

下面我们利用时间部分方程 (2.17) 的解: $q_\lambda(t)=q_\lambda(0)\mathrm{e}^{-\mathrm{i}\omega_\lambda t}$ 而得到 $\dot{q}_\lambda(t)=-\mathrm{i}\omega_\lambda q_\lambda(t)$. 代入方程 (2.41),我们得到

$$U_{\text{tot}}=\frac{1}{4\pi c^2}\sum_\lambda\omega_\lambda^2\left[q_\lambda(t)q_\lambda^*(t)+q_\lambda^*(t)q_\lambda(t)\right]=\sum_\lambda U_\lambda \tag{2.42}$$

这样,我们就证明了总能量的分解式 (2.33). 其中

$$U_\lambda=\frac{1}{4\pi c^2}\omega_\lambda^2\left[q_\lambda(t)q_\lambda^*(t)+q_\lambda^*(t)q_\lambda(t)\right]=\frac{1}{2\pi c^2}\omega_\lambda^2|q_\lambda(0)|^2 \tag{2.43}$$

从方程 (2.22)、方程 (2.42) 和方程 (2.43) 中我们可以看到,光场可以分解为本征解之和并由它们分别独立地来决定. 这与力学谐振子系统中的正则模式描述很像. 这里光场的本征解类似于谐振子系统的正则模式. 我们同样把光场的一个本征解定义为一个“模”或叫“模式”. 整个光场便可以用光场的模式来描述. 这里,光场的模式与量子力学中薛定谔方程的能量本征态在数学形式上类似. 因此,解麦克斯韦方程的模式就等效于解薛定谔方程的一次量子化过程.

从方程 (2.43) 中我们还可以看到,每个模式的场能量只与初始条件 $q_\lambda(0)$ 有关,而与模式函数 $\boldsymbol{A}_\lambda(\boldsymbol{r})$ 无关. $q_\lambda(0)$ 也称 $\lambda$ 模式的激发. 由于 $q_\lambda(0)$ 对于不同的模式是独立的,每个模式可以分别独立地被激发. 如果只有一个模式被激发,那么我们就得到了单模光场. 如果多个模式被激发,那么这样的光场是多模光场. 在后面讲到光的相干理论时,我们会看到被激发的模式的数量会影响场的相干性.

此外,模式函数 $\boldsymbol{A}_\lambda(\boldsymbol{r})$ 与模式的激发完全独立. 模式函数只由边界的几何条件决定,这可以从我们得到模式函数 $\boldsymbol{A}_\lambda(\boldsymbol{r})$ 的过程看出来. 它与是否有模式的激发无关. 这样,光场的模式即使对真空也存在,这时完全没有模式激发 ($q_\lambda(0)=0$). 然而,如果边界条件或边界的几何改变了,就会引起模式函数和本征值 $\boldsymbol{k}_\lambda$ 的改变. 这又将引起光场能量的改变. 这种能量的改变,即使对真空也是成立的,因为在光的量子理论中,真空的能量不为零,这就是著名的卡西米尔效应 (见 2.4 节).

一般而言,场的模式函数 $\boldsymbol{A}_\lambda(\boldsymbol{r})$ 可以写为

$$\boldsymbol{A}_\lambda(\boldsymbol{r})=\hat{\epsilon}_{\boldsymbol{k},s}u_{\boldsymbol{k},s}(\boldsymbol{r}) \tag{2.44}$$

它主要由以下几个相互独立的自由度的量来决定:

(1) 光波的偏振态,例如 $\hat{\epsilon}_s=\hat{x},\hat{y}$ . 不同的偏振态对应不同的偏振模式.

(2) 光波的频率 $\omega_\lambda = c|\boldsymbol{k}|$. 不同的颜色对应不同的频谱模式.

(3) 光波的传播方向 $\hat{\boldsymbol{k}} = \boldsymbol{k}/|\boldsymbol{k}|$ 或空间模式 $u_{\boldsymbol{k},s}(\boldsymbol{r})$ . 不同的传播方向给出不同的空间模式.

## 2.2 几种常见的光场模式

### 2.2.1 近轴近似与高斯光束——光学谐振腔模式

当 $k_x, k_y \ll k_z$ 时,我们可以进行近轴近似. 作为简单的例子,我们先对球面波进行这样的近似:

$$\boldsymbol{A}_{\text{sph}}(\boldsymbol{r}) = \frac{\hat{\epsilon} A_0}{r} \mathrm{e}^{\mathrm{i}kr} \tag{2.45}$$

其中,$r = \sqrt{x^2 + y^2 + z^2}$. 在近轴近似下,波场离 $z$ 轴的距离不远:$(x^2+y^2)/z^2 \equiv \theta^2 \ll 1$. 于是,我们有如下近似:

$$r = z\sqrt{1 + \frac{x^2 + y^2}{z^2}} = z\sqrt{1 + \theta^2} \approx z\left(1 + \frac{\theta^2}{2}\right) = z + \frac{x^2 + y^2}{2z} \tag{2.46}$$

这样,我们得到球面波在近轴近似下的 Fresnel 形式:

$$\boldsymbol{A}_{\text{sph}}(\boldsymbol{r}) \approx \frac{\hat{\epsilon} A_0}{z} \mathrm{e}^{\mathrm{i}kz} \exp\left(\mathrm{i}k \frac{x^2 + y^2}{2z}\right) \tag{2.47}$$

对任意波形,我们把矢量波函数 $\boldsymbol{A}(\boldsymbol{r})$ 写为

$$\boldsymbol{A}(x, y, z) = \hat{\epsilon} u(x, y, z) \mathrm{e}^{\mathrm{i}kz} \tag{2.48}$$

其中,$u(x,y,z)$ 满足近轴近似条件:$|\partial u/\partial z| \ll ku$,$|\partial^2 u/\partial z^2| \ll k^2 u$. 这样,亥姆霍兹方程 (2.15) 就可以近似为

$$\frac{\partial^2 u}{\partial x^2} + \frac{\partial^2 u}{\partial y^2} + 2\mathrm{i}k \frac{\partial u}{\partial z} = 0 \tag{2.49}$$

对于方程 (2.47) 的球面波的 Fresnel 形式,我们可以很容易验证它满足近轴亥姆霍兹方程 (2.49).

方程 (2.49) 的一般解不是很容易得到. 但是,我们可以用简单的变换来得到它的另一个特殊解:高斯光束. 为此,我们沿着 $z$ 坐标轴平移:$z' = z - z_0$. 可以很容易地看出,平移变换不改变方程 (2.49) 的形式. 平移后的球面波的 Fresnel 形式仍满足方程 (2.49). 这个平移变换的物理意义很简单:平移后的球面波球心移到 $z = z_0$. 下面,我们把 $z$ 坐标做一个虚数平移:$z'' = z - \mathrm{i}b$. 虚数平移后的球面波的 Fresnel 形式变为

$$u_G(\boldsymbol{r}) = \frac{A_0}{q(z)} \exp\left(\mathrm{i}k\frac{x^2+y^2}{2q(z)}\right) \tag{2.50}$$

这里,我们只写出了 $u$ 函数部分,其中,$q(z) = z - \mathrm{i}b$. 因为 $\mathrm{i}b$ 是一个常数,简单变换微分推导后,我们可以看到这个变换也不改变方程 (2.49) 的形式. 因此,简单地代入就可确认平移后的 $u$ 函数 (2.50) 还是方程 (2.49) 的解.

为了解方程 (2.50) 的物理意义,我们改变形式:

$$\frac{1}{q(z)} = \frac{z}{z^2+b^2} + \mathrm{i}\frac{b}{z^2+b^2} = \frac{1}{R(z)} + \mathrm{i}\frac{\lambda}{\pi w^2(z)} \tag{2.51}$$

其中

$$R(z) \equiv z\left[1+\left(\frac{b}{z}\right)^2\right], \quad w(z) \equiv w_0\left[1+\left(\frac{z}{b}\right)^2\right]^{1/2} \tag{2.52}$$

$\lambda$ 为波长,$w_0^2 \equiv \lambda b/\pi$. 定义 $\zeta(z) \equiv \arctan(z/b)$,我们得到①$q(z) = -\mathrm{i}|q(z)|\mathrm{e}^{\mathrm{i}\zeta(z)}$. 方程 (2.50) 则变为

$$u_G(\boldsymbol{r}) = A_0'\frac{w_0}{w(z)} \exp\left[-\frac{x^2+y^2}{w^2(z)}\right] \exp\left[\mathrm{i}k\frac{x^2+y^2}{2R(z)} - \mathrm{i}\zeta(z)\right] \tag{2.53}$$

与方程 (2.47) 比较,$u_G(\boldsymbol{r})$ 的波前与半径为 $R(z)$ 的球面波一样,但振幅或光强的横向分布为高斯分布:

$$I_G(\boldsymbol{r}) = |\boldsymbol{A}(\boldsymbol{r})|^2 = \frac{2P}{\pi w^2(z)} \exp\left[-\frac{2(x^2+y^2)}{w^2(z)}\right] \tag{2.54}$$

其中,$P$ 为光束的总功率:$P = \int I_G(\boldsymbol{r})\mathrm{d}x\mathrm{d}y$. 正是因为光强的高斯分布,这种光束被称为高斯光束,其横向截面是半径约为 $w(z)$ 的圆. 图 2.1(a) 反映了 $w(z)$ 与 $z$ 的关系,其在 $z = 0$ 时为最小值 $w_0$,发散角为 $\theta_0 = \arctan(w_0/b)$. $w_0$ 又称为高斯光束的"束腰". 当 $\theta_0$ 很小时,$\theta_0 \sim w_0/b = \lambda/(\pi w_0)$,这是半径约为 $w_0$ 的圆孔的衍射角. 所以,高斯光束是衍射极限下的光束. 可以看到,参量 $b$ 唯一地确定了高斯光束的束腰和发散角,也定义了整个高斯光束. 图 2.1(b) 反映了高斯光束的波前随传播距离 $z$ 的变化. 在区间 $(-b, b)$ 里,波前近似于平面波,又被称为 Rayleigh 区间.

① 如此定义的 $\zeta(z)$ 随 $z$ 连续缓慢地从 $-\pi/2$ 变到 $\pi/2$,被称为 Guoy 相位移动.

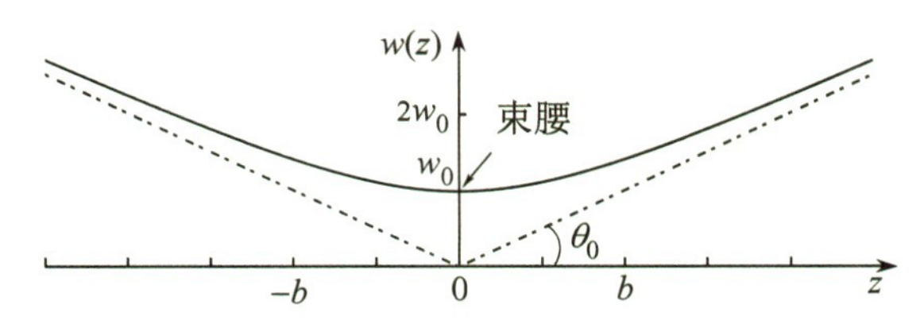


(a) 高斯光束的横向截面半径$w(z)$与传播距离$z$的关系

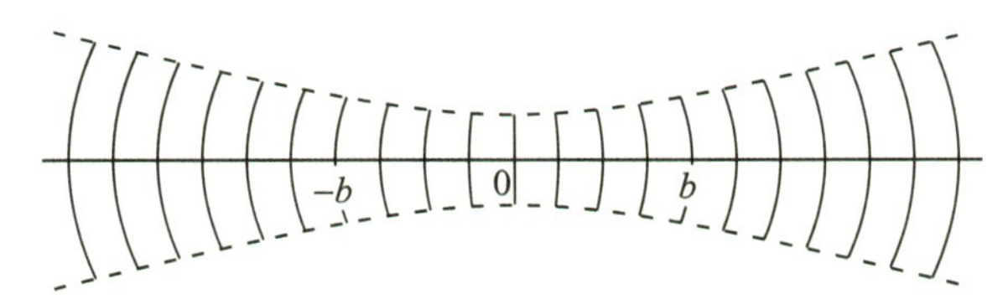


(b) 高斯光束的波前随传播距离$z$的变化

图 2.1 高斯光束的形状与传播距离 $z$ 的关系

方程 (2.53) 是近轴亥姆霍兹方程 (2.49) 的一个特殊的、最简单的高斯光束解. 近轴亥姆霍兹方程 (2.49) 还有高阶的高斯光束解,其一般形式为 (Siegman, 1986)

$$u_{lm}(x,y,z) = \frac{F_{lm}(x,y,z)}{q(z)} \exp[\mathrm{i}k(x^2+y^2)/q(z)] \tag{2.55}$$

其中

$$F_{lm}(x,y,z) = u_0 H_l(x/w(z)) H_m(y/w(z)) \mathrm{e}^{-\mathrm{i}(l+m)\zeta(z)} \tag{2.56}$$

这里的 $H_l(x)$ 是 $l$ 阶的厄密特函数. 不同 $l,m$ 的高斯模式组成了光场的高斯光束. 图 2.2 反映了几个高斯模式的空间分布情况.

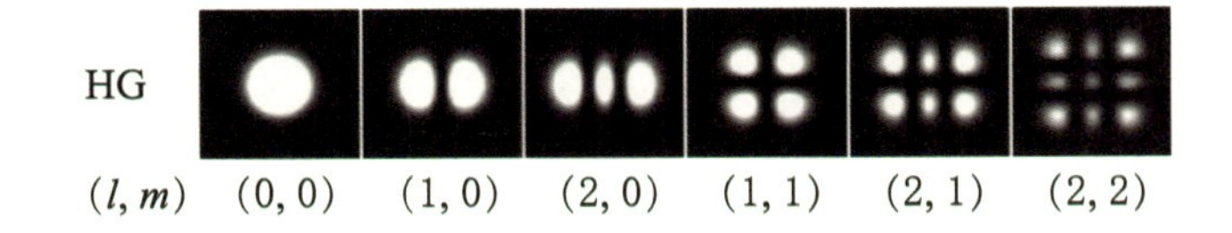


图 2.2 不同高斯模式的空间分布

以上的高斯模式可以从球面反射镜组成的光学谐振腔产生,产生的高斯模式由谐振腔的几何结构决定 (见图 2.3):边界条件要求高斯光束的波前与两个反射镜完全吻合. 即

$$R_1 = z_1 + \frac{b^2}{z_1}, \quad R_2 = z_2 + \frac{b^2}{z_2}, \quad L = z_2 - z_1 \tag{2.57}$$

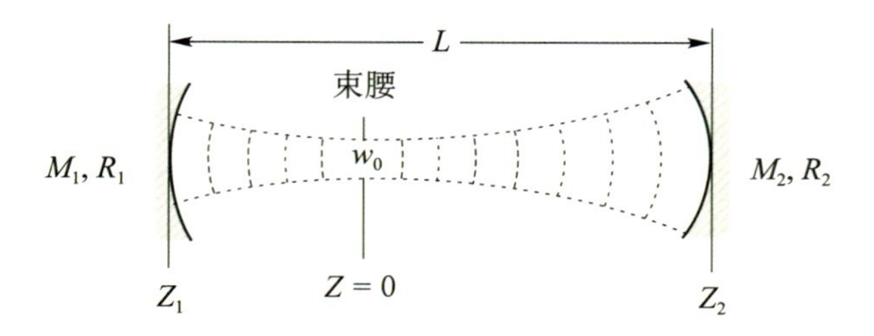


图 2.3　由两个球面反射镜组成的光学谐振腔产生的高斯模式

其中, $L$ 是谐振腔的长度; $z_1, z_2$ 分别为两个反射镜相对于高斯光束的束腰的位置. 由此, 我们得到

$$z_2 = \frac{L(L+R_1)}{2L-R_2+R_1}, \quad z_1 = \frac{L(R_2-L)}{2L-R_2+R_1} \tag{2.58}$$

$$b^2 = \frac{L(R_2-L)(R_1+L)(L+R_1-R_2)}{(2L+R_1-R_2)^2} \tag{2.59}$$

这样, 高斯光束的束腰大小 $w_0 = \sqrt{\lambda b/\pi}$ 和位置 $z_1, z_2$ 由两个反射镜的半径 $R_1, R_2$ 以及间距 $L$ 唯一决定. 从方程 (2.57) 中我们看到, $R_1, R_2$ 的正负取决于 $z_1, z_2$.

本征值 $k_{lm}$ 由谐振腔的共振条件决定:

$$k_{lm}(z_2-z_1)-(l+m+1)[\zeta(z_2)-\zeta(z_1)] = N\pi \tag{2.60}$$

由此, 谐振腔的共振频率为

$$\nu_{lm} = ck_{lm}/(2\pi) = N\Delta\nu + (l+m+1)\delta\nu \tag{2.61}$$

其中, $\Delta\nu = c/(2L)$, $\delta\nu = \Delta\nu[\zeta(z_2)-\zeta(z_1)]/\pi = \Delta\nu\,\mathrm{arc}(\sqrt{g_1g_2})/\pi$ ($g_1 \equiv 1+L/R_1, g_2 \equiv 1-L/R_2$). 方程 (2.61) 的第一项对应于方程 (2.53) 描述的基模并被称为谐振腔的纵模, 而第二项是横模, 对应于方程 (2.55) 中的高阶模式. 谐振腔的稳定性需要 $\sqrt{g_1g_2}$ 为实数, 或 $0 \leqslant g_1g_2 \leqslant 1$.

为了在实验上分析一个谐振腔的模式结构, 我们将一束单频激光射入其中. 当激光频率与谐振腔的共振频率之一重合时, 其对应的高斯模式就被激发, 就会有光从腔中透射出来而被光探测器测到. 根据方程 (2.61), 图 2.4 表示了当调谐扫描激光器的频率时, 谐振腔透射光的光强. 可以看出, 所有谐振腔的模式通过扫描被显示了出来. 每个峰的高度取决于入射激光与每个谐振腔的模式的匹配. 此外, 如果谐振腔中有增益介质并且某些模式的增益大于损耗，激光就从中产生．因只有高斯模式被激发，其输出的模式就是高斯模式，产生的具体模式由各个模式的增益和损耗来决定．一般情况下，激光都有多个模式被激发，形成多频激光器．要想得到单模 (单频) 激光，我们就要用法布里–珀罗干涉仪进行选模 (频)．

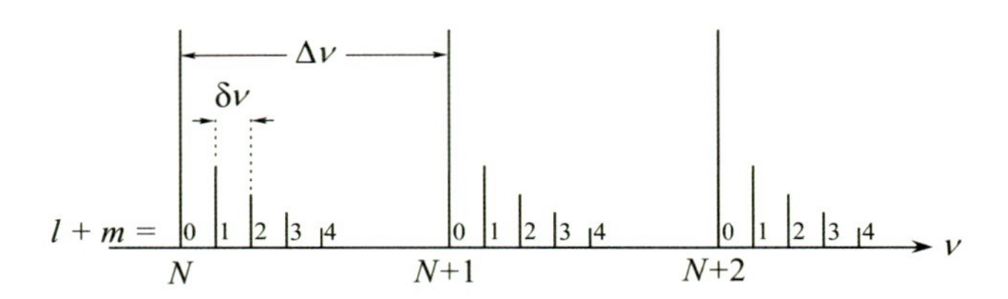


图 2.4　由激光频率扫描而得到的谐振腔的模式

Siegman 的 *Lasers* 一书对光学谐振腔和高斯模式进行了很详尽的讨论并覆盖了很多论题 (Siegman, 1986)．除了厄密特–高斯模式，拉盖尔–高斯模式给出圆形对称的空间轮廓并被用来描述光场的角动量 (OAM)(Andrews et al., 2013)．光场的角动量用于描述具有结构的和扭转的光束，例如光学旋涡，它可以有多维的自由度来携带信息．

除了高斯模式，另一种常用的空间模式是来自光纤的模式，其被广泛地应用于光通信中．该模式结构类似于高斯模式，因此常在实验中被用来整形光场的空间模式．关于光纤模式的细节，参考 *Fundamentals of Optical Fibers*(Buck, 1995)．

## 2.2.2　时间模式以及更广义的单模场定义

以上讲的是所谓的空间模式．它们给出了光场在与传播方向垂直的横向上的分布．在本小节里，我们将讨论在光场传播的纵向方向上的分布．对于一维光场 (见 2.3.5 小节)，其纵向等同于时间自由度．在前面对光场的模式分解时，时间部分为 $\mathrm{e}^{-\mathrm{i}\omega t}$．因此，单一频率的光场就对应于一个频率模式，而频谱分析也就对应于纵向模式的分解．另外，对于超短脉冲的应用，在时域里的处理比较方便．考虑一个一维光场的脉冲：

$$E(z,t)=\frac{1}{\sqrt{2\pi}}\int \mathrm{d}\omega\mathcal{E}(\omega)\mathrm{e}^{\mathrm{i}(kz-\omega t)} \tag{2.62}$$

如果 $\mathcal{E}(\omega)$ 是一个性质很好的函数，如高斯函数，那么 $\mathcal{E}(\omega)$ 的带宽 $\Delta\omega$ 与 $E(z,t)$ 的脉冲时间宽度 $\Delta t$ 满足傅里叶变换的等式关系：

$$\Delta\omega\Delta t = 2\pi \tag{2.63}$$

这样的脉冲被称为变换极限下的脉冲. 它可以从锁模激光器中产生，其中锁模激光器的每个频率模式都具有相同的相位. 因此，这样的脉冲具有很好的相干性且其波形是一个确定的时间函数. 从数学的函数理论我们知道，对于一个确定的时间函数 $f(t)$，我们总能构造出一个函数集 $g_1(t),g_2(t),\cdots$ 使得总的函数集 $f(t),g_1(t),g_2(t),\cdots$ 组成一个正交完备基. 这与前面讲的模式函数集 $\{u_\lambda(\boldsymbol{r})\}$ 的性质一样. 这样，函数集 $f(t),g_1(t),g_2(t),\cdots$ 就组成了一个时间模式集，函数 $f(t)$ 为其中一个模式. 所以变换极限下的脉冲就是一个单一的时间模式.

注意，方程 (2.62) 定义的单模时间模式由多个频率模式叠加而成. 当 $\mathcal{E}(\omega)$ 是一个确定的函数时，方程 (2.62) 里的 $E(z,t)$ 是麦克斯韦方程的一个解. 由此性质出发，我们可以定义一个广义的单模场，它是麦克斯韦方程的一个任意解并是 $(\boldsymbol{r},t)$ 的确定函数. 它可以是多个模式的线性叠加：

$$\boldsymbol{A}(\boldsymbol{r},t) = \sum_\lambda c_\lambda \boldsymbol{A}_\lambda(\boldsymbol{r})\mathrm{e}^{-\mathrm{i}\omega_\lambda t} \tag{2.64}$$

其中，$\{c_\lambda\}$ 是确定的系数. 这样定义的场的广义模式也同样可以用于下一节讲的场的量子化. 这对于在 8.4 节中要讲的光子的不可区分性而言尤其重要：当多个光子都由同一个麦克斯韦方程的一个确定的解来描述时，我们称它们处于同一模式并且完全不可区分. 具有这一性质的光子能产生最大的量子干涉效应.

我们还可以从线性代数的角度来理解广义模式. 一组完备的模式就像一个矢量空间的完备基矢量. 一个模式对应于一个基矢量. 广义模式可以理解为多个基矢的线性叠加. 它会与其他正交矢量组成另一组完备基矢并成为其基矢量之一. 在这样的类比中，这个广义模式因为是另一组完备基矢中的一个基矢而成为一个单一模式. 例如，偏振 $\hat{x},\hat{y}$ 组成光场偏振的模式，$\hat{x}$ 描写一个单模偏振模式. 但是 45° 与 135° 偏振也组成完备的偏振模式. 因此，虽然 45° 偏振是 $\hat{x},\hat{y}$ 的线性叠加，但是它也是一个单一偏振模式. 其他的例子如圆偏振态光 $\hat{\epsilon}_\pm = (\hat{x}\pm\mathrm{i}\hat{y})/\sqrt{2}$ 也是单一偏振模式. 实际上，任意椭圆偏振态 $\hat{\epsilon} = \hat{x}\cos\theta + \hat{y}\mathrm{e}^{\mathrm{i}\varphi}\sin\theta$ 都描写一个单一模式.

单一模式的概念对于理解和描述多光子不可区分性非常关键. 我们在第 8 章还会回到这一概念上来.

## 2.3 光场的量子化

### 2.3.1 模式的谐振子描述

光场的模式定下来后，光场随时间的演化完全由各个模式的激发 $q_\lambda(t)$ 决定. 现在让我们回到光场能量的经典表达式 (2.43). 它是我们进行光场量子化的起点，其前面的系数 $1/(4\pi c^2)$ 是一个固定的常数. 为了与量子化后的公式一致，我们将这个系数引入 $q_\lambda(t)$ 里面. 这样，方程 (2.43) 变为

$$U_\lambda = \omega_\lambda^2\big[q_\lambda(t)q_\lambda^*(t) + q_\lambda^*(t)q_\lambda(t)\big] \tag{2.65}$$

方程 (2.22) 里的场函数变为

$$\begin{aligned}\boldsymbol{A}(\boldsymbol{r},t) &= \sqrt{4\pi c^2}\sum_\lambda \Big[q_\lambda(t)\boldsymbol{A}_\lambda(\boldsymbol{r}) + q_\lambda^*(t)\boldsymbol{A}_\lambda^*(\boldsymbol{r})\Big] \\ &= \sqrt{4\pi c^2}\sum_\lambda \Big[q_\lambda(0)\boldsymbol{A}_\lambda(\boldsymbol{r})\mathrm{e}^{-\mathrm{i}\omega_\lambda t} + q_\lambda^*(0)\boldsymbol{A}_\lambda^*(\boldsymbol{r})\mathrm{e}^{\mathrm{i}\omega_\lambda t}\Big]\end{aligned} \tag{2.66}$$

因为 $q_\lambda(t)$ 为复数，所以能量的单模表达式 (2.65) 并不是我们熟悉的形式. 让我们用 $q_\lambda(t)$ 的实数和虚数部分作为新的变量：

$$\begin{aligned}Q_\lambda &\equiv q_\lambda(t) + q_\lambda^*(t) \\ P_\lambda &\equiv \omega_\lambda\big[q_\lambda(t) - q_\lambda^*(t)\big]/\mathrm{i}\end{aligned} \tag{2.67}$$

这里，我们在虚数部分 $P_\lambda$ 加了一个因子 $\omega_\lambda$，使其具有广义动量的物理意义，$Q_\lambda$ 则对应于广义坐标. 方程 (2.67) 变形为

$$q_\lambda(t) = (Q_\lambda + \mathrm{i}P_\lambda/\omega_\lambda)/2 \tag{2.68}$$

将方程 (2.68) 代入方程 (2.65)，我们得到

$$U_\lambda = \frac{1}{2}\big(P_\lambda^2 + \omega_\lambda^2 Q_\lambda^2\big) \tag{2.69}$$

由于 $\dot{q}_\lambda(t) = -\mathrm{i}\omega_\lambda q_\lambda(t)$，我们可以从方程 (2.67) 得到

$$P_\lambda = \dot{Q}_\lambda \tag{2.70}$$

方程 (2.69) 中的能量表达式与一个质量为 $m = 1$ 的简单谐振子的能量完全一样，其中动量 $P$ 由方程 (2.70) 给出. 确实，如果我们把方程 (2.69) 当作谐振子的哈密顿量，即

$$H_\lambda = \frac{1}{2}\big(P_\lambda^2 + \omega_\lambda^2 Q_\lambda^2\big) \tag{2.71}$$

$Q_\lambda$ 为广义坐标，$P_\lambda$ 为广义动量，那么哈密顿力学会给出与方程 (2.17) 一样的运动方程，即

$$\dot{P}_\lambda = -\frac{\partial H_\lambda}{\partial Q_\lambda}, \quad \dot{Q}_\lambda = \frac{\partial H_\lambda}{\partial P_\lambda} \tag{2.72}$$

上式的后一个与方程 (2.70) 等同.

一个系统随时间的演化由这个系统的哈密顿量决定. 这样，光场的每个模式就可以用其对应的质量为 $m=1$ 的简单谐振子来描述，其谐振频率就是这个模式的光频率. 实际上，自然界中很多波的运动都可由某些粒子的谐振形式来描述，如水波、在琴弦上的驻波等. 但是，与真实粒子组成的这些波不同的是，用来描述电磁波即光场模式的谐振子不是真实的物体，而是虚拟的谐振子. 它的位置坐标和动量也都是虚拟的.

虚拟谐振子的经典描述由方程 (2.72) 给出. 下面我们要给出它的量子描述. 因为光场被分解为各个模式的谐振子，所以通过对谐振子的量子描述就可以得到对光场的量子描述.

## 2.3.2 谐振子的量子化

谐振子的量子化是量子力学教科书必讲的例子，我们这里只给出结果. 在谐振子的量子描述中，广义坐标 $Q$ 和动量 $P$ 变为算符 $\hat{Q},\hat{P}$，其对易关系为

$$[\hat{Q},\hat{P}] = \mathrm{i}\hbar$$

因为光场的不同模式之间是独立的，所以描述不同模式的谐振子的算符是对易的. 这样，各个模式的算符的对易关系为

$$[\hat{Q}_\lambda,\hat{P}_{\lambda'}] = \mathrm{i}\hbar\delta_{\lambda,\lambda'}, \quad [\hat{Q}_\lambda,\hat{Q}_{\lambda'}] = 0, \quad [\hat{P}_\lambda,\hat{P}_{\lambda'}] = 0 \tag{2.73}$$

引入湮灭和产生算符：

$$\hat{a}_\lambda \equiv \left(\hat{Q}_\lambda + \mathrm{i}\frac{\hat{P}_\lambda}{\omega_\lambda}\right)\sqrt{\frac{\omega_\lambda}{2\hbar}}, \quad \hat{a}_\lambda^\dagger \equiv \left(\hat{Q}_\lambda - \mathrm{i}\frac{\hat{P}_\lambda}{\omega_\lambda}\right)\sqrt{\frac{\omega_\lambda}{2\hbar}} \tag{2.74}$$

这样定义的物理量 $a$ 与方程 (2.68) 里的物理量 $q$ 是正比的：$a = q\sqrt{2\omega_\lambda/\hbar}$. 我们以后要用这个关系来建立经典与量子的对应. 方程 (2.71) 的哈密顿量变为

$$\hat{H}_\lambda = \frac{1}{2}\hbar\omega_\lambda(\hat{a}_\lambda^\dagger\hat{a}_\lambda + \hat{a}_\lambda\hat{a}_\lambda^\dagger) \tag{2.75}$$

包含所有模式的光场哈密顿量具有如下形式：

$$\hat{H} = \sum_\lambda \hat{H}_\lambda = \sum_\lambda \frac{1}{2}\hbar\omega_\lambda(\hat{a}_\lambda^\dagger\hat{a}_\lambda + \hat{a}_\lambda\hat{a}_\lambda^\dagger) \tag{2.76}$$

其中,不同 $\lambda$ 的 $\hat{H}_\lambda$ 互相独立. 算符 $\hat{a}_\lambda$,$\hat{a}_\lambda^\dagger$ 的对易关系可以从方程 (2.73) 中得到：

$$[\hat{a}_\lambda, \hat{a}_{\lambda'}^\dagger] = \delta_{\lambda,\lambda'} \tag{2.77}$$

上式中的 $\delta$ 函数来自不同模式之间的独立性. 利用上述对易关系,方程 (2.75) 中的哈密顿量变为我们熟悉的形式：

$$\hat{H}_\lambda = \hbar\omega_\lambda\hat{a}_\lambda^\dagger\hat{a}_\lambda + \hbar\omega_\lambda/2 \tag{2.78}$$

因为算符 $\hat{a}_\lambda^\dagger\hat{a}_\lambda$ 是正定的,即对任意态 $|\psi\rangle$ 有 $\langle\psi|\hat{a}_\lambda^\dagger\hat{a}_\lambda|\psi\rangle \geqslant 0$,能量 $E_\lambda \equiv \langle\psi|\hat{H}_\lambda|\psi\rangle$ 的最小值为 $\hbar\omega_\lambda/2$. 在 3.1 节里,我们将看到 $\hbar\omega_\lambda/2$ 就是 $\lambda$ 模式的真空的能量.

在海森伯表象中,$\hat{a}_\lambda$ 的运动方程为

$$\frac{\mathrm{d}\hat{a}_\lambda}{\mathrm{d}t} = \frac{1}{\mathrm{i}\hbar}[\hat{a}_\lambda, \hat{H}_\lambda] \tag{2.79}$$

或

$$\frac{\mathrm{d}\hat{a}_\lambda}{\mathrm{d}t} = -\mathrm{i}\omega_\lambda\hat{a}_\lambda \tag{2.80}$$

它的解为 $\hat{a}_\lambda(t) = \hat{a}_\lambda(0)\mathrm{e}^{-\mathrm{i}\omega_\lambda t}$.

## 2.3.3 光场算符

湮灭和产生算符是描述光场的基本算符. 光场的任意其他物理量都可以由它们表示. 从方程 (2.66) 中我们得到矢量势的算符形式：

$$\hat{\boldsymbol{A}}(\boldsymbol{r},t) = \sqrt{4\pi c^2}\sum_\lambda\sqrt{\frac{\hbar}{2\omega_\lambda}}\left[\hat{a}_\lambda\mathrm{e}^{-\mathrm{i}\omega_\lambda t}\boldsymbol{A}_\lambda(\boldsymbol{r}) + \hat{a}_\lambda^\dagger\mathrm{e}^{\mathrm{i}\omega_\lambda t}\boldsymbol{A}_\lambda^*(\boldsymbol{r})\right] \tag{2.81}$$

这里,$\hat{a}_\lambda = \hat{a}_\lambda(0)$ 是薛定谔表象算符. 我们从方程 (2.14) 中得到电场和磁场的算符形式：

$$\begin{aligned}\hat{\boldsymbol{E}}(\boldsymbol{r},t) &= \sqrt{4\pi}\sum_\lambda \mathrm{i}\sqrt{\frac{\hbar\omega_\lambda}{2}}\hat{a}_\lambda\mathrm{e}^{-\mathrm{i}\omega_\lambda t}\boldsymbol{A}_\lambda(\boldsymbol{r}) + \mathrm{h.c.}\\ \hat{\boldsymbol{B}}(\boldsymbol{r},t) &= \sqrt{4\pi c^2}\sum_\lambda\sqrt{\frac{\hbar}{2\omega_\lambda}}\hat{a}_\lambda\mathrm{e}^{-\mathrm{i}\omega_\lambda t}\nabla\times\boldsymbol{A}_\lambda(\boldsymbol{r}) + \mathrm{h.c.}\end{aligned} \tag{2.82}$$

这里,$h.c.$ 代表算符的厄密共轭.

### 1. 离散 $\boldsymbol{k}$ 空间的场算符

对于箱边界条件,$\boldsymbol{A}_\lambda(\boldsymbol{r})$ 由方程 (2.24) 给出. 我们便得到具有离散 $\boldsymbol{k}$ 空间的矢量势的算符形式:

$$\hat{\boldsymbol{A}}(\boldsymbol{r},t)=\sqrt{4\pi c^2}\sum_{\boldsymbol{k},s}\sqrt{\frac{\hbar}{2\omega}}\,\hat{a}_{\boldsymbol{k},s}\hat{\epsilon}_{\boldsymbol{k},s}\frac{\mathrm{e}^{\mathrm{i}(\boldsymbol{k}\cdot\boldsymbol{r}-\omega t)}}{L^{3/2}}+\mathrm{h.c.} \tag{2.83}$$

同样,其电场和磁场的算符形式为

$$\begin{aligned}\hat{\boldsymbol{E}}(\boldsymbol{r},t)&=\mathrm{i}\sqrt{4\pi}\sum_{\boldsymbol{k},s}\sqrt{\frac{\hbar\omega}{2}}\,\hat{a}_{\boldsymbol{k},s}\hat{\epsilon}_{\boldsymbol{k},s}\frac{\mathrm{e}^{\mathrm{i}(\boldsymbol{k}\cdot\boldsymbol{r}-\omega t)}}{L^{3/2}}+\mathrm{h.c.}\\ \hat{\boldsymbol{B}}(\boldsymbol{r},t)&=\mathrm{i}\sqrt{4\pi}\sum_{\boldsymbol{k},s}\sqrt{\frac{\hbar\omega}{2}}\,\hat{a}_{\boldsymbol{k},s}(\hat{\boldsymbol{k}}\times\hat{\epsilon}_{\boldsymbol{k},s})\frac{\mathrm{e}^{\mathrm{i}(\boldsymbol{k}\cdot\boldsymbol{r}-\omega t)}}{L^{3/2}}+\mathrm{h.c.}\end{aligned} \tag{2.84}$$

### 2. 连续 $\boldsymbol{k}$ 空间以及三维自由空间的场算符

当 $L$ 趋于无穷时,离散 $\boldsymbol{k}$ 空间过渡到连续 $\boldsymbol{k}$ 空间. 但是,由方程 (2.26) 给出的模式函数 $\boldsymbol{A}_\lambda(\boldsymbol{r})$ 会趋于零. 方程 (2.81) 至方程 (2.84) 里的求和要过渡到积分. 因此,这个过程并不是显而易见的. 我们下面进行这个过程的处理.

在离散的 $\boldsymbol{k}$ 空间里, 其最小体积为 $\Delta^3k=(2\pi/L)^3$. 当 $L$ 趋于无穷时, $\Delta^3k=(2\pi/L)^3\to\mathrm{d}^3\boldsymbol{k}$,即三维积分的体积元. 这样,求和到积分的过渡为

$$\left(\frac{2\pi}{L}\right)^3\sum_{\boldsymbol{k}}=\sum_{\boldsymbol{k}}\Delta^3k\to\int\mathrm{d}^3\boldsymbol{k} \tag{2.85}$$

为了这个过渡,我们把方程 (2.83) 的矢量势改写为

$$\hat{\boldsymbol{A}}(\boldsymbol{r},t)=\sqrt{4\pi c^2}\left(\frac{2\pi}{L}\right)^3\sum_{\boldsymbol{k},s}\sqrt{\frac{\hbar}{2\omega}}\,\hat{a}_{\boldsymbol{k},s}\left(\frac{L}{2\pi}\right)^{\frac{3}{2}}\hat{\epsilon}_{\boldsymbol{k},s}\frac{\mathrm{e}^{\mathrm{i}(\boldsymbol{k}\cdot\boldsymbol{r}-\omega t)}}{(2\pi)^{3/2}}+\mathrm{h.c.} \tag{2.86}$$

但是,求和项里还有一个 $(L/2\pi)^{3/2}$ 因子会随 $L\to\infty$ 而发散. 为了解决这个问题,我们引进连续 $\boldsymbol{k}$ 空间的湮灭算符:

$$\hat{a}_s(\boldsymbol{k})\equiv\hat{a}_{\boldsymbol{k},s}[L/(2\pi)]^{3/2}=\hat{a}_{\boldsymbol{k},s}/(\Delta k)^{3/2} \tag{2.87}$$

根据方程 (2.77) 的离散对易关系,我们得到

$$[\hat{a}_s(\boldsymbol{k}),\hat{a}^\dagger_{s'}(\boldsymbol{k}')]=\delta_{s,s'}\delta_{\boldsymbol{k},\boldsymbol{k}'}/(\Delta^3k)\to\delta_{s,s'}\delta^{(3)}(\boldsymbol{k}-\boldsymbol{k}')$$

或

$$[\hat{a}_s(\boldsymbol{k}),\hat{a}^\dagger_{s'}(\boldsymbol{k}')]=\delta_{s,s'}\delta^{(3)}(\boldsymbol{k}-\boldsymbol{k}') \tag{2.88}$$

这样，方程 (2.87) 里新定义的连续 $\boldsymbol{k}$ 空间的湮灭算符 $\hat{a}_s(\boldsymbol{k})$ 满足连续变量的对易关系 (2.88)．而方程 (2.86) 也变为连续 $\boldsymbol{k}$ 空间的矢量势算符：

$$\hat{\boldsymbol{A}}(\boldsymbol{r},t)=\sqrt{4\pi c^2}\sum_{s=1,2}\int \mathrm{d}^3\boldsymbol{k}\sqrt{\frac{\hbar}{2\omega}}\ \hat{a}_s(\boldsymbol{k})\hat{\epsilon}_{\boldsymbol{k},s}\frac{\mathrm{e}^{\mathrm{i}(\boldsymbol{k}\cdot\boldsymbol{r}-\omega t)}}{(2\pi)^{3/2}}+\text{h.c.} \tag{2.89}$$

同样，方程 (2.84) 的电场和磁场算符变为

$$\begin{aligned}\hat{\boldsymbol{E}}(\boldsymbol{r},t)&=\mathrm{i}\sqrt{4\pi}\sum_{s=1,2}\int \mathrm{d}^3\boldsymbol{k}\sqrt{\frac{\hbar\omega}{2}}\ \hat{a}_s(\boldsymbol{k})\hat{\epsilon}_{\boldsymbol{k},s}\frac{\mathrm{e}^{\mathrm{i}(\boldsymbol{k}\cdot\boldsymbol{r}-\omega t)}}{(2\pi)^{3/2}}+\text{h.c.}\\ \hat{\boldsymbol{B}}(\boldsymbol{r},t)&=\mathrm{i}\sqrt{4\pi}\sum_{s=1,2}\int \mathrm{d}^3\boldsymbol{k}\sqrt{\frac{\hbar\omega}{2}}\ \hat{a}_s(\boldsymbol{k})(\hat{\boldsymbol{k}}\times\hat{\epsilon}_{\boldsymbol{k},s})\frac{\mathrm{e}^{\mathrm{i}(\boldsymbol{k}\cdot\boldsymbol{r}-\omega t)}}{(2\pi)^{3/2}}+\text{h.c.}\end{aligned} \tag{2.90}$$

对于连续 $\boldsymbol{k}$ 空间，模式函数现在由方程 (2.26) 给出，而正交归一关系由方程 (2.30) 给出．

### 2.3.4 准单色光场近似

当光场被激发的模式的频谱宽度 $\Delta\omega_F$ 远远小于光场中心频率 $\omega_0$，即 $\Delta\omega_F\ll\omega_0$ 时，这种光场就被称为准单色光场．另外，任何一个光探测器都具有有限的探测频谱宽度 $\Delta\omega_D$．也就是说探测器对探测频谱宽度之外的光场激发没有响应．这样，我们在做计算时就可以忽略探测频谱宽度之外的模式．通常，探测器的频谱宽度都很窄，即 $\Delta\omega_D\ll\omega_0$．这样，探测器看到的光场就是准单色光场．

从方程 (2.81)、方程 (2.82) 可以看出，光场算符都可以写为

$$\hat{\boldsymbol{F}}(\boldsymbol{r},t)=\sum_{\boldsymbol{k},s}l(\omega)\ \hat{a}_{\boldsymbol{k},s}\hat{\epsilon}_{\boldsymbol{k},s}u_{\boldsymbol{k},s}(\boldsymbol{r})\mathrm{e}^{-\mathrm{i}\omega t}+\text{h.c.} \tag{2.91}$$

其中，对于矢量势 $\boldsymbol{A}$，$l(\omega)=\sqrt{2\pi\hbar c^2/\omega}$；对于电场和磁场，$l(\omega)=\sqrt{2\pi\hbar\omega}$；对于准单色光场，$\Delta\omega_F\ll\omega_0$．在这个频段里，$l(\omega)$ 的变化远比 $\mathrm{e}^{-\mathrm{i}\omega t}$ 要慢．这时，我们可以作准单色光场近似：$l(\omega)\approx l(\omega_0)$．这样，方程 (2.91) 可近似为

$$\hat{\boldsymbol{F}}(\boldsymbol{r},t)\approx l(\omega_0)\sum_{\boldsymbol{k},s}\ \hat{a}_{\boldsymbol{k},s}\hat{\epsilon}_{\boldsymbol{k},s}u_{\boldsymbol{k},s}(\boldsymbol{r})\mathrm{e}^{-\mathrm{i}\omega t}+\text{h.c.} \tag{2.92}$$

因此,不同的场算符就差一个常数. 为此,我们可以定义一个新的场算符:

$$\hat{\boldsymbol{V}}(\boldsymbol{r},t) \equiv \sum_{\boldsymbol{k},s} \hat{a}_{\boldsymbol{k},s}\hat{\epsilon}_{\boldsymbol{k},s}u_{\boldsymbol{k},s}(\boldsymbol{r})\mathrm{e}^{-\mathrm{i}\omega t} + \mathrm{h.c.} \equiv \hat{\boldsymbol{V}}^{(+)}(\boldsymbol{r},t) + \hat{\boldsymbol{V}}^{(-)}(\boldsymbol{r},t) \tag{2.93}$$

其中,我们将 $\hat{\boldsymbol{V}}$ 写成正频率和负频率部分之和,正频率和负频率部分为

$$\hat{\boldsymbol{V}}^{(+)}(\boldsymbol{r},t) = \sum_{\boldsymbol{k},s} \hat{a}_{\boldsymbol{k},s}\hat{\epsilon}_{\boldsymbol{k},s}u_{\boldsymbol{k},s}(\boldsymbol{r})\mathrm{e}^{-\mathrm{i}\omega t} = \left[\hat{\boldsymbol{V}}^{(-)}(\boldsymbol{r},t)\right]^{\dagger} \tag{2.94}$$

由此,我们可以定义算符

$$\hat{n}(\boldsymbol{r},t) \equiv \hat{\boldsymbol{V}}^{(-)}(\boldsymbol{r},t)\cdot\hat{\boldsymbol{V}}^{(+)}(\boldsymbol{r},t) \tag{2.95}$$

其物理意义可以从如下计算得到:

$$\begin{aligned}\int \mathrm{d}^3\boldsymbol{r}\hat{n}(\boldsymbol{r},t) &= \sum_{\boldsymbol{k},s}\sum_{\boldsymbol{k}',s'} \hat{a}^{\dagger}_{\boldsymbol{k},s}\hat{a}_{\boldsymbol{k}',s'}\mathrm{e}^{\mathrm{i}(\omega-\omega')t}\left(\hat{\epsilon}^{*}_{\boldsymbol{k},s}\cdot\hat{\epsilon}_{\boldsymbol{k}',s'}\right)\int \mathrm{d}^3\boldsymbol{r}u^{*}_{\boldsymbol{k},s}u_{\boldsymbol{k}',s'} \\ &= \sum_{\boldsymbol{k},s}\hat{a}^{\dagger}_{\boldsymbol{k},s}\hat{a}_{\boldsymbol{k},s} \equiv \sum_{\boldsymbol{k},s}\hat{n}_{\boldsymbol{k},s} = \hat{N}_{\mathrm{TOT}}\end{aligned} \tag{2.96}$$

我们从 3.1.2 小节得到 $\hat{a}^{\dagger}_{\boldsymbol{k},s}\hat{a}_{\boldsymbol{k},s} \equiv \hat{n}_{\boldsymbol{k},s}$,它是 $\{\boldsymbol{k},s\}$ 模式的光子数算符. 这样, $\hat{N}_{\mathrm{TOT}}$ 是光场的总光子数算符,所以 $\hat{n}(\boldsymbol{r},t) = \hat{\boldsymbol{V}}^{(-)}\cdot\hat{\boldsymbol{V}}^{(+)}$ 就是光场光子数的空间密度.

## 2.3.5 光场的一维近似描述

在后面几章中,很多情况下光场只在一个固定方向上有激发,而在其他方向上处于真空. 这时,前面讲的三维自由空间的场算符可以进一步简化为一维空间的场算符. 为此,我们回到 2.1.3 小节的箱模型. 不同的是,正方体的箱子变为长度为 $L$、截面为 $S$ 的长方体,且场函数 $\boldsymbol{A}$ 只依赖于沿着箱子长度方向的一维坐标 $z$ : $\boldsymbol{A} = \boldsymbol{A}(z)$. 这里,截面 $S$ 一般选为一维光场的光斑大小. 坐标系的选择使得 $z$ 方向为光波的传播方向 $\hat{z} = \hat{\boldsymbol{k}} = \boldsymbol{k}/k$. 边界条件为 $\boldsymbol{A}$ 仅在 $z$ 方向的两个面上连续:

$$\boldsymbol{A}(0) = \boldsymbol{A}(L) \tag{2.97}$$

由此得到的正交归一的场函数为

$$\boldsymbol{A}(z) = \hat{\epsilon}_s\mathrm{e}^{\mathrm{i}kz}/\sqrt{SL} \tag{2.98}$$

其中,$k=2\pi m/L$($m$ 为整数). 这样,矢量势算符的一维形式为

$$\hat{\boldsymbol{A}}(z,t)=\sqrt{4\pi c^2}\sum_{k,s}\sqrt{\frac{\hbar}{2\omega}}\ \hat{a}_{k,s}\hat{\epsilon}_s\mathrm{e}^{\mathrm{i}(kz-\omega t)}/\sqrt{SL}+\mathrm{h.c.} \tag{2.99}$$

在后面要讲到的光探测理论中,光探测器输出的光电信号一般正比于场的平方 (即 $|\boldsymbol{A}|^2$),而且光电信号是探测器截面上各个点的贡献的和,即对探测器截面的积分. 但是只有被光照到的部分才有贡献,所以积分面积就是光斑面积 $S$ . 这样,光电信号就正比于 $|\boldsymbol{A}|^2S$. 由方程 (2.99) 可知,它与 $S$ 无关. 于是,我们可以把 $S$ 从方程 (2.99) 的矢量势表达式中拿掉. 令 $L\to\infty$,我们便过渡到连续 $k$ 值的一维自由空间的形式:

$$\begin{aligned}\hat{\boldsymbol{A}}(z,t)&=\sqrt{4\pi c^2}\sum_{s=1,2}\int\mathrm{d}k\sqrt{\frac{\hbar}{2\omega}}\ \hat{a}_s(k)\hat{\epsilon}_s\mathrm{e}^{\mathrm{i}(kz-\omega t)}/(2\pi)^{1/2}+\mathrm{h.c.}\\&=\sqrt{4\pi}\sum_{s=1,2}\int\mathrm{d}\omega\sqrt{\frac{c\hbar}{2\omega}}\ \hat{a}_s(\omega)\hat{\epsilon}_s\mathrm{e}^{-\mathrm{i}\omega t'}/(2\pi)^{1/2}+\mathrm{h.c.}\end{aligned} \tag{2.100}$$

其中 $t'\equiv t-z/c$, 一维求和到一维积分的过渡为 $(2\pi/L)\sum_k=\sum_k\Delta k\to\int\mathrm{d}k$, 并且 $\hat{a}_s(k)\equiv\hat{a}_{k,s}(L/2\pi)^{1/2}=a_{k,s}/\Delta k^{1/2}$,且满足连续变量的对易关系:

$$\begin{aligned}[\hat{a}_s(k),\hat{a}_{s'}^{\dagger}(k')]&=(L/2\pi)[\hat{a}_{k,s},\hat{a}_{k,s'}^{\dagger}]=\delta_{s,s'}\delta_{k,k'}/\Delta k\\&\to\delta_{s,s'}\delta(k-k')\end{aligned} \tag{2.101}$$

在方程 (2.100) 第二行的积分中我们做了变量变换:$k\to\omega/c$ 并且 $\hat{a}_s(\omega)\equiv\hat{a}_s(k)/\sqrt{c}$,它满足对易关系:

$$\begin{aligned}[\hat{a}_s(\omega),\hat{a}_{s'}^{\dagger}(\omega')]&=(1/c)[\hat{a}_s(k),\hat{a}_{s'}^{\dagger}(k')]=\delta_{s,s'}(1/c)\delta(k-k')\\&=\delta_{s,s'}\delta(\omega-\omega')\end{aligned} \tag{2.102}$$

在方程 (2.100) 的第二行,时间变量换为 $t'=t-z/c$. 这样,在一维的情况下,我们只需要时间变量就可以了. 空间的移动等效于时间上的延迟或提前:$\Delta t=-\Delta z/c$.

与方程 (2.100) 类似,我们得到电场和磁场的一维表达式:

$$\hat{\boldsymbol{E}}(t)=\mathrm{i}\sqrt{4\pi}\sum_{s=1,2}\int\mathrm{d}\omega\sqrt{\frac{\hbar\omega}{2}}\ \hat{a}_s(\omega)\hat{\epsilon}_s\frac{\mathrm{e}^{-\mathrm{i}\omega t}}{\sqrt{2\pi c}}+\mathrm{h.c.} \tag{2.103}$$

$$\hat{\boldsymbol{B}}(t)=\mathrm{i}\sqrt{4\pi}\sum_{s=1,2}\int\mathrm{d}\omega\sqrt{\frac{\hbar\omega}{2}}\ \hat{a}_s(\omega)(\hat{\boldsymbol{k}}\times\hat{\epsilon}_s)\frac{\mathrm{e}^{-\mathrm{i}\omega t}}{\sqrt{2\pi c}}+\mathrm{h.c.} \tag{2.104}$$

对于准单色光场,我们得到场算符的一维表达式:

$$\hat{\boldsymbol{V}}^{(+)}(t)=\frac{1}{\sqrt{2\pi}}\sum_{s=1,2}\int\mathrm{d}\omega\ \hat{a}_s(\omega)\hat{\epsilon}_s\mathrm{e}^{-\mathrm{i}\omega t} \tag{2.105}$$

因为只有时间变量,所以 $\hat{\boldsymbol{V}}^{(-)}(t)\cdot\hat{\boldsymbol{V}}^{(+)}(t)\equiv\hat{R}(t)$ 的物理意义不是光子数空间密度而是光子数的速率. 这可以从对 $\hat{R}(t)$ 的时间积分中看到:

$$\begin{aligned}\int \mathrm{d}t\hat{R}(t)&=\sum_{s,s'}\int \mathrm{d}\omega\mathrm{d}\omega'\hat{a}_s^\dagger(\omega)\hat{a}_{s'}(\omega')(\hat{\epsilon}_s^*\cdot\hat{\epsilon}_{s'})\frac{1}{2\pi}\int \mathrm{d}t\mathrm{e}^{\mathrm{i}(\omega-\omega')t}\\&=\sum_s\int \mathrm{d}\omega\hat{a}_s^\dagger(\omega)\hat{a}_s(\omega)=\hat{N}_{\mathrm{tot}}\end{aligned}\tag{2.106}$$

方程 (2.105) 的场算符的一维表达式在后面几章里要经常用到.

## 2.4 进一步阅读:卡西米尔效应——由模式变化引起的真空的量子效应

我们从方程 (2.76)、方程 (2.78) 中看到系统的最小能量为 $E_{\mathrm{vac}}=\sum_\lambda \hbar\omega_\lambda/2$. 它也是将在 3.1 节引入的真空的能量,因此用下标"vac"标注. 我们从 2.1.3 小节和 2.2.1 小节看到 $\omega_\lambda$ 取决于模式结构. 因此,真空的能量由模式结构决定. 如果我们改变模式结构,真空的能量也会改变. 能量守恒意味着必须做一些功来补偿这一变化,这就引起力的作用. 真空的能量这一效应就是卡西米尔效应 (Casimir, 1948). 在本节里,我们将演示这一效应是如何由真空能量的变化而产生的,并导出卡西米尔力的公式.

考虑箱模型的模式结构. 但不同于 2.1.3 小节的具有周期条件的箱子,这里的箱子是一个墙面为理想电导体的、尺寸为 $L\times L\times L$ 的正方体,其墙面上的电场为零. 为了改变模式结构,我们将另一个大小为 $L\times L$、厚度可忽略的理想导电板插在 $x=a(\ll L)$ 处,并使它与 $yz$ 平面平行. 比较这个导电板存在时与它没有时的系统能量.

对于没有导电板的情况,在所有墙面 $(x,y,z=0,L)$ 上 $\boldsymbol{E}=0$ 的边界条件给出电场的模函数为

$$\boldsymbol{E}_{\boldsymbol{k}}(\boldsymbol{r})=\hat{\epsilon}_{\boldsymbol{k}}\left(\frac{2}{L}\right)^3\sin k_x x\sin k_y y\sin k_z z\tag{2.107}$$

其中, $\boldsymbol{k}=(k_x,k_y,k_z)$ 以及 $k_x=n_x\pi/L,k_y=n_y\pi/L,k_z=n_z\pi/L$ ($n_x,n_y,n_z=$ 正整数). 偏振矢量 $\hat{\epsilon}_{\boldsymbol{k}}$ 满足横波条件 $\hat{\epsilon}_{\boldsymbol{k}}\cdot\boldsymbol{k}=0$,这就给出两个独立的偏振模式. 另外,只要 $\hat{\epsilon}_{\boldsymbol{k}}=\hat{z}$,如下形式的模函数也是允许的:

$$\boldsymbol{E}(\boldsymbol{r}) = \hat{\epsilon}_{\boldsymbol{k}}\left(\frac{4}{L^3}\right)\sin k_x x \sin k_y y \tag{2.108}$$

这是因为虽然 $E_{\|}$ 必须在导电的墙面上为零,但电磁场的边界条件允许 $E_{\perp}$ 可以不为零.同样的

$$\hat{x}\left(\frac{4}{L^3}\right)\sin k_y y \sin k_z z, \quad \hat{y}\left(\frac{4}{L^3}\right)\sin k_x x \sin k_z z \tag{2.109}$$

也是允许存在的.

有了上面给出的模式和 $\omega = ck$,我们可以得到系统没有导电板时的真空能量为

$$\begin{aligned} E_{\text{vac}}^{\text{NP}} &= \sum_{\lambda}\hbar\omega_{\lambda}/2 = \sum_{\lambda}c\hbar k_{\lambda}/2 \\ &= \frac{c\hbar}{2}\left\{2\sum_{n_x,n_y,n_z=1}^{\infty}\sqrt{\left(\frac{n_x\pi}{L}\right)^2+\left(\frac{n_y\pi}{L}\right)^2+\left(\frac{n_z\pi}{L}\right)^2}\right. \\ &\quad \left. + \ 3\sum_{n_y,n_z=1}^{\infty}\sqrt{\left(\frac{n_y\pi}{L}\right)^2+\left(\frac{n_z\pi}{L}\right)^2}\right\} \end{aligned} \tag{2.110}$$

这里,NP 代表没有导电板的情况. 求和符号前的因子“2”和“3”分别对应两个独立偏振模式和方程 (2.108)、方程 (2.109) 里的三个特殊解. 这三个特殊模式的贡献一样. 利用 2.3.3 小节中从离散 $k$ 空间过渡到连续 $k$ 空间的方法,取 $L \to \infty$,我们得到

$$\begin{aligned} E_{\text{vac}}^{\text{NP}} = \frac{c\hbar}{2}&\left\{2\left(\frac{L}{\pi}\right)^3\int_0^{\infty}\mathrm{d}k_x\mathrm{d}k_y\mathrm{d}k_z\sqrt{k_x^2+k_y^2+k_z^2}\right. \\ &\left. +3\left(\frac{L}{\pi}\right)^2\int_0^{\infty}\mathrm{d}k_y\mathrm{d}k_z\sqrt{k_y^2+k_z^2}\right\} \end{aligned} \tag{2.111}$$

这个过程要用到 $\Delta k = \pi/L$.

方程 (2.111) 里表达式是发散的. 因此我们要和有导电板时的情况对比. 这时箱子分为两个区间并有不同的模式:左边为 $k_x = n_x\pi/a, k_y = n_y\pi/L, k_z = n_z\pi/L$;而右边为 $k_x = n_x\pi/(L-a), k_y = n_y\pi/L, k_z = n_z\pi/L$. 这不包括模式 $\hat{x}\left(\frac{4}{L^3}\right)\sin k_y y \sin k_z z$,它在两个区间一样. 这样,对于有导电板时的情况,我们得到

$$\begin{aligned} E_{\text{vac}}^{\text{P}} = \frac{c\hbar}{2}&\left\{2\sum_{n_x,n_y,n_z=1}^{\infty}\sqrt{\left(\frac{n_x\pi}{a}\right)^2+\left(\frac{n_y\pi}{L}\right)^2+\left(\frac{n_z\pi}{L}\right)^2}\right. \\ &+2\sum_{n_x,n_y,n_z=1}^{\infty}\sqrt{\left(\frac{n_x\pi}{L-a}\right)^2+\left(\frac{n_y\pi}{L}\right)^2+\left(\frac{n_z\pi}{L}\right)^2} \end{aligned}$$

$$
\begin{aligned}
&+2\sum_{n_x,n_y=1}^{\infty}\sqrt{\left(\frac{n_x\pi}{a}\right)^2+\left(\frac{n_y\pi}{L}\right)^2}+2\sum_{n_x,n_y=1}^{\infty}\sqrt{\left(\frac{n_x\pi}{L-a}\right)^2+\left(\frac{n_y\pi}{L}\right)^2}\\
&+2\sum_{n_y,n_z=1}^{\infty}\sqrt{\left(\frac{n_y\pi}{L}\right)^2+\left(\frac{n_z\pi}{L}\right)^2}\Bigg\}\\
=\frac{c\hbar}{2}\Bigg\{&2\sum_{n_x,n_y=1,n_z=0}^{\infty}\sqrt{\left(\frac{n_x\pi}{a}\right)^2+\left(\frac{n_y\pi}{L}\right)^2+\left(\frac{n_z\pi}{L}\right)^2}\\
&+2\sum_{n_x,n_y=1,n_z=1}^{\infty}\sqrt{\left(\frac{n_x\pi}{L-a}\right)^2+\left(\frac{n_y\pi}{L}\right)^2+\left(\frac{n_z\pi}{L}\right)^2}\\
&+2\sum_{n_x,n_y=1}^{\infty}\sqrt{\left(\frac{n_x\pi}{L-a}\right)^2+\left(\frac{n_y\pi}{L}\right)^2}\\
&+2\sum_{n_y,n_z=1}^{\infty}\sqrt{\left(\frac{n_y\pi}{L}\right)^2+\left(\frac{n_z\pi}{L}\right)^2}\Bigg\}
\end{aligned}
\tag{2.112}
$$

在以上推导的第二个方程中，我们将第一个方程里的第三个求和作为 $n_z=0$ 项引入第一个求和里. 随着 $L\to\infty$，但 $a$ 为有限值，剩下的对应于特殊解的两个求和是相等的. 我们便过渡到连续 $k$ 空间：

$$
\begin{aligned}
E_{\text{vac}}^{\text{P}}=\frac{c\hbar}{2}\Bigg\{&2\left(\frac{L}{\pi}\right)^2\sum_{n_x=1}^{\infty}\int_0^{\infty}\mathrm{d}k_y\mathrm{d}k_z\sqrt{\left(\frac{n_x\pi}{a}\right)^2+k_y^2+k_z^2}\\
&+2\left(\frac{L}{\pi}\right)^2\left(\frac{L-a}{\pi}\right)\int_0^{\infty}\mathrm{d}k_x\mathrm{d}k_y\mathrm{d}k_z\sqrt{k_x^2+k_y^2+k_z^2}\\
&+4\left(\frac{L}{\pi}\right)^2\int_0^{\infty}\mathrm{d}k_y\mathrm{d}k_z\sqrt{k_y^2+k_z^2}\Bigg\}
\end{aligned}
\tag{2.113}
$$

推导中注意，导电板右边的积分元为 $\mathrm{d}k_x=\Delta k_x\equiv\pi/(L-a)$ 并且我们只保留到 $L^2$ 的项. 这是对能量差贡献的最大非零项.

于是，有导电板与无导电板两种情况的能量差为

$$
\begin{aligned}
\Delta E=c\hbar\left(\frac{L}{\pi}\right)^2\Bigg\{&\int_0^{\infty}\mathrm{d}k_y\mathrm{d}k_z\left[\frac{1}{2}\sqrt{k_y^2+k_z^2}+\sum_{n_x=1}^{\infty}\sqrt{\left(\frac{n_x\pi}{a}\right)^2+k_y^2+k_z^2}\right]\\
&-\frac{a}{\pi}\int_0^{\infty}\mathrm{d}k_x\mathrm{d}k_y\mathrm{d}k_z\sqrt{k_x^2+k_y^2+k_z^2}\Bigg\}
\end{aligned}
\tag{2.114}
$$

做变量代换：$k_x=n\pi/a, k_y=u\pi/a, k_z=v\pi/a$. 我们得到

$$\Delta E = c\hbar\left(\frac{L}{\pi}\right)^2\left(\frac{\pi}{a}\right)^3\mathcal{A} \tag{2.115}$$

其中

$$\mathcal{A} \equiv \int_0^\infty \mathrm{d}u\mathrm{d}v\left(\sum_{n=(0),1}^{\infty}\sqrt{n^2+u^2+v^2} - \int_0^\infty \mathrm{d}n\sqrt{n^2+u^2+v^2}\right) \tag{2.116}$$

式中,“(0)”表示求和的 $n=0$ 项有一个 1/2 因子. 在实际中,存在一个高频截止值,因为对很高的频率,如 $\gamma$ 射线,导电板就是透明的而不能支持那些模式. 因此,方程 (2.116) 里的积分有一个截止上限,由此可以证明 $\mathcal{A}=-\pi/720$(Caximir, 1948). 这样,引入导电板后的单位面积能量差为

$$\Delta E/L^2 = -\frac{c\hbar\pi^2}{720a^3} \tag{2.117}$$

这个量随着间距 $a$ 减小而变大. 为此,一个外力必须做功. 这说明导电板和墙面有一个吸引力,其单位面积大小为

$$F = \frac{\partial}{\partial a}(\Delta E/L^2) = \frac{c\hbar\pi^2}{240a^4} \tag{2.118}$$

如上证明,这个吸引力是从模式变化引起的真空能量变化而来,因此它不依赖于导电板的材料.

真空模式结构的变化也可以改变原子的自发辐射率,这是因为原子向周围光场的真空模式发光. 当这些模式因周围几何形状改变而发生变化时,辐射的速率也将变化. 模式的改变可以很容易在腔的环境下实现,这就是原子的腔量子电动力学效应 (Haroche et al., 1989).

## 2.5 关于光在量子理论中的波粒统一

在光的量子理论中,粒子和波的图像在方程 (2.81) 和方程 (2.82) 的场算符中得到统一,这些场算符具有如下的一般形式:

$$\hat{V}(\boldsymbol{r},t) = \sum_\lambda \boldsymbol{u}_\lambda(\boldsymbol{r},t)\hat{a}_\lambda + \boldsymbol{u}_\lambda^*(\boldsymbol{r},t)\hat{a}_\lambda^\dagger \tag{2.119}$$

这里,$\boldsymbol{u}_\lambda(\boldsymbol{r},t)$ 是满足麦克斯韦波动方程的模式函数,因此它具有波的所有性质. 另外,我们将在下一章看到,产生和湮灭算符 $\hat{a}_\lambda^\dagger,\hat{a}_\lambda$ 涉及光的粒子性,即光子. 经典的波动现象 (如干涉) 可以通过与光场的空间和时间行为有关的模式函数得到解释,而与粒子性有关的量子行为则归因于量子算符 $\hat{a}_\lambda^\dagger,\hat{a}_\lambda$ 的期望值 (平均值). 需要留意的是在二次量子化的过程中,方程 (2.22) 或方程 (2.66) 中的经典量 $q_\lambda,q_\lambda^*$ 被量子算符 $\hat{a}_\lambda^\dagger,\hat{a}_\lambda$ 所取代. 经典量 $q_\lambda,q_\lambda^*$ 决定了模式的激发强度. 同样的,算符 $\hat{a}_\lambda^\dagger,\hat{a}_\lambda$ 在量子理论里也通过其平均值来决定光场的激发强度,但能量要以光子形式量子化.

虽然看上去光场的量子性质都存在于算符 $\hat{a}_\lambda^\dagger,\hat{a}_\lambda$ 之中,但是,模式函数 $\boldsymbol{u}_\lambda(\boldsymbol{r},t)$ 也在量子干涉现象中起到重要作用,其作用是基于量子力学的互补原理在光子不可区分性的概念中体现出来的 (见 8.2.3 小节、8.4 节). 当多个光子在由 $\boldsymbol{u}_\lambda(\boldsymbol{r},t)$ 描述的一个共同的模式中产生,它们之间完全不可区分并给出最大的量子干涉效应. 另外,如果两个光子分别处于两个正交的模式 $\boldsymbol{u}_\lambda(\boldsymbol{r},t),\boldsymbol{u}_{\lambda'}(\boldsymbol{r},t)$ 中,其中 $\int \mathrm{d}t\mathrm{d}^3\boldsymbol{r}\ \boldsymbol{u}_\lambda(\boldsymbol{r},t)\cdot\boldsymbol{u}_{\lambda'}^*(\boldsymbol{r},t)=0$,那么它们就是完全可区分的并不产生任何量子干涉效应. 我们将在 8.4 节证明这点. 如果 $\int \mathrm{d}t\mathrm{d}^3\boldsymbol{r}\ \boldsymbol{u}_\lambda(\boldsymbol{r},t)\cdot\boldsymbol{u}_{\lambda'}^*(\boldsymbol{r},t)\neq 0$ 但 $\boldsymbol{u}_\lambda(\boldsymbol{r},t)\neq\boldsymbol{u}_{\lambda'}(\boldsymbol{r},t)$,即两光子的模式函数部分重合,那么它们具有部分不可区分性,这会产生一些量子干涉效应. 因为干涉效应通常由相干函数来描述,模式函数在决定相干函数时也很重要 (见 8.4.4 小节). 所有这些讨论也同样适用于广义模式,其模式函数为几个正交模式函数的叠加:$\boldsymbol{u}(\boldsymbol{r},t)=\sum_\lambda c_\lambda\boldsymbol{u}_\lambda(\boldsymbol{r},t)$.

从以上的讨论中我们可以看到,模式函数就是光子必要的基本特征. 没有光子的模式函数,即光场的波的一面,我们根本就不能谈论这个光子. 这个观点最先由兰姆在一篇以“反光子”这个惊人的词汇作为题目的论文中提出 (Lamb, 1995). 他在论文里讲道:“光子在任何有意义的情况下不能有确定的位置. 无论是否用波函数来描写,它们根本就不表现为粒子.”从这层意义上讲,兰姆认为“光子”这个词不适合描述量子辐射场,因为“光子”中的“子”字意为粒子,如电子、质子等,在经典极限下应为牛顿式的粒子,具有确定的位置. 但这个辐射场根本就不像一个粒子,实际上它在经典极限下就是一个波,即这个辐射场的模式函数,故不具有确定的位置.

为了与我们的日常生活有更接近的联系,我们可以在某种意义上把模式函数比喻为可以给人住的房子,而光子就是住在其中的人. 这些房子的形状非常依赖周围的环境,但是它们被固定在具有确定地址的位置上,而人则可以在房子里进进出出. 光场即使处于真空,其模式也存在,就像没人住的房子. 区别在于,处于真空的模式因为 (真实存在的) 量子涨落而仍然很活跃,但空房子的任何活动只能如 (不真实的)“幽灵鬼怪”一般了.

既然无法离开光的波动性描述来讨论光子,而波从本质上讲又是非局域性的——模

式函数 $\boldsymbol{u}(\boldsymbol{r},t)$ 在整个空域和时域展开，光子具有非局域性就并不奇怪了 (如果我们依然坚持用光子这个让人联想到牛顿式粒子的词来描述辐射场)．局域实在性隐变量理论所满足的 Bell 不等式会被光子违背 (Bell, 1964) 也就是不可避免的了．

## 习　　题

**习题 2.1**　任何场物理量都应该能表达为产生和湮灭算符 $\hat{a}_s(\boldsymbol{k}),\hat{a}_s^\dagger(\boldsymbol{k})$ 的形式，如方程 (2.78) 的能量表达式．从量子化后的三维自由空间电磁场的算符形式 (2.90) 推导光场的总动量：

$$\boldsymbol{P} \equiv \frac{1}{8\pi}\int \mathrm{d}^3\boldsymbol{r}(\boldsymbol{E}\times\boldsymbol{B}-\boldsymbol{B}\times\boldsymbol{E}) \tag{2.120}$$

**习题 2.2**　证明方程 (2.90) 给出的三维自由空间电场和磁场算符形式的等时对易关系为

$$[\hat{E}_j(\boldsymbol{r},t),\hat{B}_k(\boldsymbol{r}',t)] = -4\mathrm{i}\pi\hbar\epsilon_{jkl}\frac{\partial}{\partial r_l}\delta^3(\boldsymbol{r}-\boldsymbol{r}') \tag{2.121}$$

其中

$$\epsilon_{ijk} = \begin{cases} 1, & \text{如果 } i,j,k \text{ 是 } 1,2,3 \text{ 的偶排列} \\ -1, & \text{如果 } i,j,k \text{ 是 } 1,2,3 \text{ 的奇排列} \\ 0, & \text{如果 } i,j,k \text{ 任意两个相等} \end{cases} \tag{2.122}$$

**习题 2.3**　光场的自旋算符定义如下：

$$\hat{\Omega}_j^S \equiv -\frac{1}{4\pi c}\int \mathrm{d}^3\boldsymbol{r}\epsilon_{jkl}\frac{\partial \hat{A}_k}{\partial t}\hat{A}_l \tag{2.123}$$

(1) 利用矢量势 $\hat{\boldsymbol{A}}$ 场算符表达式证明光场的自旋可以写为

$$\hat{\Omega}_j^S = \mathrm{i}\hbar\sum_{s,s'}\int \mathrm{d}^3\boldsymbol{k}\ \ \hat{a}_s^\dagger(\boldsymbol{k})\hat{a}_{s'}(\boldsymbol{k})(\hat{\epsilon}_{\boldsymbol{k},s'}\times\hat{\epsilon}_{\boldsymbol{k},s})_j \quad (s,s'=1,2) \tag{2.124}$$

(2) 证明：如果我们定义 $\hat{\epsilon}_+\hat{a}_+(\boldsymbol{k})+\hat{\epsilon}_-\hat{a}_-(\boldsymbol{k}) \equiv \hat{\epsilon}_1\hat{a}_1(\boldsymbol{k})+\hat{\epsilon}_2\hat{a}_2(\boldsymbol{k})$，其中，$\hat{\epsilon}_\pm = (\hat{\epsilon}_1 \pm \mathrm{i}\hat{\epsilon}_2)/\sqrt{2}$，我们得到

$$\hat{a}_{\pm}(\boldsymbol{k}) = [\hat{a}_1(\boldsymbol{k}) \mp \mathrm{i}\hat{a}_2(\boldsymbol{k})]/\sqrt{2}$$

$$[\hat{a}_{\pm}(\boldsymbol{k}), \hat{a}^{\dagger}_{\mp}(\boldsymbol{k}')] = 0, \quad [\hat{a}_{\pm}(\boldsymbol{k}), \hat{a}^{\dagger}_{\pm}(\boldsymbol{k}')] = \delta(\boldsymbol{k} - \boldsymbol{k}')$$

这意味着 $\hat{a}_{\pm}(\boldsymbol{k})$ 为圆偏振光 $\hat{\epsilon}_{\pm}$ 的湮灭算符.

(3) 证明

$$\hat{\Omega}_j^S = \int \mathrm{d}^3\vec{k} \sum_{s=+,-} s\hbar\hat{k}_j\hat{a}_s^{\dagger}(\boldsymbol{k})\hat{a}_s(\boldsymbol{k}) \tag{2.125}$$

这里 $\hat{k} \equiv \hat{\epsilon}_1 \times \hat{\epsilon}_2$ 是光波的传播方向. 这样,光子的自旋就只取两个值 $\pm\hbar$,其中符号取决于光子的圆偏振态 (左偏或右偏). 光子的自旋数 $S = 1, m = \pm 1$. 因为光场的横波特性, $m = 0$ 的态不存在.

# 第 3 章

# 单模场的量子态

我们从最简单的单模场开始，来讨论对光场的量子态的描述．在这种情况下，光场中只有一个模式被激发而其他模式都处于真空状态．这当然是理想的情况，纯粹的单模场在实验中是很难实现的．一般情况下，我们都要用多模场来描述实验中得到的光场．但在某些情况下，我们可以把实验中的光场近似为单模场．例如，当光场的频谱宽度比探测器的频谱响应要窄很多时，我们会发现单模场描述与多模场描述给出一样的结果．这里，我们把单模场看作只有一个频率分量．但对一个变换极限下的脉冲，即使频谱远比探测器的响应频谱宽很多，它也可以被看作一个单时间模的场．当然，单模场的描述要比多模场的描述简单．

# 3.1 能量本征态和数态

## 3.1.1 谐振子的能量本征态以及光子的概念

第 2 章讲过,单模场可以被描述为单个简单谐振子. 光场的量子化就是谐振子的量子化,它可在任何一本量子力学教科书中找到. 这里,我们只给出结果. 简单谐振子的哈密顿量由方程 (2.78) 给出. 利用方程 (2.77) 的对易关系,我们能导出哈密顿量的能量本征态 $|E_n\rangle$:

$$\hat{H}|E_n\rangle = \hbar\omega(\hat{a}^\dagger\hat{a} + 1/2)|E_n\rangle = \hbar\omega(n + 1/2)|E_n\rangle \tag{3.1}$$

其中,$n = 0,1,2,3,\cdots$,且对于单模场我们不再需要用下标 $\lambda$ 标注模式. 谐振子的能量是离散的,且能级间是等间距的. 每当谐振子吸收能量 $\hbar\omega$ 时,谐振子就跃迁到下一个高能级上. 而当谐振子从高能级跃迁到下一个低能级时,谐振子就释放出能量 $\hbar\omega$. 这样,谐振子能吸收或释放的能量最小量为 $\hbar\omega$. “能量量子” 最早是爱因斯坦给予这个能量最小量 $\hbar\omega$ 的名称 (Einstein, 1905). 后来,我们把它叫作一个“光子”的能量. 当这个谐振子吸收或释放 $\hbar\omega$ 的能量时,我们可以用光子的概念把该过程描述为光场得到或失去了一个光子.

从方程 (3.1) 看到,$|E_0\rangle$ 即 $n = 0$ 的态是谐振子的最小能量态或基态. 它对应于光场的真空状态. 但从方程 (3.1) 我们可以看到,光场真空态的能量为 $\hbar\omega/2$,它并不为零,这是光的量子与经典理论的一个很重要的区别. 光场真空态的能量由卡西米尔效应表现出来 (见 2.4节)(Casimir, 1948).

## 3.1.2 光子产生和湮灭算符以及光子数态

当谐振子处于第一激发态 $|E_1\rangle$ 时,光场的能量比真空状态多一个光子的能量. 这时,光场就有了一个光子. 第一激发态 $|E_1\rangle$ 就是光场的单个光子态. 当谐振子处于第 $n$ 激发态 $|E_n\rangle$ 时,光场能量为 $n$ 个光子的能量,这是光场的 $n$ 光子态. 因为数 $n$ 唯一定义了这个态,所以我们用 $|n\rangle$ 来代替 $|E_n\rangle$,用以表示 $n$ 光子态. 这个态也被称为光场的

数态. 方程 (3.1) 可用新的态标记重写为

$$\hat{H}|n\rangle = \hbar\omega(\hat{a}^\dagger\hat{a} + 1/2)|n\rangle = \hbar\omega(n + 1/2)|n\rangle \tag{3.2}$$

其中,$|0\rangle$ 是光场的基态并满足 $\hat{a}|0\rangle = 0$,它对应于没有光子激发的真空态. 从上式可知,光子数态 $|n\rangle$ 是算符 $\hat{a}^\dagger\hat{a}$ 的本征态,其本征值为 $n$:

$$\hat{a}^\dagger\hat{a}|n\rangle = n|n\rangle \tag{3.3}$$

因此,$\hat{n} \equiv \hat{a}^\dagger\hat{a}$ 被称为光子数算符.

我们可以从产生和湮灭算符 $\hat{a}^\dagger,\hat{a}$ 的 (单模) 对易关系 (2.77) 推出 (见习题 3.1):

$$|n\rangle = \frac{\hat{a}^{\dagger n}}{\sqrt{n!}}|0\rangle \tag{3.4}$$

从上式和 $\hat{a}^\dagger,\hat{a}$ 的对易关系,我们可以很容易导出

$$\begin{aligned} \hat{a}^\dagger|n\rangle &= \sqrt{n+1}\ |n+1\rangle \\ \hat{a}|n\rangle &= \sqrt{n}\ |n-1\rangle \end{aligned} \tag{3.5}$$

上式表明,算符 $\hat{a}^\dagger,\hat{a}$ 在作用于光子数态时将增加或减少一个光子. 所以,它们也被称为光子数的升降算符.

### 3.1.3 光子数态的 $q$ 空间表象:单光子态的波函数

我们从 2.3.2 小节知道, 对于与单模场对应的虚拟谐振子来说, 其广义坐标 (位置) 算符为 $\hat{Q}$,而与之对应的广义动量算符为 $\hat{P} = -\mathrm{i}\hbar\dfrac{\mathrm{d}}{\mathrm{d}Q}$. 我们从量子力学的教科书知道,位置算符 $\hat{Q}$ 的本征态 $|q\rangle$ 构成谐振子态空间的一组完备基. 而波函数 $\psi(q)$ 是任意态 $|\psi\rangle$ 在 $|q\rangle$ 基下的投影:$\psi(q) = \langle q|\psi\rangle$,也是 $|\psi\rangle$ 在 $q$ 空间的表现形式. 那么,光子数态 $|n\rangle$ 的波函数 $\psi_n(q)$ 又是什么呢? 我们在下面导出.

首先,对于 $n = 0$ 的真空态,我们有 $\hat{a}|0\rangle = 0$. 从方程 (2.74),我们得到

$$\hat{a} = \sqrt{\frac{\omega}{2\hbar}}\left(\hat{Q} + \mathrm{i}\frac{\hat{P}}{\omega}\right), \quad \hat{a}^\dagger = \sqrt{\frac{\omega}{2\hbar}}\left(\hat{Q} - \mathrm{i}\frac{\hat{P}}{\omega}\right) \tag{3.6}$$

那么,$\hat{a}|0\rangle = 0$ 在 $q$ 空间变为

$$\sqrt{\frac{\omega}{2\hbar}}\langle q|\hat{Q} + \mathrm{i}\frac{\hat{P}}{\omega}|0\rangle = 0 \tag{3.7}$$

将 $\hat{Q},\hat{P}$ 算符作用于左边的 $\langle q|$,我们得到

$$\left(q+\frac{\hbar}{\omega}\frac{\mathrm{d}}{\mathrm{d}q}\right)\langle q|0\rangle=0 \tag{3.8}$$

引入无量纲变量 $x=q/q_0$,$q_0\equiv\sqrt{\hbar/\omega}$,方程 (3.8) 变为

$$\left(x+\frac{\mathrm{d}}{\mathrm{d}x}\right)\psi_0(x)=0 \tag{3.9}$$

这个微分方程的解为

$$\psi_0(x)=C\mathrm{e}^{-x^2/2} \tag{3.10}$$

$C$ 是由归一化条件决定的常数. 这样,归一化后的真空波函数为

$$\psi_0(q)=\frac{1}{\sqrt{q_0\sqrt{\pi}}}\mathrm{e}^{-q^2/(2q_0^2)} \tag{3.11}$$

其中,$q_0\equiv\sqrt{\hbar/\omega}$ 是质量为 1 的经典谐振子的振幅,其能量为 $\hbar\omega/2$,或者说,真空能量为 $\hbar\omega/2$.

对 $n$ 光子态 $|n\rangle$,利用方程 (3.4) 和方程 (3.6),我们得到其波函数为

$$\begin{aligned}\psi_n(q)&=\langle q|n\rangle\\&=\frac{1}{\sqrt{2^n n! q_0\sqrt{\pi}}}\left(\frac{q}{q_0}-q_0\frac{\mathrm{d}}{\mathrm{d}q}\right)^n\mathrm{e}^{-q^2/(2q_0^2)}\\&=\frac{1}{\sqrt{2^n n! q_0\sqrt{\pi}}}\mathrm{H}_n(q/q_0)\mathrm{e}^{-q^2/(2q_0^2)}\end{aligned} \tag{3.12}$$

其中,$\mathrm{H}_n(x)=(-1)^n\mathrm{e}^{x^2}\dfrac{\mathrm{d}^n}{\mathrm{d}x^n}(\mathrm{e}^{-x^2})$ 是第 $n$ 阶埃尔米特多项式 (Hermite polynomial). 尤其对 $n=1$,我们得到单光子态的波函数:

$$\psi_1(q)=\frac{\sqrt{2}q}{\sqrt{q_0^3\sqrt{\pi}}}\mathrm{e}^{-q^2/(2q_0^2)} \tag{3.13}$$

在 10.4 节里,我们要讲到用量子层析测量技术来测量光场的量子态. 对单光子态来说,方程 (3.13) 就是要测量得到的波函数.

### 3.1.4 光子数态作为态空间的基矢态

因为谐振子的哈密顿量是厄密算符,其能量本征态集 $\{|E_n\rangle\}$ 或光子数态集 $\{|n\rangle\}$ 是正交归一的:

$$\langle n|m\rangle = \delta_{nm} \tag{3.14}$$

再进一步,因为谐振子的能量本征态集 $\{|E_n\rangle\}$ 是非简并的,即本征值能唯一决定本征态,这个本征态集就是完备的并组成了谐振子量子态空间的一个完备基. 因此,光子数态集 $\{|n\rangle\}$ 满足完备性关系:

$$\sum_n |n\rangle\langle n| = \hat{I} \tag{3.15}$$

这里,$\hat{I}$ 是单位算符.

对算符 $\hat{\rho}$,利用方程 (3.15) 的完备性关系,我们有

$$\begin{aligned}\hat{\rho} &= \hat{I}\hat{\rho}\hat{I} \\ &= \sum_n |n\rangle\langle n|\hat{\rho}\sum_m |m\rangle\langle m| \\ &= \sum_{m,n} \rho_{nm}|n\rangle\langle m| \end{aligned} \tag{3.16}$$

其中,$\rho_{nm} = \langle n|\hat{\rho}|m\rangle$. 因此,在数态 $\{|n\rangle\}$ 的表象里,算符 $\hat{\rho}$ 由矩阵 $\{\rho_{nm}\}$ 唯一表达. 例如,位置算符和动量算符的矩阵为

$$\{Q_{nm}\} = \sqrt{\frac{\hbar}{2\omega}}\begin{pmatrix} 0 & 1 & 0 & \cdots \\ 1 & 0 & \sqrt{2} & \cdots \\ 0 & \sqrt{2} & 0 & \cdots \\ \vdots & \vdots & \vdots & \ddots \end{pmatrix} \tag{3.17}$$

$$\{P_{nm}\} = \sqrt{\frac{\hbar\omega}{2}}\begin{pmatrix} 0 & -\mathrm{i} & 0 & \cdots \\ \mathrm{i} & 0 & -\mathrm{i}\sqrt{2} & \cdots \\ 0 & \mathrm{i}\sqrt{2} & 0 & \cdots \\ \vdots & \vdots & \vdots & \ddots \end{pmatrix} \tag{3.18}$$

对于产生和湮灭算符,我们有

$$\{a_{nm}\} = \begin{pmatrix} 0 & 1 & 0 & \cdots \\ 0 & 0 & \sqrt{2} & \cdots \\ 0 & 0 & 0 & \cdots \\ \vdots & \vdots & \vdots & \ddots \end{pmatrix}, \quad \{a^\dagger_{nm}\} = \begin{pmatrix} 0 & 0 & 0 & \cdots \\ 1 & 0 & 0 & \cdots \\ 0 & \sqrt{2} & 0 & \cdots \\ \vdots & \vdots & \vdots & \ddots \end{pmatrix} \tag{3.19}$$

方程 (3.15) 的完备性关系使得谐振子或单模场的任意量子态可表示为数态 $\{|n\rangle\}$ 的线性叠加:

$$|\psi\rangle = \hat{I}|\psi\rangle = \sum_n |n\rangle\langle n|\psi\rangle = \sum_n c_n|n\rangle \tag{3.20}$$

其中

$$c_n = \langle n|\psi\rangle \tag{3.21}$$

下面,我们讨论一个非常特殊的光子数态的叠加态——相干态.

# 3.2 相干态 $|\alpha\rangle$

薛定谔最早于 1926 年给出了相干态的形式 (Schrodinger, 1926). 他证明了相干态能给出海森伯不等式的最小值,并用相干态来描述量子谐振子的经典轨迹. 但是,Glauber 后来发现相干态是用来描述光场相干性的最佳量子态, 并由此发展了一套量子相干理论,为量子光学的发展奠定了基础 (Glauber, 1963a, 1963b, 1964).

## 3.2.1 相干态的定义及其数态表象

Glauber 给出的相干态 $|\alpha\rangle$ 的定义为

$$\hat{a}|\alpha\rangle = \alpha|\alpha\rangle \tag{3.22}$$

也就是说,相干态是湮灭算符 $\hat{a}$ 的本征态. 但因为湮灭算符 $\hat{a}$ 不是厄密算符,所以其本征值不一定是实数. 因此,相干态也就不是任何物理测量的投影态. 但其物理意义的重要性不在于此.

从方程 (3.22) 的相干态的定义, 我们可以导出相干态作为光子数态叠加的具体形式. 导出的方法有很多, 其中最直接的方法是利用方程 (3.4) 的光子数态的形式、方程 (3.20) 的叠加系数的定义以及方程 (3.22) 的相干态的定义推导如下:

$$|\alpha\rangle = \sum_n c_n|n\rangle \tag{3.23}$$

其中

$$\begin{aligned}
c_n &= \langle n|\alpha\rangle \\
&= \langle 0|\frac{\hat{a}^n}{\sqrt{n!}}|\alpha\rangle \\
&= \frac{1}{\sqrt{n!}}\langle 0|\hat{a}^n|\alpha\rangle \\
&= \frac{1}{\sqrt{n!}}\langle 0|\alpha^n|\alpha\rangle \\
&= \frac{\alpha^n}{\sqrt{n!}}\langle 0|\alpha\rangle \\
&\equiv c_0\frac{\alpha^n}{\sqrt{n!}}
\end{aligned} \tag{3.24}$$

除了一个位相常数，$c_0$ 由归一条件给出为 $c_0 = \mathrm{e}^{-|\alpha|^2/2}$. 于是，相干态有如下数态表现形式：

$$|\alpha\rangle = \mathrm{e}^{-|\alpha|^2/2}\sum_n \frac{\alpha^n}{\sqrt{n!}}|n\rangle \tag{3.25}$$

利用方程 (3.4) 给出的光子数态的形式，上述方程可变为

$$\begin{aligned}
|\alpha\rangle &= \mathrm{e}^{-|\alpha|^2/2}\sum_n \frac{\alpha^n}{n!}\hat{a}^{\dagger n}|0\rangle \\
&= \mathrm{e}^{-|\alpha|^2/2+\alpha\hat{a}^\dagger}|0\rangle \\
&\equiv \hat{D}(\alpha)|0\rangle
\end{aligned} \tag{3.26}$$

其中. $\hat{D}(\alpha)$ 是位移算符. 它的最终表达形式 $\hat{D}(\alpha) = \mathrm{e}^{\alpha\hat{a}^\dagger - \alpha^*\hat{a}}$ 可以从方程 (3.120) 和 $\hat{a}$ 与 $\hat{a}^\dagger$ 的代数运算得到.

### 3.2.2 相干态的光子数统计分布和光子数涨落

相干态是多个光子数态的叠加. 每个数态的概率，即光子数统计分布为

$$P_n = |c_n|^2 = \frac{(|\alpha|^2)^n}{n!}\mathrm{e}^{-|\alpha|^2} \tag{3.27}$$

这是平均数为 $\bar{n} = |\alpha|^2$ 的泊松分布. 我们可以从上式计算光子数分布的方差：

$$\overline{(\Delta n)^2} = \sum_n (n-\bar{n})^2 P_n = \bar{n} \tag{3.28}$$

另外,我们也可以用量子力学中计算算符的期待值的方法来得到上面的结果. 对于光子数算符 $\hat{n} \equiv \hat{a}^\dagger \hat{a}$,我们得到

$$\langle \hat{n} \rangle = \langle \alpha | \hat{a}^\dagger \hat{a} | \alpha \rangle = |\alpha|^2 = \bar{n} \tag{3.29}$$

和

$$\begin{aligned}
\langle \hat{n}^2 \rangle &= \langle \alpha | (\hat{a}^\dagger \hat{a})^2 | \alpha \rangle \\
&= \langle \alpha | \hat{a}^\dagger \hat{a} \hat{a}^\dagger \hat{a} | \alpha \rangle \\
&= \langle \alpha | \hat{a}^\dagger (\hat{a}^\dagger \hat{a} + 1) \hat{a} | \alpha \rangle \\
&= |\alpha|^4 + |\alpha|^2 \\
&= \bar{n}^2 + \bar{n} \\
&= \langle \hat{n} \rangle^2 + \langle \hat{n} \rangle
\end{aligned} \tag{3.30}$$

由式 (3.29) 和式 (3.30) 得到的光子数涨落 $\langle \Delta^2 n \rangle = \langle n^2 \rangle - \langle n \rangle^2$ 与式 (3.28) 一致.

### 3.2.3 简谐振子的经典轨迹和量子不确定量

在引入相干态时我们讲到,薛定谔导出相干态的形式是为了得到最接近谐振子的经典轨迹的量子态,即位置平均值随时间的函数 $\langle \hat{x}(t) \rangle$ 与经典一致且它的量子不确定量最小. 在习题 3.2 中我们将证明数态不是这样一种态,但相干态就是这样的态. 为了证明这点,我们先从方程 (2.78) 的哈密顿量得到相干态的时间演化:

$$\begin{aligned}
|\alpha(t)\rangle &= \mathrm{e}^{-\mathrm{i}\hat{H}t/\hbar} |\alpha\rangle \\
&= \mathrm{e}^{-|\alpha|^2/2} \sum_n \frac{\alpha^n}{\sqrt{n!}} \mathrm{e}^{-\mathrm{i}\hat{H}t/\hbar} |n\rangle \\
&= \mathrm{e}^{-|\alpha|^2/2} \sum_n \frac{\alpha^n}{\sqrt{n!}} \mathrm{e}^{-\mathrm{i}(n+1/2)\omega t} |n\rangle \\
&= \mathrm{e}^{-\mathrm{i}\omega t/2} \mathrm{e}^{-|\alpha|^2/2} \sum_n \frac{(\alpha \mathrm{e}^{-\mathrm{i}\omega t})^n}{\sqrt{n!}} |n\rangle \\
&= \mathrm{e}^{-\mathrm{i}\omega t/2} |\alpha \mathrm{e}^{-\mathrm{i}\omega t}\rangle
\end{aligned} \tag{3.31}$$

这样,除了一个总相位,初始处于相干态的谐振子之后也还处于相干态,但 $\alpha$ 多乘了一个相位因子 $\mathrm{e}^{-\mathrm{i}\omega t}$ : $\alpha(t) = \alpha \mathrm{e}^{-\mathrm{i}\omega t}$. 我们现在再来看谐振子的位置平均值 $\langle \hat{x}(t) \rangle$. 对于与单模光场对应的虚拟谐振子来说,$\hat{x} = \hat{Q} = \sqrt{\hbar/2\omega}(\hat{a} + \hat{a}^\dagger)$. 因此我们得到

$$
\begin{aligned}
\langle\hat{Q}\rangle(t) &= \sqrt{\hbar/2\omega}\langle\alpha(t)|(\hat{a}+\hat{a}^\dagger)|\alpha(t)\rangle \\
&= \sqrt{\hbar/2\omega}\left[\langle\alpha(t)|\hat{a}|\alpha(t)\rangle + \langle\alpha(t)|\hat{a}^\dagger|\alpha(t)\rangle\right] \\
&= \sqrt{\hbar/2\omega}[\alpha(t)+\alpha^*(t)] \\
&= \sqrt{2\hbar/\omega}\ |\alpha|\cos(\varphi_\alpha-\omega t)
\end{aligned}
\tag{3.32}
$$

可以看出,上式确实给出了类似经典谐振子位置来回摆动的所期待的轨迹. 同样,我们可以得到谐振子速度的振荡:

$$
\begin{aligned}
\langle\dot{\hat{Q}}\rangle(t) &= \langle\hat{P}\rangle(t) \\
&= \sqrt{\hbar\omega/2}\langle\alpha(t)|(\hat{a}-\hat{a}^\dagger)/\mathrm{i}|\alpha(t)\rangle \\
&= \sqrt{\hbar\omega/2}[\alpha(t)-\alpha^*(t)]/\mathrm{i} \\
&= \sqrt{2\hbar\omega}\ |\alpha|\sin(\varphi_\alpha-\omega t)
\end{aligned}
\tag{3.33}
$$

这样,处于相干态的量子谐振子的平均值的轨迹与经典谐振子的轨迹一样:在 $x$-$p$ 相空间中,对每个量按方程 (3.32)、方程 (3.33) 适当归一后,其轨迹都是一个圆. 从以上结果,我们得到谐振子 (单模场) 的经典能量:

$$
\begin{aligned}
U &= \frac{1}{2}\left[\langle\hat{P}\rangle^2(t)+\omega^2\langle\hat{Q}\rangle^2(t)\right] \\
&= \hbar\omega|\alpha|^2 \\
&= \bar{n}\hbar\omega
\end{aligned}
\tag{3.34}
$$

除了真空能量外,它与量子结果一样.

为证明相干态给出最小不确定量,我们下面先引入无量纲的相位正交振幅.

### 3.2.4 相位正交振幅与量子噪声

对于描述单模光场的虚拟谐振子来说,位置 $\hat{Q}$ 与动量 $\hat{P}$ 没有直观的物理意义. 不过,让我们来看下面定义的无量纲的量:

$$
\hat{X} = \hat{a}+\hat{a}^\dagger, \quad \hat{Y} = (\hat{a}-\hat{a}^\dagger)/\mathrm{i}
\tag{3.35}
$$

这就是光场的相位正交振幅."相位正交"的名字来源于海森伯表象下的厄密算符 $\hat{E}(t) \equiv \hat{a}\mathrm{e}^{-\mathrm{i}\omega t}+\hat{a}^\dagger\mathrm{e}^{\mathrm{i}\omega t}$ 的如下相位正交分解:

$$
\hat{E}(t) \equiv \hat{a}\mathrm{e}^{-\mathrm{i}\omega t}+\hat{a}^\dagger\mathrm{e}^{\mathrm{i}\omega t} = \hat{X}\cos\omega t+\hat{Y}\sin\omega t
\tag{3.36}
$$

$\hat{X}$,$\hat{Y}$ 分别代表相位正交的 $\cos\omega t$,$\sin\omega t$ 项的振幅. 对于量子化的谐振子,它们对应于适当归一化后的位置 $\hat{Q}$ 与动量 $\hat{P}$ 算符: $\hat{X}=\hat{Q}\sqrt{2\omega/\hbar}$,$\hat{Y}=\hat{P}\sqrt{2/(\omega\hbar)}$.

对于相干态,这两个量的平均值为

$$\langle\hat{X}\rangle_\alpha=\langle\alpha|\hat{a}+\hat{a}^\dagger|\alpha\rangle=\alpha+\alpha^*,\quad \langle\hat{Y}\rangle_\alpha=(\alpha-\alpha^*)/\mathrm{i} \tag{3.37}$$

为了计算 $\hat{X}$,$\hat{Y}$ 的涨落与起伏 $\langle\Delta^2\hat{X}\rangle$,$\langle\Delta^2\hat{Y}\rangle$,我们先计算 $\langle\hat{X}^2\rangle$,$\langle\hat{Y}^2\rangle$:

$$\begin{aligned}\langle\hat{X}^2\rangle_\alpha&=\langle\alpha|(\hat{a}+\hat{a}^\dagger)^2|\alpha\rangle\\&=\langle\alpha|\hat{a}^2+\hat{a}^{\dagger2}+\hat{a}\hat{a}^\dagger+\hat{a}^\dagger\hat{a}|\alpha\rangle\\&=\langle\alpha|\hat{a}^2+\hat{a}^{\dagger2}+2\hat{a}^\dagger\hat{a}+1|\alpha\rangle\\&=(\alpha+\alpha^*)^2+1\end{aligned} \tag{3.38}$$

同样,我们得到

$$\langle\hat{Y}^2\rangle_\alpha=|\alpha-\alpha^*|^2+1 \tag{3.39}$$

这样

$$\langle\Delta^2\hat{X}\rangle_\alpha=1=\langle\Delta^2\hat{Y}\rangle_\alpha \tag{3.40}$$

我们还可以定义任意相位角度的相位正交振幅:

$$\hat{X}(\varphi)\equiv\hat{a}\mathrm{e}^{-\mathrm{i}\varphi}+\hat{a}^\dagger\mathrm{e}^{\mathrm{i}\varphi} \tag{3.41}$$

可以看到,$\hat{X}=\hat{X}(0)$,$\hat{Y}=\hat{X}(\pi/2)$. 实际上,$\hat{X}(\varphi)$ 对应于旋转了 $\varphi$ 角度的 $\hat{X}$ : $\hat{X}'=\hat{X}\cos\varphi+\hat{Y}\sin\varphi=\hat{X}(\varphi)$(见图 3.1). $\hat{X}(\varphi)$ 的平均值为

$$\langle\hat{X}(\varphi)\rangle_\alpha=\langle\hat{X}\rangle_\alpha\cos\varphi+\langle\hat{Y}\rangle_\alpha\sin\varphi=2|\alpha|\cos(\varphi-\varphi_\alpha) \tag{3.42}$$

与 (3.40) 类似,我们可以很容易证明:

$$\langle\Delta^2\hat{X}(\varphi)\rangle_\alpha=1 \tag{3.43}$$

以上结果与旋转角度 $\varphi$ 无关, 也与 $\alpha$ 无关. 在 $X$-$Y$ 的相空间 [类似于经典的 $x$-$p$ 相空间, 也即魏格纳 (Wigner) 相空间, 见 3.7.2 小节], 相干态由图 3.1 中的一个矢量来描述. 其中, 矢量末端半径为 1 的圆形图样代表方程 (3.43) 中得到的 $\hat{X}(\varphi)$ 的方差为 1 , 坐标原点到此圆圆心的矢量代表复数 $\langle\hat{X}\rangle_\alpha+\mathrm{i}\langle\hat{Y}\rangle_\alpha=2\alpha=2|\alpha|\mathrm{e}^{\mathrm{i}\varphi_\alpha}$. 这里的坐标系是一个以角速度为 $\omega$ 顺时针旋转的坐标系. 在这个旋转坐标系里, 随时间变化的 $2\alpha(t)=2|\alpha|\mathrm{e}^{\mathrm{i}(\varphi_\alpha-\omega t)}$ 就变为与时间无关的 $2\alpha=2|\alpha|\mathrm{e}^{\mathrm{i}\varphi_\alpha}$. 我们从方程 (3.35) 得到

$[\hat{X},\hat{Y}]=2\mathrm{i}$. 这给出海森伯不等式：$\Delta X\Delta Y\geqslant 1$. 因为相干态有 $\Delta X\Delta Y=1$，所以它就是薛定鄂所要求的满足海森伯不等式中最小值的态.

当 $\alpha=0$ 时，相干态就是真空态. 在图 3.1 中，真空态由圆心在坐标原点且半径为 1 的圆来表示. 方程 (3.40) 中 $X,Y$ 的方差代表真空场的涨落与起伏，即真空噪声. 对于经典物理，真空是什么也没有的. 因此，真空噪声完全是由电磁场的量子化引起的，是一种量子噪声. 在 3.4 节讲到的压缩态就是要压缩这种量子噪声的量子态. 我们可以从方程 (3.26) 看出，相干态也可以由真空态位移 $2\alpha$ 距离得到 (见图 3.1).

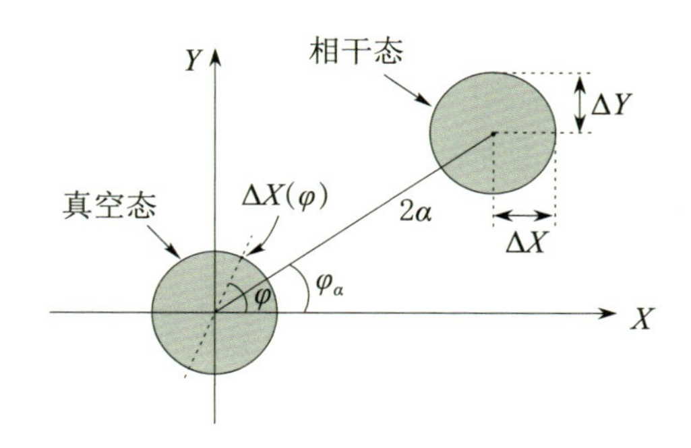


**图 3.1　相干态与真空态在 $X$-$Y$ 相空间的表示**
半径为 1 的圆表示量子噪声的大小，相干态是由真空态位移了 $2\alpha$ 距离而得到的.

## 3.2.5　相干态的非正交性与过完备性

对于两个不同的相干态 $|\alpha\rangle,|\beta\rangle$, 我们从方程 (3.25) 得到它们的内积为

$$\langle\alpha|\beta\rangle=\mathrm{e}^{\alpha^*\beta-(|\alpha|^2+|\beta|^2)/2} \tag{3.44}$$

或

$$|\langle\alpha|\beta\rangle|^2=\mathrm{e}^{-|\alpha-\beta|^2}\neq 0 \tag{3.45}$$

所以，不同的相干态并不正交，这反映了湮灭算符 $\hat{a}$ 的非厄密性. 不过，当 $|\alpha-\beta|^2\gg 1$，我们有 $\langle\alpha|\beta\rangle\approx 0$.

利用方程 (3.25) 和数态基的完备性 (3.15)，我们可以直接证明

$$\int \mathrm{d}^2\alpha|\alpha\rangle\langle\alpha|=\pi\hat{I} \tag{3.46}$$

上式表明,相干态基是过完备的 (overcomplete). 这也是方程 (3.44) 所反映的相干态非正交性的直接结果. 不过,我们还是可以把式 (3.46) 改写为

$$\frac{1}{\pi}\int d^2\alpha|\alpha\rangle\langle\alpha| = \hat{I} \tag{3.47}$$

并用它来对单模场的任意量子态进行以相干态为基的叠加展开:

$$|\psi\rangle = \hat{I}|\psi\rangle = \frac{1}{\pi}\int d^2\alpha|\alpha\rangle\langle\alpha|\psi\rangle = \int d^2\alpha\psi(\alpha)|\alpha\rangle \tag{3.48}$$

其中,$\psi(\alpha) \equiv \langle\alpha|\psi\rangle/\pi$. 这样,整个相干态的集合组成了一个任意量子态都可以被表示的过完备的基. 但是,相干态的非正交性方程 (3.44) 使得方程 (3.48) 展开中的 $\psi(\alpha)$ 不是唯一的. 这也可理解为相干态基过完备性的结果.

不过,相干态展开的非唯一性并不都是不好的. 我们在 3.7.1 小节里要讲到,相干态基的过完备性使得任意量子态的密度算符的 Glauber-Sudarshan P 表象成为可能,这是 Glauber 的量子相干理论以及量子光学的基础. 在第 5 章具体系统地介绍 Glauber 的量子相干理论时,我们还要讲到更多的相干态的性质.

## 3.3 进一步阅读:薛定鄂猫态

薛定谔猫态是两个完全互相排斥的宏观经典状态 (例如猫的生或死的状态) 的量子叠加. 虽然牵涉到宏观经典状态,但量子力学允许它的存在. 因为它具有微观世界的量子叠加的性质, 这就引发了对量子力学进行解释的著名的薛定谔猫佯谬 (Schrodinger, 1935). 因此,能否在实验室中产生薛定谔猫态就是对量子力学是否适用于宏观世界的验证. 正是因为在宏观世界里一般看不到薛定谔猫态,所以在大部分时间里才得以用经典物理理论来描写我们的宏观世界. 这从另一方面也说明薛定谔猫态是极难实现的. 不过,科学家们最近在实验室里实现了薛定谔猫态 (Brune et al., 1996; Monroe et al., 1996),因此验证了量子力学的宏观适用性,从而证明了量子计算机的可行性. 更重要的是在得到了薛定谔猫态的同时,他们还观测到了薛定谔猫态退相干的过程,即从量子叠加态到经典混合态的过渡 (Myatt et al., 2000; Deléglise et al., 2008). 这也解释了为什么我们的宏观世界很少有量子现象的存在.

我们前面讲到，相干态是最接近经典电磁波的量子态．因此两个间距很大即重合性很小的相干态就是两个宏观经典态．它们的叠加就给出了光场的薛定谔猫态：

$$|\psi\rangle_{\text{cat}} = \mathcal{N}\big(|\alpha\rangle + \mathrm{e}^{\mathrm{i}\phi}|\beta\rangle\big) \tag{3.49}$$

这里，$|\alpha\rangle, |\beta\rangle$ 几乎正交：如果 $|\alpha-\beta|^2 \gg 1$，则 $|\langle\alpha|\beta\rangle|^2 = \mathrm{e}^{-|\alpha-\beta|^2} \approx 0$，以至于归一常数 $\mathcal{N}^{-2} = 2 + 2\mathrm{Re}(\langle\alpha|\beta\rangle\mathrm{e}^{\mathrm{i}\phi}) \approx 2$．经常讨论到的薛定谔猫态对应于 $\beta = \alpha\mathrm{e}^{\mathrm{i}\theta}$，即 $|\beta\rangle$ 态是由 $|\alpha\rangle$ 态旋转了 $\theta$ 角而得来的．这样，$|\alpha-\beta|^2 = 4|\alpha|^2\sin^2\theta/2$．当 $\theta \gg 1/|\alpha|$ 时，我们有 $|\alpha-\beta|^2 \gg 1$．

正常情况下，量子叠加的结果是干涉现象．但是，与两个光场的叠加所产生的干涉现象不同，方程 (3.49) 的量子态叠加并不给出传统干涉中光强 (光子数) 随相位变化的干涉条纹．直接地计算给出方程 (3.49) 的薛定谔猫态的平均光子数为

$$\langle\hat{n}\rangle \approx |\alpha|^2 + |\beta|^2 \tag{3.50}$$

它与方程 (3.49) 中两态之间的相位差 $\phi$ 无关．这主要是因为 $|\alpha\rangle, |\beta\rangle$ 几乎正交．

方程 (3.49) 中量子态叠加的结果表现在相位正交振幅 $X$ 的概率分布上的干涉．为演示这一干涉现象，我们考虑如下薛定谔猫态：

$$|\psi\rangle_{\text{cat}} = N_r(|-\mathrm{i}r\rangle + |\mathrm{i}r\rangle) \tag{3.51}$$

其中，$r$ 为实数且 $N_r^{-2} = 2(1+\mathrm{e}^{-2r^2})$ 以使 $|\psi\rangle_{\text{cat}}$ 归一．因为 $\hat{X} = \hat{a} + \hat{a}^\dagger = \sqrt{2}\hat{Q}/q_0$ (其中，$q_0 \equiv \sqrt{\hbar/\omega}$)，$X$ 的概率分布就是 $Q$ 的概率分布．为此，我们计算 $|\psi\rangle_{\text{cat}}$ 态的波函数 $\psi_{\text{cat}}(q)$：

$$\psi_{\text{cat}}(q) = \langle q|\psi\rangle_{\text{cat}} = \big(\langle q|-\mathrm{i}r\rangle + \langle q|\mathrm{i}r\rangle\big)N_r \tag{3.52}$$

从习题 3.3，我们得到相干态 $|\alpha\rangle$ 的波函数为

$$\psi_\alpha(x) = \frac{1}{(\pi)^{1/4}}\mathrm{e}^{-\mathrm{Im}^2(\alpha)-(x-\alpha\sqrt{2})^2/2} \tag{3.53}$$

其中，$x = q/q_0$．代入方程 (3.52)，我们得到薛定谔猫态的波函数：

$$\psi_{\text{cat}}(x) = \frac{2N_r}{(\pi)^{1/4}}\mathrm{e}^{-x^2/2}\cos\sqrt{2}rx \tag{3.54}$$

这样，处于薛定谔猫态的虚拟谐振子的位置 $Q$ 的概率分布为

$$P_{\text{cat}}(x) = \frac{2N_r^2}{\sqrt{\pi}}\mathrm{e}^{-x^2}(1+\cos 2\sqrt{2}rx) \tag{3.55}$$

可以看到，这个概率分布显示了一个随位置而变的干涉条纹．

方程 (3.55) 中干涉条纹的可见度为 100%. 在经典物理中, 两个互相排斥的态只能是两态的概率统计混合, 也就是 3.5 节要讲到的经典混合态. 它给不出干涉的结果, 即可见度为 0(见 3.5.1 小节). 薛定谔猫态的量子叠加对损耗非常敏感. 在第 6 章, 我们用量子的方法处理损耗并可以证明, 当损耗为 $\gamma$ 时, 方程 (3.55) 变为 (Walls et al., 1985) (见习题 6.9)

$$P_{\text{cat}}(x) \approx \frac{1}{\sqrt{\pi}} \mathrm{e}^{-x^2} \left(1 + \mathcal{V} \cos 2\sqrt{2} r x \sqrt{1-\gamma}\right) \tag{3.56}$$

其中, $\mathcal{V} = \mathrm{e}^{-2\gamma r^2}$ 为干涉条纹的可见度. 由此可见, 对于 $r^2 \gg 1$ 的薛定谔宏观猫态, 当 $\gamma \gg 1/r^2 \sim 0$ 时, $\mathcal{V} \approx 0$, 即很小的损耗就可以使得薛定谔宏观猫态退相干为经典概率混合相加. 宏观量越大, 退相干所需的损耗就越小. 这就解释了为什么在宏观世界里我们很难看到具有量子叠加的薛定谔猫态.

# 3.4 压缩真空态和压缩相干态

在 3.1.1 小节和 3.2.4 小节中我们讲到, 真空噪声是一种量子噪声, 即它是光场量子化后的必然结果. 量子噪声虽然无法避免, 但是我们有没有办法来重新分布这种噪声, 使得噪声在某些量上减少而在另外一些量上增加呢? 本节所讲的压缩态就是这样一种量子态, 当光场处于此态时, 其噪声会低于真空噪声. 我们下面来看看如何压缩量子噪声.

## 3.4.1 量子噪声的压缩

我们从习题 3.2 得到, 光子数态给出的不确定量 $\langle\Delta^2\hat{X}\rangle_n$, $\langle\Delta^2\hat{Y}\rangle_n$ 要大于海森伯不等式的最小值. 而在 3.2.4 小节我们证明了相干态 (其中包含真空态) 是给出海森伯不确定性不等式的最小值的态, 即

$$\langle\Delta^2\hat{X}\rangle_\alpha\langle\Delta^2\hat{Y}\rangle_\alpha = 1 \tag{3.57}$$

因此, 我们好像已经用相干态达到了满足海森伯不等式的最小值而不能使不确定量更小了. 如果我们同时减小 $\langle\Delta^2\hat{X}\rangle$ 和 $\langle\Delta^2\hat{Y}\rangle$ 两个量, 那么以上的推论是正确的.

但是,方程 (3.57) 是关于两个量的乘积,即量子力学只对两个量的乘积进行限制而没有对每个量分别设限. 这样,我们可以靠增加其中一个并减少另一个来保持两个量的乘积不变,即方程 (3.57) 不变.

假设某一态 $|r\rangle$ 满足上面的要求,即

$$\langle\Delta^2\hat{X}\rangle_r = \langle\Delta^2\hat{X}\rangle_\alpha \mathrm{e}^{2r} = \mathrm{e}^{2r}, \quad \langle\Delta^2\hat{Y}\rangle_r = \langle\Delta^2\hat{Y}\rangle_\alpha \mathrm{e}^{-2r} = \mathrm{e}^{-2r} \tag{3.58}$$

其中,$r$ 是决定压缩度的一个实数. 下面我们导出满足上式的量子态 $|r\rangle$.

## 3.4.2 压缩算符

设我们可以通过某个幺正算符 $\hat{S}$ 从相干态得到 $|r\rangle$:

$$|r\rangle = \hat{S}|\alpha\rangle \tag{3.59}$$

代入方程 (3.58),我们得到

$$\langle\hat{S}^\dagger\Delta^2\hat{X}\hat{S}\rangle_\alpha = \langle\Delta^2\hat{X}\rangle_\alpha \mathrm{e}^{2r}, \quad \langle\hat{S}^\dagger\Delta^2\hat{Y}\hat{S}\rangle_\alpha = \langle\Delta^2\hat{Y}\rangle_\alpha \mathrm{e}^{-2r} \tag{3.60}$$

使上式对所有相干态都成立的充分条件是这个幺正算符 $\hat{S}$ 满足以下算符关系:

$$\hat{S}^\dagger\hat{X}\hat{S} = \hat{X}\mathrm{e}^{r}, \quad \hat{S}^\dagger\hat{Y}\hat{S} = \hat{Y}\mathrm{e}^{-r} \tag{3.61}$$

注意,以上的算符变换使得对易关系 $[\hat{X},\hat{Y}] = 2\mathrm{i}$ 不变. 我们可以从方程 (3.61) 得到 $\hat{a},\hat{a}^\dagger$ 的变换关系:

$$\hat{S}^\dagger\hat{a}\hat{S} = \hat{a}\cosh r + \hat{a}^\dagger\sinh r, \quad \hat{S}^\dagger\hat{a}^\dagger\hat{S} = \hat{a}^\dagger\cosh r + \hat{a}\sinh r \tag{3.62}$$

同样,对易关系 $[\hat{a},\hat{a}^\dagger] = 1$ 在以上的算符变换中保持不变.

从算符 $\hat{a}$ 与 $\hat{a}^\dagger$ 的代数运算 (见 3.6 节),我们可以导出满足方程 (3.62) 的幺正算符 $\hat{S}$ 为 (Stoler, 1970)

$$\hat{S}(r) = \mathrm{e}^{r(\hat{a}^{\dagger 2}-\hat{a}^2)/2} \tag{3.63}$$

这就是压缩算符. 它作用在真空态上就给出压缩真空态:

$$|r\rangle = \hat{S}(r)|0\rangle \tag{3.64}$$

而作用在相干态上就给出压缩相干态：

$$|r,\alpha\rangle = \hat{S}(r)|\alpha\rangle \tag{3.65}$$

对于任意角度 $\varphi$ 的相位正交振幅 $\hat{X}(\varphi) \equiv \hat{a}\mathrm{e}^{-\mathrm{i}\varphi} + \hat{a}^\dagger \mathrm{e}^{\mathrm{i}\varphi}$，我们利用方程 (3.62) 可以证明

$$\langle \Delta^2 \hat{X}(\varphi)\rangle_r = \mathrm{e}^{2r}\cos^2\varphi + \mathrm{e}^{-2r}\sin^2\varphi \tag{3.66}$$

在 $X$-$Y$ 相空间的极坐标里 (见图 3.2)，$\hat{X}_r(\varphi)$ 的量子涨落由一个椭圆来表示，在这个椭圆内，Wigner 准概率密度分布明显不为零 (见 3.7.2 小节)，这就是噪声椭圆．对于真空态和相干态，椭圆变为一个半径为 1 的圆．

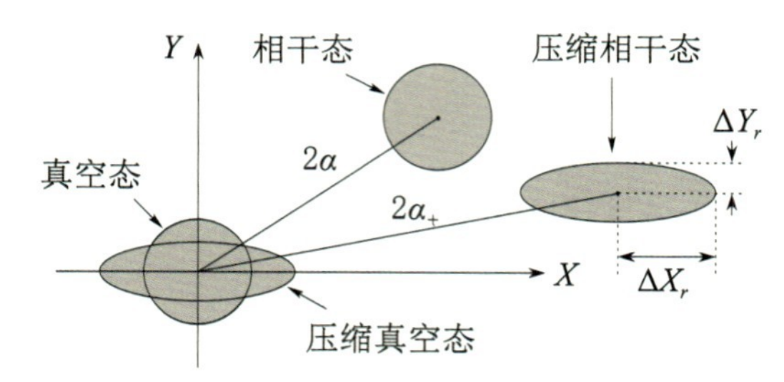


(a) 压缩相干态与压缩真空态在$X$-$Y$相空间的表示. 位移量也相应地在$Y$方向和$X$方向上被分别压缩和伸长了

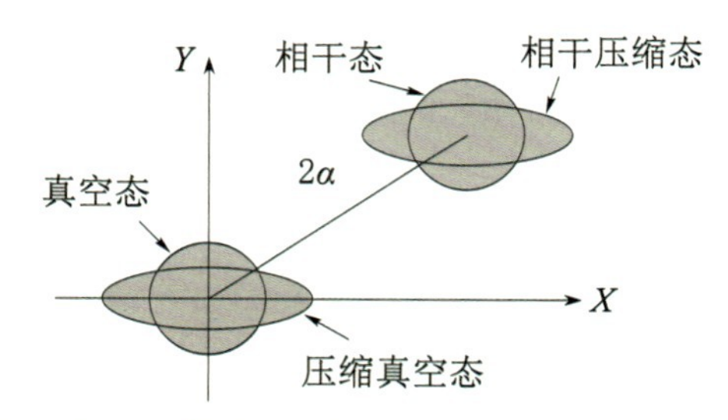


(b) 相干压缩态在$X$-$Y$相空间的表示. 相干压缩态是位移了$2\alpha$的压缩真空态

**图 3.2　压缩相干态与相干压缩态在 $X$-$Y$ 相空间的表示**

被压缩的椭圆代表量子噪声的大小．量子噪声在 $Y$ 方向被压缩了并小于真空噪声，而在 $X$ 方向被增大了．

利用方程 (3.62)，可以得到

$$\langle r,\alpha|\hat{X}|r,\alpha\rangle = (\alpha+\alpha^*)\mathrm{e}^{r}, \quad \langle r,\alpha|\hat{Y}|r,\alpha\rangle = (\alpha-\alpha^*)\mathrm{e}^{-r}/\mathrm{i} \tag{3.67}$$

利用上式和压缩真空态的噪声椭圆，我们在图 3.2(a) 中得到压缩相干态在 $X$-$Y$ 相空间的表示．压缩真空态由在原点的椭圆表示．可以看到，压缩真空态在 $Y$ 方向的涨落 (即

$\langle\Delta^2\hat{Y}\rangle_r$) 小于真空态 (在原点的半径为 1 的圆) 的涨落. 值得注意的是,压缩相干态的中心相对于原点的位移量与原来的相干态相比,也相应地分别在 $Y$ 方向和 $X$ 方向被压缩和拉伸了.

从方程 (3.63) 我们可以得到 $\hat{S}^\dagger(-r) = \hat{S}(r)$. 因此,

$$\hat{S}\hat{a}\hat{S}^\dagger = \hat{a}\cosh r - \hat{a}^\dagger \sinh r \tag{3.68}$$

如果定义算符 $\hat{b} \equiv \hat{a}\cosh r - \hat{a}^\dagger \sinh r$,那么从方程 (3.68)、方程 (3.22) 我们得到

$$\hat{b}|r,\alpha\rangle = \hat{S}\hat{a}\hat{S}^\dagger\hat{S}|\alpha\rangle = \hat{S}\hat{a}|\alpha\rangle = \alpha|r,\alpha\rangle \tag{3.69}$$

即压缩相干态是算符 $\hat{b}$ 的本征值为 $\alpha$ 的本征态. 与方程 (3.22) 类似,方程 (3.69) 也可以视为压缩相干态的定义 (Yuen, 1976).

### 3.4.3 相干压缩态和压缩相干态

从图 3.2(a) 看到,当压缩算符作用在相干态上时,不仅 $Y$ 或 $X$ 的噪声被压缩或放大,$Y$ 或 $X$ 的平均值也被压缩或放大. 这是因为压缩相干态可以写为

$$|r,\alpha\rangle = \hat{S}(r)\hat{D}(\alpha)|0\rangle \tag{3.70}$$

其中,$\hat{D}(\alpha)$ 是方程 (3.26) 定义的位移算符. 所以,压缩相干态是先位移再压缩,以至于位移的量也被压缩了. 如果把压缩算符和位移算符的顺序交换一下,我们就得到相干压缩态:

$$|\alpha,r\rangle = \hat{D}(\alpha)\hat{S}(r)|0\rangle \tag{3.71}$$

它与由方程 (3.70) 定义的压缩相干态 $|r,\alpha\rangle$ 不一样. 从 3.6 节关于 $\hat{a},\hat{a}^\dagger$ 的代数运算可以证明

$$\hat{D}^\dagger(\alpha)\hat{a}\hat{D}(\alpha) = \hat{a} + \alpha \tag{3.72}$$

利用上式,可以得到

$$\begin{aligned}\langle\alpha,r|\hat{a}|\alpha,r\rangle &= \langle 0|\hat{S}^\dagger(r)\hat{D}^\dagger(\alpha)\hat{a}\hat{D}(\alpha)\hat{S}(r)|0\rangle \\ &= \langle 0|\hat{S}^\dagger(r)\hat{a}\hat{S}(r)|0\rangle + \alpha \\ &= \alpha\end{aligned} \tag{3.73}$$

与之类似,可以得到

$$\langle \alpha, r|\hat{a}^\dagger|\alpha, r\rangle = \alpha^* \tag{3.74}$$

因此

$$\langle \alpha, r|\hat{X}|\alpha, r\rangle = \alpha + \alpha^*, \quad \langle \alpha, r|\hat{Y}|\alpha, r\rangle = (\alpha - \alpha^*)/\mathrm{i} \tag{3.75}$$

这样,与压缩相干态的 (3.67) 不同,相干压缩态的 $X$,$Y$ 平均值与相干态一样. 利用方程 (3.72),我们可以证明

$$\langle \alpha, r|\Delta^2 \hat{X}|\alpha, r\rangle = \mathrm{e}^{2r}, \quad \langle \alpha, r|\Delta^2 \hat{Y}|\alpha, r\rangle = \mathrm{e}^{-2r} \tag{3.76}$$

即相干压缩态的涨落与压缩相干态一样. 所以,如图 3.2(b) 所示,相干压缩态就是位移了 $2\alpha$ 的压缩真空态.

虽然压缩相干态是通过对相干态进行压缩而得到的,我们从图 3.2(a) 看到,它也可以从压缩真空态位移得到. 只是位移量不是 $2\alpha$ 而已,但与 $\alpha$,$r$ 有关. 利用方程 (3.62),我们可以证明

$$\hat{S}^\dagger(\pm r)\hat{D}(\alpha)\hat{S}(\pm r) = \hat{D}(\alpha_\mp) \tag{3.77}$$

其中,$\alpha_\pm = \alpha \cosh r \pm \alpha^* \sinh r$. 利用 $\hat{S}(-r) = \hat{S}^\dagger(r) = \hat{S}^{-1}(r)$,我们有

$$\hat{D}(\alpha)\hat{S}(r) = \hat{S}(r)\hat{D}(\alpha_-) \tag{3.78}$$

$$\hat{S}(r)\hat{D}(\alpha) = \hat{D}(\alpha_+)\hat{S}(r) \tag{3.79}$$

所以,压缩相干态与相干压缩态的关系为

$$|\alpha, r\rangle = |r, \alpha_-\rangle, \quad |r, \alpha\rangle = |\alpha_+, r\rangle \tag{3.80}$$

对于任意压缩参量 $\xi = r\mathrm{e}^{\mathrm{i}\theta}$,我们可以将方程 (3.63) 的压缩算符推广为

$$\hat{S}(\xi) = \mathrm{e}^{(\xi\hat{a}^{\dagger 2} - \xi^*\hat{a}^2)/2} \tag{3.81}$$

如果我们做变换 $\hat{a}' = \hat{a}\mathrm{e}^{-\mathrm{i}\theta/2}$,方程 (3.81) 就变为方程 (3.63). 由此我们很容易得到

$$\hat{S}^\dagger(\xi)\hat{a}\hat{S}(\xi) = \hat{a}\cosh r + \mathrm{e}^{\mathrm{i}\theta}\hat{a}^\dagger \sinh r \tag{3.82}$$

利用这个方程,很容易证明,相干压缩态 $|\alpha, \xi\rangle \equiv \hat{D}(\alpha)\hat{S}(\xi)|0\rangle$ 具有如下性质:

$$\langle \Delta^2 \hat{X}(\varphi)\rangle_\xi = \mathrm{e}^{2r}\cos^2(\varphi - \theta/2) + \mathrm{e}^{-2r}\sin^2(\varphi - \theta/2) \tag{3.83}$$

与 $|\alpha, r\rangle$ 相比 ($\theta = 0$),$|\alpha, \xi\rangle$ 在 $X$-$Y$ 相空间的压缩椭圆逆时针旋转了 $\theta/2$ 角度 (见图 3.3).

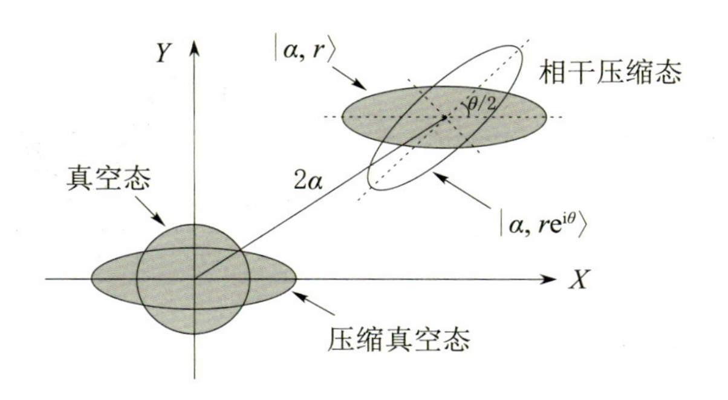


**图 3.3　任意压缩参量 $\xi = r\mathrm{e}^{\mathrm{i}\theta}$ 的相干压缩态在 $X$-$Y$ 相空间的表示**

压缩椭圆逆时针旋转的角度为 $\theta/2$.

下面,我们来看一下当电磁场处于相干态或相干压缩态时电场强度随时间的变化. 这样,我们可以对量子场有一个与经典电磁波类似的直观图像表示 (见 1.3 节里的图 1.3). 对于单模场,我们从方程 (2.84) 得到电场算符为

$$\hat{E}(\boldsymbol{r},t) = C\mathrm{i}\hat{a}\mathrm{e}^{-\mathrm{i}\omega t'} + h.c. = C\hat{X}(\omega t' - \pi/2) \tag{3.84}$$

其中,$t' \equiv t - \boldsymbol{k}\cdot\boldsymbol{r}/c$,且 $C = \sqrt{4\pi\hbar\omega/(2L^3)}$ 为一常数.

对于相干态 $|\alpha\rangle(\alpha = |\alpha|\mathrm{e}^{\mathrm{i}\varphi_\alpha})$,我们得到电场平均值为

$$\langle\hat{E}(\boldsymbol{r},t)\rangle_\alpha = C\mathrm{i}\alpha\mathrm{e}^{-\mathrm{i}\omega t'} + c.c. = 2C|\alpha|\sin(\omega t' - \varphi_\alpha) \tag{3.85}$$

这对应于经典场的电场强度在空间和时间上的变化,如图 3.4(a) 所示. 同时,电场的涨落为

$$\sqrt{\langle\Delta^2\hat{E}(\boldsymbol{r},t)\rangle_\alpha} = C\sqrt{\langle\Delta^2\hat{X}(\omega t' - \pi/2)\rangle_\alpha} = C \tag{3.86}$$

这样,电场在每一时刻的不确定量,即涨落,都是一样的,为 $C$. 图 3.4(b) 画出了处于相干态的电磁波的电场随时间的变化. 电场的涨落在图 3.4(b) 中由一个宽带表示,其宽度为 $C$. 为了比较,我们在图 3.4(a) 给出了经典电磁波的电场随时间的变化,即方程 (3.85). 它在每一时刻都有一个确定的值.

对于相干压缩态 $|\alpha,r\rangle(\alpha = |\alpha|\mathrm{e}^{\mathrm{i}\varphi_\alpha})$,电场平均值与方程 (3.85) 一样,但电场的涨落变为

$$\begin{aligned}\sqrt{\langle\Delta^2\hat{E}(\boldsymbol{r},t)\rangle_r} &= C\sqrt{\langle\Delta^2\hat{X}(\omega t' - \pi/2)\rangle_r} \\ &= C\sqrt{\mathrm{e}^{2r}\cos^2(\omega t' - \pi/2) + \mathrm{e}^{-2r}\sin^2(\omega t' - \pi/2)}\end{aligned} \tag{3.87}$$

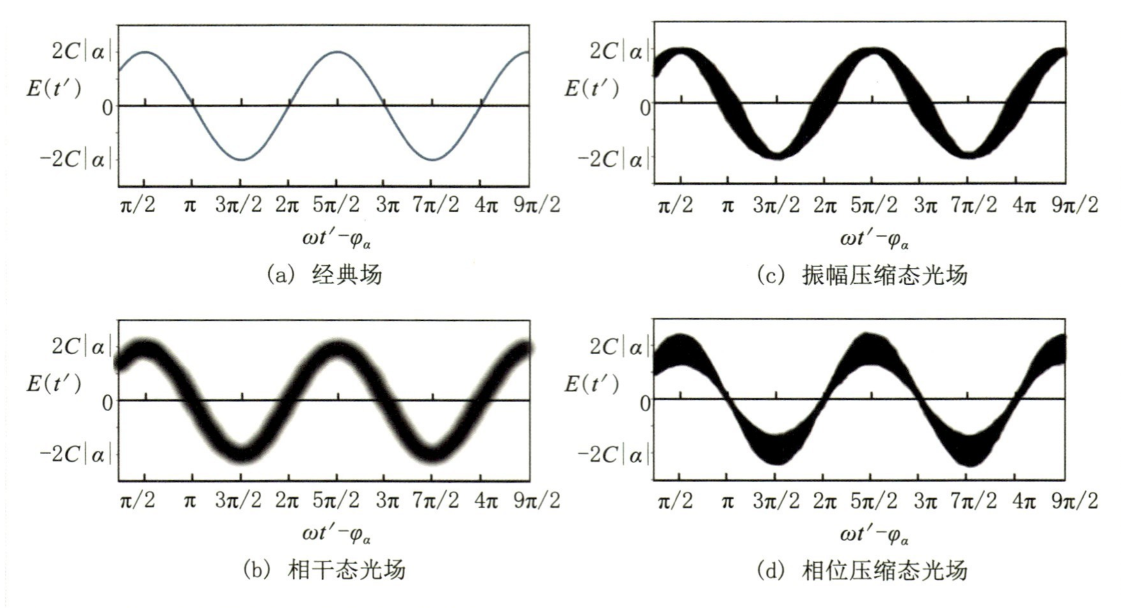


**图 3.4 各种光场的电场强度随时间的波动**

它是时间的函数，随波的传播而变化. 设 $\varphi_\alpha = \pi/2$ 或 $\alpha = \mathrm{i}|\alpha|$，电场的波峰出现在 $\omega t' - \varphi_\alpha = \omega t' - \pi/2 = N\pi \pm \pi/2(N = \text{整数})$. 这时，方程 (3.87) 给出电场的涨落为最小，即 $C\mathrm{e}^{-r}$. 图 3.4(c) 画出了电场的平均值与涨落随时间的演化. 从中我们看到，波峰处的电场不确定量比图 3.4(b) 中的相干态要小. 这样，处于相干压缩态 $|\mathrm{i}|\alpha|, r\rangle$ 的电场的振幅涨落被压缩了. 另外，当 $\omega t' - \varphi_\alpha = \omega t' - \pi/2 = N\pi$ 时，电场为零，即在波谷. 此时电场的涨落为最大，即为方程 (3.87) 给出 $C\mathrm{e}^{r}$. 对于正弦函数，我们知道，它在零点对相位的变化最灵敏，因此其零点位置是用来确定相位的. 但是，图 3.4(c) 中零点的位置的不确定量比图 3.4(b) 要大. 这样，处于相干压缩态 $|\mathrm{i}|\alpha|, r\rangle$ 的电场的相位涨落要比相干态的大.

我们从方程 (3.83) 知道，电场涨落的压缩的位置可以由 $\xi$ 的相位 $\theta$ 来改变. 这样，对于压缩态 $|\mathrm{i}|\alpha|, -r\rangle(\theta = \pi)$，通过与前面类似的分析可以发现：电场的相位涨落被压缩了，而振幅涨落却变大了，如图 3.4(d) 所示. 所以，$|\mathrm{i}|\alpha|, r\rangle$ 也被称为相位压缩态，而 $|\mathrm{i}|\alpha|, -r\rangle$ 则被称为振幅压缩态. 对于任意的 $\varphi_\alpha$，相干压缩态 $|\alpha, -r\mathrm{e}^{2\mathrm{i}\varphi_\alpha}\rangle$ 对应于振幅压缩态，而 $|\alpha, r\mathrm{e}^{2\mathrm{i}\varphi_\alpha}\rangle$ 则对应于相位压缩态. 从振幅压缩态 $|\alpha, -r\mathrm{e}^{2\mathrm{i}\varphi_\alpha}\rangle$ 的 $X$-$Y$ 相空间图 [图 3.5(a)] 我们看出，随着 $\alpha$ 的相位 $\varphi_\alpha$ 的改变，椭圆的倾角也随之变化. 噪声压缩的方向一直保持在振幅方向 (径方向). 图 3.5(b) 对应于相位压缩态 $|\alpha, r\mathrm{e}^{2\mathrm{i}\varphi_\alpha}\rangle$ 的 $X$-$Y$ 相空间.

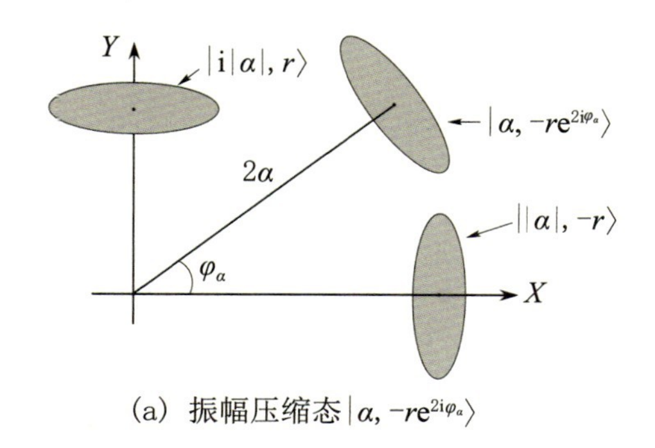


(a) 振幅压缩态 $|\alpha, -r\mathrm{e}^{2\mathrm{i}\varphi_\alpha}\rangle$

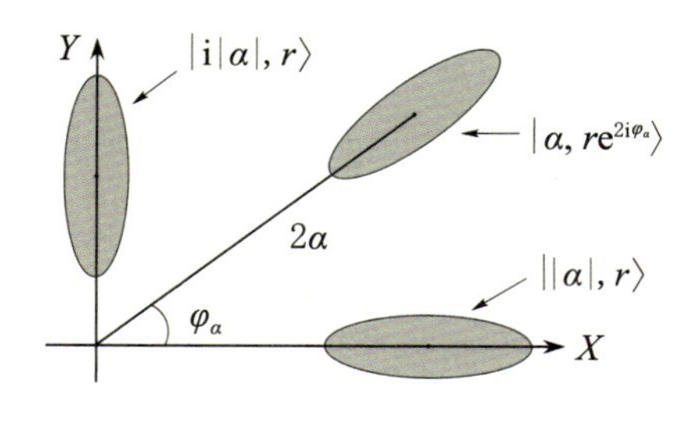


(b) 相位压缩态 $|\alpha, r\mathrm{e}^{2\mathrm{i}\varphi_\alpha}\rangle$

**图 3.5　振幅压缩态和相位压缩态在 $X$-$Y$ 相空间的表示**

## 3.4.4　进一步阅读:压缩态的光子统计及其振荡现象

我们刚刚看到压缩相干态可以压缩正交振幅的量子涨落. 这种被压缩的量子涨落可以通过零拍探测进行观测 (见第 9 章). 另外,利用光子计数技术 (见第 7 章) 测量光子数,压缩相干态表现出来的性质则完全不一样.

为了找到光子数的性质,我们需要把压缩相干态在数态基里写出来:

$$|-r,\alpha\rangle = \hat{S}(-r)\hat{D}(\alpha)|0\rangle = \sum_n s_n|n\rangle \tag{3.88}$$

其中,$s_n = \langle n|\hat{S}(-r)\hat{D}(\alpha)|0\rangle = \langle n|\hat{S}^\dagger(r)|\alpha\rangle$. 这里,为了便于计算和解释,我们考虑在 $X$ 方向上压缩的压缩态. 上式中的系数可通过将下式的左边展开为 $\beta$ 的序列计算:

$$\begin{aligned}\mathrm{e}^{|\beta|^2/2}\langle\alpha|\hat{S}(r)|\beta\rangle &= \mathrm{e}^{|\beta|^2/2}\langle\alpha|\hat{S}(r)\Big(\mathrm{e}^{-|\beta|^2/2}\sum_n\frac{\beta^n}{\sqrt{n!}}|n\rangle\Big)\\ &= \sum_n\frac{\beta^n}{\sqrt{n!}}s_n^*\end{aligned} \tag{3.89}$$

而 $\langle\alpha|\hat{S}(r)|\beta\rangle$ 可以用算符代数的方法从 3.6 节中的方程 (3.139) 得到并有如下形式:

$$\langle\alpha|\hat{S}(r)|\beta\rangle = \frac{1}{\sqrt{\mu}}\exp\left[\frac{\nu}{2\mu}(\alpha^{*2}-\beta^2)+\frac{\alpha^*\beta}{\mu}-\frac{1}{2}(|\alpha|^2+|\beta|^2)\right] \tag{3.90}$$

利用埃尔米特 (Hermite) 函数的产生函数:

$$\exp(2xt-t^2) = \sum_n\mathrm{H}_n(x)\frac{t^n}{n!} \tag{3.91}$$

可以写出

$$\exp\Big[-\frac{\nu}{2\mu}\beta^2+\frac{\alpha^*\beta}{\mu}\Big]=\sum_n\frac{1}{n!}\mathrm{H}_n\Big(\frac{\alpha^*}{\sqrt{2\mu\nu}}\Big)\Big(\beta\sqrt{\frac{\nu}{2\mu}}\Big)^n \tag{3.92}$$

从方程 (3.89)、方程 (3.90)、方程 (3.92) 得到

$$s_n=\frac{1}{\sqrt{\mu n!}}\Big(\frac{\nu}{2\mu}\Big)^{n/2}\exp\Big(-\frac{1}{2}|\alpha|^2+\frac{\nu\alpha^{*2}}{2\mu}\Big)\mathrm{H}_n\Big(\frac{\alpha}{\sqrt{2\mu\nu}}\Big) \tag{3.93}$$

Stoler 首先以非归一的形式导出这个系数 (Stoler, 1970). 其绝对值平方表示在压缩相干态中得到 $n$ 个光子的概率:

$$P_n=|s_n|^2=\frac{\mathrm{e}^{-|\alpha|^2}}{\mu n!}\Big(\frac{\nu}{2\mu}\Big)^n\exp\Big[\frac{\nu}{2\mu}(\alpha^2+\alpha^{*2})\Big]\Big|\mathrm{H}_n\Big(\frac{\alpha}{\sqrt{2\mu\nu}}\Big)\Big|^2 \tag{3.94}$$

上面的压缩相干态的光子数概率分布会显示某种随 $n$ 或 $\alpha$ 变化而振荡的性质. 为了表明这点以及计算方便,我们取 $\alpha$ 为正实数. 于是方程 (3.94) 成为

$$P_n=\frac{\mathrm{e}^{\beta^2/(\mu+\nu)^2}}{\mu n!}\Big(\frac{\nu}{2\mu}\Big)^n\mathrm{e}^{-\beta^2}\Big|\mathrm{H}_n(\beta)\Big|^2 \tag{3.95}$$

其中,$\beta\equiv\alpha/\sqrt{2\mu\nu}$. 对于适当的 $r\gtrsim 1$, $P_n(\beta)$ 的形状大部分只取决于 $\beta$ 和 $n$. 我们在图 3.6(a) 里画出 $P_n$ 作为 $\beta$ 的函数,其中 $r=2$ 以及 $n=5,10,20$. 它显示了 $P_n$ 随 $\beta$ 变化的振荡性质,其中振荡个数为 $[(n+1)/2]$. 这个性质是由于多光子干涉效应,这将是第 8 章的内容 [见方程 (8.122)].

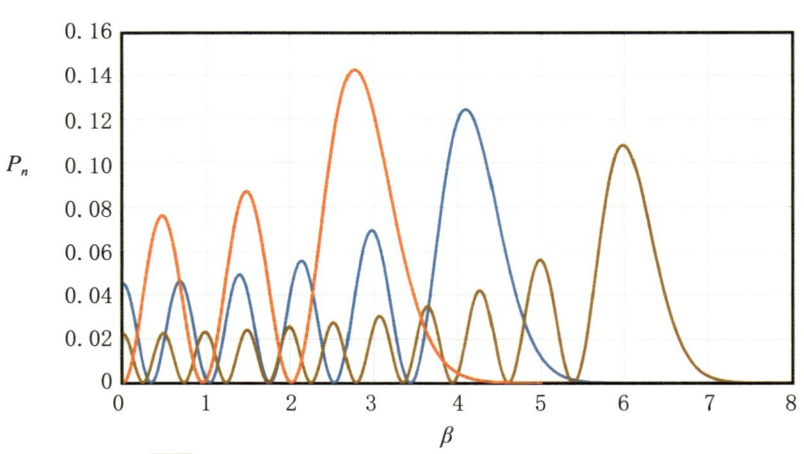


(a) $P_n(\beta)$ 随 $\beta=\alpha/\sqrt{2\mu\nu}$ 而变的函数关系，其中$r=2$或 $\mu=3.76$, $\nu=3.63$以及 $n=5$(红), 10(蓝), 20(棕)

图 3.6　压缩相干态的光子数概率 $P_n$ 的振荡性质

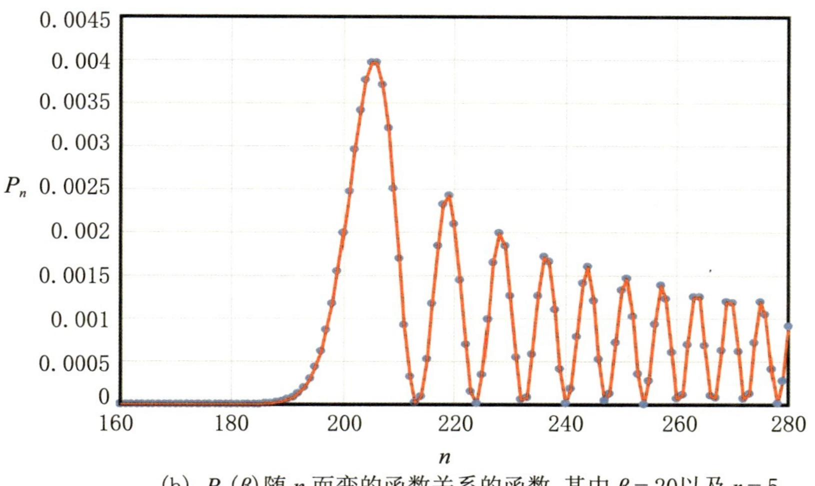

(b) $P_n(\beta)$ 随 $n$ 而变的函数关系的函数，其中 $\beta=20$ 以及 $r=5$

**图 3.6　压缩相干态的光子数概率 $P_n$ 的振荡性质 (续)**

更进一步的振荡性质出现在 $P_n$ 随 $n$ 而变的函数里，如图 3.6(b) 所示，其中，我们画出当 $r=5$ 以及 $\beta=20$ 时的 $P_n$. 这个振荡性质是在 $X$-$Y$ 相空间里的量子干涉的结果 (Schleich et al., 1987). 有趣的是，图 3.6(a) 里的干涉效应也可以用在 $X$-$Y$ 相空间里的量子干涉来解释 (Schleich, 2001).

## 3.5　混合量子态

在经典物理中，如果我们知道一个系统的初始状态，那么通过哈密顿量也就知道这个系统演化的路径. 同样，在量子物理中，一个系统的初始态通过哈密顿量就唯一地决定了这个系统随时间演化的任何时刻的态. 这种确定性和因果性适用于经典和量子系统. 量子与经典的不同在于对系统的状态的描述. 另外，如果一个系统很大，有许多个自由度，我们不可能知道所有细节. 尤其是当这个大系统包含许多全同的小系统时 (如由分子组成的气体系统)，我们无法知道所有小系统的状态. 不过，由于小系统的数目很大 (气体系统的分子数约为 $10^{23}$)，我们可以用统计的方法来描述它们. 每个小系统的全同性使得我们可以假设它们为统计学中的样本. 所有样本的集合在统计学中被称为系综，如这个气体系统. 虽然每个样本的状态并不确定或不为我们所知,但是我们可用概率分布来描写这个系综. 大系统的状态由小系统的统计系综平均来描述,这就是经典统计物理. 小系统状态的概率起伏会引起大系统状态的不确定性,这是经典不确定性的来源. 对于量子系统,我们会遇到同样的情况,即系统太大了,我们无法得到整个系统的量子态. 这时,我们可以用与经典统计物理一样的统计方法,即用小系统的概率分布来描述这个大系统,这就是量子统计物理. 这里,概率分布引起的不确定性与经典统计不确定性一样. 但是,与经典统计物理不同的是小系统的状态是量子态,因此还具有其固有的量子不确定性. 所以,量子统计物理有两种不确定性:经典统计不确定性和量子系统固有的量子不确定性.

第 2 章讲到,一个光场有许多模式,因而有多个自由度. 如果多个模式被激发而我们又不知道每个模式的激发程度,这就引入经典不确定性. 这是第 4 章中要讨论的统计光学的基础. 即使是单模光场,发光过程的不确定性会引起光场相位和振幅的不确定性,因而需要光场的统计描述. 对量子光场,我们就要用量子统计的方法来描述它. 这就是这一节中我们要讲的光场的混合态描述.

### 3.5.1 混合量子态的密度算符描述

在讲量子统计的混合态之前,我们先介绍量子态的密度算符表示. 当一个系统处于一个确定的量子态 $|\psi\rangle$ 时,我们称这个态为纯态. 对它定义一个被称为密度算符的算符:$\hat{\rho}_\psi \equiv |\psi\rangle\langle\psi|$,这个算符有时也被称为投影算符. 这是因为它作用在任何态 $|\varPhi\rangle$ 时都会投影到 $|\psi\rangle$ 这个态上:$\hat{\rho}_\psi|\varPhi\rangle = (\langle\psi|\varPsi\rangle)|\psi\rangle$,其投影概率为 $|\langle\psi|\varPsi\rangle|^2$. 因为它是投影算符,所以满足:$\hat{\rho}_\psi^2 = \hat{\rho}_\psi$,这是纯态密度算符的特性. 在这个系统中,对于任一个物理量算符 $\hat{O}$ 测量的结果,即 $\hat{O}$ 的期望值为

$$\langle\hat{O}\rangle_\psi = \langle\psi|\hat{O}|\psi\rangle = \mathrm{Tr}(\langle\psi|\hat{O}|\psi\rangle) = \mathrm{Tr}(|\psi\rangle\langle\psi|\hat{O}) = \mathrm{Tr}(\hat{\rho}_\psi\hat{O}) \tag{3.96}$$

这样,任何量子态 $|\psi\rangle$ 可以等效地由密度算符 $\hat{\rho}_\psi = |\psi\rangle\langle\psi|$ 来表示.

现在来讲混合态. 考虑系统的两个量子态 $|\psi_1\rangle, |\psi_2\rangle$. 假设由于某种原因我们并不能确定地知道系统处于这两个态中的哪一个,但我们知道处于 $|\psi_1\rangle$ 上的概率为 $p_1$,而处于 $|\psi_2\rangle$ 上的概率为 $p_2$. 例如,两束偏振分别为 $\hat{x}$ 和 $\hat{y}$ 的独立光场通过 50:50 分束器合束,如图 3.7 所示. 那么,合束后的光场的偏振是什么呢? 可以肯定它不是 $\hat{x}$ 或

$\hat{y}$. 是 45° 偏振？还是 135° 偏振？我们知道 45° 偏振和 135° 偏振都是 $\hat{x}$ 和 $\hat{y}$ 的线性叠加，并需要在 $\hat{x}$ 和 $\hat{y}$ 之间有一个固定的位相差. 45° 偏振需要两个光场的位相差为 0：$\hat{\epsilon}_{45} = (\hat{x}+\hat{y})\sqrt{2}$；135° 偏振则需要两个光场的相位差为 180°：$\hat{\epsilon}_{135} = (\hat{x}-\hat{y})\sqrt{2}$. 实际上，所有其他偏振态如圆偏振都需要在 $\hat{x}$ 和 $\hat{y}$ 之间有一个固定的相位差. 但是，两个独立光场之间是没有固定的相位差的. 因此，通过分束器合束的光场就没有确定的偏振态. 因为用 50∶50 分束器合束，所以可以说它的偏振为 $x$ 和 $y$ 分量的概率均为 50%，是 $\hat{x}$ 和 $\hat{y}$ 偏振的统计混合，也就是混合偏振态.

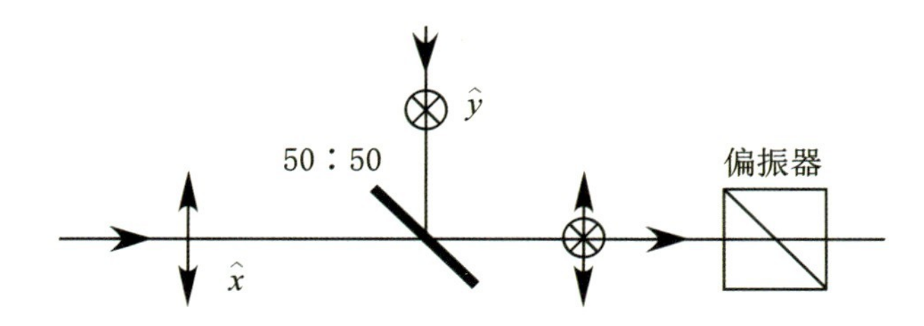


**图 3.7　混合偏振态：相互独立的 $\hat{x}$ 偏振与 $\hat{y}$ 偏振的光场由 50∶50 分束器合束**

下面，我们来看用一个偏振器来测它的偏振的结果. 假设这个偏振器的透射方向与 $x$ 轴的夹角为 $\theta$，分束器合束后光场的强度为 $I_0$. 在这个偏振器之后，$\hat{x}$ 偏振的贡献为 $I_0\cos^2\theta$，$\hat{y}$ 偏振的贡献为 $I_0\sin^2\theta$，因为分波的概率各为 1/2，所以总贡献为

$$I^{\text{out}} = I_0\cos^2\theta\times\frac{1}{2} + I_0\sin^2\theta\times\frac{1}{2} = I_0/2 \tag{3.97}$$

因此，在偏振器之后的光强与偏振器的角度 $\theta$ 无关. 这一结果与自然光的结果一样. 另外，对于 45° 偏振的光，偏振器之后的光强与偏振器的角度 $\theta$ 有关：$I_{45}^{\text{out}} = I_0\cos^2(\theta-45)$.

现在再回到两个量子态 $|\psi_1\rangle, |\psi_2\rangle$ 的混合态的情况. 与偏振的讨论一样，对物理量 $\hat{O}$ 的测量结果为

$$\begin{aligned}\langle\hat{O}\rangle &= \langle\hat{O}\rangle_{\psi_1}\times p_1 + \langle\hat{O}\rangle_{\psi_2}\times p_2\\ &= p_1\langle\psi_1|\hat{O}|\psi_1\rangle + p_2\langle\psi_1|\hat{O}|\psi_2\rangle\\ &= p_1\text{Tr}(\hat{\rho}_{\psi_1}\hat{O}) + p_2\text{Tr}(\hat{\rho}_{\psi_2}\hat{O})\\ &= \text{Tr}(\hat{\rho}_{\text{m}}\hat{O})\end{aligned} \tag{3.98}$$

其中，$\hat{\rho}_{\text{m}} \equiv p_1|\psi_1\rangle\langle\psi_1| + p_2|\psi_2\rangle\langle\psi_2|$ 为 $|\psi_1\rangle, |\psi_2\rangle$ 的混合态的密度算符.

另外，对于量子叠加的纯态 $|\psi\rangle = \sqrt{p_1}|\psi_1\rangle + \sqrt{p_2}|\psi_2\rangle$ 来说，也有 $p_1$ 的概率处于 $|\psi_1\rangle$ 上，$p_2$ 的概率处于 $|\psi_2\rangle$ 上. 那么它与混合态 $\hat{\rho}_{\text{m}} \equiv p_1|\psi_1\rangle\langle\psi_1| + p_2|\psi_2\rangle\langle\psi_2|$ 的区别又是什么呢？为了比较，我们写出量子叠加纯态 $|\psi\rangle$ 的密度算符：

$$\begin{aligned}\hat{\rho}_{\psi} &= \left(\sqrt{p_1}|\psi_1\rangle + \sqrt{p_2}|\psi_2\rangle\right)\left(\sqrt{p_1}\langle\psi_1| + \sqrt{p_2}\langle\psi_2|\right) \\ &= \hat{\rho}_{\mathrm{m}} + \sqrt{p_1 p_2}|\psi_1\rangle\langle\psi_2| + \sqrt{p_1 p_2}|\psi_2\rangle\langle\psi_1|\end{aligned} \tag{3.99}$$

它比混合态 $\hat{\rho}_{\mathrm{m}}$ 多了后两个交叉项．而对于物理量 $\hat{O}$ 的测量，两个密度算符分别给出：

$$\begin{aligned}\langle\hat{O}\rangle_{\rho_{\psi}} &= p_1\langle\psi_1|\hat{O}|\psi_1\rangle + p_2\langle\psi_1|\hat{O}|\psi_2\rangle + \sqrt{p_1 p_2}\langle\psi_2|\hat{O}|\psi_1\rangle + \sqrt{p_1 p_2}\langle\psi_1|\hat{O}|\psi_2\rangle \\ \langle\hat{O}\rangle_{\rho_{\mathrm{m}}} &= p_1\langle\psi_1|\hat{O}|\psi_1\rangle + p_2\langle\psi_1|\hat{O}|\psi_2\rangle\end{aligned} \tag{3.100}$$

同样，纯态 $|\psi\rangle$ 多出两个交叉项．多出的这两项也被称为量子干涉项，它们保持了 $|\psi_1\rangle, |\psi_2\rangle$ 之间的固定位相 (相干) 关系并给出量子干涉现象．而混合态 $\hat{\rho}_{\mathrm{m}}$ 不产生这样的相干项．这样，我们就称纯态 $|\psi\rangle$ 为两个态 $|\psi_1\rangle, |\psi_2\rangle$ 的量子叠加态，而混合态 $\hat{\rho}_{\mathrm{m}}$ 为两个态 $|\psi_1\rangle, |\psi_2\rangle$ 的经典混合态．

一个典型的例子就是 3.3 节讲过的薛定谔猫态．在这个例子里，$|\psi_1\rangle, |\psi_2\rangle$ 是两个互相排斥的经典宏观态，即 $|\text{死}\rangle$ 或 $|\text{活}\rangle$．正如刚刚讲过的，薛定谔猫态 $|\psi_{\mathrm{cat}}\rangle = (|\text{死}\rangle + |\text{活}\rangle)/\sqrt{2}$ 会给出干涉现象，而混合态：$\hat{\rho}_{\mathrm{m}} = (|\text{死}\rangle\langle\text{死}| + |\text{活}\rangle\langle\text{活}|)/2$ 就没有干涉现象．因为我们平时看不到干涉现象，所以混合态 $\hat{\rho}_{\mathrm{m}}$ 是我们在经典世界里看到的．

从量子的薛定谔猫态 $|\psi_{\mathrm{cat}}\rangle$ 到经典的混合态 $\hat{\rho}_{\mathrm{m}}$ 的过渡是一个由于外界相互作用而产生的退相干的过程．我们将在 6.3 节里看到一个单模光腔里光子衰减的例子，这个衰减是通过与外界频谱连续的真空模式耦合而得到的．这个衰减机制使得方程 (3.99) 中的纯态的两个交叉项减少为零．与外界作用的自由度越多，退相干就越快．由于宏观系统的庞大使之与更多的自由度耦合，它比一个很小的微观系统更有可能失去量子相干．最终，一个量子系统很快就退相干而变成一个经典系统．

对于更一般的情况，即一个量子系统可以处在 $n$ 个不同的量子态中的一个，假设这 $n$ 个不同的量子态为 $|\psi_1\rangle, |\psi_2\rangle, \cdots, |\psi_n\rangle$．注意，这些态不一定要正交．如果并不确定这个量子系统是处于哪个态，我们可以用概率进行描述：有 $p_1$ 的概率在 $|\psi_1\rangle$ 态，$p_2$ 的概率在 $|\psi_2\rangle$ 态，……，$p_n$ 的概率在 $|\psi_n\rangle$ 态且这些概率满足关系：$p_1 + p_2 + \cdots + p_n = 1$．若对这个系统的某个物理可测量 $\hat{O}$ 进行测量，则测量结果的平均值为

$$\begin{aligned}\langle\hat{O}\rangle &= p_1\langle\psi_1|\hat{O}|\psi_1\rangle + p_2\langle\psi_2|\hat{O}|\psi_2\rangle + \cdots + p_n\langle\psi_n|\hat{O}|\psi_n\rangle \\ &= \sum_{j=1}^{n} p_j\langle\psi_j|\hat{O}|\psi_j\rangle\end{aligned} \tag{3.101}$$

引入密度算符 $\hat{\rho}$：

$$\begin{aligned}\hat{\rho} &\equiv p_1|\psi_1\rangle\langle\psi_1| + p_2|\psi_2\rangle\langle\psi_2| + \cdots + p_n|\psi_n\rangle\langle\psi_n| \\ &= \sum_{j=1}^{n} p_j|\psi_j\rangle\langle\psi_j|\end{aligned} \tag{3.102}$$

方程 (3.101) 则变为

$$\langle \hat{O} \rangle = \mathrm{Tr}(\hat{\rho}\hat{O}) \tag{3.103}$$

前面讲到的偏振混合态可以从任意偏振态 $|\epsilon_\phi\rangle = (|x\rangle + \mathrm{e}^{\mathrm{i}\phi}|y\rangle)/\sqrt{2}$ 导出. 如果两个场是独立的, 那么相位 $\phi$ 就是随机的, 即在区间 $[0,2\pi]$ 有一样的概率密度: $p(\phi) = 1/(2\pi)$. 这样,方程 (3.99) 给出偏振混合态的密度算符为

$$\hat{\rho}_p = \int_0^{2\pi} \mathrm{d}\phi\, p(\phi)|\epsilon_\phi\rangle\langle\epsilon_\phi| = (|x\rangle\langle x| + |y\rangle\langle y|)/2 \tag{3.104}$$

它正确地描述了合束后光场的 $\hat{x}$ 和 $\hat{y}$ 偏振分别具有 50% 的概率.

下面,我们来讨论经常遇到的光场的混合态.

### 3.5.2 具有随机相位的激光的密度算符

相干态是理论上推导出来的量子态. 除了量子噪声,它具有稳定的振幅和固定的相位, 是一个无穷长经典单色电磁波列最好的量子描述. 单模激光的输出是实验上最接近相干态的光源. 但是, 一个单模激光器的相位并不是完全确定的. 由于有相位随机的自发辐射的存在,单模激光器的相位会随时间扩散,其扩散时间决定了激光相干时间的上限并给出了单模激光具有量子性质的 Schawlow-Townes 频率线宽 (Schawlow et al., 1958)[①]. 其他技术上的问题会导致更宽的线宽和更短的相干时间,在远比激光相干时间短的时间间隔内,相位扩散很小以致可以忽略. 一个单模激光器在这种情况下的输出可以近似为一个相干态. 但在相干时间之外,相位扩散使其在 0 到 $2\pi$ 区间取值,即激光的相位完全随机. 其概率分布在 $[0,2\pi]$ 区间为常数:$p(\varphi) = 1/(2\pi)(0 \leqslant \varphi \leqslant 2\pi)$. 因此,与方程 (3.104) 一样,其密度算符为

$$\hat{\rho}_{\mathrm{laser}} = \int_0^{2\pi} \frac{\mathrm{d}\varphi}{2\pi} \big||\alpha|\mathrm{e}^{\mathrm{i}\varphi}\big\rangle\big\langle|\alpha|\mathrm{e}^{\mathrm{i}\varphi}\big| \tag{3.105}$$

将方程 (3.25) 的相干态的数态表达式代入上式并算出相位积分,我们得到

$$\hat{\rho}_{\mathrm{laser}} = \sum_m P_m |m\rangle\langle m| \tag{3.106}$$

其中,$P_m = (|\alpha|^2)^m \mathrm{e}^{-|\alpha|^2}/m!$ 为泊松分布,与相干态的光子数分布一样.

① 在 8.3.1小节里,我们将基于多光子干涉中的光子不可区分性给出 Schawlow-Townes 频率线宽的简单推导.

### 3.5.3 热态的密度算符

热光源是自然界中最常见的光源. 用来描述这种光源的量子态被称为热态. 任何具有温度的物体都是某种电磁波的辐射源,其发出的电磁波具有热态的光子统计特性.

对于描述单模光场的简单谐振子来说,当它与一个温度为 $T$ 的热库达到热平衡时,它就处于热态. 描写其状态的密度算符可以从统计量子力学得到并由下式表示:

$$\hat{\rho}_{\mathrm{th}} = \mathrm{e}^{-\beta \hat{H}}/Z \tag{3.107}$$

其中,$\beta \equiv 1/kT$($k$ 为玻尔兹曼常数),$\hat{H} = \hbar\omega(\hat{a}^{\dagger}\hat{a} + 1/2)$ 以及 $Z = \mathrm{Tr}(\mathrm{e}^{-\beta\hat{H}})$. 在数态表象里,我们得到

$$\begin{aligned}\hat{\rho}_{\mathrm{th}} &= \mathrm{e}^{-\beta\hat{H}}\left(\sum_n |n\rangle\langle n|\right)/Z = \sum_n \left(\mathrm{e}^{-\beta\hat{H}}|n\rangle\langle n|\right)/Z \\ &= \frac{1}{Z}\sum_n \mathrm{e}^{-\beta\hbar\omega(n+1/2)}|n\rangle\langle n| \\ &= (1-\zeta)\sum_n \zeta^n |n\rangle\langle n| \end{aligned} \tag{3.108}$$

其中,$\zeta = \mathrm{e}^{-\hbar\omega/kT}$. 热态的平均光子数为

$$\bar{n} = \langle\hat{n}\rangle = \mathrm{Tr}(\hat{a}^{\dagger}\hat{a}\hat{\rho}_{\mathrm{th}}) = 1/(\mathrm{e}^{\hbar\omega/kT} - 1) \tag{3.109}$$

我们从方程 (3.108) 得到热态的光子统计分布:

$$P_n = (1-\zeta)\zeta^n = (1-\mathrm{e}^{-\hbar\omega/kT})\mathrm{e}^{-n\hbar\omega/kT} = \frac{\bar{n}^n}{(1+\bar{n})^{n+1}} \tag{3.110}$$

这就是黑体辐射的玻色–爱因斯坦统计. 我们由此得到

$$\langle\hat{n}^2\rangle = \sum_n n^2 P_n = \bar{n} + 2\bar{n}^2 \tag{3.111}$$

这个式子可以改写为

$$\langle\hat{a}^{\dagger 2}\hat{a}^2\rangle = \langle\hat{n}^2\rangle - \langle\hat{n}\rangle = 2\bar{n}^2 \tag{3.112}$$

其中,$\langle\hat{a}^{\dagger 2}\hat{a}^2\rangle =:\hat{n}^2:$ 为 $\hat{n}^2$ 的正则排序. 第 5 章讲到光探测时,我们得到光场光强正比于平均光子数 $\langle I\rangle = \eta\langle\hat{n}\rangle$ ($\eta$ 为探测器的量子效率),而光场光强的自关联 $\langle I^2\rangle$ 正比于 $\langle:\hat{n}^2:\rangle$,即 $\langle I^2\rangle = \eta^2\langle:\hat{n}^2:\rangle$. 从式 (3.112),我们得到

$$g^{(2)} \equiv \langle I^2\rangle/\langle I\rangle^2 = \langle:\hat{n}^2:\rangle/\langle\hat{n}\rangle^2 = 2 \tag{3.113}$$

这里，$g^{(2)}$ 是归一化了的光强的二阶关联函数．它就是在 Hanbury Brown-Twiss 实验里测到的光强关联函数．方程 (3.113) 给出了它的值为 2，这样就直接给出了 Hanbury Brown-Twiss 实验中观测到的光子聚束现象的量子解释．在第 1 章里，我们给出了光子聚束现象的经典波的解释．这里的解释直接从热场的光子统计得到，是光子聚束的最直接解释．

我们可以从方程 (3.111) 求得热态的光子数的涨落 $\langle\Delta^2\hat{n}\rangle$：

$$\begin{aligned}\langle\Delta^2\hat{n}\rangle &= \langle\hat{n}^2\rangle - \langle\hat{n}\rangle^2 \\ &= \bar{n} + \bar{n}^2\end{aligned} \tag{3.114}$$

上式最早由爱因斯坦在 1909 年导出 (Einstein, 1909)．他当时导出的公式是关于黑体辐射的能量涨落：

$$\langle\Delta^2 E\rangle = \hbar\omega\langle E\rangle + \langle E\rangle^2/Z \tag{3.115}$$

如果我们用光辐射能量的普朗克方程 $E = n\hbar\omega$，方程 (3.115) 里的两项就直接对应于方程 (3.114) 里的那两项 (多出的 $Z$ 因子是因为考虑了多模的情况)．爱因斯坦在讨论方程 (3.115) 中两项的意义时发现，第一项是由于光辐射的粒子性，而第二项则起源于其波动性．他用随机粒子的泊松统计假设导出了第一项．确实，相干态光子数的泊松统计给出的方程 (1.17) 就对应于这一项．对于第二项，他用光辐射的平面波模型导出．确实，从方程 (3.112) 可以看出，这一项给出了 HBT 实验的光子聚束现象，而我们在 1.6 节讲过，光子聚束现象是可以用光的波动性来单独解释的．此外，我们在 8.3.1 小节里要证明，光子聚束现象还可以用量子波的多光子相加干涉的原理来解释．这就进一步说明了这一项的波动性起源．

我们从方程 (3.114) 可以看出，当平均光子数远小于 1 时，第一项起主要作用．这时，光场多表现为粒子性 (量子)．但当平均光子数远大于 1 时，第二项起主要作用，从而使光场多表现为经典波动性．这与我们关于量子和经典关系的直觉是吻合的．

以黑体辐射形式发出的热光具有非常宽的频带．除了黑体辐射外，得到热光的其他方法包括热原子电离放电过程中发出的光 (例如氢气灯、汞灯等) 和光放大器 (例如光纤放大器、参量放大器) 的自发辐射等．其中，第一种方法多用于早期的实验，如 HBT 实验．激光发明后，我们可以利用激光穿过旋转的毛玻璃而得到一种准热光源，如图 3.8所示．当毛玻璃旋转时，激光打在毛玻璃的不同位置，这会生成两种类型的光场．直接透射的光场的强度被减小，但由于散射很小，它几乎是不变的．然而，由于表面参差不齐，其相位便是随机的．因此，直接透射的光束处于由方程 (3.105) 描述的相位随机的相干态．

3

另外,由于毛玻璃的表面非常粗糙,并将入射光随机散射到各个方向,散射场的振幅通常非常小,需要一个透镜来收集散射光. 于是,收集的光是在不同点处散射并具有随机相位的光的叠加. 结果是所收集的光的等效振幅散射率系数 $s$ 是随机复数,即其大小和相位都是随机变量 $(s=|s|e^{i\varphi_s})$. 当旋转速度足够快时,激光的散射率就是很多由不同位置产生的随机变量的总和. 我们从 1.4.3 小节的中心极限定理知道,这个随机的复数变量的概率分布近似为高斯分布:$P(s)=e^{-|s|^2/\sigma_s^2}/\sigma_s\sqrt{2\pi}$. 如果入射激光由相干态 $|\alpha_0\rangle$ 来表示,那么瞬间的透射光就处于相干态 $|s\alpha_0\rangle$. 但在一段足够长的时间里,$s$ 为高斯分布的随机的复数变量. 这样,透射光就处于由相干态组成的混合态上,其密度算符为

$$\hat{\rho}_{gr}=\int d^2sP(s)|s\alpha_0\rangle\langle s\alpha| \tag{3.116}$$

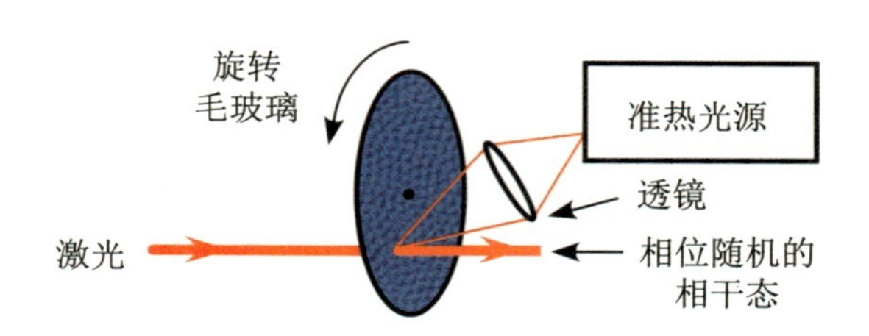


**图 3.8　利用相干态照射旋转的毛玻璃来制作准热光源**

散射场是准热态,而直接透射光束是相位随机的相干态.

其中,$d^2s=d\mathrm{Re}(s)d\mathrm{Im}(s)$. 将相干态的数态展开式 (3.25) 代入并算出对 $s$ 的积分,我们得到

$$\hat{\rho}_{\mathrm{Qth}}=\sum_n\frac{(\sigma_s^2|\alpha_0|^2)^n}{(1+\sigma_s^2|\alpha_0|^2)^{n+1}}|n\rangle\langle n| \tag{3.117}$$

上式与方程 (3.108) 给出的热态的密度算符的形式一样,其平均光子数为 $\langle n\rangle=\sigma_s^2|\alpha_0|^2$. 之所以说这样的光源为准热态是因为在方程 (3.116) 中对 $|s|$ 的积分区间为 0 到无穷,但实际上 $|s|$ 的取值为 0 到 1. 只有当 $\sigma_s\ll 1$ 时,这个近似才成立. 另外,毛玻璃的匀速旋转使得透射光为周期性的. 式 (3.117) 中的平均透射率 $\sigma_s$ 由毛玻璃表面的粗糙程度和旋转速度来决定. 旋转速度还决定了热光源的相干时间.

## 3.6 进一步阅读：$\hat{a}$ 和 $\hat{a}^\dagger$ 的算符代数

光场的所有可测物理量都可以由 $\hat{a}$ 和 $\hat{a}^\dagger$ 写出. 既然 $\hat{a}$ 和 $\hat{a}^\dagger$ 不对易，光场的物理量之间的对易子就高度依赖于 $\hat{a}$ 和 $\hat{a}^\dagger$ 的性质. 在这一节里我们将讨论如何处理 $\hat{a}$ 和 $\hat{a}^\dagger$ 的函数.

先从 Campbell-Baker-Hausdorff 定理开始. 如果两个非对易的算符 $\hat{A}, \hat{B}$ 满足条件：

$$[\hat{A},[\hat{A},\hat{B}]] = [\hat{B},[\hat{A},\hat{B}]] = 0 \tag{3.118}$$

那么

$$\mathrm{e}^{\hat{A}+\hat{B}} = \mathrm{e}^{\hat{A}}\mathrm{e}^{\hat{B}}\mathrm{e}^{-[\hat{A},\hat{B}]/2} = \mathrm{e}^{\hat{B}}\mathrm{e}^{\hat{A}}\mathrm{e}^{[\hat{A},\hat{B}]/2} \tag{3.119}$$

将上式用于 $\hat{a}$ 和 $\hat{a}^\dagger$，我们得到

$$\hat{D}(\alpha) = \mathrm{e}^{\alpha\hat{a}^\dagger-\alpha^*\hat{a}} = \mathrm{e}^{-\alpha^*\hat{a}}\mathrm{e}^{\alpha\hat{a}^\dagger}\mathrm{e}^{|\alpha|^2/2} = \mathrm{e}^{\alpha\hat{a}^\dagger}\mathrm{e}^{-\alpha^*\hat{a}}\mathrm{e}^{-|\alpha|^2/2} \tag{3.120}$$

这是位移算符 $\hat{D}(\alpha)$ 正则排序的形式.

更一般的定理为

$$\begin{aligned}\mathrm{e}^{B}A\mathrm{e}^{-B} = A + [B,A] + \frac{1}{2!}[B,[B,A]] \\ + \cdots + \frac{1}{n!}[B,[B,\cdots[B,A]\cdots]] + \cdots\end{aligned} \tag{3.121}$$

将上式用于 $\hat{D}(\alpha)$ 和 $\hat{a}$ 我们得到

$$\hat{D}^\dagger(\alpha)\hat{a}\hat{D}(\alpha) = \hat{a} + \alpha \tag{3.122}$$

将方程 (3.121) 应用于方程 (3.63) 中的压缩算符 $\hat{S}(r) = \exp[r(\hat{a}^{\dagger 2} - \hat{a}^2)/2]$ 和 $\hat{a}$，我们得到

$$\begin{aligned}\hat{S}^\dagger\hat{a}\hat{S} = \hat{a}\cosh r + \hat{a}^\dagger\sinh r \\ \hat{S}^\dagger\hat{a}^\dagger\hat{S} = \hat{a}^\dagger\cosh r + \hat{a}\sinh r\end{aligned} \tag{3.123}$$

这就是方程 (3.62). 这样，我们就证明了方程 (3.63) 里的压缩算符 $\hat{S}(r)$ 可以给出所需要的方程 (3.62) 的关系. 但是，3.4.1 小节里的推理需要反过来，即从方程 (3.62) 的关系中推导方程 (3.63) 里的压缩算符 $\hat{S}(r)$. 为此，我们需要用不同的方法.

假设算符 $\hat{S}(r)$ 满足方程 (3.123) 的关系. 我们马上可以得到 $\hat{S}(0) = \hat{I}$，其中，$\hat{I}$ 表示恒等算子. 对于无穷小量 $r = \delta r \ll 1$，我们可以将 $\hat{S}(r)$ 对 $\delta r$ 作线性展开：

$$\hat{S}(r) \approx \hat{I} + \mathrm{i}\delta r f(\hat{a},\hat{a}^\dagger) \tag{3.124}$$

其中，$f(\hat{a},\hat{a}^\dagger)$ 是待定的 $\hat{a},\hat{a}^\dagger$ 的某种函数. 因为 $\hat{S}(r)$ 是幺正的，即 $\hat{S}^\dagger(r)\hat{S}(r) = \hat{S}(r)\hat{S}^\dagger(r) = \hat{I}$，将方程 (3.124) 代入并保留 $\delta r$ 的线性项，我们就得到 $f^\dagger = f$，即 $f$ 是一个厄密算符.

下面，对于无穷小的 $r = \delta r \ll 1$，我们将方程 (3.123) 写为

$$(\hat{I} - \mathrm{i}\delta r f)\hat{a}(\hat{I} + \mathrm{i}\delta r f) = \hat{a} + \delta r \hat{a}^\dagger \tag{3.125}$$

或

$$\hat{a} + \mathrm{i}\delta r[a, f] = \hat{a} + \delta r \hat{a}^\dagger \tag{3.126}$$

其中，我们只保留 $\delta r$ 的线性项. 对比上式的两边，我们得到

$$[\hat{a}, f] = -\mathrm{i}\hat{a}^\dagger \tag{3.127}$$

类似的，可以得到

$$[\hat{a}^\dagger, f] = -\mathrm{i}\hat{a} \tag{3.128}$$

我们在习题 3.1 里可以证明 $[\hat{a},\hat{a}^{\dagger n}] = n\hat{a}^{\dagger n-1},[\hat{a}^\dagger,\hat{a}^n] = -n\hat{a}^{n-1}$. 可以直接将这两个关系式推广到具有如下形式的 $\hat{a},\hat{a}^\dagger$ 的任意函数 $f(\hat{a}^\dagger,\hat{a}) = \sum c_{kl}\hat{a}^{\dagger k}\hat{a}^l$:

$$[\hat{a}, f(\hat{a}^\dagger,\hat{a})] = \frac{\partial f}{\partial \hat{a}^\dagger}, \quad [\hat{a}^\dagger, f(\hat{a}^\dagger,\hat{a})] = -\frac{\partial f}{\partial \hat{a}} \tag{3.129}$$

因此，方程 (3.127)、方程 (3.128) 变为

$$\frac{\partial f}{\partial \hat{a}^\dagger} = -\mathrm{i}\hat{a}^\dagger, \quad \frac{\partial f}{\partial \hat{a}} = \mathrm{i}\hat{a} \tag{3.130}$$

除一个常数外，我们得到 $f$ 的解为

$$f(\hat{a}^\dagger,\hat{a}) = \mathrm{i}(\hat{a}^2 - \hat{a}^{\dagger 2})/2 \tag{3.131}$$

因此，$\hat{S}(\delta r) = \hat{I} - \delta r(\hat{a}^2 - \hat{a}^{\dagger 2})/2$. 对于有限大小的 $r$，我们可以将 $r$ 分为 $N$ 个小的 $\delta r$ 使得 $\delta r = r/N$:

$$\begin{aligned}\hat{S}(r) = [\hat{S}(r/N)]^N &= \lim_{N\to\infty}\left[\hat{I} - \frac{r}{N}(\hat{a}^2 - \hat{a}^{\dagger 2})/2\right]^N \\ &\to \exp[-r(\hat{a}^2 - \hat{a}^{\dagger 2})/2]\end{aligned} \tag{3.132}$$

这就是方程 (3.63) 给出的压缩算符.

方程 (3.129) 的关系在计算 $f(\hat{a}^\dagger,\hat{a})$ 的正则排序形式 $f^{(n)}(\hat{a}^\dagger,\hat{a})$ 时非常有用. 这里，正则排序是将 $\hat{a}^\dagger$ 移至 $\hat{a}$ 的左边. 例如，$\hat{n}^2 = (\hat{a}^\dagger\hat{a})^2$ 的正则排序形式为 $\hat{n}^2 = \hat{a}^{\dagger 2}\hat{a}^2 + \hat{a}^\dagger\hat{a}$.

我们将在第 5 章更详细地讨论正则排序及其应用. 正则排序形式的用途在于当它作用于相干态时: $\langle\alpha|f^{(n)}(\hat{a}^{\dagger},\hat{a})|\alpha\rangle = f^{(n)}(\alpha^{*},\alpha)$. 为了搞清楚如何利用方程 (3.129), 我们考虑压缩算符 $\hat{S}(r)$ 并计算 $\langle\alpha|\hat{S}(r)|\beta\rangle = S^{(n)}(\alpha^{*},\beta)\langle\alpha|\beta\rangle$.

对 $\hat{S}(r)$ 取变量 $r$ 的偏微分:

$$\frac{\partial\hat{S}(r)}{\partial r} = \frac{1}{2}(\hat{a}^{\dagger 2} - \hat{a}^{2})\hat{S}(r) = \frac{1}{2}\hat{a}^{\dagger 2}\hat{S}(r) - \frac{1}{2}\hat{a}^{2}\hat{S}(r) \tag{3.133}$$

用两次方程 (3.129) 的关系, 我们得到

$$\hat{a}^{2}\hat{S}(r) = \hat{S}(r)\hat{a}^{2} + 2\frac{\partial\hat{S}(r)}{\partial\hat{a}^{\dagger}}\hat{a} + \frac{\partial^{2}\hat{S}(r)}{\partial\hat{a}^{\dagger 2}} \tag{3.134}$$

在方程 (3.133)、方程 (3.134) 中取 $\hat{S}(r)$ 的正则排序形式 $S^{(n)}(\hat{a}^{\dagger},\hat{a})$, 并且将 $\langle\alpha|$ 作用于其左边、$|\beta\rangle$ 作用于其右边:

$$\frac{\partial S^{(n)}(\alpha^{*},\beta,r)}{\partial r} = \frac{1}{2}\left(\alpha^{*2} - \beta^{2} - 2\beta\frac{\partial}{\partial\alpha^{*}} - \frac{\partial^{2}}{\partial\alpha^{*2}}\right)S^{(n)}(\alpha^{*},\beta,r) \tag{3.135}$$

其中, 我们在两边同时除以 $\langle\alpha|\beta\rangle$. 取一个下列形式的试探解: $S^{(n)}(\alpha^{*},\beta,r) = \mathrm{e}^{G(\alpha^{*},\beta,r)}$, 其中, $G(\alpha^{*},\beta,r) = A(r) + B(r)\alpha^{*2} + C(r)\beta^{2} + D(r)\alpha^{*}\beta$. 这里, $A(r),B(r),C(r),D(r)$ 待定. 将其代入方程 (3.135) 并算出微分, 我们得到方程右边为

$$\begin{aligned}\text{右边} = \frac{1}{2}\Big[&\alpha^{*2} - \beta^{2} - 4B\beta\alpha^{*} - 2D\beta^{2} \\ &- 2B - (2B\alpha^{*} + D\beta)^{2}\Big]S^{(n)}(\alpha^{*},\beta,r)\end{aligned} \tag{3.136}$$

比较方程 (3.135) 的两边, 我们得到

$$\begin{aligned}&\frac{\mathrm{d}A}{\mathrm{d}r} = -B, \quad \frac{\mathrm{d}B}{\mathrm{d}r} = \frac{1}{2} - 2B^{2} \\ &\frac{\mathrm{d}C}{\mathrm{d}r} = -\frac{1}{2}(D+1)^{2}, \quad \frac{\mathrm{d}D}{\mathrm{d}r} = -2B - 2BD\end{aligned} \tag{3.137}$$

初始条件为 $A(0) = B(0) = C(0) = D(0) = 0$. 我们可以立即解出 $B(r) = (1/2)\tanh r$, 然后可以得到 $A(r) = -(1/2)\ln(\cosh r)$, $D(r) = 1/\cosh r - 1$ 以及 $C(r) = -B$. $S^{(n)}(\alpha^{*},\beta,r)$ 的最终形式为

$$S^{(n)}(\alpha^{*},\beta,r) = \frac{1}{\sqrt{\mu}}\exp\left[\frac{\nu}{2\mu}(\alpha^{*2} - \beta^{2}) + \left(\frac{1}{\mu} - 1\right)\alpha^{*}\beta\right] \tag{3.138}$$

其中, $u = \cosh r$, $\nu = \sinh r$. 由此, 我们得到

$$\begin{aligned}\langle\alpha|\hat{S}(r)|\beta\rangle &= S^{(n)}(\alpha^{*},\beta)\langle\alpha|\beta\rangle \\ &= \frac{1}{\sqrt{\mu}}\exp\left[\frac{\nu}{2\mu}(\alpha^{*2} - \beta^{2}) + \frac{\alpha^{*}\beta}{\mu} - \frac{1}{2}(|\alpha|^{2} + |\beta|^{2})\right]\end{aligned} \tag{3.139}$$

## 3.7 Glauber–Sudarshan P 分布和 Wigner 分布

我们在 3.2.5 小节已经看到，相干态组成了一个超完备基，任何态都可以用它来表示. 我们也可以用方程 (3.47) 的完备性关系对任何算符做同样的表示:

$$\hat{O}=\int\frac{\mathrm{d}^2\beta}{\pi}|\beta\rangle\langle\beta|\hat{O}\int\frac{\mathrm{d}^2\alpha}{\pi}|\alpha\rangle\langle\alpha|=\int\frac{\mathrm{d}^2\alpha\mathrm{d}^2\beta}{\pi^2}\langle\beta|\hat{O}|\alpha\rangle|\beta\rangle\langle\alpha| \tag{3.140}$$

$\langle\beta|\hat{O}|\alpha\rangle$ 就是算符 $\hat{O}$ 的相干态表示. 例如，压缩算符 $\hat{S}(r)$ 的相干态表示在上一节里已经推导出来了，由方程 (3.139) 表达. 相干态表示和数态表示的关系可以很容易由下式导出:

$$\begin{aligned}\langle\beta|\hat{O}|\alpha\rangle&=\langle\beta|\Big(\sum_n|n\rangle\langle n|\Big)\hat{O}\Big(\sum_m|m\rangle\langle m|\Big)|\alpha\rangle\\&=\sum_{m,n}O_{nm}\langle\beta|n\rangle\langle m|\alpha\rangle\\&=\mathrm{e}^{-(|\alpha|^2+|\beta|^2)/2}\sum_{m,n}\frac{O_{nm}}{\sqrt{m!n!}}\beta^{*n}\alpha^m\\&\equiv\mathrm{e}^{-(|\alpha|^2+|\beta|^2)/2}f_O(\beta^*,\alpha)\end{aligned} \tag{3.141}$$

其中，$O_{nm}\equiv\langle n|\hat{O}|m\rangle$ 是数态表示.

如果 $\hat{O}$ 是可求迹的，且是非负正定的厄密算符，$|O_{nm}|$ 就是有界的. 那么，方程 (3.141) 里的双变量无穷级数 $f_O(\beta^*,\alpha)$ 就对所有的 $\beta^*$ 和 $\alpha$ 绝对收敛，因此它也就是复变量 $\beta^*$ 和 $\alpha$ 的解析函数. 其实，如果把算符 $\hat{O}$ 写为其正则排序形式 $\hat{O}^{(n)}(\hat{a}^\dagger,\hat{a})$，那么我们就有 $\langle\beta|\hat{O}|\alpha\rangle=O^{(n)}(\beta^*,\alpha)\langle\beta|\alpha\rangle$，且 $f_O(\beta^*,\alpha)=O^{(n)}(\beta^*,\alpha)\mathrm{e}^{\beta^*\alpha}$. 如果 $O^{(n)}(\beta^*,\alpha)$ 是一个性质比较好的函数，$f_O(\beta^*,\alpha)$ 就是一个 $\beta^*$ 和 $\alpha$ 的解析函数.

根据复变函数理论，解析函数 $f_O(\beta^*,\alpha)$ 在所有地方的值可由其在 $\beta^*,\alpha$ 的某个任意小区间的值唯一决定. 尤其是，当我们知道 $f_O(\alpha^*,\alpha)$ 的值时，$f_O(\beta^*,\alpha)$ 就可以完全确定下来. 因此，$\langle\beta|\hat{O}|\alpha\rangle$ 可以由对角元 $\langle\alpha|\hat{O}|\alpha\rangle$ 唯一决定.

### 3.7.1 密度算符的 Glauber-Sudarshan P 表示

我们可以将上面讲的应用于密度算符以描述一个系统的量子态. 在 3.5 节中，已知

密度算符满足 $\mathrm{Tr}\,\hat{\rho}=1$,因此它是可求迹的,而且从方程 (3.102) 给出的定义,还知道它是一个非负的厄密算符. 所以,我们应该能把它写为对角形式的相干态表示:

$$\hat{\rho}=\int \mathrm{d}^2\alpha P(\alpha)|\alpha\rangle\langle\alpha| \tag{3.142}$$

其中,由于 $\hat{\rho}$ 是厄密算符,$P(\alpha)$ 就是复变量 $\alpha$ 的某个实函数. 这就是 Glauber-Sudarshan P 表示,首次由 Glauber(1963c) 和 Sudarshan (1963) 独立地引入. 它在第 5 章要讲到的量子相干理论中发挥关键作用.

函数 $P(\alpha)$ 的具体形式可以从密度算符 $\hat{\rho}$ 直接导出 (Mehta et al., 1965),为此我们考虑复数 $\beta$ 的函数 $\langle-\beta|\hat{\rho}|\beta\rangle$. 从方程 (3.142) 可得

$$\begin{aligned}\langle-\beta|\hat{\rho}|\beta\rangle &= \int \mathrm{d}^2\alpha P(\alpha)\langle-\beta|\alpha\rangle\langle\alpha|\beta\rangle \\ &= \mathrm{e}^{-|\beta|^2}\int \mathrm{d}^2\alpha P(\alpha)\mathrm{e}^{-|\alpha|^2}\mathrm{e}^{\beta\alpha^*-\beta^*\alpha}\end{aligned} \tag{3.143}$$

或

$$\langle-\beta|\hat{\rho}|\beta\rangle\mathrm{e}^{|\beta|^2}=\int \mathrm{d}^2\alpha P(\alpha)\mathrm{e}^{-|\alpha|^2}\mathrm{e}^{\beta\alpha^*-\beta^*\alpha} \tag{3.144}$$

将复变量用实变量写出:$\beta=u+\mathrm{i}v,\alpha=x+\mathrm{i}y$,我们得到 $\mathrm{e}^{\beta\alpha^*-\beta^*\alpha}=\mathrm{e}^{2\mathrm{i}(xv-yu)}$,方程 (3.144) 就变为

$$\langle-\beta|\hat{\rho}|\beta\rangle\mathrm{e}^{u^2+v^2}=\int \mathrm{d}x\mathrm{d}yP(x,y)\mathrm{e}^{-(x^2+y^2)}\mathrm{e}^{2\mathrm{i}(xv-yu)} \tag{3.145}$$

这样,函数 $f(u,v)\equiv\langle-\beta|\hat{\rho}|\beta\rangle\mathrm{e}^{u^2+v^2}$ 就是函数 $g(x,y)\equiv P(x,y)\mathrm{e}^{-(x^2+y^2)}$ 的傅里叶变换. 其反变换为

$$g(x,y)=\frac{1}{\pi^2}\int \mathrm{d}u\mathrm{d}vf(u,v)\mathrm{e}^{-2\mathrm{i}(xv-yu)} \tag{3.146}$$

或

$$P(\alpha)\mathrm{e}^{-|\alpha|^2}=\frac{1}{\pi^2}\int \mathrm{d}^2\beta\langle-\beta|\hat{\rho}|\beta\rangle\mathrm{e}^{|\beta|^2}\mathrm{e}^{\beta^*\alpha-\beta\alpha^*} \tag{3.147}$$

于是我们就将 $P(\alpha)$ 用密度算符 $\hat{\rho}$ 的矩阵元 $\langle-\beta|\hat{\rho}|\beta\rangle$ 来表示.

更进一步地讲,任意正则排序算符 $\hat{a}^{\dagger m}\hat{a}^n$ 的平均值具有如下形式:

$$\begin{aligned}\langle:\hat{a}^n\hat{a}^{\dagger m}:\rangle &= \langle\hat{a}^{\dagger m}\hat{a}^n\rangle=\mathrm{Tr}\left[\hat{\rho}\hat{a}^{\dagger m}\hat{a}^n\right] \\ &= \int \mathrm{d}^2\alpha P(\alpha)\alpha^{*m}\alpha^n=\langle\alpha^{*m}\alpha^n\rangle_P\end{aligned} \tag{3.148}$$

这里，我们引入了正则排序运算::，其作用是将 $\hat{a}^\dagger$ 置于左边而将 $\hat{a}$ 置于右边，也即 $:\hat{a}^n\hat{a}^{\dagger m}:=\hat{a}^{\dagger m}\hat{a}^n$. 对任意正则排序算符的矩 $:\hat{a}^n\hat{a}^{\dagger m}:=\hat{a}^{\dagger m}\hat{a}^n$,我们可以定义一个特征函数 $C_N(u,u^*)$:

$$\begin{aligned}C_N(u,u^*) &\equiv \langle :\mathrm{e}^{u\hat{a}^\dagger-u^*\hat{a}}:\rangle=\langle \mathrm{e}^{u\hat{a}^\dagger}\mathrm{e}^{-u^*\hat{a}}\rangle \\ &=\mathrm{Tr}\left[\hat{\rho}\mathrm{e}^{u\hat{a}^\dagger}\mathrm{e}^{-u^*\hat{a}}\right]=\int \mathrm{d}^2\alpha \mathrm{e}^{u\alpha^*-u^*\alpha}P(\alpha)\end{aligned} \tag{3.149}$$

任意正则排序算符矩的平均值 $\langle:\hat{a}^n\hat{a}^{\dagger m}:\rangle=\langle\hat{a}^{\dagger m}\hat{a}^n\rangle$ 可以表示为

$$\langle \hat{a}^{\dagger m}\hat{a}^n\rangle=\left[\frac{\partial^{m+n}C_N(u,u^*)}{\partial u^m\partial(-u^*)^n}\right]_{u,u^*=0} \tag{3.150}$$

其中,我们把 $u,u^*$ 作为两个独立变量来处理. 由于 $\mathrm{e}^{u\alpha^*-u^*\alpha}$ 是二维傅里叶变换的核,方程 (3.149) 的傅里叶反变换具有如下形式:

$$P(\alpha)=\frac{1}{\pi^2}\int \mathrm{d}^2u\mathrm{e}^{-u\alpha^*+u^*\alpha}C_N(u,u^*) \tag{3.151}$$

因为在大多数情况下 $\langle-\beta|\hat{\rho}|\beta\rangle$ 的计算要比 $C_N(u,u^*)$ 容易，所以用方程 (3.147) 来算 $P(\alpha)$ 要比用方程 (3.151) 容易.

下面让我们计算几个常见的量子态的 $P(\alpha)$ :

(1) 相干态

对于相干态 $|\alpha_0\rangle$,我们有

$$\langle-\beta|\hat{\rho}|\beta\rangle=\langle-\beta|\alpha_0\rangle\langle\alpha_0|\beta\rangle=\mathrm{e}^{-|\alpha_0|^2-|\beta|^2}\mathrm{e}^{\beta\alpha^*-\beta^*\alpha}$$

从方程 (3.147) 可以得到

$$\begin{aligned}P(\alpha)\mathrm{e}^{-|\alpha|^2} &=\frac{1}{\pi^2}\int \mathrm{d}^2\beta e^{-|\alpha_0|^2}\mathrm{e}^{\beta^*(\alpha-\alpha_0)-\beta(\alpha^*-\alpha_0^*)} \\ &=\mathrm{e}^{-|\alpha_0|^2}\frac{1}{\pi^2}\int \mathrm{d}^2\beta\mathrm{e}^{\beta^*(\alpha-\alpha_0)-\beta(\alpha^*-\alpha_0^*)} \\ &=\mathrm{e}^{-|\alpha_0|^2}\delta^{(2)}(\alpha-\alpha_0)\end{aligned} \tag{3.152}$$

于是,对相干态 $|\alpha_0\rangle$,我们有 $P(\alpha)=\delta^{(2)}(\alpha-\alpha_0)$.

(2) 热态

对于平均光子数为 $\bar{n}$ 的热态,我们有 $\hat{\rho}_{\mathrm{th}}=\sum\limits_n P_n|n\rangle\langle n|$. 其中,$P_n=\bar{n}^n/(\bar{n}+1)^{n+1}$. 于是,我们可以得到

$$
\begin{aligned}
\langle -\beta|\hat{\rho}_{\text{th}}|\beta\rangle &= \sum_n \frac{\bar{n}^n}{(\bar{n}+1)^{n+1}}\frac{(-1)^n}{n!}|\beta|^{2n}\mathrm{e}^{-|\beta|^2} \\
&= \frac{\mathrm{e}^{-|\beta|^2}}{\bar{n}+1}\sum_n \frac{(-1)^n}{n!}\left(\frac{\bar{n}|\beta|^2}{\bar{n}+1}\right)^n \\
&= \frac{\mathrm{e}^{-|\beta|^2}}{\bar{n}+1}\exp\left(-\frac{\bar{n}|\beta|^2}{\bar{n}+1}\right)
\end{aligned} \tag{3.153}
$$

将上式代入方程 (3.147) 并算出积分,可以得到

$$
P(\alpha) = \frac{1}{\pi\bar{n}}\mathrm{e}^{-|\alpha|^2/\bar{n}} \tag{3.154}
$$

(3) 数态

对于数态 $\hat{\rho} = |n\rangle\langle n|$,我们有

$$
\langle -\beta|\hat{\rho}|\beta\rangle = \langle -\beta|n\rangle\langle n|\beta\rangle = \mathrm{e}^{-|\beta|^2}(-|\beta|^2)^n/n! \tag{3.155}
$$

将它代入方程 (3.147),可以得到

$$
P(\alpha)\mathrm{e}^{-|\alpha|^2} = \frac{1}{\pi^2 n!}\int \mathrm{d}^2\beta(-|\beta|^2)^n \mathrm{e}^{\beta^*\alpha-\beta\alpha^*} \tag{3.156}
$$

上式在通常情况下是发散的. 但是,我们可以将它用特殊的 $\delta$ 函数表示为

$$
\begin{aligned}
P(\alpha) &= \frac{\mathrm{e}^{|\alpha|^2}}{n!}\frac{\partial^{2n}}{\partial\alpha^{*n}\partial\alpha^n}\frac{1}{\pi^2}\int \mathrm{e}^{\beta^*\alpha-\beta\alpha^*}\mathrm{d}^2\beta \\
&= \frac{\mathrm{e}^{|\alpha|^2}}{n!}\frac{\partial^{2n}}{\partial\alpha^{*n}\partial\alpha^n}\delta^{(2)}(\alpha)
\end{aligned} \tag{3.157}
$$

这样,$P(\alpha)$ 就是 $\delta$ 函数的第 $2n$ 次微分. 它比 $\delta$ 函数更奇异,这就导致了数态的非经典性质 (见 5.2.4 小节).

## 3.7.2 密度算符的 Wigner W 表示

Wigner 分布 (也称为 Wigner 函数) 是一个粒子位置和动量的准概率分布. 它最早由 Eugene Wigner 在 1932 年引入,用以研究经典统计力学的量子修正 (Wigner, 1932). 具体而言,对于一个处于波函数为 $\psi(x)$ 的纯态的粒子,它的定义为

$$\begin{aligned} W(x,p) &\equiv \frac{1}{\pi\hbar}\int_{-\infty}^{\infty} \mathrm{d}y\psi^*(x+y)\psi(x-y)\mathrm{e}^{-2\mathrm{i}py/\hbar} \\ &= \frac{1}{\pi\hbar}\int_{-\infty}^{\infty} \mathrm{d}q\phi^*(p+q)\phi(p-q)\mathrm{e}^{-2\mathrm{i}xq/\hbar} \end{aligned} \tag{3.158}$$

其中,$\phi(p)$ 是 $\psi(x)$ 的傅里叶变换,而且 $x,p$ 是位置和动量,但也可以是任意一对共轭变量. 对于一个混合态 $\hat{\rho}$,它的定义变为

$$\begin{aligned} W(x,p) &= \frac{1}{\pi\hbar}\int_{-\infty}^{\infty} \mathrm{d}y\langle x+y|\hat{\rho}|x-y\rangle\mathrm{e}^{-2\mathrm{i}py/\hbar} \\ &= \frac{1}{\pi\hbar}\int_{-\infty}^{\infty} \mathrm{d}q\langle p+q|\hat{\rho}|p-q\rangle\mathrm{e}^{-2\mathrm{i}xq/\hbar} \end{aligned} \tag{3.159}$$

它是这个量子系统在 $x$-$p$ 相空间的准概率分布,其概率分布的特性表现为 $W$ 是归一的:$\int \mathrm{d}x\mathrm{d}pW(x,p)=1$,这可以从方程 (3.159) 证明:

$$\begin{aligned} \int \mathrm{d}x\mathrm{d}pW(x,p) &= \int \mathrm{d}x\mathrm{d}y\langle x+y|\hat{\rho}|x-y\rangle\frac{1}{\pi\hbar}\int \mathrm{d}p\mathrm{e}^{-2\mathrm{i}py/\hbar} \\ &= \int \mathrm{d}x\mathrm{d}y\langle x+y|\hat{\rho}|x-y\rangle\delta(y) \\ &= \int \mathrm{d}x\langle x|\hat{\rho}|x\rangle = \mathrm{Tr}\ \hat{\rho} = 1 \end{aligned} \tag{3.160}$$

并且其边缘概率分布就是 $x$ 和 $p$ 的概率分布. 对于纯态,可以从方程 (3.158) 得以证明:

$$\begin{aligned} \int \mathrm{d}pW(x,p) &= \int \mathrm{d}y\psi^*(x+y)\psi(x-y)\delta(y) = |\psi(x)|^2 \\ \int \mathrm{d}xW(x,p) &= \int \mathrm{d}q\phi^*(p+q)\phi(p-q)\delta(q) = |\phi(p)|^2 \end{aligned} \tag{3.161}$$

而对于混态,可以从方程 (3.159) 得到:

$$\langle x|\rho|x\rangle = \int \mathrm{d}pW(x,p), \quad \langle p|\rho|p\rangle = \int \mathrm{d}xW(x,p) \tag{3.162}$$

Wigner 函数有几个有趣的性质. 第一个性质是由乘积规则而来的量子态重叠:

$$\mathrm{Tr}(\hat{\rho}_1\hat{\rho}_2) = 2\pi\hbar\int \mathrm{d}x\mathrm{d}pW_{\hat{\rho}_1}(x,p)W_{\hat{\rho}_2}(x,p) \tag{3.163}$$

它可以由方程 (3.159) 得到如下证明:

$$\begin{aligned} &2\pi\hbar\int \mathrm{d}x\mathrm{d}pW_{\hat{\rho}_1}(x,p)W_{\hat{\rho}_2}(x,p) \\ &\quad= 2\int \mathrm{d}x\mathrm{d}y_1\mathrm{d}y_2\langle x+y_1|\hat{\rho}_1|x-y_1\rangle\langle x+y_2|\hat{\rho}_2|x-y_2\rangle \\ &\qquad\cdot\frac{1}{\pi\hbar}\int \mathrm{d}p\mathrm{e}^{-2\mathrm{i}p(y_1+y_2)/\hbar} \end{aligned}$$

$$
\begin{aligned}
&= 2\int \mathrm{d}x\mathrm{d}y_1\mathrm{d}y_2\langle x+y_1|\hat{\rho}_1|x-y_1\rangle\langle x+y_2|\hat{\rho}_2|x-y_2\rangle\delta(y_1+y_2)\\
&= 2\int \mathrm{d}x\mathrm{d}y_1\langle x+y_1|\hat{\rho}_1|x-y_1\rangle\langle x-y_1|\hat{\rho}_2|x+y_1\rangle\\
&= \int \mathrm{d}z_1\mathrm{d}z_2\langle z_1|\hat{\rho}_1|z_2\rangle\langle z_2|\hat{\rho}_2|z_1\rangle\\
&= \int \mathrm{d}z_1\langle z_1|\hat{\rho}_1\hat{\rho}_2|z_1\rangle\\
&= \mathrm{Tr}(\hat{\rho}_1\hat{\rho}_2)
\end{aligned} \tag{3.164}
$$

其中,我们变换了积分变量: $x+y_1=z_1, x-y_1=z_2$,并利用了关系 $\int \mathrm{d}z_2|z_2\rangle\langle z_2|=1$.

第二个性质是对于某些量子态,Wigner 函数可以在某些 $x,p$ 值上取负值. 为证明这点,我们将方程 (3.163) 应用于正交态 $\mathrm{Tr}(\hat{\rho}_1\hat{\rho}_2)=0$:

$$
2\pi\hbar\int \mathrm{d}x\mathrm{d}pW_{\hat{\rho}_1}(x,p)W_{\hat{\rho}_2}(x,p)=\mathrm{Tr}(\hat{\rho}_1\hat{\rho}_2)=0 \tag{3.165}
$$

这意味着为使上式成立,$W_{\hat{\rho}_1}(x,p)$ 或 $W_{\hat{\rho}_2}(x,p)$ 必须在某些 $x,p$ 值上取负数值. 因此,就像 Glauber P 函数一样,Wigner 函数不可能是一个真正的概率分布函数.

第三个性质是 Wigner 函数总是有限的,这与 Glauber P 函数不一样. 这可以通过方程 (3.158) 证明如下:

$$
\begin{aligned}
\left|W(x,p)\right| &\leqslant \frac{1}{\pi\hbar}\int \mathrm{d}y\left|\psi^*(x+y)\psi(x-y)\mathrm{e}^{-2\mathrm{i}py/\hbar}\right|\\
&= \frac{1}{\pi\hbar}\int \mathrm{d}y\left|\psi^*(x+y)\psi(x-y)\right|\\
&\leqslant \frac{1}{\pi\hbar}\sqrt{\int \mathrm{d}y\left|\psi^*(x+y)\right|^2\int \mathrm{d}y\left|\psi(x-y)\right|^2}\\
&= \frac{1}{\pi\hbar}
\end{aligned} \tag{3.166}
$$

其中,在倒数第二步我们利用了 Cauchy-Schwarz 不等式.

Wigner 函数在量子光学中具有实际的意义. 在 10.4 节里我们将证明,利用量子态层析方法,一个光场的 Wigner 函数可通过零拍探测技术进行测量. 这就使得我们能够完全地测量一个光场的量子态. 为了给将来的这一讨论做准备,我们将由方程 (3.159) 定义的 Wigner 函数应用于描写单模场的虚拟谐振子. 为此,我们把 $x,p$ 换为无量纲的变量 $X=x\sqrt{2\omega/(m\hbar)}$, $Y=p\sqrt{2m/(\omega\hbar)}$,其中 $m=1$,并且,选择适当的系数以使 $W$ 归一:$\int \mathrm{d}X\mathrm{d}Y\ W(X,Y)=1$. 光场的 Wigner 函数的具体形式则由下式给出:

$$
W(X,Y)=\frac{1}{2\pi}\int \mathrm{d}u\langle X+u|\hat{\rho}|X-u\rangle\mathrm{e}^{-\mathrm{i}uY} \tag{3.167}
$$

它可以表示为较为熟悉的量子光学形式:

$$W(X,Y)=\frac{1}{(2\pi)^2}\int \mathrm{d}u\mathrm{d}v C_W(u,v)\mathrm{e}^{-\mathrm{i}vX+\mathrm{i}uY} \tag{3.168}$$

其中

$$C_W(u,v)\equiv \mathrm{Tr}\left(\hat{\rho}\mathrm{e}^{\mathrm{i}v\hat{X}-\mathrm{i}u\hat{Y}}\right)=\mathrm{Tr}\left(\hat{\rho}\mathrm{e}^{\eta\hat{a}^\dagger-\eta^*\hat{a}}\right) \tag{3.169}$$

这里,$\eta=u+\mathrm{i}v$ 且 $\hat{X}=\hat{a}+\hat{a}^\dagger,\hat{Y}=(\hat{a}-\hat{a}^\dagger)/\mathrm{i}$. Wigner 函数 $W$ 和 $C_W$ 就是一对傅里叶变换函数.

要证明方程 (3.168) 的表达式与方程 (3.167) 的一样,我们首先将 $C_W(u,v)$ 用 $\hat{X}$ 的本征态基矢 $\{|\xi\rangle\}$ 来表达:

$$\begin{aligned}C_W(u,v)&=\int \mathrm{d}\xi\langle\xi|\hat{\rho}\mathrm{e}^{\mathrm{i}v\hat{X}-\mathrm{i}u\hat{Y}}|\xi\rangle\\&=\int \mathrm{d}\xi\langle\xi|\hat{\rho}\mathrm{e}^{\mathrm{i}vu}\mathrm{e}^{-\mathrm{i}u\hat{Y}}\mathrm{e}^{\mathrm{i}v\hat{X}}|\xi\rangle\\&=\int \mathrm{d}\xi\mathrm{e}^{\mathrm{i}v(\xi+u)}\langle\xi|\hat{\rho}\mathrm{e}^{-\mathrm{i}u\hat{Y}}|\xi\rangle\\&=\int \mathrm{d}\xi\mathrm{e}^{\mathrm{i}v(\xi+u)}\langle\xi|\hat{\rho}|\xi+2u\rangle\end{aligned} \tag{3.170}$$

这里,我们将方程 (3.119) 的 Campbell-Baker-Hausdorff 定理用于 $\hat{X},\hat{Y}$,其中,$[\hat{X},\hat{Y}]=2\mathrm{i}$,并且我们还用了 $\mathrm{e}^{\mathrm{i}v\hat{X}}|\xi\rangle=\mathrm{e}^{\mathrm{i}v\xi}|\xi\rangle,\mathrm{e}^{-\mathrm{i}u\hat{Y}}|\xi\rangle=|\xi+2u\rangle$. 将以上代入方程 (3.168),可以得到

$$\begin{aligned}W(X,Y)&=\frac{1}{(2\pi)^2}\int \mathrm{d}u\mathrm{d}v\mathrm{e}^{\mathrm{i}uY-\mathrm{i}vX}\int \mathrm{d}\xi\mathrm{e}^{\mathrm{i}v(\xi+u)}\langle\xi|\hat{\rho}|\xi+2u\rangle\\&=\frac{1}{2\pi}\int \mathrm{d}u\mathrm{e}^{\mathrm{i}uY}\int \mathrm{d}\xi\langle\xi|\hat{\rho}|\xi+2u\rangle\int \mathrm{d}v\frac{\mathrm{e}^{\mathrm{i}v(\xi+u-X)}}{2\pi}\\&=\frac{1}{2\pi}\int \mathrm{d}u\mathrm{e}^{\mathrm{i}uY}\int \mathrm{d}\xi\langle\xi|\hat{\rho}|\xi+2u\rangle\delta(\xi+u-X)\\&=\frac{1}{2\pi}\int \mathrm{d}u\langle X-u|\hat{\rho}|X+u\rangle\mathrm{e}^{\mathrm{i}uY}\end{aligned} \tag{3.171}$$

作了变量变换 $u\to -u$, 便给出方程 (3.167). 利用方程 (3.167) 的定义, 方程 (3.166) 变为

$$\left|W(X,Y)\right|\leqslant\frac{1}{2\pi}\quad 或 \quad -\frac{1}{2\pi}\leqslant W(X,Y)\leqslant\frac{1}{2\pi} \tag{3.172}$$

以上只是对纯态而言.

下面我们导出几个已知的量子态的 Wigner 函数.

(1) 相干态

对于 $\alpha = a_1 + \mathrm{i}a_2$ 的相干态 $|\alpha\rangle$,我们有

$$\begin{aligned}
C_W(u,v) &= \mathrm{Tr}\left(\hat{\rho}_\alpha \mathrm{e}^{\eta\hat{a}^\dagger - \eta^*\hat{a}}\right) \\
&= \langle\alpha|\mathrm{e}^{-(u^2+v^2)/2}\mathrm{e}^{\eta\hat{a}^\dagger}\mathrm{e}^{-\eta^*\hat{a}}|\alpha\rangle \\
&= \mathrm{e}^{-(u^2+v^2)/2}\mathrm{e}^{\eta\alpha^*}\mathrm{e}^{-\eta^*\alpha} \\
&= \mathrm{e}^{\mathrm{i}2va_1 - \mathrm{i}2ua_2 - (u^2+v^2)/2}
\end{aligned} \tag{3.173}$$

取傅里叶变换,我们得到

$$W(x_1,x_2) = \frac{1}{2\pi}\exp\left[-\frac{1}{2}\left(\bar{x}_1^2 + \bar{x}_2^2\right)\right] \tag{3.174}$$

其中,$\bar{x}_i = x_i - 2a_i \ (i = 1,2)$. 这里,将变量从 $X,Y$ 变为 $x_1,x_2$. 因为这个函数总有 $W(x_1,x_2) > 0$,我们可以将它当作一个概率分布对待,并计算其方差 $\langle\Delta^2 x_i\rangle = \langle\bar{x}_i^2\rangle = \int \mathrm{d}\bar{x}_1\mathrm{d}\bar{x}_2\bar{x}_i^2 W(\bar{x}_1,\bar{x}_2) = 1$. 因此,这个概率分布的标准偏差为 1,且概率分布函数等于一个标准偏差的等高线轨迹为 $\bar{x}_1^2 + \bar{x}_2^2 = 1$. 这是一个半径为 1、中心位于 $(2a_1,2a_2)$ 的圆. 当在 $X$-$Y$ 相空间表示相干态时,就用这个圆来代表其量子噪声的大小 (见图 3.1).

(2) 相干压缩态 (css)

方程 (3.71) 定义的相干压缩态可由 3.4.3 小节的方程 (3.80) 写为 $|\alpha,r\rangle = \hat{D}(\alpha)\hat{S}(r)|0\rangle = \hat{S}(r)|\alpha_-\rangle$. 这里,$\alpha_- = \alpha\cosh r - \alpha^*\sinh r = a_1\mathrm{e}^{-r} + \mathrm{i}a_2\mathrm{e}^{r}$. 因此,其特征函数可计算如下:

$$\begin{aligned}
C_W(u,v) &= \mathrm{Tr}\left(\hat{\rho}_{\mathrm{css}}\mathrm{e}^{\mathrm{i}v\hat{X} - \mathrm{i}u\hat{Y}}\right) \\
&= \langle\alpha_-|\hat{S}^\dagger(r)\mathrm{e}^{\mathrm{i}v\hat{X} - \mathrm{i}u\hat{Y}}\hat{S}(r)|\alpha_-\rangle \\
&= \langle\alpha_-|\mathrm{e}^{\hat{S}^\dagger(r)(\mathrm{i}v\hat{X} - \mathrm{i}u\hat{Y})\hat{S}(r)}|\alpha_-\rangle \\
&= \langle\alpha_-|\exp[\mathrm{i}v\mathrm{e}^{r}\hat{X} - \mathrm{i}u\mathrm{e}^{-r}\hat{Y}]|\alpha_-\rangle \\
&= \langle\alpha_-|\mathrm{e}^{\mathrm{i}v'\hat{X} - \mathrm{i}u'\hat{Y}}|\alpha_-\rangle \\
&= \mathrm{e}^{-(u'^2+v'^2)/2}\mathrm{e}^{2\mathrm{i}v'a_1' - 2\mathrm{i}u'a_2'}
\end{aligned} \tag{3.175}$$

这里,我们用了方程 (3.61) 的关系,以及 $u' \equiv u\mathrm{e}^{-r}, v' \equiv v\mathrm{e}^{r}; a_1' = a_1\mathrm{e}^{-r}, a_2' = a_2\mathrm{e}^{r}$. 这样,其 Wigner 函数为

$$\begin{aligned}
W_{\mathrm{css}}(x_1,x_2) &= \frac{1}{(2\pi)^2}\int \mathrm{d}u\mathrm{d}v\mathrm{e}^{\mathrm{i}ux_2 - \mathrm{i}vx_1}\mathrm{e}^{-(u'^2+v'^2)/2}\mathrm{e}^{2\mathrm{i}v'a_1' - 2\mathrm{i}u'a_2'} \\
&= \frac{1}{(2\pi)^2}\int \mathrm{d}u'\mathrm{d}v'\mathrm{e}^{\mathrm{i}u'x_2' - \mathrm{i}v'x_1'}\mathrm{e}^{-(u'^2+v'^2)/2}\mathrm{e}^{2\mathrm{i}v'a_1' - 2\mathrm{i}u'a_2'} \\
&= \frac{1}{2\pi}\exp\left[-\frac{1}{2}\left(\bar{x}_1'^2 + \bar{x}_2'^2\right)\right]
\end{aligned} \tag{3.176}$$

这里,我们取 $x_1' \equiv x_1 e^{-r}, x_2' \equiv x_2 e^{r}$ 且 $\bar{x}_1' = x_1' - 2a_1', \bar{x}_2' = x_2' - 2a_2'$. 因此,其最后的形式为

$$W_{\text{css}}(x_1, x_2) = \frac{1}{2\pi} \exp\left[ -\frac{1}{2}\left( \bar{x}_1^2 e^{-2r} + \bar{x}_2^2 e^{2r} \right) \right] \tag{3.177}$$

概率分布函数等于一个标准偏差的等高线轨迹为 $\bar{x}_1^2 e^{-2r} + \bar{x}_2^2 e^{2r} = 1$,它所表示的是一个中心位于 $(2a_1, 2a_2)$、长短轴分别为 $e^{r}$ 和 $e^{-r}$ 的椭圆. 这个椭圆描述了相干压缩态在 $X$-$Y$ 相空间的量子噪声 (见图 3.2). 与相干态相比,它的噪声部分在 $Y$ 方向上被压缩了而在 $X$ 方向上则被拉伸了,但从坐标原点到中心点 $(2a_1, 2a_2)$ 的位移保持不变.

(3) 单光子态 $|1\rangle$ (sps)

单光子态的特征函数为

$$\begin{aligned} C_W(u, v) &= \text{Tr}\left( \hat{\rho}_{\text{sps}} e^{\eta \hat{a}^\dagger - \eta^* \hat{a}} \right) \\ &= \langle 1 | e^{-(u^2+v^2)/2} e^{\eta \hat{a}^\dagger} e^{-\eta^* \hat{a}} | 1 \rangle \\ &= e^{-(u^2+v^2)/2} (1 - |\eta|^2) \\ &= (1 - u^2 - v^2) e^{-(u^2+v^2)/2} \end{aligned} \tag{3.178}$$

代入方程 (3.168),我们得到单光子态的 Wigner 函数:

$$W_{\text{sps}}(x_1, x_2) = \frac{1}{2\pi}(x_1^2 + x_2^2 - 1) \exp\left[ -\frac{1}{2}(x_1^2 + x_2^2) \right] \tag{3.179}$$

当 $x_1 = 0 = x_2$ 时,$W_{\text{sps}}(0,0) = -1/(2\pi)$,即方程 (3.172) 所允许的最小值. Wigner 函数的负值是处于单光子态的光场非经典特性的标识.

(4) 薛定谔猫态

对于由方程 (3.51) 得到的以下形式薛定谔猫态:

$$|\psi\rangle_{\text{cat}} = N_r \left( |-\text{i}r\rangle + |\text{i}r\rangle \right) \quad 和 \quad N_r^{-2} = 2\left( 1 + e^{-2r^2} \right) \tag{3.180}$$

其特征函数为

$$\begin{aligned} C_W(u, v) &= {}_{\text{cat}}\langle \psi | e^{-(u^2+v^2)/2} e^{\eta \hat{a}^\dagger} e^{-\eta^* \hat{a}} | \psi \rangle_{\text{cat}} \\ &= N_r^2 e^{-(u^2+v^2)/2} \left( e^{-\text{i}r\eta} \langle \text{i}r| + e^{\text{i}r\eta} \langle -\text{i}r| \right) \left( e^{-\text{i}r\eta^*} |\text{i}r\rangle + e^{\text{i}r\eta^*} |-\text{i}r\rangle \right) \\ &= N_r^2 e^{-(u^2+v^2)/2} \left( e^{2\text{i}ru} + e^{-2\text{i}ru} + e^{-2rv} e^{-2r^2} + e^{-2rv} e^{-2r^2} \right) \\ &= 2N_r^2 e^{-(u^2+v^2)/2} \left[ \cos(2ru) + \cosh(2rv) e^{-2r^2} \right] \end{aligned} \tag{3.181}$$

Wigner 函数便为

$$W_{\text{cat}}(x_1,x_2)=\frac{N_r^2}{2\pi}\Big\{\mathrm{e}^{-x_1^2/2}\left[\mathrm{e}^{-(x_2-2r)^2/2}+\mathrm{e}^{-(x_2+2r)^2/2}\right]$$
$$+\mathrm{e}^{-x_2^2/2}\mathrm{e}^{-2r^2}\left[\mathrm{e}^{-(x_1-2\mathrm{i}r)^2/2}+\mathrm{e}^{-(x_1+2\mathrm{i}r)^2/2}\right]\Big\}$$
$$=\frac{N_r^2}{2\pi}\Big\{\mathrm{e}^{-x_1^2/2}\left[\mathrm{e}^{-(x_2-2r)^2/2}+\mathrm{e}^{-(x_2+2r)^2/2}\right]$$
$$+2\mathrm{e}^{-(x_1^2+x_2^2)/2}\cos 2rx_1\Big\} \tag{3.182}$$

它在原点附近强烈地振荡. 边缘概率 $P_{\text{cat}}=|\psi_{\text{cat}}(x_1)|^2$ 为

$$P_{\text{cat}}(x_1)=\int \mathrm{d}x_2 W_{\text{cat}}(x_1,x_2)=\frac{2N_r^2}{\sqrt{2\pi}}\mathrm{e}^{-x_1^2/2}(1+\cos 2rx_1) \tag{3.183}$$

它与方程 (3.55) 的分布一样,但 $x_1=x\sqrt{2}$.

在 10.4 节中,我们将要讨论量子层析技术,用以测量 Wigner 函数. 这个技术的核心部分是测量旋转的正交振幅 $\hat{X}_\theta\equiv\hat{a}\mathrm{e}^{-\mathrm{i}\theta}+\hat{a}^\dagger\mathrm{e}^{\mathrm{i}\theta}=\hat{X}\cos\theta+\hat{Y}\sin\theta$ 的概率分布. 我们现将其用 Wigner 函数 $W(x_1,x_2)$ 来表示. 为此,我们需要将变量从 $(x_1,x_2)$ 变为另一套正则变量 $(x_1^\theta,x_2^\theta)$:

$$x_1=x_1^\theta\cos\theta-x_2^\theta\sin\theta,\quad x_2=x_2^\theta\cos\theta+x_1^\theta\sin\theta \tag{3.184}$$

于是,我们可以得到

$$W_\theta(x_1^\theta,x_2^\theta)=W(x_1^\theta\cos\theta-x_2^\theta\sin\theta,x_2^\theta\cos\theta+x_1^\theta\sin\theta) \tag{3.185}$$

既然 $(x_1^\theta,x_2^\theta)$ 是一套正则变量,那么边缘概率为

$$P(x_1^\theta)=\int \mathrm{d}x_2^\theta\ W_\theta(x_1^\theta,x_2^\theta)$$
$$=\int \mathrm{d}x_2^\theta\ W(x_1^\theta\cos\theta-x_2^\theta\sin\theta,x_2^\theta\cos\theta+x_1^\theta\sin\theta)$$
$$=\int \mathrm{d}x_1'^\theta\mathrm{d}x_2^\theta\ \delta(x_1'^\theta-x_1^\theta)$$
$$\cdot W(x_1'^\theta\cos\theta-x_2^\theta\sin\theta,x_2^\theta\cos\theta+x_1'^\theta\sin\theta) \tag{3.186}$$

将变量 $(x_1'^\theta,x_2^\theta)$ 变回 $(x_1,x_2)$,可以得到

$$P(x_1^\theta)=\int \mathrm{d}x_1\mathrm{d}x_2\delta(x_1\cos\theta+x_2\sin\theta-x_1^\theta)W(x_1,x_2) \tag{3.187}$$

在 10.4 节, 我们将把以上关系做反变换, 以便将 Wigner 函数由 $P(x_1^\theta)$ 来表示, 这样 $W(x_1,x_2)$ 就可以从零拍探测测量的 $P(x_1^\theta)$ 中得到.

# 习　题

**习题 3.1**　数态的产生算符的表示形式.

(1) 利用对易关系 $[\hat{a},\hat{a}^\dagger]=1$ 和归纳法,证明

$$[\hat{a},\hat{a}^{\dagger n}]=n\hat{a}^{\dagger n-1},\quad [\hat{a}^n,\hat{a}^\dagger]=n\hat{a}^{n-1} \tag{3.188}$$

(2) 利用方程 (3.188) 和 $\hat{a}|0\rangle=0$,证明

$$\hat{a}^\dagger\hat{a}(\hat{a}^{\dagger n}|0\rangle)=n\hat{a}^{\dagger n}|0\rangle \tag{3.189}$$

即 $\hat{a}^{\dagger n}|0\rangle$ 是光子数算符 $\hat{n}\equiv\hat{a}^\dagger\hat{a}$ 的本征态且本征值为 $n$.

(3) 利用方程 (3.188) 和 $\hat{a}|0\rangle=0$,证明

$$\hat{a}^n\hat{a}^{\dagger n}|0\rangle=n\hat{a}^{n-1}\hat{a}^{\dagger n-1}|0\rangle=\cdots=n!|0\rangle \tag{3.190}$$

并进一步证明 $\langle 0|\hat{a}^n\hat{a}^{\dagger n}|0\rangle=n!$,从而证明归一的数态的产生算符表示形式:

$$|n\rangle=\frac{1}{\sqrt{n!}}\hat{a}^{\dagger n}|0\rangle \tag{3.191}$$

**习题 3.2**　数态的振幅涨落以及海森伯不确定式.

因为光子数态是光子数算符 $\hat{n}$ 的本征态，所以光场的光子数是完全确定的，即 $\Delta n\equiv\sqrt{\langle(\hat{n}-\langle\hat{n}\rangle)^2\rangle}=0$. 但我们从 3.1.3 小节看到,描述光场的谐振子波函数 $\psi_n(q)$ 有很大的范围. 这表明谐振子的位置有很大的不确定性. 这道题就是为了计算它的位置和动量的不确定量.

从方程 (3.6),我们得到

$$\hat{Q}=\sqrt{\frac{\hbar}{2\omega}}(\hat{a}+\hat{a}^\dagger),\quad \hat{P}=\sqrt{\frac{\hbar\omega}{2}}(\hat{a}-\hat{a}^\dagger)/\mathrm{i} \tag{3.192}$$

对数态 $|n\rangle$,证明:

(1) $\langle\hat{Q}\rangle_n=0,\langle\hat{P}\rangle_n=0$.

(2) $\langle\hat{Q}^2\rangle_n=(n+1/2)\hbar/\omega,\langle\hat{P}^2\rangle_n=(n+1/2)\hbar\omega$.

因此,$\Delta Q_n=\sqrt{(n+1/2)\hbar/\omega},\Delta P_n=\sqrt{(n+1/2)\hbar\omega}$ 或 $\Delta X_n=\Delta Y_n=\sqrt{2n+1}$. 这样,$\Delta Q_n\Delta P_n=(n+1/2)\hbar>\hbar/2$ 或 $\Delta X_n\Delta Y_n=2n+1>1$.

**习题 3.3** 相干态和压缩态的波函数.

我们在 3.1.3 小节里推导了光子数态的波函数. 我们可以用同样的方法来推导相干态和压缩态的波函数.

(1) 利用方程 (3.25) 的相干态定义和 3.1.3 小节的方法,证明相干态的波函数为

$$\psi_\alpha(x) = \frac{1}{(\pi)^{1/4}} \mathrm{e}^{-\mathrm{Im}^2(\alpha)-(x-\alpha\sqrt{2})^2/2} \tag{3.193}$$

其中,$x = q/q_0(q_0 = \sqrt{\hbar/\omega})$.

(2) 利用方程 (3.69) 的压缩态的定义和 3.1.3 小节的方法,求压缩态的波函数.

**习题 3.4** 相干态和相位压缩态的相位不确定性.

电场的相位不确定量可以从图 3.4 中电场曲线与零点的 $x$ 轴相交的宽度大致决定. 图 3.4(a) 中的宽度为 0, 意味着经典电磁波的相位在任何时候都是确定的. 但是, 图 3.4(b)、图 3.4(c) 的宽度是有限的,意味着量子电磁波的相位具有不确定性. 利用方程 (3.85) 中的电场强度与相位的关系以及电场不确定量的方程 (3.86),求相干态和相位压缩态的相位不确定量.

**习题 3.5** 相位压缩态 $|\alpha, r\mathrm{e}^{2\mathrm{i}\varphi_\alpha}\rangle$ 的光子数不确定性.

当位移量 $|\alpha| \gg$ 压缩量 $r$ 时,利用方程 (3.82) 计算相位压缩态 $|\alpha, r\mathrm{e}^{2\mathrm{i}\varphi_\alpha}\rangle$ 的光子数方差 $\langle\Delta^2 n\rangle$.

**习题 3.6** 计算方程 (3.51) 中的薛定谔猫态的光子数统计并求这个态的光子数方差 $\langle\Delta^2 n\rangle$.

**习题 3.7** 计算热态的 Wigner 函数.

**习题 3.8** 压缩真空态的光子数统计.

通过相当复杂的推导,方程 (3.94)、方程 (3.95) 给出了压缩态的光子统计一般情况下的公式. 下面,我们给出对于压缩真空态这一特例的简单推导的思路.

对于在 $\hat{X} = \hat{a} + \hat{a}^\dagger$ 上有最大压缩的压缩真空态,它具有下列形式:

$$\begin{aligned} |-r\rangle &= \hat{S}(-r)|0\rangle = \hat{S}^\dagger(r)|0\rangle \quad (r > 0) \\ &= \sum_n c_n|n\rangle \quad (c_n \equiv \langle n|-r\rangle) \end{aligned} \tag{3.194}$$

(1) 利用方程 (3.62) 证明

$$(\mu\hat{a}+\nu\hat{a}^{\dagger})|-r\rangle=0 \quad 和 \quad \mu=\cosh r,\ \nu=\sinh r \tag{3.195}$$

(2) 将算符 $\langle n|$ 作用于方程 (3.195) 的左边,然后证明下列递推关系：

$$\mu c_{n+1}\sqrt{n+1}+\nu c_{n-1}\sqrt{n}=0 \tag{3.196}$$

其中,$c_n$ 由方程 (3.194) 定义. $n=0$ 的特例给出 $c_1=0$.

(3) 利用 (2) 的结果证明

$$c_n=\begin{cases}0 & (n=2k-1)\\ (-1)^k c_0\sqrt{\dfrac{(2k)!}{(2^k k!)^2}}\left(\dfrac{\nu}{\mu}\right)^k & (n=2k)\end{cases} \tag{3.197}$$

其中,$|c_0|^2=1/\mu$,可由归一化条件和下面的等式导出：

$$\left(1-\frac{\nu^2}{\mu^2}\right)^{-1/2}=\sum_k\frac{(2k)!}{(2^k k!)^2}\left(\frac{\nu}{\mu}\right)^{2k} \tag{3.198}$$

$P_n=|c_n|^2$ 给出方程 (3.94) 在 $\alpha=0$,即压缩真空态的情况. 在习题 8.5,我们将基于这个结果和多光子干涉原理证明,方程 (3.94) 在 $\alpha\neq0$ 的情况是相干态和压缩真空态多光子干涉的结果.

# 第 4 章

# 多模场的量子态

当一个光场有多个模式被激发,我们就必须用多模量子态来描述它. 如果各个模式之间相互独立,就像方程 (2.76) 里的哈密顿量,那么我们可以用单模量子态来分别描述每个模式. 整个光场可以用这些单模态的直积来表达. 但是,如果各个模式相互关联,整个光场的量子态就不是这些单模态的直积而必须是这些直积态的叠加. 这就引出了纠缠态的概念. 这是本章的重点.

## 4.1 独立模式的多模相干态

我们先从最简单的模式独立激发的多模场开始. 既然各模式之间是相互独立的,每

个模式都可以用前一章讲的单模场的量子态来描述. 整个光场的量子态是这些单模量子态的直积:

$$\hat{\rho}_{\mathrm{sys}} = \prod_{\lambda} \otimes \hat{\rho}_{\lambda} \tag{4.1}$$

其中,$\hat{\rho}_{\lambda}$ 是描写模式 $\lambda$ 的密度算符. 例如,当光场处于独立激发的相干态时,光场的量子态由多模相干态来描述. 它是各个被激发模式相干态的直积:

$$|\psi_{\mathrm{sys}}\rangle = \prod_{\lambda} \otimes |\alpha_{\lambda}\rangle_{\lambda} \equiv |\{\alpha_{\lambda}\}\rangle \tag{4.2}$$

对于两个模式的情况,我们有

$$|\psi_{\mathrm{sys}}\rangle = |\alpha\rangle_1 \otimes |\beta\rangle_2 \equiv |\alpha,\beta\rangle \tag{4.3}$$

各个模式的算符只作用在自己模式的态上:

$$\hat{a}_1|\alpha,\beta\rangle = (\hat{a}_1|\alpha\rangle_1) \otimes |\beta\rangle_2 = (\alpha|\alpha\rangle_1) \otimes |\beta\rangle_2 = \alpha|\alpha,\beta\rangle \tag{4.4}$$

同样的

$$\hat{a}_{\mu}|\{\alpha_{\lambda}\}\rangle = \alpha_{\mu}|\{\alpha_{\lambda}\}\rangle \tag{4.5}$$

对于更复杂的场算符,例如方程 (2.90) 中的电场算符:

$$\hat{\boldsymbol{E}}(\boldsymbol{r},t) = \hat{\boldsymbol{E}}^{(+)}(\boldsymbol{r},t) + \hat{\boldsymbol{E}}^{(-)}(\boldsymbol{r},t) \tag{4.6}$$

其中,$\left[\hat{\boldsymbol{E}}^{(-)}(\boldsymbol{r},t)\right]^{\dagger} = \hat{\boldsymbol{E}}^{(+)}(\boldsymbol{r},t)$ 且

$$\hat{\boldsymbol{E}}^{(+)}(\boldsymbol{r},t) \equiv \mathrm{i}\sqrt{4\pi} \sum_{s=1,2} \int \mathrm{d}^3\boldsymbol{k} \sqrt{\frac{\hbar\omega}{2}}\, \hat{a}_s(\boldsymbol{k}) \hat{\epsilon}_{\boldsymbol{k},s} \frac{\mathrm{e}^{\mathrm{i}(\boldsymbol{k}\cdot\boldsymbol{r}-\omega t)}}{(2\pi)^{3/2}} \tag{4.7}$$

我们有

$$\begin{aligned}
\hat{\boldsymbol{E}}^{(+)}(\boldsymbol{r},t)\big|\{\alpha_{\lambda}\}\big\rangle &= \mathrm{i}\sqrt{4\pi} \sum_{s=1,2} \int \mathrm{d}^3\boldsymbol{k} \sqrt{\frac{\hbar\omega}{2}}\, \hat{\epsilon}_{\boldsymbol{k},s} \frac{\mathrm{e}^{\mathrm{i}(\boldsymbol{k}\cdot\boldsymbol{r}-\omega t)}}{(2\pi)^{3/2}} \Big(\hat{a}_s(\boldsymbol{k})\big|\{\alpha_{\lambda}\}\big\rangle\Big) \\
&= \left(\mathrm{i}\sqrt{4\pi} \sum_{s=1,2} \int \mathrm{d}^3\boldsymbol{k} \sqrt{\frac{\hbar\omega}{2}}\, \hat{\epsilon}_{\boldsymbol{k},s} \alpha_s(\boldsymbol{k}) \frac{\mathrm{e}^{\mathrm{i}(\boldsymbol{k}\cdot\boldsymbol{r}-\omega t)}}{(2\pi)^{3/2}}\right) \big|\{\alpha_{\lambda}\}\big\rangle \\
&\equiv \vec{\mathcal{E}}(\boldsymbol{r},t)\big|\{\alpha_{\lambda}\}\big\rangle
\end{aligned} \tag{4.8}$$

其中

$$\vec{\mathcal{E}}(\boldsymbol{r},t) \equiv \mathrm{i}\sqrt{4\pi} \sum_{s=1,2} \int \mathrm{d}^3\boldsymbol{k} \sqrt{\frac{\hbar\omega}{2}}\, \hat{\epsilon}_{\boldsymbol{k},s} \alpha_s(\boldsymbol{k}) \frac{\mathrm{e}^{\mathrm{i}(\boldsymbol{k}\cdot\boldsymbol{r}-\omega t)}}{(2\pi)^{3/2}} \tag{4.9}$$

上式与从方程 (2.14) 和方程 (2.66) 得到的电场的经典表示形式一致，其中，$q_{\boldsymbol{k},s}(0) = \alpha_s(\boldsymbol{k})\sqrt{\hbar/2\omega}$. 这个关系与量子化后的方程 (2.68)、方程 (2.74) 一致. 这里，我们作了 $\hat{a} \leftrightarrow \alpha$ 的交换.

我们从第 5 章讲的光电探测理论可以得到光探测器探测到光电子的概率正比于光场强度：$I = \langle \hat{I} \rangle$. 其中光强算符为 $\hat{I} \equiv \hat{\boldsymbol{E}}^{(-)}(\boldsymbol{r},t) \cdot \hat{\boldsymbol{E}}^{(+)}(\boldsymbol{r},t)$. 对于多模相干态，我们很容易得到

$$I = \langle \hat{I} \rangle_\alpha = \left\langle \{\alpha_\lambda\} \middle| \hat{\boldsymbol{E}}^{(-)}(\boldsymbol{r},t) \cdot \hat{\boldsymbol{E}}^{(+)}(\boldsymbol{r},t) \middle| \{\alpha_\lambda\} \right\rangle = \vec{\mathcal{E}}^*(\boldsymbol{r},t) \cdot \vec{\mathcal{E}}(\boldsymbol{r},t) \tag{4.10}$$

而在经典光学里，光场强度 $I$ 就定义为电场振幅的绝对值平方. 这样，$\vec{\mathcal{E}}(\boldsymbol{r},t)$ 对应于经典光学里的电场振幅. 因此，我们也说多模相干态是最接近于经典光学的量子态. 下面，我们就在此基础上简单地讲一下多模场的经典波动光学的描述.

## 4.2 多模光场的经典描述

在 1.5 节里我们讲到，电磁场的起伏涨落可以用一个随机过程 $E(\boldsymbol{r},t)$ 来表示. 而一个随机过程是某些随机变量 $\{X_j\}$ 的时间函数：$E(\boldsymbol{r},t) = f(\{X_j\},t)$. 无论如何，这个函数必须满足电磁场的麦克斯韦方程. 为此，我们将电磁场用模式展开：

$$\vec{E}(\boldsymbol{r},t) = \sum_{\boldsymbol{k},s} E_{\boldsymbol{k},s}\hat{\epsilon}_{\boldsymbol{k},s}u_{\boldsymbol{k},s}(\boldsymbol{r})\mathrm{e}^{-\mathrm{i}\omega t} + \text{c.c.} \tag{4.11}$$

与方程 (4.9) 比较，$E_{\boldsymbol{k},s}$ 就对应于相干态的模式激发 $\alpha_s(\boldsymbol{k})$. 我们从方程 (4.11) 看到，也只有 $E_{\boldsymbol{k},s}$ 可以是任意的. 如果电磁场由一个随机过程来描述，那么只有 $E_{\boldsymbol{k},s}$ 可以是随机变量. 于是，多模光场的经典描述就落实到对随机变量 $E_{\boldsymbol{k},s}$ 的描述上. 这就是经典相干理论的起点.

为了简单起见，我们只考虑一维标量场的复数表示：

$$\begin{aligned} E(\boldsymbol{r},t) &= \frac{1}{\sqrt{2\pi}}\int \mathrm{d}\omega E(\omega)\mathrm{e}^{\mathrm{i}(kz-\omega t)} \\ &= \frac{1}{\sqrt{2\pi}}\int \mathrm{d}\omega E(\omega)\mathrm{e}^{-\mathrm{i}\omega(t-z/c)} \end{aligned} \tag{4.12}$$

其中，$k = \omega/c$. 定义 $\tau \equiv t - z/c$，一维标量场就只是时间的函数：

$$E(\boldsymbol{r},t)=E(\tau)=\frac{1}{\sqrt{2\pi}}\int \mathrm{d}\omega E(\omega)\mathrm{e}^{-\mathrm{i}\omega\tau} \tag{4.13}$$

这里,$E(\omega)$ 与 $E_{\boldsymbol{k},s}$ 一样是随机变量,它可以用 $E(\tau)$ 来表示:

$$E(\omega)=\frac{1}{\sqrt{2\pi}}\int \mathrm{d}\omega E(\tau)\mathrm{e}^{\mathrm{i}\omega\tau} \tag{4.14}$$

$E(\omega)$ 是光场的频率分量,其概率分布 $P(\{E(\omega)\})=P(E(\omega_1),E(\omega_2),\cdots,E(\omega_j),\cdots)$ 决定了光场的统计性质.

## 4.2.1 连续光场与平稳过程

考虑光场关联函数

$$\Gamma(t,\tau)\equiv\langle E^*(t)E(t+\tau)\rangle=\int \mathrm{d}\{E(\omega)\}P(\{E(\omega)\})E^*(t)E(t+\tau) \tag{4.15}$$

其中,随机过程 $E(t)$ 由方程 (4.13) 与随机变量 $\{E(\omega)\}$ 联系起来. 对于连续波 (CW),起始时间并不重要. 因此,$\Gamma(t,\tau)=\Gamma(\tau)$ 应该与时间 $t$ 无关. 所以,连续波一般由随机过程中的平稳过程来描述. 另外,连续波往往也是各态历经的,即在足够长的时间内,它会历经所有可能的取值. 这样,方程 (4.15) 中对概率分布的平均可以用对时间的平均来替代:

$$\Gamma(\tau)\equiv\langle E^*(t)E(t+\tau)\rangle=\lim_{T\to\infty}\frac{1}{T}\int_T \mathrm{d}tE^*(t)E(t+\tau) \tag{4.16}$$

方程 (4.15)、方程 (4.16) 的一个特例是 $\tau=0$: $\Gamma(0)=\langle E^*(t)E(t)\rangle$. 这时光场的强度 $I=\Gamma(0)$. 利用方程 (4.13),我们得到

$$\Gamma(\tau)=\frac{1}{2\pi}\int \mathrm{d}\omega_1\mathrm{d}\omega_2\langle E^*(\omega_1)E(\omega_2)\rangle\mathrm{e}^{\mathrm{i}(\omega_1-\omega_2)t}\mathrm{e}^{-\mathrm{i}\omega_2\tau} \tag{4.17}$$

对于连续平稳波,$\Gamma(\tau)$ 与时间 $t$ 无关,因此我们必然有

$$\langle E^*(\omega_1)E(\omega_2)\rangle=2\pi S(\omega_1)\delta(\omega_1-\omega_2) \tag{4.18}$$

其中,$S(\omega_1)$ 是 $\omega_1$ 的某种函数. 上式表明,因为对 $\omega_1\neq\omega_2$,我们有 $\langle E^*(\omega_1)E(\omega_2)\rangle=0$,连续平稳波场的各个频率分量之间是没有相位关联的. 这样,方程 (4.17) 变为

$$\Gamma(\tau)=\int \mathrm{d}\omega S(\omega)\mathrm{e}^{-\mathrm{i}\omega\tau} \tag{4.19}$$

或

$$S(\omega)=\frac{1}{2\pi}\int \mathrm{d}\tau\Gamma(\tau)\mathrm{e}^{\mathrm{i}\omega\tau} \tag{4.20}$$

从方程 (4.19) 我们得到 $I=\Gamma(0)=\int \mathrm{d}\omega S(\omega)$. 因此,$S(\omega)$ 可以认为是光场的频谱函数. 方程 (5.48) 的统计关系是连续平稳场的标志.

### 4.2.2 脉冲光场与非平稳过程

对于脉冲光场,我们可以定义一个瞬时光强:$I(t)\equiv E^*(t)E(t)$. 但是,光探测器一般没有脉冲快,它看不到脉冲的形状. 因此,测到的是对时间的积分,即脉冲的能量:

$$I=\int_{-\infty}^{\infty}\mathrm{d}tE^*(t)E(t) \tag{4.21}$$

同样的,光场关联函数 (4.16) 变为

$$\begin{aligned}\Gamma(\tau)&=\int \mathrm{d}tE^*(t)E(t+\tau)\\&=\frac{1}{2\pi}\int \mathrm{d}t\mathrm{d}\omega_1\mathrm{d}\omega_2E^*(\omega_1)E(\omega_2)\mathrm{e}^{\mathrm{i}(\omega_1-\omega_2)t}\mathrm{e}^{-\mathrm{i}\omega_2\tau}\\&=\int \mathrm{d}\omega_1\mathrm{d}\omega_2E^*(\omega_1)E(\omega_2)\delta(\omega_1-\omega_2)\mathrm{e}^{-\mathrm{i}\omega_2\tau}\\&=\int \mathrm{d}\omega|E(\omega)|^2\mathrm{e}^{-\mathrm{i}\omega\tau}\\&=\int \mathrm{d}\omega S(\omega)\mathrm{e}^{-\mathrm{i}\omega\tau}\end{aligned} \tag{4.22}$$

其中,我们用了 $\frac{1}{2\pi}\int \mathrm{d}t\ \mathrm{e}^{\mathrm{i}\omega t}=\delta(\omega)$. 最后一行与方程 (4.19) 一样,因此,频谱关系 (4.20) 对脉冲光也成立.

### 4.2.3 光场的相干性——相位关联

在相干理论中,归一化后的光场关联函数

$$\gamma(\tau)\equiv\Gamma(\tau)/\Gamma(0)=\langle E^*(t)E(t+\tau)\rangle/\langle|E_1(t)|^2\rangle \tag{4.23}$$

描述了光场的相位在不同时间的关联. 相位的关联程度就决定了干涉条纹的可见度,从而决定了光场的相干性. 这正如我们在方程 (1.37) 中所看到的. 光场的相干时间 $T_c$ 由 $\gamma(\tau)$ 值显著不为零的区间来确定 (见图 4.1).

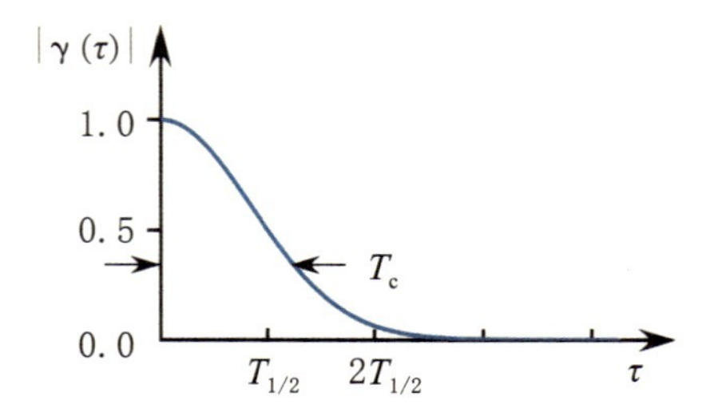


**图 4.1** $\gamma(\tau)$ 函数与光场的相干时间 $T_c$

我们还可以定义两个光场之间的互关联函数:

$$\Gamma_{12}(\tau) \equiv \langle E_1^*(t)E_2(t+\tau)\rangle \tag{4.24}$$

以及归一化后的光场互关联函数:

$$\gamma_{12}(\tau) \equiv \frac{\Gamma_{12}(\tau)}{\sqrt{\Gamma_{11}(0)\Gamma_{22}(0)}} = \frac{\langle E_1^*(t)E_2(t+\tau)\rangle}{\sqrt{\langle|E_1(t)|^2\rangle\langle|E_2(t)|^2\rangle}} \tag{4.25}$$

它对应于两个光场的相位关联并给出两个光场相干涉的干涉条纹可见度. 当两个光场对应于同一光场但在不同的位置时,我们得到空间相干函数,正如我们在 1.5 节方程 (1.36) 中第一次引入的那样.

## 4.2.4 Hanbury Brown-Twiss 效应——光强关联

比方程 (4.15) 再复杂一些的光场关联函数是高阶的光场强度关联函数:

$$\Gamma^{(2)}(\tau) \equiv \langle I(t)I(t+\tau)\rangle = \langle E^*(t)E^*(t+\tau)E(t+\tau)E(t)\rangle \tag{4.26}$$

它对应于光场强度在不同时间的关联. 对于连续平稳光场, 它与时间 $t$ 无关. 对于具有高斯统计分布的热光源,我们可以用统计学中的高斯矩定理 [见由方程 (1.28) 给出的 Isserlis 定理]:

$$\langle ABCD\rangle = \langle AB\rangle\langle CD\rangle + \langle AC\rangle\langle BD\rangle + \langle AD\rangle\langle BC\rangle \tag{4.27}$$

于是，方程 (4.26) 成为

$$\begin{aligned}\Gamma^{(2)}(\tau) &= \langle E^*(t)E^*(t+\tau)\rangle\langle E(t+\tau)E(t)\rangle \\ &\quad + \langle E^*(t)E(t+\tau)\rangle\langle E^*(t+\tau)E(t)\rangle \\ &\quad + \langle E^*(t)E(t)\rangle\langle E^*(t+\tau)E(t+\tau)\rangle \\ &= |\Gamma(\tau)|^2 + |\Gamma(0)|^2 \end{aligned} \tag{4.28}$$

其中，由于光场相位的随机性，$\langle E^*(t)E^*(t+\tau)\rangle = 0 = \langle E(t+\tau)E(t)\rangle$. 这样，归一化后的光场强度关联函数为

$$\begin{aligned} g^{(2)}(\tau) &\equiv \frac{\langle E^*(t)E^*(t+\tau)E(t+\tau)E(t)\rangle}{\langle E^*(t)E(t)\rangle\langle E^*(t+\tau)E(t+\tau)\rangle} \\ &= \Gamma^{(2)}(\tau)/|\Gamma(0)|^2 = 1 + |\Gamma(\tau)/\Gamma(0)|^2 = 1 + |\gamma(\tau)|^2 \end{aligned} \tag{4.29}$$

其中，$\gamma(\tau)$ 是方程 (4.23) 给出的时间相干函数. 这就给出了第 1 章讲到的 Hanbury Brown-Twiss 光子聚束现象完整的经典波动光学解释. 它不仅给出了 $g^{(2)}(0) = 2 > 1$ 的光子聚束效应，如我们在 1.6 节中得到的方程 (1.42)，还给出了 $g^{(2)}(\tau)$ 随时间延迟 $\tau$ 的变化函数. 从图 4.1 中的时间相干函数 $|\gamma(\tau)|$，方程 (4.29) 给出了如图 4.2 所示的 $g^{(2)}(\tau)$ 作为时间延迟 $\tau$ 的具体函数. 它与图 1.9 所示的实验观测结果很好地吻合.

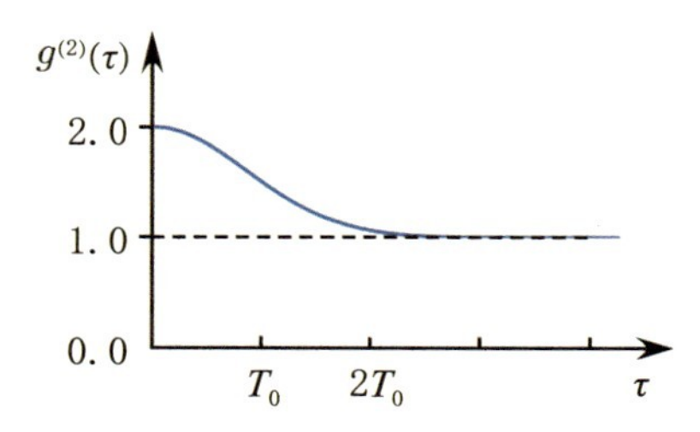


**图 4.2　$g^{(2)}(\tau)$ 为时间延迟 $\tau$ 的函数**

它显示了 Hanbury Brown-Twiss 光子聚束现象.

一般情况下，将统计学中的施瓦茨不等式

$$|\langle AB\rangle|^2 \leqslant \langle |A|^2\rangle\langle |B|^2\rangle \tag{4.30}$$

应用于经典波动理论所描述的任意光场，我们得到

$$g^{(2)}(0) \geqslant g^{(2)}(\tau) \quad 或 \quad g^{(2)}(0) \geqslant g^{(2)}(\infty) = 1 \tag{4.31}$$

因此，经典波动光学总是给出光子聚束现象. 在热场的多模描述中，所有模式具有高斯统计分布，光子聚束效应的大小，即 $g^{(2)} - 1$，通常与被探测的光场的平均模式数目 $M$ 有关 [见习题 4.4 的方程 (4.85)].

另外,量子光场会显示光子反聚束现象,即 $g^{(2)}(0)<1$,正如我们在 1.7 节中看到的.我们将在 5.3 节里进一步讨论这一点.

对于两个光场,其光场强度之间的关联函数为

$$\Gamma_{12}^{(2)}(\tau) \equiv \langle I_1(t) I_2(t+\tau) \rangle = \langle E_1^*(t) E_2^*(t+\tau) E_2(t+\tau) E_1(t) \rangle \tag{4.32}$$

这个关联函数对应的施瓦茨不等式为

$$\left[\Gamma_{12}^{(2)}(0)\right]^2 \leqslant \Gamma_{11}^{(2)}(0) \Gamma_{22}^{(2)}(0) \tag{4.33}$$

在 7.4 节我们将证明具有量子关联的两个光场会违背这个不等式.

### 4.2.5 变换极限脉冲——锁模光场

前面我们讲过,对于连续平稳场,光场不同频率分量满足方程 (4.18),这表明它们之间没有相位关联,即不同频率分量不相干[①].那么,如果一个光场的不同频率分量之间有相位关系,情况又会怎样呢?

为简单起见,我们考虑一个具有梳子形状的频率分布,如图 4.3(a) 所示.假设共有 $2N+1$ 个同样高度的频率分量,且相邻分量的间距都一样为 $\Omega$.如果它们的相位都一样,那么在时域里光场具有如下形式:

$$E(t) = \sum_{n=-N}^{N} E_0 \mathrm{e}^{-\mathrm{i}(\omega_0+n\Omega)t} = E_0 \mathrm{e}^{-\mathrm{i}\omega_0 t} \frac{\sin N\Omega t}{\sin \Omega t} \tag{4.34}$$

其中,$E_0$ 为每个频率分量的复振幅.图 4.3(b) 显示了时域里的光场函数:它是一个间距为 $2\pi/\Omega$ 的无穷个脉冲波列.

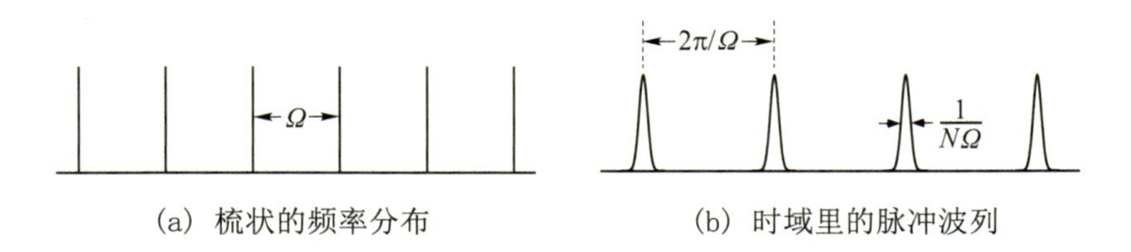


(a) 梳状的频率分布　　(b) 时域里的脉冲波列

**图 4.3　锁模光场在频率域和时间域里的分布**

① 不同频率场之间的干涉会以时间拍频的形式出现.

对于具有连续频谱的光场，如果各个频率分量之间的关系是确定的，即 $E(\omega)=A_0\mathcal{E}(\omega)$，其中 $\mathcal{E}(\omega)$ 是一个确定的函数，但 $A_0$ 可以是一个复数随机变量，那么光场具有确定的脉冲波形 $\mathcal{E}(t)$:

$$E(t)=A_0\int \mathrm{d}\omega\mathcal{E}(\omega)\mathrm{e}^{-\mathrm{i}\omega t}\equiv A_0\mathcal{E}(t) \tag{4.35}$$

它的光场关联函数为

$$\Gamma(t_1,t_2)=\langle E^*(t_1)E(t_2)\rangle=\langle|A_0|^2\rangle\mathcal{E}^*(t_1)\mathcal{E}(t_2) \tag{4.36}$$

归一化后的光场关联函数为

$$|\gamma(t_1,t_2)|=|\Gamma(t_1,t_2)|/\sqrt{\Gamma(t_1,t_1)\Gamma(t_2,t_2)}=1 \tag{4.37}$$

因此，在光脉冲里的光场是完全相干的．我们从方程 (4.35) 可以看到，光场的时间函数 $\mathcal{E}(t)$ 与其频谱函数 $\mathcal{E}(\omega)$ 相互是一个傅里叶变换对．于是，我们称这样的光场为变换极限下的光脉冲，它的频宽 $\Delta\omega$ 与脉宽 $\Delta T$ 满足 $\Delta T\Delta\omega=2\pi$．因此，$T_\mathrm{c}=1/\Delta\nu=2\pi/\Delta\omega=\Delta T$，即变换极限下的光脉冲的相干时间 $T_\mathrm{c}$ 等于脉冲长度 $\Delta T$．这样的结果与方程 (4.37) 给出的事实是一致的，即变换极限下光脉冲内的任何两点都是相干的．另外，非变换极限下的光脉冲的相干时间 $T_\mathrm{c}$ 总是小于脉冲长度 $\Delta T$．图 4.4 显示了这两种情况的物理图像．

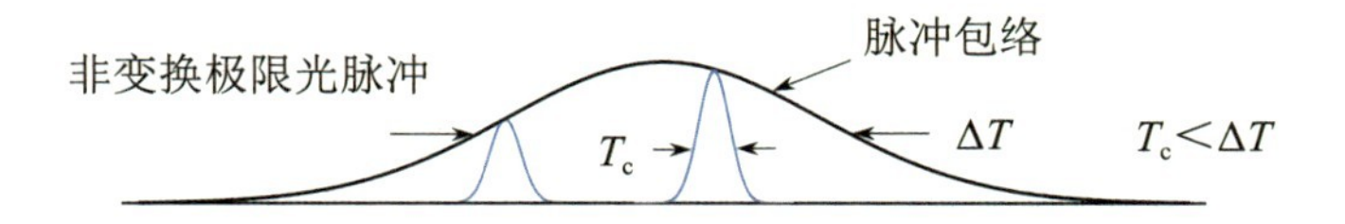


(a) 非变换极限下的光脉冲，其相干时间$T_\mathrm{c}$<脉冲长度$\Delta T$

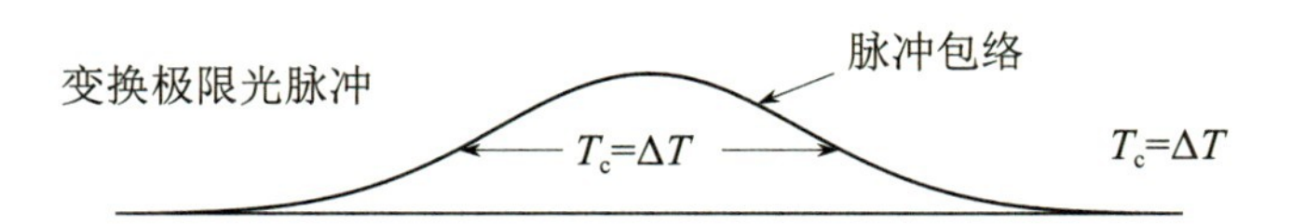


(b) 变换极限下的光脉冲，其相干时间$T_\mathrm{c}$=脉冲长度$\Delta T$

**图 4.4 非变换极限下和变换极限下的光脉冲**

## 4.3 多模单光子态——单光子纠缠态

现在我们回到多模光场的量子态的描述. 首先考虑单个光子的情况. 这个光子可以同时处于不同的模式上. 因为只有一个光子,所以这个光子必须处于不同模式的单光子态的叠加态上. 它具有如下的形式:

$$|1\rangle_m = \sum_i c_i |1_i\rangle \tag{4.38}$$

其中,$|1_i\rangle \equiv |0\rangle_1 \cdots |0\rangle_{i-1} |1\rangle_i |0\rangle_{i+1} \cdots$ 是指在第 $i$ 个模式上有一个光子激发而其他模式都处于真空的量子态. 对于处于真空的模式,我们在写方程 (4.38) 中的态时可以将它们忽略. 由于这个态不能写成各个模式态的直积形式,即 $\prod_i \otimes |\psi\rangle_i$,因此,它就是一个单光子纠缠态. 下面我们来看几个具体的多模单光子态.

### 4.3.1 双模单光子态

双模单光子态是最简单的光子纠缠态. 光场中只有两个模式被激发且同时只有一个光子,它可以写为

$$|1\rangle_{AB} = c_1 |1\rangle_A |0\rangle_B + c_2 |0\rangle_A |1\rangle_B \tag{4.39}$$

当一个单模光子入射到一个无损耗的分波器上时,其出射态就是双模单光子态 (关于分波器的量子处理,见 6.2 节). 另一个常用的双模单光子态的例子是处于任意确定偏振态的单光子. 从经典光学知道,光的任意偏振态由 $\hat{\epsilon} = \hat{x}\cos\theta + \hat{y}\mathrm{e}^{\mathrm{i}\delta}\sin\theta$ 来表示. 与此类似,在量子光学中,处于偏振态 $\hat{\epsilon}$ 的光场偏振模式由湮灭算符 $\hat{a}_{\hat{\epsilon}} = \hat{a}_x \cos\theta + \hat{a}_y \mathrm{e}^{\mathrm{i}\delta}\sin\theta$ 来描述 (见第 6 章). 当与之对应的产生算符作用在真空上时,处于这个偏振态的单光子态就产生了:

$$|1\rangle_{\hat{\epsilon}} = \hat{a}_{\hat{\epsilon}}^{\dagger} |0\rangle = \cos\theta |1\rangle_x |0\rangle_y + \mathrm{e}^{-\mathrm{i}\delta} \sin\theta |0\rangle_x |1\rangle_y \tag{4.40}$$

$\delta = 0$ 对应于沿 $\theta$ 方向的线偏振的单光子态: $|1\rangle_\theta = \cos\theta |1\rangle_x + \sin\theta |1\rangle_y$. 这里, 我们没有写出处于真空的模式. $\delta = \pm\pi/2, \theta = \pi/4$ 则对应于左旋或右旋偏振的单光子态: $|1\rangle_\pm = (|1\rangle_x \pm \mathrm{i}|1\rangle_y)/\sqrt{2}$.

## 4.3.2　多频单光子态——单光子波包

还有一种多模单光子态是多频单光子态. 假设被激发的模式具有同一偏振和空间模式. 唯一的不同是它们的频率. 这样的光子态具有如下形式:

$$|1\rangle_{mf} = \sum_i c_i|1_{\omega_i}\rangle = \sum_i c_i\hat{a}^\dagger_{\omega_i}|0\rangle \equiv \hat{A}^\dagger|0\rangle \tag{4.41}$$

其中,$\hat{A} \equiv \sum_i c_i^*\hat{a}_{\omega_i}$. 由于 $|1\rangle_{mf}$ 是归一的,即 $\sum_i |c_i|^2 = 1$,我们有

$$[\hat{A},\hat{A}^\dagger] = \sum_{i,j} c_i^* c_j[\hat{a}_{\omega_i},\hat{a}^\dagger_{\omega_j}] = \sum_{i,j} c_i^* c_j\delta_{ij} = \sum_i |c_i|^2 = 1 \tag{4.42}$$

对于连续的频率分布, 我们有 $|1\rangle_{mf} = \int \mathrm{d}\omega\ c(\omega)\hat{a}^\dagger(\omega)|0\rangle$. 其中, $\hat{a}^\dagger(\omega)$ 满足连续变量的对易关系 $[\hat{a}(\omega),\hat{a}^\dagger(\omega')] = \delta(\omega-\omega')$ (见 2.3.5 小节). 一种特殊情况为 $c(\omega) = \phi(\omega)\mathrm{e}^{\mathrm{i}\omega T}[\phi(\omega) = \text{实数}]$,它对应于一个单光子波包:

$$|T\rangle_\phi = \int \mathrm{d}\omega\phi(\omega)\mathrm{e}^{\mathrm{i}\omega T}\hat{a}^\dagger(\omega)|0\rangle \equiv \hat{A}^\dagger_\phi(T)|0\rangle \tag{4.43}$$

其中, $A_\phi(T) = \int \mathrm{d}\omega\phi^*(\omega)\mathrm{e}^{-\mathrm{i}\omega T}\hat{a}(\omega)$ 并满足 $[A_\phi(T),A^\dagger_\phi(T)] = 1$, 这从归一条件 $\int \mathrm{d}\omega|\phi(\omega)|^2 = 1$ 而来. 之所以说方程 (4.43) 描述了一个单光子波包是因为其在时间 $t$ 的光子探测概率的密度为 (见 2.1.5 小节)

$$R(t) = {}_\phi\langle T|\hat{E}^\dagger(t)\hat{E}(t)|T\rangle_\phi = |g(t-T)|^2 \tag{4.44}$$

其中

$$\hat{E}(t) = \frac{1}{\sqrt{2\pi}}\int \mathrm{d}\Omega\ \hat{a}(\Omega)\mathrm{e}^{-\mathrm{i}\Omega t},\quad g(t) = \frac{1}{\sqrt{2\pi}}\int \mathrm{d}\omega\phi(\omega)\mathrm{e}^{-\mathrm{i}\omega t} \tag{4.45}$$

对于性质很好的 $\phi(\omega)$ 函数,$g(t-T)$ 是中心在时间 $T$ 的波包 (见图 4.5).

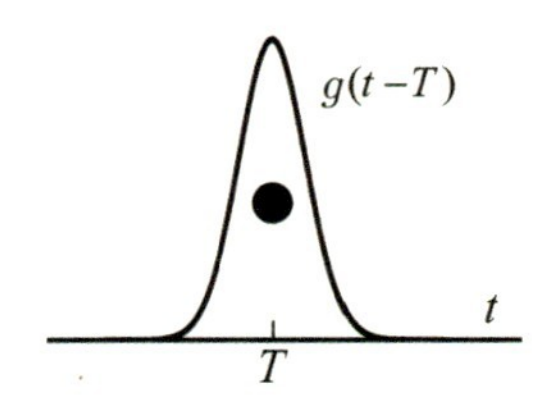


(a) 处于单时间模的单光子波包

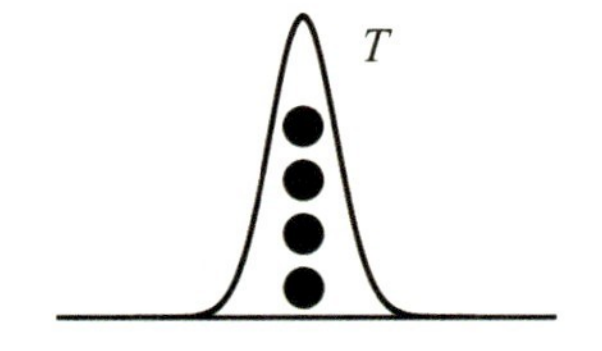


(b) 处于单时间模的N光子波包

**图 4.5　处于单时间模里的光子波包**

如 2.2.2 小节中所讲的，广义的模式是几个不同模式的线性组合．虽然它由多个模式组成，但由于它的模函数仍是麦克斯韦方程的解，因此它代表了一个广义的模式且湮灭算符 $\hat{A}$ 或 $\hat{A}_\phi(T)$ 就是量子化之后这个广义模式的光子湮灭算符．它给出了这个广义模式的量子描述，由其相对应的产生算符作用于真空上产生的量子态就是一个在广义上的单模单光子态．$\hat{A}_\phi(T)$ 描述了一个脉冲形状为 $g(t)$ 的单一时间模式，它类似于前面讲的描述任意偏振态 $\hat{\epsilon}$ 模式的算符 $\hat{a}_{\hat{\epsilon}}$．对应于模式 $\hat{A}_\phi^\dagger(T)$ 的相干态为 $|\alpha_\phi(T)\rangle = \hat{D}_{A_\phi}|0\rangle$ ($\hat{D}_{A_\phi} \equiv \mathrm{e}^{\alpha \hat{A}_\phi^\dagger(T) - \alpha^* \hat{A}_\phi(T)}$)．它可以用来描述一个形状为 $g(t-T)$ 的激光脉冲．而单时间模的 $N$ 光子态 [见图 4.5(b)] 则可以由以下的多光子态描述 (更多讨论见 8.4.1 小节)：

$$|N,T\rangle_\phi = \frac{1}{\sqrt{N!}}\left[\hat{A}_\phi^\dagger(T)\right]^N|0\rangle \tag{4.46}$$

因为这 $N$ 个光子处于同一个时间模式，所以它们之间是完全不可区分的．这个态会产生最大的多光子干涉效应 (见 8.4 节)．这个 $N$ 光子态可以借助分波器从多个模式的单光子态随机地产生 (见 8.4.1 小节)．

单光子态可以用两种实用的方法来产生．第一种方法是利用在自发参量过程中很容易产生的双光子态．两个关联的光子之一的探测就宣布了另一个光子是处于一个时间模式上的单光子态 (Hong et al., 1986)．在这种情况下，我们可以用方程 (4.43) 中的时间单光子态来描述它，其中 $T$ 由第一个光子的探测时间而定 (详细内容见 6.1.6 小节)．第二种方法是利用短激光脉冲去相干性地激发像原子、离子和量子点这样的单个发光体．单个发光体发出的光具有反聚束效应，其原因在于单个发光体发出一个光子的瞬间进入基态而不能再发射另一个光子 (Kimble et al., 1977; Diedrich et al., 1987)．这样发射的光场也可以由方程 (4.43) 所给出的时间单光子态所描述，其中 $T$ 由短激光脉冲来决定．$g(t)$ 的形状由方程 (4.45) 通过单个发光体的谱函数 $\phi(\omega)$ 而定．

## 4.4 多模双光子态——双光子纠缠态

虽然方程 (4.46) 中的多光子量子态是以多频率模的形式写出来的，如前所述，它本质上还是描述一个单模光场，即单时间模式．这一节我们要讲真正意义上的多模多光子态，即无论如何，光子态必须用多个模式来描述．另外，如果在多模的情况下，我们能使每个模式互相独立地激发，我们也可以用单模的方法来处理每个模式而整个系统的态是所有模式态的直积，如 4.1 节那样. 而如果一个多模多光子态是某种叠加的形式，那么它往往是一个纠缠态而不能写成各个独立模式态的直积形式. 在这种情况下，各个模式不独立但相互关联. 我们必须把所有模式一起考虑. 因此，本节所讨论的多模多光子态往往为多模多光子叠加态. 我们先来看两个模式的情况，考虑偏振双光子态.

### 4.4.1 偏振双光子态

对于两个光子处于两个偏振模式 $\hat{x},\hat{y}$ 的情况，一共有三个基矢量，即 $|2_x,0_y\rangle$, $|0_x,2_y\rangle$, $|1_x,1_y\rangle$. 三个基矢的平均权重叠加态为

$$|2xy\rangle = \big(|2\rangle_x|0\rangle_y + |1\rangle_x|1\rangle_y + |0\rangle_x|2\rangle_y\big)/\sqrt{3} \tag{4.47}$$

这是所谓的 W 态 (Dur, 2001). 还有一种特殊的双模双光子态是最大光子数的叠加态：

$$|\text{NOON}(2)\rangle = \big(|2\rangle_x|0\rangle_y + |0\rangle_x|2\rangle_y\big)/\sqrt{2} \tag{4.48}$$

这是所谓的双光子 NOON 态 (Ou et al., 1990b; Ou, 1997a; Boto et al., 2000). 它在相位的精密测量中有很重要的应用 (见第 11 章). 由于存在各个态的叠加，以上两种态就不能写成方程 (4.46) 的形式，因此它们是某种纠缠态.

### 4.4.2 两体偏振双光子态——Bell 态

下面我们再推广到两体系统 $A, B$ 的偏振双光子态. 这时我们有四个模式：$x_A, y_A$, $x_B, y_B$. 我们只考虑每个系统有一个光子的情况. 它有四种组合：$|1_x\rangle_A|1_x\rangle_B$, $|1_y\rangle_A|1_y\rangle_B$, $|1_x\rangle_A|1_y\rangle_B$, $|1_y\rangle_A|1_x\rangle_B$. 这四个态的一组叠加态为

$$|\Psi_\pm\rangle = \big(|1_x\rangle_A|1_y\rangle_B \pm |1_y\rangle_A|1_x\rangle_B\big)/\sqrt{2} \tag{4.49}$$

$$|\Phi_\pm\rangle = \big(|1_x\rangle_A|1_x\rangle_B \pm |1_y\rangle_A|1_y\rangle_B\big)/\sqrt{2} \tag{4.50}$$

这里，各项系数的绝对值都是一样的. 这四个态组成了双光子在两体系统中每个体系只有一个光子的子空间的基. 方程 (4.49)、方程 (4.50) 中的四个态又称为 Bell 态. 它们

可以导致 Bell 不等式的违背,在量子力学的非局域性验证中起了非常重要的作用 (Bell, 1987). 这四个 Bell 态也是单光子任意偏振态的隐形传输的基础 (Bennett et al., 1993; Braunstein et al., 1996; Bouwmeester et al., 1997). 习题 8.6 将讨论 Bell 态更有意思的性质 [见方程 (8.124)].

### 4.4.3 多频双光子态——频率纠缠态和时间纠缠态

现在来考虑频率模式. 比较有意义的是两体系统 $A,B$ 的双频率双光子叠加态:

$$|2(\omega_1,\omega_2)\rangle=\left(|1_{\omega_1}\rangle_A|1_{\omega_2}\rangle_B+|1_{\omega_2}\rangle_A|1_{\omega_1}\rangle_B\right)/\sqrt{2} \tag{4.51}$$

同样的,每个体系只有一个光子. 这是一种频率纠缠态. 对它进行直接的时间可分辨的双光子符合测量,我们可以得到双光子频拍现象 (Legero et al., 2004). 将它注入 Hong-Ou-Mandel 双光子干涉仪 (见 8.2.1 小节),我们可以观察到空间拍频现象 (Ou et al., 1988; Li et al., 2009). 对于具有连续谱的双光子态,我们有

$$|\Phi_2\rangle=\int_{\Delta\omega}\mathrm{d}\omega_1\mathrm{d}\omega_2\Phi(\omega_1,\omega_2)\hat{a}_A^\dagger(\omega_1)\hat{a}_B^\dagger(\omega_2)|0\rangle \tag{4.52}$$

其中,$\Phi(\omega_1,\omega_2)$ 被称为双光子态的联合频谱函数 (JSF). 这样的双光子态可以利用自发参量过程得到 (见 6.1.5 小节). 当参量过程的泵浦光为单频连续时,我们有 $\Phi(\omega_1,\omega_2)=V_p\psi(\omega_1)\delta(\omega_1+\omega_2-\omega_p)$ (见 6.1.5 小节). 所以,方程 (4.52) 变为

$$\begin{aligned}|\Phi_2(CW)\rangle&=\int\mathrm{d}\omega_1\mathrm{d}\omega_2V_p\delta(\omega_1+\omega_2-\omega_p)\psi(\omega_1)\hat{a}_A^\dagger(\omega_1)\hat{a}_B^\dagger(\omega_2)|0\rangle\\&=\int\mathrm{d}\omega_1\mathrm{d}\omega_2V_p\delta(\omega_1+\omega_2-\omega_p)\\&\quad\times\sqrt{\psi(\omega_1)}\sqrt{\psi(\omega_p-\omega_2)}\hat{a}_A^\dagger(\omega_1)\hat{a}_B^\dagger(\omega_2)|0\rangle\\&=C\int\mathrm{d}\omega_1\mathrm{d}\omega_2\mathrm{d}T\mathrm{e}^{\mathrm{i}(\omega_1+\omega_2-\omega_p)T}\phi(\omega_1)\varphi(\omega_2)\hat{a}_A^\dagger(\omega_1)\hat{a}_B^\dagger(\omega_2)|0\rangle\\&=C\int\mathrm{d}T\mathrm{e}^{-\mathrm{i}\omega_pT}|T\rangle_{\phi,A}|T\rangle_{\varphi,B}\end{aligned} \tag{4.53}$$

其中,$|T\rangle$ 是由方程 (4.43) 给出的单光子波包. 方程 (4.53) 意味着两个光子波包在 $T$ 时间同时产生,但具体产生时间 $T$ 并不确定. 这个态有很直观的物理图像:泵浦光的单色以及连续性意味着泵浦光为一个无穷长波列,泵浦光子可以在任何时候出现. 而一旦出现并被下转换,它就会转化为两个同时的光子波包. 既然泵浦光子的时间是不确定的,两

个波包的产生时间也就完全不确定. 方程 (4.53) 所描述的态是一个时间纠缠的双光子态并可被用于产生时间域的双光子纠缠态 (见 8.2.2 小节).

当参量过程的泵浦光为一个短脉冲时,$\Phi(\omega_1,\omega_2)$ 变得非常复杂 (见 6.1.5 小节). 即使如此,方程 (4.52) 中的双光子态仍然可以写为双光子波包的形式,但是以正交时间模式的叠加形式写为

$$|\Phi_2(P)\rangle = \sum_k r_k|1_k\rangle_A|1_k\rangle_B \tag{4.54}$$

其中,$\{r_k,k=1,2,\cdots\}$ 为非负的系数,$\{|1_k\rangle_{A,B},k=1,2,\cdots\}$ 为处于由方程 (4.43) 给出的波包形式的两组正交时间模式的单光子态. 它们由联合光谱函数 $\Phi(\omega_1,\omega_2)$ 来确定(详细内容见 6.1.5 小节).

# 4.5 $N$ 光子纠缠态

下面考虑多模多光子态. 这里,我们假设光场的总光子数是一个固定数 $N$. 我们已经遇到了 $N=2$ 的情况,但我们下面要考虑 $N>2$ 的情况.

## 4.5.1 双模 $N$ 光子纠缠态——NOON 态

最简单的是双模 $N$ 光子态. 考虑如下的 $N$ 光子态:

$$|\mathrm{NOON}\rangle = \left(|N\rangle_A|0\rangle_B + |0\rangle_A|N\rangle_B\right)/\sqrt{2} \tag{4.55}$$

这就是所谓的 NOON 态 (Ou, 1997a; Kok et al., 2002). 在这个态中,全部 $N$ 个光子或在 $A$ 模式上或在 $B$ 模式上. 既然所有 $N$ 个光子总在一起,我们可以等效地把这 $N$ 个光子考虑成一个物体,其总能量为 $N\hbar\omega_0$,其中 $\omega_0$ 为单个光子的角频率. 这个合成体的等效的德布罗意波长就是 $\lambda_0/N$. 它可以用在相位的精密测量上并达到相位测量的海森伯极限 (见第 11 章)(Ou, 1997a).

### 4.5.2 $N$ 体偏振纠缠态——GHZ 态和 W 态

前面讲过两体系统的 Bell 态可用以验证量子力学的非局域性. 对于多体系统, 量子力学的非局域性表现得更为突出. 在三体系统中, 三光子 Greenberg-Horne-Zeilinger (GHZ) 态具有如下形式:

$$|\mathrm{GHZ}(3)\rangle = \left(|1_x\rangle_A|1_x\rangle_B|1_x\rangle_C + |1_y\rangle_A|1_y\rangle_B|1_y\rangle_C\right)/\sqrt{2} \tag{4.56}$$

可以证明,以上的三体系统 GHZ 态不需要类似于 Bell 形式的不等式也可以证明量子力学的非局域性 (Greenberger et al., 1989). 方程 (4.56) 中的 GHZ 态是一个三光子纠缠态. 另外,下面的 W 态也有类似的性质并可用于量子信息中 (Dur, 2001):

$$|W(3)\rangle = \left(|1_x\rangle_A|1_y\rangle_B|1_y\rangle_C + |1_y\rangle_A|1_x\rangle_B|1_y\rangle_C + |1_y\rangle_A|1_y\rangle_B|1_x\rangle_C\right)/\sqrt{3} \tag{4.57}$$

## 4.6 双模压缩态——连续变量光子纠缠态

前面讲的多模态都是在光子数态表象里表示出来的. 在这些态里, 光子是可以一个一个数的. 它们适用于分离变量的量子信息应用, 其中信息被编码在每个光子中. 除了分离变量外, 还有一种编码方式是连续变量. 它是将信息编译到光场的振幅或相位上. 这样的量子信息应用需要连续变量光子纠缠态. 最早也是最常用的连续变量光子纠缠态是由自发参量放大器产生的 (见 6.1.5 小节或 6.3.4 小节). 它具有如下形式:

$$|\eta_{ab}\rangle = \hat{S}_{ab}(\eta)|0\rangle \tag{4.58}$$

其中, 双模压缩算符 $\hat{S}_{ab}(\eta)$ 为

$$\hat{S}_{ab}(\eta) = \mathrm{e}^{\eta\hat{a}^\dagger\hat{b}^\dagger - \eta^*\hat{a}\hat{b}} \tag{4.59}$$

它类似于式 (3.63) 的压缩算符 $\hat{S}(r)$: 当 $a = b$ 即两个模式一样时, 算符 $\hat{S}_{ab}(\eta)$ 就变成单模压缩算符 $\hat{S}(r)$. 所以, 方程 (4.58) 的态也被称为双模压缩态. 它最早由 Caves 和 Schumaker 于 1985 年首先引入并研究 (Caves et al., 1985). 它具有与 $\hat{S}(r)$ 类似的性质 (见习题 4.1):

$$\hat{A} = \hat{S}_{ab}^\dagger \hat{a} \hat{S}_{ab} = G\hat{a} + g\hat{b}^\dagger, \quad \hat{B} = \hat{S}_{ab}^\dagger \hat{b} \hat{S}_{ab} = G\hat{b} + g\hat{a}^\dagger \tag{4.60}$$

其中,$G \equiv \cosh|\eta|, g \equiv (\eta/|\eta|)\sinh|\eta|$. 下面我们来看一下双模压缩态 $|\eta_{ab}\rangle$ 的一些性质. 不过,具体的表现取决于我们测量的物理量.

### 4.6.1 孪生光束

当我们测量的物理量为光子数或光强时,两个模式的光子数有很强的关联. 定义光子数之差算符:$\Delta\hat{N} \equiv \hat{a}^\dagger\hat{a} - \hat{b}^\dagger\hat{b}$. 那么,在薛定谔绘景中我们有

$$\begin{aligned} \hat{N}_-|\eta_{ab}\rangle &= (\hat{a}^\dagger\hat{a} - \hat{b}^\dagger\hat{b})\hat{S}_{ab}(\eta)|0\rangle = \hat{S}_{ab}\hat{S}_{ab}^\dagger(\hat{a}^\dagger\hat{a} - \hat{b}^\dagger\hat{b})\hat{S}_{ab}(\eta)|0\rangle \\ &= \hat{S}_{ab}(\hat{A}^\dagger\hat{A} - \hat{B}^\dagger\hat{B})\hat{|}0\rangle \end{aligned} \tag{4.61}$$

这里,我们用了方程 (4.60). 利用 $G^2 - g^2 = 1$,我们可以很容易地用方程 (4.60) 证明 $\hat{A}^\dagger\hat{A} - \hat{B}^\dagger\hat{B} = \hat{a}^\dagger\hat{a} - \hat{b}^\dagger\hat{b}$. 于是,$\Delta\hat{N}|\eta_{ab}\rangle = \hat{S}_{ab}(\hat{a}^\dagger\hat{a} - \hat{b}^\dagger\hat{b})|0\rangle = 0$. 上式显示,两个模式的光子数完全一致. 如果我们把 $|\eta_{ab}\rangle$ 写为数态表象下的一般形式:

$$|\eta_{ab}\rangle = \sum_{m,n} d_{mn}|m\rangle_a|n\rangle_b \tag{4.62}$$

就可直接得到

$$\hat{N}_-|\eta_{ab}\rangle = (\hat{a}^\dagger\hat{a} - \hat{b}^\dagger\hat{b})|\eta_{ab}\rangle = \sum_{m,n} d_{mn}(m-n)|m\rangle_a|n\rangle_b \tag{4.63}$$

但因为 $\hat{N}_-|\eta_{ab}\rangle = 0$,我们便得到 $d_{mn}(m-n) = 0$,即 $d_{mn} = c_m\delta_{mn}$. 这样,方程 (4.62) 变为

$$|\eta_{ab}\rangle = \sum_m c_m|m\rangle_a|m\rangle_b \tag{4.64}$$

在习题 4.1 里可以算出 $c_m = g^m/G^{m+1}$. 于是我们得到了双模压缩态在数态表象下的最后形式:

$$|\eta_{ab}\rangle = \sum_{m=0} (g^m/G^{m+1})|m\rangle_a|m\rangle_b \tag{4.65}$$

由于在相叠加的每一项中 $a, b$ 两个模式的光子数都完全一样,因此上式所表示的态也被称为“孪生光束”.

从方程 (4.65) 的形式可以看出，孪生光束显然无法写为两个模式态的直积. 因此，孪生光束也就是纠缠态了. 有意思的是，如果我们只看其中一个模式，例如模式 $a$，那么其量子态是由如下密度算符表示的混合态：

$$\begin{aligned}\hat{\rho}_a &= \mathrm{Tr}_b|\eta_{ab}\rangle\langle\eta_{ab}| \\ &= \sum_{m=0}(|g|^{2m}/G^{2m+2})|m\rangle_a\langle m| = \sum_{m=0}P_m|m\rangle_a\langle m|\end{aligned} \tag{4.66}$$

其中，$P_m = |g|^{2m}/G^{2m+2} = \bar{n}^m/(\bar{n}+1)^{m+1}$ ($\bar{n} = |g|^2$). 这是热态的光子统计分布 (见 3.5.3 小节). 而式 (4.66) 的密度算符与式 (3.108) 的热态密度算符完全一样. 因此，孪生光束的每一束光单独来看就处于热态. 这点最早由 Yurke 和 Potasek(1987) 指出并在后来由 Ou 等人证明并演示了 $g^{(2)} \to 2$ 对孪生光束的单个场成立 (Ou et al., 1999a, 1999b). 目前，对 $g^{(2)}$ 的测量已被用于测定从参量放大器出来的场的模的数目 (Liu et al., 2016).

对于方程 (4.58) 里的双模压缩态 $|\eta_{ab}\rangle$，虽然模 $a,b$ 的光子数完全关联，但是其平均光子数 $|g|^2 = \sinh^2|\eta|$ 在有限增益下还是太小，不利于直接进行光探测. 平均光子数可以靠将 $\hat{S}_{ab}(\eta)$ 作用于模式 $a$ 的相干态来提高：$\hat{S}_{ab}(\eta)|\alpha\rangle_a$，这给出平均光子数 $\langle\hat{N}_A\rangle = G^2|\alpha|^2 + |g|^2 \approx G^2|\alpha|^2$，$\langle\hat{N}_B\rangle = |g|^2(|\alpha|^2+1) \approx |g|^2|\alpha|^2$ ($|\alpha|^2 \gg 1$). 又因为 $\hat{A}^\dagger\hat{A} - \hat{B}^\dagger\hat{B} = \hat{a}^\dagger\hat{a} - \hat{b}^\dagger\hat{b}$，我们有

$$\begin{aligned}\langle\Delta^2(\hat{N}_A - \hat{N}_B)\rangle &= \langle\Delta^2(\hat{N}_a - \hat{N}_b)\rangle = |\alpha|^2 + 1 \approx |\alpha|^2 \\ &= (\langle\hat{N}_A\rangle + \langle\hat{N}_B\rangle)/(G^2 + |g|^2) \\ &\ll \langle\hat{N}_A\rangle + \langle\hat{N}_B\rangle \quad (G^2 \gg 1)\end{aligned} \tag{4.67}$$

因此，光子数还是关联的. 即使在有限的 $G$ 的情况下，我们仍有 $\langle\Delta^2(\hat{N}_A - \hat{N}_B)\rangle < \langle\hat{N}_A\rangle + \langle\hat{N}_B\rangle = \langle\Delta^2(\hat{N}_A - \hat{N}_B)\rangle_{\mathrm{cs}}$. 这里，cs 代表对相干态求平均. 这种情况在实验中需要用到 (详细内容见 10.1.4 小节).

### 4.6.2 具有 Einstein-Podolsky-Rosen 关联的连续变量双模纠缠态

在 4.6.1 小节中，我们计算了两个模式场的光强关联，这对应于两个模式的振幅关

联. 但是,相位与振幅是一对共轭的物理量. 因此,我们也关心相位的关联. 为此,我们要用 3.4 节中对单模场引入的正交相位振幅 $\hat{X},\hat{Y}$. 对于 $a,b$ 两个模式,我们有

$$\begin{aligned} \hat{X}_a &= \hat{a} + \hat{a}^\dagger, \quad \hat{Y}_a = (\hat{a} - \hat{a}^\dagger)/\mathrm{i} \\ \hat{X}_b &= \hat{b} + \hat{b}^\dagger, \quad \hat{Y}_b = (\hat{b} - \hat{b}^\dagger)/\mathrm{i} \end{aligned} \tag{4.68}$$

在上一节,我们关注的是场的量子态,所以,用了薛定谔绘景. 现在,我们来用海森伯绘景. 那么,场的算符演化由方程 (4.60) 给出. 对于正交相位振幅算符的演化,我们有

$$\begin{aligned} \hat{X}_A &= G\hat{X}_a + g\hat{X}_b, \quad \hat{Y}_A = G\hat{Y}_a - g\hat{Y}_b \\ \hat{X}_B &= G\hat{X}_b + g\hat{X}_a, \quad \hat{Y}_B = G\hat{Y}_b - g\hat{Y}_a \end{aligned} \tag{4.69}$$

其中,$\hat{X}_A = \hat{A} + \hat{A}^\dagger$, $Y_A = (\hat{A} - \hat{A}^\dagger)/\mathrm{i}$,$\hat{X}_B = \hat{B} + \hat{B}^\dagger$,$Y_B = (\hat{B} - \hat{B}^\dagger)/\mathrm{i}$. 这里,为简单起见我们假设 $g > 0$. 从式 (4.69),我们得到

$$\begin{aligned} \hat{X}_A - \hat{X}_B &= (G-g)(\hat{X}_a - \hat{X}_b) = (\hat{X}_a - \hat{X}_b)/(G+g) \\ \hat{Y}_A + \hat{Y}_B &= (G-g)(\hat{Y}_a + \hat{Y}_b) = (\hat{Y}_a + \hat{Y}_b)/(G+g) \end{aligned} \tag{4.70}$$

从上式看到,当 $g \to \infty$ 时,$\hat{X}_A - \hat{X}_B \to 0$,$\hat{Y}_A + \hat{Y}_B \to 0$,即 $\hat{X}_A = \hat{X}_B$,$\hat{Y}_A = -\hat{Y}_B$. 因此,双模压缩态的两个模式的正交相位振幅完全关联并对两个共轭的物理量 $\hat{X},\hat{Y}$ 同时成立. 这就是著名的 Einstein-Podolsky-Rosen(EPR) 关联,并引出了量子力学的 EPR 佯谬 (Einstein et al., 1935). 因此,双模压缩态也被称为 EPR 纠缠态. 双模压缩态能够用来演示 EPR 佯谬的思想最早由 Reid(1989) 提出并被 Ou 等人 (1992b) 在实验上证实. 这里,两个关联的粒子是分别代表电磁场两个模式的两个虚拟谐振子,其中 $\hat{X},\hat{Y}$ 分别对应于位置和动量算符.

### 4.6.3 多频压缩态——压缩频谱

在讲 EPR 关联时,我们对两个模式的正交相位振幅分别进行测量. 但是,如果测量的物理量同时包含两个模式,便得到完全不同的结果. 这种情况出现在这两个模式是频率模式的时候. 这时,我们可以测量光场的压缩频谱.

假设双模压缩态的两个模式为一个一维光场的不同频率. 我们可以将式 (4.60) 用频率模式重写为

$$\hat{a}(\omega_0 + \Omega) = G(\Omega)\hat{a}_0(\omega_0 + \Omega) + g(\Omega)\hat{a}_0^\dagger(\omega_0 - \Omega) \tag{4.71}$$

其中，$[\hat{a}_0(\omega),\hat{a}_0^\dagger(\omega')]=\delta(\omega-\omega')$. 这样，如图 4.6 所示，光场的两个频率分量 $\omega_0\pm\Omega$ 就耦合起来了. 在 6.3.4 小节将要证明，方程 (4.71) 的算符演化可以从在阈值以下的光学参量振荡器 (OPO) 得到，其中，频率为 $\omega_p=2\omega_0$ 的泵浦光子被下转换为两个频率为 $\omega_0\pm\Omega$ 的低频光子，其满足能量守恒关系 $\omega_0+\Omega+\omega_0-\Omega=2\omega_0=\omega_p$. 这个转换将两个低频光子以方程 (4.71) 描写的方式耦合起来. $G(\Omega),g(\Omega)$ 的具体形式将在 6.3.4 小节导出. 但是，将 $[\hat{a}(\omega),\hat{a}^\dagger(\omega')]=\delta(\omega-\omega')$ 和 $[\hat{a}(\omega),\hat{a}(\omega')]=0$ 应用于方程 (4.71) 中，我们得到 $G(\Omega),g(\Omega)$ 的一些普遍的性质如下：

$$|G(\Omega)|^2-|g(\Omega)|^2=1,\quad G(\Omega)g(-\Omega)=G(-\Omega)g(\Omega)\tag{4.72}$$

所以，$|G(\Omega)|^2=1+|g(\Omega)|^2>1$. 我们可以利用式 (4.72) 直接证明

$$\begin{aligned}&|G(-\Omega)|=|G(\Omega)|,\quad |g(\Omega)|=|g(-\Omega)|\\&\varphi_G^++\varphi_g^-=\varphi_G^-+\varphi_g^+\end{aligned}\tag{4.73}$$

其中，$\varphi_G^\pm=\arg[G(\pm\Omega)],\varphi_g^\pm=\arg[g(\pm\Omega)]$.

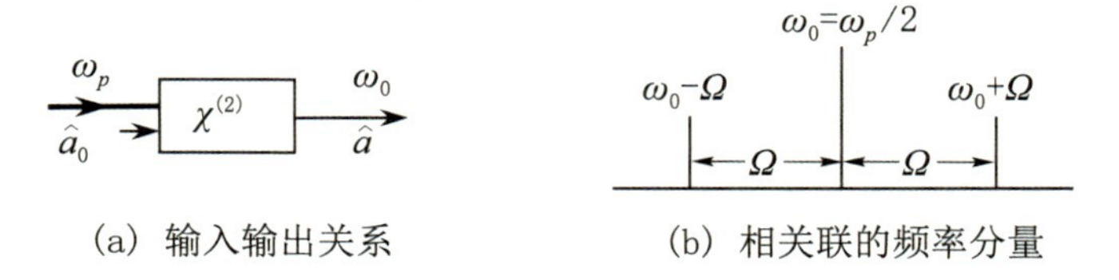


(a) 输入输出关系　　(b) 相关联的频率分量

**图 4.6　在阈值以下的光学参量振荡器 (OPO) 的输入输出以及相关联的频率分量**

在第 9 章 (见 9.5节)，我们要讲到零拍测量技术，其输出的电流频谱与下面定义的量 $S_{X_\varphi}(\Omega)$ 有关：

$$\langle\hat{X}_\varphi(\Omega)\hat{X}_\varphi^\dagger(\Omega')\rangle\equiv S_{X_\varphi}(\Omega)\delta(\Omega-\Omega')\tag{4.74}$$

其中

$$\hat{X}_\varphi(\Omega)=\hat{a}(\omega_0+\Omega)\mathrm{e}^{-\mathrm{i}\varphi}+\hat{a}^\dagger(\omega_0-\Omega)\mathrm{e}^{\mathrm{i}\varphi}\tag{4.75}$$

$\varphi$ 是零拍测量中的本地光的相位，并有 $\hat{X}_\varphi^\dagger(\Omega)=\hat{X}_\varphi(-\Omega)$. 这个量类似于在方程 (3.41) 中定义的单模场的正交相位振幅. 我们可以把它当作多模情况下的等效量 (Caves et al., 1985). 利用方程 (4.71)、方程 (4.72) 和方程 (4.73)，当 $2\varphi=2\theta_0\equiv\varphi_G^++\varphi_g^-+\pi=\varphi_G^-+\varphi_g^++\pi$ 时，我们便得到两个共轭的正交相位振幅：

$$\begin{aligned}&\hat{X}(\Omega)\equiv\hat{X}_{\theta_0}(\Omega)=(|G(\Omega)|-|g(\Omega)|)\hat{X}_{\theta_0'}^{(0)}(\Omega)\mathrm{e}^{\mathrm{i}\phi_0}\\&\hat{Y}(\Omega)\equiv\hat{X}_{\theta_0+\pi/2}(\Omega)=(|G(\Omega)|+|g(\Omega)|)\hat{X}_{\theta_0'+\pi/2}^{(0)}(\Omega)\mathrm{e}^{\mathrm{i}\phi_0}\end{aligned}\tag{4.76}$$

其中，$\theta_0' = \pi/2 + (\varphi_g^- - \varphi_G^-)/2$，$\phi_0 = (\varphi_G^+ - \varphi_G^-)/2$. $\hat{X}_{\theta_0'}^{(0)}(\Omega)$ 可由方程 (4.75) 类似地定义，但要用 $\hat{a}_0(\omega_0 \pm \Omega)$.

从方程 (4.76) 得到

$$
\begin{aligned}
\langle \hat{X}(\Omega)\hat{X}^\dagger(\Omega')\rangle &= (|G(\Omega)| - |g(\Omega)|)^2\delta(\Omega - \Omega') \\
&= S_X(\Omega)\delta(\Omega - \Omega') \\
\langle \hat{Y}(\Omega)\hat{Y}^\dagger(\Omega')\rangle &= (|G(\Omega)| + |g(\Omega)|)^2\delta(\Omega - \Omega') \\
&= S_Y(\Omega)\delta(\Omega - \Omega')
\end{aligned}
\tag{4.77}
$$

我们在这里假设 $\hat{a}_0(\omega \pm \Omega)$ 处于真空以至于 $\langle \hat{X}_{\theta_0'}^{(0)}(\Omega)\hat{X}_{\theta_0'}^{(0)\dagger}(\Omega')\rangle = \delta(\Omega - \Omega')$. 于是，$S_{X_{\theta_0}}(\Omega) = S_X(\Omega) \equiv (|G(\Omega)| - |g(\Omega)|)^2 = 1/(|G(\Omega)| + |g(\Omega)|)^2 < 1$ 以及 $S_{X_{\theta_0+\pi/2}}(\Omega) = S_Y(\Omega) \equiv (|G(\Omega)| + |g(\Omega)|)^2 > 1$.

$S_X(\Omega)$, $S_Y(\Omega)$ 满足 $S_X(\Omega)S_Y(\Omega) = 1$ 且对于真空态 $g(\Omega) = 0$ 以及 $G(\Omega) = 1$, $S_X^{\text{vac}}(\Omega) = 1 = S_Y^{\text{vac}}(\Omega)$. 因此，$S_X(\Omega) < 1 = S_X^{\text{vac}}(\Omega)$ 但 $S_Y(\Omega) > 1 = S_Y^{\text{vac}}(\Omega)$. $S_X(\Omega)$,$S_Y(\Omega)$ 与单模场的 $\langle\Delta^2\hat{X}\rangle$,$\langle\Delta^2\hat{Y}\rangle$ 类似，它们描写了多频场的正交相位振幅的涨落. $S_X(\Omega) < S_X^{\text{vac}}(\Omega)$ 意味着多频压缩态的正交相位振幅 $\hat{X}$ 的涨落要小于真空态正交相位振幅的涨落. 这就实现了真空量子噪声的减少 (见 10.1.2 小节).

## 习　　题

**习题 4.1**　方程 (4.60) 和方程 (4.65) 的推导.

(1) 设 $\hat{O} \equiv \eta\hat{a}^\dagger\hat{b}^\dagger - \eta^*\hat{a}\hat{b}$，证明 $[\hat{a},\hat{O}] = \eta\hat{b}^\dagger$，$[\hat{b}^\dagger,\hat{O}] = \eta^*\hat{a}$.

(2) 利用 (1) 的结果和等式 (3.121) 证明方程 (4.60) 以及下式：

$$
\hat{S}_{ab}\hat{a}\hat{S}_{ab}^\dagger = G\hat{a} - g\hat{b}^\dagger \tag{4.78}
$$

(3) 利用式 (4.78) 的左边和方程 (4.58) 的 $|\eta_{ab}\rangle$ 的定义证明

$$
(G\hat{a} - g\hat{b}^\dagger)|\eta_{ab}\rangle = 0 \tag{4.79}
$$

(4) 将方程 (4.64) 中的 $|\eta_{ab}\rangle$ 的形式代入式 (4.79) 以证明方程 (4.65)，即 $|\eta_{ab}\rangle$ 的最后形式.

**习题 4.2**　宣布式单光子态.

对于方程 (4.53) 里的多频双光子态 $|\Psi_2\rangle$，在时间 $t = T_0$ 时在 $B$ 场里探测到一个光子就会把态 $|\Psi_2\rangle$ 投影为 $A$ 场的态 $|\psi_A\rangle \equiv {}_B\langle T_0|\Psi_2\rangle$，其中

$$
|T_0\rangle_B = \hat{E}_B^\dagger(T_0)|vac\rangle,\quad \hat{E}_B(T_0) = \frac{1}{\sqrt{2\pi}}\int \mathrm{d}\omega \mathrm{e}^{-\mathrm{i}\omega T_0}\hat{a}_B(\omega) \tag{4.80}
$$

证明投影态 $|\psi_A\rangle$ 是一个具有方程 (4.43) 形式的单光子态.

**习题 4.3** 孪生光束在相干态表象中的表示.

利用方程 (4.79) 和 3.6 节的算符代数运算证明,孪生光束的相干态表象由下面给出:

$$\langle\alpha,\beta|\eta_{ab}\rangle = \frac{1}{G}\exp\left[\frac{g\alpha^*\beta^*}{G} - \frac{1}{2}(|\alpha|^2 + |\beta|^2)\right] \tag{4.81}$$

**习题 4.4** 多模脉冲热场的光子聚束效应.

考虑一个由 $M$ 个时间模式 $\{f_j(t)\}(j=1,2,\cdots,M)$ 所描述的脉冲热场:

$$E(t) = \sum_{j=1}^{M} E_j f_j(t) \tag{4.82}$$

其中,$\{E_j\}(j=1,2,\cdots,M)$ 为相互独立的高斯复数随机变量,它们具有一样的绝对值平方的平均值:$\langle|E_j|^2\rangle = I_0$. 这些量类似于 1.6 节引入的复数随机变量. 而模式函数 $\{f_j(t)\}(j=1,2,\cdots,M)$ 满足正交归一关系:

$$\int \mathrm{d}t f_j^*(t) f_k(t) = \delta_{jk} \tag{4.83}$$

在对快脉冲的探测中,脉冲通常都比探测器的响应快很多,这样观察到的光强就是一个时间积分:

$$I = \int \mathrm{d}t |E(t)|^2 \tag{4.84}$$

(1) 计算 $\langle I\rangle$ 和 $\langle I^2\rangle$.

(2) 证明归一的光强关联函数为

$$g^{(2)} \equiv \frac{\langle I^2\rangle}{\langle I\rangle^2} = 1 + \frac{1}{M} \tag{4.85}$$

这个结果通常对任意的具有高斯统计的热场都成立, $M$ 是场的平均模式数目 (Goodman, 2015; de Riedmatten et al., 2004). 我们在习题 7.1 里讨论自发参量过程的光子聚束现象时 [方程 (7.64)] 将要回到这里.

# 第5章

# 光电探测理论和量子相干理论

现在我们已经知道如何用量子态以量子力学的语言来描述一个复杂的系统. 这个描述是从量子力学的基本理论发展而来的,因此在逻辑上是自洽的. 然而,我们怎么知道这个描述是正确的呢? 在物理学中,最终的检验是实验. 正如我们在本章中将要看到的,光探测理论是量子光学理论与实验之间的桥梁. 它把实验可测的量与我们用来描述系统的量子态联系起来. 这些可测量就是光的相干理论所涉及的主题,它是关于光在空间和时间中的涨落的. 相干理论使用统计方法来描述一个光场,这种描述通过光的探测理论而与实验上可测量密切相关. 我们将在本章中研究这些问题.

# 5.1 经典相干理论和光电探测半经典理论

## 5.1.1 经典相干理论

经典的光学相干理论是由 Emil Wolf 在 20 世纪 40 年代末发展起来的,并首次在他与 M. Born 的经典教科书《光学原理》中讲述 (Born et al., 1999). 它主要处理光的干涉效应,并完全基于光的波动理论且将电磁场作为随机变量处理. 因此,场的时间演化是通过随机过程来描述的. 从这方面看,光的相干理论也被称为统计光学,类似于统计力学. 相比之下,经典的麦克斯韦关于光的电磁理论等价于经典的牛顿力学,并且是确定性的. 它较好地解释了光波的干涉和衍射现象. 而类似于统计力学,光的相干理论利用统计方法通过关联函数来研究电磁场的涨落.

考虑麦克斯韦波动方程具有方程 (2.22) 形式的通解且 $\boldsymbol{A}_\lambda(\boldsymbol{r})$ 由方程 (2.44) 给出:

$$\boldsymbol{A}(\boldsymbol{r},t)=\sum_{\boldsymbol{k},s} q_{\boldsymbol{k},s}(0)\hat{\epsilon}_{\boldsymbol{k},s}u_{\boldsymbol{k},s}(\boldsymbol{r})\mathrm{e}^{-\mathrm{i}\omega t}+\text{c.c.} \tag{5.1}$$

其中,$u_{\boldsymbol{k},s}(\boldsymbol{r})$ 是空间模式函数,$\hat{\epsilon}_{\boldsymbol{k},s}$ 描述了偏振模式,且 $\omega=|\boldsymbol{k}|c$,$q_{\boldsymbol{k},s}(0)$ 给出模式激发. 电场可以从方程 (2.14) 中获得 (我们没给出磁场,因为光场强度仅与电场有关):

$$\boldsymbol{E}(\boldsymbol{r},t)=\sum_{\boldsymbol{k},s} E_{\boldsymbol{k},s}\hat{\epsilon}_{\boldsymbol{k},s}u_{\boldsymbol{k},s}(\boldsymbol{r})\mathrm{e}^{-\mathrm{i}\omega t}+\text{c.c.} \tag{5.2}$$

其中,$E_{\boldsymbol{k},s}\equiv \mathrm{i}kq_{\boldsymbol{k},s}(0)$ 描述了模式 $\boldsymbol{k},s$ 的电场激发.

在光的相干理论中,$\{E_{\boldsymbol{k},s}\}$ 是一组具有已知概率密度 $P(\{E_{\boldsymbol{k},s}\})$ 的随机变量. 因此,电场是一个随机过程. 可测量 (也称为可观测量) 是关联函数:

$$\begin{aligned}&\Gamma^{(N,M)}(\boldsymbol{r}_1,t_1;\cdots;\boldsymbol{r}_N,t_N;\boldsymbol{r}_{N+1},t_{N+1};\cdots;\boldsymbol{r}_{N+M},t_{N+M})\\&\quad=\langle E^*_{j_1}(\boldsymbol{r}_1,t_1)\cdots E^*_{j_N}(\boldsymbol{r}_N,t_N)E_{j_{N+1}}(\boldsymbol{r}_{N+1},t_{N+1})\cdots E_{j_{N+M}}(\boldsymbol{r}_{N+M},t_{N+M})\rangle_P\end{aligned} \tag{5.3}$$

这里

$$E_j(\boldsymbol{r},t)\equiv\sum_{\boldsymbol{k},s} E_{\boldsymbol{k},s}[\hat{\epsilon}_{\boldsymbol{k},s}]_j u_{\boldsymbol{k},s}(\boldsymbol{r})\mathrm{e}^{-\mathrm{i}\omega t} \tag{5.4}$$

是方程 (5.2) 中电场的正频率部分的第 $j$ 个分量, 方程 (5.3) 中的平均是对概率分布 $P(\{E_{\boldsymbol{k},s}\})$ 进行的. 最常用的关联函数是二阶场关联函数:

$$\Gamma^{(1,1)}_{ij}(\boldsymbol{r}_1,t_1;\boldsymbol{r}_2,t_2)=\langle E^*_i(\boldsymbol{r}_1,t_1)E_j(\boldsymbol{r}_2,t_2)\rangle_P \tag{5.5}$$

和四阶场关联函数或强度关联函数:

$$\Gamma^{(2,2)}(\boldsymbol{r}_1,t_1;\boldsymbol{r}_2,t_2)=\langle|\boldsymbol{E}(\boldsymbol{r}_1,t_1)|^2|\boldsymbol{E}(\boldsymbol{r}_2,t_2)|^2\rangle_P=\langle I(\boldsymbol{r}_1,t_1)I(\boldsymbol{r}_2,t_2)\rangle_P \tag{5.6}$$

其中,$I(\boldsymbol{r},t)\equiv|\boldsymbol{E}(\boldsymbol{r},t)|^2$ 与光场的强度成正比. 如果我们将 $E$ 写为 $E=|E|\mathrm{e}^{\mathrm{i}\varphi}$,方程 (5.5) 则变成

$$\Gamma_{ij}^{(1,1)}(\boldsymbol{r}_1,t_1;\boldsymbol{r}_2,t_2)=\langle|E_i(\boldsymbol{r}_1,t_1)E_j(\boldsymbol{r}_2,t_2)|\mathrm{e}^{\mathrm{i}[\varphi(\boldsymbol{r}_2,t_2)-\varphi(\boldsymbol{r}_1,t_1)]}\rangle_P \tag{5.7}$$

由于 $\mathrm{e}^{\mathrm{i}\varphi}$ 是 $\varphi$ 的快速变化函数,$\Gamma_{ij}^{(1,1)}$ 更多的是关于相位关联,而 $\Gamma^{(2,2)}$ 仅与强度关联有关.

另一个量涉及四阶相干,并与双光子干涉现象有关:

$$\tilde{\Gamma}_{ij}^{(2,2)}(\boldsymbol{r}_1,t_1;\boldsymbol{r}_2,t_2)=\langle E_i^*(\boldsymbol{r}_1,t_1)E_j^*(\boldsymbol{r}_2,t_2)E_i(\boldsymbol{r}_2,t_2)E_j(\boldsymbol{r}_1,t_1)\rangle_P \tag{5.8}$$

## 5.1.2 光场测量的半经典理论

为了解关联函数与在实验室测量的结果的关系,我们需要进一步研究光探测过程的细节.

在实验中, 我们通过光电效应利用光电探测器测量光场, 其中光场与光敏介质相互作用产生电流, 光能转化为电能. 然而, 众所周知, 经典波动理论在解释光电效应时遇到困难, 爱因斯坦因此引入了光子的概念来理解它 (Einstein, 1905). 此外, Mandel, Sudarshan 和 Wolf(1964) 在 1964 年引入了光探测的半经典理论,并用光的经典波模型成功地解释了光电效应几乎所有的现象,包括截止频率 $\hbar\omega>\hbar\omega_c=W_0$ ($W_0$ 是介质的功函数).

在半经典理论中,虽然光场被描述为电磁波,介质中的原子也还是用量子力学来处理的. 光电过程是通过如下定义的哈密顿量所描述的原子和光波的相互作用来模拟的:

$$\hat{H}_I(t)=-\frac{e}{m}\hat{\boldsymbol{p}}(t)\cdot\boldsymbol{A}(\boldsymbol{r},t) \tag{5.9}$$

其中,$\hat{\boldsymbol{p}}(t)$ 是原子中电子的动量算符,$\boldsymbol{A}(\boldsymbol{r},t)$ 是方程 (5.1) 里的电磁波的矢量势. 利用量子力学中的微扰理论,我们可以计算电子脱离束缚 (电离) 的概率,该电子的电离就是之后产生用于测量的光电流的光电事件. 在这个计算中,我们必须首先假设场是确定性的,

或者它是随机过程的统计集合中的一个样本. 通过对场的带宽和介质的时间响应的一些合理假设,我们可以得到在相对小的时间间隔 $\Delta t$ 内获得一个光电子的微分概率:

$$\Delta P_1 = \eta I(\boldsymbol{r},t)\Delta t \tag{5.10}$$

其中,$I(\boldsymbol{r},t) = |\boldsymbol{E}(\boldsymbol{r},t)|^2$ 与光场的强度成比例,而 $\eta$ 是与原子相关的比例常数.

我们也可以得到两个光电事件发生的联合微分概率 $\Delta P_2(\boldsymbol{r},t;\boldsymbol{r}',t')$. 如果两个原子是分离的,我们可以假设这两个事件是独立的,则联合概率是两个在 $\boldsymbol{r},t;\boldsymbol{r}',t'$ 的独立事件概率的乘积:

$$\Delta P_2(\boldsymbol{r},t;\boldsymbol{r}',t') = \eta\eta' I(\boldsymbol{r},t)I(\boldsymbol{r}',t')\Delta t\Delta t' \tag{5.11}$$

这可以扩展到 $N$ 个光电事件:

$$\Delta P_N(\boldsymbol{r}_1,t_1;\cdots;\boldsymbol{r}_N,t_N) = \eta_1\cdots\eta_N I(\boldsymbol{r}_1,t_1)\cdots I(\boldsymbol{r}_N,t_N)\Delta t_1\cdots\Delta t_N \tag{5.12}$$

如果原子的间距远小于场变化的距离, 则上面的公式对相同的位置也是正确的: $\boldsymbol{r}_1 = \cdots = \boldsymbol{r}_N \equiv \boldsymbol{r}$.

到目前为止,我们只在一个或多个微分时间间隔 $\Delta t$ 中处理光电事件,并且我们得到了由方程 (5.10) 给出的 $\Delta t$ 中找到一个光电子的微分概率, 由于时间间隔较短, 这比 1 要小得多. 那么这个微分量也就是 $\Delta t$ 内的光电子的平均数①. 因此,对于一个有限间隔 $T$,总平均光电子便是在这个间隔中所有事件的总和:

$$\langle n\rangle_T = \eta\int_T I(\boldsymbol{r},t)\mathrm{d}t \tag{5.13}$$

如果所有的光电事件都是相互独立的,那么它们近似地遵循泊松分布,其平均数 $\langle n\rangle_T$ 由方程 (5.13) 给出. 于是我们便获得在有限区间 $T$ 中 $n$ 个事件的概率 $P(n,T)$:

$$\begin{aligned} P(n,T) &= \frac{(\langle n\rangle_T)^n}{n!}\mathrm{e}^{-\langle n\rangle_T} \\ &= \frac{1}{n!}\left[\eta\int_T I(\boldsymbol{r},t)\mathrm{d}t\right]^n \exp\left[-\eta\int_T I(\boldsymbol{r},t)\mathrm{d}t\right] \end{aligned} \tag{5.14}$$

注意, 只有当光场是确定的, 并且随机性纯粹来自光电事件的量子力学的概率性质时,上述泊松分布的公式才是正确的.

如果光场有涨落,我们必须将 $\boldsymbol{E}(\boldsymbol{r},t)$ 视为随机变量,并将上述所有表达式对 $\boldsymbol{E}(\boldsymbol{r},t)$ 的概率分布 $P(\{E_{\boldsymbol{k},s}\})$ 进行系统平均. 于是得到概率密度:

$$p_1(\boldsymbol{r},t) \equiv \Delta P_1/\Delta t = \eta\langle I(\boldsymbol{r},t)\rangle_P \tag{5.15}$$

① 光电子数量的预期值为 $\sum_n nP_n \approx P_1$,因为较高阶概率,如 $P_2 \sim (\Delta t)^2$ 在很小的 $\Delta t$ 内远小于 $P_1 \sim \Delta t$.

$$p_2(\boldsymbol{r},t;\boldsymbol{r}',t') \equiv \Delta P_2(\boldsymbol{r},t;\boldsymbol{r}',t')/\Delta t\Delta t' = \eta\eta'\langle I(\boldsymbol{r},t)I(\boldsymbol{r}',t')\rangle_P \tag{5.16}$$

$$p_N(\boldsymbol{r}_1,t_1;\cdots;\boldsymbol{r}_N,t_N) = \eta_1\cdots\eta_N\langle I(\boldsymbol{r}_1,t_1)\cdots I(\boldsymbol{r}_N,t_N)\rangle_P \tag{5.17}$$

同样的,对于有限的时间间隔 $T$,我们得到 $n$ 个事件的概率 $P(n,T)$ 为

$$P(n,T) = \frac{1}{n!}\left\langle\left[\eta\int_T I(\boldsymbol{r},t)\mathrm{d}t\right]^n \exp\left[-\eta\int_T I(\boldsymbol{r},t)\mathrm{d}t\right]\right\rangle_P \tag{5.18}$$

随后,我们将给出 Glauber 用全量子光探测理论得到的一个类似的对量子场的表达式. 但在讨论量子场之前, 我们先来看一下如何将经典相干理论应用于 Hanbury Brown-Twiss 效应.

### 5.1.3 再论 Hanbury Brown-Twiss 效应的经典解释

在 1.5 节中,我们详细讨论了二阶相干函数及其与光场相位关联函数的关系,这里不再重复, 但需要指出, 在 1.5 节中讨论的基础是关于单个探测器中光电事件的方程 (5.15). 在 1.6 节和 4.2.4 小节中, 我们讨论了光场的强度起伏, 其中隐含地假设探测器直接测量光场的强度. 现在, 利用方程 (5.15) 至方程 (5.17) 中的光探测的半经典理论, 我们可以探讨在实验中观测的是什么, 以及它们如何与光场的关联函数联系起来. Hanbury Brown-Twiss 实验是讨论光探测半经典理论的理想平台,这里没有光量子理论的介入,但大部分讨论都可以应用于光探测的量子理论.

在实验中, 光强的关联可以通过两个探测器符合计数进行测量 (更多的内容见第 7 章). 我们在 $T$ 时间内测量两个光电事件在 $\Delta T$ 的时间间隔内的符合计数. 在方程 (5.16) 中取 $t' = t+\tau$. 那么,$p_2(\boldsymbol{r},t;\boldsymbol{r}',t+\tau)\Delta t\Delta\tau$ 就是一个光电子在 $\Delta t$ 内出现在时间 $t$,另一个在 $\Delta\tau$ 内出现在时间 $t+\tau$ 的联合概率. 与方程 (5.13) 类似,我们得到在有限符合窗口 $\Delta T$ 内的平均符合计数率 $R_\mathrm{c}$ 为

$$\begin{aligned} R_\mathrm{c}(t) = \frac{\langle n_\mathrm{c}(\Delta T)\rangle_{\Delta t}}{\Delta t} &= \int_{-\frac{\Delta T}{2}}^{\frac{\Delta T}{2}} \mathrm{d}\tau p_2(\boldsymbol{r},t;\boldsymbol{r}',t+\tau) \\ &= \eta\eta'\int_{-\frac{\Delta T}{2}}^{\frac{\Delta T}{2}} \mathrm{d}\tau\langle I(\boldsymbol{r},t)I(\boldsymbol{r}',t+\tau)\rangle \end{aligned} \tag{5.19}$$

通常, 光电探测器和随后的电路具有某一固有的分辨时间 $T_\mathrm{R}$. 那么, $\Delta T \geqslant T_\mathrm{R}$. 方程 (5.19) 将强度关联函数与可测量的量 $R_\mathrm{c}$ 连接起来.

我们进一步写出

$$\langle I(\boldsymbol{r},t)I(\boldsymbol{r}',t+\tau)\rangle \equiv [1+\lambda(\boldsymbol{r},t;\boldsymbol{r}',t+\tau)]\langle I(\boldsymbol{r},t)\rangle\langle I(\boldsymbol{r}',t+\tau)\rangle \tag{5.20}$$

其中,物理量 $\lambda$ 描述了光强涨落的关联特性. 于是,方程 (5.19) 变为

$$R_{\mathrm{c}} = R_1R_2T_{\mathrm{R}}\left[1+\frac{1}{T_{\mathrm{R}}}\int_{-\frac{T_{\mathrm{R}}}{2}}^{\frac{T_{\mathrm{R}}}{2}}\mathrm{d}\tau\lambda(\boldsymbol{r},t;\boldsymbol{r}',t+\tau)\right] \tag{5.21}$$

其中,根据方程 (5.13), $R_1=\eta\langle I(\boldsymbol{r},t)\rangle$, $R_2=\eta'\langle I(\boldsymbol{r}',t+\tau)\rangle$ 是光电事件分别到达两个探测器的平均计数率. 这里,我们使用了 $\Delta T=T_{\mathrm{R}}$,并且假定 $R_1,R_2$ 在 $T_{\mathrm{R}}$ 内没有显著变化,因此我们可以将它们从积分中取出. 方程 (5.21) 中的第一项来源于两个探测器的纯偶然的巧合事件,即光场之间完全不相关;第二项则是由于光强涨落的关联性质引起的额外贡献 (更多内容见第 7 章).

Hanbury Brown-Twiss 效应

对于热场,方程 (5.4) 中场的概率分布 $P(\{E_{\boldsymbol{k},s}\})$ 为高斯分布. 于是,我们可以对多变量高斯分布使用由方程 (1.28) 给出的 Isserlis 定理并得到

$$\begin{aligned}\langle I(\boldsymbol{r}_1,t_1)I(\boldsymbol{r}_2,t_2)\rangle_P =&\langle|E(\boldsymbol{r}_1,t_1)|^2|E(\boldsymbol{r}_2,t_2)|^2\rangle_P\\ =&\langle|E(\boldsymbol{r}_1,t_1)|^2\rangle_P\langle|E(\boldsymbol{r}_2,t_2)|^2\rangle_P\\ &+\langle E(\boldsymbol{r}_1,t_1)E^*(\boldsymbol{r}_2,t_2)\rangle_P\langle E^*(\boldsymbol{r}_1,t_1)E(\boldsymbol{r}_2,t_2)\rangle_P\\ &+\langle E^*(\boldsymbol{r}_1,t_1)E^*(\boldsymbol{r}_2,t_2)\rangle_P\langle E(\boldsymbol{r}_1,t_1)E(\boldsymbol{r}_2,t_2)\rangle_P\\ =&\langle I(\boldsymbol{r}_1,t_1)\rangle\langle I(\boldsymbol{r}_2,t_2)\rangle[1+|\gamma(\boldsymbol{r}_1,t_1;\boldsymbol{r}_2,t_2)|^2]\end{aligned} \tag{5.22}$$

其中,由于相位的随机涨落,方程中的最后一项为零. 上述方程与 4.2.4 小节中只包含时间变量的方程 (4.29) 相同. 但是这里我们还包括了空间变量. 因此,额外超出的强度关联函数 $\lambda(\boldsymbol{r}_1,t_1;\boldsymbol{r}_2,t_2)$ 与二阶相干函数直接相关: $\lambda(\boldsymbol{r}_1,t_1;\boldsymbol{r}_2,t_2)=|\gamma(\boldsymbol{r}_1,t_1;\boldsymbol{r}_2,t_2)|^2$. 这就很好地解释了 HBT 效应 (1.2 节):每当 $\boldsymbol{r}_1,\boldsymbol{r}_2$ 处于场的相干区域内时,就会出现额外的光强涨落,否则,就不存在. 值得注意的是,虽然 $\gamma$ 多用来描述相位关联,但它与额外的强度关联 $\lambda$ 也有关系,而这与相位根本无关. 这都是因为概率的高斯分布性质.

对于具有分束器和时延的 HBT 实验,我们在方程 (5.21) 中取 $\boldsymbol{r}=\boldsymbol{r}'$,并假设场是平稳的. 于是可以写出

$$R_c = R_1 R_2 T_R \left[1 + \frac{1}{T_R}\int_{-\frac{T_R}{2}}^{\frac{T_R}{2}} d\tau \lambda(\tau)\right] \tag{5.23}$$

其中,$\lambda(\tau)$ 与入射场的额外强度涨落有关,并且对热光场我们有 $\lambda(\tau) = |\gamma(\tau)|^2$. 当探测系统的分辨时间 $T_R$ 远大于光场的相干时间 $T_c$ 时,对 $\tau = T_R/2 \gg T_c$,我们有 $|\gamma(\tau)| \sim 0$,这样我们就可以用 $\pm\infty$ 来替换积分区域:

$$\int_{-\frac{T_R}{2}}^{\frac{T_R}{2}} d\tau |\gamma(\tau)|^2 \approx \int_{-\infty}^{\infty} d\tau |\gamma(\tau)|^2 = T_c \tag{5.24}$$

于是方程 (5.23) 成为

$$R_c = R_1 R_2 T_R \left[1 + \frac{T_c}{T_R}\right] \tag{5.25}$$

实验上,我们可以定义一个可观测的量 $g^{(2)} \equiv R_c/R_1 R_2 T_R$. 我们便得到 $g^{(2)} = 1 + T_c/T_R = 1 + 1/M$,其中,$M \equiv T_R/T_c$. 用时间模式的语言,$T_c$ 大致是单一时间模式的大小. 那么,$M = T_R/T_c$ 便是探测器在其分辨时间 $T_R$ 内可以测到的可分辨或非重叠 (正交) 时间模式的数量. 这一关系与习题 4.4 中关于脉冲场的方程 (4.85) 相同. 在这里,我们也对连续的光场给予了证明.

上述结果可应用于恒星光强干涉术,其中我们测量来自遥远恒星的光在两个不同位置的强度关联,并通过 $(\boldsymbol{r}_1, \boldsymbol{r}_2)$ 确定 $|\gamma_{12}|$. 从习题 1.2 的方程 (1.45) 中得知,空间相干函数 $|\gamma_{12}|$ 可以用恒星干涉术 (Michelson, 1890, 1920; Michelson et al., 1921) 来测量恒星的大小. 但是在这里,我们可以同样测量到 $\gamma_{12}$,而不用像 Michelson 方法那样观察干涉条纹,Michelson 的方法因为大气波动会使干涉条纹非常不稳定. 这是一种基于强度关联技术的新型的恒星光强干涉术 (Hanbury-Brown et al., 1956b). 恒星光强干涉术在著名的 Hanbury Brown-Twiss 光子聚束实验发明了光强关联技术之后立即首次得到了应用 (Hanbury-Brown et al., 1956a).

热光 HBT 效应也可以通过奇异的“鬼成像”现象 (Pittman et al., 1995; Bennink et al., 2002) 应用于基于强度关联的光学成像,这是一种非局域性的四阶经典波干涉效应 (Gatti et al., 2004).

# 5.2 格劳伯的光探测理论与量子相干理论

## 5.2.1 光电测量与正则排序

与 Mandel，Sudarshan 和 Wolf(1964) 关于光探测的半经典理论的工作并行，Glauber (1964) 发展了一套光探测的全量子理论，其中原子介质和光场都用量子力学描述. 其结果与半经典理论非常相似. 具体地讲，格劳伯计算了在相对小的时间间隔 $\Delta t$ 中一个光电事件的微分概率：

$$\Delta P_1(\boldsymbol{r},t) \propto \langle \hat{\boldsymbol{E}}^{(-)}(\boldsymbol{r},t) \cdot \hat{\boldsymbol{E}}^{(+)}(\boldsymbol{r},t)\rangle_{\psi}\Delta t \tag{5.26}$$

其中，取平均的计算是对光场的量子态 $\psi$ 进行的，且

$$\hat{\boldsymbol{E}}^{(+)}(\boldsymbol{r},t) = \sum_{\boldsymbol{k},s} l(\boldsymbol{k})\hat{a}_{\boldsymbol{k},s}\hat{\epsilon}_{\boldsymbol{k},s}u_{\boldsymbol{k},s}(\boldsymbol{r})\mathrm{e}^{-\mathrm{i}\omega t} = [\hat{\boldsymbol{E}}^{(-)}(\boldsymbol{r},t)]^{\dagger} \tag{5.27}$$

是方程 (2.82) 或方程 (2.90) 给出的电场算符的正频率部分. 两个光电事件的联合微分概率由下式给出：

$$\begin{aligned}
&\Delta P_2(\boldsymbol{r}_1,t_1;\boldsymbol{r}_2,t_2)\\
&\quad\propto \sum_{i,j}\langle \hat{E}_i^{(-)}(\boldsymbol{r}_1,t_1)\hat{E}_j^{(-)}(\boldsymbol{r}_2,t_2)\hat{E}_j^{(+)}(\boldsymbol{r}_2,t_2)\hat{E}_i^{(+)}(\boldsymbol{r}_1,t_1)\rangle_{\psi}\Delta t_1\Delta t_2\\
&\quad= \langle :\hat{I}(\boldsymbol{r}_1,t_1)\hat{I}(\boldsymbol{r}_2,t_2):\rangle_{\psi}\Delta t_1\Delta t_2
\end{aligned} \tag{5.28}$$

其中，$::$ 表示产生和湮没算符 $\hat{a}^{\dagger},\hat{a}$ 的正则排序，且

$$\hat{I}(\boldsymbol{r},t) \equiv \hat{\boldsymbol{E}}^{(-)}(\boldsymbol{r},t) \cdot \hat{\boldsymbol{E}}^{(+)}(\boldsymbol{r},t) \tag{5.29}$$

是光场的强度算符. 对于更一般情况的 $N$ 个光电事件，我们有

$$\Delta P_N(\boldsymbol{r}_1,t_1;\cdots;\boldsymbol{r}_N,t_N) \propto \langle :\hat{I}(\boldsymbol{r}_1,t_1)\cdots\hat{I}(\boldsymbol{r}_N,t_N):\rangle_{\psi}\Delta t_1\cdots\Delta t_N \tag{5.30}$$

方程 (5.26)、方程 (5.28)、方程 (5.30) 类似于半经典情况的方程 (5.15) 至方程 (5.17)，但这里的平均是对量子态 $\psi$ 进行的.

注意，方程 (5.26)、方程 (5.28)、方程 (5.30) 只适用于微分概率，仅对无限小的时间间隔有效，并且不能通过时间积分进行归一化. 对于有限的时间间隔 $T$，Kelley 和 Kleiner(1964) 基于格劳伯的光探测量子理论导出了在时间 $T$ 内光电子计数为 $n$ 的概

率. 其结果是

$$P(n,T)=\frac{1}{n!}\left\langle:\left[\eta\int_T\hat{I}(\boldsymbol{r},t)\mathrm{d}t\right]^n\exp\left[-\eta\int_T\hat{I}(\boldsymbol{r},t)\mathrm{d}t\right]:\right\rangle_\psi \tag{5.31}$$

这个公式类似于经典波动理论的方程 (5.18).

## 5.2.2 格劳伯的量子相干理论

根据光探测的量子理论, Glauber(1963a) 定义了广义的量子关联函数:

$$\begin{aligned}&G^{(N,M)}(\boldsymbol{x}_1;\boldsymbol{x}_2\cdots;\boldsymbol{x}_{N+M})\\&\equiv\langle:\hat{E}^{(-)}(\boldsymbol{x}_1)\cdots\hat{E}^{(-)}(\boldsymbol{x}_N)\hat{E}^{(+)}(\boldsymbol{x}_{N+1})\cdots\hat{E}^{(+)}(\boldsymbol{x}_{N+M}):\rangle_\psi\end{aligned} \tag{5.32}$$

其中, $\boldsymbol{x}_i\equiv\boldsymbol{r}_i,t_i$. 这些量与光电事件的测量及其相应的相干现象有直接的关系. 例如, 二阶量

$$G^{(1,1)}(\boldsymbol{x}_1;\boldsymbol{x}_2)=\langle\hat{E}^{(-)}(\boldsymbol{x}_1)\hat{E}^{(+)}(\boldsymbol{x}_2)\rangle_\psi \tag{5.33}$$

的归一化量

$$g_1\equiv G^{(1,1)}(\boldsymbol{x}_1;\boldsymbol{x}_2)/\sqrt{G^{(1,1)}(\boldsymbol{x}_1;\boldsymbol{x}_1)G^{(1,1)}(\boldsymbol{x}_2;\boldsymbol{x}_2)}$$

直接与干涉条纹的可见度有关, 并描述了光场的相位关联. 而四阶量

$$G^{(2,2)}(\boldsymbol{x}_1;\boldsymbol{x}_2)=\langle\hat{E}^{(-)}(\boldsymbol{x}_1)\hat{E}^{(-)}(\boldsymbol{x}_2)\hat{E}^{(+)}(\boldsymbol{x}_2)\hat{E}^{(+)}(\boldsymbol{x}_1)\rangle_\psi \tag{5.34}$$

则与强度关联和符合测量有关 (更多内容见第 7 章).

对于由下式给定的多模相干态:

$$|\psi\rangle=\prod_{\boldsymbol{k},s}|\{\alpha_{\boldsymbol{k},s}\}\rangle \tag{5.35}$$

我们有

$$\hat{E}_j^{(+)}(\boldsymbol{r},t)|\psi\rangle=\mathcal{E}_j(\boldsymbol{r},t)|\psi\rangle \tag{5.36}$$

其中, $\vec{\mathcal{E}}(\boldsymbol{r},t)\equiv\sum_{\boldsymbol{k},s}l(\boldsymbol{k})\alpha_{\boldsymbol{k},s}\hat{\epsilon}_{\boldsymbol{k},s}\mathrm{e}^{\mathrm{i}\boldsymbol{k}\cdot\boldsymbol{r}-\mathrm{i}\omega t}$ 是一个复数, 并且正则排序给出

$$\hat{E}^{(+)}(\boldsymbol{x}_{N+1})\cdots\hat{E}^{(+)}(\boldsymbol{x}_{N+M})|\psi\rangle=[\mathcal{E}(\boldsymbol{x}_{N+1})\cdots\mathcal{E}(\boldsymbol{x}_{N+M})]|\psi\rangle \tag{5.37}$$

和

$$\langle\psi|\hat{E}^{(-)}(\boldsymbol{x}_1)\cdots\hat{E}^{(-)}(\boldsymbol{x}_N)=\langle\psi|[\mathcal{E}^*(\boldsymbol{x}_1)\cdots\mathcal{E}^*(\boldsymbol{x}_N)] \tag{5.38}$$

对于方程 (5.35) 的多模相干态,方程 (5.32) 中的关联函数变为

$$G^{(N,M)}(\boldsymbol{x}_1;\boldsymbol{x}_2;\cdots;\boldsymbol{x}_{N+M})=\mathcal{E}^*(\boldsymbol{x}_1)\cdots\mathcal{E}^*(\boldsymbol{x}_N)\mathcal{E}(\boldsymbol{x}_{N+1})\cdots\mathcal{E}(\boldsymbol{x}_{N+M}) \tag{5.39}$$

如果我们让 $\{\alpha_{\boldsymbol{k},s}\}$ 有涨落以成为随机变量,那么 $\mathcal{E}(\boldsymbol{r},t)=\mathcal{E}(\{\alpha_{\boldsymbol{k},s}\},t)$ 就是一个随机过程. 假定 $\{\alpha_{\boldsymbol{k},s}\}$ 由概率分布 $P(\{\alpha_{\boldsymbol{k},s}\})=P(\alpha_1,\alpha_2,\cdots)$ 描述,这个分布与早先在光的经典相干理论中给出的 $P(\{E_{\boldsymbol{k},s}\})$ 一样. 那么,我们只需要用这个概率分布对方程 (5.39) 进行平均,于是,方程 (5.39) 就变为

$$G^{(N,M)}(\boldsymbol{x}_1;\boldsymbol{x}_2;\cdots;\boldsymbol{x}_{N+M})=\langle\mathcal{E}^*(\boldsymbol{x}_1)\cdots\mathcal{E}^*(\boldsymbol{x}_N)\mathcal{E}(\boldsymbol{x}_{N+1})\cdots\mathcal{E}(\boldsymbol{x}_{N+M})\rangle_P \tag{5.40}$$

它与方程 (5.3) 中的经典相干理论的量 $\Gamma^{(N,M)}$ 形式相同, 其中我们用 $E(\boldsymbol{x})$ 代替了 $\mathcal{E}(\boldsymbol{x})$.

### 5.2.3 量子理论与经典理论的联系和光学等效定理

注意,当 $\{\alpha_{\boldsymbol{k},s}\}$ 是一组随机变量时,我们并不确定系统处于哪个相干态,而对于量子态的不确定性就引出了对系统量子态的统计描述. 在这种情况下,我们要用相干态的统计混合或由如下密度算符给出的混合态

$$\hat{\rho}_{\text{cl}}=\int\prod_{\boldsymbol{k},s}\mathrm{d}^2\{\alpha_{\boldsymbol{k},s}\}|\{\alpha_{\boldsymbol{k},s}\}\rangle\langle\{\alpha_{\boldsymbol{k},s}\}|P_{\text{cl}}(\{\alpha_{\boldsymbol{k},s}\}) \tag{5.41}$$

来描述量子系统. 这里的下标 “cl” 表示由密度算符 $\hat{\rho}_{\text{cl}}$ 给出的量子力学描述可以得到与经典波理论完全相同的结果,即量子描述的方程 (5.40) 与经典描述的方程 (5.3) 完全相同.

此外,我们从 3.7.1 小节获悉,光的任意量子态都可以由具有 Glauber-Sudarshan P 表示或相干态表示的密度算符来描述, 即对于单模场, 我们有 (Glauber, 1963b; Sudarshan, 1963):

$$\hat{\rho}=\int\mathrm{d}^2\alpha|\alpha\rangle\langle\alpha|P_G(\alpha) \tag{5.42}$$

或对于多模场,我们有

$$\hat{\rho}=\int\prod_{\boldsymbol{k},s}\mathrm{d}^2\{\alpha_{\boldsymbol{k},s}\}|\{\alpha_{\boldsymbol{k},s}\}\rangle\langle\{\alpha_{\boldsymbol{k},s}\}|P_G(\{\alpha_{\boldsymbol{k},s}\}) \tag{5.43}$$

这里,函数 $P_G(\alpha)$ 和 $P_G(\{\alpha_{\boldsymbol{k},s}\})$ 是 $\alpha$ 的某个归一化的函数:

$$\int \mathrm{d}^2\alpha P_G(\alpha) = 1 \quad 和 \quad \int\prod_{\boldsymbol{k},s}\mathrm{d}^2\{\alpha_{\boldsymbol{k},s}\}P_G(\{\alpha_{\boldsymbol{k},s}\}) = 1 \tag{5.44}$$

比较式 (5.41) 和式 (5.43),我们发现,如果 $P_G = P_{\text{cl}}$,那么量子和经典光理论是等效的,这就是所谓的光学等效定理 (Sudarshan, 1963). 这样看来我们似乎不需要光的量子理论. 如果 $P_G = P_{\text{cl}}$,经典的波动理论也可以覆盖量子理论. 然而,这个"如果",就是经典波动理论与光量子理论的区别所在.

## 5.2.4 光的经典与非经典态

让我们来看看 $P_G$ 和 $P_{\text{cl}}$ 这两个分布之间的差异. 首先来看 $P_{\text{cl}}$,我们对其了解得更多些. 这是一个概率分布,因此它被归一为 1: $\int\prod_{\boldsymbol{k},s}\mathrm{d}^2\{\alpha_{\boldsymbol{k},s}\}P_{\text{cl}}(\{\alpha_{\boldsymbol{k},s}\}) = 1$,且还必须不是负的: $P_{\text{cl}} \geqslant 0$. 现在让我们看看 $P_G$: 它如 $P_{\text{cl}}$ 一样也满足 (5.44) 的归一化方程. 但它是否如 $P_{\text{cl}}$ 对任意量子态也满足非负条件呢? 其答案为"否".

为证明这一点,我们只需要举一个反例. 考虑处于单模的单光子态 $|1\rangle$. 我们在 3.7.1 小节中证明了它具有如下的 Glauber P 表示:

$$P_G^{|1\rangle}(\alpha,\alpha^*) = \mathrm{e}^{\alpha\alpha^*}\frac{\partial^2}{\partial\alpha\partial\alpha^*}\delta^{(2)}(\alpha) \tag{5.45}$$

用实变量 $x,y$ 表示,我们有 $\alpha = x + \mathrm{i}y, \alpha^* = x - \mathrm{i}y$,并进行变量的变化:

$$\frac{\partial}{\partial\alpha} = \frac{\partial}{\partial x}\frac{\partial x}{\partial\alpha} + \frac{\partial}{\partial y}\frac{\partial y}{\partial\alpha} = \frac{1}{2}\left(\frac{\partial}{\partial x} - \mathrm{i}\frac{\partial}{\partial y}\right), \quad \frac{\partial}{\partial\alpha^*} = \frac{1}{2}\left(\frac{\partial}{\partial x} + \mathrm{i}\frac{\partial}{\partial y}\right) \tag{5.46}$$

于是,方程 (5.45) 变为

$$P_G^{|1\rangle}(x,y) = \frac{\mathrm{e}^{x^2+y^2}}{4}\left(\frac{\partial^2}{\partial x^2} + \frac{\partial^2}{\partial y^2}\right)\delta(x)\delta(y) \tag{5.47}$$

虽然 $P_G^{|1\rangle}$ 是用特殊函数 $\delta(x),\delta(y)$ 写出来的,但我们可以把它作为高斯函数的一个极限情况,即

$$\delta(x) = \lim_{\sigma\to 0}\frac{1}{\sigma\sqrt{2\pi}}\mathrm{e}^{-x^2/(2\sigma^2)} \tag{5.48}$$

和

$$\frac{\mathrm{d}^2}{\mathrm{d}x^2}\delta(x) = \lim_{\sigma\to 0}\frac{1}{\sigma^5\sqrt{2\pi}}(x^2 - \sigma^2)\mathrm{e}^{-x^2/(2\sigma^2)} \tag{5.49}$$

在图 5.1 中,我们绘制了宽度为 $\sigma$ 的高斯函数及其二阶导数. 我们发现其二阶导数对于区间 $|x|<\sigma$ 是负的. 因此, $P_G^{|1\rangle}$ 对于 $\alpha$ 的所有值不是非负的. 这并不奇怪,因为单光子态将光场描述为光子的粒子,而光子在波动理论中根本就没有相对应的东西.

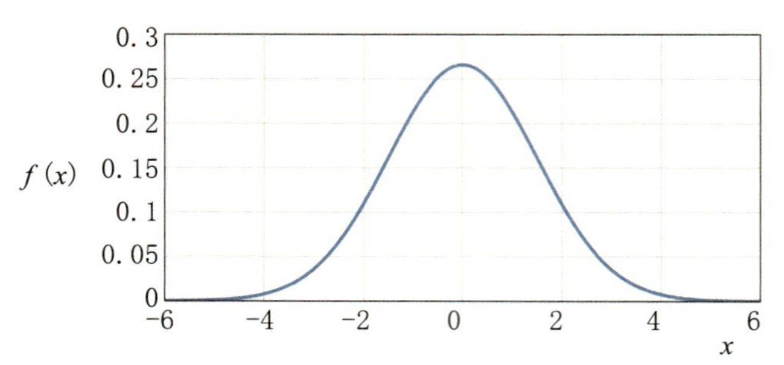


(a) 宽度为$\sigma$=1.5的高斯函数作为$\delta$函数的极限

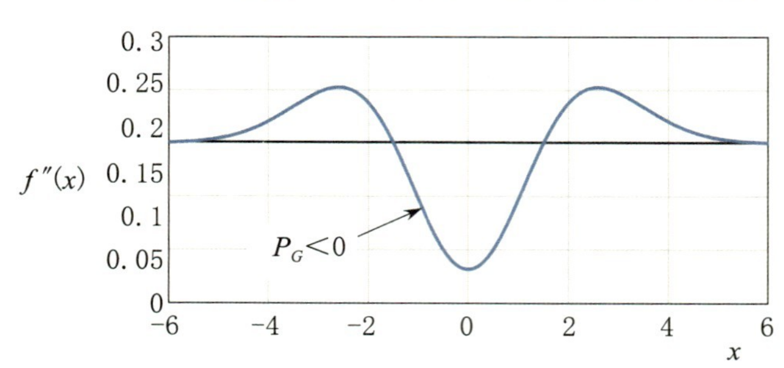


(b) 宽度为$\sigma$=1.5的高斯函数的二阶导数. 其中有一个区域有$f''(x)<0$,这就导致了$P_G<0$

**图 5.1 高斯函数及其二阶导数**

事实上,如果两个量子态正交,即 $\mathrm{Tr}(\hat{\rho}_1\hat{\rho}_2)=0$,那么我们有

$$\begin{aligned}\mathrm{Tr}(\hat{\rho}_1\hat{\rho}_2)&=\mathrm{Tr}\Big[\int \mathrm{d}^2\alpha P_G^{(1)}(\alpha)|\alpha\rangle\langle\alpha|\int \mathrm{d}^2\beta P_G^{(2)}(\beta)|\beta\rangle\langle\beta|\Big]\\&=\int \mathrm{d}^2\alpha \mathrm{d}^2\beta P_G^{(1)}(\alpha)P_G^{(2)}(\beta)|\langle\alpha|\beta\rangle|^2=0\end{aligned}\tag{5.50}$$

由于 $|\langle\alpha|\beta\rangle|^2>0$,所以要使上述方程成立, $P_G^{(1)}(\alpha)$ 和 $P_G^{(2)}(\beta)$ 中的一个必须小于零. 特别是,如果态 $\hat{\rho}=\int \mathrm{d}^2\beta P_G(\beta)|\beta\rangle\langle\beta|$ 与相干态 $|\alpha_0\rangle$ 正交,即 $\langle\alpha_0|\hat{\rho}|\alpha_0\rangle=0$,方程 (5.50) 变为

$$\int \mathrm{d}^2\beta|\langle\alpha_0|\beta\rangle|^2P_G(\beta)=0\tag{5.51}$$

那么,我们必须对某些 $\beta$ 有 $P_G(\beta)<0$. 很容易证明,方程 (3.51) 中的 Schrödinger 猫态满足这个条件.

由于 $P_G$ 并不总是非负的，在光的量子描述中，我们可以将描写光场的量子态分为两类：(1) 对于所有的 $\alpha$ 具有 $P_G \geqslant 0$ 的量子态；(2) 对于某些值 $\alpha$ 具有 $P_G < 0$ 的量子态. 前者具有 $P_{\text{cl}} = P_G$ 的经典波对应关系，因此可以用经典波理论描述，而后者没有这种对应关系，就不能用经典波理论来描述. 在这个意义上，我们称前者为“经典态”，而后者为“非经典态”.

经典态的一个例子是热态，它的 Glauber-Sudarshan P 表示在 3.7.1 小节中已经导出，并具有以下形式：

$$P_G^{\text{th}}(\alpha,\alpha^*) = \frac{1}{\pi\bar{n}}\text{e}^{-|\alpha|^2/\bar{n}} \tag{5.52}$$

其中，$\bar{n}$ 是平均光子数. 这个函数总是正的，并可以作为真正的概率分布 $P_{\text{cl}}$ 用经典波对热场进行描述. 因此，HBT 实验的量子解释与经典解释完全相同. 除了热态，相干态也是经典态. 因此，激光器出来的光场可以用经典波来描述.

如前所示，非经典态的一个例子是单光子态. 所有具有非零光子数的数态都是非经典态，因为它们的 P 函数都是 $\delta$ 函数的高阶导数. 另外，还存在许多其他非经典态，它们的 Glauber P 函数可能没有具体的数学表达形式. 但是我们又是如何知道这些态是非经典的呢？正如下面将要讲到的，我们可以通过观察一些非经典现象，来确定光场是否是非经典的.

## 5.3 反聚束效应

第一个观察到的非经典现象是光的光子反聚束效应.

考虑强度关联函数：

$$\begin{aligned}
\Gamma^{(2,2)}(t,t+\tau) &= \langle :\hat{I}(t+\tau)\hat{I}(t):\rangle_{\hat{\rho}} \\
&= \langle \hat{E}^{(-)}(t)\hat{E}^{(-)}(t+\tau)\hat{E}^{(+)}(t+\tau)\hat{E}^{(+)}(t)\rangle_{\hat{\rho}} \\
&= \langle \mathcal{E}^*(t)\mathcal{E}^*(t+\tau)\mathcal{E}(t+\tau)\mathcal{E}(t)\rangle_{P_G} \\
&= \langle I(t+\tau)I(t)\rangle_{P_G}
\end{aligned} \tag{5.53}$$

其中，$I(t) \equiv |\mathcal{E}(t)|^2$. 如果 $P_G$ 是一个真正的概率分布，那么 $I(t), I(t+\tau)$ 必须满足 Cauchy-Schwarz 不等式：

$$|\langle I(t+\tau)I(t)\rangle|^2 \leqslant \langle I^2(t+\tau)\rangle\langle I^2(t)\rangle \tag{5.54}$$

对于平稳过程,我们有 $\langle I^2(t+\tau)\rangle = \langle I^2(t)\rangle = \langle I^2(0)\rangle$. 于是方程 (5.54) 变为

$$|\langle I(t+\tau)I(t)\rangle| \leqslant \langle I^2(0)\rangle \quad 或 \quad g^{(2)}(\tau) \leqslant g^{(2)}(0) \tag{5.55}$$

后面的式子是用 $\langle I(0)\rangle^2$ 除方程的两边而得到的. 由于当 $\tau \to \infty$ 时,$g^{(2)}(\tau) \to 1$,也有 $g^{(2)}(0) \geqslant 1$. 因此,光的所有经典态必须满足 $g^{(2)}(0) \geqslant 1$ 和 $g^{(2)}(\tau) \leqslant g^{(2)}(0)$. 我们知道,对于热态,$g^{(2)}_{\rm th}(0) = 2 > 1$,这就是所谓的光子聚束效应.

另外,如果 $P_G$ 不是一个真正的概率分布,则 Cauchy-Schwarz 不等式可能被违反,就可能没有光子聚束效应. 因此,违反不等式 $g^{(2)}(0) \geqslant 1$ 和 $g^{(2)}(\tau) \leqslant g^{(2)}(0)$ 中的任一个,就意味着光场处于非经典态. 例如,单光子态将具有为零的强度关联函数:

$$\begin{aligned}\langle :\hat{I}(t+\tau)\hat{I}(t):\rangle_{|1\rangle} &= \langle 1|\hat{E}^{(-)}(t)\hat{E}^{(-)}(t+\tau)\hat{E}^{(+)}(t+\tau)\hat{E}^{(+)}(t)|1\rangle \\ &= 0\end{aligned} \tag{5.56}$$

这是因为 $\hat{E}^{(+)}(t+\tau)\hat{E}^{(+)}(t)$ 中有两个湮灭算符. 因此, 对于 $\tau$ 的任意值, 我们有 $g^{(2)}_{|1\rangle}(0) = 0 = g^{(2)}_{|1\rangle}(\tau)$. 这就导致了光子反聚束效应 $g^{(2)}_{|1\rangle}(0) < 1$.

Kimble,Dagenais 和 Mandel(1977) 最先在钠原子的单个原子共振荧光中观察到了光子反聚束效应 (见 7.3.2 小节),随后 Diedrich 和 Walther(1987) 在单个离子中也观察到了这个效应.

另一个对 Cauchy-Schwarz 不等式的违反是源于强度关联函数:

$$\Gamma^{(2,2)}_{12} = \langle :\hat{I}_1(t)\hat{I}_2(t):\rangle_{\hat{\rho}} = \langle I_1(t)I_2(t)\rangle_{P_G} \tag{5.57}$$

其中,对于具有 $P_G \geqslant 0$ 的经典态,它满足

$$|\langle I_1(t)I_2(t)\rangle|^2 \leqslant \langle I_1^2(t)\rangle\langle I_2^2(t)\rangle \quad 或 \quad [g^{(2)}_{12}]^2 \leqslant g^{(2)}_{11}g^{(2)}_{22} \tag{5.58}$$

这种不等式被参量下转换的双光子态所违反. 我们将在 7.4 节中讨论这个非经典现象.

## 5.4 光子统计与光子关联

另一个非经典现象在光子统计中出现. 正如我们将在下面看到的,经典态和一些非经典态将导致这些态中的光子数具有完全不同的统计行为.

给定光的任意一个态,这个系统处于数态 $\{|n_i\rangle\}$ 的概率是多少?或者我们对所有模式的光子数 $\hat{N}_1,\hat{N}_2,\cdots$ 进行测量,那么发现结果为 $n_1,n_2,\cdots(\equiv\{n\})$ 的概率是多少?

对于纯态 $|\psi\rangle=\sum\limits_{\{n\}}c_{\{n\}}|\{n\}\rangle$,我们有

$$P(\{n\})=|c_{\{n\}}|^2=|\langle\{n\}|\psi\rangle|^2=\langle\{n\}|\psi\rangle\langle\psi|\{n\}\rangle=\left\langle\{n\}\middle|\hat{\rho}_\psi\middle|\{n\}\right\rangle \tag{5.59}$$

对于混态 $\hat{\rho}=\sum\limits_i p_i|\psi_i\rangle\langle\psi_i|$,我们得到

$$\begin{aligned}P(\{n\})&=\sum_i p_i|\langle\{n\}|\psi_i\rangle|^2\\&=\sum_i p_i\langle\{n\}|\psi_i\rangle\langle\psi_i|\{n\}\rangle\\&=\left\langle\{n\}\middle|\hat{\rho}\middle|\{n\}\right\rangle\\&=\mathrm{Tr}\Big(\hat{\rho}\Big|\{n\}\Big\rangle\Big\langle\{n\}\Big|\Big)\end{aligned} \tag{5.60}$$

让我们在 Glauber-Sudarshan P 表示中将 $\hat{\rho}$ 写为 $\hat{\rho}=\int\mathrm{d}^2\{\alpha\}P_G(\{\alpha\})\ |\{\alpha\}\rangle\langle\{\alpha\}|$. 然后我们将其代入方程 (5.60) 并得到

$$\begin{aligned}P(\{n\})&=\mathrm{Tr}\Big(\hat{\rho}\Big|\{n\}\Big\rangle\Big\langle\{n\}\Big|\Big)\\&=\int\mathrm{d}^2\{\alpha\}P_G(\{\alpha\})\mathrm{Tr}\Big(\Big|\{\alpha\}\Big\rangle\Big\langle\{\alpha\}\Big|\{n\}\Big\rangle\Big\langle\{n\}\Big|\Big)\\&=\int\mathrm{d}^2\{\alpha\}P_G(\{\alpha\})\prod_i\frac{|\alpha_i|^{2n_i}}{n_i!}\mathrm{e}^{-|\alpha_i|^2}\end{aligned} \tag{5.61}$$

接着我们使用正则排序的性质 $:\hat{N}^m:=\hat{a}^{\dagger m}\hat{a}^m$. 由此得到 $\langle\alpha|:\hat{N}^m:|\alpha\rangle=\langle\alpha|\hat{a}^{\dagger m}\hat{a}^m|\alpha\rangle=\alpha^{*m}\alpha^m$ 和 $\langle\alpha|:\mathrm{e}^{\beta\hat{N}}:|\alpha\rangle=\mathrm{e}^{\beta|\alpha|^2}$. 这就导致 $(|\alpha|^{2m}/m!)\mathrm{e}^{-|\alpha|^2}=\langle\alpha|:(\hat{N}^m/m!)\mathrm{e}^{-\hat{N}}:|\alpha\rangle$. 于是我们可以将方程 (5.61) 重写为

$$\begin{aligned}P(\{n\})&=\int\mathrm{d}^2\{\alpha\}P_G(\{\alpha\})\prod_i\frac{|\alpha_i|^{2n_i}}{n_i!}\mathrm{e}^{-|\alpha_i|^2}\\&=\int\mathrm{d}^2\{\alpha\}P_G(\{\alpha\})\prod_i\left\langle\alpha_i\middle|:\frac{\hat{N}_i^{n_i}}{n_i!}e^{-\hat{N}_i}:\middle|\alpha_i\right\rangle\\&=\left\langle:\prod_i\frac{\hat{N}_i^{n_i}}{n_i!}\mathrm{e}^{-\hat{N}_i}:\right\rangle_{\hat{\rho}}\end{aligned} \tag{5.62}$$

这里,$\{n\}=\{n_1,n_2,\cdots\}$.

实际上,很难在每个单独的模式中对光子数进行计数测量. 但是我们可以很容易地测量整个场中光子的总数:$N_{\mathrm{tot}}=\sum\limits_i n_i$. 那么,下面就计算找到总光子数 $N_{\mathrm{tot}}=n$ 的概

率 $P(n)$：

$$\begin{aligned}P(n) &= \sum_{\{n\}} P(\{n\})\delta_{N_{\text{tot}},n} \qquad (N_{\text{tot}} = \sum_i n_i) \\ &= \left\langle :\sum_{\{n\}}\prod_i \frac{\hat{N}_i^{n_i}}{n_i!}\mathrm{e}^{-\hat{N}_i}\delta_{N_{\text{tot}},n}: \right\rangle_{\hat{\rho}} \\ &= \frac{1}{n!}\left\langle :\left(\sum_i \hat{N}_i\right)^n \mathrm{e}^{-\sum\limits_i \hat{N}_i}: \right\rangle_{\hat{\rho}} \end{aligned} \tag{5.63}$$

这里，我们使用了多项式展开的恒等式：

$$\left(\sum_i \hat{N}_i\right)^n = \sum_{n_1+n_2+\cdots=n} n!\frac{\hat{N}_1^{n_1}\hat{N}_2^{n_2}\cdots\hat{N}_i^{n_i}\cdots}{n_1!n_2!\cdots n_i!\cdots} \tag{5.64}$$

定义总的光子数算符 $\hat{N} = \sum\limits_i \hat{N}_i$，我们得到

$$P(n) = \left\langle :\frac{\hat{N}^n}{n!}\mathrm{e}^{-\hat{N}}: \right\rangle_{\hat{\rho}} \tag{5.65}$$

例如，对于来自激光的多模相干态 $|\psi\rangle = |\{\alpha\}\rangle$，我们得到泊松分布：

$$P(n) = \frac{U^n}{n!}\mathrm{e}^{-U} \tag{5.66}$$

其中，$U \equiv \sum\limits_i |\alpha_i|^2 = \langle n\rangle$ 是总的平均光子数. 由此，我们得到了光子数方差 $\langle\Delta^2 n\rangle = U = \langle n\rangle$. 对泊松分布来说，这是一个典型的结果.

对于由密度算符 $\hat{\rho}$ 所描述的任意态，我们可以再次将其用 Glauber-Sudarshan P 表示写为 $\hat{\rho} = \int \mathrm{d}^2\{\alpha\}P_G(\{\alpha\})\ |\{\alpha\}\rangle\langle\{\alpha\}|$，那么光子数概率就是

$$\begin{aligned}P(n) &= \int \mathrm{d}^2\{\alpha\}P_G(\{\alpha\})\left\langle\{\alpha\}\right| :\frac{\hat{N}^n}{n!}\mathrm{e}^{-\hat{N}}: \left|\{\alpha\}\right\rangle \\ &= \int \mathrm{d}^2\{\alpha\}P_G(\{\alpha\})\frac{U^n}{n!}\mathrm{e}^{-U} \qquad (U \equiv \sum_i |\alpha_i|^2) \\ &= \left\langle \frac{U^n}{n!}\mathrm{e}^{-U}\right\rangle_{P_G}\end{aligned} \tag{5.67}$$

很直接地可以看到 $\langle n\rangle = \sum nP(n) = \langle U\rangle_{P_G}$ 和 $\langle n(n-1)\rangle = \sum n(n-1)P(n) = \langle U^2\rangle_{P_G}$. 因此，我们有 $\langle n^2\rangle = \langle U(U+1)\rangle_{P_G}$ 且光子数的方差为

$$\begin{aligned}\langle\Delta^2 n\rangle &= \langle n^2\rangle - \langle n\rangle^2 \\ &= \langle U\rangle_{P_G} + \langle U^2\rangle_{P_G} - \langle U\rangle_{P_G}^2 \\ &= \langle n\rangle + \langle\Delta^2 U\rangle_{P_G}\end{aligned} \tag{5.68}$$

上述方程最后一行中的第二项给出了偏离泊松分布的额外光子数涨落. 对于光的经典态,$P_G$ 是一个真正的概率分布且 $P_G \geqslant 0$. 所以,我们得到

$$\begin{aligned}\langle \Delta^2 U \rangle_{P_G} &= \left\langle \left(U - \langle U \rangle\right)^2 \right\rangle_{P_G} \\ &= \int \mathrm{d}^2\{\alpha\} P_G(\{\alpha\}) \left(U - \langle U \rangle\right)^2 \geqslant 0 \end{aligned} \tag{5.69}$$

于是,我们有 $\langle \Delta^2 n \rangle \geqslant \langle n \rangle$,这导致光子数的超泊松分布或泊松分布. 因此,所有经典态总是具有超泊松或泊松光子数统计.

另外,非经典态对于 $\alpha$ 的某些值具有 $P_G < 0$,这会导致 $\langle \Delta^2 U \rangle_{P_G} < 0$ 和 $\langle \Delta^2 n \rangle < \langle n \rangle$,这就给出了亚泊松分布. 因此,亚泊松光子分布总是意味着非经典的光场态,并且这种类型的光场不能用经典波理论来描述. 一个简单的例子是数态 $|n\rangle$,其中 $\langle \Delta^2 n \rangle = 0 < n = \langle n \rangle$. 图 3.5(a) 中描绘的振幅压缩态也具有亚泊松光子统计 [见习题 9.2 中的方程 (9.80)].

虽然光子的概念是量子力学的,需要对光场进行量子化,但是光探测过程中产生的光电子可以同时用半经典波理论和光的量子理论来描述,如方程 (5.2) 和方程 (5.3) 中所见. 因此,在实验中我们可以对光电子进行计数并测量它们的统计分布,这完全独立于我们如何来描述光场. 光电子的计数概率分布由方程 (5.18) 的半经典理论和方程 (5.31) 的全量子理论给出. 如果 $P(\{E_{\boldsymbol{k},s}\}) = P_G(\{\alpha_{\boldsymbol{k},s}\})$,即光场是经典场,则这两个公式是相同的. 此外,我们发现,如果 $U = \eta \int_T \mathrm{d}t I(t)$,其中,$I(t) = |\vec{\mathcal{E}}(t)|^2$ 且 $\vec{\mathcal{E}}(t)$ 由方程 (5.36) 给出,那么,方程 (5.31) 和方程 (5.67) 完全一样. 因此,光电子计数的方差与方程 (5.68) 相同,光子统计的结论适用于实验上可观测到的光电子统计.

例如,对于可被描述为经典波的热场,从本节讨论的内容来看,我们应该可以观察到光电子的超泊松统计. 亚泊松光子统计效应首次由 Short 和 Mandel(1983) 在对钠原子的共振荧光进行的光电子计数中被观察到.

## 5.5 量子噪声和由压缩态与孪生光束产生的噪声减小

压缩态和孪生光束的量子噪声降低现象也是经典波动理论无法解释的非经典现象. 我们将在下面证明它们的非经典性. 为了简单起见,我们只考虑单模情况. 多模式的情

况将在习题 5.1 中讨论.

在光场的零拍探测中 (见 9.3 节), 输出光电流的起伏 $\langle\Delta^2 i\rangle$ 与量 $\langle\Delta^2\hat{X}_\varphi\rangle = 1 + \langle:\Delta^2\hat{X}_\varphi:\rangle$ 直接成正比,其中 $\hat{X}_\varphi = \hat{a}\mathrm{e}^{-\mathrm{i}\varphi} + \hat{a}^\dagger\mathrm{e}^{\mathrm{i}\varphi}$. 这里,第一项的 1 对应于光探测中的散粒噪声贡献. 使用 Glauber-Sudashan P 表示和 $x_\varphi \equiv \alpha\mathrm{e}^{-\mathrm{i}\varphi} + \alpha^*\mathrm{e}^{\mathrm{i}\varphi}$,我们得到

$$\begin{aligned}\langle:\Delta^2\hat{X}_\varphi:\rangle &= \langle\Delta^2 x_\varphi\rangle_{P_G} = \langle\left(x_\varphi - \langle x_\varphi\rangle\right)^2\rangle_{P_G} \\ &= \int \mathrm{d}^2\{\alpha\} P_G(\alpha,\alpha^*)\left(x_\varphi - \langle x_\varphi\rangle\right)^2 \geqslant 0 \quad (\text{若} P_G \geqslant 0)\end{aligned} \tag{5.70}$$

因此,经典态总是具有 $\langle\Delta^2\hat{X}_\varphi\rangle_{\mathrm{cl}} \geqslant 1$,或者经典场的零拍探测具有散粒噪声作为光电流涨落的下限. 另外,从 3.4 节中我们知道压缩态对于某些 $\varphi$ 有 $\langle\Delta^2\hat{X}_\varphi\rangle < 1$. 对于真空态,$\langle\Delta^2\hat{X}_\varphi^{\mathrm{vac}}\rangle = 1$. 因此,压缩态是具有噪声低于真空量子噪声水平的非经典光态. 我们将在 9.5 节和 10.1.2 小节里进一步讨论压缩态的探测.

违反方程 (5.58) 中强度关联函数的柯西–施瓦茨不等式是两个光场之间非经典相关性的标识. 我们将在 7.4 节中证明,在平均光子很低时来自自发参量过程的双光子态可以导致这样的违反. 然而,当光强度高时,方程 (5.58) 中的等式将会被接近,导致很小的或没有违反. 在这种情况下,非经典行为表现在如下讨论的两光束之间的强度差.

根据 9.2 节中的光探测理论,两个探测器的光电流差的涨落与被探测场之间的强度差成正比:

$$\begin{aligned}\langle\Delta^2 i_-\rangle &\propto \langle\Delta^2(\hat{I}_1 - \hat{I}_2)\rangle \\ &= \langle\hat{I}_1\rangle + \langle\hat{I}_2\rangle + \langle:\Delta^2(\hat{I}_1 - \hat{I}_2):\rangle\end{aligned} \tag{5.71}$$

其中,$\hat{I}_j \equiv \hat{a}_j^\dagger\hat{a}_j\ (j = 1,2)$. 前两项又是两个探测器的散粒噪声的贡献,它们是不相关的. 对于具有 $P_G \geqslant 0$ 的经典场,直接可以证明 $\langle:\Delta^2(\hat{I}_1 - \hat{I}_2):\rangle \geqslant 0$. 因此,我们将散粒噪声作为两个经典场的强度差测量的极限. 但是对于在 4.6 节中讨论的由相干态协助的孪生光束来说,我们从方程 (4.67) 中得到 $\langle\Delta^2(\hat{I}_1 - \hat{I}_2)\rangle = (\langle\hat{I}_1\rangle + \langle\hat{I}_2\rangle)/(G^2 + |g|^2) < (\langle\hat{I}_1\rangle + \langle\hat{I}_2\rangle) = \langle\Delta^2(\hat{I}_1 - \hat{I}_2)\rangle_{\mathrm{cs}}$ (cs 表示相干态). 因此,孪生光束强度之间的非经典关联导致强度差的噪声降低,从而导致探测到的噪声低于经典散粒噪声极限. 我们将在 10.1.4 小节中进一步讨论孪生光束的噪声降低问题.

## 5.6　关于正则排序及其与经典和非经典现象的关系

在关于经典和量子理论之间差异的大多数讨论中,其侧重点在于量子理论中算符的不可交换性. 然而,正如在前几节关于非经典现象的讨论中所看到的,在计算的最后,我们几乎总是得到具有正则排序的量. 这就直接揭示了光的经典与量子理论的相似性和细微差别. 一方面,正则排序似乎消除了算符排序的差别,从而导致了两种理论的等效,即经典和量子理论为包括著名的 Hanbury Brown-Twiss 光子聚束效应在内的一大类光学现象提供了完全相同的解释.

另一方面,经典和量子理论之间确实存在差异,这来源于使用 Glauber-Sudashan P 表示对这些正则排序的量进行取平均的计算. P 函数取负值的可能性否定了将其作为经典概率密度的解释,从而导致不存在与经典等效的对应. 由于 P 函数是一个准概率密度,其归一化为 1,它的大部分值必须是正的,因此 P 函数就很少出现负值. 这意味着光的非经典态在光学中不是常见的. 正如我们将在第 6 章中所讲到的,非经典态不能通过线性相互作用从经典态中产生 (见 6.2.4小节). 非经典态的产生必须牵涉非线性光学过程.

## 习　　题

**习题 5.1**　考虑一个多模算子

$$\hat{d}=\sum_{\lambda}(\beta_{\lambda}\hat{a}_{\lambda}+\beta_{\lambda}^{*}\hat{a}_{\lambda}^{\dagger}) \tag{5.72}$$

假如有如下给出的多模密度矩阵:

$$\hat{\rho}=\int \mathrm{d}^{2}\{\alpha_{\lambda}\}\ |\{\alpha_{\lambda}\}\rangle\langle\{\alpha_{\lambda}\}|\ P_{G}(\{\alpha_{\lambda}\})\quad \text{以及}\quad \int \mathrm{d}^{2}\{\alpha_{\lambda}\}P_{G}(\{\alpha_{\lambda}\})=1 \tag{5.73}$$

(1) 计算 $\langle\hat{d}\rangle$ 和 $\langle\hat{d}^{2}\rangle$.

(2) 对于任何一个在所有 $\{\alpha_{\lambda}\}$ 值都具有 $P(\{\alpha_{\lambda}\})\geqslant 0$ 的经典场,证明

$$\langle\Delta\hat{d}^{2}\rangle\geqslant\sum_{\lambda}\beta_{\lambda}\beta_{\lambda}^{*} \tag{5.74}$$

[提示:尝试将 $\langle\Delta\hat{d}^{2}\rangle$ 用 (非算符) 量 $d=\sum\limits_{\lambda}(\beta_{\lambda}\alpha_{\lambda}+\beta_{\lambda}^{*}\alpha_{\lambda}^{*})$ 及其涨落 $\langle\Delta d^{2}\rangle_{P}$ 写出,并对所给出的 P 分布证明 $\langle\Delta d^{2}\rangle_{P}>0$].

(3) 对于热态,计算 $\langle\Delta\hat{d}^2\rangle$,其中

$$P(\{\alpha_\lambda\})=\prod_\lambda P_{\text{th}}(\alpha_\lambda,\bar{n}_\lambda) \tag{5.75}$$

这里,$P_{\text{th}}(\alpha_\lambda,\bar{n}_\lambda)$ 由方程 (5.52) 给出,$\bar{n}_\lambda$ 是每个模式的平均光子数.

(4) 假设 $\{\beta_\lambda\}$ 对所有 $\lambda$ 有一个共同相位 $\varphi$. 对于多模压缩态

$$|\psi\rangle=\prod_\lambda \otimes|\psi_\lambda\rangle \tag{5.76}$$

计算 $\langle\Delta\hat{d}^2\rangle$,其中,$|\psi_\lambda\rangle$ 在 3.4.2 小节的方程 (3.64) 中给出,并且对每个模式有 $r=r_\lambda$. 求在相位 $\varphi$ 变化时 $\langle\Delta\hat{d}^2\rangle$ 的最小值. 将其与方程 (5.74) 的右边进行比较并讨论.

**习题 5.2** 振幅压缩态光子数的不确定度.

证明:当位移量 $|\alpha|\gg$ 压缩量 $r$ 时,振幅压缩态 $|\alpha,-re^{2i\varphi_\alpha}\rangle$ 在光子数方面的不确定度 $\sqrt{\langle\Delta^2\hat{n}\rangle}\equiv\Delta n$ 是 $\Delta n=\mathrm{e}^{-r}\sqrt{\langle\hat{n}\rangle}<\sqrt{\langle\hat{n}\rangle}$,即振幅压缩态具有亚泊松光子数分布.

**习题 5.3** 被修改的相干态的 $g^{(2)}$.

被修改的相干态是具有很小激发的相干压缩态 $|\alpha,\xi\rangle$,即 $|\alpha|,|\xi|\ll 1$.

(1) 计算 $g^{(2)}\equiv\langle:\hat{n}^2:\rangle/\langle\hat{n}\rangle^2$ 并将它展开至 $|\alpha|,|\xi|$ 的前两阶.

(2) 找到 $g^{(2)}$ 最小的条件,并求 $g^{(2)}$ 的最小值是多少.

**习题 5.4** 数态的 $g^{(2)}$.

证明:对于数态 $|N\rangle$,$g^{(2)}\equiv\langle:\hat{n}^2:\rangle/\langle\hat{n}\rangle^2$ 是 $1-1/N$.

这一结果表明,要知道一个态是否主要为一个单光子态的判据是 $g^{(2)}<1/2$.

**习题 5.5** 经典场的另一个 Cauchy-Schwarz 不等式.

我们在 5.3 节中已经看到,经典场的光子聚束效应是从 Cauchy-Schwarz 不等式中产生的,即我们在 $|\langle AB\rangle|^2\leqslant\langle A^2\rangle\langle B^2\rangle$ 中设置 $A=I(t)$, $B=I(t+\tau)$. 现在,通过设置 $A=\Delta I(t)\equiv I(t)-\langle I(t)\rangle$,$B=\Delta I(t+\tau)\equiv I(t+\tau)-\langle I(t+\tau)\rangle$,对于平稳的经典场证明以下不等式 (Rice et al., 1988):

$$|g^{(2)}(0)-1|\geqslant|g^{(2)}(\tau)-1| \tag{5.77}$$

其中,$g^{(2)}(\tau)\equiv\langle I(t+\tau)I(t)\rangle/\langle I(t+\tau)\rangle\langle I(t)\rangle=\langle I(\tau)I(0)\rangle/\langle I(0)\rangle^2$. 腔 QED 系统 (Foster et al., 2000) 和具有相干态注入的光参量振荡器 (Lu et al., 2002) 所发出的光场违反了这个不等式,这就给出了另一种非经典效应.

# 第 6 章

# 量子态的产生与转换

在第 3 章和第 4 章中讨论的量子态是由不同模式光场的非线性耦合和线性变换而产生的. 光谐振器 (腔) 是一种特殊的线性器件,常用于增强不同光场模式之间的非线性相互作用. 它们也是特殊的光谱滤波器,用于对光场频率模式进行整形. 线性和非线性器件的结合可以产生具有奇特性质且很有用的量子态. 这些内容就是本章的主题.

## 6.1 量子态的产生:光场之间的非线性相互作用

前面几章中所遇到的有趣的量子态都是用由方程 (2.76) 给出的自由场哈密顿量的本征态作为基矢来描述的. 然而,它们不能由自由场哈密顿量产生. 为了产生这些量子态,我们需要非线性相互作用,这会导致光场的不同模式之间的耦合.

实验室中最常见的光场是由激光器产生的相干态光场和由黑体辐射或原子蒸气放电所产生的热态光场. 由于激光具有良好的特性, 自 20 世纪 60 年代发明以来, 它们已取代热光源成为更为流行的光源. 本节将介绍如何通过非线性光学过程由相干态或激光来产生有趣的量子态, 这也是非线性光学的研究课题.

### 6.1.1 非线性光学简介: 三波混频和四波混频

根据电磁理论, 光场在介质中的总能量由下式给出:①

$$U=\frac{1}{8\pi}\int \mathrm{d}^3\boldsymbol{r}[\boldsymbol{D}(\boldsymbol{r},t)\cdot\boldsymbol{E}(\boldsymbol{r},t)+\boldsymbol{B}(\boldsymbol{r},t)\cdot\boldsymbol{H}(\boldsymbol{r},t)] \tag{6.1}$$

大多数光学介质不具有磁性而是介电物质, 因此 $\boldsymbol{B}=\boldsymbol{H}$ 且 $\boldsymbol{D}=\boldsymbol{E}+4\pi\boldsymbol{P}$, 其中, 电极化 $\boldsymbol{P}$ 由下式给出:

$$\boldsymbol{P}=\overleftrightarrow{\chi}^{(1)}:\boldsymbol{E}+\overleftrightarrow{\chi}^{(2)}:\boldsymbol{EE}+\overleftrightarrow{\chi}^{(3)}:\boldsymbol{EEE}+\cdots \tag{6.2}$$

其中, $\overleftrightarrow{\chi}^{(1)}$, $\overleftrightarrow{\chi}^{(2)}$, $\overleftrightarrow{\chi}^{(3)}$ 等为张量; 符号 : 表示张量乘积. 上述表达式的第一项给出线性光学, 并可以用各向同性介质的折射率或各向异性介质 (如光学晶体) 的双折射率来很好地描述. 在做了一些修改后它可以用第 2 章的方式作为一个自由场来处理.

方程 (6.2) 中的高阶项给出非线性光学现象. $\chi^{(2)}$ 项对应于三波混频 [图 6.1(a)]: 两个波来自 $\boldsymbol{EE}$ 的乘积的每个因子, 第三个波是产生的波, 或者该过程的逆过程亦可实现. 类似地, $\chi^{(3)}$ 项给出四波混频 [图 6.1(b)]. $\chi^{(2)}$ 非线性通常在具有中心反演不对称的晶体等固体材料中占主导地位, 而 $\chi^{(3)}$ 项是气态原子和分子介质中的主导项, 这是因为随机取向的原子和分子具有中心对称性而使 $\chi^{(2)}$ 为零. 这些波混频的非线性过程引起光场模式之间的耦合及相互作用. 由这些相互作用产生的相互作用哈密顿量具有如下形式:

$$\hat{H}_{\text{int}}=\frac{1}{2}\int \hat{\boldsymbol{P}}^{NL}(\boldsymbol{r},t)\cdot\hat{\boldsymbol{E}}(\boldsymbol{r},t)\mathrm{d}^3\boldsymbol{r} \tag{6.3}$$

① 我们在这里使用 cgs 单位制.

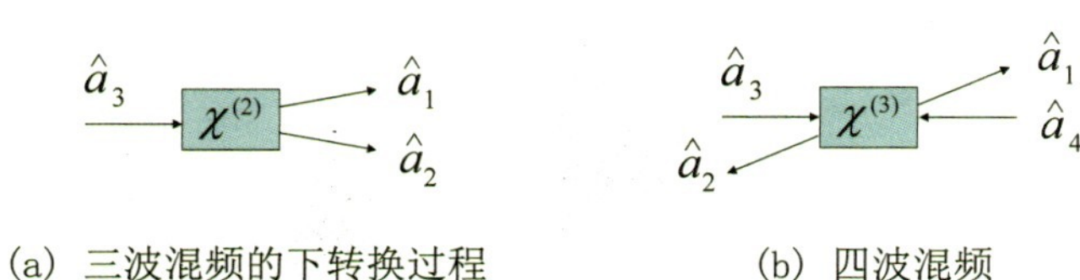


(a) 三波混频的下转换过程　　(b) 四波混频

**图 6.1　两种混频过程**

其中

$$\hat{\boldsymbol{P}}^{NL} \equiv \overleftrightarrow{\chi}^{(2)}:\hat{\boldsymbol{E}}\hat{\boldsymbol{E}} + \overleftrightarrow{\chi}^{(3)}:\hat{\boldsymbol{E}}\hat{\boldsymbol{E}}\hat{\boldsymbol{E}} + \cdots \tag{6.4}$$

在相互作用图像中,系统的量子态在下面的幺正算符作用下演化

$$\hat{\mathcal{U}} = \exp\left(\frac{1}{\mathrm{i}\hbar}\int \mathrm{d}t \hat{H}_{\mathrm{int}}\right) \tag{6.5}$$

式 (6.5) 中的时间积分和式 (6.3) 中的空间积分将分别产生能量守恒和动量守恒关系. 后者在非线性光学中又被称为相位匹配. 这些守恒定律将限制能够进行有效耦合的模式的数量,因此我们只需要考虑光场的几个模式. 首先考虑三波混频 (TWM) 中最简单的三模情况. 最普遍的形式为

$$\hat{H}_{\mathrm{int}}^{\mathrm{TWM}} = \mathrm{i}\hbar\eta\hat{a}_1^\dagger\hat{a}_2^\dagger\hat{a}_3 + \mathrm{h.c.} \tag{6.6}$$

其中,$h.c.$ 表示厄米共轭. 能量守恒需要 $\omega_3 = \omega_1 + \omega_2$. 同样,四波混频 (FWM) 最简单的形式是

$$\hat{H}_{\mathrm{int}}^{\mathrm{FWM}} = \mathrm{i}\hbar\eta\hat{a}_1^\dagger\hat{a}_2^\dagger\hat{a}_3\hat{a}_4 + \mathrm{h.c.} \tag{6.7}$$

并有 $\omega_1 + \omega_2 = \omega_3 + \omega_4$. 注意下面的相互作用形式

$$\hat{H}_{\mathrm{int}}^{\mathrm{FWM}'} = \mathrm{i}\hbar\eta\hat{a}_1^\dagger\hat{a}_2^\dagger\hat{a}_3^\dagger\hat{a}_4 + \mathrm{h.c.} \tag{6.8}$$

在四波混频中也是可能的,但是我们不考虑它,这是因为在实际中,能量守恒需要 $\omega_4 = \omega_1 + \omega_2 + \omega_3$,这使得 $\hat{a}_4$ 场具有高得多的频率. 此外,它的效应太弱,无法通过实验来实现 (见 6.1.4 小节).

### 6.1.2 双光子过程:参量过程

通常,非线性系数 $\chi^{(2)}$ 和 $\chi^{(3)}$ 非常小,需要很强的耦合场才能产生显著的非线性效应. 到目前为止,至少三波混频中的一个波和四波混频中的两个必须非常强才能在实验室中产生可观测的量子或经典非线性效应. 设三波混频的方程 (6.6) 中的 $\hat{a}_3$ 场,或四波混频的方程 (6.7) 中的 $\hat{a}_3,\hat{a}_4$ 场非常强,以至于我们可以分别用常数 $A_3,A_4$ 来替换它们的算符. 这样我们便得到参量过程的哈密顿量:

$$\hat{H}^P_{\text{int}} = \mathrm{i}\hbar(\zeta\hat{a}_1^\dagger\hat{a}_2^\dagger - \zeta^*\hat{a}_1\hat{a}_2) \tag{6.9}$$

其中,对于三波混频 $\zeta=\eta A_3$,而对于四波混频 $\zeta=\eta A_3A_4$. ① 这是一个双光子过程,因为由 $\hat{a}_1,\hat{a}_2$ 表示的两个光子会同时产生或湮灭. 这个哈密顿量给出场量子态的演化算符:

$$\hat{\mathcal{U}}^P = \mathrm{e}^{-\mathrm{i}\hat{H}^P_{\text{int}}t/\hbar} = \mathrm{e}^{\xi\hat{a}_1^\dagger\hat{a}_2^\dagger - \xi^*\hat{a}_1\hat{a}_2} \tag{6.10}$$

其中,$\xi=\zeta t$. 如果最初只有 $\hat{a}_3,\hat{a}_4$ 被激光激发,且 $\hat{a}_1,\hat{a}_2$ 处于真空状态,则输出光场的量子态为

$$|\Psi\rangle = \hat{\mathcal{U}}^P|\text{vac}\rangle = \mathrm{e}^{\xi\hat{a}_1^\dagger\hat{a}_2^\dagger - \xi^*\hat{a}_1\hat{a}_2}|\text{vac}\rangle = \hat{S}_{12}(\xi)|\text{vac}\rangle \tag{6.11}$$

这个态正是 4.6 节中讨论过的双模压缩态.

在某些情况下,考虑如下定义的算符演化更为方便:

$$\hat{O}(t) = \hat{\mathcal{U}}^{P\dagger}\hat{O}\hat{\mathcal{U}}^P \tag{6.12}$$

这与海森伯绘景相似, 但 $\hat{\mathcal{U}}^P$ 只与相互作用的哈密顿量 $\hat{H}_{\text{int}}$ 有关. 另外, 当最终状态 $|\Psi_{\text{f}}\rangle$ 与初始状态 $|\Psi_{\text{i}}\rangle$ 的关系由 $|\Psi_{\text{f}}\rangle = \hat{\mathcal{U}}^P|\Psi_{\text{i}}\rangle$ 给出时, 我们便得到期望值为 $\langle\hat{O}\rangle(t) = \langle\Psi_{\text{f}}|\hat{O}|\Psi_{\text{f}}\rangle = \langle\Psi_{\text{i}}|\hat{\mathcal{U}}^{P\dagger}\hat{O}\hat{\mathcal{U}}^P|\Psi_{\text{i}}\rangle = \langle\Psi_{\text{i}}|\hat{O}(t)|\Psi_{\text{i}}\rangle$. 因此,计算 $\hat{O}(t)$ 也是有意义的.

对于 $\hat{O}=\hat{a}_1,\hat{a}_2$,我们获得 (见 4.6 节)

$$\begin{cases}\hat{A}_1 \equiv \hat{\mathcal{U}}^{P\dagger}\hat{a}_1\hat{\mathcal{U}}^P = G\hat{a}_1 + g\mathrm{e}^{\mathrm{i}\delta}\hat{a}_2^\dagger \\ \hat{A}_2 \equiv \hat{\mathcal{U}}^{P\dagger}\hat{a}_2\hat{\mathcal{U}}^P = G\hat{a}_2 + g\mathrm{e}^{\mathrm{i}\delta}\hat{a}_1^\dagger\end{cases} \tag{6.13}$$

其中,$G\equiv\cosh|\xi|$,$g\equiv\sinh|\xi|$,$\mathrm{e}^{\mathrm{i}\delta}=\xi/|\xi|$. 这也是参量放大器的演化方程.

① 式 (6.8) 中的 $H^{\text{FWM}'}_{\text{int}}$ 也可以给出相同的哈密顿量,但 $\hat{a}_4$ 场需要有比所有其他场高得多的频率,这并不实用.

#### 1. 双光子和四光子态的产生

对于 $|\xi| \ll 1$, 我们可以对方程 (6.11) 中的指数项进行展开, 并获得数态基下的量子态

$$|\Psi\rangle \approx |\text{vac}\rangle + \xi|1\rangle_1|1\rangle_2 + \xi^2|2\rangle_1|2\rangle_2 + \cdots \tag{6.14}$$

由于 $\xi$ 较小, 第二项占主导地位, 这是双光子态, 被广泛用于双光子干涉 (详细信息见 8.2 节). 对于四光子符合测量,前两项没有贡献,起主导作用的项是四光子态 $|2\rangle_1|2\rangle_2$,其中模式 1 和 2 各有两个光子.

其他的态,如纠缠态,可以通过对方程 (6.14) 中的双光子和四光子态使用分束器来产生 (详细信息见 6.2 节).

#### 2. 压缩态的产生

当两个量子场变成同一个场,即 $\hat{a}_1 = \hat{a}_2 \equiv \hat{a}$ 时,方程 (6.9) 中的相互作用哈密顿量变为

$$\hat{H}^S_{\text{int}} = \text{i}\hbar(\zeta\hat{a}^{\dagger 2} - \zeta^*\hat{a}^2) \tag{6.15}$$

这是二次谐波产生过程的逆过程. 系统的量子态从真空演化为

$$|\xi\rangle = \hat{S}(\xi)|\text{vac}\rangle = \text{e}^{\xi\hat{a}^{\dagger 2} - \xi^*\hat{a}}|\text{vac}\rangle \quad (\xi = \zeta t) \tag{6.16}$$

这是在 3.4 节中讨论过的压缩真空态.

将相干态和压缩态用分束器叠加,便可以产生如相干压缩态等的其他态 (详细信息见 6.2 节).

### 6.1.3 单光子过程:频率转换

当方程 (6.6) 中的 $\hat{a}_1$ 场和方程 (6.7) 中的 $\hat{a}_1, \hat{a}_4$ 场很强并且可以用函数 $A_1, A_4$ 来替换算符时,我们得到以下哈密顿量:

$$\hat{H}^F_{\text{int}} = \text{i}\hbar(\zeta\hat{a}_3\hat{a}_2^\dagger - \zeta^*\hat{a}_3^\dagger\hat{a}_2) \tag{6.17}$$

其中，对于三波混频 $\zeta=\eta A_1^*$ 而对于四波混频 $\zeta=\eta A_1^*A_4$. 这是一个单光子过程，一次只有一个光子湮灭或产生. 其中一个光子在模式 $\hat{a}_3$ 中湮灭，而同时另一个光子又在模式 $\hat{a}_2$ 中产生，反之亦然. 如果模式 $\hat{a}_2,\hat{a}_3$ 具有不同的频率，则此过程就实现了光子的频率转换. Huang 和 Kumar(1992) 首次在实验上对压缩态实现了量子场的频率上转换. 它还被应用于将光通信波段 1 550 nm 的光子转换为波长为 800 nm 的光子，因为在 800 nm 波段的光子计数技术更为成熟 (Vandevender, Kwiat, 2004). 或者反过来，将波长为 800 nm 左右的原子跃迁光子转换为光通信波段 1 550 nm 的光子，用于量子通信 (Ding et al., 2010; Takesue, 2010).

正如我们将在 6.2 节中看到的，方程 (6.17) 中的哈密顿量将生成演化算符 $\mathcal{U}^F=\exp(\xi\hat{a}_3^\dagger\hat{a}_2-\xi^*\hat{a}_3\hat{a}_2^\dagger)$，它就是一个线性无损耗分束器，其具有 $t=\cos|\xi|$ 的振幅透射率和 $r=(\xi/|\xi|)\sin|\xi|$ 的反射率.

## 6.1.4 光子数的倍增器

对于方程 (6.7) 中的四波混频哈密顿量，如果我们只使其中一个场，比如 $\hat{a}_4$ 非常强并用函数 $A_4$ 替换它，此外，还让 $\hat{a}_1,\hat{a}_2$ 为相同的场，即 $\hat{a}_1=\hat{a}_2$，我们便得到一个光子数转换器的哈密顿量 (见图 6.2)：

$$\hat{H}_{\text{int}}^N=\mathrm{i}\hbar(\zeta\hat{a}_3\hat{a}_2^{\dagger 2}-\zeta^*\hat{a}_3^\dagger\hat{a}_2^2)\tag{6.18}$$

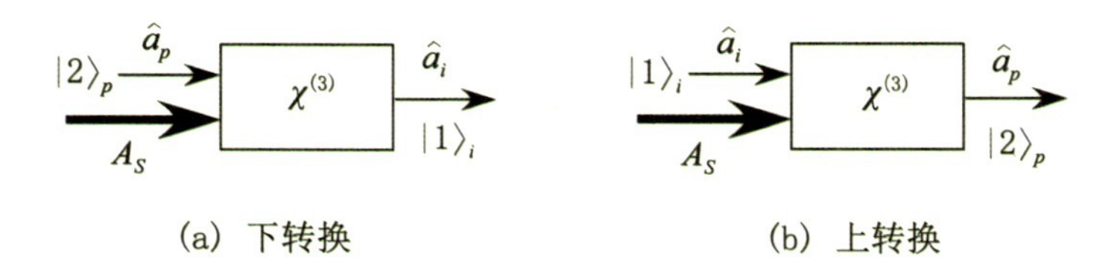


**图 6.2 光子数的转换**

其中，$\zeta=\eta A_4$. 其时间演化算符具有如下形式：

$$\hat{\mathcal{U}}^{(N)}(\xi)=\mathrm{e}^{\xi\hat{a}_3^\dagger\hat{a}_2^2-\xi^*\hat{a}_3\hat{a}_2^{\dagger 2}}\tag{6.19}$$

其中,$\xi = -\zeta^* t$. 此过程将 $\hat{a}_3$ 场中的一个光子转换为 $\hat{a}_2$ 场中的两个光子. 这有点类似于方程 (6.9) 中的参量过程,但只有在 $\xi \sim 1$ 时才可以得到高效率的转换,如下所述.

考虑一下 $\hat{a}_3$ 处于单光子态而 $\hat{a}_2$ 处于真空态的情况:$|\Psi\rangle_{\text{in}} = |1\rangle_3|0\rangle_2$. 首先定义算符 $\hat{\mathcal{A}} \equiv \xi\hat{a}_3^\dagger\hat{a}_2^2 - \xi^*\hat{a}_3\hat{a}_2^{\dagger 2}$, 我们可以直接证明 $\hat{\mathcal{A}}|1\rangle_3|0\rangle_2 = -\xi^*\sqrt{2}|0\rangle_3|2\rangle_2$ 以及 $\hat{\mathcal{A}}|0\rangle_3|2\rangle_2 = \xi\sqrt{2}|1\rangle_3|0\rangle_2$. 利用这两个等式,在展开方程 (6.19) 中的指数为无穷级数后,我们得到输出的光子态为

$$|\Psi\rangle_{\text{out}} = \hat{\mathcal{U}}^{(N)}(\xi)|\Psi\rangle_{\text{in}} = \cos\theta|1\rangle_3|0\rangle_2 - \mathrm{e}^{-\mathrm{j}\delta}\sin\theta|0\rangle_3|2\rangle_2 \tag{6.20}$$

其中,$\theta \equiv \sqrt{2}|\xi|$ 且 $\mathrm{e}^{\mathrm{j}\delta} = \xi/|\xi|$. 如果 $\theta = \pi/2$,我们可以实现从 $|1\rangle_3$ 到 $|2\rangle_2$ 的 100% 的转换. 如果初始态为 $|0\rangle_3|2\rangle_2$,这个过程就被逆转了:

$$\hat{\mathcal{U}}^{(N)}(\xi)|0\rangle_3|2\rangle_2 = \cos\theta|0\rangle_3|2\rangle_2 - \mathrm{e}^{\mathrm{j}\delta}\sin\theta|1\rangle_3|0\rangle_2 \tag{6.21}$$

这个反转的过程在 $\theta = \pi/2$ 时可以用来消除一个弱相干态 ($|\alpha\rangle_2 \approx |0\rangle + \alpha|1\rangle_2 + (\alpha^2/2)|2\rangle_2 + \cdots$) 中的双光子态:

$$\begin{aligned}&\hat{\mathcal{U}}^{(N)}(\theta = \pi/2)|0\rangle_3|\alpha\rangle_2\\&\quad\approx |0\rangle_3|0\rangle_2 + \alpha|0\rangle_3|1\rangle_2 - \mathrm{e}^{\mathrm{j}\delta}(\alpha^2/2)|1\rangle_3|0\rangle_2 + \cdots\end{aligned} \tag{6.22}$$

注意,对于 $\alpha^2$ 项,$\hat{a}_2$ 场没有双光子态,这将导致光子反聚束现象①.

另外,$\theta = \pi/2$ 或 $\xi = \pi/2\sqrt{2}$ 的条件比从四波混频参量过程 [方程 (6.9)] 更难实现,因为 $\xi \propto \eta A_4$,这需要 $A_4$ 场具有更高的功率.

### 6.1.5 多模参量过程

在前面的章节中,我们用少模模型来处理非线性过程,将每一列光波置于单一模式中进行波的混频. 尽管所演示的物理意义简单明了,但这与实验的实际情况相去甚远,在实验中往往多模激发普遍存在. 另外,考虑光场中的所有模式也不切实际. 在实验中,空间模式通常有很好的定义,因为大多数激光器都是由光学腔产生的而具有高斯空间模式,如我们在 2.2.1 小节中所讨论的. 一个合理的假设就是在光波混频中所有的场都处于单一的空间模式. 因此,我们可以对每个场使用一维近似,它只涉及频率和时间模式. 此外,非线性光波混频中的相位匹配和能量守恒条件限制了光场的偏振态,使得每个光波

① 双光子相减干涉效应也可以将双光子态从一个弱相干态中去掉,以得到光子反聚束效应. 见习题 6.2.

只具有一个特定的偏振态 (Boyd, 2003). 这意味着我们可以把光场看作标量场. 光学滤波,无论是在光谱上还是在空间上进行,都可以进一步限制光场的传播方向和频带宽度.

由于从三波混频和四波混频所产生的参量过程的相互作用哈密顿量相同,我们只考虑较为简单的三波混频. 由于以上的限制,对于三波混频,我们可以将写在方程 (6.4) 中的电场算符用三列波来分别表示:

$$\hat{\boldsymbol{E}} = \hat{\boldsymbol{E}}_1 + \hat{\boldsymbol{E}}_2 + \hat{\boldsymbol{E}}_3 \tag{6.23}$$

其中,$\hat{\boldsymbol{E}}_j = \hat{\boldsymbol{E}}_j^{(-)} + \hat{\boldsymbol{E}}_j^{(+)}$ $(j=1,2,3)$,且

$$\left[\hat{\boldsymbol{E}}_j^{(-)}\right]^\dagger = \hat{\boldsymbol{E}}_j^{(+)} = \frac{\hat{\epsilon}_j}{\sqrt{2\pi}} \int_{\Delta\omega_j} \mathrm{d}\omega \hat{a}_j(\omega) \mathrm{e}^{\mathrm{i}(k_j z - \omega t)} \tag{6.24}$$

其中,$k_j = n_j \omega / c$,且 $n_j$ 为折射率,它是 $\omega$ 的函数,是由色散引起的. 这里我们采用了由方程 (2.105) 给出的、具有在一维和准单色近似下波传播形式的场算符,它具有固定的偏振态.

将方程 (6.23) 代入方程 (6.3),并只考虑相关的项①,我们得到

$$\hat{H}_{\mathrm{int}}^{\mathrm{M}} = \mathrm{i}\hbar\eta \int_0^L \mathrm{d}z \hat{\boldsymbol{E}}_1^{(-)} \hat{\boldsymbol{E}}_2^{(-)} \hat{\boldsymbol{E}}_3^{(+)} + \mathrm{h.c.} \tag{6.25}$$

其中,$\eta = 6\hat{\epsilon}_3 \cdot (\chi^{(2)} : \hat{\epsilon}_1^* \hat{\epsilon}_2^*)/\mathrm{i}\hbar$,且 $L$ 为相互作用长度. 字母 M 在这里表示多模式的情况. 将方程 (6.24) 代入上述表达式,并进行空间积分和时间积分,我们得到

$$\begin{aligned} &\frac{1}{\mathrm{i}\hbar} \int_{-\infty}^{\infty} \mathrm{d}t \hat{H}_{\mathrm{int}}^{\mathrm{M}} \\ &= \int \mathrm{d}\omega_1 \mathrm{d}\omega_2 \varphi(\omega_1, \omega_2) \hat{a}_1^\dagger(\omega_1) \hat{a}_2^\dagger(\omega_2) \hat{a}_3(\omega_1 + \omega_2) + \mathrm{h.c.} \end{aligned} \tag{6.26}$$

这里,我们用了 $\int \mathrm{e}^{\mathrm{i}\omega t} \mathrm{d}t = 2\pi\delta(\omega)$,以及

$$\varphi(\omega_1, \omega_2) \equiv \frac{\eta L}{\sqrt{2\pi}} \frac{\sin\beta}{\beta} \mathrm{e}^{-\mathrm{i}\beta} \tag{6.27}$$

其中,$\beta \equiv \Delta k_{|\omega_3 = \omega_1 + \omega_2} L/2$ 且 $\Delta k \equiv k_1 + k_2 - k_3$ 为相位失配量.

当 $\hat{a}_3$ 光场处于来自强激光的相干态时 (通常称为泵浦光场),我们可以用一个函数来代替算符:$\hat{a}_3(\omega_1 + \omega_2) \to \alpha_p(\omega_1 + \omega_2)$,其中,$\alpha_p(\omega)$ 是强泵浦激光的光谱形状. 于是,方程 (6.26) 变成

$$\frac{1}{\mathrm{i}\hbar} \int_{-\infty}^{\infty} \mathrm{d}t \hat{H}_{\mathrm{int}}^{\mathrm{M}} = \xi \int \mathrm{d}\omega_1 \mathrm{d}\omega_2 \Phi(\omega_1, \omega_2) \hat{a}_1^\dagger(\omega_1) \hat{a}_2^\dagger(\omega_2) + \mathrm{h.c.} \tag{6.28}$$

① 如果我们交换下标, 那么如 $\hat{\boldsymbol{E}}_3^{(+)} \hat{\boldsymbol{E}}_2^{(+)} \hat{\boldsymbol{E}}_1^{(-)}$ 的项将等价于 $\hat{\boldsymbol{E}}_1^{(+)} \hat{\boldsymbol{E}}_2^{(+)} \hat{\boldsymbol{E}}_3^{(-)}$. 而如 $\hat{\boldsymbol{E}}_1^{(+)} \hat{\boldsymbol{E}}_1^{(+)} \hat{\boldsymbol{E}}_3^{(-)}$ 的项则是 $\hat{\boldsymbol{E}}_1^{(+)} \hat{\boldsymbol{E}}_2^{(+)} \hat{\boldsymbol{E}}_3^{(-)}$ 的项在 1=2 时的特殊情况.

这里

$$\Phi(\omega_1,\omega_2)\equiv\frac{\eta L}{\xi\sqrt{2\pi}}\frac{\sin\beta}{\beta}\mathrm{e}^{-\mathrm{i}\beta}\alpha_p(\omega_1+\omega_2) \tag{6.29}$$

其中,$\xi$ 可以取值使得 $\Phi(\omega_1,\omega_2)$ 满足归一化条件:

$$\int \mathrm{d}\omega_1\mathrm{d}\omega_2|\Phi(\omega_1,\omega_2)|^2=1 \tag{6.30}$$

$\xi$ 通常与 $L\sqrt{P}$ 成正比,$P$ 为强激光的峰值功率.

当泵浦激光器的功率相对较小时,$\xi$ 很小,我们可以对方程 (6.5) 中的幺正算符的指数进行无穷级数展开,并取前几项:

$$\hat{\mathcal{U}}=\exp\left(\int_{-\infty}^{\infty}\mathrm{d}t\frac{\hat{H}_{\mathrm{int}}^{\mathrm{M}}}{\mathrm{i}\hbar}\right)\approx1+\int_{-\infty}^{\infty}\mathrm{d}t\frac{\hat{H}_{\mathrm{int}}^{\mathrm{M}}}{\mathrm{i}\hbar}+\frac{1}{2}\left[\int_{-\infty}^{\infty}\mathrm{d}t\frac{\hat{H}_{\mathrm{int}}^{\mathrm{M}}}{\mathrm{i}\hbar}\right]^2 \tag{6.31}$$

对于自发辐射过程,我们得到输出的量子态为

$$\begin{aligned}|\Phi\rangle\approx&\left(1-\frac{|\xi|^2}{2}\right)|\mathrm{vac}\rangle+\xi\int\mathrm{d}\omega_1\mathrm{d}\omega_2\Phi(\omega_1,\omega_2)|\omega_1\rangle_1|\omega_2\rangle_2\\&+\frac{\xi^2}{2}\int\mathrm{d}\omega_1\mathrm{d}\omega_2\mathrm{d}\omega_1'\mathrm{d}\omega_2'\Phi(\omega_1,\omega_2)\Phi(\omega_1',\omega_2')|\omega_1,\omega_1'\rangle_1|\omega_2,\omega_2'\rangle_2\end{aligned} \tag{6.32}$$

这里, $|\omega_1\rangle_1|\omega_2\rangle_2\equiv\hat{a}_1^\dagger(\omega_1)\hat{a}_2^\dagger(\omega_2)|\mathrm{vac}\rangle$ 是一个双光子态, 于是上面表达式中的第二项就是我们首次在 4.4.3 小节中遇到的由方程 (4.52) 表示的多频双光子态 $|\Phi_2\rangle$, 归一的 $\Phi(\omega_1,\omega_2)$ 被称为双光子联合光谱函数. 那里的 $A,B$ 所代表的场对应于这里的光场 1 和 2. $|\omega_1,\omega_1'\rangle_1\ |\omega_2,\omega_2'\rangle_2\equiv\hat{a}_1^\dagger(\omega_1)\hat{a}_1^\dagger(\omega_1')\hat{a}_2^\dagger(\omega_2)\hat{a}_2^\dagger(\omega_2')|\mathrm{vac}\rangle$ 是一个四光子态. 我们将在 8.3 节更多地讨论上式第三项中的四光子态.

当泵浦激光器的峰值功率较高时, 这通常出现在短脉冲泵浦的情况下,$\xi$ 就会很大, 这样我们不能使用指数的展开来直接写出输出态. 在这种情况下, 利用算符的演化进行推导会更容易些,如方程 (6.13) 中所示.

总的来说,演化过程是非常复杂的,我们通常有

$$\hat{b}_1(\omega)=\hat{\mathcal{U}}^\dagger\hat{a}_1(\omega)\hat{\mathcal{U}}=\int_{\mathrm{I}}G_1(\omega,\omega')\hat{a}_1(\omega')\mathrm{d}\omega'+\int_{\mathrm{II}}g_1(\omega,\omega')\hat{a}_2^\dagger(\omega')\mathrm{d}\omega' \tag{6.33a}$$

$$\hat{b}_2(\omega)=\hat{\mathcal{U}}^\dagger\hat{a}_2(\omega)\hat{\mathcal{U}}=\int_{\mathrm{II}}G_2(\omega,\omega')\hat{a}_2(\omega')\mathrm{d}\omega'+\int_{\mathrm{I}}g_2(\omega,\omega')\hat{a}_1^\dagger(\omega')\mathrm{d}\omega' \tag{6.33b}$$

其中,I, II 分别代表 $\hat{a}_1,\hat{a}_2$ 两个场的频段; $G_{1,2},g_{1,2}$ 具有非常复杂的对 $\xi$ 和 $\Phi(\omega_1,\omega_2)$ 的依赖关系. 值得注意的是,在这里 $\hat{b}_{1,2}(\omega)$ 通常与 $\hat{a}_{1,2}(\omega')$ 的所有频率分量相关.

当泵浦场是频率为 $\omega_p$ 的单频场时,即 $\alpha_p(\omega)=\alpha_0\delta(\omega-\omega_p)$,方程 (6.28) 变为

$$\frac{1}{\mathrm{i}\hbar}\int_{-\infty}^{\infty}\mathrm{d}t\hat{H}_{\mathrm{int}}^{\mathrm{M}}=\xi\int\mathrm{d}\omega_1f(\omega_1)\hat{a}_1^\dagger(\omega_1)\hat{a}_2^\dagger(\omega_p-\omega_1)+\mathrm{h.c.} \tag{6.34}$$

其中,$f(\omega_1)$ 是某个以 $\omega_{10}$ 为中心的光谱函数,其位于 $\hat{a}_1$ 场的频带 $I$ 的中心. $\hat{a}_2$ 场的频率分量与 $\hat{a}_1$ 场完全关联,并由 $\omega_2=\omega_p-\omega_1$ 决定. 注意,在这种情况下,联合频谱函数 $\Phi$ 不可归一化,这是因为 $\alpha_p(\omega)$ 的单频特性,但是我们总是可以选择 $\xi$,以使 $\int \mathrm{d}\omega_1|f(\omega_1)|^2=1$.

与方程 (6.33) 不同,我们很容易证明 $\hat{b}_{1,2}(\omega)$ 只与 $\hat{a}_{1,2}(\omega)$ 和 $\hat{a}_{2,1}(\omega_p-\omega)$ 的频率分量有关:

$$\begin{aligned}\hat{b}_1(\omega)&=G(\omega)\hat{a}_1(\omega)+g(\omega)\hat{a}_2^\dagger(\omega_p-\omega)\\ \hat{b}_2(\omega)&=G(\omega)\hat{a}_2(\omega)+g(\omega)\hat{a}_1^\dagger(\omega_p-\omega)\end{aligned}\tag{6.35}$$

其中,$G(\omega)=\cosh[\xi|f(\omega)|]$,$g(\omega)=\sinh[\xi|f(\omega)|]$. 这就是参量放大器的关系,其中,$\xi^2$ 为增益参数而 $f(\omega)$ 则为增益谱分布. 当 $\hat{a}_1$,$\hat{a}_2$ 两个场变成一个场:$\hat{a}_1=\hat{a}_2=\hat{a}_0$ 时,我们便得到了由方程 (4.71) 给出的多频模压缩态的演化方程,它具有由方程 (4.77) 给出的压缩谱.

单频泵浦对应于激光器的连续 (CW) 运转模式. 然而,连续激光器通常具有有限的带宽 $\delta\omega_p$. 但只要 $\delta\omega_p$ 远小于方程 (6.27) 中 $\sin\beta/\beta$ 的带宽,我们在这里的处理仍然有效 [详细信息请参阅 (Ou, 2007)].

### 正则模式和完整的时间模式

对于超短脉冲泵浦, $\delta\omega_p$ 很大, 可比于方程 (6.27) 中函数 $\sin\beta/\beta$ 的带宽, 且 $\Phi(\omega_1,\omega_2)$ 相当复杂. 这时, 我们不直接用方程 (6.33) 中的复杂表达式, 而是利用一种被称为奇异值分解的技术 (Gentle, 1998) 将双光子联合光谱函数 $\Phi(\omega_1,\omega_2)$ 重写为

$$\Phi(\omega_1,\omega_2)=\sum_k r_k\phi_k(\omega_1)\psi_k(\omega_2)\qquad(k=1,2,\cdots)\tag{6.36}$$

其中, $\phi_k(\omega_1)$ 和 $\psi_k(\omega_2)$ 为复函数, 它们分别满足正交归一关系 $\int\phi_{k1}^*(\omega)\phi_{k2}(\omega)\mathrm{d}\omega=\delta_{k1,k2}$ 和 $\int\psi_{k1}^*(\omega)\psi_{k2}(\omega)\mathrm{d}\omega=\delta_{k1,k2}$. 参数 $r_k(k=1,2,3,\cdots)$ 是非负的实数: $r_k\geqslant 0$. 利用方程 (6.30) 关于 $\Phi(\omega_1,\omega_2)$ 的归一化关系和上面 $\phi_k(\omega_1)$,$\psi_k(\omega_2)$ 的正交归一关系, 我们得到 $\{r_k\}(k=1,2,3,\cdots)$ 满足的归一化条件 $\sum_k r_k^2=1$. $\{r_k\}(k=1,2,3,\cdots)$ 被称为模式振幅. 为了清楚起见,模式下标 $k$ 按降序排列,因此对 $k\geqslant 1$,我们有 $r_k\geqslant r_{k+1}$. 对于这种排列,模式函数 $\phi_1(\omega_s)$ 和 $\psi_1(\omega_i)$ 被称作基模.

利用方程 (6.36) 中的模式分解,方程 (6.32) 中的双光子态可以改写为

$$
\begin{aligned}
|\Phi_2\rangle &= \int d\omega_1 d\omega_2 \Phi(\omega_1,\omega_2)|\omega_1\rangle_1|\omega_2\rangle_2 \\
&= \sum_k r_k \hat{A}_k^\dagger \hat{B}_k^\dagger |vac\rangle = \sum_k r_k |1_k\rangle_A |1_k\rangle_B
\end{aligned} \tag{6.37}
$$

其中,算符

$$
\hat{A}_k^\dagger \equiv \int d\omega \phi_k(\omega) \hat{a}_1^\dagger(\omega), \quad \hat{B}_k^\dagger \equiv \int d\omega \psi_k(\omega) \hat{a}_2^\dagger(\omega) \tag{6.38}
$$

分别定义了场 $\hat{a}_1$ 和 $\hat{a}_2$ 的时间模式的产生算符，类似于为得到单光子波包而通过方程 (4.43) 定义的 $\hat{A}_\phi(T)$. 实际上，由于 $\phi_k(\omega_1),\psi_k(\omega_2)$ 的正交归一关系以及对易关系 $[\hat{a}_i(\omega),\hat{a}_j^\dagger(\omega')] = \delta_{ij}\delta(\omega-\omega'),\hat{A}_k,\hat{B}_k$ 满足

$$
[\hat{A}_k,\hat{A}_{k'}^\dagger] = \delta_{k,k'}, \quad [\hat{B}_k,\hat{B}_{k'}^\dagger] = \delta_{k,k'}, \quad [\hat{A}_k,\hat{B}_{k'}^\dagger] = 0 \tag{6.39}
$$

这意味着 $\{\hat{A}_k,\hat{B}_k\}$ 是两组正交模式的湮灭算符. 事实上,从引入时间模式概念的 2.2.2 小节和 4.3.2 小节中,我们可以确定方程 (6.38) 中的 $\{\hat{A}_k,\hat{B}_k\}$ 就定义了两组正交的时间模式. $|1_k\rangle_A \equiv \hat{A}_k^\dagger|\mathrm{vac}\rangle$, $|1_k\rangle_B \equiv \hat{B}_k^\dagger|\mathrm{vac}\rangle$ 是处于那些时间模式中的单光子态,并且作为单光子波包与方程 (4.43) 中的态完全相同.

在方程 (6.37) 中,$|\Phi_2\rangle$ 以时间模式表示的方式表明它是一个处于多个时间模式中的双光子态. 通过系数 $r_k$ 定义的施密特模式数 $K$ 为

$$
K \equiv 1 \Big/ \sum_k r_k^4 \tag{6.40}
$$

例如，假设 $M$ 个模式具有相等的权重：$r_k^2 = 1/M$ $(k = 1,2,\cdots,M)$，但对于其他 $k$，$r_k = 0$. 我们从方程 (6.40) 得到 $K = 1/(M\times(1/M)^2) = M$,即模式的数量. 因此,施密特模式数是方程 (6.37) 中双光子态 $|\Phi_2\rangle$ 的模式数的近似值.

利用方程 (6.36) 中的模式分解,我们可以将方程 (6.28) 重写为

$$
\begin{aligned}
\frac{1}{\mathrm{i}\hbar}\int_{-\infty}^{\infty} dt \hat{H}_{\mathrm{int}}^{\mathrm{M}} &= \xi \sum_k r_k \int d\omega_1 d\omega_2 \phi_k(\omega_1)\psi_k(\omega_2)\hat{a}_1^\dagger(\omega_1)\hat{a}_2^\dagger(\omega_2) + \mathrm{h.c.} \\
&= \xi \sum_k r_k \hat{A}_k^\dagger \hat{B}_k^\dagger + \mathrm{h.c.}
\end{aligned} \tag{6.41}
$$

于是,$H_{\mathrm{int}}^{\mathrm{M}}$ 就写成由两组正则模式算符 $(\{\hat{A}_k,\hat{B}_k,k = 1,2,\cdots\})$ 表达的形式. 这些模式在两组模式之间具有一对一的耦合,但在每组模式中是不耦合的.

利用方程 (6.41) 的相互作用哈密顿量的分解形式,我们可以将演化算符重写为

$$
\hat{\mathcal{U}} = \exp\left(\xi \sum_k r_k \hat{A}_k^\dagger \hat{B}_k^\dagger + h.c.\right) \tag{6.42}
$$

演化方程则变成

$$\begin{aligned}\hat{A}_k^{(\text{out})}&=\cosh(r_k\xi)\hat{A}_k+\sinh(r_k\xi)\hat{B}_k^{\dagger}\\\hat{B}_k^{(\text{out})}&=\cosh(r_k\xi)\hat{B}_k+\sinh(r_k\xi)\hat{A}_k^{\dagger}\end{aligned}\tag{6.43}$$

这样,两组模式 $\{\hat{A}_k\},\{\hat{B}_k\}$ 之间有一对一的相互作用,但在不同的 $k$ 之间的模式是分离的. 每一 $k$ 的 $A_k,B_k$ 满足 6.1.2 小节中讨论的参量过程的单模模型,并产生双模压缩态. 因此,脉冲泵浦的参量过程产生的场是处于多个时间模式并成对纠缠的双模压缩态.

本节所涉及的材料将是本书第 2 部分中关于脉冲纠缠量子态实验研究的基础.

### 6.1.6 从自发参量过程中产生的探测宣布式单光子态

测量宣布过程利用在时间 $t$ 检测一个场 (场 2) 中的光子时的量子投影来选择另一场 (场 1) 的光子态.

用宽带探测器在场 2 中探测一个光子是由湮灭算子 $\hat{a}_2$ 或多模式场的 $\hat{E}_2(t)=\frac{1}{\sqrt{2\pi}}\int\mathrm{d}\omega\hat{a}_2(\omega)\mathrm{e}^{-\mathrm{i}\omega t}$ 对此光子进行湮灭,以得到未归一化的被宣布的态如下:

$$|\Phi_1(t)\rangle=\hat{E}_2(t)|\Phi_2\rangle\tag{6.44}$$

其中,$|\Phi_2\rangle$ 是方程 (6.37) 中的双光子态. 将 $|\Phi_2\rangle$ 代入上式,我们得到

$$\begin{aligned}|\Phi_1(t)\rangle&=\frac{C}{\sqrt{2\pi}}\int\mathrm{d}\omega_1\mathrm{d}\omega_2\mathrm{d}\omega\hat{a}_2(\omega)\mathrm{e}^{-\mathrm{j}\omega t}\Phi(\omega_1,\omega_2)\hat{a}_1^{\dagger}(\omega_1)\hat{a}_2^{\dagger}(\omega_2)|\text{vac}\rangle\\&=\frac{C}{\sqrt{2\pi}}\int\mathrm{d}\omega_1\mathrm{d}\omega_2 e^{-\mathrm{j}\omega_2 t}\Phi(\omega_1,\omega_2)\hat{a}_1^{\dagger}(\omega_1)|\text{vac}\rangle\end{aligned}\tag{6.45}$$

其中,$C$ 是某个常数,我们使用了对易关系 $[\hat{a}_2(\omega),\hat{a}_2^{\dagger}(\omega_2)]=\delta(\omega-\omega_2)$. 如果探测过程没有很好的时间分辨率,特别是由超快脉冲产生的双光子态的情况下,则被宣布的态是对所有时间进行平均的混合态:

$$\begin{aligned}\hat{\rho}_1&=\int\mathrm{d}t|\Phi_1(t)\rangle\langle\Phi_1(t)|\\&=C^2\int\mathrm{d}\omega_2\mathrm{d}\omega_1\mathrm{d}\omega_1'\Phi(\omega_1,\omega_2)\Phi^*(\omega_1',\omega_2)\hat{a}_1^{\dagger}(\omega_1)|\text{vac}\rangle\langle\text{vac}|a_1(\omega_1')\end{aligned}\tag{6.46}$$

其中,我们使用了关系 $[1/(2\pi)]\int\mathrm{d}t\mathrm{e}^{\mathrm{j}(\omega_2'-\omega_2)t}=\delta(\omega_2'-\omega_2)$. 请注意,由于对态的投影,方程 (6.46) 中的密度算符没有归一. 通过方程 (6.37) 中的分解和适当的归一化后,我们获得

$$
\begin{aligned}
\hat{\rho}_1 &= \sum_k r_k^2 \int \mathrm{d}\omega_1 \mathrm{d}\omega_1' \phi_k(\omega_1)\phi_k^*(\omega_1')\hat{a}_1^\dagger(\omega_1)|\mathrm{vac}\rangle\langle\mathrm{vac}|\hat{a}_1(\omega_1') \\
&= \sum_k r_k^2 \hat{A}_k^\dagger|\mathrm{vac}\rangle\langle\mathrm{vac}|\hat{A}_k \\
&= \sum_k r_k^2 |1_k\rangle_1\langle 1_k|
\end{aligned} \tag{6.47}
$$

其中,我们使用了 $\psi_k(\omega_2)$ 的正交关系,并且 $|1_k\rangle_1 \equiv \hat{A}_k^\dagger|\mathrm{vac}\rangle$ 是由 $\hat{A}_k^\dagger \equiv \int \mathrm{d}\omega_1\phi_k(\omega_1)\hat{a}_1^\dagger(\omega_1)$ 定义的单时间模式 $k$ 中的单光子态. 方程 (6.47) 描述了一个处于多个模式的单光子混合态,其纯度为

$$
\gamma_P \equiv \mathrm{Tr}\,\hat{\rho}_1^2 = \sum_k r_k^4 = 1 - \sum_k r_k^2(1-r_k^2) \leqslant 1 \tag{6.48}
$$

其中,我们使用了 $\sum\limits_k r_k^2 = 1$,等号仅在单模的情况 $r_1 = 1, r_k = 0\ (k \neq 1)$ 时成立. 注意,我们从方程 (6.40) 中得到 $\gamma_P = 1/K$. 因此,纯度不为 1 的原因是双光子态的多模性质,如方程 (6.37) 的模式分解所示. $r_1 = 1$ 的单模情况对应于因子化的联合光谱函数: $\Phi(\omega_1,\omega_2) = \phi_1(\omega_1)\psi_1(\omega_2)$,其纯度等于 1. 但非因子化的联合光谱函数将导致 $r_k < 1$ 的多模情况,而且被宣布的光子态的纯度小于 1.

## 6.2 线性变换:分束器

### 6.2.1 一般形式

光学分束器是光波干涉中的重要器件,它们通常被用于将入射波分为两个或将两个波再合并而进行干涉. 因此,它有四个端口:两个输入端口和两个输出端口. 这样,一个分束器将这四个模式耦合起来. 分束器的特性在经典电磁波理论中有很好的描述. 在量子理论中,四个输入和输出算符之间的关系已经被很多人研究过了 (Zeilinger, 1981; Yurke et al., 1986; Prasad et al.,1987, 1989; Campos et al., 1989),其中,在海森伯绘景中,这四种模式的场算符有一个简单的关系:

$$\begin{cases}\hat{b}_1 = t\hat{a}_1 + r\hat{a}_2 \\ \hat{b}_2 = t'\hat{a}_2 + r'\hat{a}_1\end{cases} \tag{6.49}$$

其中,$t$, $r$, $t'$, $r'$ 分别是分束器的复振幅透过率和反射率. 从对易关系

$$[\hat{b}_k, \hat{b}_l^\dagger] = \delta_{kl} \quad (k, l = 1, 2) \tag{6.50}$$

我们得到 $|t|^2 + |r|^2 = 1$, $|t'|^2 + |r'|^2 = 1$, 和 $t^* r' + r^* t' = 0$,这将给出 $|t| = |t'|$, $|r| = |r'|$,以及

$$\varphi_t - \varphi_r + \varphi_{t'} - \varphi_{r'} = \pi \tag{6.51}$$

上述相位关系是普遍的,与分束器的具体特性无关. 这一关系也可以由经典波理论的输入输出能量守恒导出 (Ou et al., 1989; Smiles-Mascarenhas, 1991).

一般来说,$t$ 和 $r$ 是复数. 但是,通过选择具体的参照点,我们可以在方程 (6.51) 的限制下任意改变 $\varphi_t, \varphi_r, \varphi_{t'}, \varphi_{r'}$. 为简单起见,我们选择 $\varphi_t, \varphi_r, \varphi_{t'}$ 为零,那么根据方程 (6.51),我们有 $\varphi_{r'} = -\pi$. 因此,方程 (6.49) 变成

$$\begin{cases}\hat{b}_1 = t\hat{a}_1 + r\hat{a}_2 \\ \hat{b}_2 = t\hat{a}_2 - r\hat{a}_1\end{cases} \qquad (t, r > 0) \tag{6.52}$$

### 6.2.2 数态在通过分束器时的转换

利用方程 (6.52) 中的算符关系和已知的输入态,通常就足以确定输出场的属性. 然而,上面用算符关系的方法缺少某些直观的图像,使我们能在输出端口就看到量子信息中一些有意思的现象,例如量子纠缠和非经典效应. 所以,要想知道有什么东西从分束器出来,最好使用薛定谔绘景来得到分束器的输出态. 为此,我们需要找到一个幺正演化算符来连接输入和输出的量子态.

先从海森伯绘景开始,输出算符可以通过一个幺正变换连接到输入算符:

$$\begin{cases}\hat{b}_1 = \hat{U}^\dagger \hat{a}_1 \hat{U} = t\hat{a}_1 + r\hat{a}_2 \\ \hat{b}_2 = \hat{U}^\dagger \hat{a}_2 \hat{U} = t\hat{a}_2 - r\hat{a}_1\end{cases} \tag{6.53}$$

这里,$\hat{U}$ 是 $\hat{a}_1$ 和 $\hat{a}_2$ 的函数 (在附录 A 中,我们将使用 3.6 节中的算符代数给出 $\hat{U}$ 具体表达式的简单推导). 在此表象中,量子态不变,与输入态相同:

$$|\Psi\rangle = |\phi\rangle_{\text{in}} \tag{6.54}$$

输出场的所有属性都可以通过将方程 (6.53) 中的算符 $\hat{b}_1,\hat{b}_2$ 对方程 (6.54) 中的量子态进行平均来计算.

此外,所有这些属性也可以在薛定谔绘景中等效地计算出来. 在该绘景中,输出算符 $\hat{b}_1,\hat{b}_2$ 与输入算符 $\hat{a}_1,\hat{a}_2$ 相同,但输出的量子态与输入的态则通过如下关系连接:

$$|\Psi\rangle_{\text{out}} = \hat{U}|\phi\rangle_{\text{in}} \tag{6.55}$$

一般来说,为了找到输出态,我们需要 $\hat{U}$ 的具体表达式 (见附录 A). 然而,在许多情况下,这是不必要的,正如下面所示. 为了简单起见,让我们首先考虑一个单光子态在端口 1 处输入的情况:

$$|\phi\rangle_{\text{in}} = |1\rangle_1 \otimes |0\rangle_2 = (\hat{a}_1^\dagger|0\rangle_1) \otimes |0\rangle_2 \tag{6.56}$$

于是输出态变为

$$|\Psi\rangle_{\text{out}} = \hat{U}\hat{a}_1^\dagger|0\rangle_1 \otimes |0\rangle_2 = \hat{U}\hat{a}_1^\dagger\hat{U}^\dagger\hat{U}|0\rangle_1 \otimes |0\rangle_2 \tag{6.57}$$

其中,我们在 $\hat{a}_1^\dagger$ 和 $|0\rangle_1$ 之间插入了幺正关系 $\hat{U}^\dagger\hat{U} = 1$.

很容易看出 $\hat{U}|0\rangle_1 \otimes |0\rangle_2 = |0\rangle_1 \otimes |0\rangle_2$,即真空输入分束器得到真空输出 (这也很容易直接用从附录 A 得到的 $\hat{U}$ 的具体表达式来证实). 要得到 $\hat{U}\hat{a}_1\hat{U}^\dagger$,我们把方程 (6.52) 反导过来,将 $\hat{a}_1,\hat{a}_2$ 用 $\hat{b}_1,\hat{b}_2$ 来表达:

$$\begin{aligned} \hat{a}_1 &= \hat{U}\hat{b}_1\hat{U}^\dagger = t\hat{b}_1 - r\hat{b}_2 \\ \hat{a}_2 &= \hat{U}\hat{b}_2\hat{U}^\dagger = t\hat{b}_2 + r\hat{b}_1 \end{aligned} \tag{6.58}$$

于是,可逆性原理给出

$$\begin{cases} \hat{U}\hat{a}_1\hat{U}^\dagger = t\hat{a}_1 - r\hat{a}_2 \\ \hat{U}\hat{a}_2\hat{U}^\dagger = t\hat{a}_2 + r\hat{a}_1 \end{cases} \tag{6.59}$$

上面的关系也可以直接从附录 A 中 $\hat{U}$ 的具体形式导出. 因此,对于输出态我们得到

$$|\Psi\rangle_{\text{out}} = (t\hat{b}_1^\dagger - r\hat{b}_2^\dagger)|0\rangle_1 \otimes |0\rangle_2 = t|1,0\rangle - r|0,1\rangle \tag{6.60}$$

注意,我们用输出算符 $\hat{b}_1,\hat{b}_2$ 替换了输入算符 $\hat{a}_1,\hat{a}_2$. 它们在薛定谔绘景中相同.

同样，对于 Hong-Ou-Mandel 干涉仪的输入态 $|1,1\rangle$(Hong et al., 1987)(见 8.2.1 小节)，我们可以得到输出态：

$$\begin{aligned}|\Psi\rangle_{\text{out}} &= \hat{U}|1\rangle_1|1\rangle_2 = \hat{U}\hat{a}_1^\dagger|0\rangle_1\hat{a}_2^\dagger|0\rangle_2 = \hat{U}\hat{a}_1^\dagger\hat{a}_2^\dagger|0\rangle \\ &= \hat{U}\hat{a}_1^\dagger\hat{U}^\dagger\hat{U}\hat{a}_2^\dagger\hat{U}^\dagger\hat{U}|0\rangle = (\hat{U}\hat{a}_1^\dagger\hat{U}^\dagger)(\hat{U}\hat{a}_2^\dagger\hat{U}^\dagger)|0\rangle \\ &= (t\hat{a}_1^\dagger - r\hat{a}_2^\dagger)(t\hat{a}_2^\dagger + r\hat{a}_1^\dagger)|0\rangle \\ &= (t^2 - r^2)\hat{a}_1^\dagger\hat{a}_2^\dagger|0\rangle + tr(\hat{a}_2^{\dagger 2} - \hat{a}_1^{\dagger 2})|0\rangle \\ &= (t^2 - r^2)|1,1\rangle + \sqrt{2}tr(|2,0\rangle - |0,2\rangle)\end{aligned} \tag{6.61}$$

而对于 50:50 的分束器，我们便得到双光子的 NOON 态：

$$|\Psi\rangle_{\text{out}} = (|2,0\rangle - |0,2\rangle)/\sqrt{2} \tag{6.62}$$

$|1,1\rangle$ 态在上式中的消失是双光子 Hong-Ou-Mandel 干涉的结果 (见 8.2.1 小节).

对于更普遍的输入态 $|M,N\rangle$，我们得到输出态为

$$\begin{aligned}|\Psi\rangle_{\text{out}} =& \hat{U}|M\rangle_1|N\rangle_2 = \frac{1}{\sqrt{M!N!}}\hat{U}\hat{a}_1^{\dagger M}|0\rangle_1\hat{a}_2^{\dagger N}|0\rangle_2 \\ =& \frac{1}{\sqrt{M!N!}}\hat{U}\hat{a}_1^{\dagger M}\hat{U}^\dagger\hat{U}\hat{a}_2^{\dagger N}\hat{U}^\dagger\hat{U}|0\rangle \\ =& \frac{1}{\sqrt{M!N!}}(\hat{U}\hat{a}_1^\dagger\hat{U}^\dagger)^M(\hat{U}\hat{a}_2^\dagger\hat{U}^\dagger)^N|0\rangle \\ =& \frac{1}{\sqrt{M!N!}}(t\hat{a}_1^\dagger - r\hat{a}_2^\dagger)^M(t\hat{a}_2^\dagger + r\hat{a}_1^\dagger)^N|0\rangle \\ =& \sum_{m=0}^{M}\sum_{n=0}^{N}\frac{(-1)^m\sqrt{M!N!}t^{M+N-m-n}r^{m+n}}{(M-m)!m!(N-n)!n!}\hat{a}_1^{\dagger M-m+n}\hat{a}_2^{\dagger N-n+m}|\text{vac}\rangle \\ =& \sum_{m=0}^{M}\sum_{n=0}^{N}\frac{(-1)^m\sqrt{M!N!(M-m+n)!(N-n+m)!}}{(M-m)!m!(N-n)!n!} \\ &\times t^{M+N-m-n}r^{m+n}|M-m+n,N-n+m\rangle\end{aligned} \tag{6.63}$$

它可以重组为

$$|\Psi\rangle_{\text{out}} = \sum_{k=0}^{M+N} c_k|k,M+N-k\rangle \tag{6.64}$$

其中，$c_k$ 收集了方程 (6.63) 中所有 $|k,M+N-k\rangle$ 项的系数. 对一般情况来说这是非常复杂的形式. 但对于某些特殊情况，我们可以导出它的具体形式. 例如，对于一个 50:50 的分束器且 $M=N$，上面的式子简化为

$$
\begin{aligned}
|\Psi\rangle_{\text{out}} &= \frac{1}{N!2^N}(\hat{a}_1^{\dagger 2} - \hat{a}_2^{\dagger 2})^N|0\rangle \\
&= \frac{1}{2^N}\sum_{k=0}^{N}(-1)^{N-k}\frac{\hat{a}_1^{\dagger 2k}\hat{a}_2^{\dagger 2(N-k)}}{k!(N-k)!}|0\rangle \\
&= \frac{1}{2^N}\sum_{k=0}^{N}(-1)^{N-k}\frac{\sqrt{(2k)!(2N-2k)!}}{k!(N-k)!}|2k,2N-2k\rangle
\end{aligned}
\tag{6.65}
$$

另一个特殊情况是 $M=1$ 和 $t=r=1/\sqrt{2}$. 在这种情况下,方程 (6.64) 中的系数有如下具体形式:

$$
c_k = \frac{2k-N-1}{2^{(N+1)/2}}\sqrt{\frac{N!}{k!(N-k+1)!}} \quad (1 \leqslant k \leqslant N) \tag{6.66}
$$

以及 $c_0 = -\sqrt{(N+1)/2^{N+1}} = -c_{N+1}$. 取 $n_1 = k, n_2 = N+1-k$ 作为两个输出的光子数,输出的态成为

$$
|\Psi\rangle_{\text{out}} = \sum_{n_1=0,n_2=N+1}^{N+1,0}\frac{n_1-n_2}{2^{(N+1)/2}}\sqrt{\frac{N!}{n_1!n_2!}}|n_1,n_2\rangle \tag{6.67}
$$

有趣的是,当 $N=$ 奇数时,对于 $k=(N+1)/2$,或 $n_1=n_2$,我们有 $c_k=0$. 这是多光子相减干涉效应,是双光子 Hong-Ou-Mandel 效应的推广 (Ou, 1996). 多光子聚束效应将出现在输出端得到 $|N+1,0\rangle$ 的概率上,其表现为多光子相加干涉. 我们将在 8.3节中对此进行详细讨论.

### 6.2.3 任意输入态的变换

在 6.2.2 小节中使用的方法也可以应用于具有 Glauber-Sudarshan P 表示 (Glauber, 1963b; Sudarshan, 1963) 的任意输入态,以导出输入和输出态间的一般关系. 在 Glauber-Sudarshan P 表示中 ,输入和输出的态由密度算符描述为

$$
\hat{\rho}_{\text{in}} = \int \mathrm{d}^2\alpha_1\mathrm{d}^2\alpha_2 P_{\text{in}}(\alpha_1,\alpha_2)|\alpha_1,\alpha_2\rangle\langle\alpha_1,\alpha_2| \tag{6.68}
$$

$$
\hat{\rho}_{\text{out}} = \int \mathrm{d}^2\alpha_1\mathrm{d}^2\alpha_2 P_{\text{out}}(\alpha_1,\alpha_2)|\alpha_1,\alpha_2\rangle\langle\alpha_1,\alpha_2| \tag{6.69}
$$

其中, $P_{\text{in/out}}(\alpha_1,\alpha_2)$ 是准概率分布,可以完全描述分束器的输入/输出场. $|\alpha_1,\alpha_2\rangle$ 是相干态基. 我们的目的是要找出 $P_{\text{out}}$ 和 $P_{\text{in}}$ 的关系. 从方程 (6.55) 中,我们得到输出态的密度算符为

$$
\begin{aligned}
\hat{\rho}_{\text{out}} &= \hat{U}\hat{\rho}_{\text{in}}\hat{U}^\dagger \\
&= \int d^2\alpha_1 d^2\alpha_2 P_{\text{in}}(\alpha_1,\alpha_2)\hat{U}|\alpha_1,\alpha_2\rangle\langle\alpha_1,\alpha_2|\hat{U}^\dagger
\end{aligned} \tag{6.70}
$$

很明显,$\hat{U}|\alpha_1,\alpha_2\rangle$ 是对应于输入态为相干态 $|\alpha_1,\alpha_2\rangle$ 的输出态,并且,从经典光学或方程 (6.52) 知道,输出态也是具有以下形式的相干态:

$$
\hat{U}|\alpha_1,\alpha_2\rangle = |\beta_1,\beta_2\rangle \tag{6.71}
$$

其中

$$
\begin{cases}
\beta_1 = t\alpha_1 + r\alpha_2 \\
\beta_2 = t\alpha_2 - r\alpha_1
\end{cases} \tag{6.72}
$$

上述关系也可通过使用 6.2.2 小节中讨论的方法导出,为此,我们将相干态以位移算符的形式写为 [见方程 (3.26)]

$$
|\alpha\rangle = \hat{D}(\alpha)|0\rangle \tag{6.73}
$$

其中

$$
\hat{D}(\alpha) = \exp(\alpha\hat{a}^\dagger - \alpha^*\hat{a}) \tag{6.74}
$$

于是,我们得到

$$
\begin{aligned}
\hat{U}|\alpha_1,\alpha_2\rangle &= \hat{U}\hat{D}_1(\alpha_1)\hat{D}_2(\alpha_2)|0,0\rangle \\
&= \hat{U}\hat{D}_1(\alpha_1)\hat{D}_2(\alpha_2)\hat{U}^\dagger|0,0\rangle
\end{aligned} \tag{6.75}
$$

但因为

$$
\begin{aligned}
&\hat{U}\hat{D}_1(\alpha_1)\hat{D}_(\alpha_2)\hat{U}^\dagger \\
&\quad = \hat{U}\exp(\alpha_1\hat{a}_1^\dagger - \alpha_1^*\hat{a}_1 + \alpha_2\hat{a}_2^\dagger - \alpha_2^*\hat{a}_2)\hat{U}^\dagger \\
&\quad = \exp(\alpha_1\hat{U}\hat{a}_1^\dagger\hat{U}^\dagger - \alpha_1^*\hat{U}\hat{a}_1\hat{U}^\dagger + \alpha_2\hat{U}\hat{a}_2^\dagger\hat{U}^\dagger - \alpha_2^*\hat{U}\hat{a}_2\hat{U}^\dagger) \\
&\quad = \exp[\alpha_1(t\hat{a}_1^\dagger - r\hat{a}_2^\dagger) - \alpha_1^*(t\hat{a}_1 - r\hat{a}_2) \\
&\qquad + \alpha_2(t\hat{a}_2^\dagger + r\hat{a}_1^\dagger) - \alpha_2^*(t\hat{a}_2 + r\hat{a}_1)] \\
&\quad = \exp[(t\alpha_1 + r\alpha_2)\hat{a}_1^\dagger - (t\alpha_1^* + r\alpha_2^*)\hat{a}_1 \\
&\qquad + (t\alpha_2 - r\alpha_1)\hat{a}_2^\dagger - (t\alpha_2^* - r\alpha_1^*)\hat{a}_2] \\
&\quad = \hat{D}_1(\beta_1)\hat{D}_2(\beta_2)
\end{aligned} \tag{6.76}
$$

我们便得到方程 (6.71) 和方程 (6.72).

将方程 (6.71) 代入方程 (6.70),并通过方程 (6.72) 将变量从 $\alpha$ 变为 $\beta$,我们得到输出态为

$$\hat{\rho}_{\text{out}} = \int \mathrm{d}^2\beta_1 \mathrm{d}^2\beta_2 |\beta_1,\beta_2\rangle\langle\beta_1,\beta_2| P_{\text{in}}(t\beta_1 - r\beta_2, t\beta_2 + r\beta_1) \tag{6.77}$$

因此,我们有

$$P_{\text{out}}(\beta_1,\beta_2) = P_{\text{in}}(t\beta_1 - r\beta_2, t\beta_2 + r\beta_1) \tag{6.78}$$

输入和输出 $P$ 函数之间的这种关系首先在 (Ou et al., 1987) 中导出. 它表明,如果输入态是具有 $P_{\text{in}} \geqslant 0$ 的经典态,则输出态也必须保留此属性. 因此,不可能通过线性变换从经典态生成非经典态. 另外,线性变换也将保持输入态的非经典性质. 换言之,如果某些非经典态没有表现出某种非经典性质,它可能会在这些态经过某些线性变换后显示出来. 我们将在下一小节中看到这一点.

这里讨论的 $P$ 表示的方法可以应用于其他相空间函数,如 Wigner 函数. 我们将把推导留给习题 6.4,但给出结果为:对于输入态的 Wigner 函数 $W_{\text{in}}(X_1,Y_1;X_2,Y_2)$,输出态的 Wigner 函数是

$$\begin{aligned} &W_{\text{out}}(X_1,Y_1;X_2,Y_2) \\ &\quad = W_{\text{in}}(tX_1 - rX_2, tY_1 - rY_2; tX_2 + rX_1, tY_2 + rY_1) \end{aligned} \tag{6.79}$$

它与方程 (6.78) 类似. 这里的 $t,r$ 必须为实数.

### 6.2.4 压缩态的变换

为了进一步演示 6.2.2 小节中的简单方法的实用性,我们考虑相干态和压缩真空态通过分束器的混合. 从 3.2.2 小节和 3.4.2 小节,我们知道相干态和压缩真空态可以表示为

$$\begin{aligned} |\alpha\rangle_1 &= \hat{D}_1(\alpha)|0\rangle \\ |\zeta\rangle_2 &= \hat{S}_2(\zeta)|0\rangle \end{aligned} \tag{6.80}$$

其中

$$\begin{aligned} \hat{D}_1(\alpha) &= \exp(\alpha\hat{a}_1^\dagger - \alpha^*\hat{a}_1) \\ \hat{S}_2(\zeta) &= \exp(\zeta\hat{a}_2^{\dagger 2} - \zeta^*\hat{a}_2^2) \end{aligned} \tag{6.81}$$

于是,输出态就是

$$
\begin{aligned}
|\Psi\rangle_{\text{out}} &= \hat{U}\hat{D}_1(\alpha)\hat{S}_2(\zeta)|0\rangle \\
&= \hat{U}\hat{D}_1(\alpha)\hat{S}_2(\zeta)\hat{U}^\dagger\hat{U}|0\rangle \\
&= (\hat{U}\hat{D}_1(\alpha)\hat{U}^\dagger)(\hat{U}\hat{S}_2(\zeta)\hat{U}^\dagger)|0\rangle
\end{aligned} \tag{6.82}
$$

很容易证明

$$
\begin{aligned}
\hat{U}\hat{D}_1(\alpha)\hat{U}^\dagger &= \exp(\alpha\hat{U}\hat{a}_1^\dagger\hat{U}^\dagger - \alpha^*\hat{U}\hat{a}_1\hat{U}^\dagger) \\
\hat{U}\hat{S}_2(\zeta)\hat{U}^\dagger &= \exp(\zeta\hat{U}\hat{a}_2^{\dagger 2}\hat{U}^\dagger - \zeta^*\hat{U}\hat{a}_2\hat{U}^\dagger)
\end{aligned} \tag{6.83}
$$

在方程 (6.76) 中设 $\alpha_1 = \alpha, \alpha_2 = 0$,我们得到

$$
\begin{aligned}
\hat{U}\hat{D}_1(\alpha)\hat{U}^\dagger &= \exp(t\alpha\hat{a}_1^\dagger - t^*\alpha^*\hat{a}_1 - r\alpha\hat{a}_2^\dagger + r^*\alpha^*\hat{a}_2) \\
&= \hat{D}_1(t\alpha)\hat{D}_2(-r\alpha)
\end{aligned} \tag{6.84}
$$

于是,输出态就变为

$$
|\Psi\rangle_{\text{out}} = \hat{D}_1(t\alpha)\hat{D}_2(-r\alpha)[\hat{U}\hat{S}_2(\zeta)\hat{U}^\dagger]|0\rangle \tag{6.85}
$$

如果我们只对一个输出端口的输出态感兴趣,例如,端口 2,我们可以对端口 1 的态取迹以将其平均掉:

$$
\begin{aligned}
\hat{\rho}_2 &= \text{Tr}_1|\Psi\rangle_{\text{out}}\langle\Psi|_{\text{out}} \\
&= \hat{D}_2(-r\alpha)\hat{\rho}_2^s\hat{D}_2^\dagger(-r\alpha)
\end{aligned} \tag{6.86}
$$

其中

$$
\hat{\rho}_2^s = \text{Tr}_1[\hat{U}\hat{S}_2(\zeta)\hat{U}^\dagger|0\rangle\langle 0|\hat{U}\hat{S}_2^\dagger(\zeta)\hat{U}^\dagger] \tag{6.87}
$$

是只有压缩态输入时端口 2 的输出态. $\hat{D}_1$ 在方程 (6.86) 中被平均掉了. 更进一步,

$$
\begin{aligned}
\hat{U}\hat{S}_2(\zeta)\hat{U}^\dagger &= \exp[\zeta(t\hat{a}_2^\dagger + r\hat{a}_1^\dagger)^2 - \zeta^*(t\hat{a}_2 + r\hat{a}_1)^2] \\
&\approx \hat{S}_2(\zeta) \quad (t \to 1, \quad r \to 0)
\end{aligned} \tag{6.88}
$$

这样,在分束器比较透明 $(t \to 1, r \to 0)$,但又保持 $\beta \equiv -r\alpha$ 为有限的情况下,端口 2 的输出态为

$$
\hat{\rho}_2 \approx \hat{D}_2(\beta)\hat{S}_2(\zeta)|0\rangle\langle 0|\hat{S}_2^\dagger(\zeta)\hat{D}_2^\dagger(\beta) \tag{6.89}
$$

或成为如下的一个纯态:

$$
|\psi_2\rangle_{\text{out}} = \hat{D}_2(\beta)\hat{S}_2(\zeta)|0\rangle \tag{6.90}
$$

这是在 3.4.3 小节中讨论过的相干压缩态. 我们已经在方程 (3.77) 中证明了

$$\hat{S}_2^\dagger(\zeta)\hat{D}_2(\beta)\hat{S}_2(\zeta) = \hat{D}_2(\beta\mu - \beta^*\nu^*) \tag{6.91}$$

其中

$$\nu \equiv (\zeta/|\zeta|)\sinh|\zeta|, \quad \mu \equiv \sqrt{1+|\nu|^2} = \cosh|\zeta|$$

这样,输出的态为

$$|\psi_2\rangle_{\text{out}} = \hat{S}_2(\zeta)\hat{D}_2(\beta\mu - \beta^*\nu^*)|0\rangle \tag{6.92}$$

这是 3.4.3 小节中讨论的压缩相干态,它也可以通过将相干态直接注入简并参量放大器来实现 (Yuen, 1976). 在实验上,利用高透射率分束器将压缩真空与强相干态混合的方法是产生相干压缩态的一种非常流行的技术.

接下来我们研究两个压缩态从两边分别输入到分束器的情况. 我们将考虑一个特殊的情况,即分束器为 50:50,并且压缩态具有相同的压缩强度,但有 180° 的相位差. 从方程 (6.80) 中,我们得到输入态的简单形式为

$$|\Psi\rangle_{\text{in}} = \hat{S}_1(-\zeta)\hat{S}_2(\zeta)|0\rangle \tag{6.93}$$

那么,输出态则为

$$\begin{aligned}|\Psi\rangle_{\text{out}} &= \hat{U}\hat{S}_1(-\zeta)\hat{S}_2(\zeta)|0\rangle \\ &= \hat{U}\hat{S}_1(-\zeta)\hat{S}_2(\zeta)\hat{U}^\dagger\hat{U}|0\rangle \\ &= (\hat{U}\hat{S}_1(-\zeta)\hat{U}^\dagger)(\hat{U}\hat{S}_2(\zeta)\hat{U}^\dagger)|0\rangle\end{aligned} \tag{6.94}$$

从方程 (6.88) 的第一部分,我们有

$$\begin{aligned}\hat{U}\hat{S}_2(\zeta)\hat{U}^\dagger &= \exp\left[\frac{\zeta}{2}(\hat{a}_2^\dagger + \hat{a}_1^\dagger)^2 - \frac{\zeta^*}{2}(\hat{a}_2 + \hat{a}_1)^2\right] \\ &= \exp\left[\frac{\zeta}{2}(\hat{a}_1^{\dagger 2} + \hat{a}_2^{\dagger 2}) - \frac{\zeta^*}{2}(\hat{a}_1^2 + \hat{a}_2^2) + \zeta\hat{a}_1^\dagger\hat{a}_2^\dagger - \zeta^*\hat{a}_1\hat{a}_2\right]\end{aligned} \tag{6.95}$$

以及

$$\begin{aligned}\hat{U}\hat{S}_1(-\zeta)\hat{U}^\dagger &= \exp\left[-\frac{\zeta}{2}(\hat{a}_2 - \hat{a}_1)^2 + \frac{\zeta^*}{2}(\hat{a}_2^\dagger - \hat{a}_1^\dagger)^2\right] \\ &= \exp\left[\frac{\zeta^*}{2}(\hat{a}_1^2 + \hat{a}_2^2) - \frac{\zeta}{2}(\hat{a}_1^{\dagger 2} + \hat{a}_2^{\dagger 2}) + \zeta\hat{a}_1^\dagger\hat{a}_2^\dagger - \zeta^*\hat{a}_1\hat{a}_2\right]\end{aligned} \tag{6.96}$$

这里,我们设 $t = r = 1/\sqrt{2}$. 很容易直接证明,如果 $\hat{A} \equiv \zeta^*(\hat{a}_1^2 + \hat{a}_2^2)/2 - \zeta(\hat{a}_1^{\dagger 2} + \hat{a}_2^{\dagger 2})/2$ 且 $\hat{B} \equiv \zeta\hat{a}_1^\dagger\hat{a}_2^\dagger - \zeta^*\hat{a}_1\hat{a}_2$,那么

$$[\hat{A}, \hat{B}] = 0$$

这样我们就可以在方程 (6.95)、方程 (6.96) 中替换 $\exp(\hat{B}\pm\hat{A})=\exp(\pm\hat{A})\exp(\hat{B})$. 输出态就变为

$$|\Psi\rangle_{\text{out}}=\exp[2\zeta^*\hat{a}_1^\dagger\hat{a}_2^\dagger-2\zeta^*\hat{a}_1\hat{a}_2]|0\rangle \tag{6.97}$$

这是一种双模压缩态或孪生光束态,它可以由非简并参量放大器产生 (见 4.6 节和 6.1.2 小节).

## 6.3 光学谐振腔:开放量子系统的输入输出理论和退相干模型

光学谐振器或腔是一种常用的光学器件,它可以对光场的空间模式进行整形,作为带通器对光场进行滤波,还可以增强非线性相互作用中光场的场强. 如我们在 2.2.1 小节中所知,光学谐振腔内的场具有一组离散的模式. 在谐振腔外,空间模式通过高斯光束进行匹配. 但因为外部没有谐振器,所以频率是连续的. 那么,离散模式和连续模式是如何耦合的呢? 由于光学谐振腔常被用作滤波器,这个问题也涉及滤波器的模式转换.

### 6.3.1 经典波模型

由于空间模式是匹配的,所以我们只考虑频率为 $\omega$ 的单色平面波进入一个法布里–珀罗腔时的最简单情况. 如图 6.3 所示,法布里–珀罗腔有两个透射率分别为 $T_1,T_2\sim 1$ 的反射镜.

参照图 6.3, 我们将输入场表示为 $E_{01},E_{02}$, 输出场表示为 $E_1,E_2$, 腔内场表示为 $E_3,E_4,E_5,E_6$. 把每个镜子当作一个分束器,我们有

$$\begin{aligned}
&E_1=E_3\sqrt{T_1}+E_{01}\sqrt{1-T_1}, \quad E_4=E_{01}\sqrt{T_1}-E_3\sqrt{1-T_1}\\
&E_2=E_5\sqrt{T_2}-E_{02}\sqrt{1-T_2}, \quad E_6=E_{02}\sqrt{T_2}+E_5\sqrt{1-T_2}
\end{aligned} \tag{6.98}$$

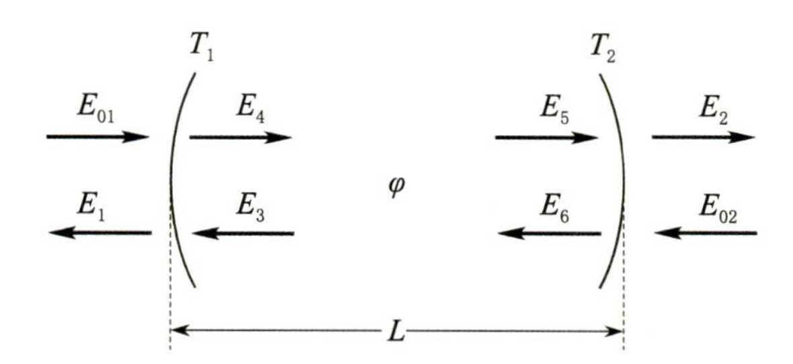


**图 6.3　输入波和输出波分别与透射率为 $T_1, T_2$ 的光学腔内的波进行耦合**

光场 $E_3, E_5$ 分别与 $E_6, E_4$ 通过 $E_3 = E_6 e^{i\varphi}, E_5 = E_4 e^{i\varphi}$ 联系起来，其中，$\varphi = kL = nL\omega/c$ 为传播的相位 ($L$ 是腔的长度，$n$ 是折射率)．首先用 $E_{01}, E_{02}$ 来解出腔中的场，可以得到

$$E_6 = \frac{E_{01} e^{i\varphi} \sqrt{(1-T_2)T_1} + E_{02}\sqrt{T_2}}{1 + e^{2i\varphi}\sqrt{(1-T_1)(1-T_2)}} \tag{6.99}$$

再代回去求得输出场，可以得到

$$E_1 = \frac{E_{01}(\sqrt{1-T_1} + e^{2i\varphi}\sqrt{1-T_2}) + E_{02} e^{i\varphi}\sqrt{T_1 T_2}}{1 + e^{2i\varphi}\sqrt{(1-T_1)(1-T_2)}} \tag{6.100}$$

$$E_2 = \frac{E_{01} e^{i\varphi}\sqrt{T_1 T_2} - E_{02}(\sqrt{1-T_2} + e^{2i\varphi}\sqrt{1-T_1})}{1 + e^{2i\varphi}\sqrt{(1-T_1)(1-T_2)}} \tag{6.101}$$

由于两个反射面之一的 $\pi$ 相移，总的往返相位为 $\pi + 2\varphi$．我们便得到共振条件：

$$2\varphi + \pi = 2N\pi \quad 或 \quad \omega_0 = (2N-1)\pi c/(2nL) \tag{6.102}$$

这里 $\omega_0$ 是共振频率．对任意入射频率 $\omega$，我们有 $e^{2i\varphi} = -\exp[i2nL(\omega-\omega_0)/c] \equiv -e^{i\delta}$．其中，$\delta \equiv 2\pi(\omega-\omega_0)/\Omega_{\text{FSR}}$ ($\Omega_{\text{FSR}} = 2\pi c/(2nL)$ 为自由光谱范围)．如果输入场的频率接近共振，我们有 $\delta \ll 1$，所以 $e^{2i\varphi} = -e^{i\delta} \approx -(1+i\delta)$．此外，对于具有高精细度的腔，我们有 $T_1 \ll 1, T_2 \ll 1$．用了这些近似后，方程 (6.99)、方程 (6.100)、方程 (6.101) 成为

$$\begin{aligned} E_6 &= \frac{E_{01} e^{i\varphi}\sqrt{T_1} + E_{02}\sqrt{T_2}}{(T_1+T_2)/2 - i\delta} \\ E_1 &= \frac{E_{02} e^{i\varphi}\sqrt{T_1 T_2} - E_{01}[(T_1-T_2)/2 + i\delta]}{(T_1+T_2)/2 - i\delta} \\ E_2 &= \frac{E_{01} e^{i\varphi}\sqrt{T_1 T_2} + E_{02}[(T_2-T_1)/2 + i\delta]}{(T_1+T_2)/2 - i\delta} \end{aligned} \tag{6.103}$$

如果我们只有一个输入场，例如 $E_{01}$，则传输过来的场和内部的场都具有洛伦兹线型：

$$
\begin{aligned}
E_2 &= \frac{2E_{01}\mathrm{e}^{\mathrm{i}\varphi}\sqrt{T_1T_2}}{T_1+T_2}\frac{\Delta\Omega/2}{\Delta\Omega/2-\mathrm{i}(\omega-\omega_0)} \\
E_6 &= \frac{2E_{01}\mathrm{e}^{\mathrm{i}\varphi}\sqrt{T_1}}{T_1+T_2}\frac{\Delta\Omega/2}{\Delta\Omega/2-\mathrm{i}(\omega-\omega_0)}
\end{aligned}
\tag{6.104}
$$

其中,半高的线宽为

$$
\Delta\Omega \equiv \Omega_{\mathrm{FSR}}(T_1+T_2)/2\pi = \Omega_{\mathrm{FSR}}/\mathcal{F} \tag{6.105}
$$

其中,$\mathcal{F} \equiv 2\pi/(T_1+T_2)$ 定义为腔的精细度,$\Omega_{\mathrm{FSR}}$ 为自由光谱范围. 方程 (6.105) 常用于在实验上确定腔的精细度:$\mathcal{F} = \Omega_{\mathrm{FSR}}/\Delta\Omega$,其中,$\Omega_{\mathrm{FSR}}$,$\Delta\Omega$ 可以通过扫描腔的一个完整的自由光谱范围并记录透射强度来测量.

注意,当输入场处于共振状态时,腔内部场的强度为 $|E_6|^2 = 4|E_{01}|^2T_1/(T_1+T_2)^2$,或者增强因子为 $B = 4T_1/(T_1+T_2)^2$. 如果 $T_1$,$T_2$ 很小,$B$ 则会非常大. 例如,设 $T_1 = 0.02$,$T_2 = 0.01$. 我们得到 $B = 89$:腔体内部的光强几乎是入射光强的 90 倍.

## 6.3.2 进一步阅读:腔内二次谐波产生

在量子光学中,许多有趣的非经典态是通过非线性相互作用产生的,例如在 6.1.1 小节中讨论的三波和四波混频. 在某些二阶非线性晶体中,例如 $\mathrm{LiNbO_3}$ 和 $\mathrm{KNbO_3}$,非线性系数很高. 因此,三波混频在产生双光子态和压缩态的量子光学实验中非常流行. 它需要高功率的泵浦场,其频率一般为所产生的量子场的两倍. 这一泵浦场通常是通过非线性晶体产生二次谐波 (SHG) 来获得的. 要得到较好的转换效率,需要很高的泵浦功率. 对于脉冲场,这不是问题,因为短脉冲具有极高的峰值功率. 然而,对于连续波场来说,这极具挑战.

最早提出并得到验证的能够使光场非线性转换效率增强的方法是利用光学谐振腔 (Ashkin et al., 1966). 腔内场具有的很大的增强因子对于腔内二次谐波的产生非常重要,因为高功率是高效非线性频率转换的必要条件 (Kozlovsky et al., 1988; Polzik et al., 1991). 我们将在本节中介绍这项技术.

图 6.4显示了基频场频率为 $\omega_0$ 时,利用蝴蝶结形的增强腔产生腔内二次谐波的示意图. 频率为 $2\omega_0$ 的二次谐波场以单次通过方式在非线性晶体内部产生[①]. 假设腔有一

① 由于行波腔在产生二次谐波时具有简单的几何结构,它比驻波腔更受欢迎.

个透射率为 $T$ 的输入耦合器而腔内损耗为 $L$. 我们可以将其视为一个两端透射率分别为 $T_1 = T$ 和 $T_2 = L$ 的光学腔. 此外,由于腔内功率 $P_1$ 到二次谐波功率 $P_2$ 的非线性转换,腔内还存在一个非线性损耗 $L_n \equiv P_2/P_1$. 此损耗与腔内基频波功率 $P_1$ 成正比并表示为

$$L_n = P_2/P_1 = E_{NL}P_1 \tag{6.106}$$

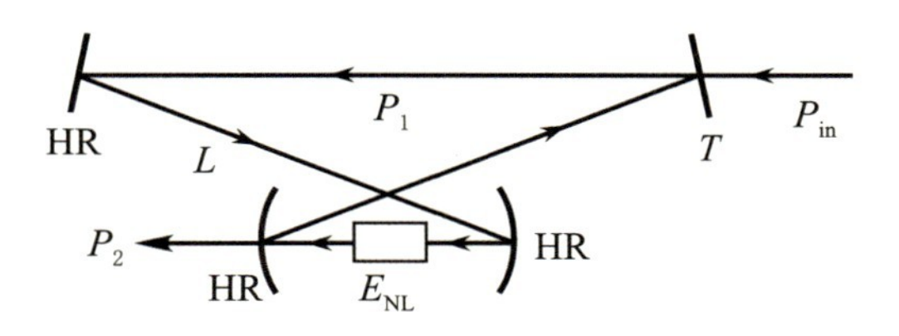


**图 6.4　在蝶形腔结构中增强的二次谐波产生**

HR:基频场的高反射镜.

其中,有效非线性系数 $E_{NL}$ 被定义为在 $E_{NL}P_1 \ll 1$ 时单通道二次谐波产生的转换效率:

$$P_2 = E_{NL}P_1^2 \tag{6.107}$$

$E_{NL}$ 可以直接通过测量单通道非饱和的 $P_2$ 和输入的 $P_1$ 而获得. 对于特定的聚焦几何形状和晶体的长度,它具有确定的数值 (通常,对于 1 cm 长的 $LiNbO_3$,$E_{NL} \sim 10^{-4}$ W$^{-1}$;而对 1 cm 长的 $KNbO_3$,$E_{NL} \sim 10^{-3}$ W$^{-1}$).

参考方程 (6.104),我们设 $E_6$ 为腔内的基频波场且 $P_1 = |E_6|^2$,$T_1 = T$ 为腔一端的输入耦合而 $T_2 = L + L_n$ 为腔另一端的输入耦合,但包含非线性损耗. 输入的基频波场与腔共振. 输入功率与 $E_{01}$ 有关: $P_{in} = |E_{01}|^2$. 在这些条件下,方程 (6.104) 可以重新写成

$$4TP_{in} = (T + L + E_{NL}P_1)^2 P_1 \tag{6.108}$$

总的二次谐波转换效率被定义为 $\eta \equiv P_2/P_{in} = E_{NL}P_1^2/P_{in}$. 方程 (6.108) 可以用 $\eta$ 重写为

$$4T\sqrt{P_{in}E_{NL}} = \sqrt{\eta}(T + L + \sqrt{\eta E_{NL}P_{in}})^2 \tag{6.109}$$

或

$$4(T/L)\sqrt{P_{in}/P_0} = \sqrt{\eta}(T/L + 1 + \sqrt{\eta}\sqrt{P_{in}/P_0})^2 \tag{6.110}$$

其中，$P_0 \equiv L^2/E_{\mathrm{NL}}$ 是这个装置的特征功率，它由腔内往返损耗 $L$ 和非线性转换系数 $E_{\mathrm{NL}}$ 来定义．这是关于 $\eta$ 的一个三次方程．对于不同的 $T/L$ 参数，图 6.5(a) 显示了 $\eta$ 作为无量纲量 $\sqrt{P_{\mathrm{in}}/P_0}$ 的函数．我们发现，对于每个 $T/L$ 值，转换效率 $\eta$ 具有一个最佳的输入功率．或换句话说，对于每个输入功率 $P_{\mathrm{in}}$，输入耦合系数 $T$ 可以在阻抗匹配 $T = L + L_{\mathrm{n}}$ 时优化达到最大的转换效率，其中

$$
\begin{aligned}
T_{\mathrm{op}} &= \frac{L}{2}\left(1+\sqrt{1+4P_{\mathrm{in}}/P_0}\right) \\
\eta_{\mathrm{op}} &= \frac{4P_{\mathrm{in}}/P_0}{(1+\sqrt{1+4P_{\mathrm{in}}/P_0})^2}
\end{aligned}
\tag{6.111}
$$

在图 6.5(b) 中，我们绘制了优化后的 $\eta_{\mathrm{op}}$ 与无量纲的量 $P_{\mathrm{in}}/P_0$ 之间的关系，图中显示，这条曲线快速增长至 $P_{\mathrm{in}}/P_0 = 1$ 附近，之后较慢增长到 100% 的转换效率．

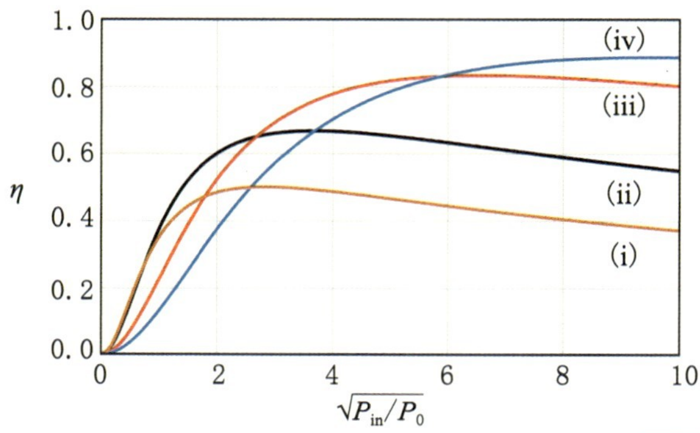


(a) 对于不同的$T/L$值，腔内二次谐波转换效率$\eta$作为$\sqrt{P_{\mathrm{in}}/P_0}$的函数：(i) $T/L=1$；(ii) $T/L=2$；(iii) $T/L=5$；(iv) $T/L=8$

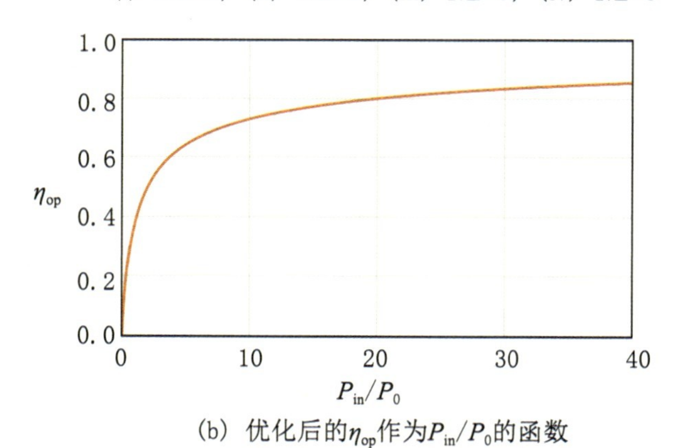


(b) 优化后的$\eta_{\mathrm{op}}$作为$P_{\mathrm{in}}/P_0$的函数

**图 6.5　腔内二次谐波转换效率 $\eta$ 作为 $P_{\mathrm{in}}/P_0$ 的函数**

### 6.3.3 光学腔损耗的量子处理:开放量子系统的退相干

正如我们在 2.2.1 小节中所讨论的,光谐振器 (腔) 定义了其内部光波的一组离散模式. 如果腔是理想的, 即没有损耗和相互作用, 则系统是孤立的而每个模式都将独立演化. 当然, 现实中并不存在这样一个理想的系统. 为了简单起见, 让我们忽略不同模式之间的相互作用[①]并集中讨论损耗的效应,它将这个系统与外部场耦合,使其成为一个开放的系统.

在腔的模式量子化之后,我们得到整个系统的哈密顿量为

$$\hat{H}_{\text{cav}} = \sum_{\lambda} \hat{H}_{\lambda}, \qquad \hat{H}_{\lambda} = \hbar\omega_{\lambda}(\hat{a}_{\lambda}^{\dagger}\hat{a}_{\lambda} + 1/2) \tag{6.112}$$

在这里,每个模式 $\hat{a}_{\lambda}$ 在海森伯绘景中独立演化:

$$\frac{\mathrm{d}\hat{a}_{\lambda}}{\mathrm{d}t} = \frac{1}{\mathrm{i}\hbar}[\hat{a}_{\lambda}, \hat{H}_{\text{cav}}] = -\mathrm{i}\omega_{\lambda}\hat{a}_{\lambda} \tag{6.113}$$

这将给出 $\hat{a}_{\lambda}(t) = \hat{a}_{\lambda}\mathrm{e}^{-\mathrm{i}\omega_{\lambda}t}$. 这显然就是自由场的演化并且有 $[\hat{a}_{\lambda}, \hat{a}_{\lambda'}^{\dagger}] = \delta_{\lambda\lambda'}$.

此外, 当腔有损耗时, 腔内的能量会衰减并逐渐减小到零. 能量守恒意味着空腔的能量必须流向外面. 所以, 我们需要考虑腔模与外界的耦合. 考虑一个由 $\hat{a}$ 描述的单模电磁场, 其频率为 $\omega_0$, 它以电磁能量的形式存储于光腔中. 注意, 对于单模场, 我们有 $[\hat{a}, \hat{a}^{\dagger}] = 1$. 腔的损耗可以模拟为单模场与腔外的连续多模场的相互作用,这个腔外的场由 $\{\hat{b}(\omega)\}$ 所描述并具有自由场哈密顿量 $\hat{H}_{\text{out}} = \int \mathrm{d}\omega\hbar\omega[\hat{b}^{\dagger}(\omega)\hat{b}(\omega) + 1/2]$ 和对易关系 $[\hat{b}(\omega), \hat{b}^{\dagger}(\omega')] = \delta(\omega - \omega')$. 注意, 对于不同的腔模, 我们假设其本征频率之间分离很远, 在其线宽之外, 因此可以认为这些模是互相独立的, 并且每个腔模仅与在其线宽内的独立的外场连续模相耦合. 我们在后面将证明这个假设成立. 这里, 我们还假设腔的空间模与外场的空间模完全相匹配. 利用这两个假设, 我们就可以对腔外的场使用一维准单色近似 (见 2.3.4小节和 2.3.5 小节).

腔内模与外场的耦合哈密顿量的形式为

$$\hat{H}_{\text{c}} = \mathrm{j}\hbar \int \mathrm{d}\omega\kappa(\omega)[\hat{b}^{\dagger}(\omega)\hat{a} - \hat{a}^{\dagger}\hat{b}(\omega)] \tag{6.114}$$

这种相互作用类似于 6.2 节中讨论的分束器的哈密顿量,它对应于线性耦合.

Gardiner 和 Collett(1985) 提出了一个详尽的理论,他们通过合理的马尔可夫近似,即假设所有外部模式与腔模的耦合都具有相同强度:$\kappa(\omega) = \sqrt{\gamma/2\pi}$,将腔内的场与腔外

① 模式之间的相互作用将导致系统的一组新的本征模式,因此我们可以重新标记它们并将新的模式视为独立模式. 请参阅习题 6.1.

的场连接起来. 导出了腔内场 $\hat{a}$ 的一个运动方程,即

$$\frac{\mathrm{d}\hat{a}}{\mathrm{d}t} = -(\gamma/2 + \mathrm{i}\omega_0)\hat{a} - \sqrt{\gamma}\hat{b}_{\mathrm{in}} \tag{6.115}$$

其中

$$\hat{b}_{\mathrm{in}} = \frac{1}{\sqrt{2\pi}}\int \mathrm{d}\omega b_{\mathrm{in}}(\omega)\mathrm{e}^{-\mathrm{i}\omega t} \tag{6.116}$$

是腔的输入场,它满足 $[\hat{b}_{\mathrm{in}}(\omega), \hat{b}_{\mathrm{in}}^{\dagger}(\omega')] = \delta(\omega - \omega')$. 这是一维准单色场,其空间模与腔模匹配. 上面的演化方程表明损耗常数 $\gamma$ 与耦合系数 $\kappa$ 有关, 外部场作为噪声项进入腔内,它保持了 $\hat{a}$ 的对易关系:$[\hat{a}, \hat{a}^{\dagger}] = 1$. 当我们将方程 (6.115) 中的演化方程进行时间反转后,方程 (6.114) 中的耦合也可以给出如下与输出场 $\hat{b}_{\mathrm{out}}$ 有关的方程 (Gardiner et al., 1985) :

$$-\frac{\mathrm{d}\hat{a}}{\mathrm{d}t} = -(\gamma/2 - \mathrm{j}\omega_0)\hat{a} + \sqrt{\gamma}\hat{b}_{\mathrm{out}} \tag{6.117}$$

将方程 (6.115) 和方程 (6.117) 结合起来, 我们得到与腔内部场相关的输入、输出关系 (Gardiner et al., 1985):

$$\hat{b}_{\mathrm{out}} - \hat{b}_{\mathrm{in}} = \sqrt{\gamma}\hat{a} \tag{6.118}$$

方程 (6.115)、方程 (6.117) 中的演化方程和方程 (6.118) 中的输入、输出关系组成了将腔中的离散模式 $\hat{a}$ 与腔外连续行波模式 $\hat{b}_{\mathrm{in}}, \hat{b}_{\mathrm{out}}$ 联系起来的完整的输入、输出理论.

利用演化方程 (6.115) 和方程 (6.118) 中的边界条件,我们可以用输入场 $\hat{b}_{\mathrm{in}}$ 来表示输出场 $\hat{b}_{\mathrm{out}}$. 为此,将 $\hat{a} = (1/\sqrt{2\pi})\int \mathrm{d}\omega\hat{a}(\omega)\mathrm{e}^{-\mathrm{i}\omega t}$ 代入方程 (6.115),我们得到

$$\begin{aligned}\frac{1}{\sqrt{2\pi}}\int \mathrm{d}\omega(-\mathrm{i}\omega)\hat{a}(\omega)\mathrm{e}^{-\mathrm{i}\omega t} = &-(\gamma/2 + \mathrm{i}\omega_0)\frac{1}{\sqrt{2\pi}}\int \mathrm{d}\omega\hat{a}(\omega)\mathrm{e}^{-\mathrm{i}\omega t} \\ &- \sqrt{\gamma}\frac{1}{\sqrt{2\pi}}\int \mathrm{d}\omega\hat{b}_{\mathrm{in}}(\omega)\mathrm{e}^{-\mathrm{i}\omega t}\end{aligned} \tag{6.119}$$

或

$$\frac{1}{\sqrt{2\pi}}\int \mathrm{d}\omega\left[(\mathrm{i}\omega - \gamma/2 - \mathrm{i}\omega_0)\hat{a}(\omega) - \sqrt{\gamma}\hat{b}(\omega)\right]\mathrm{e}^{-\mathrm{i}\omega t} = 0 \tag{6.120}$$

这给出

$$\hat{a}(\omega) = \frac{\sqrt{\gamma}\hat{b}_{\mathrm{in}}(\omega)}{\mathrm{i}(\omega - \omega_0) - \gamma/2} \tag{6.121}$$

代入方程 (6.118) 中,我们得到

$$\hat{b}_{\mathrm{out}}(\omega) = \hat{b}_{\mathrm{in}}(\omega)\frac{\omega - \omega_0 - \mathrm{i}\gamma/2}{\omega - \omega_0 + \mathrm{i}\gamma/2} \tag{6.122}$$

对于图 6.6中的两端输入腔，我们将其耦合系数表示为 $\gamma_1,\gamma_2$. 腔内模式 $\hat{a}$ 的运动方程为

$$\frac{\mathrm{d}\hat{a}}{\mathrm{d}t}=-[(\gamma_1+\gamma_2)/2+\mathrm{i}\omega_0]\hat{a}-\sqrt{\gamma_1}\hat{b}_{\mathrm{in}}^{(1)}-\sqrt{\gamma_2}\hat{b}_{\mathrm{in}}^{(2)} \tag{6.123}$$

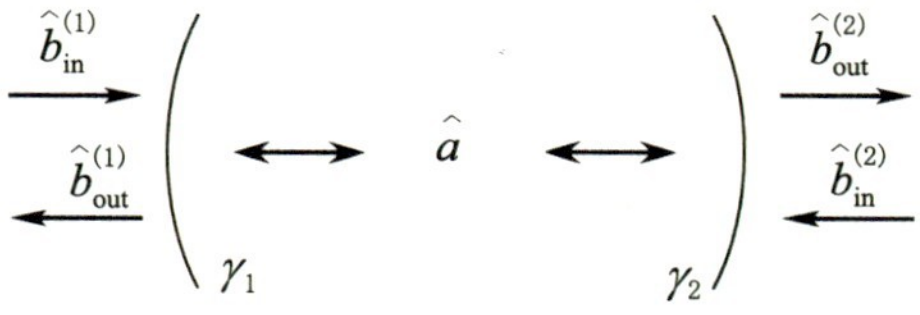

**图 6.6　分别具有耦合常数 $\gamma_1,\gamma_2$ 的两端输入共振腔**

每一组输入、输出场都满足一个如方程 (6.118) 的边界条件：

$$\hat{b}_{\mathrm{out}}^{(1)}-\hat{b}_{\mathrm{in}}^{(1)}=\sqrt{\gamma_1}\hat{a},\quad \hat{b}_{\mathrm{out}}^{(2)}-\hat{b}_{\mathrm{in}}^{(2)}=\sqrt{\gamma_2}\hat{a} \tag{6.124}$$

同样地，我们可以得到

$$\hat{a}(\omega)=\frac{\sqrt{\gamma_1}\hat{b}_{\mathrm{in}}^{(1)}(\omega)+\sqrt{\gamma_2}\hat{b}_{\mathrm{in}}^{(2)}(\omega)}{\mathrm{j}(\omega-\omega_0)-(\gamma_1+\gamma_2)/2} \tag{6.125}$$

和

$$\begin{aligned}\hat{b}_{\mathrm{out}}^{(1)}(\omega)&=\frac{\hat{b}_{\mathrm{in}}^{(1)}(\omega)[\omega-\omega_0-\mathrm{i}(\gamma_1-\gamma_2)/2]-\mathrm{i}\hat{b}_{\mathrm{in}}^{(2)}(\omega)\sqrt{\gamma_1\gamma_2}}{\omega-\omega_0+\mathrm{i}(\gamma_1+\gamma_2)/2}\\ \hat{b}_{\mathrm{out}}^{(2)}(\omega)&=\frac{\hat{b}_{\mathrm{in}}^{(2)}(\omega)[\omega-\omega_0-\mathrm{i}(\gamma_2-\gamma_1)/2]-\mathrm{i}\hat{b}_{\mathrm{in}}^{(1)}(\omega)\sqrt{\gamma_1\gamma_2}}{\omega-\omega_0+\mathrm{i}(\gamma_1+\gamma_2)/2}\end{aligned} \tag{6.126}$$

利用输入场的对易关系 $[\hat{b}_{\mathrm{in}}^{(k)}(\omega),\hat{b}_{\mathrm{in}}^{(l)\dagger}(\omega')]=\delta_{kl}\delta(\omega-\omega')$ $(k,l=1,2)$，我们很容易确认输出场的对易关系 $[\hat{b}_{\mathrm{out}}^{(k)}(\omega),\hat{b}_{\mathrm{out}}^{(l)\dagger}(\omega')]=\delta_{kl}\delta(\omega-\omega')$. 注意，除了一个相位 $\varphi$，上面的表达式与方程 (6.103) 中的表达式类似，且所有系数都满足 6.2 节所讨论的无损耗分束器的条件. 这样，光学腔就可用作滤波器，并可以被模拟为无损耗分束器，且其透射和反射系数与频率有关. 注意，腔的影响仅限于线宽内的频率分量：$|\omega-\omega_0|\sim\gamma_1,\gamma_2$，因此之前关于不同腔模式的独立性的假设也就成立了.

将方程 (6.126) 与方程 (6.104) 相比较，我们可以把腔的衰减系数 $\gamma_1,\gamma_2$ 与腔的参数联系起来：

$$\gamma_i=\Omega_{\mathrm{FSR}}T_i/2\pi\ \ (i=1,2),\quad \gamma_1+\gamma_2=\Omega_{\mathrm{FSR}}/\mathcal{F} \tag{6.127}$$

这里，自由光谱范围为 $\Omega_{\mathrm{FSR}} \equiv 2\pi/t_r = 2\pi c/(2nL)$，其中，$t_r$ 和 $2nL$ 分别为腔的往返时间和往返光学长度.

现在我们可以回答下面的问题：当一个光子被光腔过滤后会发生什么？正如我们在 2.5 节中所讨论的，我们不能谈论没有模式的光子. 对于一个具有确定空间模式的场，我们可以用与频率有关的一维近似来描述它 (见 2.3.5 小节). 因此，进入光腔滤波器的单光子是一个处于由方程 (4.43) 所描述的时间模式的波包. 之后，光腔便充当由方程 (6.126) 描述的与频率有关的分束器，将单光子波包一分为二在两个输出端口处，类似于方程 (6.60) 所讨论的情况：

$$|T\rangle_{\text{out}} = t|T\rangle_1|0\rangle_2 - r|0\rangle_1|T\rangle_2 \tag{6.128}$$

其中

$$|T\rangle_k \equiv c_k \int d\omega f_k(\omega)\phi(\omega)e^{i\omega T}\hat{a}_k^\dagger(\omega)|0\rangle_k \quad (k=1,2) \tag{6.129}$$

且 $f_1(\omega) = [(\omega-\omega_0) - i(\gamma_1-\gamma_2)/2]/[(\omega-\omega_0) - i(\gamma_1+\gamma_2)/2]$，$f_2(\omega) = -i\sqrt{\gamma_1\gamma_2}/[(\omega-\omega_0) - i(\gamma_1+\gamma_2)/2]$. $c_k^{-2} \equiv \int d\omega|f_k(\omega)\phi(\omega)|^2$ 为归一系数. 透射场和反射场仍处于单光子波包 $|T\rangle_1, |T\rangle_2$ 中，但它们的形状被滤波腔修改了. $t^2 \equiv 1/c_1^2, r^2 \equiv 1/c_2^2$ 分别给出透射和反射的概率.

## 6.3.4 具有非线性相互作用的光学谐振腔

滤波器仍然是一种线性器件，不能从经典态产生非经典态. 因此，我们需要腔的不同模式之间的非线性相互作用. 为此，我们考虑由方程 (6.6) 给出的哈密顿量所描述的三波混频. 如果 $\hat{a}_3$ 场是中心频率在 $\omega_p$ 的强泵浦场，它可以被泵浦场振幅 $\alpha_p e^{-i\omega_p t}$ 所代替，而其他场则是由 $\hat{a}, \hat{b}$ 表示的腔的两个模式，那么相互作用哈密顿量变为

$$\hat{H}_\text{I} = i\hbar\zeta(\hat{b}^\dagger\hat{a}^\dagger e^{-i\omega_p t} - \hat{a}\hat{b}e^{i\omega_p t}) \tag{6.130}$$

其中，$\zeta \equiv \eta\alpha_p$. 这里 $\eta$ 包含了非线性系数和方程 (6.3) 中的空间模式积分，以及其他物理常数，这样，$|\alpha_p|^2 = \langle\hat{a}_3^\dagger\hat{a}_3\rangle$ 就是泵浦场 $\hat{a}_3$ 的光子数. 上述方程中的哈密顿量是参量相互作用的哈密顿量，而带有腔的参量器件称为光学参量振荡器 (OPO). 我们现在需要将

$\hat{H}_{\mathrm{I}}$ 加到 $\hat{H}_{\mathrm{cav}}$ 中，以获得演化方程：

$$\begin{aligned}\frac{\mathrm{d}\hat{a}}{\mathrm{d}t}&=\frac{1}{\mathrm{i}\hbar}[\hat{a},\hat{H}_{\mathrm{cav}}+\hat{H}_{\mathrm{I}}]-\frac{\alpha}{2}\hat{a}-\sqrt{\alpha}\hat{a}_{\mathrm{in}}\\\frac{\mathrm{d}\hat{b}}{\mathrm{d}t}&=\frac{1}{\mathrm{i}\hbar}[\hat{b},\hat{H}_{\mathrm{cav}}+\hat{H}_{\mathrm{I}}]-\frac{\beta}{2}\hat{b}-\sqrt{\beta}\hat{b}_{\mathrm{in}}\end{aligned}\tag{6.131}$$

其中，$\alpha,\beta$ 为两个腔模式的输出耦合衰减常数. 这里，为了简单起见，除了输出耦合，我们不包括腔内损耗. 利用方程 (6.130) 中的哈密顿量，我们有

$$\begin{aligned}\frac{\mathrm{d}\hat{a}}{\mathrm{d}t}&=-\left(\mathrm{i}\omega_a+\frac{\alpha}{2}\right)\hat{a}+\zeta\hat{b}^{\dagger}\mathrm{e}^{-\mathrm{i}\omega_p t}-\sqrt{\alpha}\hat{a}_{\mathrm{in}}\\\frac{\mathrm{d}\hat{b}}{\mathrm{d}t}&=-\left(\mathrm{i}\omega_b+\frac{\beta}{2}\right)\hat{b}+\zeta\hat{a}^{\dagger}\mathrm{e}^{-\mathrm{i}\omega_p t}-\sqrt{\beta}\hat{b}_{\mathrm{in}}\end{aligned}\tag{6.132}$$

通常在实验中，被探测的频带的中心频率就是 $\hat{a},\hat{b}$ 场的中心频率 $\omega_{a0},\omega_{b0}$，例如，这些中心频率为来自零拍探测的本地光的频率 (详细信息见 9.3 节). 现在让我们转换到旋转参照系：$\hat{a}=\hat{A}(t)\mathrm{e}^{-\mathrm{i}\omega_{a0}t},\hat{b}=\hat{B}(t)\mathrm{e}^{-\mathrm{i}\omega_{b0}t}$. 其中，$\omega_{a0}+\omega_{b0}=\omega_p$. 进一步将 $\hat{A}(t)$ 等量写为 $\hat{A}(t)=(1/\sqrt{2\pi})\int\mathrm{d}\Omega\hat{A}(\Omega)\mathrm{e}^{-\mathrm{i}\Omega t}$ 等. 类似于方程 (6.121)，我们可以将方程 (6.132) 变为

$$\begin{aligned}\left[-\mathrm{i}(\Omega+\Delta_a)+\frac{\alpha}{2}\right]\hat{A}(\Omega)&=\zeta\hat{B}^{\dagger}(-\Omega)-\sqrt{\alpha}\hat{A}_{\mathrm{in}}(\Omega)\\\left[-\mathrm{i}(\Omega+\Delta_b)+\frac{\beta}{2}\right]\hat{B}(\Omega)&=\zeta\hat{A}^{\dagger}(-\Omega)-\sqrt{\beta}\hat{B}_{\mathrm{in}}(\Omega)\end{aligned}\tag{6.133}$$

这里，$\Delta_a\equiv\omega_{a0}-\omega_a,\Delta_b\equiv\omega_{b0}-\omega_b$ 是我们感兴趣的频率分量 $(\omega_{a0},\omega_{b0})$ 与腔的共振频率 $(\omega_a,\omega_b)$ 的失谐量. 注意，$\Omega$ 是与我们感兴趣的频率 $\omega_{a0},\omega_{b0}$ 的偏移量，而 $\omega_{a0},\omega_{b0}$ 由测量系统 (例如零拍探测) 确定. 联合求解 $\hat{A}(\Omega),\hat{B}(\Omega)$ 和 $\hat{A}^{\dagger}(-\Omega),\hat{B}^{\dagger}(-\Omega)$，我们就得到

$$\begin{aligned}\hat{A}(\Omega)&=\frac{\sqrt{\alpha}\hat{A}_{\mathrm{in}}(\Omega)\left[\beta/2+\mathrm{i}(\Delta_b-\Omega)\right]+\zeta\sqrt{\beta}\hat{B}_{\mathrm{in}}^{\dagger}(-\Omega)}{\zeta^2-\left[\alpha/2-\mathrm{i}(\Delta_a+\Omega)\right]\left[\beta/2+\mathrm{i}(\Delta_b-\Omega)\right]}\\\hat{B}(\Omega)&=\frac{\sqrt{\beta}\hat{B}_{\mathrm{in}}(\Omega)\left[\alpha/2+\mathrm{i}(\Delta_a-\Omega)\right]+\zeta\sqrt{\alpha}\hat{A}_{\mathrm{in}}^{\dagger}(-\Omega)}{\zeta^2-\left[\beta/2-\mathrm{i}(\Delta_b+\Omega)\right]\left[\alpha/2+\mathrm{i}(\Delta_a-\Omega)\right]}\end{aligned}\tag{6.134}$$

从方程 (6.118) 中的输入输出关系，我们得到

$$\begin{aligned}\hat{A}_{\mathrm{out}}(\Omega)&=G(\Omega)\hat{A}_{\mathrm{in}}(\Omega)+g(\Omega)\hat{B}_{\mathrm{in}}^{\dagger}(-\Omega)\\\hat{B}_{\mathrm{out}}(\Omega)&=\mathrm{e}^{\mathrm{i}\theta}\left[G(-\Omega)\hat{B}_{\mathrm{in}}(\Omega)+g(-\Omega)\hat{A}_{\mathrm{in}}^{\dagger}(-\Omega)\right]\end{aligned}\tag{6.135}$$

其中

$$
\begin{aligned}
G(\varOmega) &\equiv \frac{\zeta^2+\left[\alpha/2+\mathrm{i}(\varDelta_a+\varOmega)\right]\left[\beta/2+\mathrm{i}(\varDelta_b-\varOmega)\right]}{\zeta^2-\left[\alpha/2-\mathrm{i}(\varDelta_a+\varOmega)\right]\left[\beta/2+\mathrm{i}(\varDelta_b-\varOmega)\right]}\\
g(\varOmega) &\equiv \frac{\zeta\sqrt{\alpha\beta}}{\zeta^2-\left[\beta/2+\mathrm{i}(\varDelta_b-\varOmega)\right]\left[\alpha/2-\mathrm{i}(\varDelta_a+\varOmega)\right]}\\
\mathrm{e}^{\mathrm{j}\theta} &\equiv \frac{\zeta^2-\left[\beta/2+\mathrm{i}(\varDelta_b+\varOmega)\right]\left[\alpha/2-\mathrm{i}(\varDelta_a-\varOmega)\right]}{\zeta^2-\left[\beta/2-\mathrm{i}(\varDelta_b+\varOmega)\right]\left[\alpha/2+\mathrm{i}(\varDelta_a-\varOmega)\right]}
\end{aligned}
\tag{6.136}
$$

利用输入场的对易关系:$[\hat{A}_{\text{in}}(\varOmega),\hat{A}_{\text{in}}^{\dagger}(\varOmega')]=\delta(\varOmega-\varOmega')=[\hat{B}_{\text{in}}(\varOmega),\hat{B}_{\text{in}}^{\dagger}(\varOmega')]$ 以及 $[\hat{A}_{\text{in}}(\varOmega),\hat{B}_{\text{in}}(\varOmega')]=0$,我们可以很容易地确认输出场 $\hat{A}_{\text{out}}(\varOmega),\hat{B}_{\text{out}}(\varOmega)$ 也满足相同的关系.

方程 (6.135) 中的输入输出关系正是在 4.6节中讨论的双模压缩态的输入输出关系,并且与方程 (6.35) 所描述的单频泵浦的行波三波混频的情况相似. 注意,方程 (6.136) 中的增益参数取决于耦合衰减常数,而耦合衰减常数对于光腔是很重要的. 当满足共振条件 $\varDelta_a=0=\varDelta_b$ 时,增益参数最高. 这时,我们有

$$
\begin{aligned}
G(\varOmega) &= \frac{\zeta^2+(\alpha/2+\mathrm{i}\varOmega)(\beta/2-\mathrm{i}\varOmega)}{\zeta^2-(\alpha/2-\mathrm{i}\varOmega)(\beta/2-\mathrm{i}\varOmega)}\\
g(\varOmega) &= \frac{\zeta\sqrt{\alpha\beta}}{\zeta^2-(\alpha/2-\mathrm{i}\varOmega)(\beta/2-\mathrm{i}\varOmega)}
\end{aligned}
\tag{6.137}
$$

注意, $G(0)$, $g(0)$ 在 $\zeta^2=\alpha\beta/4$ 时变为无穷大. 这意味着达到了类似于激光振荡的阈值,这就是为什么该器件被称为光学参量振荡器. 量子态是在阈值以下产生的,高于阈值的情况不在这里的讨论范围内. 有关详细信息,请参阅 Heidmann 等人 (1987) 的相关研究.

在两个腔模式相同的情况下, $\hat{a}=\hat{b}$, 这个器件变为简并的光学参量振荡器, 其中, $\omega_a=\omega_b$. 我们可以选择 $\omega_0=\omega_p/2$ 为探测频率. 这时,在方程 (6.130) 中用 $a$ 代替 $b$,简并的 OPO 的哈密顿量就成为

$$
\hat{H}_{\text{D}}=\mathrm{i}\hbar\frac{\zeta}{2}(\hat{a}^{\dagger 2}\mathrm{e}^{-\mathrm{i}\omega_p t}-\hat{a}^2\mathrm{e}^{\mathrm{i}\omega_p t})
\tag{6.138}
$$

其中, 我们用 $\zeta/2$ 替换了 $\zeta$, 因为在简并情况下的非线性系数是非简并情况的一半 ①. $\hat{H}_{\text{D}}$ 是二次谐波产生的哈密顿量的一个特例:

$$
\hat{H}_{\text{SHG}}=\mathrm{i}\hbar\frac{\eta}{2}(\hat{b}\hat{a}^{\dagger 2}-\hat{b}^{\dagger}\hat{a}^2)
\tag{6.139}
$$

其中,因为谐波场很强,我们可以用它的平均值 $\langle\hat{b}\rangle=\alpha_p\mathrm{e}^{-\mathrm{i}\omega_p t}$ 来代替 $\hat{b}$,这里 $|\alpha_p|^2$ 是泵浦场的光子数,而 $\zeta=\eta\alpha_p$. OPO 中场的演化方程由方程 (6.132) 变为

① 这一点可以从方程 (6.4) 中的 $\chi^{(2)}$ 非线性项看出,如果 $E$ 场有两个模式: $E=E_1+E_2$,则 $P_{\text{NL}}^{(2)}=\chi^{(2)}E_1^2+\chi^{(2)}E_2^2+2\chi^{(2)}E_1E_2$. 这样,简并情况 (第一项和第二项) 的非线性系数是非简并情况 (第三项) 的一半.

$$\frac{\mathrm{d}\hat{a}}{\mathrm{d}t}=-\left(\mathrm{i}\omega_a+\frac{\beta}{2}\right)\hat{a}+\zeta\hat{a}^\dagger\mathrm{e}^{-2\mathrm{i}\omega_0 t}-\sqrt{\beta}\hat{a}_{\mathrm{in}} \tag{6.140}$$

其中,$\beta$ 是 OPO 内的场的输出耦合常数. 现在让我们将损耗的影响包括在内,它可以被模拟为与另一个外部场 $\hat{c}_{\mathrm{in}}$ 的耦合,其耦合系数为 $\gamma$. 于是,方程 (6.140) 变成

$$\frac{\mathrm{d}\hat{a}}{\mathrm{d}t}=-\left(\mathrm{i}\omega_a+\frac{\beta}{2}+\frac{\gamma}{2}\right)\hat{a}+\zeta\hat{a}^\dagger\mathrm{e}^{-2\mathrm{i}\omega_0 t}-\sqrt{\beta}\hat{a}_{\mathrm{in}}-\sqrt{\gamma}\hat{c}_{\mathrm{in}} \tag{6.141}$$

使用与求解方程 (6.132) 相同的技巧并用 $\hat{A}(t)=\hat{a}(t)\mathrm{e}^{\mathrm{i}\omega_0 t}$,我们得到输出算符为

$$\begin{aligned}\hat{A}_{\mathrm{out}}(\Omega)=&G_{\mathrm{D}}(\Omega)\hat{A}_{\mathrm{in}}(\Omega)+g_{\mathrm{D}}(\Omega)\hat{A}^\dagger_{\mathrm{in}}(-\Omega)\\&+G_L(\Omega)\hat{C}_{\mathrm{in}}(\Omega)+g_L(\Omega)\hat{C}^\dagger_{\mathrm{in}}(-\Omega)\end{aligned} \tag{6.142}$$

其中

$$\begin{aligned}G_{\mathrm{D}}(\Omega)&\equiv\frac{\zeta^2+\left[(\beta+\gamma)/2+\mathrm{i}(\Delta-\Omega)\right]\left[(\beta-\gamma)/2+\mathrm{i}(\Delta+\Omega)\right]}{\zeta^2-\left[(\beta+\gamma)/2+\mathrm{i}(\Delta-\Omega)\right]\left[(\beta+\gamma)/2-\mathrm{i}(\Delta+\Omega)\right]}\\g_{\mathrm{D}}(\Omega)&\equiv\frac{\zeta\beta}{\zeta^2-\left[(\beta+\gamma)/2+\mathrm{i}(\Delta-\Omega)\right]\left[(\beta+\gamma)/2-\mathrm{i}(\Delta+\Omega)\right]}\\G_L(\Omega)&\equiv\frac{\sqrt{\beta\gamma}\left[(\beta+\gamma)/2+\mathrm{i}(\Delta-\Omega)\right]}{\zeta^2-\left[(\beta+\gamma)/2+\mathrm{i}(\Delta-\Omega)\right]\left[(\beta+\gamma)/2-\mathrm{i}(\Delta+\Omega)\right]}\\g_L(\Omega)&\equiv\frac{\zeta\sqrt{\beta\gamma}}{\zeta^2-\left[(\beta+\gamma)/2+\mathrm{i}(\Delta-\Omega)\right]\left[(\beta+\gamma)/2-\mathrm{i}(\Delta+\Omega)\right]}\end{aligned} \tag{6.143}$$

这里 $\Delta\equiv\omega_0-\omega_a$ 是腔的失谐量. 简并 OPO 的阈值为 $|\zeta_{\mathrm{th}}|=(\beta+\gamma)/2$, 这与方程 (6.137) 中的非简并情形相同. 当没有损耗或 $\gamma=0$ 时, 我们有 $G_L=0=g_L$ 且方程 (6.143) 变成

$$\begin{aligned}G_{\mathrm{D}}(\Omega)=G(\Omega)&=\frac{\zeta^2+\left[\beta/2+\mathrm{i}(\Delta-\Omega)\right]\left[\beta/2+\mathrm{i}(\Delta+\Omega)\right]}{\zeta^2-\left[\beta/2+\mathrm{i}(\Delta-\Omega)\right]\left[\beta/2-\mathrm{i}(\Delta+\Omega)\right]}\\g_{\mathrm{D}}(\Omega)=g(\Omega)&=\frac{\zeta\beta}{\zeta^2-\left[\beta/2+\mathrm{i}(\Delta-\Omega)\right]\left[\beta/2-\mathrm{i}(\Delta+\Omega)\right]}\end{aligned} \tag{6.144}$$

于是,方程 (6.142) 正是 4.6.3 小节中关于多频率模式压缩态的方程 (4.71) 的形式. 很容易验证 $G(\Omega),g(\Omega)$ 满足方程 (4.72). 从方程 (4.77) 以及方程 (6.144) 中,我们可以得到压缩的谱函数 $S_X(\Omega)=(|G(\Omega)|-|g(\Omega)|)^2=1/(|G(\Omega)|+|g(\Omega)|)^2$. 图 6.7给出了在 $\zeta,\Delta$ 的各种参数下,$S_X(\Omega)$ 作为 $2\Omega/\beta$ 的函数. 最佳压缩 $S_X(\Omega)=0$ 发生在 $\Delta=0$ 和 $\Omega=0$ 的阈值 $\zeta=\beta/2$ 处.

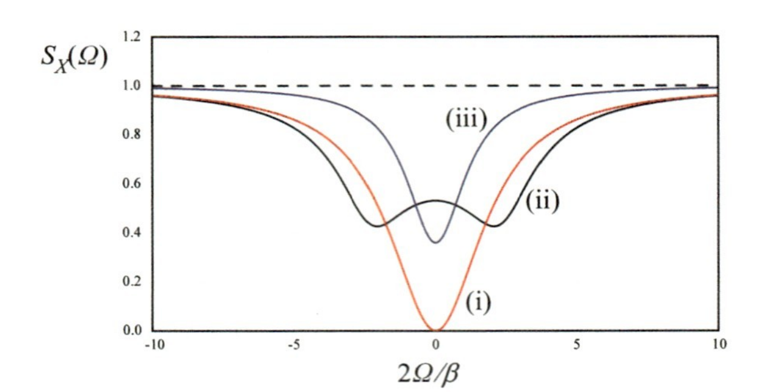


**图 6.7 在 $\zeta, \Delta$ 的各种参数下的压缩谱函数 $S_X(\Omega)$**

(i) $\zeta=\beta/2, \Delta=0$; (ii) $\zeta=\beta/2, \Delta=5\beta/4$; (iii) $\zeta=\beta/8, \Delta=0$.

实际上，腔内部总会有一些损耗．但是我们可以将腔锁定在共振频率 $\omega_0$ 上，这样 $\Delta=0$．于是，方程 (6.143) 变成

$$\begin{aligned}
G_{\mathrm{D}}(\Omega) &= \frac{\zeta^2+\left[(\beta+\gamma)/2-\mathrm{i}\Omega\right]\left[(\beta-\gamma)/2+\mathrm{i}\Omega\right]}{\zeta^2-\left[(\beta+\gamma)/2-\mathrm{i}\Omega\right]^2} \\
g_{\mathrm{D}}(\Omega) &= \frac{\zeta\beta}{\zeta^2-\left[(\beta+\gamma)/2-\mathrm{i}\Omega\right]^2} \\
G_L(\Omega) &= \frac{\sqrt{\beta\gamma}\left[(\beta+\gamma)/2-\mathrm{i}\Omega\right]}{\zeta^2-\left[(\beta+\gamma)/2-\mathrm{i}\Omega\right]^2} \\
g_L(\Omega) &= \frac{\zeta\sqrt{\beta\gamma}}{\zeta^2-\left[(\beta+\gamma)/2-\mathrm{i}\Omega\right]^2}
\end{aligned} \tag{6.145}$$

对于 $\Omega \ll (\beta+\gamma)/2$ 和接近阈值的情况，上面的量具有由共同分母确定的共同的相位．我们就很容易证明压缩谱的最小值为

$$S_X(\Omega)=(|G_{\mathrm{D}}(\Omega)|-|g_{\mathrm{D}}(\Omega)|)^2+(|G_L(\Omega)|-|g_L(\Omega)|)^2 \tag{6.146}$$

利用 $\Omega \ll (\beta+\gamma)/2$ 或 $\Omega \sim 0$，我们得到

$$S_X(0) \approx \frac{[\zeta-(\beta-\gamma)/2]^2+\beta\gamma}{[\zeta+(\beta+\gamma)/2]^2} \tag{6.147}$$

当接近阈值时，$\zeta \rightarrow \zeta_{\mathrm{th}} \equiv (\beta+\gamma)/2$，我们得到

$$S_X(0) \approx \frac{\gamma}{\beta+\gamma}=\frac{L}{T+L} \tag{6.148}$$

其中，我们使用了方程 (6.127)，这里 $T$ 为耦合反射镜的透射率，$L$ 为一次往返中不包括 $T$ 的损耗．这是在阈值下由 OPO 产生的场所能达到的最佳压缩．方程 (6.148) 有一个很

直观的解释：OPO 的最低噪声大小只是一次往返过程中总输出光子中丢失的那一部分的比例．因为压缩是由各个场分量之间光子对的关联所致，所以它对损耗非常敏感．丢失的光子变得不相关了．因此，不相关光子的比例就成为了 OPO 输出噪声水平的极限．

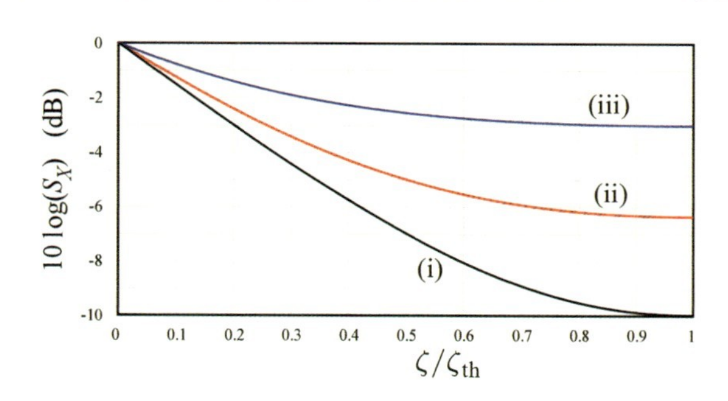


**图 6.8　对于 $\gamma/\beta$ 的三个值，压缩量 $S_X(0)$ 在对数坐标中作为 $\zeta/\zeta_{\text{th}}$ 的函数**

(i)$\gamma/\beta=0.11$; (ii) $\gamma/\beta=0.3$; (iii) $\gamma/\beta=1$.

对于 $\gamma/\beta=L/T$ 的三个值，我们在图 6.8 中用对数坐标绘制了方程 (6.147) 中的 $S_X$ 作为 $\zeta/\zeta_{\text{th}}$ 的函数．我们发现，泵浦在约 90% 的阈值时应足以获得由方程 (6.148) 给出的最大的压缩．因此，阈值是实验中产生压缩态的一个重要参数．下面将对它进行估算．

从方程 (6.145) 中我们知道，当 $\zeta=\zeta_{\text{th}}=(\beta+\gamma)/2$ 时就达到了阈值．从方程 (6.127) 中，发现 $\beta$ 和 $\gamma$ 可以和实验中可以测量的量联系起来，这样，我们也需要对 $\zeta$ 做同样的事情．从简并情况 ($\hat{a}=\hat{b}$) 的方程 (6.139) 中，我们得到 $\zeta=\eta\alpha_p$，其中，$|\alpha_p|^2$ 是泵浦场的光子数但 $\eta$ 仍不确定，因为它取决于非线性介质的非线性系数和三个波的模式重叠．实际上，$\eta$ 与有效非线性系数 $E_{\text{NL}}$ 有关，该系数可由对单次通过的非饱和二次谐波产生 (SHG) 进行测量而得到 (见 6.3.2 小节)．为找到这种关系，我们使用相同的 OPO 腔和非线性介质．从方程 (6.139) 中的二次谐波产生哈密顿量出发，我们可以得到谐波场 $\hat{b}$ 的演化方程为

$$\frac{\mathrm{d}\langle\hat{b}\rangle}{\mathrm{d}t}=\frac{\eta}{2}\langle\hat{a}\rangle^2 \tag{6.149}$$

这里，我们假设所有的场都处于相干态并取场的平均值．对于单程通过的谐波场，我们可以取近似

$$\langle\hat{b}\rangle\approx\eta\Delta t\langle\hat{a}\rangle^2/2 \tag{6.150}$$

其中,$\Delta t$ 为谐波通过非线性介质的穿过时间. 于是,如果产生的二次谐波功率 $P_2$ 和基频波的功率 $P_1$ 定义为

$$P_2=\frac{\hbar\omega_2|\langle\hat{b}\rangle|^2}{\Delta t},\quad P_1=\frac{\hbar\omega_1|\langle\hat{a}\rangle|^2}{t_r} \tag{6.151}$$

我们从方程 (6.150) 得到

$$P_2=\frac{\hbar\omega_2|\langle\hat{b}\rangle|^2}{\Delta t}=\frac{1}{4}\hbar\omega_2\eta^2\Delta t\left(\frac{P_1t_r}{\hbar\omega_1}\right)^2=\frac{\eta^2t_r^2\Delta t}{\hbar\omega_2}P_1^2 \tag{6.152}$$

这里,$t_r$ 是 OPO 腔中基频波的往返时间,我们对倍频用了 $\hbar\omega_2=2\hbar\omega_1$. 与方程 (6.107) 对比,我们得到 [另见 (Wu et al., 1987)]

$$E_{\text{NL}}=\frac{\eta^2t_r^2\Delta t}{\hbar\omega_2} \tag{6.153}$$

现在回到 OPO. 从 $\zeta_{\text{th}}=(\beta+\gamma)/2$ 的阈值条件和 $\zeta=\eta\alpha_p$ 及 $\beta+\gamma=2\pi/t_r\mathcal{F}$ (方程 (6.127) 和方程 (6.153)),我们得到阈值功率为

$$P_2^{\text{th}}=\frac{\hbar\omega_2|\alpha_p|^2}{\Delta t}=\frac{\hbar\omega_2|\zeta_{\text{th}}|^2}{\eta^2\Delta t}=\frac{\pi^2}{E_{\text{NL}}\mathcal{F}^2} \tag{6.154}$$

这里,$\mathcal{F}=2\pi/(T+L)$ 是 OPO 腔在基频 $\omega_1=\omega_0$ 的精细度.

利用零差测量方案对多频率模压缩态进行实验测量,我们就可以在很宽的光谱范围内观察到量子噪声的减少,这将在 9.5 节和 10.1.2 小节中进行讨论.

## 习　　题

**习题 6.1**　两个腔模式的耦合:频率分裂.

考虑内部有一个双折射晶体的腔. 它可以用光场的两种偏振模式 ($e$ 光和 $o$ 光) 来描述. 这两种模式的偏振方向相互正交,并标记为 $x,y$. 这两个模式的频率分别为 $\omega_1,\omega_2$,对应于两个偏振的共振频率,也就是说,只有当入射到腔的场的频率等于这些本征频率时,另一侧才有输出. 这两种模式的自由场哈密顿量是

$$\hat{H}_0=\hbar\omega_1\hat{a}_x^\dagger\hat{a}_x+\hbar\omega_2\hat{a}_y^\dagger\hat{a}_y \tag{6.155}$$

对于一个实际的双折射晶体，由于生长过程的不完善，光轴会有很小的旋转．然而，这样的旋转将在两个偏振模式 $x$ 和 $y$ 之间产生耦合，其形式为

$$\hat{H}_{\mathrm{I}} = \hbar g(\hat{a}_x^\dagger \hat{a}_y + \mathrm{h.c.}) \tag{6.156}$$

(1) 做下面的模式转换：

$$\begin{aligned}\hat{A} &= \hat{a}_x \cos\theta + \hat{a}_y \sin\theta \\ \hat{B} &= -\hat{a}_x \sin\theta + \hat{a}_y \cos\theta\end{aligned} \tag{6.157}$$

这对应于偏振旋转．找到一个角度 $\theta$，使得 $\hat{H} = \hat{H}_0 + \hat{H}_{\mathrm{I}}$ 可以写为自由场的形式 $\hat{H}_0$，并对于不同的 $\delta = \omega_1 - \omega_2$ 值，比较 $\hat{H}$ 和 $\hat{H}_0$ 的本征频率．通过验证算符 $\hat{A}, \hat{B}$ 满足对易关系，证明它们是湮灭算符．

(2) 考虑量子态 $|\psi_A\rangle = |\alpha_A\rangle_A |0\rangle_B$，其中，模式 $\hat{A}$ 处于相干态，而模式 $\hat{B}$ 处于真空态．证明 $|\psi_A\rangle$ 是 $\hat{a}_x, \hat{a}_y$ 的本征态，因此 $|\psi_A\rangle = |\alpha_x^A\rangle_x |\alpha_y^A\rangle_y$．求它们的本征值 $\alpha_x^A, \alpha_y^A$．(提示：利用 $\hat{A}|\psi_A\rangle = \alpha_A|\psi_A\rangle, \hat{B}|\psi_A\rangle = 0$．)

(3) 对量子态 $|\psi_B\rangle = |0\rangle_A |\alpha_B\rangle_B$ 也作 (2) 同样的计算．

(4) 假设频率为 $\omega$、偏振为 $x$ 的相干态光场入射到腔中．当扫描频率为 $\omega$ 时，输出 (频率和偏振) 是什么？

**习题 6.2** 相干态与双光子态混合而产生的反聚束现象 (Shafiei et al., 2004).

考虑一个 50:50 分束器的输入态如下．输入模式 $a$ 处于双光子态：

$$|\eta\rangle_a \approx |0\rangle_a + \eta|2\rangle_a \quad (|\eta| \ll 1) \tag{6.158}$$

而模式 $b$ 处于相干态：

$$|\alpha\rangle_b \approx |0\rangle_b + \alpha|1\rangle_b + \frac{\alpha^2}{\sqrt{2}}|2\rangle_b + \frac{\alpha^3}{\sqrt{6}}|3\rangle_b \quad (|\alpha| \ll 1) \tag{6.159}$$

(1) 求分束器的输出态．只保留到三光子项．

(2) 计算归一化的强度关联函数 $g^{(2)} = \langle : \hat{n}^2 : \rangle / \langle \hat{n} \rangle^2$ 至第二个非零阶．对于分束器的每个输出场，找出反聚束的条件：$g^{(2)} < 1$．

**习题 6.3** 相干态和双光子态混合产生的三光子 NOON 态 (Shafier et al., 2004).

利用习题 6.2 中的输出态，得到此态的三光子部分为三光子 NOON 态的条件 (见 4.5.1 小节).

**习题 6.4** Wigner 函数在分束器的变换.

利用方程 (3.169) 中定义的 Wigner 函数的特征函数和方程 (6.59) 给出的无损耗分束器的算符变换,证明由方程 (6.79) 给出的 Wigner 函数的变换.

**习题 6.5** 6.1.4 小节中光子数倍增器的单光子和三光子之间的转换.

对于方程 (6.18) 中的相互作用,如果输入态是 $|\Psi_{\text{in}}\rangle = |1\rangle_3|1\rangle_2$,求输出态. 如果输入态为 $|\Psi_{\text{in}}\rangle = |0\rangle_3|3\rangle_2$ 呢?

**习题 6.6** 具有损耗的非简并光学参量放大器.

当非简并光学参量振荡器 (NOPO) 工作在阈值以下时, 它就变成了非简并光学参量放大器 (NOPA). 我们在 6.3.4 小节讨论了没有损耗的情况. 现在让我们通过将损耗模拟为两个腔模与外场的耦合来考虑腔内有损耗的情况,就像方程 (6.141) 中的简并情况一样,但现在要对两个非简并腔模也这样做. 为了简单起见,我们假设两个腔模具有相同的输出耦合系数 $\alpha = \beta$ 和相同的损耗系数 $\gamma$.

(1) 使用 6.3.4 小节中的方法证明,在 $\Delta_a = 0 = \Delta_b$ 的双共振条件下,NOPO 的输出场在 $\Omega = 0$ 的频率分量具有如下形式 (Ou et al., 1992a):

$$\begin{aligned}\hat{a}_{\text{out}} &= \bar{G}\hat{a}_{\text{in}} + \bar{g}\hat{b}_{\text{in}}^\dagger + \bar{G}'\hat{a}_0 + \bar{g}'\hat{b}_0^\dagger \\ \hat{b}_{\text{out}} &= \bar{G}\hat{b}_{\text{in}} + \bar{g}\hat{a}_{\text{in}}^\dagger + \bar{G}'\hat{b}_0 + \bar{g}'\hat{a}_0^\dagger\end{aligned} \tag{6.160}$$

其中,$\bar{G}^2 - \bar{g}^2 + \bar{G}'^2 - \bar{g}'^2 = 1$ 且

$$\begin{aligned}\bar{G} &= [(\beta^2 - \gamma^2)/4 + |\zeta|^2]/M, \quad \bar{g} = \zeta\beta/M \\ \bar{G}' &= \sqrt{\beta\gamma}(\gamma + \beta)/2M, \quad \bar{g}' = \zeta\sqrt{\gamma\beta}/M\end{aligned} \tag{6.161}$$

其中, $\zeta$ 与泵浦振幅成正比, 而 $\beta,\gamma$ 则分别与腔往返输出耦合 $T$ 和损耗 $L$ 成正比, $M \equiv (\gamma + \beta)^2/4 - |\zeta|^2$. $\hat{a}_0,\hat{b}_0$ 代表通过损耗而耦合进来的真空模式.

(2) 证明两个输出之间的 EPR 关联 (见 4.6.2 小节),即 $\langle \Delta^2(\hat{X}_{a_{\text{out}}} - \hat{X}_{b_{\text{out}}})\rangle$ 在达到阈值 $\zeta = \zeta_{\text{th}} \equiv (\beta + \gamma)/2$ 的情况下成为最佳值 $2\gamma/(\beta + \gamma) < 2$,这与方程 (6.148) 类似.

(3) 证明本章讨论的非简并 OPO 的阈值功率与方程 (6.154) 中简并 OPO 的阈值功率相同.

**习题 6.7** 双共振腔内的二次谐波产生 (Collett et al., 1985; Ou et al., 1993).

在 6.3.2 小节中,我们利用经典波的图像,研究了产生的谐波单次通过的腔内二次谐波产生 (SHG) 过程. 在这里我们将使用 6.3.4 小节中的方法和量子图像来处理两个波都共振的情况. 先从方程 (6.139) 中二次谐波产生的哈密顿量开始,它被重写为

$$\hat{H}_{\text{SHG}} = \mathrm{i}\hbar\frac{\eta}{2}(\hat{b}\hat{a}^{\dagger 2} - \hat{b}^{\dagger}\hat{a}^2) \tag{6.162}$$

将基频波场和谐波场的衰减常数分别记为 $\gamma_1$ 和 $\gamma_2$,它们通过方程 (6.127) 分别与相应的耦合系数 $T_1$,$T_2$ 联系起来,我们得到运动方程为

$$\begin{aligned}\frac{\mathrm{d}\hat{a}}{\mathrm{d}t} &= -\left(\mathrm{i}\omega_a + \frac{\gamma_1}{2}\right)\hat{a} + \eta\hat{b}\hat{a}^{\dagger} - \sqrt{\gamma_1}\hat{a}_{\text{in}} \\ \frac{\mathrm{d}\hat{b}}{\mathrm{d}t} &= -\left(\mathrm{i}\omega_b + \frac{\gamma_2}{2}\right)\hat{b} - \frac{1}{2}\eta\hat{a}^2 - \sqrt{\gamma_2}\hat{b}_{\text{in}}\end{aligned} \tag{6.163}$$

为简单起见,我们假设双共振条件 $\omega_a - \omega_0 = 0$ 和 $\omega_b - 2\omega_0 = 0$,其中,$\omega_0$ 为输入的基频场的频率,并且两个波都没有腔内损耗. 上面的方程是非线性耦合的算符微分方程,无法求解. 然而,在二次谐波产生中,谐频波和基频波场都很强,所以我们可以将其写为 $\hat{b} = \langle\hat{b}\rangle + \Delta\hat{b}$ 和 $\hat{a} = \langle\hat{a}\rangle + \Delta\hat{a}$,其中,$|\langle\hat{b}\rangle|^2 \gg \langle\Delta\hat{b}^{\dagger}\Delta\hat{b}\rangle$ 和 $|\langle\hat{a}\rangle|^2 \gg \langle\Delta\hat{a}^{\dagger}\Delta\hat{a}\rangle$. 将它们代入方程 (6.163) 中并只保留 $\Delta\hat{b}$ 和 $\Delta\hat{a}$ 的线性项,我们可以导出 $\Delta\hat{b}$ 和 $\Delta\hat{a}$ 的线性方程.

(1) 使用上述方法导出 $\langle\hat{b}\rangle$,$\langle\hat{a}\rangle$(零阶) 和 $\Delta\hat{b}$,$\Delta\hat{a}$(一阶) 的方程.

(2) 对于二次谐波产生,基频波为非零相干态输入,而谐波只有真空输入. 求 $\langle\hat{b}\rangle$,$\langle\hat{a}\rangle$ 和 $\langle\hat{b}_{\text{out}}\rangle$ 的稳态解.

(3) 使用推导方程 (6.154) 的方法,证明从输入基频波到输出谐波的转换效率满足一个类似于方程 (6.3.2) 的三次方程,但对于这个三次方程,等效的 $T$,$E_{\text{NL}}$ 为 $T^{\text{eff}} = T_1$ 和 $E_{\text{NL}}^{\text{eff}} = 4E_{\text{NL}}/T_2$. 这里,$E_{\text{NL}}$ 是由方程 (6.107)、方程 (6.153) 给出的单次通过的非饱和非线性转换系数. 因此,由于谐波共振腔的存在,非线性转换系数被提高了 $4/T_2$ 倍.

(4) 使用 6.3.4 小节中的方法来求解 $\Delta\hat{b}$,$\Delta\hat{a}$ 的线性方程,并找到基频波和谐波的压缩谱.

**习题 6.8** 三光子和四光子的广义 Hong-Ou-Mandel 效应.

Hong-Ou-Mandel 双光子干涉效应是对两个光子而言的,其中各有一个光子分别从两端进入无损耗的分束器 [见方程 (6.61)、方程 (6.62) 和 8.2.1 小节中的更多内容]. 现在,考虑三个或四个光子进入一个透射率为 $T$ 和反射率为 $R$ 的无损耗分束器.

(1) 证明对 $|2\rangle_a|1\rangle_b$ 的输入态,输出态为

$$|\Psi_3\rangle_{\text{out}} = \sqrt{3T^2R}|3\rangle_A|0\rangle_B + \sqrt{3TR^2}|0\rangle_A|3\rangle_B$$

$$+(T-2R)\sqrt{T}|2\rangle_A|1\rangle_B+(R-2T)\sqrt{R}|1\rangle_A|2\rangle_B \tag{6.164}$$

其中,$a,b$ 是分束器的输入模式,$A,B$ 则为输出模式. 如果我们进行三光子符合测量,其中在 $A$ 出口探测两个光子,在 $B$ 出口探测一个光子,那么当 $T=2R=2/3$ 时,符合计数则为零. 这是一个三光子相消干涉效应 (Sanaka et al., 2006),类似于两个光子的 Hong-Ou-Mandel 效应.

(2) 证明对 $|2\rangle_a|2\rangle_b$ 的输入态、输出态为

$$\begin{aligned}|\Psi_4\rangle_{\text{out}}=&TR\sqrt{6}\big(|4\rangle_A|0\rangle_B+|0\rangle_A|4\rangle_B\big)+\big(T^2+R^2-4TR\big)|2\rangle_A|2\rangle_B\\&+(T-R)\sqrt{6TR}\big(|3\rangle_A|1\rangle_B+|1\rangle_A|3\rangle_B\big)\end{aligned} \tag{6.165}$$

与 (1) 类似,如果我们进行四光子符合测量,在 $A$ 和 $B$ 同时分别测到两个光子,那么当 $T=(3\pm\sqrt{3})/6, R=(3\mp\sqrt{3})/6$ 时,符合计数将为零. 这是一个四光子相消干涉效应 (Liu et al., 2007).

**习题 6.9** 有损耗的薛定谔猫态 (Walls et al., 1985).

我们可以用透射率为 $T=1-\gamma$ 的分束器来模拟损耗. 对方程 (3.51) 中的薛定谔猫态,使用习题 6.4 的结果和方程 (3.182) 中的 Wigner 函数,求受到损耗为 $\gamma$ 的薛定谔猫态的 Wigner 函数. 证明方程 (3.56) 中的结果,为得到此结果,你需要对分束器的另一个输出取迹.

# 第2部分

# 量子光学的实验技术及其应用

# 第 7 章

# 量子光学实验技术之一:光子计数技术

在我们所处的经典世界里,一般是很难看到量子现象的. 我们在实验中探测到的,如电流、电压等,都是宏观经典物理量. 那么,我们如何能从这些被测量的经典物理量中观察光场的量子特性呢? 事实上,如我们在第 5 章中讨论过的,光的量子性质是通过被观测量之间的统计关联来表现出来的. 在本章和第 9 章将讲的量子光学的实验技术就是一些特殊的实验手段,利用它们就能看到那些显示光场量子特性的统计关联. 要理解这些观察到的现象,必须将前几章讲的光的量子理论联系起来. 这样,我们不仅能理解实验现象,而且能用它进一步指导实验去发现新的量子现象. 在本章里,我们将讨论光子计数技术,它是在量子光学中常用到的两种实验技术中的一种.

# 7.1　光探测的基本过程

在任何一个光学实验里，有一个装置是必不可少的，那就是光探测器．虽然我们可以用肉眼观察光，但这是非常粗糙、不精确的．实验中用的光探测器一般由光敏材料制成．常用的材料为半导体材料如硅、锗、砷化镓等．它们被做成光电二极管．如图 7.1所示，光探测器是连接光场与我们测量的电流、电压之间的桥梁．光场由前面几章讲的光的量子理论来描述．测量到的电流和电压是我们在实验室测量到的实验现象的重要部分．光探测器理论就是把实验和理论结合起来．

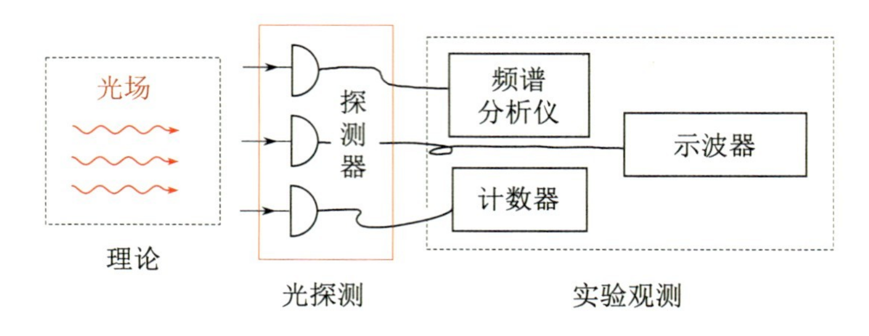


**图 7.1　光学实验中的探测过程**

从入射光场到记录下被探测量的结果．光的探测过程是在被测光场的理论描述和实验的观测结果之间搭起一座桥梁．

要观察到光场的量子特性，光探测过程就必须是一个量子过程．幸运的是，这个过程就是第一个由光量子理论正确解释的实验现象，即著名的光电效应．爱因斯坦最先解释了这个效应并首次提出了光子的概念．光探测的过程也是一个量子测量的过程．对这个过程的研究有助于理解量子力学的本质．

在如图 7.2所示的光电过程中，当光照射在探测器上时，电子就被光激发出来．由光照射而产生的电子，我们称为“光电子”．被激发之后，光电子在很短的时间内 ($T_R \sim 10^{-9}$ s=1 ns) 被放大到能被电子仪器测到的电脉冲．这个产生和放大的过程一般是在一个装置里完成的，如光电倍增管 (PMT)、雪崩光电二极管 (APD)．

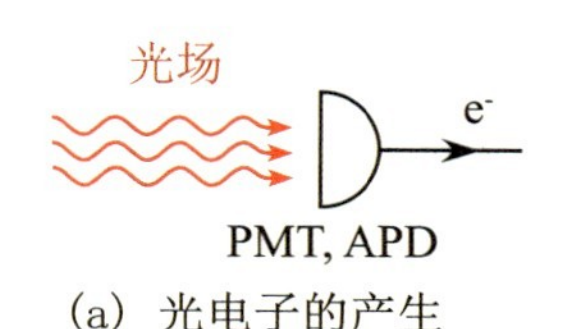


(a) 光电子的产生

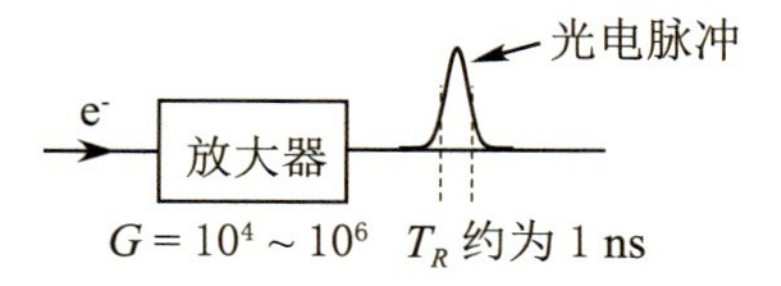


(b) 光电子被放大成为宏观上可以测量的电脉冲

图 7.2 光电探测的过程

当照射的光不强时，探测器由于测到光子而产生的电脉冲之间彼此分离．我们于是可以对每个脉冲单独处理，在放大过程之后，先对脉冲高度进行鉴别以除去暗计数，然后再进行电脉冲整形以做进一步处理．在整个过程中，探测器被抑制不能再产生另一个光电脉冲．因此，这时它不能再对光有反应．这段时间 ($\sim 10^{-6}$ s= 1 μs) 也被称为探测器的死时间．这将限制最大的计数率为每秒 $10^6$ 个 (cps)．对这种探测器，光场强度必须足够地低，才能使光电脉冲在时间上可以被探测器分辨．这样，我们就可以对每个光电脉冲进行计数．这就是光子计数技术，如图 7.3所示．

图 7.3 弱光场的光子计数技术

当光场强度很大时，如果探测器不用处理光电脉冲就没有死时间限制，不同光电子对应的光电脉冲就会重叠相加而形成连续的光电流．因为光电子的产生是随机的，光电流就是一个随机过程．它会随时间而起伏涨落，如图 7.4 所示．

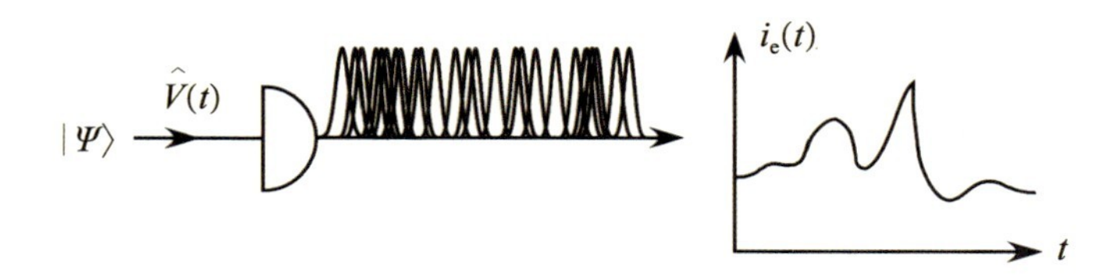


图 7.4 在较强光强下的连续光电流

本章讲的实验技术以及下一章的应用对应于微弱光强的情况．这时，我们可以一个一个地数光电脉冲．

## 7.2 光电子的探测概率

当光场很弱时，光电子产生的事件非常稀少．这样，在一个光电脉冲内 ($\Delta t \sim T_R \sim 1\,\mathrm{ns}$)，两个光电子产生的概率很小：$P_2 \ll 1$，即光电脉冲不会重叠而是成为分离的，如图7.5所示．这种情况下，各个光电脉冲是可数的．我们因此可以用数码计时器来记录光电脉冲个数，进行计数测量．

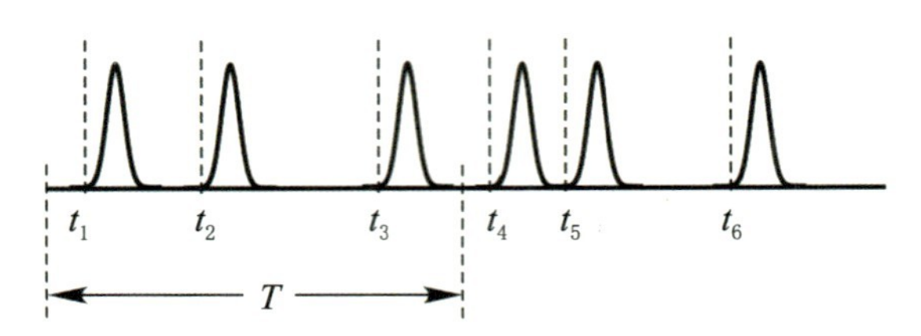


图 7.5　弱光强下产生的不重叠的光电脉冲

光电测量理论分别由 Glauber 和 Mandel 于 1963 年建立．在 Mandel 的理论中，虽然原子是量子化的但光场是经典 (波动) 的，而 Glauber 的理论是全量子的，包括对光场的处理．它们具有相似的结果，都是关于探测光电子概率的理论．在 Glauber 的理论中，当处于量子态 $|\Psi\rangle$ 的光场照射到一个光探测器上时，在 $t$ 到 $t+\mathrm{d}t$ 时间段内产生一个光电子的概率为

$$p_1\mathrm{d}t = \alpha\langle \hat{\boldsymbol{E}}^{(-)}(\boldsymbol{r},t) \times \hat{\boldsymbol{E}}^{(+)}(\boldsymbol{r},t)\rangle_{\Psi}\mathrm{d}t \tag{7.1}$$

这里，$\alpha$ 是与 $|\Psi\rangle$ 无关而只与探测器有关的常数．$\hat{\boldsymbol{E}}^{(+)}(\boldsymbol{r},t)$ 和 $\hat{\boldsymbol{E}}^{(-)}(\boldsymbol{r},t)$ 分别是光场的电场算符正频和负频部分:

$$\hat{\boldsymbol{E}}^{(-)\dagger}(\boldsymbol{r},t) = \hat{\boldsymbol{E}}^{(+)}(\boldsymbol{r},t) = \mathrm{i}\sqrt{4\pi}\sum_{s=1,2}\int \mathrm{d}^3\boldsymbol{k}\sqrt{\frac{\hbar\omega}{2}}\,\hat{a}_s(\boldsymbol{k})\hat{\epsilon}_{\boldsymbol{k},s}\frac{\mathrm{e}^{\mathrm{i}(\boldsymbol{k}\cdot\boldsymbol{r}-\omega t)}}{(2\pi)^{3/2}} \tag{7.2}$$

对于单一偏振场，在一维准单色近似下 (见 2.3.4 小节和 2.3.5 小节)，方程 (7.1) 变为

$$p_1\mathrm{d}t = \alpha'\langle \hat{E}^{(-)}(t)\hat{E}^{(+)}(t)\rangle_{\Psi}\mathrm{d}t \tag{7.3}$$

其中

$$\left[\hat{E}^{(-)}(t)\right]^{\dagger} = \hat{E}^{(+)}(t) = \frac{1}{\sqrt{2\pi}}\int \mathrm{d}\omega\hat{a}(\omega)\mathrm{e}^{-\mathrm{i}\omega t} \tag{7.4}$$

于是,在一段有限的时间 $T$ 内,产生一个光电子的概率为

$$P_1 = \int_T p_1 \mathrm{d}t = \alpha' \int_T \mathrm{d}t \langle \hat{E}^{(-)}(t)\hat{E}^{(+)}(t)\rangle_\Psi \tag{7.5}$$

从概率的定义,我们知道在 $T$ 时间内测到的光电子数则为 $N_\mathrm{e} \propto P_1$,即

$$N_\mathrm{e} = C_0 P_1 = \eta \int_T \mathrm{d}t \langle \hat{E}^{(-)}(t)\hat{E}^{(+)}(t)\rangle_\Psi = \int_T \mathrm{d}t R_\mathrm{e}(t) \tag{7.6}$$

$C_0,\eta$ 均为常数. 在上式中,测到光电子的速率即为 $R_\mathrm{e}(t) = \eta\langle \hat{E}^{(-)}(t)\hat{E}^{(+)}(t)\rangle_\Psi$. 我们从 2.3.4 小节和 2.3.5 小节知道,$\langle \hat{E}^{(-)}(t)\hat{E}^{(+)}(t)\rangle_\Psi = R_p(t)$ 是处于 $|\Psi\rangle$ 态的光场的光子数的速率. 这样,我们得到 $R_\mathrm{e}(t) = \eta R_p(t)$ 或者 $\eta = R_\mathrm{e}(t)/R_p(t)$,即 $\eta$ 是测到的光电子数与到达的光子数之比. 所以,$\eta$ 的物理意义就是光探测器的量子效率,即到达的光子转换为光电子的比例.

如果有两个探测器分别在两个地方,即 $\boldsymbol{r}'$ 和 $\boldsymbol{r}''$ (见图 7.6),我们可以测量光场在这两个地方的关联. 实际上,我们真正测量的是在两个探测器中产生的光电子的统计关联. 其中最直接简单的方法是通过“与”门来测量光电子在与门开启的 $T_R$ 时间内同时到达的符合计数 $N_\mathrm{c}$(见图 7.6). 这个测量与光场的关系由 Glauber 的光电测量理论给出:当光场处于量子态 $|\Psi\rangle$ 时,探测器 $A$ 在 $t'$ 到 $t'+\mathrm{d}t'$ 时间内在 $\boldsymbol{r}'$ 和探测器 $B$ 在 $t''$ 到 $t''+\mathrm{d}t''$ 时间内在 $\boldsymbol{r}''$ 分别产生两个光电子的联合概率为

$$\begin{aligned} p_2(\boldsymbol{r}'t',\boldsymbol{r}''t'')\mathrm{d}t'\mathrm{d}t'' =& \alpha'\alpha''\langle \hat{\boldsymbol{E}}_B^{(-)}(\boldsymbol{r}'',t'')\hat{\boldsymbol{E}}_A^{(-)}(\boldsymbol{r}',t') \\ & \times \hat{\boldsymbol{E}}_A^{(+)}(\boldsymbol{r}',t')\hat{\boldsymbol{E}}_B^{(+)}(\boldsymbol{r}'',t'')\rangle_\Psi \mathrm{d}t'\mathrm{d}t'' \end{aligned} \tag{7.7}$$

对时间积分,我们就得到在一个有限时间段 $T$ 的两个光电子的联合探测概率:

$$P_2 = \int_T p_2(t',t'')\mathrm{d}t'\mathrm{d}t'' \tag{7.8}$$

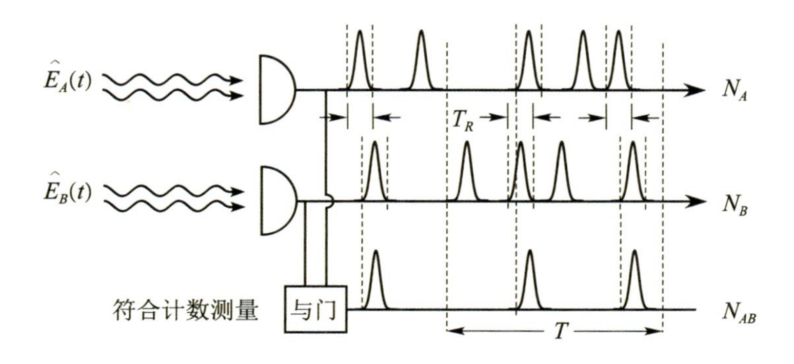


**图 7.6　两个探测器之间的符合计数测量**

只有当两个脉冲在时间 $T_R$ 内重合,才能产生一个符合脉冲.

如图 7.6 所示,在实验中,我们通常用宽度为 $T_R$ 的"与"门来记录两个光电子同时到达的概率. 为了解释方程 (7.8) 与实验对应的物理意义,我们将方程 (7.8) 的积分重写为

$$P_2=\int_T \mathrm{d}t\int_{T_R} p_2(t,t+\tau)\mathrm{d}\tau\equiv\int_T \mathrm{d}tR_{p2}(t) \tag{7.9}$$

其中,我们进行了变量代换:$t',t''\rightarrow t,t+\tau$,并定义

$$R_{p2}(t)\equiv\int_{T_R} p_2(t,t+\tau)\mathrm{d}\tau \tag{7.10}$$

从方程 (7.9) 的形式,我们看到 $R_{p2}$ 被解释为在时间间隔 $T_R$ 中同时出现两个光电子的速率,即 $R_{p2}=\mathrm{d}P_2/\mathrm{d}t$. 它与在时间窗口 $T_R$ 内测量到两个光电子的符合计数率成正比.

利用与方程 (7.3) 类似的一维准单色近似,方程 (7.7) 变为

$$p_2(t',t'')\mathrm{d}t'\mathrm{d}t''=\alpha'\alpha''\langle\hat{E}_B^{(-)}(t'')\hat{E}_A^{(-)}(t')\hat{E}_A^{(+)}(t')\hat{E}_B^{(+)}(t'')\rangle_\Psi\mathrm{d}t'\mathrm{d}t'' \tag{7.11}$$

这里,$\hat{E}_{1,2}^{(\pm)}(t)$ 由方程 (7.4) 给出. 这样,与方程 (7.6) 类似,两个光电子在时间 $T$ 中的符合计数 $N_\mathrm{c}$ 与 $P_2$ 成正比. 方程 (7.9) 成为

$$N_\mathrm{c}=\int_T \mathrm{d}tR_2(t) \tag{7.12}$$

其中,$R_2(t)\propto R_{p2}(t)$ 且具有如下形式:

$$R_2(t)\equiv\int_{T_R}\eta_A\eta_B\langle\hat{E}_B^{(-)}(t+\tau)\hat{E}_A^{(-)}(t)\hat{E}_A^{(+)}(t)\hat{E}_B^{(+)}(t+\tau)\rangle_\Psi\mathrm{d}\tau \tag{7.13}$$

这里,$\eta_A,\eta_B$ 分别是探测器 $A$ 和 $B$ 的量子效率. $R_2$ 是在实验中测量的两个光电子同时出现在时间间隔 $T_R$ 的符合计数率. 如前所述,这个速率可以在实验中利用"与"门的方法测量两个光电脉冲的符合计数来得到 (见图 7.6).

对于连续光场,场随时间的变化是一个平稳的过程. 这样,方程 (7.6) 中的 $R_\mathrm{e}(t)$ 和方程 (7.13) 中的 $R_2(t)$ 都独立于 $t$ 并变为常数. 在 $T$ 时间内的光电子总数和总符合计数分别为 $N_\mathrm{e}=R_\mathrm{e}T$ 和 $N_\mathrm{c}=R_2T$.

对于非连续脉冲光场 (宽频谱),我们需要对探测器的响应时间进行积分以获得光电子的总概率. 当脉冲持续时间比探测器的响应时间短得多时,即通常的超短脉冲的情况,时间积分将覆盖整个脉冲. 这相当于对脉冲的整个长度进行积分. 在这种情况下,我们得到在单个脉冲中产生一个光电子的概率:

$$P_1=\int_{-\infty}^{\infty} p_1(t)\mathrm{d}t=\alpha\int_{-\infty}^{\infty}\mathrm{d}t\langle\hat{\boldsymbol{E}}^{(-)}(t)\times\hat{\boldsymbol{E}}^{(+)}(t)\rangle_\Psi \tag{7.14}$$

在一维准单色近似下,上面的方程变为

$$P_1 = \eta \int_{-\infty}^{\infty} dt \langle \hat{E}^{(-)}(t) \hat{E}^{(+)}(t) \rangle_{\Psi} \tag{7.15}$$

其中,$\eta$ 是探测器的量子效率. 类似地,在一个脉冲中产生两个光电子的概率为

$$P_2 = \eta_A \eta_B \int_{-\infty}^{\infty} dt_1 dt_2 \langle \hat{E}_B^{(-)}(t_2) \hat{E}_A^{(-)}(t_1) \hat{E}_A^{(+)}(t_1) \hat{E}_B^{(+)}(t_2) \rangle_{\Psi} \tag{7.16}$$

如果光脉冲重复率或每秒光脉冲数是 $R_p$,那么光电子脉冲的计数率为 $R_1 = P_1 R_p$,且两个光电子的符合计数率为 $R_2 = P_2 R_p$.

## 7.3 光子计数技术

在量子光学实验中,当光场较弱时,我们可以利用光子计数技术来研究光场的行为,从而获得光场的光子统计、光子关联等物理量. 这些测量将揭示光场的量子行为,并显示出量子现象,如量子干涉和量子纠缠.

光子计数技术的核心是从光信号到标准化的数字电子脉冲的转换. 一旦获得了这些数字脉冲,就可以应用成熟的数码技术来处理和分析这些脉冲中的数据,以获得光场的各种统计特性. 图 7.7(a) 显示了一个从光子到数字化电子脉冲的典型转换过程. 当光场照射到探测器上后,生成的光电子首先经历初始放大. 这个功能通常在探测器中完成. 光电倍增管 (PMT) 在早期曾是常用的探测器件,但之后被雪崩光电二极管 (APD) 代替,它们输出由一个光电子触发的电脉冲. 初始放大的增益为 $10^3 \sim 10^4$. 初始放大后的电脉冲仍然很弱 ($i_e \sim 10^4 e/ns = 1.6 \times 10^{-6}$ A),需要进一步放大成为宏观电脉冲. PMT 或 APD 的初始放大增益通常取决于许多不可控因素,因此其波动很大,导致在初始放大后电脉冲的大小也有很大的变化. 此外,在初始放大阶段也存在一些受热激发电子. 它们产生相对较小的电脉冲,被称为"暗脉冲",这是因为它们即使在没有光场的情况下也存在. 为了消除暗脉冲并产生均匀大小的电脉冲,通常使用脉冲鉴别器为电脉冲建立一定的阈值. 这将消除大部分暗脉冲和一些较小的脉冲. 鉴别器的另一个作用是将脉冲整形成一些标准化的数字脉冲. 如今,这种技术已经相当成熟,整个过程被集成到单光子模块中,这种光子模块通过光纤耦合接收光子并将其直接转换成标准化的数字脉冲,然后输出. 常用的数字脉冲有两种:一种是脉冲宽度可调并为 100 ns 左右的 TTL 正脉冲,

另一种是脉冲宽度为几纳秒的超短 NIM 负脉冲. TTL 脉冲用于记录脉冲数目,而 NIM 脉冲用于时间相关的精准测量. 如图 7.7(b) 所示,从单光子模块输出的标准数字脉冲被输入到“扇入扇出”装置中,并被复制成多个标准数字脉冲,用于进一步处理,例如简单的计数和与其他探测器输出的脉冲进行结合以实现符合计数测量.

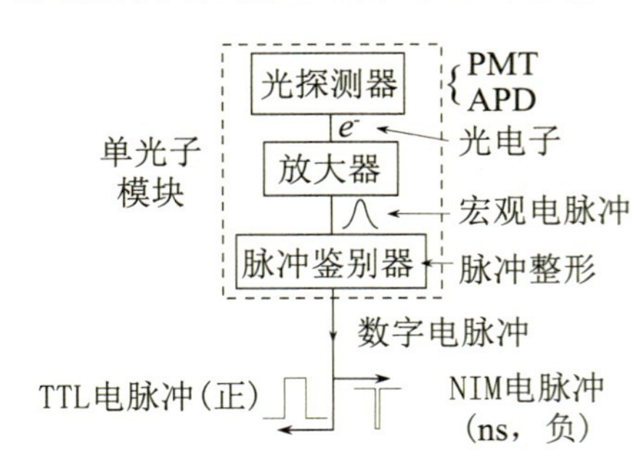


(a) 光子计数技术中常用的从光子到标准化的数字电子脉冲的转换过程

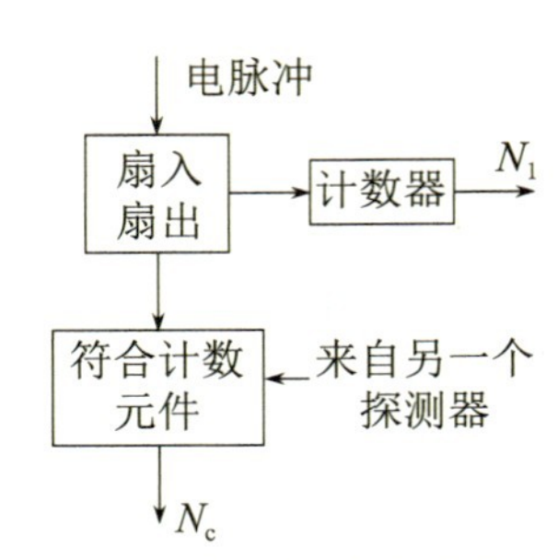


(b) 数字电子脉冲计数和符合计数

图 7.7 光子计数技术的具体实现过程

## 7.3.1 利用“与”门的符合测量技术

进行符合测量的最简单方法是使用“与”门. 它可以推广到从多个不同探测器输出的多个脉冲的符合,用于测量多光子关联效应. 如图 7.8所示,只有当两个或多个输入脉冲在“与”门中有一些重叠时,才会产生符合脉冲. 这需要所有脉冲到达时间的差异小于脉冲的宽度. 符合计数率在方程 (7.13) 中给出,其中 $T_R$ 由两个输入脉冲的宽度所决定.

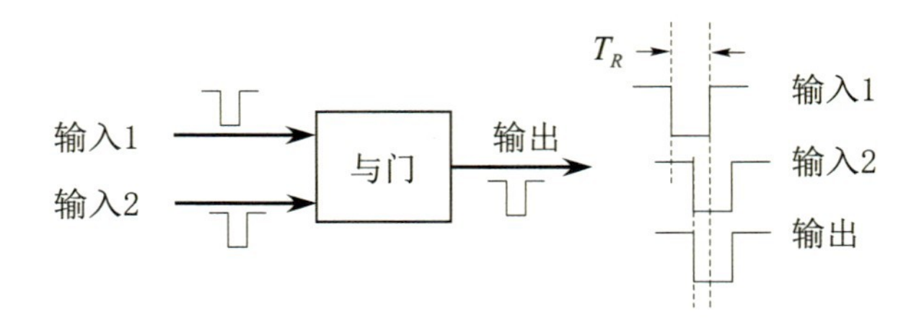


图 7.8 利用“与”门的符合计数测量

获得了符合计数和单个探测器的计数,就可以分析这些数据以获得光场的统计特性. 通常,符合计数越高,由探测器测量的光场之间的关联性就越强. 然而,我们需要一个参考来判断关联性的强弱. 这个参考就是偶然符合计数. 下面,我们将讨论如何定义和测量在不同情况下的偶然符合计数.

**偶然符合计数**是两个随机产生的脉冲的符合计数. 它对应于完全不相关光场的两个光探测事件之间的随机偶然符合事件. 因此,如果测得的符合计数高于偶然符合计数,说明场之间有正相关,反之,则有反关联. 例如,对于处于双光子量子态的光场,通过两个光电探测器同时测到两个光电脉冲的概率是非常高的. 在这种情况下,测得的符合计数远高于偶然符合计数. 这就是光子聚束效应. 此外,对于处于单光子态的场,由于一次只有一个光子,两个探测器只能由其中之一产生一个光电脉冲. 这种情况下的符合计数将远低于偶然符合计数,甚至接近于零. 这就是光子反聚束效应.

假设符合计数窗口为 $T_R$. 我们来计算偶然符合计数率 $R_{\text{ac}}$ 与每个探测器的单个计数率的关系. 假设打开探测器 $A,B$ 一段时间 $T \gg T_R$. 如果两个探测器的电脉冲是随机产生的,则产生脉冲的两个探测器的概率密度是相同的,即 $p_A = p_B = 1/T$. 然后,在符合窗口 $T_R$ 里由两个探测器中单个探测器产生脉冲的概率是 $P_A = p_A T_R = T_R/T = P_B$. 由于来自两个探测器的脉冲是随机的,产生两个脉冲 (即每个探测器产生一个) 的联合概率是 $P_{AB} = P_A P_B = (T_R/T)^2$(见 1.4.3 小节). 如果我们在时间段 $T$ 内分别从两个探测器中记录到计数 $N_A, N_B$,即样本大小分别是 $N_A, N_B$,在时间段 $T_R$ 中从两个探测器中得到的计数为 $n_A = N_A P_A = N_A T_R/T = R_A T_R$,$n_B = N_B P_B = N_B T_R/T = R_B T_R$,其中,$R_A = N_A/T$,$R_B = N_B/T$ 分别是两个探测器的计数率. 以上是对一个随机变量的计算. 把两个集合在一起,样本大小变为 $N_{AB} = N_A N_B$ (见 1.4.3 小节的联合概率). 因此,在时间窗 $T_R$ 内的符合计数为 $n_{AB} = N_{AB} P_{AB} = N_A N_B (T_R/T)^2$. 按计数率来写,我们得到符合计数率为 $R_{AB} = n_{AB}/T_R = R_A R_B T_R$. 因为我们讨论的是随机事件,这便是偶然符合的计数率并可写为

$$R_{\text{ac}} = R_A R_B T_R \tag{7.17}$$

因为 $p_A = p_B = 1/T =$常数,上面的表达式是针对平稳光场的. 它也可以从方程 (7.13)、方程 (7.16) 得到. 当 $A,B$ 两个光场互相独立时,我们有

$$\begin{aligned}&\langle \hat{E}_B^{(-)}(t+\tau)\hat{E}_A^{(-)}(t)\hat{E}_A^{(+)}(t)\hat{E}_B^{(+)}(t+\tau)\rangle_\Psi \\ &= \langle \hat{E}_A^{(-)}(t)\hat{E}_A^{(+)}(t)\rangle \langle \hat{E}_B^{(-)}(t+\tau)\hat{E}_B^{(+)}(t+\tau)\rangle\end{aligned} \tag{7.18}$$

利用方程 (7.6)、方程 (7.13),我们得到

$$R_{\text{ac}} = \int_{T_R} R_A(t) R_B(t+\tau)\mathrm{d}\tau \tag{7.19}$$

对于平稳的光场，$R_A(t)$，$R_B(t+\tau)$ 与时间无关，将它们从以上的表达式的积分中提出来，便得到方程 (7.17)．有时，由于实验的要求，我们需要间歇性地打开和关闭探测器．如果间歇时间比光场的特征时间如相干时间和关联时间长很多，我们仍可以把它们作为连续的平稳场对待．但方程 (7.17) 需要修改，因为它只在探测器打开时成立而在关闭时所有量为零．如果探测器打开和关闭的时间比率为 $r$，实际测到的计数率则为 $R'_A=rR_A/(r+1)$，$R'_B=rR_B/(r+1)$，$R'_{AB}=rR_{AB}/(r+1)$．利用方程 (7.17)，我们得到这种情况下的计数率的关系为

$$R'_{\mathrm{ac}}=R'_AR'_BT_R(r+1)/r \tag{7.20}$$

对于非连续的脉冲光场，采用在脉冲情况下联合概率的方程 (7.16) 并对独立场使用方程 (7.18)，我们得到

$$\begin{aligned}P_2&=\eta_A\eta_B\int_{-\infty}^{\infty}\mathrm{d}t_1\mathrm{d}t_2\langle\hat{E}_B^{(-)}(t_2)\hat{E}_B^{(+)}(t_2)\rangle\langle\hat{E}_A^{(-)}(t_1)\hat{E}_A^{(+)}(t_1)\rangle\\&=\eta_A\int_{-\infty}^{\infty}\mathrm{d}t_1\langle\hat{E}_A^{(-)}(t_1)\hat{E}_A^{(+)}(t_1)\rangle\eta_B\int_{-\infty}^{\infty}\mathrm{d}t_2\langle\hat{E}_B^{(-)}(t_2)\hat{E}_B^{(+)}(t_2)\rangle\\&=P_AP_B\end{aligned} \tag{7.21}$$

这里，对脉冲场使用了方程 (7.15)．如果光脉冲的重复率为 $R_p$，我们就得到了偶然符合计数率为

$$R_{\mathrm{ac}}=P_2R_p=P_AP_BR_p=R_AR_B/R_p \tag{7.22}$$

其中，$P_A=R_A/R_p$，$P_B=R_B/R_p$．对于间歇性脉冲场，与方程 (7.20) 类似，方程 (7.22) 需要乘以 $(r+1)/r$ 的因子．

在实验中，脉冲光场的光脉冲重复率很容易测量．在测量了每个探测器的计数率后，则可以直接从方程 (7.22) 中得到偶然符合率．但对于连续光场，需要测量符合时间窗口 $T_R$ 的大小．这时，我们可以用实验室的背景光，即不相关的白光，来照射 $A$，$B$ 探测器并同时记录三个计数率，即 $R_A$，$R_B$，$R_{AB}$．符合时间窗口 $T_R$ 可以从方程 (7.17) 计算出来．$T_R$ 对于一个符合器通常是相当稳定的，所以我们只需要测量一次即可．之后，我们可以用它和方程 (7.17) 来计算实验中任意光的偶然符合率．

得到偶然符合率之后，我们可以把它与对我们所关心的光场进行测量时得到的符合计数率相比较，以得出光场的关联性质．为此，我们再回到方程 (7.13) 的符合计数率并将其改写为

$$
\begin{aligned}
R_{AB}(t) &= \int_{T_R} \mathrm{d}\tau R_A(t)R_B(t+\tau)\frac{\langle \hat{E}_B^{(-)}(t+\tau)\hat{E}_A^{(-)}(t)\hat{E}_A^{(+)}(t)\hat{E}_B^{(+)}(t+\tau)\rangle_\Psi}{\langle \hat{E}_A^{(-)}(t)\hat{E}_A^{(+)}(t)\rangle\langle \hat{E}_B^{(-)}(t+\tau)\hat{E}_B^{(+)}(t+\tau)\rangle} \\
&= \int_{T_R} \mathrm{d}\tau R_A(t)R_B(t+\tau)g_{AB}^{(2)}(t,t+\tau)
\end{aligned}
\tag{7.23}
$$

其中

$$
g_{AB}^{(2)}(t,t+\tau) \equiv \frac{\langle \hat{E}_B^{(-)}(t+\tau)\hat{E}_A^{(-)}(t)\hat{E}_A^{(+)}(t)\hat{E}_B^{(+)}(t+\tau)\rangle_\Psi}{\langle \hat{E}_A^{(-)}(t)\hat{E}_A^{(+)}(t)\rangle\langle \hat{E}_B^{(-)}(t+\tau)\hat{E}_B^{(+)}(t+\tau)\rangle} \tag{7.24}
$$

是归一化的二阶光强关联函数. 对于连续平稳光场, $R_A(t)$, $R_B(t+\tau)$, 以及 $g_{AB}^{(2)}(t,t+\tau) = g_{AB}^{(2)}(\tau)$ 都与时间 $t$ 无关. 这样, 方程 (7.23) 变为

$$
R_{AB}(t) = R_A R_B \int_{T_R} \mathrm{d}\tau g_{AB}^{(2)}(\tau) \tag{7.25}
$$

它也与 $t$ 无关. 利用 $R_{\mathrm{ac}} = R_A R_B T_R$, 方程 (7.25) 还可改写为

$$
\frac{R_{AB}}{R_{\mathrm{ac}}} = \frac{1}{T_R}\int_{T_R} \mathrm{d}\tau g_{AB}^{(2)}(\tau) \tag{7.26}
$$

因此, 测量到的符合率和偶然符合率之间的比值就是归一化的二阶光强关联函数在符合窗口 $T_R$ 内的平均值. 当符合计数窗口 $T_R$ 远小于光场的特征时间, 如相干时间时, 光场在 $T_R$ 时间内变化很小, 因此, 在 $\tau \sim T_R$ 以内, $g_{AB}^{(2)}(\tau) \approx g_{AB}^{(2)}(0)$. 方程 (7.26) 就变成

$$
R_{AB}/R_{\mathrm{ac}} \approx g_{AB}^{(2)}(0) \tag{7.27}
$$

即测到的符合计数率与偶然符合计数率的比值就是归一化的二阶光强关联函数在零延迟的值.

在实验中, 我们一般改变某些物理参量并观察符合计数作为这些参量的函数. 图 7.9 给出了一个典型的例子, 其中双光子符合计数会随光场相位的改变而变化, 值得注意的是其变化周期为 π 而不是 2π. 这是双光子干涉的特征. 在第 8 章我们会进一步讨论双光子乃至多光子干涉现象, 其中, 多光子符合计数会随相位变化而形成多光子干涉条纹.

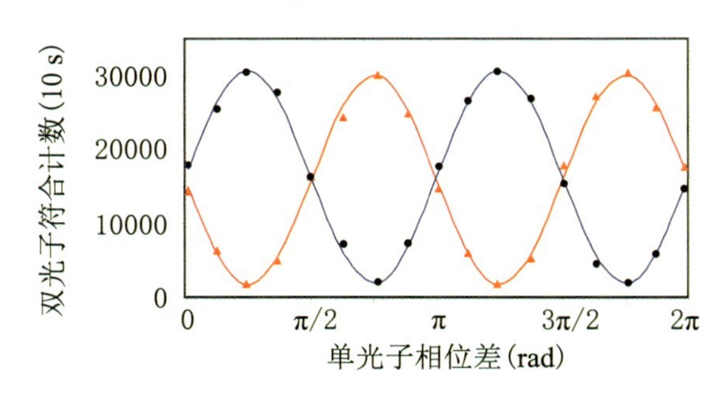


**图 7.9　简单符合计数方法的应用: 光场相位扫描时得到的双光子干涉条纹**

## 7.3.2 时间分辨的符合计数测量

在大部分的多光子测量实验中，图 7.8 的简单符合计数方法就已足够了. 但稍微复杂一些的光场需要测量光子之间的时间关联. 它与归一化的二阶光强关联函数 $g_{AB}^{(2)}(\tau)$ 有关. 这个量的测量要用到时间延迟的符合计数方法. 延时符合计数是将两个探测器之一的光电脉冲延迟一段时间 $T$，如图 7.10(a) 所示. 这时，测到的符合计数率由方程 (7.25) 变为

$$R_{AB}(T)=R_AR_B\int_{T_R}\mathrm{d}\tau g_{AB}^{(2)}(T+\tau) \tag{7.28}$$

而当符合计数窗口 $T_R$ 远小于光场的特征时间，在 $T_R$ 时间内 $g_{AB}^{(2)}(T+\tau)\approx g_{AB}^{(2)}(T)$. 这样，方程 (7.27) 变为

$$R_{AB}\approx R_{\mathrm{ac}}g_{AB}^{(2)}(T) \tag{7.29}$$

于是，对延迟时间 $T$ 进行扫描，我们就可以测得归一化的二阶光强关联函数 $g_{AB}^{(2)}(\tau)$. 它的非零时间区域就是 $A$ 和 $B$ 光场的光强关联时间.

对延迟时间 $T$ 的扫描只能一步一步来做. 这比较费时，更直接的方法是用时间数码转换器 (TDC) 或时间模拟转换器 (TAC) 以及多通道分析器 (MCA)，如图 7.10(b) 所示. 它可以一次性地测量 $g_{AB}^{(2)}(T)$. 延时符合计数的典型例子是演示光子聚束现象的 Hanbury Brown-Twiss (HBT) 实验，其中的延时是靠探测器位置的变化来实现的 (见图1.9).

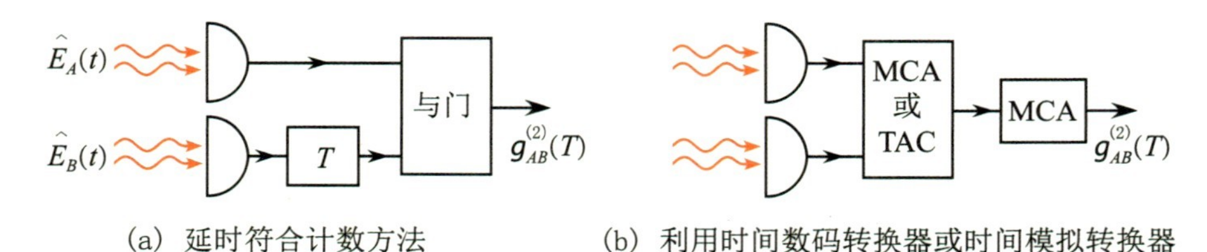


(a) 延时符合计数方法

(b) 利用时间数码转换器或时间模拟转换器和多通道分析器来测量 $g_{AB}^{(2)}(T)$

**图 7.10 两种测量 $g_{AB}^{(2)}(\tau)$ 的方法**

用现代数码技术进行测量的典型例子是如图 7.11 所示的对光子反聚束现象的观测. 在这个实验中，与原子跃迁共振的激光驱使单原子发射荧光. 这些荧光在被一个分波器一分为二后被两个光电管探测. 延时符合计数 $N_c(\tau)$ 再由时间数码转换器测量

[图 7.11(a)]. 归一化的光强关联函数 $g^{(2)}(\tau)=1+\lambda(\tau)$ 可从 $N_c(\tau)$ 由公式 $g^{(2)}(\tau)=N_c(\tau)/N_c(\infty)$ 得到,其结果 [图 7.11(b)] 显示了 $g^{(2)}(0)<g^{(2)}(\tau)$ 的光子反聚束性质.

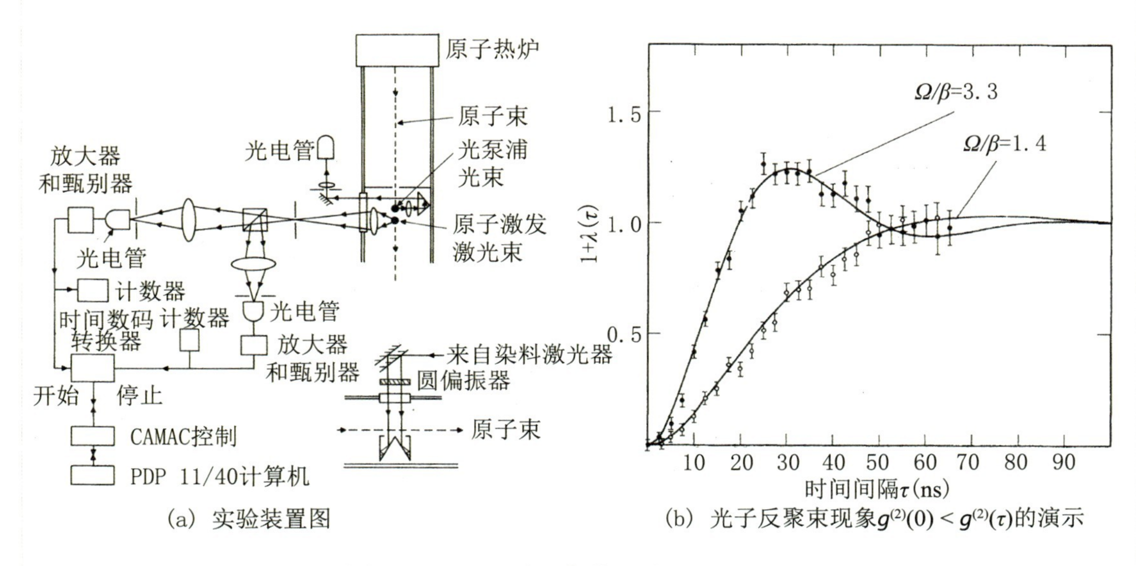


**图 7.11　延时符合计数方法的应用:光子反聚束现象的观测**

改编自 Dagenais 等 (1978).

# 7.4　实验的理论描述

上一节讲了实验技术,本节我们来看一下如何用第 4 章讲的对光场的多模描述来解释实验并对实验进行进一步的预测. 实验与理论的结合是本书的重点. 从本节开始,我们就将其展开论述.

我们从简单的自发参量下转换 (SPDC) 双光子关联探测实验开始. 在自发参量下转换过程中,一个具有稍高能量的光子通过与 $\chi^{(2)}$ 非线性晶体的相互作用被分为一对能量稍低的“信号”和“闲置”光子. 这个实验的最早描述是由 Burnham 和 Weinberg(1970) 在 1970 年给出的. 他们观察到了 4 ns 的关联时间. Friberg 等 (1985a) 于 1985 年用更快的现代电子数码装置测量了下转换中产生的两个光子的时间关联函数并得到了 100 ps 的关联时间. 然而,由于光子的关联时间 ($\sim$ 100 fs) 远比探测器的响应时间 ($\sim$ 100 ps)

短,测到的时间关联函数并非光子的时间关联函数而是探测器以及数码电子装置的时间响应函数. 由于 SPDC 光子具有非常大的带宽,这个测量一直没有进展. 直到 1999 年, Ou 和 Lu 才真正第一次测到了由光学腔内产生的窄带参量下转换双光子的时间关联函数 (Ou et al., 1999).

从第 4 章和第 6 章我们可以得到来自自发参量下转换过程的双光子态的形式如下:

$$|\Psi_2\rangle = \int \mathrm{d}\omega_1 \mathrm{d}\omega_2 \Psi(\omega_1,\omega_2)\hat{a}_s^\dagger(\omega_1)\hat{a}_i^\dagger(\omega_2)|0\rangle \tag{7.30}$$

其中,“$s,i$”分别代表信号光和闲置光光场. 对于连续光泵浦的自发参量下转换过程,我们有

$$\Psi(\omega_1,\omega_2) = \psi(\omega_1)\delta(\omega_1+\omega_2-\omega_p) \tag{7.31}$$

这里, $\omega_p$ 为泵浦光场的角频率, $\psi(\omega_1)$ 是自发参量下转换光子的频谱函数. 对于频率近简并的第一类参量下转换过程, $\psi(\omega_1)$ 在以 $\omega_0 \equiv \omega_p/2$ 为中心的两边对称: $\psi(\omega_1) = \psi(\omega_p-\omega_1)$.

用探测器直接对下转换的光场进行探测. 我们先看单个探测器的计数率. 从方程 (7.6) 我们测得的信号光场的计数率为

$$R_{1s} = \eta_s\langle \hat{E}_s^{(-)}(t)\hat{E}_s^{(+)}(t)\rangle_{\Psi_2} \tag{7.32}$$

其中,信号光场的场算符在一维准单色近似下有如下形式:

$$\left[\hat{E}_s^{(-)}(t)\right]^\dagger = \hat{E}_s^{(+)}(t) = \frac{1}{\sqrt{2\pi}}\int \mathrm{d}\omega \hat{a}_s(\omega)\mathrm{e}^{-\mathrm{i}\omega t} \tag{7.33}$$

为了计算方程 (7.32),我们先进行下列运算:

$$\begin{aligned}\hat{E}_s^{(+)}(t)|\Psi_2\rangle =& \frac{1}{\sqrt{2\pi}}\int \mathrm{d}\omega \hat{a}_s(\omega)\mathrm{e}^{-\mathrm{i}\omega t}\\ &\times \int \mathrm{d}\omega_1 \mathrm{d}\omega_2 \Psi(\omega_1,\omega_2)\hat{a}_s^\dagger(\omega_1)\hat{a}_i^\dagger(\omega_2)|0\rangle\\ =& \frac{1}{\sqrt{2\pi}}\int \mathrm{d}\omega_1 \mathrm{d}\omega_2 \Psi(\omega_1,\omega_2)\mathrm{e}^{-\mathrm{i}\omega_1 t}\hat{a}_i^\dagger(\omega_2)|0\rangle\end{aligned} \tag{7.34}$$

其中,我们用了对易关系 $[\hat{a}_s(\omega),\hat{a}_s^\dagger(\omega_1)] = \delta(\omega-\omega_1)$. 因此

$$\begin{aligned}\langle \hat{E}_s^{(-)}(t)\hat{E}_s^{(+)}(t)\rangle_{\Psi_2} =& \frac{1}{2\pi}\int \mathrm{d}\omega_1 \mathrm{d}\omega_2 \mathrm{d}\omega_1' \mathrm{d}\omega_2' \mathrm{e}^{-\mathrm{i}(\omega_1-\omega_1')t}\\ &\times \Psi(\omega_1,\omega_2)\Psi^*(\omega_1',\omega_2')\langle 0|\hat{a}_i(\omega_2')\hat{a}_i^\dagger(\omega_2)|0\rangle\\ =& \frac{1}{2\pi}\int \mathrm{d}\omega_1 \mathrm{d}\omega_2 \mathrm{d}\omega_1' \mathrm{e}^{-\mathrm{i}(\omega_1-\omega_1')t}\Psi(\omega_1,\omega_2)\Psi^*(\omega_1',\omega_2)\\ =& \frac{1}{2\pi}\int \mathrm{d}\omega_1 |\psi(\omega_1)|^2\end{aligned} \tag{7.35}$$

在上式中,我们用了方程 (7.31). 于是

$$R_{1s} = \eta_s \frac{1}{2\pi} \int d\omega_1 |\psi(\omega_1)|^2 \tag{7.36}$$

同样的,我们得到闲置光场的计数率为

$$R_{1i} = \eta_i \frac{1}{2\pi} \int d\omega_1 |\psi(\omega_1)|^2 \tag{7.37}$$

为了得到信号光场与闲置光场的关联时间,我们要计算光强关联函数

$$\Gamma^{(2)}(t,t+\tau) = \langle \hat{E}_s^{(-)}(t)\hat{E}_i^{(-)}(t+\tau)\hat{E}_i^{(+)}(t+\tau)\hat{E}_s^{(+)}(t)\rangle_{\Psi_2} \tag{7.38}$$

为此,我们先算

$$\begin{aligned}\hat{E}_i^{(+)}(t+\tau)\hat{E}_s^{(+)}(t)|\Psi_2\rangle =& \frac{1}{2\pi}\int d\omega_s d\omega_i \hat{a}_s(\omega_s)e^{-i\omega_s t}\hat{a}_i(\omega_i)e^{-i\omega_i(t+\tau)} \\ &\times \int d\omega_1 d\omega_2 \Psi(\omega_1,\omega_2)\hat{a}_s^\dagger(\omega_1)\hat{a}_i^\dagger(\omega_2)|0\rangle \\ =& G(t,t+\tau)|0\rangle \end{aligned} \tag{7.39}$$

其中

$$G(t,t+\tau) \equiv \frac{1}{2\pi}\int d\omega_1 d\omega_2 \Psi(\omega_1,\omega_2)e^{-i\omega_1 t}e^{-i\omega_2(t+\tau)} \tag{7.40}$$

是 SPDC 的双光子波函数. 对于连续光泵浦的自发参量下转换过程,$\Psi(\omega_1,\omega_2)$ 由方程 (7.31) 给出. 这样,

$$G(t,t+\tau) = \frac{e^{-i\omega_p t}}{2\pi}\int d\omega_2 \psi(\omega_p-\omega_2)e^{-i\omega_2\tau} \equiv e^{-i\omega_p(t+\tau/2)}g(\tau) \tag{7.41}$$

其中

$$g(\tau) \equiv \frac{1}{2\pi}\int d\Omega \psi(\omega_p/2-\Omega)e^{-i\Omega\tau} \tag{7.42}$$

于是,我们从方程 (7.13) 得到对信号光和闲置光的符合计数率为

$$R_2 = \eta_s\eta_i \int_{T_R} d\tau |g(\tau)|^2 \tag{7.43}$$

对于在 $\chi^{(2)}$ 非线性介质中的自发参量下转换过程,我们一般有 $T_R \gg T_c = 1/\Delta\omega_{PDC}$,其中,$\Delta\omega_{PDC}$ 为下转换场的频谱宽度,即 $\psi(\omega)$ 的宽度,$T_c$ 则为 $g(\tau)$ 的宽度. 这样,我们就可以取方程 (7.43) 的积分极限为 $(-\infty,+\infty)$. 由于

$$\int_{-\infty}^{+\infty} \mathrm{d}\tau |g(\tau)|^2 = \frac{1}{4\pi^2} \int_{-\infty}^{+\infty} \mathrm{d}\tau \mathrm{d}\Omega \mathrm{d}\Omega' \psi(\omega_p/2 - \Omega) \mathrm{e}^{-\mathrm{i}\Omega\tau} \psi^*(\omega_p/2 - \Omega') \mathrm{e}^{\mathrm{i}\Omega'\tau}$$
$$= \frac{1}{2\pi} \int_{-\infty}^{+\infty} \mathrm{d}\Omega \mathrm{d}\Omega' \psi(\omega_p/2 - \Omega) \psi^*(\omega_p/2 - \Omega') \delta(\Omega - \Omega')$$
$$= \frac{1}{2\pi} \int \mathrm{d}\Omega |\psi(\omega_p/2 - \Omega)|^2 \tag{7.44}$$

所以,我们得到符合计数率为

$$R_2 = \eta_s \eta_i \frac{1}{2\pi} \int \mathrm{d}\Omega |\psi(\omega_p/2 - \Omega)|^2 \tag{7.45}$$

这里,我们用了

$$\frac{1}{2\pi} \int_{-\infty}^{+\infty} \mathrm{d}\tau \mathrm{e}^{\mathrm{i}\Omega'\tau} \mathrm{e}^{-\mathrm{i}\Omega\tau} = \delta(\Omega - \Omega') \tag{7.46}$$

比较方程 (7.36) 和方程 (7.37),我们得到

$$R_2 = \eta_i R_{1s} = \eta_s R_{1i} \tag{7.47}$$

尤其在理想情况下当探测器的量子效率为 1 时,即 $\eta_s = \eta_i = 1$,我们有

$$R_2 = R_{1s} = R_{1i} \tag{7.48}$$

上式的物理意义非常明显:双光子探测的概率与单光子探测的概率一样,即有一个光子就有两个.因此,探测到的光场一定是处于一个双光子态.值得注意的是,即使在 $\eta_s, \eta_i < 1$ 的非理想情况下,方程 (7.47) 给出的符合计数率也正比于单个探测器的计数率,这是探测双光子态的特征.图 7.12 显示了这样的正比关系.它是在测量由共振腔增强的自发下转换光场时得到的 (Ou et al., 1999).

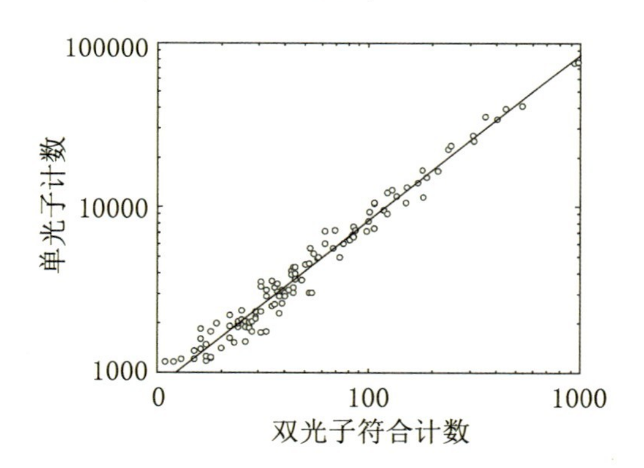


**图 7.12 双光子态的特征:由共振腔增强的自发下转换光场的单个光子计数率与符合计数率的线性关系**

引自 Lu 等 (2000).

自发参量下转换光场除了具有图 7.12所示的双光子态正比特征外，其另一个特征是下转换产生的两个光场之间的光子数的高度关联．这可以从符合计数率与偶然符合计数率的比值中看出：

$$R_2/R_{\mathrm{ac}} = \eta_i R_{1s}/(R_{1s}R_{1i}T_R) = \eta_i/(R_{1i}T_R) = \eta_i/N_i(T_R) \tag{7.49}$$

其中，$N_i(T_R) \equiv R_{1i}T_R$ 是闲置光场在 $T_R$ 时间内的平均光子数．如果符合计数的时间窗口 $T_R$ 很小以至于在 $T_R$ 时间内的计数远远小于 1，即 $N_i(T_R) = R_{1i}T_R \ll 1$，我们从方程 (7.49) 式得到 $R_2/R_{\mathrm{ac}} \gg 1$ 并且它随 $R_{1i}$ 的减小而增大．这个现象首先由 Friberg, Hong, Mandel(1985b) 观察到．符合计数与偶然符合计数之比 (CAR) 很大就意味着很强的光子聚束现象．而 $\mathrm{CAR} \equiv R_2/R_{\mathrm{ac}} \gg 1$ 则是自发参量下转换光源的另一个双光子特性．这个性质被用来验证在光纤中的四波混频过程产生的光场的双光子特性 (Li et al., 2004; Fan et al., 2005)．

自发参量下转换符合计数率与单个探测器的计数率线性关系方程 (7.47) 并不能完全描述实验中的真实情况．实际上，由于偶然符合计数的存在，方程 (7.47) 还应有一个平方项．对于自发参量下转换来说，这个平方项是由随机的两对光子中的两个随机光子产生的偶然符合计数．两对光子的产生不能用方程 (7.30) 的态来描述．我们必须考虑自发参量下转换中的高阶项贡献．习题 7.1 要讨论这个情况并在方程 (7.57) 中给出这样的高阶项．利用这个高阶项，我们可以算出方程 (7.47) 要加的那个平方项 (见习题 7.3)．其结果为

$$R_2 = \eta_i R_{1s} + \beta R_{1s}^2 \tag{7.50}$$

其中，对连续光泵浦的自发参量下转换，$\beta \propto T_R$．

自发参量下转换光场具有很强的非经典性质．它主要表现在对经典光所满足的施瓦兹不等式的违背．对于任何经典光源，我们可以从非负 P 分布函数导出施瓦兹不等式[见方程 (5.58)]：

$$\langle I_1 I_2 \rangle \leqslant \sqrt{\langle I_1^2 \rangle \langle I_2^2 \rangle} \tag{7.51}$$

它表示两个光场的光强互关联总小于各个光场光强的自关联的几何平均．两个光场的光强互关联可以直接从探测两个光场的探测器的符合计数测得．对于一个光场的光强自关联，我们必须先用 50:50 分波器分为两束、再用两个探测器测量它们的符合计数而得到．因为分波器使得光场的光强与测量光强互关联时的光强不一样，所以我们不能直接用式 (7.51)，而要对式 (7.51) 进行归一化．两边同除以 $\langle I_1 \rangle^2 \langle I_2 \rangle^2$，我们得到

$$g_{12}^{(2)}(0) \leqslant \sqrt{g_{11}^{(2)}(0) g_{22}^{(2)}(0)} \tag{7.52}$$

其中，$g_{12}^{(2)}(0)=\langle I_1I_2\rangle/\langle I_1\rangle\langle I_2\rangle$，$g_{11}^{(2)}(0)=\langle I_1^2\rangle/\langle I_1\rangle^2$，$g_{22}^{(2)}(0)=\langle I_2^2\rangle/\langle I_2\rangle^2$. 这里的平均是对经典光场的概率分布的平均. 对于量子态，我们要用式 (7.23) 和式 (7.27)，其中光强自关联的计算要用到前面讲的分波器的方法.

对于方程 (7.30)、方程 (7.31) 的自发参量下转换量子态，我们已经从方程 (7.38)、方程 (7.40)、方程 (7.42) 经计算得到 $g_{12}(0)=\Gamma^{(2)}/\langle I_s\rangle\langle I_i\rangle\propto|g(0)|^2\neq0$. 因为方程 (7.30) 所示的信号场和闲置场分别只有一个光子，我们还可以很容易计算出：$g_{11}(0)=0=g_{22}(0)$. 这里，$s=1,i=2$. 这样，$g_{12}^{(2)},g_{11}^{(2)},g_{22}^{(2)}$ 的值显然违背不等式 (7.52). 不过在实验中，由于有偶然符合计数的存在，$g_{11}(0),g_{22}(0)\neq0$. 这样的偶然符合计数是由随机的两对自发参量下转换光子的偶然符合而得到的. 这样的情况在方程 (7.30) 的量子态中体现不出来，因为它忽略了高阶项的贡献 (见 6.1.5 小节的推导). 我们在习题 7.1 和习题 7.3 要考虑两对自发参量下转换光子的情况并对每个场的符合计数进行计算.

总之，我们可以从实验中实际情况的角度来考虑这个问题. 在实验中，我们一般测得的是 $g_{12}(\tau)$. 对此，施瓦兹不等式 (7.51)、不等式 (7.52) 变为

$$\langle I_1(t)I_2(t+\tau)\rangle\leqslant\sqrt{\langle I_1^2(t)\rangle\langle I_2^2(t+\tau)\rangle}\tag{7.53}$$

$$g_{12}^{(2)}(\tau)\leqslant\sqrt{g_{11}^{(2)}(0)g_{22}^{(2)}(0)}\tag{7.54}$$

对不等式 (7.54) 积分并根据式 (7.26)，我们得到

$$R_{si}/R_{\mathrm{ac}}\leqslant\sqrt{g_{ss}^{(2)}(0)g_{ii}^{(2)}(0)}\tag{7.55}$$

这里，$s=1,i=2$. $R_{si}/R_{\mathrm{ac}}$ 正是实验中测得的符合计数率与偶然计数率之比 (CAR). 我们从习题 7.1 得到 $g_{ss}(0)=2=g_{ii}(0)$. 不等式 (7.55) 于是变为

$$R_{si}/R_{\mathrm{ac}}\leqslant2\tag{7.56}$$

我们在前面的方程 (7.49) 中讲过，对于自发参量下转换，$R_{si}/R_{\mathrm{ac}}$ 在 $T_R$ 很小时可以很大. 这样，自发参量下转换的光场就违背了施瓦兹不等式 [详见式 (7.56)]，其非经典性也因此而得到验证. 实验上，Clauser(1974) 最早利用原子的级联发射得到对式 (7.52) 的违背. Zou 等人 (1991a) 首先观测到了自发参量下转换的光场对式 (7.55) 的违背.

## 习　　题

**习题 7.1**　参量下转换中单独信号光或闲置光的光子聚束现象.

当我们考虑了高阶项后，自发参量下转换的量子态从式 (7.30) 变为 (见 6.1.5 小节)：

$$
\begin{aligned}
|\Psi_2\rangle = & \int d\omega_1 d\omega_2 \Psi(\omega_1,\omega_2)\hat{a}_s^\dagger(\omega_1)\hat{a}_i^\dagger(\omega_2)|0\rangle \\
& + \frac{1}{2}\int d\omega_1 d\omega_2 d\omega_1' d\omega_2' \Psi(\omega_1,\omega_2)\Psi(\omega_1',\omega_2') \\
& \times \hat{a}_s^\dagger(\omega_1)\hat{a}_i^\dagger(\omega_2)\hat{a}_s^\dagger(\omega_1')\hat{a}_i^\dagger(\omega_2')|0\rangle
\end{aligned} \tag{7.57}
$$

我们将只看信号光场.

(1) 对连续单频泵浦的自发参量下转换，方程 (7.31) 给出 $\Psi(\omega_1,\omega_2)=\psi(\omega_1)\delta(\omega_1+\omega_2-\omega_p)$. 利用这个和方程 (7.57) 的量子态证明

$$
\begin{aligned}
\Gamma_{ss}^{(2)}(t,t+\tau) & \equiv \langle \hat{E}_s^{(-)}(t)\hat{E}_s^{(-)}(t+\tau)\hat{E}_s^{(+)}(t+\tau)\hat{E}_s^{(+)}(t)\rangle_{\Psi_2} \\
& = H^2(0)+H(\tau)H^*(\tau)
\end{aligned} \tag{7.58}
$$

其中，$H(\tau)\equiv(1/2\pi)\int d\omega_1|\psi(\omega_1)|^2 e^{-i\omega_1\tau}$. 从式 (7.35)，我们有

$$
H(0)=\langle \hat{E}_s^{(-)}(t)\hat{E}_s^{(+)}(t)\rangle_{\Psi_2}
$$

由此证明 $g_{ss}(\tau)=1+|\gamma(\tau)|^2$，其中 $\gamma(\tau)\equiv H(\tau)/H(0)$. 这与热光源的结果完全一样 [见方程 (4.29)].

(2) 对脉冲泵浦的自发参量下转换，$\Psi(\omega_1,\omega_2)$ 不具有方程 (7.31) 的频率关联. 我们要用方程 (7.15) 和方程 (7.16) 来计算. 证明单光子计数概率为

$$
\begin{aligned}
P_s & \equiv \eta\int_{-\infty}^{\infty} dt\langle \hat{E}_s^{(-)}(t)\hat{E}_s^{(+)}(t)\rangle_{\Psi_2} \\
& = \eta\int d\omega_1 d\omega_2|\Psi(\omega_1,\omega_2)|^2
\end{aligned} \tag{7.59}
$$

而对信号光的双光子计数概率为

$$
\begin{aligned}
P_{ss} \equiv & \ \eta^2\int_{-\infty}^{\infty} dt_1 dt_2\langle \hat{E}_s^{(-)}(t_2)\hat{E}_s^{(-)}(t_1)\hat{E}_s^{(+)}(t_1)\hat{E}_s^{(+)}(t_2)\rangle_{\Psi} \\
= & \ \eta^2(\mathcal{A}+\mathcal{E})
\end{aligned} \tag{7.60}
$$

其中

$$
\mathcal{A}\equiv\int d\omega_1 d\omega_2 d\omega_1' d\omega_2'|\Psi(\omega_1,\omega_2)\Psi(\omega_1',\omega_2')|^2 = P_s^2/\eta^2 \tag{7.61}
$$

$$
\mathcal{E}\equiv\int d\omega_1 d\omega_2 d\omega_1' d\omega_2' \Psi(\omega_1,\omega_2)\Psi(\omega_1',\omega_2')\Psi^*(\omega_1,\omega_2')\Psi^*(\omega_1',\omega_2) \tag{7.62}
$$

因此

$$
g_{ss}^{(2)}\equiv P_{ss}/P_s^2 = 1+\mathcal{E}/\mathcal{A} \tag{7.63}
$$

因为 $\mathcal{E} \leqslant \mathcal{A}$,所以 $g_{ss}^{(2)} \leqslant 2$. 当 $\mathcal{E} = \mathcal{A}$ 时,我们得到 $g_{ss}^{(2)} = 2$,或与单模热光源一样的结果. 对闲置光场的计算完全一样.

(3) 对于由方程 (6.36) 所描述的脉冲自发参量过程,利用方程 (7.61)、方程 (7.62)、方程 (7.63) 证明

$$g_{ss}^{(2)} = 1 + \sum_j \lambda_j^4 \tag{7.64}$$

其中

$$\lambda_j \equiv \frac{\sinh r_j \xi}{\sqrt{\sum_j \sinh^2 r_j \xi}} \tag{7.65}$$

对于具有 $r_j = r$ 的 $M$ 个模式,我们得到 $g_{ss}^{(2)} = 1 + 1/M$. 这里,我们重新获得方程 (4.85) 的结果,不过那个结果是基于经典波动理论的.

**习题 7.2** 脉冲泵浦的参量下转换中的信号和闲置光的光强关联.

对于脉冲泵浦的参量下转换,我们已经在上个习题中算出了其每个光场的单光子和双光子计数概率. 我们现在继续计算两个光场之间的光强关联. 利用脉冲情况下的方程 (7.16) 证明信号场与闲置场的光子符合计数概率为

$$\begin{aligned} P_{si} \equiv\ & \eta^2 \int_{-\infty}^{\infty} \mathrm{d}t_1 \mathrm{d}t_2 \langle \hat{E}_i^{(-)}(t_2) \hat{E}_s^{(-)}(t_1) \hat{E}_s^{(+)}(t_1) \hat{E}_i^{(+)}(t_2) \rangle_\Psi \\ =\ & \eta_s \eta_i \int \mathrm{d}\omega_1 \mathrm{d}\omega_2 |\Psi(\omega_1, \omega_2)|^2 = \eta_i P_s = \eta_s P_i \end{aligned} \tag{7.66}$$

这与连续光泵浦的结果式 (7.47) 完全一样.

**习题 7.3** 自发参量下转换中随机产生的两对光子对光子符合计数的贡献.

利用式 (7.57) 的第二项,我们可以计算其对光子符合计数的贡献. 与习题 7.1 类似,计算的结果有赖于泵浦光是连续单频还是宽带脉冲.

(1) 对脉冲泵浦的自发参量下转换,我们要用式 (7.16) 来计算双光子计数概率 $P_{si}$. 我们在习题 7.2 中已经计算了式 (7.57) 中第一项的贡献. 现在我们可以用同样的方法来计算第二项的贡献. 证明式 (7.57) 中第二项对 $P_{si}$ 的贡献为

$$\begin{aligned} P_{si}^{(2)} \equiv\ & \eta_s \eta_i \int_{-\infty}^{\infty} \mathrm{d}t_1 \mathrm{d}t_2 \langle \hat{E}_i^{(-)}(t_2) \hat{E}_s^{(-)}(t_1) \hat{E}_s^{(+)}(t_1) \hat{E}_i^{(+)}(t_2) \rangle_{\Psi_2^{(2)}} \\ =\ & C \eta_s \eta_i (\mathcal{A} + \mathcal{E})^2 = C(1 + \mathcal{E}/\mathcal{A})^2 P_s P_i \end{aligned} \tag{7.67}$$

$C$ 是一个常数. 找到这个 $C$ 常数的值.

(2) 对连续单频激光泵浦的自发参量下转换进行与 (1) 一样的计算.

# 第 8 章

# 光子计数技术的应用:多光子干涉与纠缠

光子计数技术是观测多光子干涉效应最常用的实验方法，它依赖于多光子符合测量. 尽管还有其他的实验方法，如频率上转换法 (Dayan et al., 2005; Lukens et al., 2013). 但由于操作简便、符合测量效率高，光子计数技术是在实验中观察量子现象和多光子干涉现象时最常用的技术. 目前本书作者已写有一本专著，详细报道了各种多光子干涉效应 (Ou, 2007). 该专著出版已有十多年了，同时我们也在本书中介绍了量子光学的模式理论. 因此，在本章中，我们将从模式理论这个新角度来处理一些多光子干涉效应，以达到对概念很好的理解. 之后我们还将讨论一些最近的进展.

# 8.1 多光子干涉的一般情况

## 8.1.1 单光子和双光子干涉

当讨论单光子和多光子效应时,我们会立即想到平均光子数,即 $\langle n\rangle$. 单光子情况对应于 $\langle n\rangle \ll 1$,而多光子情况对应于 $\langle n\rangle \gg 1$. 这些区别只是表面的,而不是本质的. 考虑著名的杨氏双缝干涉及其变形,如迈克尔逊和马赫曾德尔干涉仪. 干涉条纹图样并不取决于有多少光子,只要曝光时间足够长就总可以建立条纹,即使在光源和观察屏幕之间平均只有一个光子的情况下也会发生 (Taylor, 1909). 这使得狄拉克对光子干涉给出了如下的论述 (Dirac, 1930):

**每一个光子只会与其自身干涉.**

**不同的光子从不干涉.**

这表明,即使在平均光子数 $\langle n\rangle \gg 1$ 的情况下,导致干涉现象产生的原因也还是单光子效应. 然而,在 Hanbury-Brown 和 Twiss 发展了强度关联技术之后,情况发生了变化. 1967 年,Pfleegor 和 Mandel(1967a, 1967b) 在强度关联测量中看到了干涉现象. 在光子数很低的情况下,即当光源和探测器之间有不超过一个光子时,他们在两个探测器之间的符合测量中也观察到了干涉图样.

在 Pfleegor-Mandel 实验中,有一点与传统的干涉有着本质的不同:强度关联. 根据我们在第 7 章所讲过的,两个探测器必须分别同时测到一个光电子才能获得信号输出. 这意味着 Pfleegor-Mandel 干涉效应是一种双光子效应. 为更清楚地了解这一点,我们下面详细讨论一下 Pfleegor-Mandel 实验.

在 Pfleegor-Mandel 实验中,让两个独立但极度衰减的激光器所形成的光场在有两个分别位于 $\boldsymbol{r}_1,\boldsymbol{r}_2$(图 8.1中的 $x_1,x_2$) 的光探测器区域内叠加. 我们可以把场算符写成

$$\hat{E}(\boldsymbol{r}) = \hat{a}_1 \mathrm{e}^{\mathrm{i}\boldsymbol{k}_1\cdot\boldsymbol{r}} + \hat{a}_2 \mathrm{e}^{\mathrm{i}\boldsymbol{k}_2\cdot\boldsymbol{r}} \tag{8.1}$$

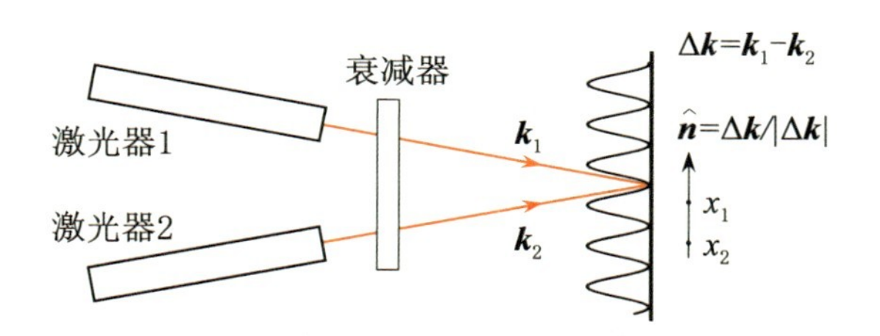


**图 8.1　两个独立但衰减光强后的激光器之间的 Pfleegor-Mandel 双光子干涉实验**

这里我们假设光场具有平面波模式. 设光场分别处于相干态:$|\psi\rangle = |A\mathrm{e}^{\mathrm{i}\varphi_{10}}\rangle \otimes |A\mathrm{e}^{\mathrm{i}\varphi_{20}}\rangle$，振幅同为 $A$,但具有不同的相位 $\varphi_{10},\varphi_{20}$. 根据 Glauber 的光探测理论,双光子符合概率正比于

$$\begin{aligned}P_2(\boldsymbol{r}_1,\boldsymbol{r}_2) &\propto \langle \hat{E}^\dagger(\boldsymbol{r}_1)\hat{E}^\dagger(\boldsymbol{r}_2)\hat{E}(\boldsymbol{r}_1)\hat{E}(\boldsymbol{r}_2)\rangle_\psi \\ &= ||\hat{E}(\boldsymbol{r}_1)\hat{E}(\boldsymbol{r}_2)|\psi\rangle||^2 \\ &= ||\Phi_2(\boldsymbol{r}_1,\boldsymbol{r}_2)|\psi\rangle||^2 = |\Phi_2(\boldsymbol{r}_1,\boldsymbol{r}_2)|^2 \end{aligned} \tag{8.2}$$

其中

$$\begin{aligned}\Phi_2(\boldsymbol{r}_1,\boldsymbol{r}_2) \equiv & A^2\Big[\big(\mathrm{e}^{\mathrm{i}\boldsymbol{k}_1\cdot\boldsymbol{r}_1}\mathrm{e}^{\mathrm{i}\boldsymbol{k}_2\cdot\boldsymbol{r}_2} + \mathrm{e}^{\mathrm{i}\boldsymbol{k}_1\cdot\boldsymbol{r}_2}\mathrm{e}^{\mathrm{i}\boldsymbol{k}_2\cdot\boldsymbol{r}_1}\big)\mathrm{e}^{\mathrm{i}(\varphi_{10}+\varphi_{20})} \\ & + \mathrm{e}^{\mathrm{i}\boldsymbol{k}_1\cdot(\boldsymbol{r}_1+\boldsymbol{r}_2)}\mathrm{e}^{2\mathrm{i}\varphi_{10}} + \mathrm{e}^{\mathrm{i}\boldsymbol{k}_2\cdot(\boldsymbol{r}_1+\boldsymbol{r}_2)}\mathrm{e}^{2\mathrm{i}\varphi_{20}}\Big]\end{aligned} \tag{8.3}$$

由于这两个激光场是独立的,因此 $\varphi_{10}-\varphi_{20}$ 是随机的,方程 (8.3) 中的三项只有其绝对值对 $P_2$ 有贡献,其中最后两项没有干涉,只有第一项包含两个量的相加而产生干涉效应:

$$\begin{aligned}&\left|A^2(\mathrm{e}^{\mathrm{i}\boldsymbol{k}_1\cdot\boldsymbol{r}_1}\mathrm{e}^{\mathrm{i}\boldsymbol{k}_2\cdot\boldsymbol{r}_2} + \mathrm{e}^{\mathrm{i}\boldsymbol{k}_1\cdot\boldsymbol{r}_2}\mathrm{e}^{\mathrm{i}\boldsymbol{k}_2\cdot\boldsymbol{r}_1})\mathrm{e}^{\mathrm{i}(\varphi_{10}+\varphi_{20})}\right|^2 \\ &\quad = 2A^4[1+\cos\Delta\boldsymbol{k}\cdot(\boldsymbol{r}_1-\boldsymbol{r}_2)] \\ &\quad = 2A^4[1+\cos 2\pi(x_1-x_2)/L]\end{aligned} \tag{8.4}$$

这里,我们假设 $\boldsymbol{k}_1$ 和 $\boldsymbol{k}_2$ 之间的夹角 $\Delta\theta$ 很小且 $|\boldsymbol{k}_1| = |\boldsymbol{k}_2| = 2\pi/\lambda$ (波长为 $\lambda$),使得 $\Delta\boldsymbol{k} \equiv \boldsymbol{k}_1 - \boldsymbol{k}_2 \approx \Delta\theta|\boldsymbol{k}_1|\hat{\boldsymbol{n}}$. $x_j(j=1,2) \equiv \boldsymbol{r}_j\cdot\hat{\boldsymbol{n}}$ 是探测器 $j$ 沿条纹方向 $\hat{\boldsymbol{n}} \equiv \Delta\boldsymbol{k}/|\Delta\boldsymbol{k}|$ 的位置且 $L \equiv 2\pi/|\Delta\boldsymbol{k}| \approx \lambda/\Delta\theta$ 是条纹间距. 将这三项加起来,我们有

$$\begin{aligned}P_2(\boldsymbol{r}_1,\boldsymbol{r}_2) &\propto 2A^4 + 2A^4[1+\cos 2\pi(x_1-x_2)/L] \\ &= 4A^4[1+0.5\cos 2\pi(x_1-x_2)/L]\end{aligned} \tag{8.5}$$

这与 Pfleegor-Mandel 实验结果一致. 如果我们去掉方程 (8.3) 中第一个项的括号,那么表达式中总共有四个项. 图 8.2 以图形方式描述了这四种情况. 图 8.2(a)、图 8.2(b) 对应

于前两项,其中探测到的两个光子分别来自两个不同的激光器,而图 8.2(c)、图 8.2(d) 对应于后两项,其中探测到的两个光子来自同一激光器. 由于符合测量无法区分图 8.2(a)、图 8.2(b) 中的情况,因此会产生如方程 (8.4) 所示的干涉效应. 对于图 8.2(c)、图 8.2(d) 中的情况,则不会发生干涉,因为它们来自不同的激光器,并且是可以区分的①.

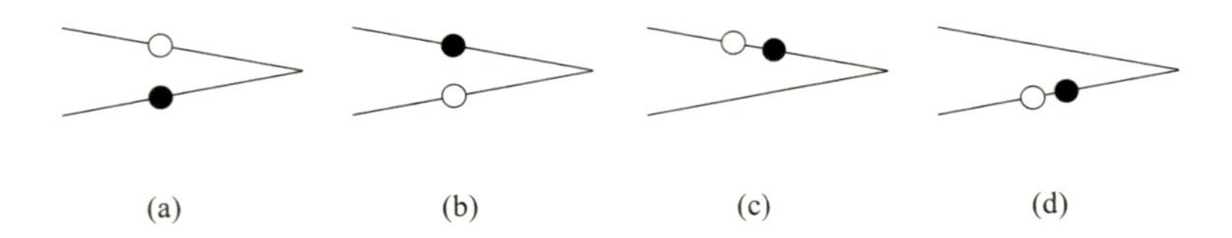


**图 8.2 Pfleegor-Mandel 双光子干涉实验中双光子符合测量的四种可能性**

因为符合测量中的干涉效应涉及两个光子,所以被称为双光子干涉. 从图 8.2(a)、图 8.2(b) 中的情况来看,探测到的两个光子可以被看作为一个实体,用狄拉克的语言,这个双光子实体与它本身相干涉. 这就导出了双光子波函数的概念.

## 8.1.2 双光子波函数

从方程 (8.2) 中,我们看到双光子探测概率为 $\Phi(\boldsymbol{r}_1,\boldsymbol{r}_2)$ 函数的绝对值平方,它由对应于图 8.2 所示四种情况的四个项组成. 集中考虑前两个项,我们发现这两项的叠加产生了双光子干涉效应. 我们可以进一步将它们确切地按如下方式写出:

$$\begin{aligned} A^2\mathrm{e}^{\mathrm{i}\boldsymbol{k}_1\cdot\boldsymbol{r}_1}\mathrm{e}^{\mathrm{i}\boldsymbol{k}_2\cdot\boldsymbol{r}_2}\mathrm{e}^{\mathrm{i}(\varphi_{10}+\varphi_{20})} = A\mathrm{e}^{\mathrm{i}\boldsymbol{k}_1\cdot\boldsymbol{r}_1}\mathrm{e}^{\mathrm{i}\varphi_{10}}A\mathrm{e}^{\mathrm{i}\boldsymbol{k}_2\cdot\boldsymbol{r}_2}\mathrm{e}^{\mathrm{i}\varphi_{20}} = \phi_1(\boldsymbol{r}_1)\phi_2(\boldsymbol{r}_2) \\ A^2\mathrm{e}^{\mathrm{i}\boldsymbol{k}_1\cdot\boldsymbol{r}_2}\mathrm{e}^{\mathrm{i}\boldsymbol{k}_2\cdot\boldsymbol{r}_1}\mathrm{e}^{\mathrm{i}(\varphi_{10}+\varphi_{20})} = A\mathrm{e}^{\mathrm{i}\boldsymbol{k}_1\cdot\boldsymbol{r}_2}\mathrm{e}^{\mathrm{i}\varphi_{10}}A\mathrm{e}^{\mathrm{i}\boldsymbol{k}_2\cdot\boldsymbol{r}_1}\mathrm{e}^{\mathrm{i}\varphi_{20}} = \phi_1(\boldsymbol{r}_2)\phi_2(\boldsymbol{r}_1) \end{aligned} \tag{8.6}$$

这里,$\phi_j(\boldsymbol{r}) \equiv A\mathrm{e}^{\mathrm{i}\boldsymbol{k}_j\cdot\boldsymbol{r}}\mathrm{e}^{\mathrm{i}\varphi_{j0}}(j=1,2)$ 是单光子波函数,其绝对值平方是单光子探测概率. 因此, 两个叠加的振幅每个都是两个单光子波函数的乘积, 每个光子给出其中一个. 因此,在双光子干涉中,我们需要同时考虑两个光子的波函数. 这样,便得到一个新的波函数,我们将其称为“双光子波函数”. 双光子波函数的绝对值平方给出了双光子探测概率,这与单光子波函数完全相同.

注意, 双光子干涉有一个不同于单光子干涉的重要特征: 干涉条纹不依赖于两个叠加场之间的相位差. 这是因为双光子相位是两个场的相位之和:$\varphi_{2p}=\varphi_{10}+\varphi_{20}$,它们同

① 如果这两项之间存在固定的相位差,就可能产生干涉,这就要求两个激光器之间存在相位关联,并消除了两路的可分辨性.

时出现在两个叠加项中并最终在最后的结果中被消掉. 因此,图 8.1 中的双光子干涉对相位不敏感[①].

当进行 $N$ 光子符合测量时,双光子波函数的概念可以推广到任意的 $N$ 光子情况. 我们将在 8.3 节中讨论三光子和四光子干涉.

## 8.2 多种典型的双光子干涉效应

在用经典激光源进行的 Pfleegor-Mandel 实验中,从方程 (8.5) 中我们发现干涉的可见度只有 50%. 事实上,这并不仅仅局限于 Pfleegor-Mandel 实验. Mandel 最先指出,经典光源的双光子干涉可见度不可能超过 50% (Mandel, 1983),这一点在后来得到了在更一般情况下的证明 (Ou, 1988). Richter 在 1977 年和 Mandel 在 1983 年都提出了使用非经典场进行双光子干涉,并证明在双光子干涉中有可能实现 100% 的可见度 (Richter, 1977; Mandel, 1983). 由方程 (8.3)、方程 (8.5) 和相关的图 8.2,我们可以发现,产生 50% 可见度是由于两个光子来自同一激光器的两种情况的贡献 [图 8.2(c)、图 8.2(d)],并且这种贡献对于经典场总是存在的.

为了得到 50% 以上的可见度,我们需要减少这种贡献,这就要用到具有光子反聚束现象的量子源 (Ou, 1988). 单光子态是具有最大反聚束效应的光子源,它不产生任何双光子事件,因此也不受图 8.2(c)、图 8.2(d) 情况的影响. 事实上,对于量子态 $|\psi\rangle = |1\rangle_1 \otimes |1\rangle_2$,其中每边只有一个光子,我们可以很容易地验证双光子干涉的可见度为 100%:

$$P_2(\boldsymbol{r}_1, \boldsymbol{r}_2) \propto 2[1 + \cos 2\pi(x_1 - x_2)/L] \tag{8.7}$$

第一个利用双光子量子态的双光子干涉实验是由 Ghosh 和 Mandel(1987) 完成的,他们证明了双光子干涉条纹与方程 (8.7) 一致. 在此之后,双光子源的各种双光子干涉现象都被观察到了 (Mandel, 1999). 下面我们将讨论一些典型的例子.

① 如果两个光子一起遵循不同的干涉路径,则有可能发生相位敏感的双光子干涉. 见 8.2.2 小节.

## 8.2.1 Hong-Ou-Mandel 干涉效应

也许最著名的双光子干涉现象是 Hong-Ou-Mandel 效应 (Hong et al., 1987). 简洁的几何结构和物理图像使其成为量子光学教科书中最受欢迎的例子. 它已成为测试粒子不可分辨性的标准技术. 此外,它也是线性光学量子计算 (Knill et al., 2001) 和量子信息 (Zeilinger, 1999) 中许多协议的基础. 正如我们将在下面看到的,它清楚地说明了模式概念在理解量子光学现象中的重要性.

Hong-Ou-Mandel 干涉仪只需要一个 50:50 的分束器和两个光子,分别从两边输入,如图 8.3 所示. 对振幅透射率和反射率分别为 $t$ 与 $r$ 的分束器输入光子态 $|1\rangle_1|1\rangle_2$,我们在 6.2.2 小节中导出了单模情况下的输出态为

$$\begin{aligned}|\Psi\rangle_{\text{out}} &= \sqrt{2}tr\big(|2\rangle_1|0\rangle_2 - |0\rangle_1|2\rangle_2\big) + (t^2 - r^2)|1\rangle_1|1\rangle_2 \\ &= \frac{1}{\sqrt{2}}\big(|2\rangle_1|0\rangle_2 - |0\rangle_1|2\rangle_2\big) \quad \Big(t = r = \frac{1}{\sqrt{2}}\Big)\end{aligned} \tag{8.8}$$

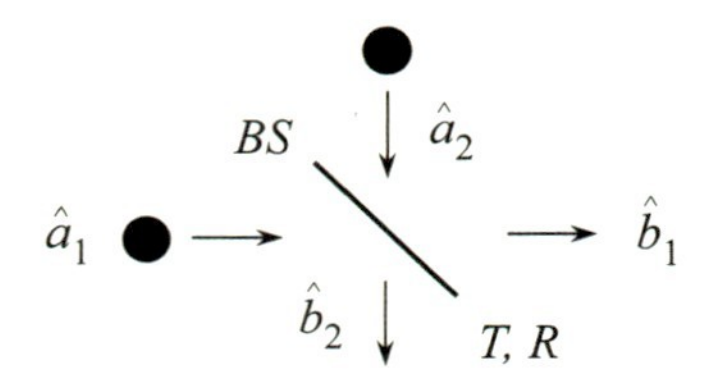


**图 8.3 双光子 Hong-Ou-Mandel 干涉仪**

当 $t = r = 1/\sqrt{2}$ 时,输出态 $|\Psi\rangle_{\text{out}}$ 中将缺失态 $|1,1\rangle$,这是双光子相消干涉的结果. 由自发参量下转换产生的双光子态的多模处理可以在本书作者的专著 (Ou, 2007) 中找到. 但是在这里,我们将从 8.1.2 小节中讨论的双光子波函数的角度出发并采用不同的方法来分析. 这将进一步说明它与传统的单光子干涉的不同.

利用与 8.1.2 小节中相同的符号, 我们假设两个输入光子的波函数分别为 $\phi_{10} = A\mathrm{e}^{\mathrm{i}\varphi_{10}}\, u_1(1), \phi_{20} = A\mathrm{e}^{\mathrm{i}\varphi_{20}} u_2(2)$,振幅均为 $A(>0)$. $u_1, u_2$ 是它们的模式函数,括号中的数字表示输入端口. 所以,输入场的双光子波函数是

$$\Psi_{\text{in}}^{(2)} = \phi_{10}\phi_{20} = A^2\mathrm{e}^{\mathrm{i}(\varphi_{10}+\varphi_{20})}u_1(1)u_2(2) \tag{8.9}$$

经过分束器之后,每个波被分成两个:

$$\begin{aligned}\phi_{10} &\to tA\mathrm{e}^{\mathrm{i}\varphi_{10}}u_1(1)+rA\mathrm{e}^{\mathrm{i}\varphi_{10}}u_1(2)\\ \phi_{20} &\to t'A\mathrm{e}^{\mathrm{i}\varphi_{20}}u_2(2)+r'A\mathrm{e}^{\mathrm{i}\varphi_{20}}u_2(1)\end{aligned}\tag{8.10}$$

其中,$t,r,t',r'$ 分别是分束器两侧的复振幅透射率和反射率. 输出的双光子波函数是

$$\begin{aligned}\Psi_{\text{out}}^{(2)} =&[tA\mathrm{e}^{\mathrm{i}\varphi_{10}}u_1(1)+rA\mathrm{e}^{\mathrm{i}\varphi_{10}}u_1(2)][t'A\mathrm{e}^{\mathrm{i}\varphi_{20}}u_2(2)+r'A\mathrm{e}^{\mathrm{i}\varphi_{20}}u_2(1)]\\ =&tr'A^2\mathrm{e}^{\mathrm{i}(\varphi_{10}+\varphi_{20})}u_1(1)u_2(1)+rt'A^2\mathrm{e}^{\mathrm{i}(\varphi_{10}+\varphi_{20})}u_1(2)u_2(2)\\ &+tt'A^2\mathrm{e}^{\mathrm{i}(\varphi_{10}+\varphi_{20})}u_1(1)u_2(2)+rr'A^2\mathrm{e}^{\mathrm{i}(\varphi_{10}+\varphi_{20})}u_1(2)u_2(1)\\ =&A^2\mathrm{e}^{\mathrm{i}(\varphi_{10}+\varphi_{20})}\big[tr'u_1(1)u_2(1)+rt'u_1(2)u_2(2)\\ &+tt'u_1(1)u_2(2)+rr'u_1(2)u_2(1)\big]\\ =&A^2\mathrm{e}^{\mathrm{i}(\varphi_{10}+\varphi_{20})}\big[tr'u_1(1)u_2(1)+rt'u_1(2)u_2(2)\\ &+(tt'+rr')u(1)u(2)\big]\quad(u_1=u_2\equiv u)\end{aligned}\tag{8.11}$$

用图形来解释,方程 (8.11) 中的四项对应于图 8.4 所示的四种可能性. 前两项 [图 8.4(a)、图 8.4(b)] 是可区分的,而后两项 [图 8.4(c)、图 8.4(d)] 在 $u_1=u_2\equiv u$ 时是不可区分的,并在方程 (8.11) 的最后一行中加起来. 注意,方程 (8.11) 中的最后两项对应于到达不同端口的两个光子,并可以写成

$$A^2\mathrm{e}^{\mathrm{i}(\varphi_{10}+\varphi_{20})}(tt'+rr')u(1)u(2)=(\Psi_{\text{out}_\text{c}}^{(2)}+\Psi_{\text{out}_\text{d}}^{(2)})u(1)u(2)\tag{8.12}$$

其中,$\Psi_{\text{out}_\text{c}}^{(2)}=tt'A^2\mathrm{e}^{\mathrm{i}(\varphi_{10}+\varphi_{20})}$,$\Psi_{\text{out}_\text{d}}^{(2)}=rr'A^2\mathrm{e}^{\mathrm{i}(\varphi_{10}+\varphi_{20})}$ 对应于图 8.4(c) 和图 8.4 (d),是除了无法区分的模函数 $u(1)u(2)$ 之外的双光子波函数. 空间不可分辨性导致了双光子波函数的叠加.

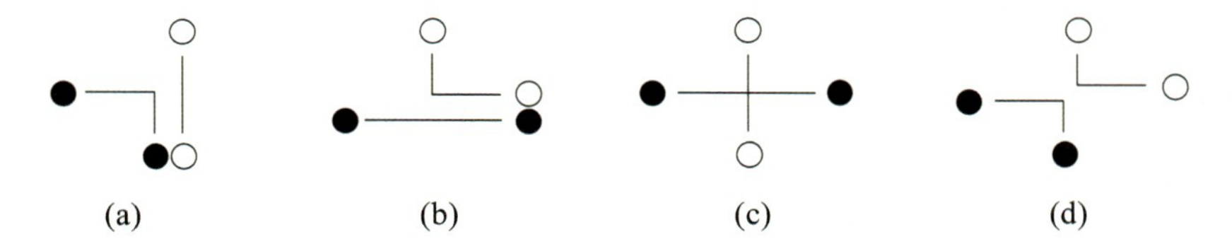


**图 8.4 Hong-Ou-Mandel 干涉仪中两个光子的四种可能**

对于无损耗的分束器, 由于输入输出的能量守恒, $t,r,t',r'$ 的相位必须满足 $\varphi_t+\varphi_{t'}-\varphi_r-\varphi_{r'}=\pi$(见 6.2.1 小节和附录 A). 那么,对于 50:50 的分束器,我们有

$$\begin{aligned}\Psi_{\text{out}_\text{c}}^{(2)}+\Psi_{\text{out}_\text{d}}^{(2)}&\propto(tt'+rr')\\ &=\mathrm{e}^{\mathrm{i}(\varphi_r+\varphi_{r'})}[\mathrm{e}^{\mathrm{i}(\varphi_t+\varphi_{t'}-\varphi_r-\varphi_{r'})}+1]/2\\ &=\mathrm{e}^{\mathrm{i}(\varphi_r+\varphi_{r'})}[\mathrm{e}^{\mathrm{i}\pi}+1]/2=0\end{aligned}\tag{8.13}$$

8

因此,由于相消干涉,方程 (8.11) 中的最后两个叠加项相加为零,从而导致两个光子不可能在不同端口处出现. 在这种情况下,基于方程 (8.11) 中双光子波函数的结果与基于方程 (8.8) 中量子态的结果相同. 注意这里讨论的干涉是双光子波函数 $\Psi^{(2)}_{\mathrm{out_c}}, \Psi^{(2)}_{\mathrm{out_d}}$ 之间的干涉,它取决于两个波函数的相位差,这是两个光子相位之和的相位差,即图 8.4(c) 的相位之和 $\varphi_t+\varphi_{t'}$ 与图 8.4(d) 的相位之和 $\varphi_r+\varphi_{r'}$ 之间的差. 初始相位 $\varphi_{10}+\varphi_{20}$ 因此被消掉了. 注意,与单光子干涉不同,Hong-Ou-Mandel 双光子干涉不依赖于两个输入场之间的相位差 $\varphi_{10}-\varphi_{20}$. 另外,完全相消取决于模式函数的完全重叠:$u_1=u_2$. 这意味着光子的不可分辨性依赖于光子的模式 (见 8.4 节).

实验上,如果我们对分束器的两个输出场进行符合测量,根据方程 (8.8) 或以上的讨论,除了偶然计数外,我们预期得不到任何符合计数. 但是,这些推断仅适用于单模情况. 在实验中,我们通常会有多个频率模式,双光子波函数则变为双光子波包. 只有当两个波包在分束器处完全重叠时,即对应于方程 (8.11) 中的 $u_1=u_2\equiv u$,才可能发生完全相消干涉,从而导致符合计数为零. 否则,根据重叠的程度,我们会有一个非零的符合计数. 这是 Hong 等人观察到的,如图 8.5(b) 所示 (Hong et al., 1987). 实验简图如图 8.5(a) 所示,其中由 KDP 非线性晶体中自发参量下转换 (SPDC) 产生的两个光子在滤除了泵浦光之后被输入到 50:50 的分束器中. 利用第 7 章讨论的光子计数技术对两个输出场进行双光子符合测量. 当扫描分束器的位置以改变两个输入光子的重叠程度时,由于相消干涉,在最佳重叠处就出现了符合计数的减少.

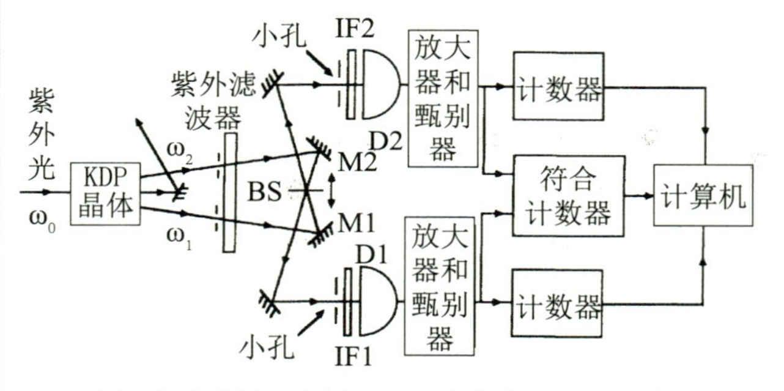


(a) 实验装置示意图. IF:干涉滤波器; BS:分束器

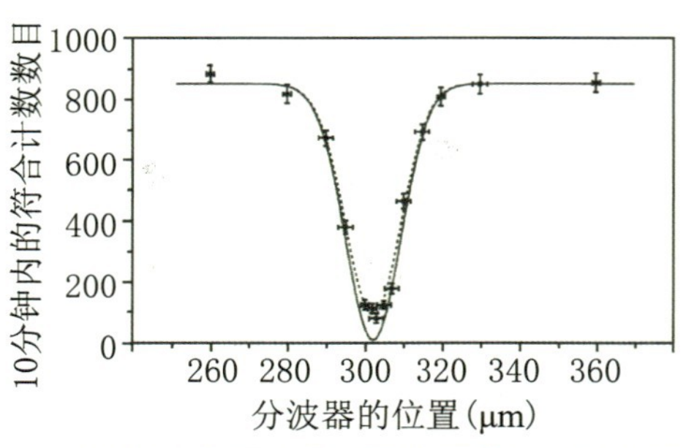


(b) 扫描分束器位置时双光子符合计数出现的凹坑

**图 8.5 Hong-Ou-Mandel 实验**

转载自 Hong 等 (1987).

下面介绍两个独立光子的 Hong-Ou-Mandel 实验.

在上面的双光子波函数讨论中,我们把双光子波函数看作是单光子波函数 $\phi_{10},\phi_{20}$

的乘积. 对两个单模光子我们是可以这样做的. 但是, 如果两个输入光子具有多模性质(频率模式), 则只有当两个输入光子彼此独立且每个光子对应于单一时间模式下的单光子波包时才成立, 如 4.3.2 小节所述. 尽管 Hong 等人最初的实验是用 SPDC 的关联光子进行的, 上述论证表明, 即使对于两个独立的光子, 也会发生双光子相消干涉效应. 事实上, 人们已经利用各种各样的独立单光子源所发出的光子观测到了 Hong-Ou-Mandel 效应, 例如来自参量下转换的宣布式单光子 (Wang et al., 1999; de Riedmatten et al., 2003), 以及单量子点 (Santori et al., 2002)、单原子 (Beugnon et al., 2006)、单离子 (Maunz et al., 2007) 发射的单光子. 下面我们将讨论这种情况.

在写出方程 (8.10) 时, 我们已经假设两个输入光子的模式函数不同, 但为了得到完全相消干涉, 我们在方程 (8.11) 中将它们设为相等, 并且仅定性地讨论了它们不同的情况. 为了进行定量讨论, 我们需要确定模式函数 $u_1, u_2$. 对于独立光子, 我们可以用具有不同形状以及不同到达时间的波包来描述它们. 为了对这种情况进行分析, 我们将输入态取为 $|\Psi\rangle_{\text{in}} = |T_1\rangle_1 \otimes |T_2\rangle_2$, 其中两个输入光子的态为

$$|T_{1,2}\rangle_{1,2} = \int \mathrm{d}\omega \phi_{1,2}(\omega) \mathrm{e}^{\mathrm{i}\omega T_{1,2}} \hat{a}^\dagger_{1,2}(\omega)|0\rangle \equiv \hat{A}^\dagger_{1,2}(T_{1,2})|0\rangle \tag{8.14}$$

为了说明模式匹配在干涉中的作用, 除了不同的到达时间 $T_{1,2}$, 我们还假设它们具有不同的波形并由 $g_{1,2}(\tau) = (1/\sqrt{2\pi}) \int \mathrm{d}\omega \phi_{1,2}(\omega) \mathrm{e}^{-\mathrm{i}\omega\tau}$ 给出. $\hat{A}^\dagger_{1,2}(\tau) = \int \mathrm{d}\omega \phi_{1,2}(\omega) \mathrm{e}^{\mathrm{i}\omega\tau} \cdot \hat{a}^\dagger_{1,2}(\omega)$ 是由 $g_{1,2}(\tau)$ 定义的单一时间模式的产生算符.

利用一维准单色近似, 我们得到分束器的输出场算符为

$$\begin{aligned} \hat{E}_1^{(o)}(t) &= \sqrt{T}\hat{E}_1(t) + \sqrt{R}\hat{E}_2(t - D/c) \\ \hat{E}_2^{(o)}(t) &= \sqrt{T}\hat{E}_2(t) - \sqrt{R}\hat{E}_1(t + D/c) \end{aligned} \tag{8.15}$$

其中, $T, R$ 是分束器的透射率和反射率, $D$ 是分束器相对于某个对称位置的位移, 而输入场算符为 $\hat{E}_{1,2}(t) = (1/\sqrt{2\pi}) \int \mathrm{d}\omega \hat{a}_{1,2}(\omega) \mathrm{e}^{-\mathrm{i}\omega t}$.

为了得到在两个输出端口测到两个光子的符合计数概率, 可以先计算下面的量:

$$\begin{aligned} &\hat{E}_1^{(o)}(t_1)\hat{E}_2^{(o)}(t_2)|T_1\rangle_1|T_2\rangle_2 \\ &\quad = \left[\sqrt{T}\hat{E}_1(t_1) + \sqrt{R}\hat{E}_2(t_1 - D/c)\right] \\ &\qquad \times \left[\sqrt{T}\hat{E}_2(t_2) - \sqrt{R}\hat{E}_1(t_2 + D/c)\right]|T_1\rangle_1|T_2\rangle_2 \\ &\quad = \left[T\hat{E}_1(t_1)\hat{E}_2(t_2) - R\hat{E}_2(t_1 - D/c)\hat{E}_1(t_2 + D/c)\right]|T_1\rangle_1|T_2\rangle_2 \\ &\quad = \left[Tg_1(t_1 - T_1)g_2(t_2 - T_2)\right. \\ &\qquad \left. - Rg_2(t_1 - T_2 - D/c)g_1(t_2 - T_1 + D/c)\right]|0\rangle \end{aligned} \tag{8.16}$$

8

其中，$\hat{E}_j\hat{E}_j|T_1\rangle_1|T_2\rangle_2 = 0\ (j=1,2)$. 因此，在两个输出端的双光子符合测量的概率正比于

$$\begin{aligned}&\langle T_1|\langle T_2|\hat{E}_2^{(o)\dagger}(t_2)\hat{E}_1^{(o)\dagger}(t_1)\hat{E}_1^{(o)}(t_1)\hat{E}_2^{(o)}(t_2)|T_1\rangle_1|T_2\rangle_2\\&\quad=\big|Tg_1(t_1-T_1)g_2(t_2-T_2)\\&\qquad-Rg_2(t_1-T_2-D/c)g_1(t_2-T_1+D/c)\big|^2\end{aligned}\tag{8.17}$$

总的双光子符合测量概率是在整个光子波包上对 $t_1,t_2$ 的积分：

$$\begin{aligned}P_2&\propto\int\mathrm{d}t_1\mathrm{d}t_2\langle T_1|\langle T_2|\hat{E}_2^{(o)\dagger}(t_2)\hat{E}_1^{(o)\dagger}(t_1)\hat{E}_1^{(o)}(t_1)\hat{E}_2^{(o)}(t_2)|T_1\rangle_1|T_2\rangle_2\\&\propto 1-\frac{2TR}{T^2+R^2}\mathcal{V}_{12}(T_1-T_2-D/c)\end{aligned}\tag{8.18}$$

其中，干涉的可见度定义为

$$\begin{aligned}\mathcal{V}_{12}(T_1-T_2-D/c)&\equiv\int\frac{\mathrm{d}t_1\mathrm{d}t_2}{2\pi}g_1^*(t_1-T_1)g_2^*(t_2-T_2)\\&\quad\times g_2(t_1-T_2-D/c)g_1(t_2-T_1+D/c)\\&=\left|\int\mathrm{d}\omega\phi_1^*(\omega)\phi_2(\omega)\mathrm{e}^{\mathrm{i}\omega(T_1-T_2-D/c)}\right|^2\end{aligned}\tag{8.19}$$

这里，对于单光子态我们用了 $\int\mathrm{d}t|g_1(t)|^2=2\pi=\int\mathrm{d}t|g_2(t)|^2$. 当 $D/c=T_1-T_2$ 以使路径平衡时，可见度 $\mathcal{V}_{12}$ 的大小取决于模式的重叠程度：

$$\mathcal{V}_{12}(0)=\left|\int\mathrm{d}\omega\phi_1^*(\omega)\phi_2(\omega)\right|^2\leqslant 1\tag{8.20}$$

上面的不等式来自 Cauchy-Schwarz 不等式以及单光子态的 $\int\mathrm{d}\omega|\phi_1(\omega)|^2=1=\int\mathrm{d}\omega|\phi_2(\omega)|^2$. 上式的等号在 $\phi_1(\omega)=\phi_2(\omega)$ 或两个输入光子之间的模式完全匹配时成立. 设 $P_2(\infty)=P_{20}$ 和 $T=R$. 当我们扫描分束器位置 $D$ 使它通过 $c(T_1-T_2)$ 时，$P_2/P_{20}$ 将显示从 1 到 $1-\mathcal{V}_{12}(0)$ 的干涉减少，即 Hong-Ou-Mandel 干涉凹坑.

### 8.2.2 时间域纠缠与 Franson 干涉仪

在 Pfleegor-Mandel 干涉实验和 Hong-Ou-Mandel 干涉实验中，干涉效应可以与各个场的相位无关. 但这并不是双光子干涉的特征. 在本小节中，我们将研究一种双光子干涉实验，其中测量到的双光子符合计数是参与干涉的光场之间相位差的函数.

考虑由间隔为 $\Delta T$ 的两个相干脉冲所泵浦的自发参量下转换过程，如图 8.6所示．每一个泵浦脉冲产生一个脉冲双光子态

$$|\Phi\rangle = \int d\omega_1 d\omega_2 \Phi(\omega_1,\omega_2)|\omega_1\rangle_1|\omega_2\rangle_2 \tag{8.21}$$

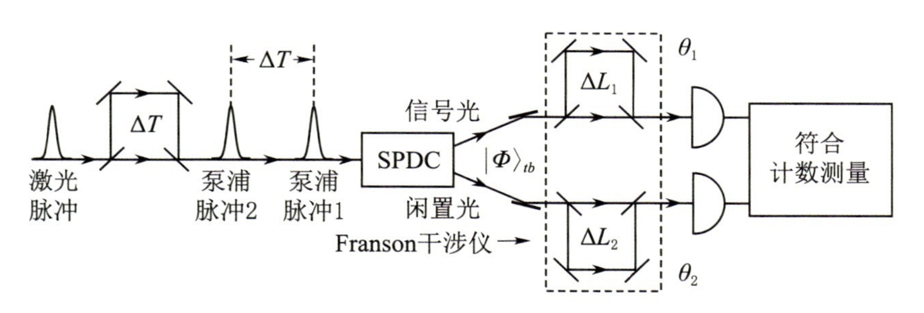


**图 8.6　产生时间元纠缠态的原理图以及用 Franson 干涉仪对它的探测**

这可以从方程 (6.32) 中获得．泵浦脉冲之间的时间延迟 $\Delta T$ 可以通过相位因子 $e^{i\omega_p\Delta T}$ 引入到泵浦场的波形 $\alpha_p(\omega_p)$ 中，它出现在方程 (6.29) 中的 $\Phi(\omega_1,\omega_2)$．于是，时间元 (time-bin) 纠缠态的量子态为

$$\begin{aligned}|\Phi\rangle_{tb} &= [|\Phi(0)\rangle + |\Phi(\Delta T)\rangle]/\sqrt{2}\\ &= \frac{1}{\sqrt{2}}\int d\omega_1 d\omega_2 \Phi(\omega_1,\omega_2)\left[1+e^{i(\omega_1+\omega_2)\Delta T}\right]|\omega_1\rangle_1|\omega_2\rangle_2\end{aligned} \tag{8.22}$$

在这里，我们假设 $\Delta T$ 比 $\Phi(\omega_1,\omega_2)$ 的频谱宽度的倒数大很多，以使两个脉冲没有重叠：

$$\langle\Phi(0)|\Phi(\Delta T)\rangle = \int d\omega_1 d\omega_2 |\Phi(\omega_1,\omega_2)|^2 e^{i(\omega_1+\omega_2)\Delta T} \approx 0 \tag{8.23}$$

由于两个脉冲彼此相干，所以方程 (8.22) 中的双光子态是类似于方程 (4.53) 中的时间纠缠态．但是与方程 (4.53) 中的态不同，这里方程 (8.22) 中的态是脉冲双光子态．实际上，如果双光子光谱函数 $\Phi(\omega_1,\omega_2)$ 是可被因式分解的：$\Phi(\omega_1,\omega_2)=\phi(\omega_1)\psi(\omega_2)$，即对应于变换极限下的双光子态，方程 (8.22) 中的双光子态可以重写为

$$|\Phi\rangle_{tb} = [|\phi_t(0)\rangle_1|\psi_t(0)\rangle_2 + |\phi_t(\Delta T)\rangle_1|\psi_t(\Delta T)\rangle_2]/\sqrt{2} \tag{8.24}$$

其中，$|\phi_t(\tau)\rangle_1 \equiv \int d\omega_1 e^{i\omega_1\tau}\phi(\omega_1)|\omega_1\rangle_1$，$|\psi_t(\tau)\rangle_2 \equiv \int d\omega_2 e^{i\omega_2\tau}\psi(\omega_2)|\omega_2\rangle_2$ 是 4.3.2 小节中定义的处于单个时间模式上的单光子态．上面的表达式表示这两个光子具有在时间上的纠缠．

为了检测时间纠缠,我们将利用 Franson 双光子干涉仪 (Franson, 1989),它由两个不平衡的 Mach-Zehnder 干涉仪组成,我们对两个干涉仪的输出进行符合计数测量 (图 8.6). 两个干涉仪的输出场算符可以用输入表示为

$$\begin{aligned}\hat{E}_{\text{out1}}(t) &= [\hat{E}_{\text{in1}}(t) + \hat{E}_{\text{in1}}(t+\Delta L_1/c) + \hat{E}_{\text{in01}}(t) - \hat{E}_{\text{in01}}(t+\Delta L_1/c)]/2 \\ \hat{E}_{\text{out2}}(t) &= [\hat{E}_{\text{in2}}(t) + \hat{E}_{\text{in2}}(t+\Delta L_2/c) + \hat{E}_{\text{in02}}(t) - \hat{E}_{\text{in02}}(t+\Delta L_2/c)]/2\end{aligned} \tag{8.25}$$

其中,$\hat{E}_{\text{in}\{1,2\}}(t) = (1/\sqrt{2\pi})\int \mathrm{d}\omega \mathrm{e}^{-\mathrm{i}\omega t}\hat{a}_{\{1,2\}}(\omega)$ 且 $\Delta L_1, \Delta L_2$ 为两个非平衡 MZ 干涉仪的路径差. $\hat{E}_{\text{in01}}, \hat{E}_{\text{in02}}$ 是两个干涉仪未被使用的输入端口中的真空输入场.

为了计算双光子符合探测概率,我们首先计算下面的量:

$$\begin{aligned}&\hat{E}_{\text{out1}}(t+\tau)\hat{E}_{\text{out2}}(t)|\Phi\rangle_{tb} \\ &= \Big[\hat{E}_{\text{in1}}(t+\tau)\hat{E}_{\text{in2}}(t) + \hat{E}_{\text{in1}}(t+\tau)\hat{E}_{\text{in2}}(t+\Delta L_2/c) \\ &\quad + \hat{E}_{\text{in1}}(t+\tau+\Delta L_1/c)\hat{E}_{\text{in2}}(t+\Delta L_2/c) \\ &\quad + \hat{E}_{\text{in1}}(t+\tau+\Delta L_1/c)\hat{E}_{\text{in2}}(t)\Big]|\Phi\rangle_{tb}/2\end{aligned} \tag{8.26}$$

这里,未被使用的真空输入的贡献为零. 以上的量可以由如下公式计算:

$$\begin{aligned}\hat{E}_{\text{in1}}(t')\hat{E}_{\text{in2}}(t)|\Phi\rangle_{tb} &= \int \frac{\mathrm{d}\omega_1\mathrm{d}\omega_2}{2\pi}\Phi(\omega_1,\omega_2)\mathrm{e}^{-\mathrm{i}(\omega_1 t'+\omega_2 t)}[1+\mathrm{e}^{\mathrm{i}(\omega_1+\omega_2)\Delta T}]|0\rangle \\ &= [F(t',t) + F(t'-\Delta T, t-\Delta T)]|0\rangle\end{aligned} \tag{8.27}$$

其中,双光子时间波函数 $F(t',t)$ 的定义为

$$F(t',t) \equiv \frac{1}{2\pi}\int \mathrm{d}\omega_1\mathrm{d}\omega_2\Phi(\omega_1,\omega_2)\mathrm{e}^{-\mathrm{i}(\omega_1 t'+\omega_2 t)} \tag{8.28}$$

由于双光子光谱函数 $\Phi(\omega_1,\omega_2)$ 因下转换和泵浦脉冲的宽带性质而具有很宽的光谱,因此双光子波函数 $F(t',t)$ 在 $t',t=0$ 附近具有很窄的范围,其大约为 $\Phi(\omega_1,\omega_2)$ 带宽的倒数. 将方程 (8.27) 代入方程 (8.26),我们得到如下包含八项的表达式:

$$\begin{aligned}&\hat{E}_{\text{out1}}(t+\tau)\hat{E}_{\text{out2}}(t)|\Phi\rangle_{tb} \\ &= [F(t+\tau,t) + F(t+\tau+\Delta L_1/c, t+\Delta L_2/c) + F(t+\tau+\Delta L_1/c, t) \\ &\quad + F(t+\tau, t+\Delta L_2/c) + F(t+\tau-\Delta T+\Delta L_1/c, t-\Delta T) \\ &\quad + F(t+\tau-\Delta T, t-\Delta T) + F(t+\tau-\Delta T, t-\Delta T+\Delta L_2/c) \\ &\quad + F(t+\tau-\Delta T+\Delta L_1/c, t-\Delta T+\Delta L_2/c)]|0\rangle\end{aligned} \tag{8.29}$$

在 Franson 干涉仪中,我们设路径差 $\Delta L_1, \Delta L_2 \sim c\Delta T$,并且符合计数窗口比 $\Delta T$ 短得多,因此,$t,\tau \ll \Delta T$ 但是比 $\Phi(\omega_1,\omega_2)$ 带宽的倒数长. 注意,$F(t+\tau,t) \neq 0$ 的范围由于方程 (8.23) 的关系而比 $\Delta T$ 小很多. 那么方程 (8.29) 中只有两项是非零的:

$$
\begin{aligned}
&\hat{E}_{\text{out1}}(t+\tau)\hat{E}_{\text{out2}}(t)|\Phi\rangle_{tb} \\
&\quad = [F(t+\tau,t) + F(t+\tau-\Delta T+\Delta L_1/c, t-\Delta T+\Delta L_2/c)]|0\rangle
\end{aligned} \tag{8.30}
$$

这两个幸存项分别对应于第一个脉冲产生的两个光子同时穿过长路径和第二个脉冲的两个光子同时穿过短路径的情况．如果泵浦脉冲之间的延迟与路径延迟相匹配，即 $\Delta L_1, \Delta L_2 \sim c\Delta T$,则这两种可能性是不可区分的,从而导致双光子干涉.

于是,干涉仪两个输出场的双光子符合测量的概率为

$$
\begin{aligned}
P_2 &\propto \int \mathrm{d}t\mathrm{d}\tau\ {}_{tb}\langle\Phi|\hat{E}^{\dagger}_{\text{out2}}(t)\hat{E}^{\dagger}_{\text{out1}}(t+\tau)\hat{E}_{\text{out1}}(t+\tau)\hat{E}_{\text{out2}}(t)|\Phi\rangle_{tb} \\
&= \int \mathrm{d}t\mathrm{d}\tau \|\hat{E}_{\text{out1}}(t+\tau)\hat{E}_{\text{out2}}(t)|\Phi\rangle_{tb}\|^2 \\
&= \int \mathrm{d}t\mathrm{d}\tau \left|F(t+\tau,t) + F(t+\tau-\Delta T+\Delta L_1/c, t-\Delta T+\Delta L_2/c)\right|^2 \\
&= 1 + |\mathcal{V}|\cos[\omega_{10}(\Delta T-\Delta L_1/c) + \omega_{20}(\Delta T-\Delta L_2/c) - \epsilon_0] \\
&= 1 + |\mathcal{V}|\cos(\theta_1+\theta_2-\epsilon_0)
\end{aligned} \tag{8.31}
$$

这里,我们使用了归一化条件: $\int \mathrm{d}\omega_1\mathrm{d}\omega_2|\Phi(\omega_1,\omega_2)|^2 = 1$ 和

$$
\begin{aligned}
\mathcal{V} \equiv &\int \mathrm{d}\Omega_1\mathrm{d}\Omega_2|\Phi(\omega_{10}+\Omega_1,\omega_{20}+\Omega_2)|^2 \\
&\times \mathrm{e}^{\mathrm{i}\Omega_1(\Delta T-\Delta L_1/c)+\mathrm{i}\Omega_2(\Delta T-\Delta L_2/c)} \\
\equiv &|\mathcal{V}|\mathrm{e}^{\mathrm{i}\epsilon_0}
\end{aligned} \tag{8.32}
$$

因此双光子符合计数显示出了干涉条纹，它是两个 MZ 干涉仪的相位 $\theta_j \equiv \omega_{j0}(\Delta T - \Delta L_j/c)$ $(j=1,2)$ 的函数．干涉条纹的可见度取决于路径差 $\Delta L_1,\Delta L_2$ 与泵浦脉冲之间的延迟 $\Delta T$ 的匹配程度.

实验中,Ou 等人 (1990a) 和 Kwiat 等人 (1990) 分别独立地在 Franson 干涉仪中观察到了两个光子的时间纠缠．脉冲时间元纠缠态是由 Brendel 等人 (1999) 实现的.

双光子时间纠缠态的 Franson 干涉效应是一种非局域效应，即 SPDC 中的两个光子可以分别用两个独立的 MZ 干涉仪进行空间分离并在局域进行分析．这类似于偏振纠缠的双光子态，并可以用来演示贝尔不等式的违反 (Franson, 1989)．由于这个性质，它可应用于量子密码学中 (Ekert, 1991).

### 8.2.3 双光子干涉的可分辨性与量子擦除效应

正如 Hong-Ou-Mandel 干涉仪和 Franson 干涉仪所证明的那样,双光子干涉源于双光子路径的不可分辨性. 然而,由于两个光子的参与,通常不存在单光子干涉,这会在单个探测器的计数中表现出来. 这一点可以很容易在相位无关的 Hong-Ou-Mandel 干涉和相位敏感的 Franson 干涉效应中得到验证. 在这两种情况下,单个探测器的计数都是恒定的,没有显示干涉效应.

为了进一步说明这一点,我们考虑图 8.7(a) 所示的简单方案,其中 SPDC 的泵浦场被分成两束,以便用以泵浦两个 SPDC 过程. 从处于相干态 $|\alpha_p\rangle$ 的泵浦场开始. 在第一个 50:50 分束器之后,其量子态变为 $|\alpha_p/\sqrt{2}\rangle_1|\alpha_p/\sqrt{2}\rangle_2$. 如果我们用另一个分束器来叠加这两个输出场,就会产生干涉效应. 但是现在让泵浦光场分别通过两个非线性晶体,并通过其中的参量下转换产生信号光场和闲置光场,如图 8.7(a) 所示. 对于两个 SPDC 过程,系统的哈密顿量为

$$H_{2\text{SPDC}} = \chi\hat{a}_1\hat{a}_{s1}^\dagger\hat{a}_{i1}^\dagger + \chi\hat{a}_2\hat{a}_{s2}^\dagger\hat{a}_{i2}^\dagger + \text{h.c.} \tag{8.33}$$

简单起见,我们在这里使用单模式进行处理. 从第 6 章中的内容可知,由 SPDC 产生的态为

$$|\Psi_2\rangle = |vac\rangle + \eta(|1\rangle_{s1}|1\rangle_{i1} + \mathrm{e}^{\mathrm{i}\varphi}|1\rangle_{s2}|1\rangle_{i2}) \tag{8.34}$$

其中,$\eta$ 与 $\chi$,$\alpha_p$ 成正比,$|\eta|^2$ 与下转换概率有关. 我们现在将两个信号场叠加,如图8.7(a) 所示. 很容易得到叠加场 $\hat{a}_s = (\hat{a}_{s1} + \hat{a}_{s2})/\sqrt{2}$ 的强度为

$$\begin{aligned}
\langle\Psi_2|\hat{a}_s^\dagger\hat{a}_s|\Psi_2\rangle =& \Big(\langle\Psi_2|\hat{a}_{s1}^\dagger\hat{a}_{s1}|\Psi_2\rangle + \langle\Psi_2|\hat{a}_{s2}^\dagger\hat{a}_{s2}|\Psi_2\rangle \\
&+ \langle\Psi_2|\hat{a}_{s1}^\dagger\hat{a}_{s2}|\Psi_2\rangle + \langle\Psi_2|\hat{a}_{s2}^\dagger\hat{a}_{s1}|\Psi_2\rangle\Big)\Big/2 \\
=& |\eta|^2 + |\eta|^2|\langle 1_{i2}|1_{i1}\rangle|\cos\varphi \\
=& |\eta|^2
\end{aligned} \tag{8.35}$$

这并没有显示干涉效应. 最后一行的结果是因为在式 (8.35) 中 $\langle 1_{i2}|1_{i1}\rangle = 0$.

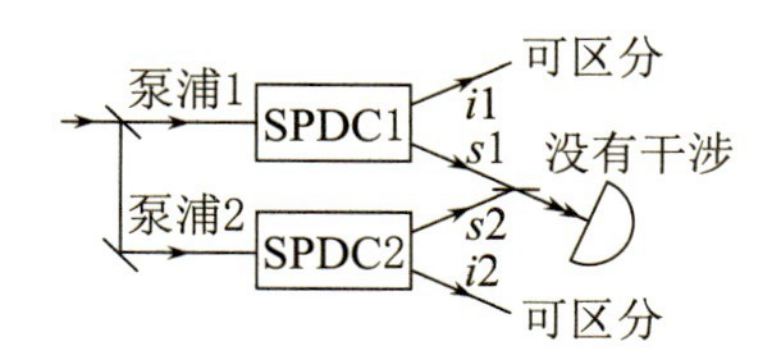


(a) 由于$i1$和$i2$之间的可分辨性,单光子干涉消失

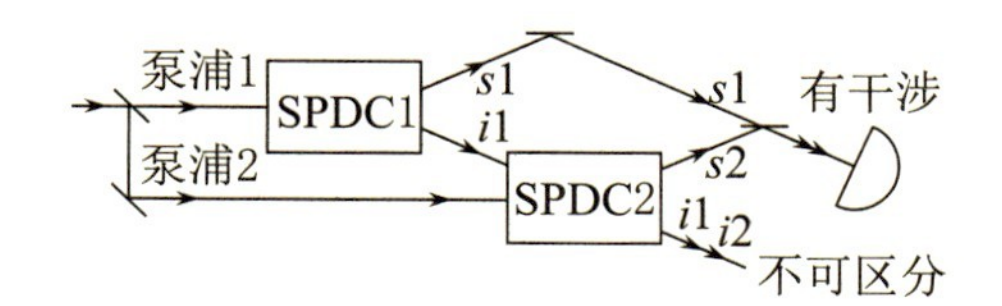


(b) 由于$i1$和$i2$之间的不可分辨性,单光子干涉得到恢复

**图 8.7　两个关联光子的单光子干涉的原理图**

改编自 Zou 等 (1991b).

这种现象也可以用光子的可分辨性来理解. 当这两个光子在 SPDC 中产生时,它们在许多自由度 (如频率、动量和偏振度) 上高度关联. 这些关联使得两个关联光子中的一个可以为另一个提供路径信息,由于量子力学的互补原理,就不会产生干涉效应. 这可以从干涉项的消失中看出: $\langle\Psi_2|\hat{a}_{s2}^{\dagger}\hat{a}_{s1}|\Psi_2\rangle = |\eta|^2\mathrm{e}^{\mathrm{i}\varphi}\langle 1_{i2}|1_{i1}\rangle = 0$, 这是因为 $i1$, $i2$ 之间具有可区分性而使得 $\langle 1_{i2}|1_{i1}\rangle$ 为零.

与其他演示互补原理的干涉实验相比,那些方案通常是对参与干涉实验的粒子进行测量以获得粒子的路径信息, 而现在的这个方案不进行这种测量, 粒子的路径信息是通过量子关联获得的. 但这也告诉我们如何来恢复单光子干涉效应: 使 $i1$, $i2$ 光子无法被区分. 这可以通过将 $i1$ 场注入第二个 SPDC 中并将其与 $i2$ 场对齐来实现, 如图 8.7(b) 所示. 如果两个模式完全重合, 则无法区分闲置光子是由哪个 SPDC 过程产生的, 即 $\langle 1_{i2}|1_{i1}\rangle = 1$. 这将导致 $s1$ 和 $s2$ 之间的相干和单光子干涉. 实际上, 当 $\langle 1_{i2}|1_{i1}\rangle = 1$ 时, 方程 (8.35) 变成

$$\langle\Psi|\hat{a}_s^{\dagger}\hat{a}_s|\Psi\rangle_2 = |\eta|^2(1+\cos\varphi) \tag{8.36}$$

这在信号光探测器的计数中显示出了干涉效应. 在 $0 < |\langle 1_{i2}|1_{i1}\rangle| < 1$ 描述的不完全重合的情况下, 方程 (8.35) 给出了干涉条纹的可见度 $\mathcal{V} = |\langle 1_{i2}|1_{i1}\rangle| < 1$, 即部分可分辨导致可见度或相干性的降低. 这种干涉效应被称为"无受激诱导辐射的诱导相干", 由 Zou 等人 (1991b) 首次观察到.

光子的不可区分性与光子的模式密切相关. 这可以由从方程 (8.35) 获得的可见度关系 $\mathcal{V} = |\langle 1_{i2}|1_{i1}\rangle|$ 来说明. 虽然方程 (8.35) 是基于场的单模描述导出的, 但它也可以被直接推广到多模的情况: 当下转换场的联合谱函数可被因子分解为 $\Phi(\omega_1,\omega_2) = \phi(\omega_1)\psi(\omega_2)$, 使得光子态可以写为 $|\Psi_2\rangle = |vac\rangle + \eta|\phi\rangle_s|\psi\rangle_i$, 这与 8.2.1 小节中的独立光子和 8.2.2 小节中的时间域纠缠光子的情况相同. 于是, 方程 (8.34) 更改为

$$|\Psi_2\rangle = |vac\rangle + \eta\Big(|\phi_1\rangle_{s1}|\psi_1\rangle_{i1} + \mathrm{e}^{\mathrm{i}\varphi}|\phi_2\rangle_{s2}|\psi_2\rangle_{i2}\Big) \tag{8.37}$$

且方程 (8.35) 成为

$$\begin{aligned}\langle\Psi_2|\hat{E}_s^\dagger\hat{E}_s|\Psi_2\rangle =&\Big(\langle\Psi_2|\hat{E}_{s1}^\dagger\hat{E}_{s1}|\Psi_2\rangle + \langle\Psi_2|\hat{E}_{s2}^\dagger\hat{E}_{s2}|\Psi_2\rangle \\ &+ \langle\Psi_2|\hat{E}_{s1}^\dagger\hat{E}_{s2}|\Psi_2\rangle + \langle\Psi_2|\hat{E}_{s2}^\dagger\hat{E}_{s1}|\Psi_2\rangle\Big)\Big/2 \\ =&|\eta|^2 + |\eta|^2|\langle\psi_2|\psi_1\rangle|\cos\varphi\end{aligned} \tag{8.38}$$

其中,$\hat{E}_{s1,s2} = (1/\sqrt{2})\int \mathrm{d}\omega \mathrm{e}^{-\mathrm{i}\omega t}\hat{a}_{s1,s_2}(\omega)$ 及 $\hat{E}_s = (\hat{E}_{s1} + \hat{E}_{s2})/\sqrt{2}$. 所以,在这种情况下,可见度的表达式变为

$$\mathcal{V} = |\langle\psi_2|\psi_1\rangle| = \left|\int \mathrm{d}\omega\psi_2^*(\omega)\psi_1(\omega)\right| \tag{8.39}$$

可见度取决于 $\psi_1(\omega),\psi_2(\omega)$ 之间的模式匹配,类似于 Hong-Ou-Mandel 干涉中可见度的方程 (8.20). 因此,模式函数提供了光子不可区分性的定量描述. 我们将在 8.4 节中给出更多的例子.

另一个恢复干涉效应的方法是利用“量子擦除”技术 (Scully et al., 1982; Scully et al., 1991),这是一种通过投影测量来擦除路径信息的技术. 考虑图 8.7(a) 的一个变异形式,如图 8.8(a) 所示,其中我们用一个 50:50 的分束器 ($\mathrm{BS}_B$) 叠加两个闲置光场. 实验结果是,即使插入 $\mathrm{BS}_B$ 来叠加两个闲置光场,$s1,s2$ 的叠加也没有干涉,类似于没有 BS 的图 8.7(a) 的情况. 如前所述,我们很容易理解为什么图 8.7(a) 中没有干涉. 但是,我们并不是那么容易用互补原理来解释图 8.8(a) 中干涉的消失,因为毕竟在 $\mathrm{BS}_B$ 的输出 $i1'$ 处似乎不可能获得光子的路径信息. 因此,图 8.8(a) 中的方案似乎与图 8.7(b) 中的方案类似,其中 $i1$ 和 $i2$ 之间的不可分辨性应导致 $s1$ 和 $s2$ 之间的干涉现象,但这与实验观察相矛盾. 事实上,还是有一种方法可以在不删除 $\mathrm{BS}_B$ 的情况下区分 $i1$ 和 $i2$. 这可以通过使用 $\mathrm{BS}_B$ 的另一输出 $i2'$ 来达到. 如图 8.8(b) 所示,我们可以添加一个额外的 BS 来重新组合 $\mathrm{BS}_B$ 的两个输出 $i1',i2'$. 当选对相位差 $\theta$ 时,额外的 BS 的输出与 $\mathrm{BS}_B$ 的输入完全相同:$i1'' = i1, i2'' = i2$,这是由 $\mathrm{BS}_B$ 和新放置的 BS 形成的马赫–曾德尔干涉仪中所引起的干涉效应所致. 因此,即使 $i1$ 和 $i2$ 在第一个 BS ($\mathrm{BS}_B$) 混合之后无法区分,它们在第二个 BS 之后仍然可以区分. 第二个输出 $i2'$ 的存在使得我们可以区分 $i1$ 和 $i2$. 另外,量子擦除技术就是在 $i1'$ 的输出端使用探测器 $B$ 进行投影测量,以此擦除 $i1$ 和 $i2$ 提供的路径信息而恢复 $s1$ 和 $s2$ 之间的干涉现象. 为了更清楚地看到这一点,我们从方程 (8.34) 中写出分束器后的双光子态为

$$|\Psi_2\rangle_{\mathrm{BS}} = \frac{1}{\sqrt{2}}\Big[|1\rangle_{s1} + \mathrm{e}^{\mathrm{i}\varphi}|1\rangle_{s2}\Big]|1\rangle_{i1'} + \frac{1}{\sqrt{2}}\Big[|1\rangle_{s1} - \mathrm{e}^{\mathrm{i}\varphi}|1\rangle_{s2}\Big]|1\rangle_{i2'} \tag{8.40}$$

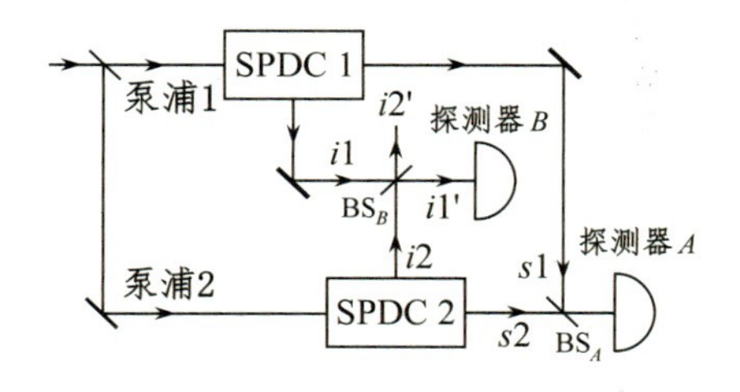


(a) 在$BS_B$上叠加$i1$和$i2$似乎能阻止我们区分$i1$和$i2$

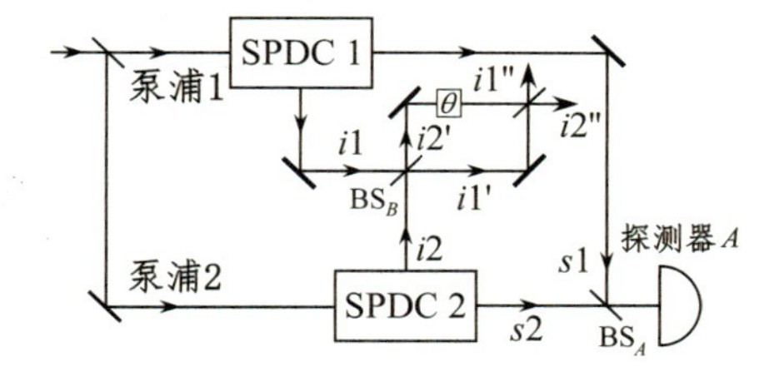


(b) 添加额外的元素以实现$i1$和$i2$之间的可区分

**图 8.8 通过在探测器 $B$ 上的投影测量来恢复干涉效应的量子路径信息擦除**

这里，我们对由 $BS_B$ 引起的态的变换使用了 $|1\rangle_{i1} \to \left(|1\rangle_{i1'} + |1\rangle_{i2'}\right)/\sqrt{2}$ 和 $|1\rangle_{i2} \to \left(|1\rangle_{i1'} - |1\rangle_{i2'}\right)/\sqrt{2}$. 因此，探测器 $B$ 上的投影测量将态 $|\Psi_2\rangle_{\mathrm{BS}}$ 转换为 $\frac{1}{\sqrt{2}}\left(|1\rangle_{s1} + \mathrm{e}^{\mathrm{i}\varphi}|1\rangle_{s2}\right)|1\rangle_{i1'}$,从而导致了 $s1$ 和 $s2$ 之间的干涉.

第一个量子擦除实验是由 Kwiat 等人 (1992) 完成的,后来又由 Herzog 等人 (1995) 实现. 为此,Herzog 等人对 Zou 等人 (1991b) 的诱导相干实验稍加变化,其方案如图 8.9 所示，其中第一个 SPDC 过程产生的信号场和闲置场都被反注入回来，并且与第二个 SPDC 过程的信号场和闲置场在蝶形结构中对齐 (Herzog et al., 1994). 当如图 8.9(a) 所示进行直接反射时,由于信号场和闲置场的不可分辨性,信号场和闲置场都将显示单光子干涉效应. 信号场和闲置场输出中的干涉图样如图 8.9(a) 所示. 需要注意的是,信号场和闲置场的干涉图样完全一致,这表示可以分别通过干涉相长和干涉相消来增强和抑制双光子过程. 在如图 8.9(b) 所示的量子擦除方案中,来自第一个 SPDC 过程的信号场和闲置场的偏振在被注入第二个 SPDC 过程之前旋转了 90°. 使用图 8.8中的符号,由于正交的偏振,$s1$ 和 $s2$ 以及 $i1$ 和 $i2$ 都可以区分. 在这种情况下,当我们使用偏振分束器将 $s1$ 和 $s2$(或 $i1$ 和 $i2$) 投影到 45° 时,在信号或闲置输出场中均未观察到干涉现象,该偏振分束器相当于图 8.8(b) 中的 $BS_A$(或 $BS_B$). 但在 $i1'$ 上的投影测量相当于在探测器 $B$ 上探测光子并擦除了 $i1$ 和 $i2$ 提供的路径信息. 因此,当在探测器 B 上探测到一个光子时,对叠加的信号场的探测将会显示一个干涉图像,如 Herzog 等人 (1995) 所观察到的,并在图 8.9(b) 中 45° 情况下的符合计数中显示出来.

### 8.2.4 双光子多路相加干涉对 SPDC 过程的腔增强

当相位大小正好满足双光子相加干涉时，由图 8.9(a) 所示的 Herzog 等人 (1994) 的反馈方案将使双光子转换率得到提高. 在这种情况下，该方案相当于泵浦场经过晶体两次并且相位匹配，因此晶体长度加倍. 我们可以将这一思想扩展到利用光腔而实现的多次通过，如图 8.10 所示，它有效地将长度为 $l$ 的晶体延长大约 $\mathcal{F}$ 倍到 $\mathcal{F}l$($\mathcal{F}$ 是腔的精细度)，这是由于多次过程的相位匹配，并引起双光子产生率的增强. 这与 Wu 和 Kimble(1985, 1993) 观察到的二次谐波产生中的腔增强效应相似. Ou 和 Lu(1999, 2000) 首先观察到了自发参量下转换的腔增强效应，此后这一直是产生窄带双光子态的稳定的光源 (Fortsch et al., 2013).

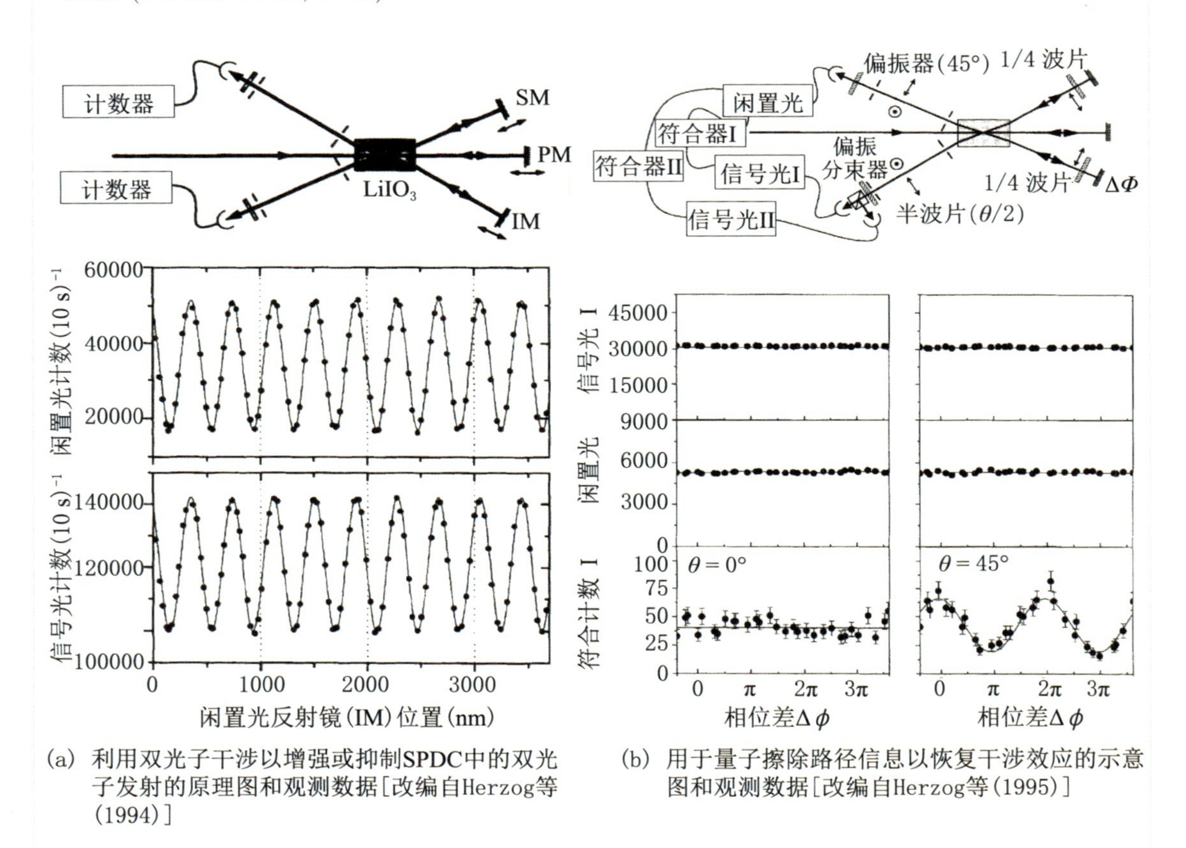


(a) 利用双光子干涉以增强或抑制SPDC中的双光子发射的原理图和观测数据[改编自Herzog等(1994)]

(b) 用于量子擦除路径信息以恢复干涉效应的示意图和观测数据[改编自Herzog等(1995)]

**图 8.9 SPDC 中的双光子干涉增强与抑制效应以及量子擦除效应**

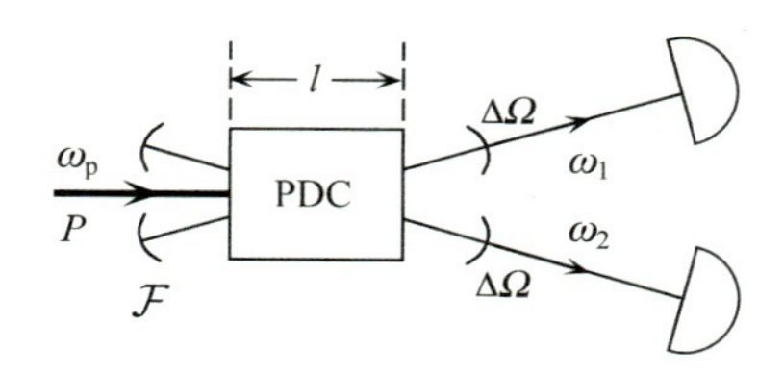


**图 8.10　利用光腔使晶体有效长度延长 $\mathcal{F}$ 倍以增强 SPDC 的双光子产生率**

为定量解释增强效应，我们考虑 6.3.4 小节所述的光腔内参量过程的理论模型. 但在这里我们考虑远低于阈值的情况，其中只有自发过程产生双光子. 在方程 (6.142) 中，设 $\hat{a}_{\text{out}}(\omega_0+\Omega)=\hat{A}_{\text{out}}(\Omega)$ 并对于远低于阈值的情况设 $\zeta^2 \ll (\beta+\gamma)^2/4$，我们得到简并 OPO 在共振时 ($\Delta_a=0, \omega_0$ 是 OPO 的简并频率) 的输出算符与输入关系如下：

$$\begin{aligned}\hat{a}_{\text{out}}(\omega_0+\Omega)=&G_D(\Omega)\hat{a}_{\text{in}}(\omega_0+\Omega)+g_D(\Omega)\hat{a}_{\text{in}}^{\dagger}(\omega_0-\Omega)\\&+G_L(\Omega)\hat{c}_{\text{in}}(\omega_0+\Omega)+g_L(\Omega)\hat{c}_{\text{in}}^{\dagger}(\omega_0-\Omega)\end{aligned} \tag{8.41}$$

其中

$$G_D(\Omega)=\frac{\gamma_1-\gamma_2+2i\Omega}{\gamma_1+\gamma_2-2i\Omega},\quad g_D(\Omega)=\frac{4\zeta\gamma_1}{(\gamma_1+\gamma_2-2i\Omega)^2} \tag{8.42}$$

$$G_L(\Omega)=\frac{2\sqrt{\gamma_1\gamma_2}}{\gamma_1+\gamma_2-2i\Omega},\quad g_L(\Omega)=\frac{4\zeta\sqrt{\gamma_1\gamma_2}}{(\gamma_1+\gamma_2-2i\Omega)^2} \tag{8.43}$$

这里，我们在方程 (6.142) 中分别设 $\beta=\gamma_1$，$\gamma=\gamma_2$ 为 $\hat{a}_{\text{in}}$ 和 $\hat{c}_{\text{in}}$ 的耦合常数 (也称为衰减常数). $\hat{c}_{\text{in}}$ 表示由于系统中的损耗而耦合进来的无用的真空模式. $\zeta$ 是单次通过的参量过程的振幅增益，它与泵浦场振幅和非线性系数成正比. 在方程 (8.42)、方程 (8.43) 中，我们忽略了分母中的 $|\zeta|^2$-项，这是因为 OPO 运行在远低于阈值处，因此 $|\zeta| \ll \gamma_1, \gamma_2$.

现在让我们来看下转换由共振引起的增强效应. 对于真空输入，根据方程 (8.41) 来计算场的谱函数 $S(\omega)$，其定义如下：

$$\langle a_{\text{out}}^{\dagger}(\omega_0+\Omega)a_{\text{out}}(\omega_0+\Omega')\rangle=\langle A_{\text{out}}^{\dagger}(\Omega)A_{\text{out}}(\Omega')\equiv S(\Omega)\delta(\Omega-\Omega') \tag{8.44}$$

结果为

$$S(\omega)=|g_D(\Omega)|^2+|g_L(\Omega)|^2=\frac{16|\zeta|^2\gamma_1(\gamma_1+\gamma_2)}{[(\gamma_1+\gamma_2)^2+4\Omega^2]^2} \tag{8.45}$$

下转换光子的速率可以计算为

$$R_{\text{cavity}}=\langle E_{\text{out}}^{(-)}(t)E_{\text{out}}^{(+)}(t)\rangle=\frac{1}{2\pi}\int \mathrm{d}\Omega S(\Omega) \tag{8.46}$$

其中

$$\hat{E}^{(+)}(t)=[\hat{E}^{(-)}(t)]^{\dagger}=\frac{1}{\sqrt{2\pi}}\int \mathrm{d}\omega\hat{a}(\omega)\mathrm{e}^{-\mathrm{i}\omega t}=\frac{\mathrm{e}^{-\mathrm{i}\omega_0 t}}{\sqrt{2\pi}}\int \mathrm{d}\Omega\hat{A}(\Omega)\mathrm{e}^{-\mathrm{i}\Omega t} \tag{8.47}$$

从方程 (8.45),我们得到

$$\begin{aligned}R_{\text{cavity}}&=\frac{1}{2\pi}\int_{-\infty}^{\infty}\mathrm{d}\Omega\frac{16|\zeta|^2\gamma_1(\gamma_1+\gamma_2)}{[(\gamma_1+\gamma_2)^2+4\Omega^2]^2}\\&=|r|^2\mathcal{F}^2/\pi\Delta t\mathcal{F}_0\end{aligned} \tag{8.48}$$

其中,$r\equiv\zeta\Delta t$ 是以 $\Delta t$ 为往返时间的单次通过的增益参数,$\mathcal{F}\equiv 2\pi/[(\gamma_1+\gamma_2)\Delta t]=2\pi/[\Delta t\Delta\omega_{\text{opo}}]$ 是腔的精细度 (它表示光在离开腔之前的反弹次数的大小),可以直接测量. 这里 $\Delta\omega_{\text{opo}}=\gamma_1+\gamma_2$ 对应于 OPO 腔的带宽. $\mathcal{F}_0\equiv 2\pi/(\gamma_1\Delta t)$ 是腔在没有损耗时的精细度 ($\gamma_2=0$). 为了找到增强因子,我们需要无腔时的光子产生率. 在单次通过的情况下,我们可以简单地得到 $g_D(\omega)=r\eta(\omega)$ 及 $g_L=0$. 这里 $\eta(\omega)$ 是由相位匹配条件决定的单次通过的自发下转换增益频谱,并具有归一化 $\eta(0)=1$. 在实验中,我们通常在探测器前面放置一个干涉滤波器 (IF). IF 的频率带宽 $\Delta\nu_{\text{IF}}=\Delta\omega_{\text{IF}}/(2\pi)$ 通常小于下转换场的频宽,因此在 $\Delta\omega_{\text{IF}}$ 内,$\eta(\omega)\approx 1$,但在 $\Delta\omega_{\text{IF}}$ 外为零. 因此,没有腔时的光子产生率为

$$R_{\text{single\_pass}}=|r|^2\Delta\nu_{\text{IF}}=|r|^2\Delta\omega_{\text{IF}}/(2\pi) \tag{8.49}$$

每个模式的平均增强因子是

$$B\equiv\frac{R_{\text{resonance}}/\Delta\omega_{\text{opo}}}{R_{\text{single\_pass}}/\Delta\omega_{\text{IF}}}=\frac{\mathcal{F}^3}{\pi\mathcal{F}_0}=\frac{\mathcal{F}^2}{\pi}\left(\frac{\mathcal{F}}{\mathcal{F}_0}\right) \tag{8.50}$$

或者大约为光在离开腔之前被反射的次数的平方. 这与多次通过的相位匹配参量下转换一致,其中转换率与晶体长度的平方成正比,有效晶体长度随通过次数或 $\mathcal{F}$ 的增加而增加. 这里相位匹配是由共振条件来满足的. 平方定律是双光子相加干涉的结果. 系统的损耗将使增强效果降低一个 $\mathcal{F}/\mathcal{F}_0$ 的因子.

### 8.2.5 锁模双光子态

在 8.2.4 小节关于腔增强效应的讨论中,我们只考虑了腔简并时的单一模式 ($\omega_1=\omega_2=\omega_0$). 对于 I 型简并参量下转换, 两个下转换场有接近相同的频率和偏振, 因此

具有很宽的光谱带宽 (Boyd, 2003). 除了 $\omega_1 = \omega_2 = \omega_0$ 的模式外，其他 $\omega_1 = \omega_0 + N\Delta\Omega_{\text{FSR}}, \omega_2 = \omega_0 - N\Delta\Omega_{\text{FSR}}$ 的纵向模式也处于近共振状态，其中，$\Delta\Omega_{\text{FSR}}$ 是腔的自由光谱范围，$N$ 由非线性介质的色散决定. 由此可得到具有多个频率对的双光子态：

$$|\Psi\rangle_{ML} = \sum_{m=-N}^{N} \int \mathrm{d}\Omega\psi(\Omega)\hat{a}^{\dagger}(\omega_0 + m\Delta\Omega_{\text{FSR}} + \Omega) \times \hat{a}^{\dagger}(\omega_0 - m\Delta\Omega_{\text{FSR}} - \Omega)|\text{vac}\rangle \tag{8.51}$$

其中，$\psi(\Omega)$ 是一个腔模的谱函数，它与方程 (8.42) 中的 $G_D(\Omega)$ 有关.

方程 (8.51) 中的光子态是由 Lu 等人首次发现的锁模双光子态 (Lu et al., 2003). 不同模式的光子对叠加在一起. 所有光子对都继承了泵浦场的相位，这就是相位 (模式) 锁定的机制. 它具有梳状的双光子光谱，其傅里叶变换为双光子的时间关联函数：

$$\begin{aligned}\Gamma_{ML}^{(2)}(\tau) &\equiv \langle \hat{E}^{(-)}(t)\hat{E}^{(-)}(t+\tau)\hat{E}^{(+)}(t+\tau)\hat{E}^{(+)}(t)\rangle \\ &= \left|g(\tau)F(\tau)\right|^2\end{aligned} \tag{8.52}$$

其中

$$g(\tau) \equiv \int \mathrm{d}\Omega\psi(\Omega)\mathrm{e}^{-\mathrm{i}\Omega\tau}, \quad F(\tau) \equiv \frac{\sin[(2N+1)\Delta\Omega\tau/2]}{\sin(\Delta\Omega\tau/2)}$$

如图 8.11 所示，双光子时间关联函数具有规则的尖峰形状，其间隔为光在腔中的往返时间 $t_{\mathrm{r}} = 2\pi/\Delta\Omega_{\text{FSR}}$. 方程 (8.52) 的物理意义非常明确：在探测到一个光子之后，我们需要等待往返时间 $t_{\mathrm{r}}$ 的整数倍后第二个光子才从腔中出来并被探测到. 这种行为类似于从锁模激光中出来的脉冲. 图 8.11 所示的双光子时间关联函数是所产生的两个光子的频率纠缠的结果. 锁模双光子态尖峰型的双光子时间关联函数被 Goto 等人 (2003) 观察到，并在 Hong-Ou-Mandel 干涉仪中得到间接证实，其中观察到的为 Hong-Ou-Mandel 干涉凹坑的重新出现 (Lu et al., 2003; Xie et al., 2015).

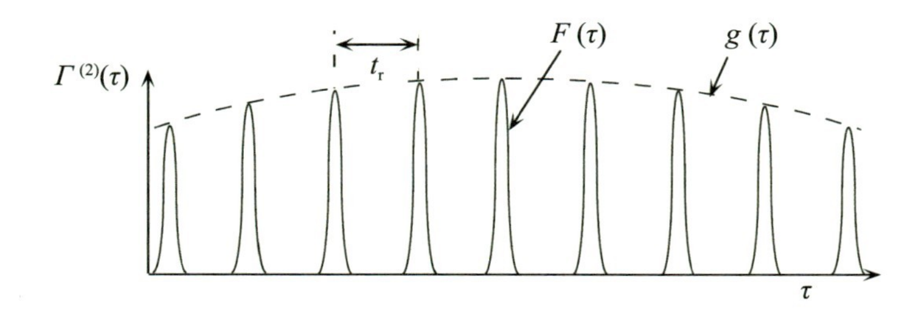


图 8.11　锁模双光子态的双光子时间关联函数

8

# 8.3 多光子干涉效应

现在,我们可以将双光子干涉效应扩展到多光子干涉效应,其中多光子符合探测涉及两个以上的光子. 多光子符合测量的实验技术类似于双光子符合测量. 对于简单的符合测量,我们可以使用具有两个以上输入的“与”门. 因此,只有当所有输入端都有脉冲输入时,才会形成一个可用于符合计数的电脉冲. 对于延时多光子符合计数测量,因为它涉及多个延时,所以技术比较复杂. 在这一节中,我们将集中讨论只涉及多光子简单符合测量的现象.

## 8.3.1 多光子聚束效应

我们以前用经典波和量子光学的语言都讨论过光子聚束效应. 我们证明了这两种解释事实上是等价的. 然而,在数学计算的背后隐藏着一个光子聚束效应更深层次的物理原理. 这就是量子干涉. 事实上,Fano(1961) 第一个将双光子振幅的干涉效应与光子聚束效应联系起来. Glauber(1964) 后来用了类似的观点来解释光子聚束效应. 下面我们将用 Hong-Ou-Mandel 干涉仪清楚地展示这种联系,并将其扩展到两个以上光子的情况.

1. 光子聚束效应和双光子相加干涉

考虑在 Hong-Ou-Mandel 干涉仪中使用一种不同的测量方案:不是将两个探测器放在两个不同的输出端口 [图 8.5(a)] 来测量 $|1,1\rangle$ 态,而是将它们放在同一个输出端口 [图 8.12(a)]. 在这种情况下,将测量 $|2,0\rangle$ 态的概率 $P_2(2,0)$,而不是 Hong-Ou-Mandel 效应中 $P_2(1,1)$ 的概率.

一方面,从方程 (8.8),我们得到

$$P_2^{\text{qu}}(2,0) = 2t^2r^2 \tag{8.53}$$

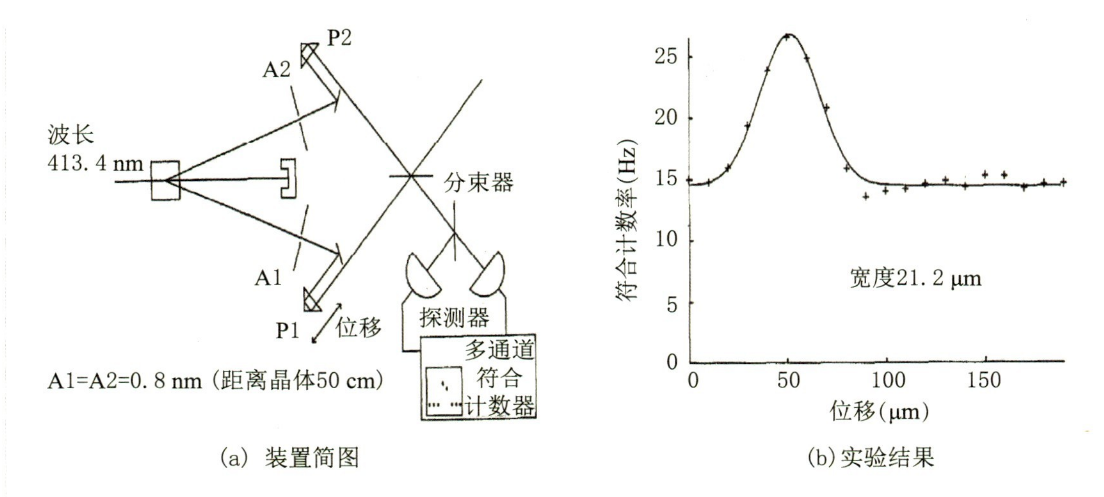


(a) 装置简图 (b)实验结果

**图 8.12 Hong-Ou-Mandel 干涉仪中的光子聚束效应**

转载自 Rarity 等 (1989).

这里,"qu"表示量子理论的预言. 另一方面,我们可以得到在分束器的同一侧测量两个光子的经典概率,即图 8.4 中的 (a) 或 (b). 由于事件的独立性,其结果简单地为单光子事件的乘积:

$$P_2^{\mathrm{cl}}(2,0) = P_2^{\mathrm{cl}}(0,2) = P_1(1,0)P_1'(1,0) = t^2r^2 \tag{8.54}$$

其中, $P_1(1,0)$, $P_1'(1,0)$ 分别是来自两侧的一个输入光子的概率. 从方程 (8.53) 和方程 (8.54) 中,我们发现量子概率是经典概率的两倍. 这与光子聚束效应完全相同. 这个现象首先由 Rarity 和 Tapster(1989) 演示出来,如图 8.12 所示. 为证明这是双光子干涉的结果,考虑图 8.13,这是测量 $P_2(2,0)$ 的设置. $P_2(2,0)$ 的双光子探测是利用分束器 ($\mathrm{BS}_d$) 分束的方案完成的,如图 8.13 (a) 和 8.13 (b) 所示. 这类似 HBT 实验 (1.2,1.6 节). 对于在分束器 (BS) 一个输出端口进行的两个光子的探测,我们有两种可能的方法来进行安排,如图 8.13(a) 和 8.13 (b) 所示. 如果入射的两个光子完全分离,它们的行为就像经典粒子,我们将这两种可能性的概率相加: $P_2^{\mathrm{cl}} = |A|^2 + |A|^2$,其中我们取 $A$ 作为每种情况的振幅. 但是,如果它们在分束器处重合,我们就无法区分这两种可能性,在为得到总概率而取绝对值平方之前我们要先将振幅加起来: $P_2^{\mathrm{qu}} = |A+A|^2 = 4|A|^2 = 2P_2^{\mathrm{cl}}$. 注意,两种情况下的相位是相同的,这是由于两个光子不可区分,在这两种可能性中两个光子的总路径是相同的. 因此,Hong-Ou-Mandel 干涉仪中的光子聚束效应是由相加干涉引起的. 这与 Glauber(1964) 最初的观点一致,他首先用等效的双光子振幅的图像解释了光子聚束效应.

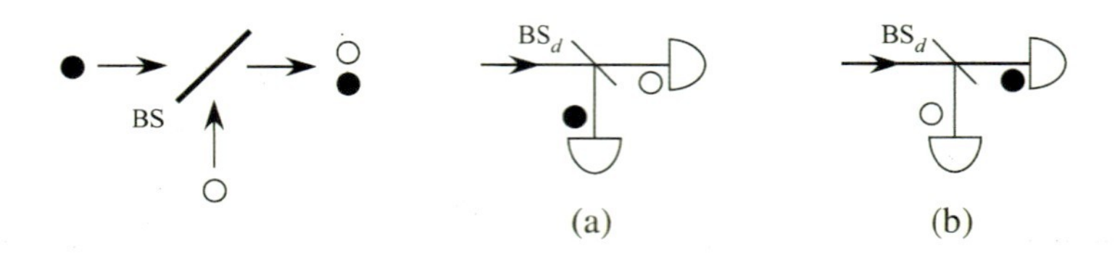


**图 8.13　Hong-Ou-Mandel 干涉仪中用双光子相加干涉来解释光子聚束效应的两种可能性**

$BS_d$ 用于双光子探测.

2. 多光子相加干涉与受激发射

作为 Hong-Ou-Mandel 干涉仪双光子聚束效应的推广,我们考虑 $N+1$ 的情况,即一个光子在分束器的一侧输入,另一侧有 $N$ 个光子输入,如图 8.14所示. 从方程 (6.67) 导出的输出态,我们发现所有 $N+1$ 个光子在一个输出端口出来的概率为

$$P_{N+1}^{\mathrm{qu}}(N+1,0)=(N+1)/2^{N+1} \tag{8.55}$$

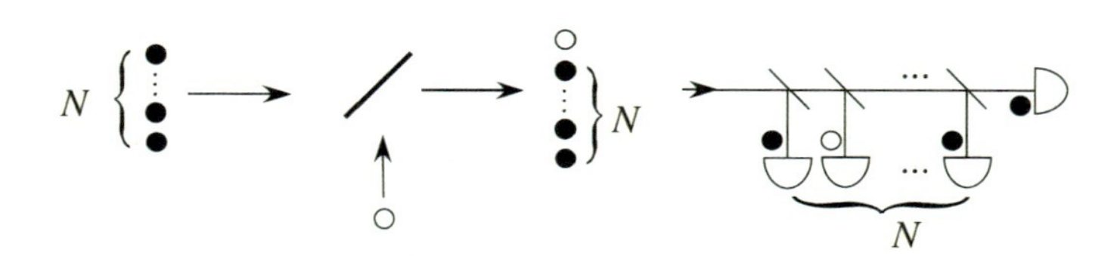


**图 8.14　Hong-Ou-Mandel 干涉仪中的 $N+1$ 个光子聚束效应**

它为经典概率 $P_{N+1}^{\mathrm{cl}}(N+1,0)=(1/2)\times(1/2^N)=1/2^{N+1}$ 的 $N+1$ 倍. 经典概率发生在当输入的单光子 (白色圆圈) 与其他 $N$ 个输入的全同光子 (黑色实心圆圈) 不同时. 这个因子可以从图 8.14 中所示的 $N+1$ 光子测量方案来理解. 这里有 $N+1$ 种不同的可能性来排列输入的单光子 (白色圆圈). $P_{N+1}^{\mathrm{cl}}(N+1,0)=(N+1)|A|^2$ 对应于各种可能性之间完全可分辨的情况,而 $P_{N+1}^{\mathrm{qu}}(N+1,0)=|(N+1)A|^2=(N+1)P_{N+1}^{\mathrm{cl}}(N+1,0)$ 是由于振幅相加的量子相加干涉.

以上讨论的多光子聚束效应可以用来解释入射光子对原子的受激发射现象. 众所周知,受激辐射最初是由爱因斯坦提出的,用来解释黑体辐射的光谱 (Einstein, 1917). 它是光放大的基础, 也是激光产生的原因. 从唯象上看, 当一个光子与已被激发的原子相互作用时, 它可以刺激原子发射一个光子. 当然, 原子可以自发地发射一个光子. 根据

爱因斯坦的 $A$ 和 $B$ 系数，由一个光子激发的辐射和自发辐射的发射率是相同的，表示为 $R$. 总发射率为 $2R$. 当有 $N$ 个输入光子时，每个光子都可以激发原子，总发射率为 $(N+1)R$. 上面的描述似乎与我们在本节开头讨论的多光子干涉效应无关.

为了建立某种关系，让我们考虑两个处于激发态的原子，每个原子可以发射出一个光子，如图 8.15所示. 根据上述描述，在光发射过程中有两种不同的类型. 在图 8.15(a) 中，处于激发态的原子由于自发辐射而独立地发射光子，在这种情况下，双光子探测概率仅仅是单个发射概率的乘积：$P_2^{\text{sp}} = P_1^2 = R$. 在图 8.15(b) 中，检测到的两个光子来自受激发射，即从一个原子自发辐射的光子激发另一个原子的发射. 由于受激辐射的发射率与自发辐射的发射率相同，我们得到了 $P_2^{\text{st}} = R = P_1^2 = P_2^{\text{sp}}$. 因此，总的概率是

$$P_2 = P_2^{\text{st}} + P_2^{\text{sp}} = 2P_1^2 = 2R = 2P_2^{\text{sp}} \tag{8.56}$$

这正是光子聚束效应的比率.

由于光子聚束效应是由双光子相加干涉效应引起的，而受激辐射给出的结果与光子聚束效应相同，我们有理由推测受激辐射也是双光子干涉效应的结果. 事实上，如果我们看一下图 8.16 中的两个方案，其中带分束器的 $N+1$ 光子干涉方案 [图 8.16(a)] 是从图 8.14 拷贝而来. 从方程 (8.55)，我们发现 $N+1$ 光子探测概率是 $P_{N+1} = (N+1)/2^{N+1}$，这是 $N+1$ 个光子为经典粒子时的概率 $P_{N+1}^{\text{cl}} = 1/2^{N+1}$ 的 $N+1$ 倍. 增强因子是 $N+1$. 对于图 8.16(b) 中的受激发射方案，我们同样可以进行与图 8.14 中的 $(N+1)$ 光子相加干涉相同的论证，这是因为多光子探测方案不能区分图 8.16 中的两种方案. 与自发辐射相比，这也导致了 $N+1$ 的增强因子. 自发辐射则相当于原子发射的光子与 $N$ 个入射的光子完全不同的情况，即 $N$ 个入射光子根本不与原子相互作用，并且完全独立于原子的发射.

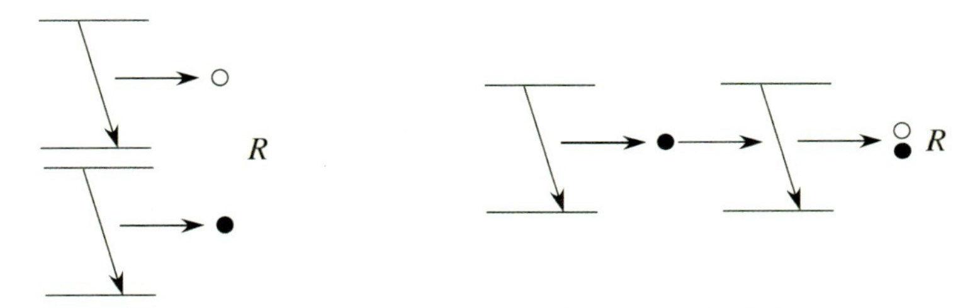


(a) 两个独立原子的自发发射　(b) 一个原子被另一个原子激发的受激发射

**图 8.15　两个原子的光发射两种过程**

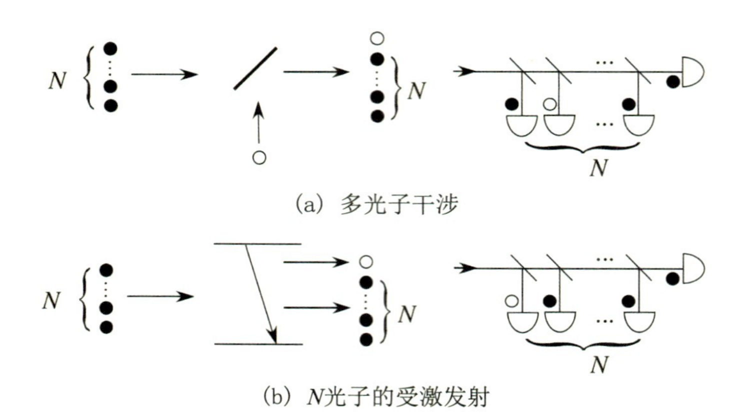


**图 8.16 比较多光子干涉现象和 $N$ 光子的受激发射现象**

转载自 Sun 等 (2007).

尽管爱因斯坦使用能量平衡来引入受激辐射的概念，但他没有给出任何细节，后来发展起来的光量子理论对此进行了充分的解释. 本质上，它来自 $\hat{a}^{\dagger}|N\rangle = \sqrt{N+1}|N+1\rangle$ 的玻色子关系，这与上面给出的 $N+1$ 增强因子是一致的. 但这种解释依赖于一些复杂的算符代数. 通过上述的讨论，我们发现受激辐射现象背后有一个更简单的物理原理，即受激辐射是多光子相加干涉的结果，其方式与光子聚束效应完全相同. 受激辐射和多光子干涉之间的这种联系由 Sun 等人 (2007) 在实验上给予了演示.

上面讨论的受激辐射与自发辐射的比值可以用来得出激光器的 Schawlow-Townes 线宽 (Schawlow et al., 1958). 假设激光腔内有 $N$ 个光子. 于是，原子发射的下一个光子将有 $N/(N+1)$ 的机会与原来的 $N$ 个光子相同，但有 $1/(N+1)$ 的机会自发发射光子. 自发发射的光子具有激光腔的线宽 $\Delta\nu_{\mathrm{c}}$，而受激辐射的光子具有与激光相同的频率. 因此，在对所有的 $N+1$ 个光子取平均后，激光的线宽为

$$\Delta\nu_{\text{laser}} = \Delta\nu_{\mathrm{c}}\frac{1}{N+1} + 0 \times \frac{N}{N+1} \approx \frac{\Delta\nu_{\mathrm{c}}}{N} \tag{8.57}$$

假设激光器有一个透射率为 $T$ 的输出耦合器，那么激光器的输出功率为 $P_{\text{out}} = TNh\nu/t_{\mathrm{r}}$. 这里，$t_{\mathrm{r}} = 2L/c = 1/\Delta\nu_{\text{FSR}}$ 是腔内光子的往返时间，其中 $2L$ 是驻波腔的往返长度，$\Delta\nu_{\text{FSR}}$ 是激光腔的自由光谱范围. 取腔的线宽为 $\Delta\nu_{\mathrm{c}} = \Delta\nu_{\text{FSR}}/\mathcal{F}$ 且精细度为 $\mathcal{F} = 2\pi/T$，我们将方程 (8.57) 改为

$$\Delta\nu_{\text{laser}} = 2\pi h\nu\frac{(\Delta\nu_{\mathrm{c}})^2}{P_{\text{out}}} \tag{8.58}$$

这就是激光的 Schawlow-Townes 线宽. 通过这个简单的推导，我们发现 Schawlow-

Townes 线宽来源于自发辐射，因而具有量子属性．因此，这个线宽是激光线宽的最基本量子极限．由于经典的技术问题，例如腔的机械振动，实际激光器的线宽远远高过这个极限．

3. 更多的光子聚束效应

现在让我们将 $N$ 光子 $+1$ 光子的情况推广到 $N$ 光子 $+M$ 光子 $(M \geqslant 2)$ 的情况．我们从 $2+2$ 的情况开始，即有两个光子从一侧进入一个 50:50 的分束器，而同时还有两个光子从另一侧进入．这类似于两个光子的 Hong-Ou-Mandel 效应，但这里是两对光子，我们只在一个输出端口进行观察．使用 6.2.2 小节中的方法，我们得到输出的态为

$$|\Psi_4\rangle = \sqrt{\frac{3}{8}}(|4,0\rangle + |0,4\rangle) - \frac{1}{2}|2,2\rangle \tag{8.59}$$

因此，所有四个光子在一个输出端口中出来的概率是 $P_4^{\mathrm{qu}}(4,0) = 3/8$．如果我们把光子当作经典粒子来处理，概率将是 $P_4^{\mathrm{cl}}(4,0) = (1/2)^4 = 1/16$．因此，量子概率有一个 6 倍的增强．

我们可以再次通过计算在四个探测器中组合排列两对光子所得到的各种可能的方式来理解这个增强因子：这里共有 $\mathrm{C}_4^2 = 6$ 种不同的方式，如图 8.17所示．由于四个光子的路径相同，所有 6 种可能性的相位都相同．于是，四光子完全相加干涉便导致了 6 倍的增强，类似于在双光子聚束效应中的推理．这种光子对的聚束效应首先由 Ou 等人 (1999a) 用参量下转换过程中的两对光子得到验证．实验原理图和结果如图 8.18(a) 和 8.18(b) 所示，其中观察到了大约 5 倍的增强，比预测的 6 倍增强稍微小了一点 (原因见 8.4 节)．

对于 $N$ 光子 $+M$ 光子的一般情况，从方程 (6.63) 中的输出态可以直接看出增强因子是 $\mathrm{C}_{N+M}^N = (N+M)!/(N!M!)$．Niu 等人 (2009) 证明了一个 $3\times 3$ 的例子，观测到的增强因子为 17，与理论预测的 20 倍有点差距．图 8.18 中两对聚束和这里的三对聚束实验与理论不一致的结果都是由光子可分辨效应引起的，这点我们将在 8.4 节中讨论．

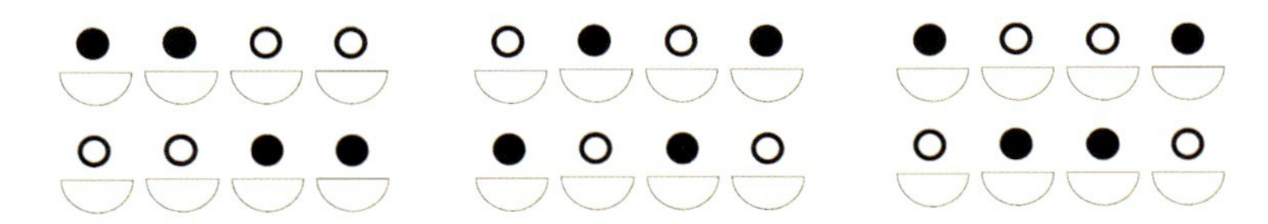

**图 8.17　在四个探测器中探测两对光子的 6 种可能性**

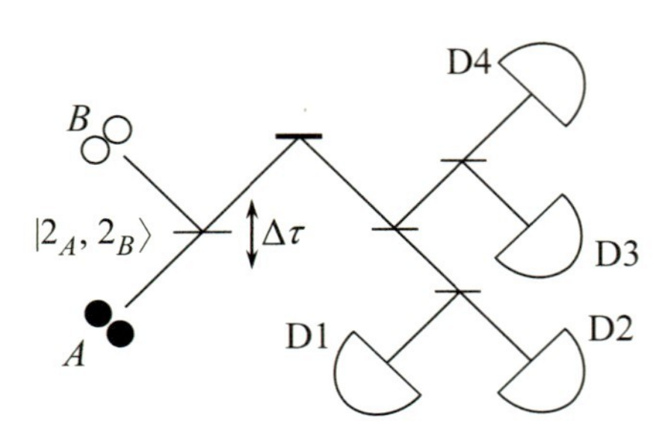


(a) 演示光子对聚束效应的示意图

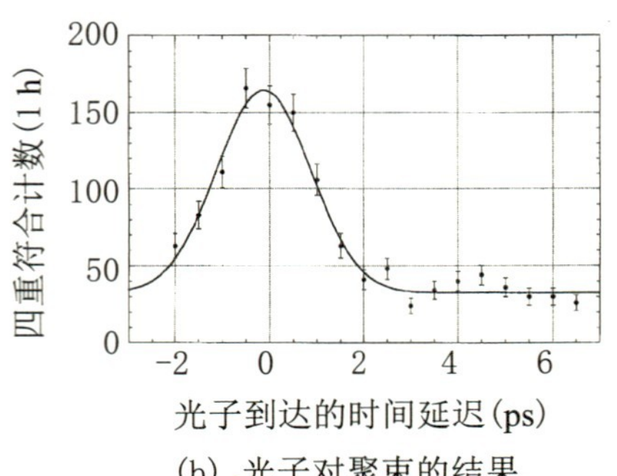


(b) 光子对聚束的结果

**图 8.18　光子对的聚束效应**

改编自 Ou 等 (1999a).

## 8.3.2　广义的 Hong-Ou-Mandel 效应与多光子相消干涉

前一小节讨论的多光子聚束效应都是因干涉相长而增强的结果. 在本小节中我们将考虑多光子干涉相消效应,其结果是多光子符合计数被抵消或减少. 事实上,Hong-Ou-Mandel 干涉可以说是第一个从实验上观察到的双光子量子相消干涉效应. 然而,对于对称分束器我们不能将其推广到更多光子的情况,如方程 (8.17) 中所示,其中 $|2,2\rangle$ 的态不会如我们所希望的那样消失. 此外,我们可以考虑它在一个非对称分束器中的推广,其中这个分束器具有 $T \neq R$.

1. 三光子 Hong-Ou-Mandel 干涉仪

将 Hong-Ou-Mandel 干涉仪推广到三光子的情况是由 Sanaka 等人 (2004) 在实现非线性相位门时完成和演示的. 他们考虑将 $|2,1\rangle$ 作为具有 $T \neq R$ 的分束器的输入态. 使用 6.2.2 小节中讨论的方法,我们可以很容易地将输出态表示为

$$
\begin{aligned}
|\Psi_3\rangle =& \sqrt{3T^2R}|3,0\rangle + \sqrt{3TR^2}|0,3\rangle \\
&+ \sqrt{T}(T-2R)|2,1\rangle + \sqrt{R}(R-2T)|1,2\rangle
\end{aligned}
\tag{8.60}
$$

注意,$P_3(2,1) = T(T-2R)^2$,并且当 $T = 2R = 2/3$ 时等于零. 在这种情况下,方程 (8.60) 变成

$$|\Psi_3\rangle = \frac{2}{3}|3,0\rangle + \frac{\sqrt{2}}{3}|0,3\rangle - \frac{\sqrt{3}}{3}|1,2\rangle \tag{8.61}$$

注意,$|2,1\rangle$ 的消失是由于三光子相消干涉. 输出 $|2,1\rangle$ 的概率振幅的完全相消是类似于双光子 Hong-Ou-Mandel 干涉效应,并且可以很容易地用图 8.19 中的图像来理解,其中有三种可能的方式在输出端获得 $|2,1\rangle$: (a) 三个光子都透过,发生这种情况的概率振幅值为 $\sqrt{2/3}\times\sqrt{2/3}\times\sqrt{2/3}$; (b) 和 (c) 从一侧入射的两个光子中的一个透过,而另一个和来自另一侧的单个光子被反射,每种情况发生的概率幅值均为 $-\sqrt{2/3}\times\sqrt{1/3}\times\sqrt{1/3}$. 负号是由于两个反射光子为 $\pi$ 的总相移,与 Hong-Ou-Mandel 效应类似. 因此,总振幅为 $(\sqrt{2/3})^3 - 2\times(\sqrt{2/3})(\sqrt{1/3})^2 = 0$,这便导致了 $|2,1\rangle$ 态的消失. 当 $R = 2T = 2/3$ 时,$|1,2\rangle$ 态将以同样的方式消失.

上述非对称分束方案可以比较容易地推广到分束器两个输入口各有两个光子的四个光子情况,我们将在习题 8.1 中对此进行详细分析.

2. 数态滤波效应

前一小节中的三光子干涉相消效应可以很容易地推广到任意输入态 $|N,1\rangle$. 使用分束器 $T,R$,我们可以很容易地找到输出 $|N,1\rangle$ 的概率振幅为 (见习题 8.4):

$$A_{N+1}(N,1) = \sqrt{T^{N-1}}(T - NR) \tag{8.62}$$

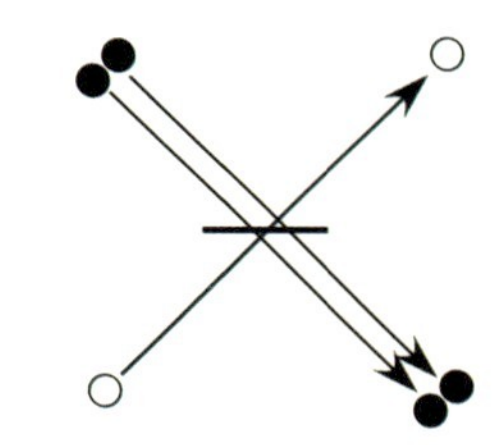
(a) 所有光子都透过

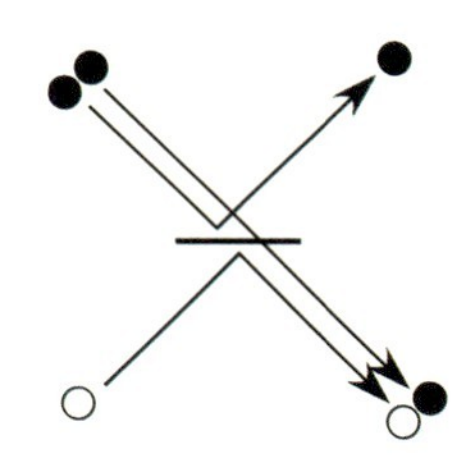
(b) 一侧的单光子被反射,另一侧的双光子一个被反射、一个被透射

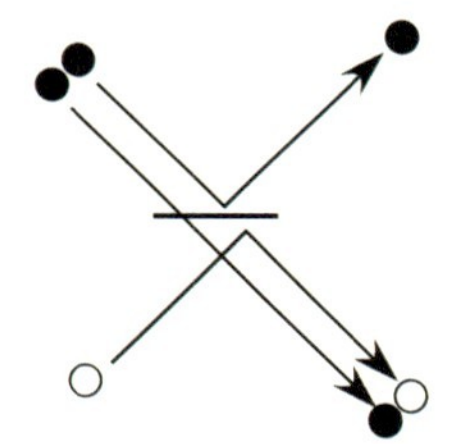
(c) 一侧的单光子被反射,另一侧的双光子一个被透射、一个被反射

**图 8.19 输出 $|2,1\rangle$ 的三种可能性**

由此给出概率 $P_{N+1}(N,1) = T^{N-1}(T-NR)^2$. 当 $T = NR = N/(N+1)$ 时,$P_{N+1}(N,1)$ 等于零. 在端口 2 有一个单光子输出的投影条件下,此效应可以用作数态滤波器. 这个想法最初是由 Sanaka 等人 (2006) 提出并演示的. 考虑任意态 $|\psi_{\text{in}}\rangle_1 = \sum_n c_n|n\rangle_1$ 在端

口 1 输入,而在端口 2 输入单光子态. 端口 2 的单光子通常被称为辅助光子. 我们从方程 (8.62) 中发现,当在输出端口 2 测到一个单个光子时,端口 1 的输出态被投影为

$$|\psi_{\text{out}}\rangle_1 = \mathcal{N}\sum_n c_n\sqrt{T^{n-1}}(T-nR)|n\rangle_1 \tag{8.63}$$

其中,$\mathcal{N}$ 是归一因子. 当我们选择 $T$, $R$ 使 $T/R = n_0 =$ 整数时,态 $|n_0\rangle$ 从投影的输出态 $|\psi_{\text{out}}\rangle_1$ 中消失. 因此,数态 $|n_0\rangle$ 在输出中被过滤掉了.

## 8.4 量子干涉与光子不可分辨性

量子力学的互补原理指出,光子可分辨性将不可避免地降低光子干涉效应. 对于传统的单光子干涉,我们只能在路径上进行分辨. 但对于多光子干涉,不同粒子之间的可分辨性也可能导致干涉的减弱,正如我们在 Hong-Ou-Mandel 干涉现象中所看到的. 在这一节中,我们将利用前面讨论的多光子干涉效应来定量地描述光子的时间分辨性.

### 8.4.1 由 $N$ 个单光子态产生的 $N$ 光子态和光子不可分辨性

我们从最简单的、两个光子的情况开始分析光子的时间可分辨性是如何产生的. 当处于由方程 (8.14) 所描述的单一时间模式的量子态中的两个光子输入到 Hong-Ou-Mandel 干涉仪时,我们考虑其输出态. 这时系统的输入态为

$$\begin{aligned}|\Psi_{\text{in}}\rangle &= |T_1\rangle_1 \otimes |T_2\rangle_2 \\ &= \int \mathrm{d}\omega_1\mathrm{d}\omega_2\phi_1(\omega_1)\mathrm{e}^{\mathrm{i}\omega_1T_1}\phi_2(\omega_2)\mathrm{e}^{\mathrm{i}\omega_2T_2}\hat{a}_1^\dagger(\omega_1)\hat{a}_2^\dagger(\omega_2)|0\rangle\end{aligned} \tag{8.64}$$

使用 6.2.2 小节中的方法,我们得到 50:50 分束器之后系统的态为

$$\begin{aligned}|\Psi_{\text{out}}\rangle &= \int \mathrm{d}\omega_1\mathrm{d}\omega_2\frac{1}{2}\phi_1(\omega_1)\mathrm{e}^{\mathrm{i}\omega_1T_1}\phi_2(\omega_2)\mathrm{e}^{\mathrm{i}\omega_2T_2} \\ &\quad\times\left[\hat{a}_1^\dagger(\omega_1)-\hat{a}_2^\dagger(\omega_1)\right]\left[\hat{a}_1^\dagger(\omega_2)+\hat{a}_2^\dagger(\omega_2)\right]|0\rangle \\ &= \int \mathrm{d}\omega_1\mathrm{d}\omega_2\frac{1}{2}\phi_1(\omega_1)\mathrm{e}^{\mathrm{i}\omega_1T_1}\phi_2(\omega_2)\mathrm{e}^{\mathrm{i}\omega_2T_2}\end{aligned}$$

$$\times \left[\hat{a}_1^\dagger(\omega_1)\hat{a}_1^\dagger(\omega_2) - \hat{a}_2^\dagger(\omega_1)\hat{a}_2^\dagger(\omega_2) + \hat{a}_1^\dagger(\omega_1)\hat{a}_2^\dagger(\omega_2) - \hat{a}_1^\dagger(\omega_2)a_2^\dagger(\omega_1)\right]|0\rangle$$

$$= \frac{1}{2}\left[|\Phi_2\rangle_1 - |\Phi_2\rangle_2 + |\Phi_{1,1}\rangle_{12}\right] \tag{8.65}$$

其中

$$\begin{aligned}
&|\Phi_2\rangle_j = \int \mathrm{d}\omega_1\mathrm{d}\omega_2\Phi_2(\omega_1,\omega_2)\hat{a}_j^\dagger(\omega_1)\hat{a}_j^\dagger(\omega_2)|0\rangle \quad (j=1,2) \\
&|\Phi_{1,1}\rangle_{12} = \int \mathrm{d}\omega_1\mathrm{d}\omega_2\left[\Phi_2(\omega_1,\omega_2) - \Phi_2(\omega_2,\omega_1)\right]\hat{a}_1^\dagger(\omega_1)\hat{a}_2^\dagger(\omega_2)|0\rangle \\
&\Phi_2(\omega_1,\omega_2) \equiv \phi_1(\omega_1)\mathrm{e}^{\mathrm{i}\omega_1 T_1}\phi_2(\omega_2)\mathrm{e}^{\mathrm{i}\omega_2 T_2}
\end{aligned} \tag{8.66}$$

显然，$|\Phi_{1,1}\rangle_{12}$ 会引起 Hong-Ou-Mandel 干涉效应，但我们现在感兴趣的是 $|\Phi_2\rangle_1$，$|\Phi_2\rangle_2$，那么，它们对应于两个入射光子都从分束器的同一侧输出的情况．它们显然处于多频双光子态．那么它们在时域中的表现形式是什么呢？

我们计算单光子探测率时：

$$R_1(t) = {}_1\langle\Phi_2|\hat{E}_1^\dagger(t)\hat{E}_1(t)|\Phi_2\rangle_1 \tag{8.67}$$

先计算下面的量会相对容易些：

$$\begin{aligned}
\hat{E}_1(t)|\Phi_2\rangle_1 &= \frac{1}{\sqrt{2\pi}}\int \mathrm{d}\omega\mathrm{e}^{-\mathrm{i}\omega t}\hat{a}_1(\omega)\int \mathrm{d}\omega_1\mathrm{d}\omega_2\Phi_2(\omega_1,\omega_2)\hat{a}_1^\dagger(\omega_1)\hat{a}_1^\dagger(\omega_2)|0\rangle \\
&= \frac{1}{\sqrt{2\pi}}\int \mathrm{d}\omega_1\mathrm{d}\omega_2\Phi_2(\omega_1,\omega_2)\left[\mathrm{e}^{-\mathrm{i}\omega_1 t}\hat{a}_1^\dagger(\omega_2) + \mathrm{e}^{-\mathrm{i}\omega_2 t}\hat{a}_1^\dagger(\omega_1)\right]|0\rangle
\end{aligned}$$

于是，我们得到

$$\begin{aligned}
R_1(t) &= {}_1\langle\Phi_2|\hat{E}_1^\dagger(t)\hat{E}_1(t)|\Phi_2\rangle_1 \\
&= \frac{1}{2\pi}\int \mathrm{d}\omega_1'\mathrm{d}\omega_2'\mathrm{d}\omega_1\mathrm{d}\omega_2\Phi_2^*(\omega_1',\omega_2')\Phi_2(\omega_1,\omega_2) \\
&\quad \times \left[\mathrm{e}^{\mathrm{i}(\omega_1'-\omega_1)t}\delta(\omega_2-\omega_2') + \mathrm{e}^{\mathrm{i}(\omega_2'-\omega_2)t}\delta(\omega_1-\omega_1')\right. \\
&\quad \left. + \mathrm{e}^{\mathrm{i}(\omega_1'-\omega_2)t}\delta(\omega_1-\omega_2') + \mathrm{e}^{\mathrm{i}(\omega_2'-\omega_1)t}\delta(\omega_2-\omega_1')\right]
\end{aligned} \tag{8.68}$$

接下来，我们将方程 (8.66) 中给出的 $\Phi_2(\omega_1,\omega_2)$ 的具体形式代入上面的式子，并得出

$$\begin{aligned}
R_1(t) =& |g_1(t-T_1)|^2 + |g_2(t-T_2)|^2 \\
&+ c_{12}g_2^*(t-T_2)g_1(t-T_1) + c_{12}^*g_1^*(t-T_1)g_2(t-T_2)
\end{aligned} \tag{8.69}$$

在推导中我们使用了归一条件 $\int \mathrm{d}\omega|\phi_j(\omega)|^2 = 1$ 以及 $c_{12} \equiv \int \mathrm{d}\omega\phi_1^*(\omega)\phi_2(\omega)\times\mathrm{e}^{\mathrm{i}\omega(T_2-T_1)}$，并且 $g_j(t-T_j)(j=1,2)$ 是 4.3.2 小节中由方程 (4.45) 给出的单光子的波包函数．

为了简单起见,我们设 $g_1(t)=g_2(t)\equiv g(t)$. 这里有两种极端情况:(1)$|T_1-T_2|\gg\Delta T$ 和 (2)$|T_1-T_2|\ll\Delta T$,其中 $\Delta T$ 为波包函数 $g(t)$ 的宽度. 第一种情况对应于两个光子在间隔得很开的时间 $T_1,T_2$ 到达分束器的情况. 如图 8.20(a) 所示,这将是两个光子完全分离的双光子态. 在这种态下的两个光子是完全可区分的. 在这种情况下,使用 4.3.2 小节中的符号,我们可以将双光子态写为 $|\Phi_2\rangle=\hat{A}^\dagger(T_1)\hat{A}^\dagger(T_2)|0\rangle\equiv|1\rangle_{T_1}|1\rangle_{T_2}$. 第二种情况对应于两个光子在 $T_1=T_2\equiv T$ 时间同时到达分束器. 双光子态变为 $|\Phi_2\rangle=[\hat{A}^\dagger(T)]^2|0\rangle\equiv\sqrt{2}|2\rangle_T$. 这种情况由图 8.20(b) 所描述,并且处于此态的两个光子共处于一个单一的时间模式,完全无法区分. $|2\rangle_T$ 前面的系数 $\sqrt{2}$ 会引起光子聚束效应(见 8.3.1 小节).

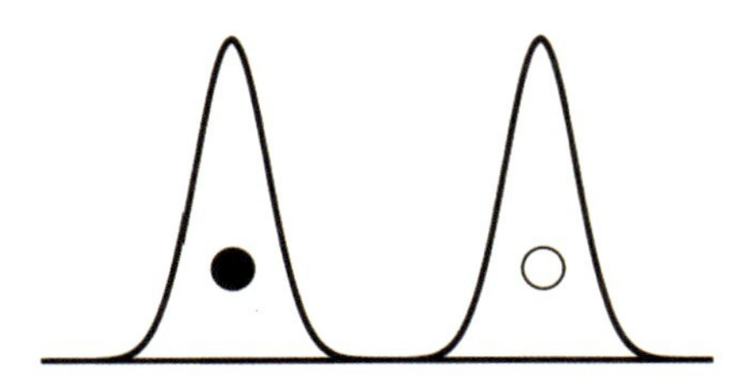

(a) 两个光子在时间上完全分开且可区分

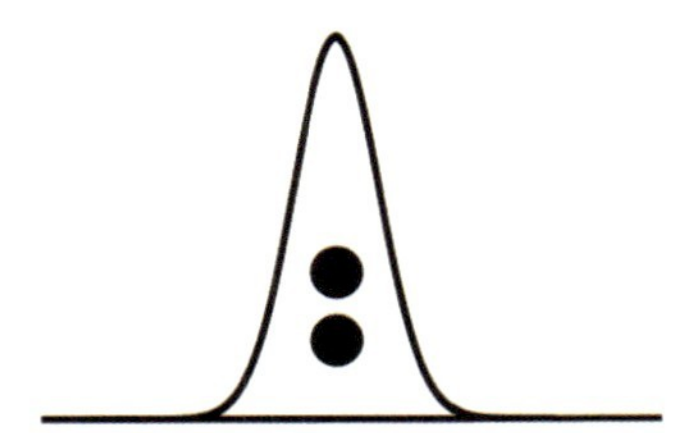

(b) 两个光子处于一个时间模式，并且无法区分

**图 8.20 两种不同时间分布的双光子态**

上面的讨论可以推广到任意数目的光子. 对于 $N$ 个单光子态,我们可以用分束器将它们合起来以形成 $N$ 光子态,如图 8.21所示. 该方案很具有实用性,这是因为在实验室中不容易获得 $N>2$ 的多光子态[①],而目前从实验上产生单光子的方法相对来说已经比较成熟可靠.

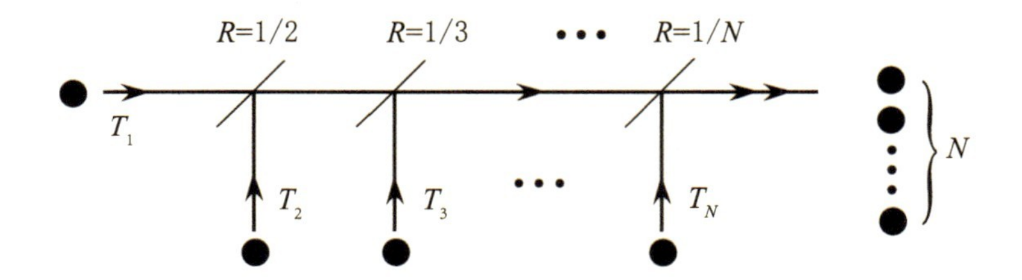


**图 8.21 通过将 $N$ 个单光子态用分束器叠加来生成 $N$ 光子态**

① 多光子态可以由自发的参量过程中生成的多个双光子态直积得到,但是各对之间的不可分辨性有限. 见 8.4.2 小节.

使用 6.3.2 小节中的方法,可以很容易地看出图 8.21 中所示的端口输出态具有以下形式:

$$|\Phi_N\rangle_{\text{out}} = \frac{1}{N^{N/2}}\hat{A}^\dagger(T_1)\hat{A}^\dagger(T_2)\cdots\hat{A}^\dagger(T_N)|0\rangle \tag{8.70}$$

其中

$$\hat{A}^\dagger(T) = \int \mathrm{d}\omega\phi^*(\omega)\mathrm{e}^{-\mathrm{i}\omega T}\hat{a}^\dagger(\omega) \tag{8.71}$$

正如我们在双光子情况时所看到的,到达时间 $T_1, T_2, \cdots, T_N$ 对于 $N$ 光子态的不可分辨性至关重要. 当 $T_1 = T_2 = \cdots = T_N \equiv T$ 时,$N$ 个光子处于同一个时间模式中,完全无法区分:

$$|\Phi_N\rangle_{\text{out}} = \sqrt{\frac{N!}{N^N}}\frac{[\hat{A}^\dagger(T)]^N}{\sqrt{N!}}|0\rangle = \sqrt{\frac{N!}{N^N}}|N\rangle_T \tag{8.72}$$

$|N\rangle_T$ 前面的系数的平方给出 $N$ 光子态生成的概率:

$$P_N = \frac{N!}{N^N} \tag{8.73}$$

当 $|T_i - T_j| \gg \Delta T$ 时,处于 $N$ 光子态的一些光子在时间上变得可区分了. 如果部分光子在 $N$ 个光子中具有 $T_i = T_j$,则我们只有部分不可区分性. 根据量子力学的互补原理,与方程 (8.72) 中具有完全不可区分性的情况相比,这将使得多光子干涉中的干涉效应减少. 接下来,我们将分析部分不可区分性如何影响多光子干涉效应.

### 8.4.2 光子对的可分辨性及其描述

我们已经在 8.2.1 小节的 Hong-Ou-Mandel 效应中看到了部分不可区分性对双光子干涉的影响. 另一个例子是在 8.3.1 小节末尾讨论的光子对聚束效应中两对光子的情况. 这是受部分不可区分性影响的第一个 $N > 2$ 的多光子干涉现象之一,它揭示了在自发参量过程中产生更多光子的数态 ($N > 2$) 所遇到的挑战,多光子的数态可用于量子信息的方案中,如量子态隐形传态 (Bouwmeester et al., 1997) 和量子态交换 (Pan et al., 1998)等.

在 20 世纪 90 年代成功地研究了两个光子的干涉现象之后,由于 GHZ 态 (Greenberger et al., 1989; Yurke et al., 1992; Bouwmeester et al., 1999) 的发现,人们开始关注

$N>2$ 的多光子干涉现象. 当时,利用 $\chi^{(2)}$ 非线性材料的自发参数下转换过程是很流行的双光子态光源,并且随着脉冲激光泵浦功率的增强,高阶过程将能产生多对光子,可用于具有更多光子的数态的产生. 但是,自发参量下转换中光子对的产生是完全随机的,因此产生的不同光子对可能会在时间上分开,如图 8.22(a) 所示. 因此,我们需要超短的泵浦脉冲 (Zukowski et al., 1995; Rarity, 1995),以强制两对光子在一个单一的时间模式下产生,如图 8.22(b) 所示. 这样,四个光子变得完全无法区分. 但最有可能的情况则是介于两者之间. 如果此处所描述的四个光子参与四光子干涉,图 8.22 中的两种情况的干涉可见度将会不同. 接下来,我们考虑在 8.3.1 小节末尾讨论过的光子对聚束效应.

当两对光子在时间上完全分开时,如图 8.22(a) 所示,仍然会有聚束效应发生,但效应较小. 实际上,当两对完全可区分时,输入态变为

$$|\Phi_{\text{in}}^{(4)}\rangle' = |1_1;1_2\rangle \otimes |1_1';1_2'\rangle \tag{8.74}$$

而不是 $|\Phi_{\text{in}}^{(4)}\rangle = |2_1,2_2\rangle$. 输出态于是成为

$$|\Phi_{\text{out}}^{(4)}\rangle' = (1/2)(|2_1,0_2\rangle - |0_1,2_2\rangle) \otimes (|2_1',0_2'\rangle - |0_1',2_2'\rangle) \tag{8.75}$$

从中我们得到概率 $P_4(4,0) = (1/2)^2 = 1/4$,与经典概率的 $(1/2)^4 = 1/16$ 之比则为

$$P_4'(4,0)/P_4^{\text{cl}}(4,0) = 4 \tag{8.76}$$

该值比 8.3.1 小节中所导出的最大值 6 要小,那是在两对光子彼此无法区分时得到的,如图 8.22(b) 所示. 因此,可区分性会导致干涉效应的降低.

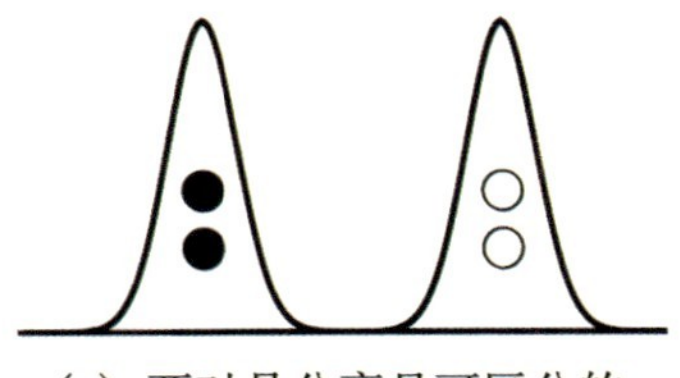

(a) 两对是分离且可区分的

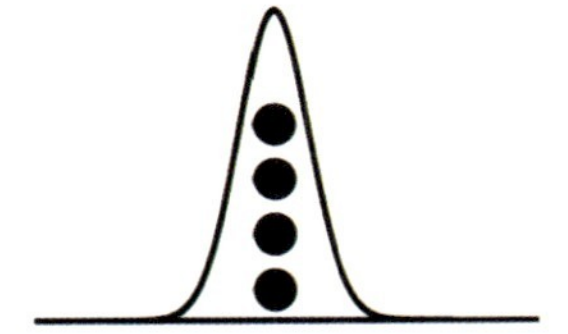

(b) 四个光子都处于一个时间模式,并且无法区分

**图 8.22 两种不同时间分布的四光子态**

对于两对光子的部分可区分性,Ou 等人 (1999b) 考虑了由自发参量过程产生的两对关联光子构成的多模四光子态,其形式为

$$\begin{aligned}|\Phi_4\rangle =& \frac{\xi^2}{2}\int \mathrm{d}\omega_1\mathrm{d}\omega_2\mathrm{d}\omega_1'\mathrm{d}\omega_2'\Phi_2(\omega_1,\omega_2)\Phi_2(\omega_1',\omega_2') \\ &\times \hat{a}_1^\dagger(\omega_1)\hat{a}_1^\dagger(\omega_1')\hat{a}_2^\dagger(\omega_2)\hat{a}_2^\dagger(\omega_2')|vac\rangle\end{aligned} \tag{8.77}$$

对于一个弱的参量过程 ($|\xi|^2 \ll 1$),这可直接从方程 (6.32) 中获得. 在此,$\Phi_2(\omega_1,\omega_2) = \Phi_2(\omega_2,\omega_1)$ 是相对于 $\omega_1,\omega_2$ 对称的双光子波函数. 两对之间的可区分性可以用量 $\mathcal{E}/\mathcal{A}$ 来描述,其中

$$\mathcal{A} \equiv \int \mathrm{d}\omega_1 \mathrm{d}\omega_2 \mathrm{d}\omega_1' \mathrm{d}\omega_2' |\Phi_2(\omega_1,\omega_2)\Phi_2(\omega_1',\omega_2')|^2 \tag{8.78}$$

$$\mathcal{E} \equiv \int \mathrm{d}\omega_1 \mathrm{d}\omega_2 \mathrm{d}\omega_1' \mathrm{d}\omega_2' \Phi_2(\omega_1,\omega_2)\Phi_2(\omega_1',\omega_2')\Phi_2^*(\omega_1,\omega_2')\Phi_2^*(\omega_1',\omega_2) \tag{8.79}$$

通过这两个量,可以证明四光子聚束效应的值为 (Ou et al., 1999b)

$$P_4(4,0)/P_4^{\mathrm{cl}}(4,0) = 4 + \frac{4\mathcal{E}}{\mathcal{A}+\mathcal{E}} \tag{8.80}$$

若 $\mathcal{E} = \mathcal{A}$,将恢复其最大值 6;但对于 $\mathcal{E} = 0$,它将给出方程 (8.76) 中值 4. 比值的最大值 6 对应于四光子聚束效应,而 4 仅是由于每对中的双光子聚束现象. 因此,$\mathcal{E}/\mathcal{A}$ 能够很好地度量两对光子之间的不可区分性. 由图 8.18 得到的 $P_4(4,0)/P_4^{\mathrm{cl}}(4,0) = 5.1 \pm 0.4$ 的实验测量值给出 $\mathcal{E}/\mathcal{A} = 0.4$.

使用方程 (8.77) 的输入态, 我们可以很容易地在分束器的一个输出端口找到输出态,如下所示:

$$\begin{aligned}|\Phi_4\rangle_{\mathrm{out}} = &\frac{\xi^2}{8}\int \mathrm{d}\omega_1 \mathrm{d}\omega_2 \mathrm{d}\omega_1' \mathrm{d}\omega_2' \Phi_2(\omega_1,\omega_2)\Phi_2(\omega_1',\omega_2') \\ &\times \hat{a}_1^\dagger(\omega_1)\hat{a}_1^\dagger(\omega_1')\hat{a}_1^\dagger(\omega_2)\hat{a}_1^\dagger(\omega_2')|\mathrm{vac}\rangle\end{aligned} \tag{8.81}$$

这是在输出端口 1 处于时间模式中的四光子态. 我们将在下一小节中根据 $\mathcal{E}/\mathcal{A}$ 的值来研究光子不可区分的性质.

### 8.4.3 利用多光子聚束效应表征光子不可分辨性

由于光子不可区分性对多光子干涉效应有如此强的影响,因此我们应该能够使用干涉效应来表征光子不可区分性的特性, 就像以光干涉可见度为特征的光学相干性一样. 这样,我们应该能够分辨出图 8.22(a) 和图 8.22(b) 中两个四光子态之间的差异. 如果我们要利用 8.4.1 小节中讨论的方案从 $N$ 个单光子态来产生一个 $N$-光子态,那么这一点将尤为重要.

让我们首先回顾在 8.2.1 小节中讨论的 Hong-Ou-Mandel 干涉效应. 我们已经知道,这取决于两个入射光子之间的重叠. 如果两个光子在分束器处的到达时间完全不同,则两个光子之间的时间可分辨性将减小干涉效应. 即使当两个光子的到达时间相同时,它们的模式函数的差异也可能导致部分可区分性,正如我们在方程 (8.20) 和方程 (8.39) 中看到的诱导相干现象. 更一般的双光子频谱波函数 $\Phi_2(\omega_1,\omega_2)$ 是通过在两个一维场中的任意双光子态而定义的:

$$|\Phi_{1,1}\rangle_{12}^{(\text{in})} = \int \mathrm{d}\omega_1 \mathrm{d}\omega_2 \Phi_2(\omega_1,\omega_2)\hat{a}_1^\dagger(\omega_1)\hat{a}_2^\dagger(\omega_2)|\text{vac}\rangle \tag{8.82}$$

显而易见,对于这样的态,Hong-Ou-Mandel 干涉效应的可见度与 $\Phi_2(\omega_1,\omega_2)$ 直接相关,如下所示:

$$\mathcal{V}_2 = \left|\int \mathrm{d}\omega_1 \mathrm{d}\omega_2 \Phi_2^*(\omega_1,\omega_2)\Phi_2(\omega_2,\omega_1)\right| \Big/ \int \mathrm{d}\omega_1 \mathrm{d}\omega_2 |\Phi_2(\omega_1,\omega_2)|^2 \tag{8.83}$$

在这里,为了简化讨论,我们在一维近似中省略了空间模式. 分束器的一个输出端口的输出态为

$$|\Phi_2\rangle_j = \int \mathrm{d}\omega_1 \mathrm{d}\omega_2 \Phi_2(\omega_1,\omega_2)\hat{a}_j^\dagger(\omega_1)\hat{a}_j^\dagger(\omega_2)|\text{vac}\rangle \quad (j=1,2) \tag{8.84}$$

其形式与方程 (8.66) 相同,但改换为任意的双光子频谱波函数 $\Phi_2(\omega_1,\omega_2)$.

将 Cauchy-Schwarz 不等式应用于方程 (8.83),我们得到 $\mathcal{V}_2 = 1$,或者最大干涉效应出现在当且仅当①

$$\Phi_2(\omega_1,\omega_2) = \Phi_2(\omega_2,\omega_1) \tag{8.85}$$

这似乎给出了处于方程 (8.84) 的双光子态 $|\Phi_2\rangle_j (j=1,2)$ 中的两个光子的完全时间不可分辨性的条件, 因为 $\mathcal{V}_2 = 1$ 给出了最大的双光子聚束效应或输出处两个光子的完全重叠, 它对应于图 8.20(b) 中的情况. 确实, 对于 8.4.1 小节中的具有因式分解性质的 $\Phi_2(\omega_1,\omega_2) = \phi(\omega_1)\mathrm{e}^{\mathrm{i}\omega_1 T_1}\phi(\omega_2)\mathrm{e}^{\mathrm{i}\omega_2 T_2}$,当 $T_1 = T_2$ 时,它满足方程 (8.85) 中的条件,并且输出的态为单模双光子态,如 8.4.1 小节所讨论的.

然而,让我们考虑一个不具有因式分解性质的 $\Phi_2'(\omega_1,\omega_2)$:

$$\Phi_2'(\omega_1,\omega_2) = \phi(\omega_1)\phi(\omega_2)\left(\mathrm{e}^{\mathrm{i}\omega_1 T_1}\mathrm{e}^{\mathrm{i}\omega_2 T_2} + \mathrm{e}^{\mathrm{i}\omega_1 T_2}\mathrm{e}^{\mathrm{i}\omega_2 T_1}\right) \tag{8.86}$$

其中,$|T_1 - T_2| \gg \Delta T$. 它也满足方程 (8.85) 中的对称条件,并在 Hong-Ou-Mandel 干涉中产生 $\mathcal{V}_2 = 1$. 这种形式的双光子态可以用不平衡的 Mach-Zehnder 干涉仪从具有因式分解性质 $\Phi_2(\omega_1,\omega_2) = \phi(\omega_1)\phi(\omega_2)$ 的态生成,如图 8.23 所示. 值得引起注意的是,在

① 从方程 (8.66) 也很明显看出这点:$|\Phi_{1,1}\rangle_{12} = 0$,即满足条件 (8.85) 时,得到最大 Hong-Ou-Mandel 效应.

这种情况下,两个光子永远不会在分束器中相遇,但是我们仍有 $\mathcal{V}_2 = 1$,这证明了多光子态的特殊量子非局域行为 (Pittman et al., 1996; Nasr et al., 2003; Lu et al., 2003).

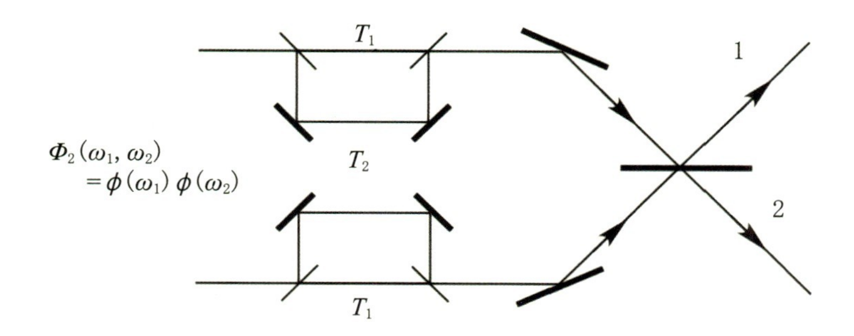


图 8.23 从可分解波函数生成不可分解波函数

再来分析一个输出端口的输出态:

$$
\begin{aligned}
|\Phi_2\rangle_j =& \int d\omega_1 d\omega_2 \phi(\omega_1)\phi(\omega_2) \left(e^{i\omega_1 T_1} e^{i\omega_2 T_2} + e^{i\omega_1 T_2} e^{i\omega_2 T_1}\right) \\
& \times \hat{a}_j^\dagger(\omega_1)\hat{a}_j^\dagger(\omega_2)|\text{vac}\rangle \\
=& 2|T_1\rangle_j |T_2\rangle_j \quad (j = 1,2)
\end{aligned}
\tag{8.87}
$$

其中,因为 $|T_1 - T_2| \gg \Delta T$,它是与图 8.20(a) 相对应的双光子态,两个光子在时间 $T_1$ 和 $T_2$ 很好地分开 [$\Delta T$ 是波包 $\phi(\omega)$ 的宽度].

因此,方程 (8.85) 中的对称条件仅仅是在方程 (8.84) 的态下两个光子在时间上不可区分的必要条件,但不是充分条件. 这是因为,对于任何不满足方程 (8.85) 中条件的 $\Phi_2(\omega_1, \omega_2)$,我们总是可以在方程 (8.84) 中重新排列 $\hat{a}_j^\dagger(\omega_1)\hat{a}_j^\dagger(\omega_2)$,使得它具有新的形式:

$$
\begin{aligned}
|\Phi_2\rangle_j =& \int d\omega_1 d\omega_2 \frac{1}{2} \left[\Phi_2(\omega_1, \omega_2) + \Phi_2(\omega_2, \omega_1)\right] \hat{a}_j^\dagger(\omega_1)\hat{a}_j^\dagger(\omega_2)|\text{vac}\rangle \\
=& \int d\omega_1 d\omega_2 \Phi_2^{\text{sym}}(\omega_1, \omega_2)\hat{a}_j^\dagger(\omega_1)\hat{a}_j^\dagger(\omega_2)|\text{vac}\rangle \quad (j = 1,2)
\end{aligned}
\tag{8.88}
$$

其中,$\Phi_2^{\text{sym}}(\omega_1, \omega_2) \equiv [\Phi_2(\omega_1, \omega_2) + \Phi_2(\omega_2, \omega_1)]/2$,它满足方程 (8.85) 中的对称条件. 这是因为玻色子系统的数态表示对于粒子的交换已经是对称的了.

当下式中的条件满足时,我们得到 $\mathcal{V}_2 = 0$,或者没有 Hong-Ou-Mandel 干涉效应:

$$
\int d\omega_1 d\omega_2 \Phi_2^*(\omega_1, \omega_2)\Phi_2(\omega_2, \omega_1) = 0 \tag{8.89}
$$

这给出了两个光子在时间上完全可分辨的标准. 这是一个充分条件,但不是必要条件,其原因与上面对方程 (8.85) 中的讨论类似. 方程 (8.85) 和方程 (8.89) 可以推广到光子数更多的态.

对于来自参量下转换的两对光子,四光子态由下式给出:

$$|\Phi_4\rangle = \int \mathrm{d}\omega_1 \mathrm{d}\omega_2 \mathrm{d}\omega_1' \mathrm{d}\omega_2' \Phi_2(\omega_1,\omega_2)\Phi_2(\omega_1',\omega_2') \times \hat{a}_1^\dagger(\omega_1)\hat{a}_2^\dagger(\omega_2)\hat{a}_1^\dagger(\omega_1')\hat{a}_2^\dagger(\omega_2')|\mathrm{vac}\rangle \tag{8.90}$$

因此,四光子谱函数的形式为

$$\Phi_4(\omega_1,\omega_2;\omega_1',\omega_2') = \Phi_2(\omega_1,\omega_2)\Phi_2(\omega_1',\omega_2') \tag{8.91}$$

从前面的讨论中我们知道, $\Phi_2(\omega_1,\omega_2)$ 与 $\Phi_2(\omega_2,\omega_1)$ 之间的重叠确定了两个光子的不可区分性. 因此, 我们在这里假设一对中的两个光子之间具有完全不可区分性, 即 $\Phi_2(\omega_1,\omega_2) = \Phi_2(\omega_2,\omega_1)$. 从 8.4.2 小节的讨论中, 我们了解到两对之间的不可区分性由 $\mathcal{E}/\mathcal{A}$ 决定. 使用方程 (8.91) 中的定义, 可以将光子对与对之间不可区分的条件, 即 $\mathcal{E}=\mathcal{A}$,改写为

$$\Phi_4(\omega_1,\omega_2;\omega_1',\omega_2') = \Phi_4(\omega_1',\omega_2;\omega_1,\omega_2') = \Phi_4(\omega_1,\omega_2';\omega_1',\omega_2) \tag{8.92}$$

在上式中,交换是在带撇和不带撇的变量之间进行的,表示每对中各取一个而形成的两个光子之间的交换对称性. 因此, 方程 (8.92) 给出具有任意对与对之间的交换对称性. 与之前的情况一样,我们需要注意方程 (8.92) 中的条件,因为它像双光子情况一样只是必要条件.

对于光子对之间完全可区分的条件,即 $\mathcal{E}=0$,下式成立

$$\int \mathrm{d}\omega_1 \mathrm{d}\omega_2 \mathrm{d}\omega_1' \mathrm{d}\omega_2' \Phi_4(\omega_1,\omega_2;\omega_1',\omega_2')\Phi_4^*(\omega_1,\omega_2';\omega_1',\omega_2) = 0 \tag{8.93}$$

方程 (8.92) 和方程 (8.93) 都是方程 (8.85) 和方程 (8.89) 扩展到以两对形式出现的四光子情况. 从原理上来说,还可以进一步推广到任意数目的光子. 但是由于所涉及内容的复杂性,我们不在这里讨论. 有兴趣的读者可以在 (Ou, 2008) 中找到更多相关内容.

即使对时间多光子态的数学描述 [如方程 (8.84) 中的描述] 不能清楚且唯一地确定光子的时间可区分性,我们仍可以将之诉诸多光子干涉实验以寻找解决的方案. 一个简单的方案是 8.3.1 小节中讨论的多光子聚束效应. 图 8.14 中的 “$N+1$” 方案尤其有趣,其中输入的 $N$ 光子态是时间上的多光子态,例如方程 (8.84) 所描述的;另一个输入是作为参考的处于单一时间模式的单光子态. 为了简化讨论,我们假设单光子态具有以下形式:

$$|\Phi_1\rangle_2 = |T_0\rangle = \int \mathrm{d}\omega \phi(\omega) \mathrm{e}^{\mathrm{i}\omega T_0} \hat{a}_2^\dagger(\omega)|\mathrm{vac}\rangle \tag{8.94}$$

而 $N$ 光子态是由图 8.21 中的方案生成的态,其形式为

$$\begin{aligned}|\Phi_N\rangle_1 =& |T_1\rangle \cdots |T_N\rangle \\ &= \int \mathrm{d}\omega_1 \cdots \mathrm{d}\omega_N \phi(\omega_1)\mathrm{e}^{\mathrm{i}\omega_1 T_1} \cdots \phi(\omega_N)\mathrm{e}^{\mathrm{i}\omega_N T_N} \\ &\quad \times \hat{a}_1^\dagger(\omega_1) \cdots \hat{a}_1^\dagger(\omega_N)|\mathrm{vac}\rangle \end{aligned} \tag{8.95}$$

对于图 8.14 中的“$N+1$”方案,我们现在来计算 $(N+1)$ 光子符合计数概率:

$$P_{N+1} = \int \mathrm{d}t_0 \mathrm{d}t_1 \cdots \mathrm{d}t_N \left\langle \hat{E}^\dagger(t_N) \cdots \hat{E}^\dagger(t_0) \hat{E}(t_0) \cdots \hat{E}(t_N) \right\rangle \tag{8.96}$$

由于输入态是非平稳的脉冲,因此在这里我们对所有时间进行了积分以获得总概率,并用了分束器的如下关系:

$$\hat{E}(t) = [\hat{E}_1(t) + \hat{E}_2(t)]/\sqrt{2} = \frac{1}{\sqrt{2\pi}} \int \mathrm{d}\omega \frac{1}{\sqrt{2}} \Big[\hat{a}_1(\omega) + \hat{a}_2(\omega)\Big] \mathrm{e}^{-\mathrm{i}\omega t} \tag{8.97}$$

首先计算相对简单的下式:

$$\begin{aligned}&\hat{E}(t_0)\hat{E}(t_1) \cdots \hat{E}(t_N)|\Phi_N\rangle_1 |\Phi_1\rangle_2 \\ &\quad = \frac{1}{2^{(N+1)/2}} \sum_{k=0}^{N} \mathbb{P}_{t_0 t_k} \Big[\hat{E}_2(t_0)\hat{E}_1(t_1) \cdots \hat{E}_1(t_N)\Big] |\Phi_N\rangle_1 |\Phi_1\rangle_2 \\ &\quad = \frac{1}{2^{(N+1)/2}} \sum_{k=0}^{N} \mathbb{P}_{t_0 t_k} \Big[\sum_{\mathbb{P}} G(t_0; \mathbb{P}\{t_1, \cdots, t_N\})\Big] |\mathrm{vac}\rangle \end{aligned} \tag{8.98}$$

其中 $G(t_0;t_1,\cdots,t_N) \equiv g(t_0 - T_0)g(t_1 - T_1)\cdots g(t_N - T_N)$,而函数

$$g(t) = \frac{1}{\sqrt{2\pi}} \int \mathrm{d}\omega \phi(\omega) \mathrm{e}^{-\mathrm{i}\omega t} \tag{8.99}$$

具有的宽度为 $\Delta T$. $\mathbb{P}_{t_0 t_k}$ 是 $t_0, t_k$ 之间的交换,而 $\mathbb{P}\{t_1,\cdots,t_N\}$ 是 $t_1, t_2, \cdots, t_N$ 的任何排列置换. 因此,我们有

$$\begin{aligned}P_{N+1} =& \frac{1}{2^{N+1}} \int \mathrm{d}t_0 \mathrm{d}t_1 \cdots \mathrm{d}t_N \sum_{k,l} \mathbb{P}_{t_0 t_k} \Big[\sum_{\mathbb{P}} G^*(t_0; \mathbb{P}\{t_1, \cdots, t_N\})\Big] \\ & \times \mathbb{P}_{t_0 t_l} \Big[\sum_{\mathbb{P}} G(t_0; \mathbb{P}\{t_1, \cdots, t_N\})\Big] \\ =& \sum_{k=l} + \sum_{k \neq l} \end{aligned} \tag{8.100}$$

在附录 B 中,我们得到第一个求和为

$$\sum_{k=l} = (N+1)!\mathcal{N} \tag{8.101}$$

其中

$$\mathcal{N} \equiv \frac{1}{2^{N+1}} \int \mathrm{d}t_0 \mathrm{d}t_1 \cdots \mathrm{d}t_N G^*(t_0; t_1, \cdots, t_N) \sum_{\mathbb{P}} G(t_0; \mathbb{P}\{t_1, \cdots, t_N\}) \tag{8.102}$$

至于方程 (8.100) 中的第二个求和,让我们假设对于 $i = 1, \cdots, m$,有 $T_i = T_0$,而对 $j = m+1, \cdots, N$,则有 $|T_0 - T_j| \gg \Delta T$,即进入端口 2 的单个光子与进入端口 1 的处于 $N$ 光子态中的 $m$ 个光子完全重叠,但与其他 $N-m$ 个光子完全分开. 附录 B 中的计算给出

$$\sum_{k \neq l} = m(N+1)!\mathcal{N} \tag{8.103}$$

因此,总的 $(N+1)$ 光子符合计数概率为

$$P_{N+1} = (1+m)(N+1)!\mathcal{N} = (1+m)P_{N+1}^{\infty} \tag{8.104}$$

其中

$$P_{N+1}^{\infty} \equiv (N+1)!\mathcal{N} \tag{8.105}$$

是 $T_0 = \pm\infty$ 时,或端口 2 中的单个光子与端口 1 中处于 $N$ 光子态的任何光子都不重叠时的概率,即 $m = 0$ 的情况.

有了方程 (8.104) 的结果,可以按照以下步骤在实验上探索 $N$ 光子态的时间结构:我们扫描在端口 2 中输入的单光子的时间 $T_0$,并使其经过 $T_1, \cdots, T_N$,将在 $P_{N+1}$ 中观察到许多峰值,如图 8.24 所示. 每个峰的高度对应于与单光子重叠的光子数. 注意,当所有 $N$ 个光子处于同一个具有 $T_0 = T_n(n = 1, \cdots, N)$ 的时间模式时,我们有 $m = N$ 且 $P_{N+1}/P_{N+1}^{\infty} = 1 + N$,这就是在 8.3.1 小节中得到的 $N+1$ 光子聚束效应的值. 当 $m < N$ 时,$N$ 个光子之间的光子部分可区分性将降低多光子干涉相长的效应. 结合前面讨论的方法,可以通过实验揭示 $N$ 光子态的时间模式结构.

图 8.24仅显示了某种极端的情况,即对处于 $N$ 光子态的光子进行分组而不同的组之间没有重叠. 更具一般性的,在文献 (Ou, 2008) 中分析的光子模式部分重叠的情况很复杂. 但是为了便于理解其中的物理机制,我们接下来要考虑较为简单的 $N = 2$ 的情况. 在这种情况下,方程 (8.98) 变为

$$\begin{aligned}
&\hat{E}(t_0)\hat{E}(t_1)\hat{E}(t_2)|\Phi_2\rangle_1|\Phi_1\rangle_2 \\
&\quad = \frac{1}{2^{3/2}}\Big\{g(t_0 - T_0)[g(t_1 - T_1)g(t_2 - T_2) + g(t_2 - T_1)g(t_1 - T_2)] \\
&\qquad + g(t_1 - T_0)[g(t_0 - T_1)g(t_2 - T_2) + g(t_2 - T_1)g(t_0 - T_2)]
\end{aligned}$$

$$+ g(t_2 - T_0)[g(t_1 - T_1)g(t_0 - T_2) + g(t_0 - T_1)g(t_1 - T_2)]\Big\}|\text{vac}\rangle$$

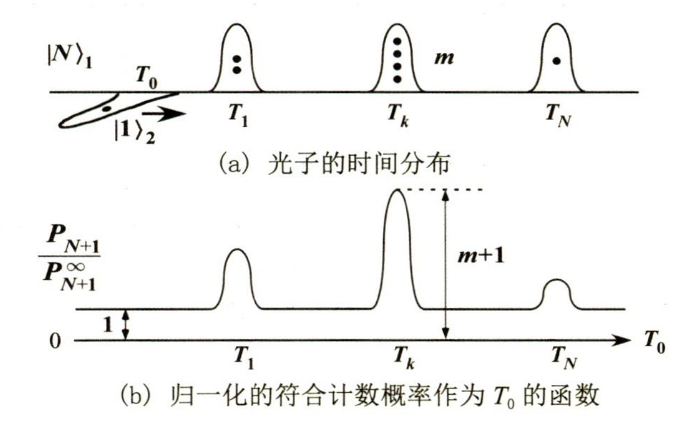


图 8.24　由单光子时间扫描得出的 $N$ 光子态的时间结构

三光子符合计数概率则为

$$\begin{aligned} P_3 &= \left|\hat{E}(t_0)\hat{E}(t_1)\hat{E}(t_2)|\varPhi_2\rangle_1|\varPhi_1\rangle_2\right|^2 \\ &= \frac{1}{8}\Big[6 + 6H^2(\Delta T_{12}) + 12H(\Delta T_{01})H(\Delta T_{02})H(\Delta T_{12}) \\ &\quad + 6H^2(\Delta T_{01}) + 6H^2(\Delta T_{02})\Big] \end{aligned} \tag{8.106}$$

其中

$$H(\Delta T_{ij}) \equiv \int \mathrm{d}t g(t - T_i)g(t - T_j) = \int \mathrm{d}t g(t)g(t - \Delta T_{ij}) \tag{8.107}$$

式中,$\Delta T_{ij} \equiv T_i - T_j (i,j = 0,1,2)$. 在这里,我们取 $g(t)$ 为实函数. $H(0) = 1, H(\infty) = 0$. 当 $T_0 = \pm\infty$ 时,我们有

$$P_3 = P_3^{\infty} = 3[1 + H^2(\Delta T_{12})]/4 \tag{8.108}$$

因此,方程 (8.106) 可以表示为

$$\begin{aligned} \frac{P_3}{P_3^{\infty}} &= 1 + \frac{2H(\Delta T_{01})H(\Delta T_{02})H(\Delta T_{12}) + H^2(\Delta T_{01}) + H^2(\Delta T_{02})}{1 + H^2(\Delta T_{12})} \\ &= \begin{cases} 1 + H^2(\Delta T_{01}) + H^2(\Delta T_{02}), & \text{若 } |T_1 - T_2| \gg \Delta T \\ 1 + 2H^2(T_0 - T_1), & \text{若 } T_1 = T_2 \end{cases} \end{aligned} \tag{8.109}$$

当 $T_0 = T_1 = T_2$ 时,我们得到 $P_3/P_3^{\infty} = 3$;而当 $T_0 = T_1$ 但与 $T_2$ 相距很远时,我们有 $P_3/P_3^{\infty} = 2$. 这些值与方程 (8.104) 中的结果一致. 在图 8.25 中,对于 $\Delta T_{12}$ 的三个值,

我们将 $P_3/P_3^{\infty}$ 绘制为 $T_0$ 的函数,这三个值分别对应于方程 (8.66) 中的双光子态 $|\Phi_2\rangle$ 的三种不同的情况. 在这里,我们取 $g(t)$ 为具有宽度为 $\Delta T$ 的高斯函数.

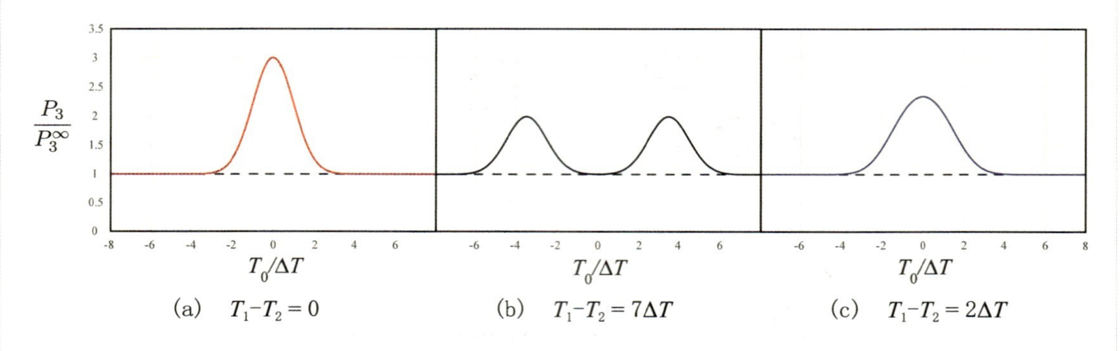


**图 8.25 $P_3/P_3^{\infty}$ 作为 $T_0$ 的函数的三种情况**

## 8.4.4 利用光子不可分辨性来解释光学相干性

20 世纪 50 年代发展起来的经典光学相干理论是基于二阶或单光子干涉效应的 (Born et al., 1999). 简而言之,强度分布显示出干涉条纹图案为

$$I(x) \propto I_1 + I_2 + 2\sqrt{I_1 I_2}|\gamma| \cos 2\pi(x - x_0)/L \tag{8.110}$$

其中,$I_1$,$I_2$ 是两个相干场的强度,$L$ 是沿 $x$ 方向的干涉条纹间距,且

$$\gamma \equiv \langle E_1^* E_2\rangle/\sqrt{I_1 I_2} \tag{8.111}$$

是两个光场之间的相干度. 在公式 (8.110) 中,$x_0$ 与相位 $\arg(\gamma)$ 有关.

不久之后, Glauber 基本上按照与经典理论相同的方式构造了量子相干理论, 但其具有算符和量子态的量子形式. 其中的物理意义被隐藏在复杂的数学公式之下. 如前面几节所述,光子的可区分性会导致干涉可见度的下降. 因此,两者应有相互的关联. 下面,我们将尝试分析,并揭示相干性与光子可区分性之间的联系.

Javanaainen 和 Yoo(1996) 在 1996 年证明, 在一个单次的实验中, 干涉条纹将在两组具有相同数目 $N$ 的光子的重叠区域中形成, 即光子态为 $|N\rangle_1|N\rangle_2$. 后来, Ou 和 Su(2003) 将研究扩展到分别具有不同光子数 $n$ 和 $m$ 的两组光子的叠加, 即光子态为 $|n\rangle_1|m\rangle_2$. 在 Ou 和 Su(2003) 的研究中进行的量子蒙特卡罗模拟表明,$|n\rangle_1|m\rangle_2$ 的光子

态会形成干涉条纹,其概率分布为

$$P(x) \propto n + m + 2\sqrt{nm}\cos 2\pi(x - x_0)/L \tag{8.112}$$

其中,$x_0$ 是任意的,而 $L$ 是条纹间距. 如果将以上内容与方程 (8.111) 进行比较,我们会发现其归一化后的相干度就是 $\gamma = 1$. 处于量子态 $|n,m\rangle$ 的光子属于同一个波函数并且在叠加区域都无法被区分开,因此从这个意义上讲,以上所得并不奇怪. 另外,如果光子之间存在部分不可区分性,从上一小节的讨论中我们发现可见度将下降. 假设输入态为 $|N\rangle_1|M\rangle_2$,但模式 1 的 $N$ 个光子中只有 $n$ 个光子与模式 2 的 $M$ 个光子中的 $m$ 个光子无法区分. 因此,只有 $n + m$ 个光子会产生干涉图形,如方程 (8.112) 所述. 其余的光子,即模式 1 的 $N - n$ 个光子和模式 2 的 $M - m$ 个光子是可区分的,不会产生干涉条纹. 因此,这种情况下的概率分布为

$$\begin{aligned} P'(x) &\propto [N - n] + [M - m] + [n + m + 2\sqrt{nm}\cos 2\pi(x - x_0)/L] \\ &= N + M + 2\sqrt{nm}\cos 2\pi(x - x_0)/L \\ &= (N + M)\left[1 + \frac{2\sqrt{nm}}{N + M}\cos 2\pi(x - x_0)/L\right] \end{aligned} \tag{8.113}$$

与方程 (8.110) 相比,我们得到相干度

$$\gamma\,' = \sqrt{nm/NM} \tag{8.114}$$

注意,$n/N$ 和 $m/M$ 分别是两组中不可区分的光子的比例. 因此,相干度与参与干涉的光子中不可区分的光子的比例有关. 相同的结论也可由 Mandel(1991) 在另一篇文章的论述中得出.

正如我们在本章中所论证的那样,光子的不可区分性与光子的模式密切相关. 一方面,当光子全都处于一个单一模式 (特殊模式或一般模式) 时,它们变得无法区分并产生最大的干涉效应,其表现就是 $\gamma = 1$. 然而,光场的光子多模激发将导致光子的可分辨性从而引起干涉效应的减小,因此相干度小于 1($\gamma < 1$). 另一方面,如果在不同模式之间存在相位的关联,则可以通过广义的单一模式来描述光场,从而导致不可分辨性和干涉现象. 众所周知,光场相位的关联由相干度 $\gamma$ 来描述. 因此,光子不可分辨性应该与场的相干性有关.

## 习　　题

**习题 8.1**　两对光子在不对称分束器的广义 Hong-Ou-Mandel 干涉仪.

我们已经在 8.3.2 小节中看到了从最初的 Hong-Ou-Mandel 两光子干涉仪到利用非对称分束器 (BS) 而实现的三光子推广. 我们将在这里再推广到四光子,其中 BS 的每一侧有两个光子输入,即输入态为 $|\Phi_{\text{in}}\rangle = |2\rangle_1|2\rangle_2$.

(1) 使用 6.2.2 小节中的方法证明输出态为

$$\begin{aligned}|\Phi_{\text{out}}\rangle =& TR\sqrt{6}\big(|4,0\rangle + |0,4\rangle\big) + (T^2 + R^2 - 4TR)|2,2\rangle \\ &+ \sqrt{6}TR(T-R)\big(|3,1\rangle - |1,3\rangle\big)\end{aligned} \tag{8.115}$$

其中, $T,R$ 分别是分束器的透射率和反射率. 注意, 当 $T^2+R^2-4TR=0$ 或 $T=(3\pm\sqrt{3})/6, R=(3\mp\sqrt{3})/6$ 时,上式中的 $|2,2\rangle$ 项将消失或 $P_4(2,2)=0$,这就是两对光子的广义 Hong-Ou-Mandel 效应.

(2) 假设两对光子处于 $|\Phi'_{\text{in}}\rangle = |1_1,1_2\rangle \otimes |1'_1,1'_2\rangle(2\times 2$ 的情况). 使用 8.4.2 小节中的方法证明

$$P'_4(2,2)/P^{\text{cl}}_4(2,2) = 2/3 \tag{8.116}$$

其中,$P^{\text{cl}}_4(2,2)$ 是经典粒子的概率. 在这里,我们使用了 $T=(3\pm\sqrt{3})/6, R=(3\mp\sqrt{3})/6$. 因此,在这种情况下,干涉可见度是 1/3.

**习题 8.2** 通过投影获得的三光子 NOON 态:Wang-Kobayashi 干涉仪.

在方程 (4.55) 中引入的 NOON 态在精密测量中具有重要的意义,因为它能够在 $N$ 光子符合测量中产生相位周期为 $2\pi/N$ 的干涉条纹, 因此可以将相位测量的灵敏度提高 $N$ 倍. 另外, 在实验室中很难产生具有方程 (4.55) 形式的 NOON 态, 因为类似于 $|N-k,k\rangle, k=1,\cdots,N-1$ 的态不容易被消除. 例如,在方程 (8.61) 的三光子态中,除了 $N=3$ 的 NOON 态外,还有 $|1,2\rangle$ 项. 然而,如 Wang 和 Kobayashi(2005) 所建议的,我们可以使用 8.3.2 小节中讨论的三光子 Hong-Ou-Mandel 效应使 $|1,2\rangle$ 项的贡献为零.

Wang-Kobayashi 干涉仪如图 8.26 所示,其中 $T=2R=2/3$. 证明三光子符合测量概率对两个臂之间的相位差 $\Delta\varphi$ 具有如下的依赖关系:

$$P_3(2_C,1_D) \propto 1 + \cos 3\Delta\varphi \tag{8.117}$$

这种对相位 $\Delta\varphi$ 的依赖关系等效于将三个光子视为一个实体时的情况,这时它具有等效的德布罗意波长 $\lambda_0/3$. 这里,$\lambda_0$ 是一个光子的波长.

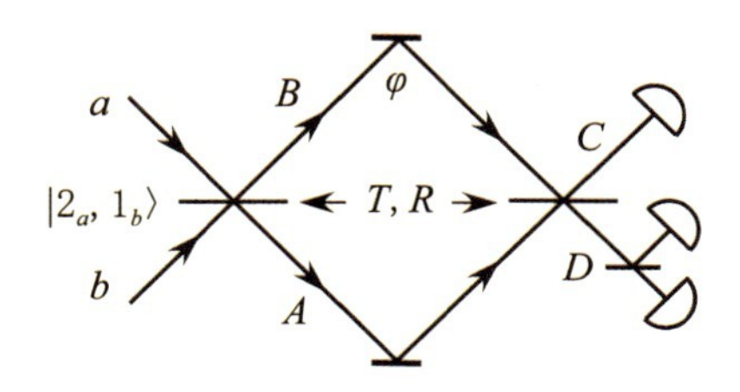


图 8.26 具有三光子德布罗意波长的 Wang-Kobayashi 干涉仪

**习题 8.3** 通过投影获得的四光子的 NOON 态.

我们可以利用习题 8.1 中讨论的四光子 Hong-Ou-Mandel 效应将 Wang-Kobayashi 干涉仪推广到四个光子. 证明图 8.27 所示方案中的四光子符合测量概率对两个臂之间的相位差 $\varphi$ 具有如下的依赖关系:

$$P_4(2_C, 2_D) \propto 1 + \cos 4\varphi \tag{8.118}$$

这给出了四光子的德布罗意波长. 在这里,我们取 $T = (3 \pm \sqrt{3})/6, R = (3 \mp \sqrt{3})/6$.

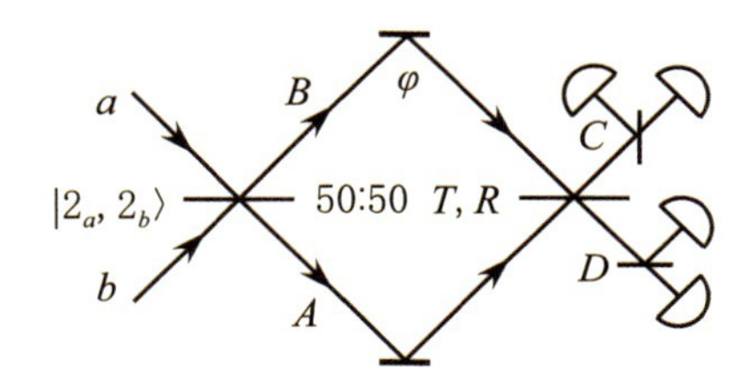


图 8.27 具有四光子德布罗意波长的 Wang-Kobayashi 干涉仪

**习题 8.4** 通过 $N$ 光子和一个光子的广义 Hong-Ou-Mandel 效应来描述 $N$ 光子的可区分性.

多光子干涉效应取决于光子的不可分辨性,因此我们原则上可以采用其中任何一种干涉效应来描述光子不可分辨性. 在这里,我们将再回到在 8.3.2 小节中讨论过的广义 Hong-Ou-Mandel 效应, 其中, 我们在分束器一侧输入 $N$ 个光子, 在另一侧输入单个光子.

(1) 对于入射到透射率为 $T$、反射率为 $R$ 的分束器的光子态 $|N, 1\rangle$, 使用 6.2.2 小节中的方法证明方程 (8.62) 中的结果. 因此, 当 $T = NR = N/(N+1)$ 时, 我们有 $P_{N+1}(N, 1) = 0$,即 $N+1$ 个光子的广义 Hong-Ou-Mandel 效应.

(2) 如果用方程 (8.95) 中的多模式 $N$ 光子态和方程 (8.94) 中的单光子态输入,证明,类似于方程 (8.104),当 $T_j = T_0 (j = 1, 2, \cdots, m)$ 和 $|T_0 - T_k| \gg \Delta T (k = m+1, \cdots, N)$ 时,我们有

$$\frac{P_{N+1}(N,1)}{P_{N+1}^{\infty}(N,1)} = 1 - \frac{m}{N} \tag{8.119}$$

这对应于单个光子与处于 $N$ 光子态的 $m$ 个光子重合但与其他 $N-m$ 个光子完全分开的情况. $P_{N+1}^{\infty}(N,1)$ 对应于 $|T_0 - T_k| \gg \Delta T (k = 1, \cdots, N)$ 的情况,即单光子根本不与所有 $N$ 个光子重叠. 因此,与图 8.24 中的鼓包不同,当扫描 $T_0$ 通过 $T_k (k = 1, 2, .., N)$ 时,$P_{N+1}(N,1)$ 在这里将显示出多个凹陷.

**习题 8.5** 压缩真空和相干态之间的多光子干涉效应.

如我们在 8.3.1 小节中所示,受激辐射可以用多光子干涉来解释. 其他一些有趣的量子现象也可以通过量子干涉来解释. 对于被压缩的相干态,在方程 (3.94) 中给出并在图 3.6(a) 中显示出的光子数概率分布就是另一个例子. 在这里,我们将利用方程 (3.197) 中对于压缩真空态的结果和多光子干涉的图像,来得到方程 (3.94) 中的结果.

为了获得方程 (3.88) 中压缩相干态的相干分量,我们将压缩真空态 $|-r\rangle$ 与相干态 $|\beta\rangle$ 通过分束器混合. 我们已经在 6.2.4 小节中证明了,当分束器具有 $T \to 1$ 及 $R \sim 0$ 但 $\beta\sqrt{R} \equiv \alpha =$ 常数时,压缩真空透过的那一侧的输出态将具有压缩相干态的形式. 为了演示多光子干涉效应,我们假设弱激发:$|\alpha|^2 \sim \nu \ll 1$,因此我们只需要将压缩真空态和相干态展开到四阶光子项:

$$\begin{aligned}
|-r\rangle_a &= \hat{S}(-r)|0\rangle \approx c_0 \left[ |0\rangle_a - \frac{\nu}{\mu\sqrt{2}}|2\rangle_a + \frac{3}{\sqrt{24}}\left(\frac{\nu}{\mu}\right)^2 |4\rangle_a + \cdots \right] \\
|\beta\rangle_b &= c_0' \left[ |0\rangle_b + \beta|1\rangle_b + \frac{\beta^2}{\sqrt{2}}|2\rangle_b + \frac{\beta^3}{\sqrt{6}}|3\rangle_b + \frac{\beta^4}{\sqrt{24}}|4\rangle_b + \cdots \right]
\end{aligned} \tag{8.120}$$

在这里,我们使用了方程 (3.197) 作为压缩真空态的系数且 $\nu = \sinh r, \mu = \cosh r$. 因此,展开到四光子项,BS 的输入态为

$$\begin{aligned}
|\Psi\rangle_{\text{in}} = & c_0 c_0' \Big[ |0_{ab}\rangle + \beta|0_a, 1_b\rangle + \frac{\beta^2}{\sqrt{2}}|0_a, 2_b\rangle - \frac{\nu}{\mu\sqrt{2}}|2_a, 0_b\rangle \\
& + \frac{\beta^3}{\sqrt{6}}|0_a, 3_b\rangle - \frac{\beta\nu}{\mu\sqrt{2}}|2_a, 1_b\rangle + \frac{3}{\sqrt{24}}\left(\frac{\nu}{\mu}\right)^2 |4_a, 0_b\rangle \\
& + \frac{\beta^4}{\sqrt{24}}|0_a, 4_b\rangle - \frac{\beta^2\nu}{2\mu}|2_a, 2_b\rangle + \cdots \Big]
\end{aligned} \tag{8.121}$$

求输出态 $|\Psi\rangle_{\text{out}}$ 并证明多光子探测概率为

$$
\begin{aligned}
P(2_a,0_b) &\propto \left(\alpha^2 - \frac{\nu}{\mu}\right)^2 \\
P(3_a,0_b) &\propto \left(\alpha^3 - 3\frac{\alpha\nu}{\mu}\right)^2 \\
P(4_a,0_b) &\propto \left(\alpha^4 - 6\frac{\alpha^2\nu}{\mu} + 3\frac{\nu^2}{\mu^2}\right)
\end{aligned}
\tag{8.122}
$$

其中,$\alpha \equiv \beta\sqrt{R}$ 且 $R \ll 1$ 及 $T \to 1$. 上面的结果类似于方程 (3.94) 在 $\nu \ll 1, \mu \sim 1$ 时的结果. 比较方程 (8.121) 和方程 (8.122), 我们发现 $P(2_a,0_b)$ 来自两个贡献的叠加:一个是来自相干态的两个光子,另一个是来自压缩真空态的两个光子. $P(3_a,0_b)$ 和 $P(4_a,0_b)$ 具有相似的解释. 因此,我们证明了方程 (3.94) 的结果可以看作是压缩真空态和相干态之间的干涉.

**习题 8.6** 贝尔单重态在分束器中的光子反聚束效应.

Hong-Ou-Mandel 干涉仪中的光子聚束效应显示了光子作为玻色子的协同行为. 它还证明了所涉及的两个光子之间的交换对称性,这是玻色子必须满足的要求. 另外,费米子的泡利不相容原理将导致粒子在分束器输出端口的分离或反聚束效应 (Bocquillon et al., 2013). 正如我们在第 1 章和第 5 章中看到的那样,量子光学中允许光子反聚束. 事实证明,我们可以用具有某种反对称特性的光子来模仿费米子行为.

(1) 考虑方程 (4.49) 中带有负号的双光子偏振态:

$$
|\Psi_-\rangle = \left(|1_x\rangle_a|1_y\rangle_b - |1_y\rangle_a|1_x\rangle_b\right)/\sqrt{2} \tag{8.123}
$$

这是一个贝尔单重态,当我们交换 $a$ 和 $b$ 时,它会改变符号.

证明当方程 (8.123) 中的态输入到 50:50 分束器时,输出态为

$$
|\Psi_-\rangle_{\text{out}} = \left(|1_x\rangle_A|1_y\rangle_B - |1_y\rangle_A|1_x\rangle_B\right)/\sqrt{2} \tag{8.124}
$$

其中两个光子在输出端分离,显示了费米子的反聚束行为.

(2) 求在 4.4.2 小节中其他贝尔态的输出态.

上面讨论的贝尔态的属性可以被用来区分不同的贝尔态 (Braunstein et al., 1996), 并将其应用于量子态隐形传态中的贝尔态投影测量 (Bouwmeester et al., 1997).

(3) 考虑 Hong-Ou-Mandel 干涉仪的逆过程 [方程 (8.8)],即输入态为

$$
|\Psi\rangle_{\text{in}} = \left(|2\rangle_a|0\rangle_b - |0\rangle_a|2\rangle_b\right)/\sqrt{2} \tag{8.125}
$$

8

它相对于 $a$ 和 $b$ 也是反对称的. 证明输出态为 $|\Psi\rangle_{\text{out}} = |1\rangle_A|1\rangle_B$,也就是说,两个光子像费米子一样彼此分离 (Bocquillon et al., 2013).

**习题 8.7** 单光子态的纯度与 HOM 效应的可见度.

单光子波包由方程 (4.43) 描述为

$$|T\rangle_\phi = \int \mathrm{d}\omega\phi(\omega)\mathrm{e}^{\mathrm{i}\omega T}\hat{a}^\dagger(\omega)|0\rangle \tag{8.126}$$

但是,峰值时间 $T$ 由于发射时间的不确定性而产生波动,这通常会发生在来自量子点的单个光子 (Sun et al., 2009) 或来自自发参量过程的宣布式光子 (Ou, 1997b),这样的光子态可以描述为一个混合态,其密度算符为

$$\hat{\rho}_{1p} = \frac{1}{\Delta T}\int_{\Delta T} \mathrm{d}T|T\rangle_\phi\langle T| \tag{8.127}$$

其中,$\Delta T$ 是 $T$ 的不确定性.

证明如果我们在 Hong-Ou-Mandel 干涉仪中使用方程 (8.127) 描述的光子,则可见度为

$$\mathcal{V}_{\text{HOM}} = \text{Tr}\,\hat{\rho}^2 = \int \mathrm{d}\omega\mathrm{d}\omega'|\phi(\omega)\phi(\omega')|^2\text{sinc}^2[(\omega-\omega')\Delta T/2] \tag{8.128}$$

这定义了单光子态的纯度 (Du, 2015). 显然,如果 $\Delta T \ll T_c$,其中 $T_c$ 为方程 (8.126) 中的单光子波包的宽度,则 $\mathcal{V}_{\text{HOM}} = \text{Tr}\,\hat{\rho}^2 \approx 1$.

# 第9章

# 量子光学实验技术之二：连续光电流的探测

第 7 章中我们讲过，当光强比较大时，探测器产生的电脉冲会彼此重叠而形成连续的光电流．这就是本章所要讨论的情况．所用的测量和分析的方法与第 7 章完全不同．对于连续的光电流，我们无法像第 7 章那样用脉冲鉴别器来滤掉暗电流的贡献．不过，由于暗电流产生的随机性，它的主要贡献是在低频区并以 $1/f$ 噪声的形式出现．这样，我们可以用频谱分析的方法把它滤掉．所以，频谱分析是连续光电流探测的主要手段．这也是我们这一章的重点．

## 9.1 光电流及其与量子测量理论的关系

当光场的强度很高的时候，大量光电子从探测器中产生，这导致放大了的光电脉冲的重叠．于是，便形成连续的光电流．为简单起见，我们假设所有光电脉冲都具有一样的形状并由响应函数 $k(t)$ 来表示，如图 9.1(a) 所示．在时刻 $t_j$ 产生的光电脉冲对光电流的贡献为 $k(t-t_j)$．不同时刻产生的光电脉冲 [图 9.1(b)] 的总和对光电流的贡献可以表示为：

$$i(t)=\sum_j k(t-t_j) \tag{9.1}$$

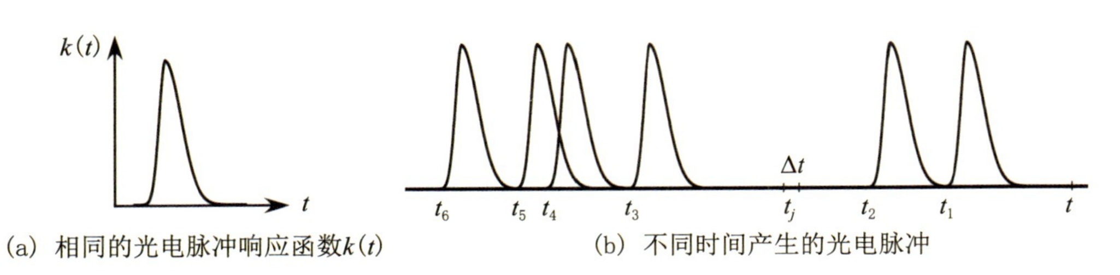

(a) 相同的光电脉冲响应函数$k(t)$　(b) 不同时间产生的光电脉冲

图 9.1　光电脉冲响应函数 $k(t)$ 以及在不同时刻分布

光电子的产生具有一定的随机性，因此 $t_j$ 是一个随机变量．将时间轴分成大小为 $\Delta t$ 的小区间 [图 9.1(b)]．我们从 Glauber(1963b, 1964) 的光电测量理论得到光电子在这个小区间出现的概率为 $\Delta P_1(t_j)=p_1(t_j)\Delta t$，其中概率密度为 ①

$$p_1(t_j)=\eta\langle\hat{E}^{(-)}(t_j)\hat{E}^{(+)}(t_j)\rangle_\Psi=\eta\langle\hat{I}(t_j)\rangle_\Psi \tag{9.2}$$

这里，$0<\eta<1$ 是探测器的量子效率，$\Psi$ 为光场所处的量子态，$\hat{E}^{(+)}(t)$ 是一维准单色近似下的电场算符 (见 2.3.4, 2.3.5 小节)：

$$\hat{E}^{(+)}(t)=\frac{1}{\sqrt{2\pi}}\int \mathrm{d}\omega\hat{a}(\omega)\mathrm{e}^{-\mathrm{i}\omega t}=\left[\hat{E}^{(-)}(t)\right]^\dagger \tag{9.3}$$

$\hat{I}(t)\equiv\hat{E}^{(-)}(t)\hat{E}^{(+)}(t)$ 是光强算符．这样，光电流的平均值为

① 在这里所给出的光电流的模型也可以应用于 Mandel 关于经典波的半经典光探测理论 [Mandel et al.(1964)]．不过，我们需要将对量子态的平均变为对波涨落的统计平均．

$$
\begin{aligned}
\langle i(t)\rangle &= \sum_j k(t-t_j)\Delta P_1(t_j) = \sum_j k(t-t_j)p_1(t_j)\Delta t \\
&= \int \mathrm{d}t' k(t-t')p_1(t') = \eta \int \mathrm{d}t' k(t-t')\langle \hat{I}(t')\rangle_\Psi
\end{aligned}
\tag{9.4}
$$

从上式中我们看到，当量子效率 $\eta = 1$ 时，如果我们定义一个光电流算符 $\hat{i}(t) \equiv \int \mathrm{d}t' k(t-t')\hat{I}(t')$，测到的光电流的平均值就是 $\langle i(t)\rangle = \langle \hat{i}(t)\rangle_\Psi$，即光电流算符 $\hat{i}(t)$ 在光场量子态为 $\Psi$ 时的期待值. 我们从量子力学知道,任何一个物理量的量子测量都对应于一个厄米算符. Ou 和 Kimble(1995) 证明了光电流算符 $\hat{i}(t) = \int \mathrm{d}t' k(t-t')\hat{I}(t')$ 就是光电量子测量所对应的厄米算符. 光电流 $i(t)$ 的所有统计性质都可以从光电流算符 $\hat{i}(t)$ 和光场的量子态 $\Psi$ 计算出来. 量子效率 $\eta < 1$ 的情况可以用光的损耗来描述 (见 9.4 节). 这时,真空量子噪声会通过损耗被引入.

## 9.2 光电流的频谱分析

虽然光电流 $i(t)$ 是由光产生的,它的本质却还是电流. 我们可以用分析电流的方法来研究它. 电气工程有一套分析电流的方法,即电流的频谱分析. 因为存在 $1/f$ 噪声,低频的高噪声使得我们必须将信号推至噪声低的高频区. 在那里,固有的电子噪声相对较低. 频谱分析的方法可以有效地把低频噪声滤掉. 电流的频谱分析一般由电子频谱分析仪来完成. 它给出的频谱与输入的电流的涨落的关系为

$$
S_{\mathrm{sp}}(\Omega) = \int \mathrm{d}\tau \langle \Delta i(t)\Delta i(t+\tau)\rangle \mathrm{e}^{\mathrm{i}\Omega\tau}
\tag{9.5}
$$

其中,$\langle \Delta i(t)\Delta i(t+\tau)\rangle \equiv \langle i(t)i(t+\tau)\rangle - \langle i(t)\rangle\langle i(t+\tau)\rangle$. 电流的关联函数 $\langle i(t)i(t+\tau)\rangle$ 可以从 (9.1) 得到:

$$
\begin{aligned}
\langle i(t)i(t+\tau)\rangle &= \Big\langle \sum_i k(t-t_i)\sum_j k(t+\tau-t_j)\Big\rangle \\
&= \Big\langle \sum_{i,j} k(t-t_i)k(t+\tau-t_j)\Big\rangle \\
&= \Big\langle \sum_j k(t-t_j)k(t+\tau-t_j)\Big\rangle \\
&\quad + \Big\langle \sum_{i\neq j} k(t-t_i)k(t+\tau-t_j)\Big\rangle
\end{aligned}
\tag{9.6}
$$

由于光电脉冲的离散性，我们可以将上式第二行的双求和分解为两项，分别对应于每个光电脉冲的自关联和两个脉冲之间的互关联．上式第一项的自关联函数可以用推导式(9.4) 的算法得到：

$$\left\langle \sum_j k(t-t_j)k(t+\tau-t_j) \right\rangle = \int \mathrm{d}t' k(t-t')k(t+\tau-t')p_1(t') \tag{9.7}$$

其中，$p_1(t')$ 可以从式 (9.2) 得到．式 (9.6) 中第二项是关于在两个不同时间的互关联函数，它的计算要用到在两个小区间 $\Delta t_i, \Delta t_j$ 中分别有两个光电子产生的概率 $\Delta P_2(t_i,t_j) = p_2(t_i,t_j)\Delta t_i \Delta t_j$．这样，式 (9.6) 中第二项的互关联函数为

$$\begin{aligned}
&\left\langle \sum_{i\neq j} k(t-t_i)k(t+\tau-t_j) \right\rangle \\
&= \sum_{i\neq j} k(t-t_i)k(t+\tau-t_j)\Delta P_2(t_i,t_j) \\
&= \sum_{i\neq j} k(t-t_i)k(t+\tau-t_j)p_2(t_i,t_j)\Delta t_i \Delta t_j \\
&= \int \mathrm{d}t'\mathrm{d}t'' k(t-t')k(t+\tau-t'')p_2(t',t'')
\end{aligned} \tag{9.8}$$

结合式 (9.7)、式 (9.8)，我们得到光电流的关联函数：

$$\begin{aligned}
\langle i(t)i(t+\tau)\rangle =& \left\langle \sum_{i,j} k(t-t_i)k(t+\tau-t_j) \right\rangle \\
=& \int \mathrm{d}t' k(t-t')k(t+\tau-t')p_1(t') \\
&+ \int \mathrm{d}t'\mathrm{d}t'' k(t-t')k(t+\tau-t'')p_2(t',t'')
\end{aligned} \tag{9.9}$$

这里，概率密度 $p_2(t_i,t_j)$ 可以从 Glauber(1963b, 1964) 的光电测量理论得到 (见脚注①)：

$$\begin{aligned}
p_2(t',t'') &= \eta^2 \langle \hat{E}^{(-)}(t')\hat{E}^{(-)}(t'')\hat{E}^{(+)}(t'')\hat{E}^{(+)}(t') \rangle_\Psi \\
&= \eta^2 \langle :\hat{I}(t')\hat{I}(t''): \rangle_\Psi
\end{aligned} \tag{9.10}$$

在 $\eta = 1$ 时，方程 (9.9) 还可以从前面引入的光电流算符 $\hat{i}(t) \equiv \int \mathrm{d}t' k(t-t')\hat{I}(t')$ 直接得到：

$$\begin{aligned}
\langle i(t)i(t+\tau)\rangle =& \langle \hat{i}(t)\hat{i}(t+\tau)\rangle_\Psi \\
=& \left\langle \int \mathrm{d}t' k(t-t')\hat{I}(t') \int \mathrm{d}t'' k(t+\tau-t'')\hat{I}(t'') \right\rangle_\Psi \\
=& \int \mathrm{d}t'\mathrm{d}t'' k(t-t')k(t+\tau-t'')\langle \hat{I}(t')\hat{I}(t'')\rangle_\Psi
\end{aligned}$$

$$
\begin{aligned}
&= \int \mathrm{d}t'\mathrm{d}t''k(t-t')k(t+\tau-t'') \\
&\quad \times [\langle :\hat{I}(t')\hat{I}(t''):\rangle_\Psi + \delta(t'-t'')\langle \hat{I}(t')\rangle_\Psi] \\
&= \int \mathrm{d}t'k(t-t')k(t+\tau-t')\langle \hat{I}(t')\rangle_\Psi \\
&\quad + \int \mathrm{d}t'\mathrm{d}t''k(t-t')k(t+\tau-t'')\langle :\hat{I}(t')\hat{I}(t''):\rangle_\Psi
\end{aligned} \tag{9.11}
$$

这里，我们用到了 $[\hat{E}^{(+)}(t'),\hat{E}^{(-)}(t'')] = \delta(t'-t'')$ 的对易关系. 方程 (9.11) 与方程 (9.9) 在 $\eta = 1$ 时完全一致. 在 $\eta < 1$ 时,我们也能用这个方法靠引入损耗而导出方程 (9.9)(见 9.4 节).

利用方程 (9.4)、方程 (9.11),我们得到

$$
\begin{aligned}
\langle \Delta i(t)\Delta i(t+\tau)\rangle &= \int \mathrm{d}t'k(t-t')k(t+\tau-t')\langle \hat{I}(t')\rangle_\Psi \\
&\quad + \int \mathrm{d}t'\mathrm{d}t''k(t-t')k(t+\tau-t'')\langle :\Delta\hat{I}(t')\Delta\hat{I}(t''):\rangle_\Psi
\end{aligned} \tag{9.12}
$$

在上述推导中,$\Delta\hat{I}(t) = \hat{I}(t) - \langle \hat{I}(t)\rangle$. 上式中的第一项就是在电气工程里所谓的电子散粒噪声,它起源于光电子的离散性,正比于光场的平均强度. 如我们在本节脚注① 所提到的,上述讨论也适用于 Mandel 关于经典光波涨落探测的半经典理论. 因此,散粒噪声并不是如大部分理论家所认为的由光的量子化而来的 [见关于方程 (9.33) 的讨论],而是由光电子的离散性造成的. 而第二项则是由光强的涨落引起的,它取决于光场的性质. 例如,对于多模相干态,这项的贡献就为零. 于是,对相干态的测量就只有散粒噪声,其对应于相干态的量子噪声 (见 3.2.4 小节). 对于在 5.2.4 小节定义的经典光场,方程 (9.12) 的第二项总是大于零的并给出在散粒噪声之上的多余的噪声. 但某些量子场可以使这项小于零,这样就可以产生亚散粒噪声的光电流,其探测到的光电流的噪声会比相干态的噪声还低. 处于振幅压缩态的量子场就具有这样的特性 (见 3.4.3 小节).

对于连续平稳光场,光场强度是一个常数:$p_1(t) = \eta\langle \hat{E}^{(-)}(t)\hat{E}^{(+)}(t)\rangle_\Psi = \eta I_0$. 这样,方程 (9.4) 变为

$$
\langle i(t)\rangle = \eta\int \mathrm{d}t'k(t-t')I(t') = \eta I_0\int \mathrm{d}t'k(t-t') = \eta' I_0 \tag{9.13}
$$

方程 (9.12) 中的第一项散粒噪声成为

$$
\begin{aligned}
\langle \Delta i(t)\Delta i(t+\tau)\rangle_{\mathrm{SN}} &= \int \mathrm{d}t'k(t-t')k(t+\tau-t')p_1(t') \\
&= \eta I_0\int \mathrm{d}t''k(t'')k(t''+\tau)
\end{aligned} \tag{9.14}
$$

其中,$t''=t-t'$. 这样,散粒噪声的频谱就是

$$\begin{aligned} S_{\mathrm{SN}}(\Omega) &= \eta I_0 \int \mathrm{d}\tau \mathrm{d}t'' k(t'')k(t''+\tau)\mathrm{e}^{\mathrm{i}\Omega\tau} \\ &= \eta I_0 |k(\Omega)|^2 \end{aligned} \tag{9.15}$$

其中,$k(\Omega) \equiv \int \mathrm{d}\tau k(\tau)\mathrm{e}^{\mathrm{i}\omega\tau}$ 是探测系统的响应频谱,它由探测器和后续放大器的频谱响应决定. 注意,散粒噪声正比于光场强度 $I_0$. 这是散粒噪声的特点并被用于判断所测得的是否是散粒噪声.

对于方程 (9.12) 中的第二项,我们有

$$\langle :\Delta\hat{I}(t')\Delta\hat{I}(t''):\rangle = I_0^2[g^{(2)}(t'-t'')-1] \tag{9.16}$$

因此,方程 (9.12) 中的第二项变成

$$\begin{aligned} \langle \Delta i(t)\Delta i(t+\tau)\rangle_{\mathrm{ex}} =& \eta^2 I_0^2 \int \mathrm{d}t'\mathrm{d}t'' k(t-t')k(t+\tau-t'') \\ & \times [g^{(2)}(t'-t'')-1] \end{aligned} \tag{9.17}$$

它取决于被探测的光场强度涨落的性质, 有时也被称为过量噪声. 例如, 我们从 4.2.4 小节知道, 热场具有 $g^{(2)}(t'-t'')=1+|\gamma(t'-t'')|^2$. 而对原子气体的荧光, 我们有 $|\gamma(t'-t'')|^2=\mathrm{e}^{-\Gamma|t'-t''|}$($\Gamma$ 为荧光谱线宽度). 因此,原子气体荧光产生的热场的过量噪声为

$$\langle \Delta i(t)\Delta i(t+\tau)\rangle_{\mathrm{ex}} = \eta^2 I_0^2 \int \mathrm{d}t'\mathrm{d}t'' k(t-t')k(t+\tau-t'')\mathrm{e}^{-\Gamma|t'-t''|} \tag{9.18}$$

其频谱为

$$\begin{aligned} S_{\mathrm{ex}}(\Omega) &= (\eta I_0)^2|k(\Omega)|^2 2\Gamma/(\Gamma^2+\Omega^2) \\ &= S_{\mathrm{SN}}(\Omega)\eta I_0 2\Gamma/(\Gamma^2+\Omega^2) > 0 \end{aligned} \tag{9.19}$$

它总是大于零的并正比于光场强度的平方. 这是过量噪声的特点,它有别于散粒噪声的正比关系. 散粒噪声和过量噪声对于 $I_0$ 的不同依赖关系,常常在实验中被用于检验所测的散粒噪声是确实只有散粒噪声,还是存在过量噪声. 将方程 (9.19) 加到散粒噪声上,我们得到总的测量噪声为

$$S_{\mathrm{sp}}(\Omega) = S_{\mathrm{SN}}(\Omega)[1+\eta I_0 2\Gamma/(\Gamma^2+\Omega^2)] \tag{9.20}$$

这就是测量热场得到的光电流的频谱. 图 9.2 显示了一个典型的光电流的频谱分析结果.

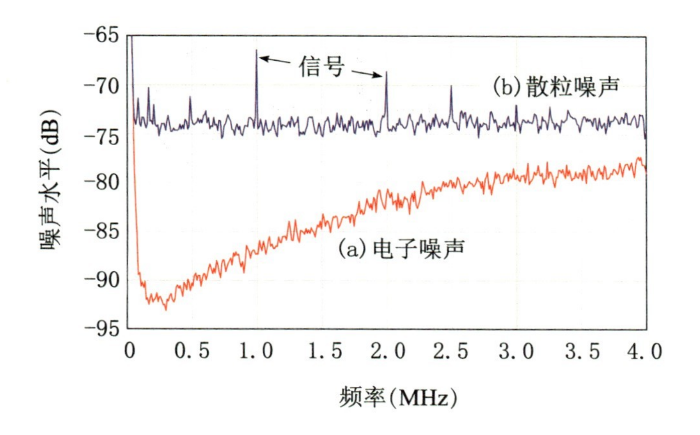


**图 9.2　一个典型的光电流的频谱分析的结果**

(a) 没有光场照射在探测器上时的电子噪声. 这一般是由探测器的暗电流和放大器噪声引起的. 注意在零点附近的 $1/f$ 噪声;(b) 光场照射探测器后的情形:平缓的部分是散粒噪声 (SN). 尖状的部分, 尤其是那些在低频附近的,是由光强涨落引起的过量噪声,它也有可能是在某个频率上被调制的信号及其谐频. 纵轴为对数标度. (引自华东师大贾俊)

# 9.3　零拍探测和外差探测技术

一方面,当被探测的光场很弱时,如果我们对光场进行直接测量,测量系统的电子噪声,如暗电流噪声和放大器噪声,就会淹没光电流信号,使我们无法测到光场. 因为光电流是连续的,我们不可能像在光子计数技术中那样用脉冲形状来予以甄别. 另一方面,为了解决这个问题,我们可以用零拍测量或外差测量技术来增大光电流信号,以使其远高于探测器的电子学噪声. 为理解其工作原理,我们先考虑单模的情况.

如图 9.3 所示,在进行零拍测量或外差测量时,一个较弱的入射信号光场 $\hat{a}_{\text{in}}$ 要先与一个本地光 (LO) 混合后再被探测器测量. 本地光通常为处于相干态的较强光场并因此可用一个常数 $\mathcal{E}=|\mathcal{E}|\mathrm{e}^{\mathrm{j}\varphi}$ 来表示. 它远大于信号光场的强度:$|\mathcal{E}|^2 \gg I_{\text{in}}=\langle\hat{a}_{\text{in}}^{\dagger}\hat{a}_{\text{in}}\rangle$. 其频率与信号光场一样时为零拍测量,不同时为外差测量. 探测器测得的被混合后的场为

$$\hat{a}=\hat{a}_{\text{in}}+\mathcal{E} \tag{9.21}$$

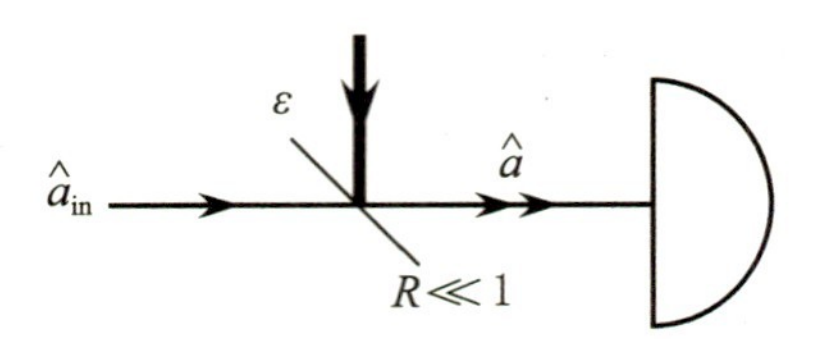


**图 9.3　零拍测量与外差测量**

较弱的入射信号光场 $\hat{a}_{\text{in}}$ 可用一个反射率近为零 $(R \ll 1)$ 的分束器与很强的本地光 $\mathcal{E}$ 混合,以使信号光场被无衰减地测量.

这里,我们只考虑零拍测量并将反射常数 $R$ 吸收到 $\mathcal{E}$ 里以表示分束器后的本地光. 因为 $R\sim 0$,入射的信号光几乎完全通过分束器而没有损耗:被测的光场包含了入射光场的所有信息. 因此,省略了高阶小项后,我们得到

$$\begin{aligned}\hat{a}^\dagger\hat{a} &= |\mathcal{E}|^2+\mathcal{E}\hat{a}_{\text{in}}^\dagger+\mathcal{E}^*\hat{a}_{\text{in}}+\hat{a}_{\text{in}}^\dagger\hat{a}_{\text{in}}\\ &\approx |\mathcal{E}|^2+\mathcal{E}\hat{a}_{\text{in}}^\dagger+\mathcal{E}^*\hat{a}_{\text{in}}\\ &= |\mathcal{E}|^2+|\mathcal{E}|\hat{X}_{\text{in}}(\varphi)\end{aligned}\tag{9.22}$$

其中,$\hat{X}_{\text{in}}(\varphi)\equiv\hat{a}_{\text{in}}^\dagger e^{j\varphi}+\hat{a}_{\text{in}}e^{-j\varphi}$ 是入射的信号光场的相位正交振幅,其相位取值由本地光的相位 $\varphi$ 决定,并有 $\hat{X}_{\text{in}}(0)=\hat{a}_{\text{in}}^\dagger+\hat{a}_{\text{in}}\equiv\hat{X}\propto\hat{x}$,$\hat{X}_{\text{in}}(\pi/2)=(\hat{a}_{\text{in}}-a_{\text{in}}^\dagger)/j\equiv\hat{Y}\propto\hat{p}$,其中,$\hat{x}$,$\hat{p}$ 分别为代表入射单模信号光场的虚拟谐振子的位置与动量算符.

这样,除了第一项常数外,探测器测到的光强与信号光场的相位正交振幅 $\hat{X}_{\text{in}}$ 成正比. 而正比系数就是本地光的振幅,它在实验中是可以控制的. 将它设得很大,可以使得与信号光场有关的部分远大于电子噪声本底. 这样,即使原来的信号光场很弱而被电子噪声本底淹没,用本地光很强的零拍测量方法还是可以测到它. 在这里,因为零拍测量输出的信号是原来的弱信号被乘了一个与本地光的振幅正比的系数,原来的弱信号就由于本地光的介入而被放大了. 当然,这里放大的只是与光有关的部分,电子噪声本底并不被放大. 显然,我们不能将本地光振幅做得无穷大,因为探测器最终会被本地光所饱和.

方程 (9.22) 里的第一项常数由于它在频域对应零频率,可以用频谱分析的方法滤掉. 对于光电流的频谱分析,我们感兴趣的信号光场频率与本地光的不一样. 为此,我们要考虑多模的情况. 这时,本地光还是处于单模的相干态,其频率设为 $\omega_0$. 信号光场为多模的一维准单色光场 $\hat{E}_{\text{in}}^{(+)}(t)$. 与单模一样,我们假设 $|\mathcal{E}|^2\gg\langle\hat{E}_{\text{in}}^{(-)}\hat{E}_{\text{in}}^{(+)}\rangle$. 探测器看到的光场则为

$$\hat{E}^{(+)}(t)=\hat{E}_{\text{in}}^{(+)}(t)+\mathcal{E}e^{-i\omega_0 t}\tag{9.23}$$

这里，$\hat{E}_{\text{in}}^{(+)}(t)$ 具有方程 (9.3) 的形式但 $\hat{a}(\omega)$ 被 $\hat{a}_{\text{in}}(\omega)$ 取代，而本地光是处于相干态的[①]. 由于第 5 章所描述的光探测理论用到的是正则排序，我们这里可以将本地光场算符用一个常数替代. 这样，探测器看到的光强为

$$\begin{aligned}I_0 =& \langle \hat{E}^{(-)}\hat{E}^{(+)}\rangle \\ =& |\mathcal{E}|^2 + \mathcal{E}^* \mathrm{e}^{\mathrm{i}\omega_0 t}\langle \hat{E}_{\text{in}}^{(-)}\rangle + \mathcal{E}\mathrm{e}^{-\mathrm{i}\omega_0 t}\langle \hat{E}_{\text{in}}^{(+)}\rangle + \langle \hat{E}_{\text{in}}^{(-)}\hat{E}_{\text{in}}^{(+)}\rangle \\ \approx& |\mathcal{E}|^2 \end{aligned} \tag{9.24}$$

于是，我们从方程 (9.14) 得到零拍测量的散粒噪声为

$$\langle \Delta i(t)\Delta i(t+\tau)\rangle_{\text{SN}} \approx \eta|\mathcal{E}|^2 \int \mathrm{d}t'' k(t'')k(t''+\tau) \tag{9.25}$$

其频谱为

$$S_{\text{SN}}(\omega) = \eta|\mathcal{E}|^2|k(\omega)|^2 \tag{9.26}$$

它与入射的信号光场无关. 与信号光场有关的部分来自方程 (9.12) 中的第二项. 利用方程 (9.23) 并近似到 $|\mathcal{E}|^2$ 项，我们得到

$$\begin{aligned}p_2(t',t'') \approx& \eta^2|\mathcal{E}|^3[|\mathcal{E}| + \langle \hat{X}_{\text{in}}^{\varphi}(t')\rangle + \langle \hat{X}_{\text{in}}^{\varphi}(t'')\rangle] \\ &+ \eta^2|\mathcal{E}|^2[\langle : \hat{X}_{\text{in}}^{\varphi}(t')\hat{X}_{\text{in}}^{\varphi}(t'') : \rangle + \langle \hat{I}_{\text{in}}(t')\rangle + \langle \hat{I}_{\text{in}}(t'')\rangle]\end{aligned} \tag{9.27}$$

$$\begin{aligned}p_1(t')p_1(t'') \approx& \eta^2|\mathcal{E}|^3[|\mathcal{E}| + \langle \hat{X}_{\text{in}}^{\varphi}(t')\rangle + \langle \hat{X}_{\text{in}}^{\varphi}(t'')\rangle] \\ &+ \eta^2|\mathcal{E}|^2[\langle \hat{X}_{\text{in}}^{\varphi}(t')\rangle\langle \hat{X}_{\text{in}}^{\varphi}(t'')\rangle + \langle \hat{I}_{\text{in}}(t')\rangle + \langle \hat{I}_{\text{in}}(t'')\rangle]\end{aligned} \tag{9.28}$$

这里

$$\hat{X}_{\text{in}}^{\varphi}(t) \equiv \hat{E}_{\text{in}}^{(-)}(t)\mathrm{e}^{\mathrm{i}(\varphi-\omega_0 t)} + \hat{E}_{\text{in}}^{(+)}(t)\mathrm{e}^{-\mathrm{i}(\varphi-\omega_0 t)} \tag{9.29}$$

注意，上式中的频率被移了 $\omega_0$，以使得 $\hat{X}_{\text{in}}^{\varphi}(t)$ 成为光场的慢变化部分. 为显示这点，我们可以用方程 (9.3) 将 $\hat{X}_{\text{in}}^{\varphi}(t)$ 明确地写为

$$\begin{aligned}\hat{X}_{\text{in}}^{\varphi}(t) =& \frac{1}{\sqrt{2\pi}}\int \mathrm{d}\omega[\hat{a}_{\text{in}}^{\dagger}(\omega)\mathrm{e}^{\mathrm{i}(\varphi+\omega t-\omega_0 t)} + \hat{a}_{\text{in}}(\omega)\mathrm{e}^{-\mathrm{i}(\varphi+\omega t-\omega_0 t)}] \\ =& \frac{1}{\sqrt{2\pi}}\int \mathrm{d}\Omega[\hat{a}_{\text{in}}^{\dagger}(\omega_0+\Omega)\mathrm{e}^{\mathrm{i}\varphi+\mathrm{i}\Omega t} + \hat{a}_{\text{in}}(\omega_0+\Omega)\mathrm{e}^{-\mathrm{i}\varphi-\mathrm{i}\Omega t}]\end{aligned} \tag{9.30}$$

这里，我们在积分中将频率变为 $\Omega \equiv \omega - \omega_0$. 这样，$\hat{X}_{\text{in}}^{\varphi}(t)$ 中就没有像 $\mathrm{e}^{\mathrm{i}\omega_0 t}$ 那样的快速振荡的项. 将方程 (9.27)、方程 (9.28) 结合在一起，我们得到

$$p_2(t',t'') - p_1(t')p_1(t'') \approx \eta^2|\mathcal{E}|^2\langle : \Delta\hat{X}_{\text{in}}^{\varphi}(t')\Delta\hat{X}_{\text{in}}^{\varphi}(t'') : \rangle \tag{9.31}$$

① 在此，我们先假设信号光场与本地光具有相同的空间模式. 这样，我们就不用考虑空间模式. 我们要在后面 9.6 节考虑不同空间模式的情况.

其中,$\Delta\hat{X}_{\text{in}}^{\varphi}(t)\equiv\hat{X}_{\text{in}}^{\varphi}(t)-\langle\hat{X}_{\text{in}}^{\varphi}(t)\rangle$. 于是,对于零拍测量,光电流的关联函数 (9.12) 变为

$$\begin{aligned}\langle\Delta i(t)\Delta i(t+\tau)\rangle\approx&\eta|\mathcal{E}|^2\int\mathrm{d}t'k(t-t')k(t-t'+\tau)\\&+\eta^2|\mathcal{E}|^2\int\mathrm{d}t'\mathrm{d}t''k(t-t')k(t-t''+\tau)\\&\times\langle:\Delta\hat{X}_{\text{in}}^{\varphi}(t')\Delta\hat{X}_{\text{in}}^{\varphi}(t''):\rangle\end{aligned}\tag{9.32}$$

因为正则排序,上式的第二项对于真空场入射为零. 所以,第一项的散粒噪声虽与入射场无关,但也可以被认为是真空量子噪声的贡献. 理论工作者一般喜欢这么认为. 这样的观点可以从下一节的内容得到认证.

## 9.4 真空噪声和损耗的分束器模型

当量子效率 $\eta=1$ 时, 利用 $[E_{\text{in}}^{(+)}(t'),E_{\text{in}}^{(+)}(t'')]=\delta(t'-t'')$, 我们得到 $\langle\Delta\hat{X}_{\text{in}}^{\varphi}(t')\Delta\hat{X}_{\text{in}}^{\varphi}(t'')\rangle=\langle:\Delta\hat{X}_{\text{in}}^{\varphi}(t')\Delta\hat{X}_{\text{in}}^{\varphi}(t''):\rangle+\delta(t'-t'')$. 代入方程 (9.32),它变为

$$\begin{aligned}\langle\Delta i(t)\Delta i(t+\tau)\rangle&=|\mathcal{E}|^2\int\mathrm{d}t'\mathrm{d}t''k(t-t')k(t-t''+\tau)\langle\Delta\hat{X}_{\text{in}}^{\varphi}(t')\Delta\hat{X}_{\text{in}}^{\varphi}(t'')\rangle\\&\equiv\langle\Delta\hat{Z}(t)\Delta\hat{Z}(t+\tau)\rangle\end{aligned}\tag{9.33}$$

其中,$\hat{Z}(t)\equiv|\mathcal{E}|\int\mathrm{d}t'k(t-t')\hat{X}_{\text{in}}^{\varphi}(t')$. 当入射的信号光场处于真空时,我们有 $\langle\Delta\hat{X}_{\text{in}}^{\varphi}(t')\Delta\hat{X}_{\text{in}}^{\varphi}(t'')\rangle_{\text{vac}}=\delta(t'-t'')$. 这是真空量子起伏的结果. 代入方程 (9.33), 我们得到方程 (9.32) 的第一项散粒噪声. 这也是为什么在理论中通常把散粒噪声认为是真空量子噪声的贡献了. 然而,基于经典光波的半经典光探测理论也可以导出散粒噪声 (见 9.2 节关于散粒噪声起源的讨论). 根据公式 (9.33),类似于方程 (9.4)、方程 (9.11),我们可以认为零拍测量实现了算符 $\hat{Z}(t)$ 的量子测量. 该算符就是对应于这个量子测量过程的厄米算符.

当量子效率 $\eta<1$ 时,我们可以将方程 (9.32) 改写为

$$\begin{aligned}&\langle\Delta i(t)\Delta i(t+\tau)\rangle\\&\quad=\eta|\mathcal{E}|^2\int\mathrm{d}t'\mathrm{d}t''k(t-t')k(t-t''+\tau)\\&\qquad\times\left[(1-\eta)\langle\Delta\hat{X}_{\text{v}}^{\varphi}(t')\Delta\hat{X}_{\text{v}}^{\varphi}(t'')\rangle_{\text{vac}}+\eta\langle\Delta\hat{X}_{\text{in}}^{\varphi}(t')\Delta\hat{X}_{\text{in}}^{\varphi}(t'')\rangle\right]\end{aligned}\tag{9.34}$$

其中,$\hat{X}_{\text{v}}$ 是某个处于真空的独立模式. 这样. 上式可以写成两部分的贡献:$(1-\eta)\times$(真空噪声) $+\ \eta\times$(入射光场). 第一部分是某个独立模式 $\hat{X}_{\text{v}}$ 的真空噪声贡献,第二部分是

入射光场的贡献. 它们前面的系数表明它们是通过透射率为 $\eta$ 的分束器耦合起来的:分束器的一边为真空另一边为入射光场,如图 9.4所示. 这个分束器模型表明,非理想的量子效率 $(\eta < 1)$ 是由损耗引起的,即入射的光场与本地光混合后没有完全进入探测器,有 $(1-\eta)$ 部分被损耗掉了. 而真空噪声又通过损耗而被引入.

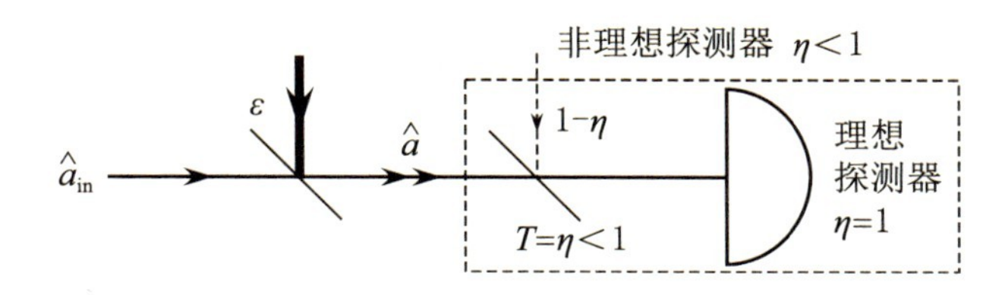


**图 9.4 非理想探测器由损耗引起的量子效率 $\eta < 1$ 的分束器模型**

真空噪声从分束器无输入的端口进入.

另外,上面的分束器模型也提出了关于本地光量子噪声的问题:当我们用非算符的数 $\mathcal{E}$ 来表示本地光时,根本就没有在方程 (9.33)、方程 (9.34) 中考虑本地光量子噪声的贡献. 这样的考虑合理吗? 实际上,因为 $\langle\Delta^2\hat{X}\rangle_{\text{coh}} = 1$,而且我们用了一个 $R \ll 1$ 的分束器来耦合本地光,其量子噪声的贡献为 $R\langle\Delta^2\hat{X}\rangle_{\text{coh}} = R \to 0$. 因此,完全没有必要考虑本地光量子噪声对测量噪声的贡献.

## 9.5 零拍测量的频谱分析

对方程 (9.32) 进行傅里叶变换,我们得到零拍测量输出的电流的频谱分析函数:

$$S_{\text{HD}}(\Omega) = \int \mathrm{d}\tau \langle\Delta i(t)\Delta i(t+\tau)\rangle \mathrm{e}^{\mathrm{i}\Omega\tau} \tag{9.35}$$

对于连续平稳光场,我们可以定义

$$\langle :\Delta\hat{X}_{\text{in}}^{\varphi}(t')\Delta\hat{X}_{\text{in}}^{\varphi}(t''):\rangle \equiv \chi^{\varphi}(t'-t'') \tag{9.36}$$

方程 (9.35) 变为

$$\begin{aligned} S_{\text{HD}}(\Omega) &= \eta|\mathcal{E}|^2|k(\Omega)|^2\left[1+\eta\chi^{\varphi}(\Omega)\right] \\ &= S_{\text{SN}}(\Omega)\left[1+\eta\chi^{\varphi}(\Omega)\right] \end{aligned} \tag{9.37}$$

或

$$\frac{S_{\mathrm{HD}}(\Omega)}{S_{\mathrm{SN}}(\Omega)}=1+\eta\chi^{\varphi}(\Omega) \tag{9.38}$$

其中

$$\chi^{\varphi}(\Omega)\equiv\int \mathrm{d}\tau\chi^{\varphi}(\tau)\mathrm{e}^{\mathrm{i}\Omega\tau} \tag{9.39}$$

是由入射光场决定的,与本地光无关. 本地光只决定了散粒噪声的大小,使它远大于电子噪声就行了. 方程 (9.38) 表明,光电流的频谱函数在归一到散粒噪声之后就只与入射光场的 $\chi^{\varphi}(\omega)$ 有关,它与真空量子噪声 [方程 (9.38) 中的"1"] 之比就是零拍测量的信噪比. 因此,我们也称零拍测量是只受限于量子噪声的测量,因为其噪声纯粹就是量子的. 它可以用来测量光场的量子噪声及其关联.

为了找到 $\chi^{\varphi}(\Omega)$ 的具体形式,我们将方程 (9.30) 里 $\hat{X}^{\varphi}_{\mathrm{in}}(t)$ 的表达式的第一项做变量代换 $\Omega\to-\Omega$ 并改写为

$$\begin{aligned}\hat{X}^{\varphi}_{\mathrm{in}}(t)&=\frac{1}{\sqrt{2\pi}}\int \mathrm{d}\Omega\Big[\hat{a}^{\dagger}(\omega_0-\Omega)\mathrm{e}^{\mathrm{i}\varphi}\mathrm{e}^{-\mathrm{i}\Omega t}+\hat{a}(\omega_0+\Omega)\mathrm{e}^{-\mathrm{i}\varphi}\mathrm{e}^{-\mathrm{i}\Omega t}\Big]\\&=\frac{1}{\sqrt{2\pi}}\int \mathrm{d}\Omega\hat{X}^{\varphi}(\Omega)\mathrm{e}^{-\mathrm{i}\Omega t}\end{aligned} \tag{9.40}$$

其中,$\hat{X}^{\varphi}(\Omega)\equiv\hat{a}^{\dagger}(\omega_0-\Omega)\mathrm{e}^{\mathrm{i}\varphi}+\hat{a}(\omega_0+\Omega)\mathrm{e}^{-\mathrm{i}\varphi}$ 就是由方程 (4.75) 给出的多模相位正交振幅. 利用方程 (9.40),我们可以计算关联函数:

$$\begin{aligned}\langle\Delta\hat{X}^{\varphi}_{\mathrm{in}}(t')\Delta\hat{X}^{\varphi}_{\mathrm{in}}(t'')\rangle&=\frac{1}{2\pi}\int \mathrm{d}\Omega'\mathrm{d}\Omega''\langle\Delta\hat{X}^{\varphi}(\Omega')\Delta\hat{X}^{\varphi}(\Omega'')\rangle\mathrm{e}^{-\mathrm{i}(\Omega't'+\Omega''t'')}\\&=\frac{1}{2\pi}\int \mathrm{d}\Omega'\mathrm{d}\Omega''\langle\Delta\hat{X}^{\varphi}(\Omega')\Delta\hat{X}^{\varphi\dagger}(\Omega'')\rangle\mathrm{e}^{-\mathrm{i}(\Omega't'-\Omega''t'')}\end{aligned} \tag{9.41}$$

在以上运算中,我们做了变换 $\Omega''\to-\Omega''$ 并用了 $\hat{X}^{\varphi}(-\Omega'')=[\hat{X}^{\varphi}(\Omega'')]^{\dagger}$. 既然对于连续波来说 $\langle\Delta\hat{X}^{\varphi}_{\mathrm{in}}(t')\Delta\hat{X}^{\varphi}_{\mathrm{in}}(t'')\rangle$ 只依赖于 $\tau=t'-t''$,则有 $\langle\Delta\hat{X}^{\varphi}(\Omega')\Delta\hat{X}^{\varphi\dagger}(\Omega'')\rangle=S_{\varphi}(\Omega')\delta(\Omega'-\Omega'')$. 代入方程 (9.41),我们得到

$$\langle\Delta\hat{X}^{\varphi}_{\mathrm{in}}(t')\Delta\hat{X}^{\varphi}_{\mathrm{in}}(t'')\rangle=\frac{1}{2\pi}\int \mathrm{d}\Omega'S_{\varphi}(\Omega')\mathrm{e}^{-\mathrm{i}\Omega'(t'-t'')} \tag{9.42}$$

要得到方程 (9.36) 中的物理量,我们利用关系

$$\langle\Delta\hat{X}^{\varphi}_{\mathrm{in}}(t')\Delta\hat{X}^{\varphi}_{\mathrm{in}}(t'')\rangle=\langle:\Delta\hat{X}^{\varphi}_{\mathrm{in}}(t')\Delta\hat{X}^{\varphi}_{\mathrm{in}}(t''):\rangle+\delta(t'-t'') \tag{9.43}$$

和方程 (9.36)、方程 (9.39)、方程 (9.42),可以得到

$$\chi^{\varphi}(\Omega)=S_{\varphi}(\Omega)-1 \tag{9.44}$$

代入方程 (9.38),我们便得到零拍探测的频谱函数

$$\frac{S_{\mathrm{HD}}(\Omega)}{S_{\mathrm{SN}}(\Omega)} = (1-\eta) + \eta S_{\varphi}(\Omega) \tag{9.45}$$

这样，我们只需对入射光场计算 $\langle \Delta\hat{X}^{\varphi}(\Omega')\Delta\hat{X}^{\varphi\dagger}(\Omega'')\rangle$ 就可以得到零拍探测的频谱函数.

作为一个例子,我们考虑对在 4.6.3 小节中所讨论过的多频模压缩态进行零拍测量.我们从方程 (4.77) 得到

$$\begin{aligned} \langle \hat{X}(\Omega)\hat{X}^{\dagger}(\Omega')\rangle &= S_X(\Omega)\delta(\Omega-\Omega') \\ \langle \hat{Y}(\Omega)\hat{Y}^{\dagger}(\Omega')\rangle &= S_Y(\Omega)\delta(\Omega-\Omega') \end{aligned} \tag{9.46}$$

其中，$S_X(\Omega) = (|G(\Omega)| - |g(\Omega)|)^2 < 1$ 给出了噪声的减小，而 $S_Y(\Omega) = (|G(\Omega)| + |g(\Omega)|)^2 > 1$ 则给出噪声放大. 对于多模压缩态,我们有 $\langle \hat{X}_{\mathrm{in}}^{\varphi}(t)\rangle = 0$. 因此,当 $\varphi = \theta_0$ 时,$S_{\varphi}(\Omega) = S_X(\Omega)$;而当 $\varphi = \theta_0 + \pi/2$ 时,$S_{\varphi}(\Omega) = S_Y(\Omega)$. 于是,对于多模压缩态,观测到的零拍探测的频谱函数为

$$\frac{S_{\mathrm{HD}}(\Omega)}{S_{\mathrm{SN}}(\Omega)} = (1-\eta) + \eta(|G(\Omega)| \pm |g(\Omega)|)^2 \tag{9.47}$$

上式中,"−" 对应于 $\varphi = \theta_0$,而"+"对应于 $\varphi = \theta_0 + \pi/2$. 当 $\eta = 1$ 时,在归一化到散粒噪声之后,探测的光电流的频谱就是压缩态频谱 $S_{\varphi}(\omega)$. 当 $\eta < 1$ 时,方程 (9.47) 的第一项显然就是真空的贡献. 这样,真空噪声就被耦合进来并减少了由压缩态引起的噪声压缩效应的大小. 图 9.5 显示了在观测压缩态的实验中当 $\varphi = \theta_0, \theta_0 + \pi/2$ 时的光电流的频谱 $S_{\mathrm{HD}}(\Omega)$ 以及散粒噪声谱 $S_{\mathrm{SN}}(\Omega)$. 请注意,图 9.5 用了对数标度,使得 $S_{\mathrm{HD}}(\Omega)$ 对 $S_{\mathrm{SN}}(\Omega)$ 的比值就是两条线之差值. 当 $\varphi = \theta_0$ 时,$S_{\mathrm{HD}}(\Omega)$ 比散粒噪声 $S_{\mathrm{SN}}(\Omega)$ 低大约 3 dB (50%),即实现了 50% 量子噪声的减少. 我们从方程 (9.47) 中注意到,当 $\eta = 1$ 时,$S_X(\Omega)S_Y(\Omega) = (|G(\Omega)|^2 - |g(\Omega)|^2)^2 = 1$,这意味着在对数标度中噪声减少的量应与噪声放大的量一样. 然而,图 9.5 显示了减少与放大的量不同,其原因为 $\eta < 1$. 我们从图 9.5 得到减少量为 −3 dB 而放大量为 8 dB. 从方程 (9.47) 我们可以推出效率系数为 $\eta = 0.55$.

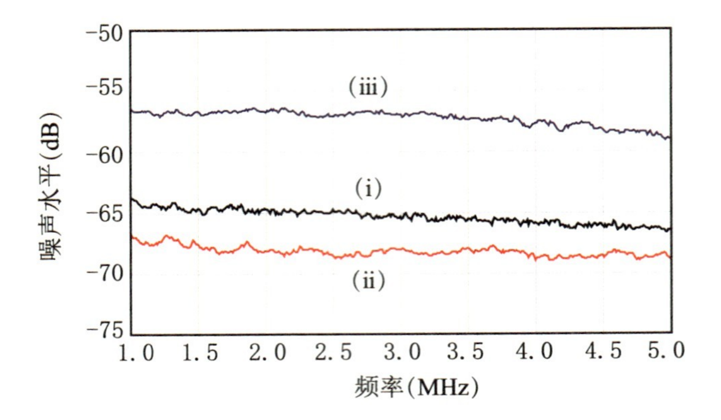


**图 9.5　多模压缩态的零拍探测的光电流的频谱 $S_{\mathrm{HD}}(\omega)$**

(i) 散粒噪声频谱; (ii) 当 $\varphi=\theta_0$ 时的 $S_{\mathrm{HD}}(\omega)$; (iii) 当 $\varphi=\theta_0+\pi/2$ 时的 $S_{\mathrm{HD}}(\omega)$. (引自华东师大杜威)

## 9.6　零拍测量中的模式匹配和本地光噪声问题

前面在讨论零拍测量时,我们没有考虑空间模式. 这是因为我们假设了信号光场与本地光具有相同的空间模式. 但两个光场的空间模式在实验中是很难完全匹配的. 下面我们考虑这种非理想的情况.

因为要考虑空间模式,我们不能用光场的一维近似. 假设光场沿着 $z$-方向传播,并垂直于探测器的横截面. 它在横向的 $x,y$-方向上有一个分布,即 $\hat{E}^{(+)}=\hat{E}^{(+)}(x,y,t)$(因为我们只对探测器的横截面感兴趣,我们不考虑 $z$-坐标). 光场的空间模式决定了它在横向的 $x,y$-方向的分布. 我们可以将光场写为 $\hat{E}^{(+)}(x,y,t)=\hat{E}^{(+)}(t)u(x,y)$, 其中, $u(x,y)$ 是模式函数并满足横向归一条件: $\int \mathrm{d}x\mathrm{d}y|u(x,y)|^2=1$. 在这样的情况下,Glauber 的光探测公式方程 (5.26)、方程 (5.28) 改为

$$p_1(t)=\eta\int \mathrm{d}a\langle\hat{E}^{(-)}(x,y,t)\hat{E}^{(+)}(x,y,t)\rangle \tag{9.48}$$

$$p_2(t,t')=\eta^2\iint \mathrm{d}a\mathrm{d}a'\langle:\hat{I}(x,y,t)\hat{I}(x',y',t'):\rangle \tag{9.49}$$

其中, $\mathrm{d}a=\mathrm{d}x\mathrm{d}y,\mathrm{d}a'=\mathrm{d}x'\mathrm{d}y'$.

在零拍测量中，如果信号光场与本地光具有不同的空间模式并由 $u_1(x,y)$，$u_2(x,y)$ 来代表，它们叠加后的光场为

$$\hat{E}^{(+)}(x,y,t) = \hat{E}_{\text{in}}^{(+)}(t)u_1(x,y) + \mathcal{E}\mathrm{e}^{-\mathrm{j}\omega_0 t}u_2(x,y) \tag{9.50}$$

其中，$\int \mathrm{d}a|u_{1,2}(x,y)|^2 = 1$. 由此，我们很容易得出下式：

$$\int \mathrm{d}a\hat{E}^{(-)}(x,y,t)\hat{E}^{(+)}(x,y,t) \approx |\mathcal{E}|^2 + \beta|\mathcal{E}|\hat{X}_{\text{in}}^{\varphi}(t) \tag{9.51}$$

式中，$\beta \equiv |\int \mathrm{d}au_1^*(x,y)u_2(x,y)|$. 我们还去掉了 $\langle\hat{E}_{\text{in}}^{(-)}(t)\hat{E}_{\text{in}}^{(+)}(t)\rangle$ 这一项，因为它的贡献远小于另两项. 利用柯西不等式，我们得到 $\beta \leqslant 1$[等号在 $u_1(x,y) = u_2(x,y)$ 时，即模式匹配时成立]. 将上式代入方程 (9.48) 和方程 (9.49)，我们可以证明 $\eta$ 变为 $\eta|\beta|^2$，即空间模式的不匹配导致了量子效率的减小 (感兴趣的读者可以将此作为练习自己证明).

虽然以上推论是基于空间模式的，但它也同样适用于其他模式的匹配情况，如脉冲光场的时间模式匹配. 实际上，零拍测量的物理原理就是本地光与入射光的干涉. 而模式匹配的 $\beta$ 值就等效于干涉条纹的可见度.

在零拍测量中，还有一个问题我们必须要讨论一下. 那就是本地光的光强涨落的影响. 我们可以从简单的单模模型看到它的影响. 假如本地光的光强涨落来自其振幅的涨落：$\mathcal{E} \to \mathcal{E} + \Delta\mathcal{E}$. 从方程 (9.22)，我们得到

$$\begin{aligned}\hat{a}^\dagger\hat{a} &\approx |\mathcal{E} + \Delta\mathcal{E}|^2 + |\mathcal{E} + \Delta\mathcal{E}|\hat{X}_{\text{in}}(\varphi) \\ &\approx |\mathcal{E}|^2 + |\mathcal{E}|[\hat{X}_{\text{in}}(\varphi) + 2\Delta\mathcal{E}]\end{aligned} \tag{9.52}$$

这里，我们只取了 $\Delta\mathcal{E}$ 的第一项. 因为 $\mathcal{E}$ 很大，所以即使很小的相对涨落 $\Delta\mathcal{E}/\mathcal{E}$ 也会使 $\Delta\mathcal{E}$ 很大并加到信号上形成过量噪声.

在实验中，本地光的光强涨落会表现在散粒噪声频谱上，即没有信号光输入时的光电流频谱. 这等效于只有本地光直接照射到探测器上. 从方程 (9.17)，我们得到额外噪声为

$$S_{\text{ex}}(\varOmega) = (\eta\langle|\mathcal{E}|^2\rangle)^2|k(\varOmega)|^2h(\varOmega) = S_{\text{SN}}(\varOmega)\eta\langle|\mathcal{E}|^2\rangle h(\varOmega) \tag{9.53}$$

其中，$h(\varOmega) \equiv \int \mathrm{d}\tau[g_{\text{LO}}^{(2)}(\tau) - 1]\mathrm{e}^{-\mathrm{j}\varOmega\tau}$ 给出额外噪声在归一到散粒噪声之后的频谱. 注意，本地光的额外噪声正比于本地光光强 $\langle|\mathcal{E}|^2\rangle$ 的平方，而散粒噪声只是正比于本地光的光强. 这些依赖于光强的噪声特性可以被用来在实验上判断我们得到的散粒噪声水平，即信号光为真空时的噪声，是真正的散粒噪声还是有本地光光强涨落的贡献.

本地光的额外噪声一般来源于激光的噪声. 不同激光具有完全不同的噪声频谱. 固体激光器如钛宝石激光和 YAG 激光的噪声一般在 1 MHz 之内. 这样，它们的噪声并不

是大的问题,因为我们的工作频率通常在几个兆赫. 但是,现在比较常用的半导体激光器具有很宽的噪声频谱,从十到几百兆赫. 幸运的是,我们可以用下面要讲的平衡零拍测量方法来消除本地光的额外噪声的影响 (Yuen et al., 1983).

## 9.7 平衡零拍测量

如图 9.6 所示,平衡零拍测量是由两个光探测器来实现的. 用一个 50:50 分束器将本地光和信号光混合并均匀地照射在两个光探测器上. 我们测量两个光探测器的光电流差. 简单的单模理论给出

$$\hat{a}_1 = (\hat{a}_{\text{in}} + \mathcal{E})/\sqrt{2}, \quad \hat{a}_2 = (\mathcal{E} - \hat{a}_{\text{in}})/\sqrt{2} \tag{9.54}$$

这样,两个探测器输出的差为

$$\hat{a}_1^\dagger \hat{a}_1 - \hat{a}_2^\dagger \hat{a}_2 = |\mathcal{E}|\hat{X}_{\text{in}}(\varphi) \tag{9.55}$$

由此我们看到本地光光强部分在方程 (9.55) 中被减去. 因此,其涨落也就对平衡零拍测量的结果没有任何贡献.

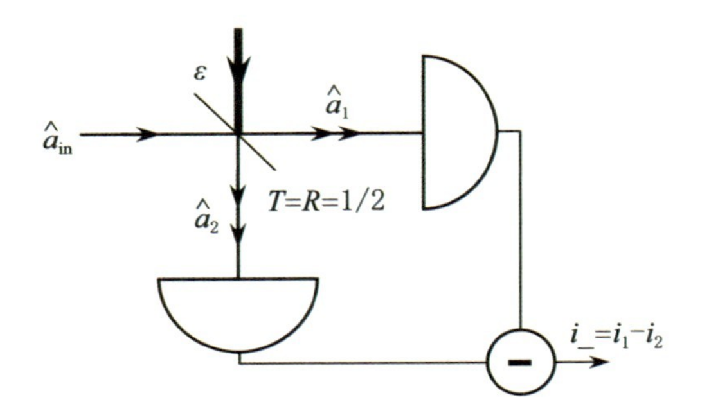


图 9.6 平衡零拍测量

对于多模的情况,我们有

$$\hat{E}_1^{(+)}(t) = [\hat{E}_{\text{in}}^{(+)}(t) + \mathcal{E}]/\sqrt{2}, \quad \hat{E}_2^{(+)} = [\mathcal{E} - \hat{E}_{\text{in}}^{(+)}(t)]/\sqrt{2} \tag{9.56}$$

首先我们假设全同的探测器，即 $\eta_1 = \eta_2 \equiv \eta, k_1(t) = k_2(t) \equiv k(t)$，并得到与单模情况一样的结果：

$$\begin{aligned}\hat{i}_- = \hat{i}_1 - \hat{i}_2 &= \int \mathrm{d}\tau k(t-\tau)\eta[\hat{E}_1^{(-)}(\tau)\hat{E}_1^{(+)}(\tau) - \hat{E}_2^{(-)}(\tau)\hat{E}_2^{(+)}(\tau)] \\ &= \int \mathrm{d}\tau k(t-\tau)\eta|\mathcal{E}|\hat{X}_{\mathrm{in}}^{(\varphi)}(\tau)\end{aligned} \tag{9.57}$$

如果两个探测器具有不同的量子效率：$\eta_1 > \eta_2$，但有相同的时间响应[①]：$k_1(t) = k_2(t) \equiv k(t)$，我们则可以稍微调整有较高 $\eta_1$ 的探测器以减小其耦合效率来与 $\eta_2$ 匹配：$\eta_1' = \eta_2$. 或者，我们可以选择一个非 50:50 分束器但满足 $\eta_2 T = \eta_1 R$：

$$\hat{E}_1^{(+)}(t) = \sqrt{T}\hat{E}_{\mathrm{in}}^{(+)}(t) + \sqrt{R}\mathcal{E}, \quad \hat{E}_2^{(+)} = \sqrt{T}\mathcal{E} - \sqrt{R}\hat{E}_{\mathrm{in}}^{(+)}(t) \tag{9.58}$$

这样也得到与方程 (9.57) 类似的结果：

$$\begin{aligned}\hat{i}_- = \hat{i}_1 - \hat{i}_2 &= \int \mathrm{d}\tau k(t-\tau)[\eta_1\hat{E}_1^{(-)}(\tau)\hat{E}_1^{(+)}(\tau) - \eta_2\hat{E}_2^{(-)}(\tau)\hat{E}_2^{(+)}(\tau)] \\ &= \int \mathrm{d}\tau k(t-\tau)\sqrt{\eta_1\eta_2}|\mathcal{E}|\hat{X}_{\mathrm{in}}^{(\varphi)}(\tau)\end{aligned} \tag{9.59}$$

不过，量子效率变为 $\sqrt{\eta_1\eta_2}(> \eta_2)$. 这个结果比调整探测器的方法要好.

对于最一般的情况，即两个探测器的量子效率和时间响应都不一样，我们无法在整个频谱里实现两个探测器的平衡，但可以在某个频率上平衡. 这需要平衡两个光电流的放大系数，即 $i_- = \lambda_1 i_1 - \lambda_2 i_2 \propto i_1 - \lambda i_2$. 这里，$\lambda \equiv \lambda_2/\lambda_1$ 是相对放大系数.

在某个频率上，每个探测器的电流涨落是与光场在那个频率上的光强涨落成正比的. 因此，我们可以调节 $\lambda$ 来消除本地光在那个频率上的光强涨落对电流差 $i_-$ 涨落的贡献. 具体的实验步骤如下.

首先，我们在本地光的光强上加某个频率为 $f_0$ 的调制 (一般用光电调制器即可)，以模拟本地光的光强涨落. 然后，我们将 $\lambda$ 先调为零. 这时，零拍探测是完全不平衡的，在光电流的频谱中在 $f_0$ 处会产生一个信号，如图 9.7(a) 所示. 这时，我们逐渐增加 $\lambda$ 并会看到在 $f_0$ 的调制信号变小，如图 9.7(b) 所示. 仔细调节 $\lambda$ 以使在 $f_0$ 的调制信号最小. 调制信号在 $\lambda = 0$ 时的值与最小值的比值就给出平衡的好坏. 一个好的平衡通常会使调制信号达到 30 dB 的减小.

① 这通常出现在探测器产自同一个生产过程中.

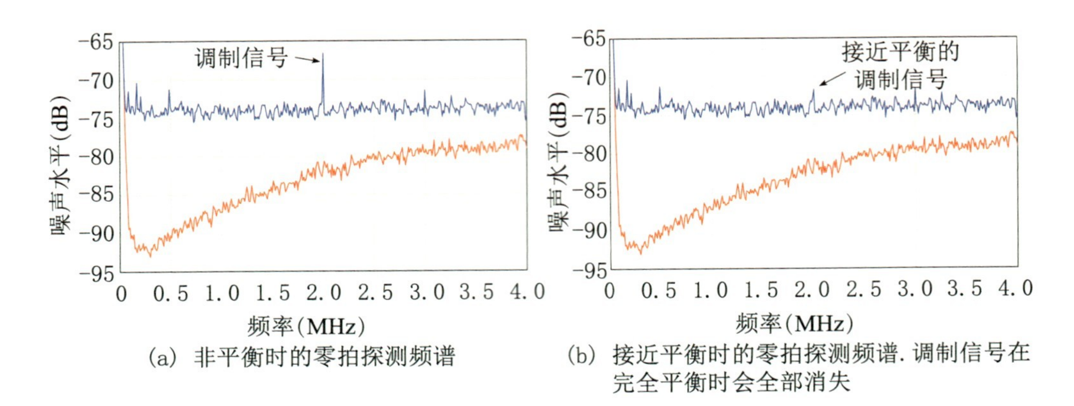


(a) 非平衡时的零拍探测频谱

(b) 接近平衡时的零拍探测频谱. 调制信号在完全平衡时会全部消失

图 9.7 平衡零拍探测的频谱

# 9.8 光强涨落和自零拍探测

在实验中光强涨落的测量实际上比零拍探测更常见. 光场的直接探测将测量光场的强度. 但是,正如我们将在本节中看到的,当所测量的光场的平均强度较高时,光强涨落的测量等价于对一个特定正交相位振幅的零拍探测,其中本地光就是光场自己的相干分量. 因此,这种情况也被称为自零拍探测.

事实上,我们在 3.4.3 小节讨论相干压缩态时已经遇到过这个问题:当我们选择压缩角 $\theta$,使得它与相干分量的相位角 $\varphi_\alpha$ 的关系为 $\theta=\pi+2\varphi_\alpha$ 时,我们得到振幅压缩态;当我们测量处于这种态的场的强度 (光子数) 时,我们得到光场强度量子涨落的减小 [见方程 (9.79)]. 振幅压缩态是一种特殊的正交相振幅压缩态. 在光场强度测量中,场的相干分量充当了一个特定正交相位振幅的本地光.

为了更清楚地了解相干分量在自零拍探测中的作用,让我们考虑一个具有很大相干分量的单模场:$\langle\hat{a}\rangle\equiv re^{i\varphi_0}$ 且 $r\gg1$. 定义场的涨落算符 $\Delta\hat{a}=\hat{a}-\langle\hat{a}\rangle$,我们得到

$$
\begin{aligned}
\hat{a}^\dagger\hat{a}&=|\langle\hat{a}\rangle|^2+\langle\hat{a}\rangle\Delta\hat{a}^\dagger+\langle\hat{a}\rangle^*\Delta\hat{a}+\Delta\hat{a}^\dagger\Delta\hat{a}\\
&\approx r^2+r\Delta\hat{X}(\varphi_0)
\end{aligned}
\tag{9.60}
$$

这里, 我们省略了小的二次场涨落项, 因为它的数量级通常为 1, 并远远小于 $r^2$. $\Delta\hat{X}(\varphi_0)\equiv\Delta\hat{a}e^{-i\varphi_0}+\Delta\hat{a}^\dagger e^{i\varphi_0}$. 将上述方程与方程 (9.22) 进行比较, 我们发现相干

部分 $\langle\hat{a}\rangle$ 与零拍探测的本地光振幅 $\mathcal{E}$ 的作用完全一样,并且正交相位角固定在相干分量的相位 $\varphi_0$ 上:$\langle\hat{a}\rangle = r\mathrm{e}^{\mathrm{i}\varphi_0}$. 特别地,如果相干分量 $\langle\hat{a}\rangle$ 是实数,那么强度测量总是对应于场的振幅 $\hat{X} = \hat{a} + \hat{a}^\dagger$ 的零拍探测.

上面的论证是针对单模情形. 对于多模式情况,让我们回到方程 (9.9)、方程 (9.14)、方程 (9.16) 以对光探测过程进行详尽的讨论:

$$\begin{aligned}\langle\Delta i(t)\Delta i(t+\tau)\rangle =& \langle\Delta i(t)\Delta i(t+\tau)\rangle_{\mathrm{SN}} + \langle\Delta i(t)\Delta i(t+\tau)\rangle_{\mathrm{ex}} \\ =& \int \mathrm{d}t'\mathrm{d}t''k(t-t')k(t+\tau-t'')\eta^2\big\langle{:}\Delta\hat{I}(t')\Delta\hat{I}(t''){:}\big\rangle \\ &+ \int \mathrm{d}t'k(t-t')k(t+\tau-t')\eta I_0\end{aligned} \tag{9.61}$$

与单模情况类似, 对于相干分量 $\langle\hat{E}\rangle \equiv r\mathrm{e}^{\mathrm{i}\varphi_0-\mathrm{i}\omega_0 t}$, 其涨落为 $\Delta\hat{E} \equiv \hat{E} - \langle\hat{E}\rangle$ ($\omega_0$ 为被测场的中心频率), 且 $r^2 \gg \langle\Delta^2\hat{E}\rangle$, 即相干分量远大于场的起伏. 于是, 我们得到 $\hat{E} = r\mathrm{e}^{\mathrm{i}\varphi_0-\mathrm{i}\omega_0 t} + \Delta\hat{E}$,并且可以对光强算符进行近似:

$$\begin{aligned}\hat{I}(t) \equiv \hat{E}^\dagger(t)\hat{E}(t) &= r^2 + r(\Delta\hat{E}^\dagger\mathrm{e}^{\mathrm{i}\varphi_0-\mathrm{i}\omega_0 t} + \Delta\hat{E}\mathrm{e}^{-\mathrm{i}\varphi_0+\mathrm{i}\omega_0 t}) + \Delta\hat{E}^\dagger\Delta\hat{E} \\ &\approx r^2 + r\Delta\hat{X}_{\varphi_0}(t)\end{aligned} \tag{9.62}$$

式中,$\Delta\hat{X}_{\varphi_0}(t) \equiv \Delta\hat{E}^\dagger\mathrm{e}^{\mathrm{i}\varphi_0-\mathrm{i}\omega_0 t} + \Delta\hat{E}\mathrm{e}^{-\mathrm{i}\varphi_0+\mathrm{i}\omega_0 t}$. 由于 $I_0 \equiv \langle\hat{I}(t)\rangle = r(r + \langle\Delta\hat{X}_{\varphi_0}(t)\rangle) \approx r^2$,我们便得到 $\Delta\hat{I}(t) \approx r\Delta\hat{X}_{\varphi_0}(t)$ 且方程 (9.61) 成为

$$\begin{aligned}\langle\Delta i(t)\Delta i(t+\tau)\rangle =& \eta^2 r^2 \int \mathrm{d}t'\mathrm{d}t''k(t-t')k(t+\tau-t'')\big\langle{:}\Delta\hat{X}_{\varphi_0}(t')\Delta\hat{X}_{\varphi_0}(t''){:}\big\rangle \\ &+ \eta r^2 \int \mathrm{d}t'k(t-t')k(t+\tau-t')\end{aligned} \tag{9.63}$$

与方程 (9.32) 相比,我们发现上面的等式与其具有完全相同的形式. 因此,当被测量的场具有较大的相干分量时,直接的光场强度起伏测量等效于被测量的场的一个特定正交相位振幅的零拍测量. 光场强度起伏测量因此有时被称为自零拍测量.

在 10.1.4 小节中,当讨论孪生光束的光强量子关联及其与 Einstein-Podolsky-Rosen 纠缠的关系时,我们将回到这个话题.

# 9.9 超快脉冲的探测

## 9.9.1 总体原则

非线性光学技术是产生光场量子态的有效方法之一. 增强非线性相互作用需要高功率的激光器做泵浦源. 由于超短脉冲激光具有很高的峰值功率,以其做泵浦源,有利于增强非线性相互作用. 常用的脉冲激光器是具有几百飞秒脉冲宽度和几十兆赫重复频率的锁模激光器. 用这些激光器产生的量子场也具有相似的时间分布. 例如,我们在 6.1.5 小节中讨论了脉冲光泵浦参量过程的情况,其中场的模式是时间模式. 在这一节中,我们将讨论这类光场的探测.

脉冲光场与连续光场的主要差别在于探测器响应带宽与光场带宽. 在连续情况下,光场带宽完全在探测器的响应带宽之内,因此,光电流频谱分析的方法提供了光场的光谱. 然而,在脉冲情况下,超短光脉冲对于探测器来说太快了,以至于光电流就是对光脉冲宽度的时间平均. 此外,由于锁模激光器的特性,超短脉冲以几十兆赫的重复频率重复(典型的钛宝石激光器为 80 MHz),并形成准连续场. 因此,光电流有下面这种形式:

$$i(t)=\sum_{n=-\infty}^{\infty}k(t-nT_{\mathrm{rep}})I_n \tag{9.64}$$

这里,$T_{\mathrm{rep}}$ 是相邻脉冲之间的时间,$k(t)$ 是探测器的响应函数,$I_n$ 是第 $n$ 个脉冲里的总光子数:

$$I_n\equiv\int \mathrm{d}\tau\langle\hat{E}^{\dagger}(\tau)\hat{E}(\tau)\rangle_n \tag{9.65}$$

$I_n$ 可能会由于光场强度起伏或调制而变化. 这种变化可能起源于经典起伏或量子涨落,调制通常是对脉冲进行编码的信号. 如果探测器的响应时间 $T_R$ 远长于脉冲间距 $T_{\mathrm{rep}}$,则可以将方程 (9.64) 近似为

$$i(t)\approx\int \mathrm{d}\tau k(t-\tau)I(\tau) \tag{9.66}$$

上式与连续情况的方程 (9.4) 相同. 方程 (9.64) 可以看作是方程 (9.4) 的离散形式. 我们可以使用频谱分析方法来测量光脉冲的涨落,就像连续情况一样.

如果 $T_R$ 与 $T_{\mathrm{rep}}$ 相当,则光电流的频谱分析将在激光重复频率及其谐波处产生极强的频率分量 (Slusher et al., 1987). 这些频率分量可以非常大,以至于随后的电子放大器会被其饱和. 因此,需要在光探测器之后马上对它们进行处理. 可以使用两种方法. 一

种是直接使用一个性能出色的低通滤波器 (> 100 dB) 来阻隔这些强频率分量；另一种是使用两个几乎相同的探测器，并对两个探测器的电流差进行平衡. 后一种方法常用于探测孪生光束的强度差测量和平衡零拍探测，其中本地光中的强调制在光电流差中被抵消. 我们将在这里先讨论脉冲场的平衡零拍探测.

### 9.9.2 脉冲光场的零拍探测

虽然在脉冲情况下滤掉激光重复频率及其谐波后的电流频谱分析与连续情况相同，但是还有一个更重要的问题不会在连续情况下出现，这就是时间模式匹配的问题. 我们已经在 9.6 节中看到空间模式失配如何导致探测效率下降. 对于时间模式匹配，效果是相同的，但这个问题只在脉冲情况下出现，因为方程 (9.65) 只有时间积分.

假设本地光是变换极限下的脉冲并有如下形式：

$$\mathcal{E}_{\mathrm{LO}}(t)=|\mathcal{E}|\mathrm{e}^{\mathrm{i}\varphi}\frac{1}{\sqrt{2\pi}}\int A_{\mathrm{LO}}(\omega)\mathrm{e}^{-\mathrm{i}\omega t}\mathrm{d}\omega \tag{9.67}$$

其中，$A_{\mathrm{LO}}(\omega)$ 满足归一化条件 $\int|A_{\mathrm{LO}}(\omega)|^2\mathrm{d}\omega=1$. $\varphi$ 是本地光场的相位，并且本地光场的振幅很大：$|\mathcal{E}|\gg 1$. 输出电流差算符类似于方程 (9.57) 中的连续情况，但由于方程 (9.65)，时间积分区域覆盖了整个脉冲. 因此，这种情况下的电流差算符具有如下形式：

$$\begin{aligned}\hat{i}_-(t)&=k(t)\int_{-\infty}^{\infty}\left[\mathcal{E}_{\mathrm{LO}}^*(\tau)\hat{E}_{\mathrm{in}}(\tau)+\mathrm{h.c.}\right]\mathrm{d}\tau\\&=k(t)|\mathcal{E}|\int\mathrm{d}\omega\left[A_{\mathrm{LO}}^*(\omega)\hat{a}_{\mathrm{in}}(\omega)\mathrm{e}^{-\mathrm{i}\varphi}+\mathrm{h.c.}\right]\end{aligned} \tag{9.68}$$

这里，输入场是由如下算符描述的量子场：

$$\hat{E}_{\mathrm{in}}=\frac{1}{\sqrt{2\pi}}\int\hat{a}_{\mathrm{in}}(\omega)\mathrm{e}^{-\mathrm{i}\omega t}\mathrm{d}\omega \tag{9.69}$$

这里，我们假设空间模式是匹配的，并只考虑场的时间部分，这就使我们可以对输入场进行准单色以及一维近似. 方程 (9.68) 仅描述单个脉冲的贡献，并且表明光电流的频谱特性主要由探测器响应函数 $k(t)$ 决定. 而光场的涨落则被乘在频谱分布的所有频率分量上. 根据对方程 (9.64) 的普遍表达式的解释，它表现为一个脉冲到下一个脉冲之间的变化. 因此，量子平均也应被理解为脉冲之间的平均.

脉冲输入场通常由一组被表征为 $\{\phi_j(\omega)\}$ 的正交归一时间模式函数来描述 (例如

6.1.5 小节中脉冲泵浦参量过程的场),这样,本地光场振幅谱函数 $A_{\mathrm{LO}}$ 可以被分解为

$$A_{\mathrm{LO}}(\omega)=\sum_{j}\xi_{j}\phi_{j}(\omega) \tag{9.70}$$

其中,系数 $\xi_j$ 为

$$\xi_{j}=|\xi_{j}|\mathrm{e}^{\mathrm{i}\theta_{j}}=\int A_{\mathrm{LO}}(\omega)\phi_{j}^{*}(\omega)\mathrm{d}\omega \tag{9.71}$$

式中,$\sum_{j}|\xi_{j}|^{2}=1$. 将方程 (9.70) 代入方程 (9.68),零拍探测的输出电流可以写为

$$\hat{i}_{-}(t)=k(t)|\mathcal{E}|\sum_{j}|\xi_{j}|\hat{X}_{j}(\theta_{j}+\varphi) \tag{9.72}$$

其中,$\hat{X}_{j}(\theta)$ 是第 $j$ 个模式的正交相位振幅算符并定义为

$$\hat{X}_{j}(\theta)=\hat{B}_{j}\mathrm{e}^{-\mathrm{i}\theta}+\hat{B}_{j}^{\dagger}\mathrm{e}^{\mathrm{i}\theta} \tag{9.73}$$

且

$$\hat{B}_{j}\equiv\int\mathrm{d}\omega\phi_{j}^{*}(\omega)\hat{a}_{\mathrm{in}}(\omega) \tag{9.74}$$

为最先在 6.1.5 小节里定义的第 $j$ 个时间模式 [由 $\phi_{j}(\omega)$ 表征] 的湮灭算符.

注意,所测量的正交相位振幅 $\hat{X}_{j}(\theta_{j}+\varphi)$ 的角度不仅取决于本地光相位 $\varphi$,还取决于 $\xi_j$ 的相位 $\theta_j$,对于不同的模式 $j$,$\theta_j$ 可能是不同的. 此外,$|\xi_{j}|^{2}$ 可被视为每个模式的模式匹配效率,而 $\theta_j$ 则等效于输入光场的不同的时间模式 $\hat{B}_{j}$ 的零拍探测相位.

### 9.9.3 时间模式匹配

首先,让我们考虑本地光场的时间模式与输入光场的某一个时间模式匹配的情况,即 $A_{\mathrm{LO}}(\omega)=\phi_{j_0}(\omega)$. 那么,由于 $\phi_{j}(\omega)$ 的正交归一性质,我们从方程 (9.71) 中便得到 $\xi_{j}=\delta_{j,j_0}$,方程 (9.72) 就变成

$$\hat{i}_{-}(t)=k(t)|\mathcal{E}|\hat{X}_{j_0}(\theta_{j_0}+\varphi) \tag{9.75}$$

噪声频谱则为

$$S_{-}(\omega)=S_{\mathrm{SN}}(\omega)\langle\Delta^{2}\hat{X}_{j_0}(\theta_{j_0}+\varphi)\rangle \tag{9.76}$$

其中，$S_{\mathrm{SN}}(\omega) = |k(\omega)\mathcal{E}|^2$ 是散粒噪声谱. 因此，零拍测量仅测量输入光场的时间模式 $j_0$ 的正交相位振幅. 其他模式没有贡献. 在这种情况下，本地光场充当了时间模式过滤器，仅挑选出光场的 $j_0$ 模式，并过滤掉所有其他模式.

接下来讨论更一般的情况，当本地光的时间模式与输入场的任何一个时间模式都不匹配时，零拍探测不只对一个特定时间模式响应，而是由来自具有不同零拍测量相位 $\theta_j$ 和不同模式匹配效率 $|\xi_j|^2$ 的所有时间模式的贡献的总和.

如果输入场处于单一模式，即只有一个时间模式被激发，比如 $j = 1$，而其余的处于真空中，则从方程 (9.72) 可获得噪声谱如下：

$$\begin{aligned} S_-(\omega) &= S_{\mathrm{SN}}(\omega)\left[|\xi_1|^2\langle\Delta^2\hat{X}_1(\theta_1+\varphi)\rangle + \sum_{j\neq 1}|\xi_j|^2\right] \\ &= S_{\mathrm{SN}}(\omega)\left[|\xi_1|^2\langle\Delta^2\hat{X}_1(\theta_1+\varphi)\rangle + 1 - |\xi_1|^2\right] \end{aligned} \tag{9.77}$$

在这里，我们使用了 $\sum\limits_j|\xi_j|^2 = 1$. 因此，模式失配 $|\xi_1|^2 < 1$ 的后果相当于 $1-|\xi_1|^2$ 的损耗或量子效率下降到 $|\xi_1|^2$. 这与 9.6 节中的空间模式失配的情况完全相同.

另外，如果像脉冲参量过程的情况那样，在输入场中存在多个模式的激发，则情况会变得复杂. 设想我们正在进行量子噪声压缩. 如果在不同模式之间没有关联存在，我们从方程 (9.72) 中获得

$$S_-(\omega) = S_{\mathrm{SN}}(\omega)\sum_j|\xi_j|^2\langle\Delta^2\hat{X}_j(\theta_j+\varphi)\rangle \tag{9.78}$$

如果相位角 $\{\theta_j\}$ 都相同，我们可以调整本地光的整体相位 $\varphi$，以实现所有模式的最小值. 在这种情况下，所有模式的增益是同步的，并且量子噪声在所有模式上被一起压缩. 但是，如果相位角 $\{\theta_j\}$ 不完全相同，则会出现最坏的情况：一个模式具有最佳压缩，而其他模式可能不是最佳压缩或有时甚至有噪声增加. 非压缩模的噪声随着增益或泵浦功率的增加而变大，这将最终导致整体无压缩. 在这种情况下，噪声压缩的效应将减小，这种减小不能用简单的损耗模型来解释. 在测量脉冲量子噪声压缩的实验中确实观察到了这种行为 (Guo et al., 2012, 2016b). 因此，时间模式匹配问题比空间模式匹配问题更为复杂，需要慎重处理.

## 习　题

**习题 9.1**　本地光的光强噪声和散粒噪声的测量.

证明:在理想的平衡零拍测量中,当信号端为真空入射时,无论本地光处于什么量子态,两个探测器的电流相减所测到的都是本地光的散粒噪声. 此外,两个探测器的电流相加所测到的总是本地光的光强噪声.

**习题 9.2** 振幅压缩态的自零拍测量.

振幅压缩态 $|\alpha,-re^{2i\varphi_\alpha}\rangle \equiv \hat{D}(\alpha)\hat{S}(-re^{2i\varphi_\alpha})|0\rangle$ (其中 $e^{i\varphi_\alpha}=\alpha/|\alpha|$) 已经在图 3.5(a) 中被描绘出来,它显示了噪声在光场的振幅中被压缩了. 这还可以通过在 9.8 节中对自零拍探测讨论的直接光强测量来证实.

(1) 假设 $|\alpha| \gg r$ 并利用方程 (3.82),计算 $\langle\hat{n}\rangle$,$\langle\hat{n}^2\rangle$.

(2) 证明直接的光强测量得出的 $\langle\Delta^2\hat{I}\rangle$ (其中 $\hat{I}\equiv\hat{n}=\hat{a}^\dagger\hat{a}$) 具有如下形式:

$$\begin{aligned}\langle\Delta^2\hat{I}\rangle &= \langle\Delta^2\hat{n}\rangle \\ &= |\alpha|^2(1-2e^{-r}\sinh r) \\ &= \langle\hat{I}\rangle e^{-2r}\end{aligned} \tag{9.79}$$

它表明光强涨落要小于散粒噪声 $\langle\Delta^2\hat{I}\rangle_{\mathrm{SN}}=\langle\hat{I}\rangle$. 在这里, 我们放弃了高阶项, 因为 $|\alpha|^2\gg r$.

注意,可以将方程 (9.79) 重写为

$$\langle\Delta^2\hat{n}\rangle=\langle\hat{n}\rangle(1-2e^{-r}\sinh r)=\langle\hat{n}\rangle e^{-2r}<\langle\hat{n}\rangle \tag{9.80}$$

这给出了亚泊松光子统计 (见 5.4 节).

# 第 10 章

# 零拍探测技术的应用:<br>连续变量的量子测量

物理学是一门测量科学. 在物理量的测量中,许多是以连续变量的形式进行的,它们具有连续的测量值. 例如,光场的振幅和相位至少在经典意义上是连续的. 在经典物理中,物理量具有明确的定义,原则上可以用任意精度进行测量,即使对于连续变量也是如此. 但是,在量子力学中,能量是量子化的. 例如,强度与量子化后的场的光子数直接相关,在测量时具有离散的值. 这种离散性最终将导致连续变量测量的不确定性. 这有点类似于电气工程中将模拟信号数字化时所产生的误差. 此外,我们通常利用光探测器通过将光转换成电信号来进行光场的测量. 正如我们在上一章中讨论的那样,光电流中散粒噪声的起源是由于光照射所产生的电子的离散性. 这与光场的量子化无关:即使在半经典的光探测理论中也存在散粒噪声.

此外,我们还从量子测量理论中知道,量子力学中的物理量遵从海森伯测不准原理,这似乎在原理上导致了测量的不精确性. 确实,在许多情况下,量子力学是造成测量误差的元凶,并给出了所谓的标准量子极限. 正如我们将在本章中看到的那样,量子力学还提供了一个强大的纠缠工具来解决测量不确定性的问题,并将固有的量子噪声降低到经典理论所不允许的某种程度. 之所以这样是因为量子纠缠可以引起比经典物理更高的关联,这已经通过违反经典物理的 Bell 不等式和 Cauchy-Schwarz 不等式得到了证明. 而这时,量子干涉的魔力就开始发挥作用. 它在消除相互关联的量子噪声中起到至关重要的作用,并且可以使得噪声减少,甚至可以用来降低前面所讲的光电流中的散粒噪声.

作为上一章讨论的零拍测量技术的应用,本章将讨论如何降低在测量具有连续值的物理量时产生的量子噪声. 主要侧重于量子噪声及其在光学干涉仪和量子放大中的降低. 对于在量子测量中的应用,我们将讨论如何使用零拍技术通过量子态层析成像法来完全地表征单模光场的量子态,之后再通过量子态隐形传态的方法来传输它.

## 10.1 量子噪声的压缩与关联

### 10.1.1 光强的量子噪声

通过第 5 章中对光探测理论的讨论以及第 9 章中光电流的直接计算,我们了解到,光探测过程中产生的光电流与光场强度直接相关. 实际上,可以在 (Ou et al., 1995) 中证明,光探测过程是如下光电流算符的量子测量过程:

$$\hat{i}(t)=\eta\int \mathrm{d}\tau k(t-\tau)\hat{E}^{\dagger}(\tau)\hat{E}(\tau) \tag{10.1}$$

其中,$\eta$ 为探测器的量子效率,$k(\tau)$ 为探测器的响应函数,并且对于一维准单色场我们有

$$\hat{E}(\tau)=\frac{1}{\sqrt{2\pi}}\int \mathrm{d}\omega\hat{a}(\omega)\mathrm{e}^{-\mathrm{i}\omega\tau} \tag{10.2}$$

因此,光电流与场的强度算符 $\hat{I}(t)=\hat{E}^{\dagger}(t)\hat{E}(t)$ 直接相关. 从方程 (9.14)、方程 (9.17) 中,我们得到光电流的涨落为

$$\begin{aligned}\langle\Delta i(t)\Delta i(t+\tau)\rangle =&\eta I_0\int \mathrm{d}t'k(t')k(t'+\tau)\\&+\eta^2 I_0^2\int \mathrm{d}t'\mathrm{d}t''k(t-t')k(t+\tau-t'')\end{aligned}$$

$$\times [g^{(2)}(t'-t'')-1] \quad (10.3)$$

这与下面的强度关联函数有关:

$$g^{(2)}(t'-t'') = \langle :\hat{I}(t')\hat{I}(t''): \rangle / I_0^2 \quad (10.4)$$

其中,“: :”代表正则排序操作.

从第 9.2 节的讨论中我们知道,方程 (10.3) 中的第一项是散粒噪声的贡献,其对探测到的场的任何态都存在,并且仅取决于平均强度;第二项取决于场的态并且与场的强度涨落有关. 它可能变为负值,并导致光电流的噪声低于散粒噪声水平. 为此,需要有 $g^{(2)}(t'-t'') < 1$,而反聚束光则满足此要求.

强度噪声压缩 (最早被称为振幅压缩) 是最早观察到的量子噪声降低效应之一 (Machida et al., 1987; Machida et al., 1988). 它与光子数压缩或亚泊松光 (Teich et al., 1988) 密切相关,并且是正交相位振幅压缩的特例,可以通过 9.8 节中讨论的自零拍探测来测量. 我们在习题 9.2 中已经提供了一个例子.

### 10.1.2 正交相位振幅的量子噪声及其降低:压缩态

我们首先在 3.4 的单模场中引入了压缩态的概念,之后又在 4.6.3 小节中的多频模式场和 6.1.5 小节中的多时间模式场中讨论过. 在实验上,零拍探测直接测量了光场的正交相位振幅 $X(t)$,因此它可用于测量压缩态的量子噪声减小. Slusher 等人 (1985) 首先在原子钠的近简并四波混频过程中产生了压缩态并观察到了噪声水平比散粒噪声水平低大约 0.3 dB. 不久之后,Wu 等人 (1986) 从阈值以下的光学参量振荡器 (OPO) 中获得了相对较高的压缩度. 这之后,由 OPO 产生的压缩态成为在各种应用中常见的光源. 如今,实验室已经可以通过 OPO 制备出超过 10 dB 的压缩 (Vahlbruch et al., 2016).

图 10.1 中显示了用于产生光场压缩态的典型装置的示意图. 在单一频率 $\omega_0$ 下工作的稳频激光器通过激光腔内或腔外增强技术 (见 6.3.2 小节) 将其倍频至 $2\omega_0$. 随着二次谐波场 $2\omega_0$ 的产生,我们可以用它来泵浦光学参量振荡器. OPO 由内部装有高效非线性晶体的光学腔组成. 光学腔对泵浦光束是透明的,因此泵浦仅一次性地通过 OPO 内的非线性晶体①. 来自原始激光器的辅助光束有多种用途. 第一个用途是使泵浦光的空

① 某些设计使用双共振方案,该方案将 OPO 腔锁定在泵浦光束的 $2\omega_0$ 处,然后调谐晶体的温度使谐振腔也在 $\omega_0$ 处共振 (Wu et al., 1986; Vahlbruch et al., 2016). 在这种情况下,将泵浦光与 OPO 腔的模式匹配很简单. 此设计通常在泵浦功率相对较低的情况下使用,但双共振也比单共振设计不稳定.

间模式与 OPO 腔的空间模式匹配. 由于泵浦光束并不与 OPO 腔谐振,我们必须使用泵浦模式匹配腔 (PC) 间接地完成模式匹配. 为了使 PC 腔与 OPO 腔匹配,我们反向使用 OPO 以从辅助光束产生 $2\omega_0$ 的光束. 该光束具有与 OPO 腔相同的空间模式,并且可以与 PC 腔模式匹配. 第二个用途是使 OPO 腔与 LO 场的空间模式匹配,以进行零拍探测. 辅助光束通过 OPO 腔透射过来的光束将可以达到此目的. 第三个用途是使用它将 OPO 腔锁定到 $\omega_0$. 这是通过将辅助光束的频率移动到腔的最近一个高阶空间模式的偏移频率上并将此频移的辅助光束锁定在这个高阶空间模式来实现的 [见方程 (2.61)]. 由于高阶的空间模式具有较大的偏离于 $\omega_0$ 的频移 (通常为 100 MHz),零拍探测将不会测量到它.

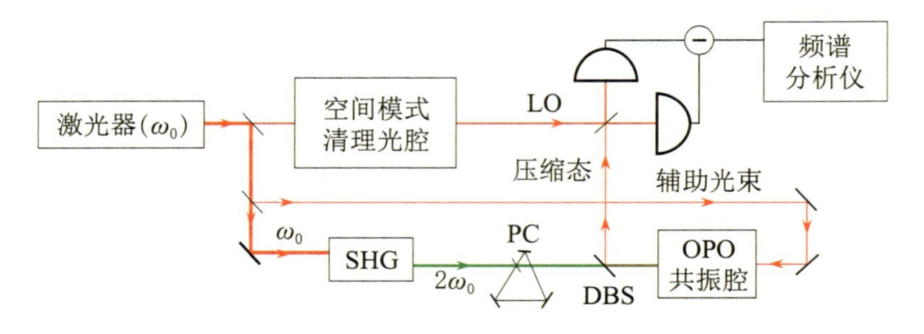


**图 10.1 用于产生光的压缩态的实验装置**

SHG:二次谐波产生;PC:泵浦场模式匹配腔;DBS:二向色分束器;LO:本地光场.

为了获得较好的压缩效果,我们必须为 OPO 的输出耦合器选择合适的透射率 $T$. 如果腔内损耗 (主要是由晶体吸收和表面反射所致) 为 $L$,则根据方程 (6.148),从 OPO 中得到的最佳压缩大约是真空噪声或散粒噪声水平的 $L/(T+L)$ 倍或以 dB 表示为 $10\log[L/(T+L)]$. 因此,我们希望能有一个较大的 $T$,但根据图 6.8,这将增加 OPO 的阈值并减少压缩量. 因此,必须根据可用的泵浦功率进行权衡.

对压缩态的探测可以利用平衡零拍探测方法完成,并通过电子频谱分析仪分析输出光电流以获得噪声水平. 用于零拍探测的本地光 (LO) 来自频率为 $\omega_0$ 的原始激光,其空间模式经过空间模式腔进行滤波整形.

图 10.2 中显示了一组典型结果,其中图 10.2(a) 显示了在扫描 LO 的相位时探测到的在对数坐标下的光电流噪声水平. 相位不敏感的 $\Psi_{01}$ 是通过简单地挡住来自 OPO 的光而获得的真空噪声水平. 在此图中,频谱分析仪的中心频率设置在会得到最大的压缩的频率 (通常为 1~2 MHz),且频率展宽设置为零. 在图 10.2(b) 中,我们绘制了从图 10.2(a) 获得的最大值 $\Psi_+$ 以及最小值 $\Psi_-$ 作为量子噪声增益 $G_q$ 的函数,该增益是通过

对图 10.2(a) 的最大值和最小值进行平均而从实验中获得的: $G_q=(\Psi_++\Psi_-)/2$. OPO 的理论在 6.3.4 小节和 9.5 节中介绍过. 理论上, $G_q=[(G_D+g_D)^2+(G_L+g_L)^2+(G_D-g_D)^2+(G_L-g_L)^2]/2=G_D^2+g_D^2+G_L^2+g_L^2$, 其中 $G_D,g_D,G_L,g_L$ 来自方程 (6.144). 图 10.2(b) 中的实线是 $\Psi_\pm=(G_D\pm g_D)^2+(G_L\pm g_L)^2$ 作为 $G_q$ 函数的理论曲线. 理论与实验之间很好地吻合支持我们对这个过程中物理的理解.

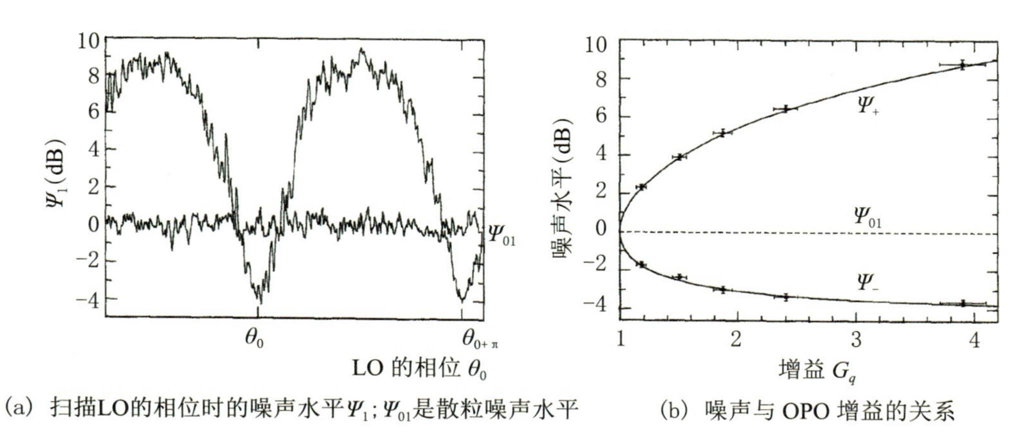


(a) 扫描LO的相位时的噪声水平 $\Psi_1$; $\Psi_{01}$ 是散粒噪声水平

(b) 噪声与 OPO 增益的关系

**图 10.2 从零拍探测中观察到的光电流噪声水平**

转载自 Ou 等 (1992a).

在 4.6.3 小节, 6.3.4 小节和 9.5 节的理论中, 计算很直接而且简单, 但似乎缺乏关于如何实现噪声降低的物理图像. 为了找到这一点, 让我们进一步看一下方程 (4.76), 其关联函数给出方程 (4.77) 和方程 (9.45), 方程 (9.46). 我们将其重写为

$$\hat{Y}(\Omega)=[\hat{a}(\omega_0+\Omega)-\hat{a}^\dagger(\omega_0-\Omega)]/\mathrm{i} \tag{10.5}$$

这里我们只对 $\hat{Y}(\Omega)$ 感兴趣, 因为它给出了 $S_Y(\Omega)$ 的噪声降低.

对于低于阈值的简并 OPO, 让我们重写在方程 (6.142) 中获得的输入输出关系为

$$\begin{aligned}\hat{a}_{\text{out}}(\omega_0+\Omega)&=G_D(\Omega)\hat{a}_{\text{in}}(\omega_0+\Omega)+g_D(\Omega)\hat{a}_{\text{in}}^\dagger(\omega_0-\Omega)\\ \hat{a}_{\text{out}}^\dagger(\omega_0-\Omega)&=G_D(\Omega)\hat{a}_{\text{in}}^\dagger(\omega_0-\Omega)+g_D(\Omega)\hat{a}_{\text{in}}(\omega_0+\Omega)\end{aligned} \tag{10.6}$$

在这里我们使用了 $G_D^*(-\Omega)=G_D(\Omega), g_D^*(-\Omega)=g_D(\Omega)$. 从关于 $G_D,g_D$ 的方程 (6.143) 中, 我们发现当接近阈值时, $G_D,g_D$ 变得非常大, 且 $G_D(\Omega)\approx g_D(\Omega)$. 于是, 从方程 (10.6) 中, 我们发现 $\hat{a}_{\text{out}}(\omega_0+\Omega)$ 和 $\hat{a}_{\text{out}}^\dagger(\omega_0-\Omega)$ 在这种情况下变得几乎相同. 由于方程 (10.6) 是量子的算符方程, 因此 $\hat{a}_{\text{out}}(\omega_0+\Omega)$ 和 $\hat{a}_{\text{out}}^\dagger(\omega_0-\Omega)$ 在它们的量子涨落上高度关联.

现在回到方程 (10.5) 以获取物理量 $\hat{Y}(\Omega)$,这是两个高度关联的量 $\hat{a}_{\text{out}}(\omega_0+\Omega)$ 与 $\hat{a}_{\text{out}}^{\dagger}(\omega_0-\Omega)$ 之差. 于是,$\hat{a}_{\text{out}}(\omega_0+\Omega)$ 和 $\hat{a}_{\text{out}}^{\dagger}(\omega_0-\Omega)$ 的量子涨落在 $\hat{Y}(\Omega)$ 里被抵消. 因此,$\hat{Y}(\Omega)$ 中的量子噪声降低是通过 OPO 中产生的 $\omega_0+\Omega$ 和 $\omega_0-\Omega$ 的频率分量之间的量子关联而引起的量子相消干涉的结果. 有趣的是,正如我们稍后将在 10.3.4 小节和 11.3 节中看到的那样,量子关联和相消干涉是量子放大器和 SU(1,1) 干涉仪中量子噪声消除的基本原理.

### 10.1.3 正交相位振幅的量子关联:EPR 纠缠态

在研究光的压缩态的量子噪声降低时,我们关注的是一个单模场的正交相位振幅中的量子涨落. 为了测量这一点,我们使用了一组零拍探测设备,正如我们在上一小节中证明的那样,两个关联的频率分量共同起作用,以得到这两个频率分量相关联的振幅之间的相消量子干涉. 那么,下一个问题就自然产生:我们可以直接观察到场的两个模式之间的这种量子关联吗? 为此,我们需要用两组零拍探测设备分别测量两个模式的正交相位振幅并比较结果.

从历史上看, 两个正交相位振幅连续变量之间的量子关联的首次观测是在证明爱因斯坦–波多尔斯基–罗森 (EPR) 悖论的背景下进行的,并证明了量子力学的非局域性. 1935 年,爱因斯坦、波多尔斯基和罗森 (Einstein et al., 1935) 提出了关于由两个粒子组成的系统的假想实验,其具有以下波函数:

$$\psi(x_1,x_2)=C\delta(x_1-x_2+x_0) \tag{10.7}$$

它在动量空间中也可以写为

$$\phi(p_1,p_2)=C'\delta(p_1+p_2) \tag{10.8}$$

这里,$C$,$C'$ 是归一化常数[1]. 这样,这两个粒子在空间上相隔 $x_0$ 的距离,但在位置和动量上都完全关联. 从他们的局域实在性的观点出发,EPR 得出了量子力学是不完备的结论,因为一个粒子的位置和动量这两个共轭变量可以通过对另一个粒子的关联测量在不干扰这个粒子的同时而被赋予确定的值. 这看上去与海森伯测不准原理相冲突. 后来,Bell 在 $x$-$p$ 相空间中将方程 (10.7)、方程 (10.8) 中的波函数扩展到如下的 Wigner 函数

[1] 波动函数中的 $\delta$ 函数使其无法归一化,因此我们使用 $C$,$C'(\sim 0)$.

(Bell, 1987):

$$\begin{aligned}W(x_1,x_2;p_1,p_2)=&\iint \mathrm{d}y_1\mathrm{d}y_2\mathrm{e}^{-\mathrm{i}(p_1y_1+p_2y_2)}\psi\left(x_1+\frac{y_1}{2},x_2+\frac{y_2}{2}\right)\\&\times\psi^*\left(x_1-\frac{y_1}{2},x_2-\frac{y_2}{2}\right)\\=&C''\delta(x_1-x_2+x_0)\delta(p_1+p_2)\end{aligned}\tag{10.9}$$

与方程 (10.7)、方程 (10.8) 中的两个波函数相比，这更直接地证明了位置和动量之间的完全关联.

1989 年，Reid(1989) 证明，非简并光学参量放大器 (NOPA) 的输出具有与 EPR 态相同的关联特性，不同之处在于两个粒子被 NOPA 的两个输出光场模式代表的虚拟谐振子所代替，而粒子的位置和动量被光学模式的正交相位振幅所代替. 考虑在 4.6 节中讨论的双模压缩态. 两个 NOPA 输出模式 $A,B$ 的正交相位振幅 $\hat{X}_A,\hat{Y}_A$ 和 $\hat{X}_B,\hat{Y}_B$ 在 4.6.2 小节中给出并由下式与输入模式 $a,b$ 联系起来:

$$\hat{X}_A-\hat{X}_B=(\hat{X}_a-\hat{X}_b)/(G+g),\quad \hat{Y}_A+\hat{Y}_B=(\hat{Y}_a+\hat{Y}_b)/(G+g)\tag{10.10}$$

在这里，为了简化讨论，$g$ 被认为是正数. 习题 10.3 将处理 $g$ 具有任意相位的情况. 这样，当增益 $G,g$ 变得非常大时，$\hat{X}_A-\hat{X}_B$ 和 $\hat{Y}_A+\hat{Y}_B$ 都变为零，或者 $\hat{X}_A=\hat{X}_B$ 以及 $\hat{Y}_A=-\hat{Y}_B$. 由于这些是算符等式，如果我们对 $\hat{X}_A,\hat{X}_B$ 或 $\hat{Y}_A,-\hat{Y}_B$ 进行测量，则它们的值将完全关联或反关联. 从第 3 章我们知道，正交相位振幅 $\hat{X},\hat{Y}$ 与描述单模光场的谐振子的位置和动量算符成比例，并且它们彼此共轭，满足对易关系 $[\hat{X},\hat{Y}]=\mathrm{i}$. NOPA 的两个输出模式显示出与 EPR 所描述的两个粒子相同的量子关联性.

为了与方程 (10.9) 进行比较，我们可以推导出 NOPA 两个输出模式的 Wigner 函数. 当 NOPA 的输入态为真空态时，即输入 Wigner 函数为 [方程 (3.174)]

$$W_{a,b}(x_1,y_1;x_2,y_2)=\left(\frac{1}{2\pi}\right)^2\exp\left[-\frac{x_1^2+y_1^2}{2}\right]\exp\left[-\frac{x_2^2+y_2^2}{2}\right]\tag{10.11}$$

我们可以根据方程 (10.10) 中给出的变换得到输出的 Wigner 函数如下 (见习题 10.1 中的另一个方法):

$$\begin{aligned}W_{A,B}(x_1,y_1;x_2,y_2)=&\frac{1}{4\pi^2}\exp\left\{-\frac{1}{4}\left[(x_1+x_2)^2+(y_1-y_2)^2\right]\mathrm{e}^{-r}\right.\\&\left.-\frac{1}{4}\left[(x_1-x_2)^2+(y_1+y_2)^2\right]\mathrm{e}^{r}\right\}\\\to&C'''\delta(x_1-x_2)\delta(y_1+y_2)\quad(r\to\infty)\end{aligned}\tag{10.12}$$

这里，$r$ 与振幅增益有关，即 $G=\cosh r$，而 $C'''$ 是一个归一化常数.

因此,在无限增益下,系统可以模仿具有 EPR 关联的两粒子系统. 但是我们知道无限增益是不切实际的,那么有限增益下会发生什么呢? 我们还能证明 EPR 悖论吗?

在有限增益下,量子关联性将不是完美的. 对于真空态下的 $a$,$b$,我们从方程 (10.10) 得到:

$$\langle\Delta^2(\hat{X}_A-\hat{X}_B)\rangle=2/(G+g)^2,\quad \langle\Delta^2(\hat{Y}_A+\hat{Y}_B)\rangle=2/(G+g)^2 \tag{10.13}$$

现在,我们仍然可以像 EPR 一样进行推论,即使用 $X_B$ 来推断 $X_A$ 的值,或者使用 $-Y_B$ 来推断 $Y_A$ 的值,但是这样的推断是不确定的,会有误差,误差为 $\Delta^2X_A^{\text{inf}}\equiv\langle\Delta^2(\hat{X}_A-\hat{X}_B)\rangle=2/(G+g)^2$ 和 $\Delta^2Y_A^{\text{inf}}\equiv\langle\Delta^2(\hat{Y}_A+\hat{Y}_B)\rangle=2/(G+g)^2$. 只要 $\Delta^2X_A^{\text{inf}}\Delta^2Y_A^{\text{inf}}=4/(G+g)^4<1$,推断的值就会违反海森伯测不准关系,而 EPR 悖论仍然成立.

条件 $4/(G+g)^4<1$ 对应于 $1/(G+g)^2<1/2$ 或 3 dB 的噪声压缩. 但是,Reid(1989) 建议通过分别使用物理量 $\lambda X_B$ 或 $-\lambda Y_B$ 来更好地推断 $X_A$ 和 $Y_A$ 的值. 于是推断误差由下式给出:

$$\Delta^2X_A^{\text{inf}}(\lambda)\equiv\langle\Delta^2(\hat{X}_A-\lambda\hat{X}_B)\rangle=(G^2+g^2)(1+\lambda^2)-4\lambda Gg \tag{10.14}$$

当 $\lambda=2Gg/(G^2+g^2)$ 时,它达到最小值 $1/(G^2+g^2)$. 与此类似,对于相同的 $\lambda$ 值,推断误差 $\Delta^2Y_A^{\text{inf}}(\lambda)\equiv\langle\Delta^2(\hat{Y}_A+\lambda\hat{Y}_B)\rangle$ 也达到最小值为 $1/(G^2+g^2)$. 因此,EPR 悖论的条件是 $G^2+g^2>1$ 或 $g^2>0$.

实际上,每个场都由多个频率模式组成. 由于腔内的空间模式是明确定义的,我们可以对每个场使用准单色近似的一维描述,其方式类似于 4.6.3 小节中的多频率模式压缩态,但是现在是描述两个场. 量子关联是在两个场频域中定义的正交相位振幅之间呈现,如方程 (4.75) 中所示. 我们可以继续用与上面相同的推理过程.

连续变量中的 EPR 悖论是由 Ou 等人 (1992b) 进行了第一个实验证明,实验装置如图 10.3 所示. EPR 关联场由低于阈值的非简并 OPO 产生. 其模型为在 6.3.4 小节中由方程 (6.135) 理论描述的非简并参量放大器. OPO 的非简并性是通过 $\chi^{(2)}$ 非线性过程的Ⅱ类位相匹配条件实现的,其中两个关联场具有相同的频率但偏振彼此正交. 因此,这两个场可以用偏振分束器分开 (图 10.3 中的 P),并导向两个分开的零拍探测器,用以测量 $X_A(\theta_1)$,$X_B(\theta_2)$. $\theta_1$,$\theta_2$ 分别由 $\text{LO}_1$ 和 $\text{LO}_2$ 的相位确定. 通过控制图 10.3 中的电子增益 $g$,我们可以优化方程 (10.14) 中的 $\lambda$ 参数. 实验结果如图 10.4 所示,其中 $\Delta^2_{\text{inf}}X$ 和 $\Delta^2_{\text{inf}}Y$ 的推断误差的测量结果以对数坐标表示. 这两个值都低于海森伯测不准关系所设定的极限值 1(0 dB),因此证明了 EPR 悖论.

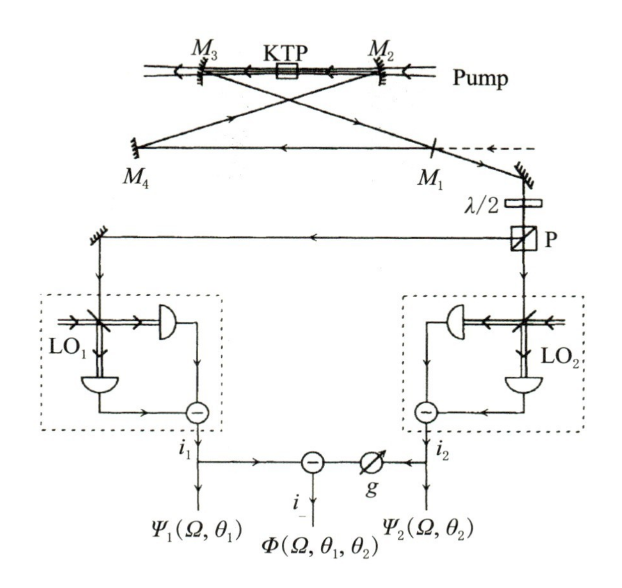


**图 10.3　用非简并的 OPO 证明 EPR 悖论的实验示意图**

转载自 Ou 等 (1992b).

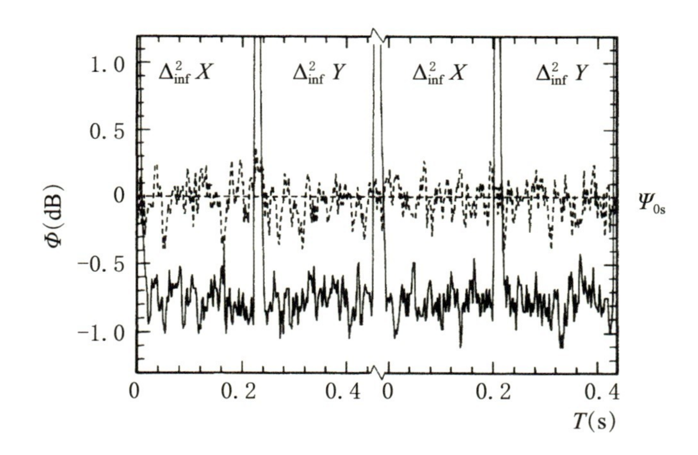


**图 10.4　演示连续变量的 EPR 悖论的实验结果**

$\Psi_{0s}$ 是每个光束的真空噪声,转载自 Ou 等 (1992b).

EPR 关联的场还提供了两个场量子纠缠的一个例子,它们无法用如下的可分离态的形式表示:

$$\hat{\rho}_{AB}^{\text{sep}} = \sum_j p_j \hat{\rho}_{Aj} \otimes \hat{\rho}_{Bj} \tag{10.15}$$

Duan 等人 (2000) 和 Simon(2000) 各自独立地得出了不可分离的量子态的必要和充分条件,当应用于此处的情况时,其形式为

$$\Delta_{\text{inf}}^2 X + \Delta_{\text{inf}}^2 Y < 2(1+\lambda^2) \tag{10.16}$$

Ou 等人的结果为 $(\Delta_{\text{inf}}^2 X + \Delta_{\text{inf}}^2 Y)/2(1+\lambda^2) = -2.8\ \text{dB} \approx 0.52$,显然满足方程 (10.16) 中的不可分离条件,这就证明了来自非简并 OPO 的两个场之间的量子纠缠.

## 10.1.4 强度间的量子关联:孪生光束

在 4.6.1 小节中,我们发现在双模压缩态下,两个模之间存在光子数的完全关联,根据我们在 6.3.4 小节中所知道的,它可以由无输入的参量放大器产生 (自发模式). 即使在参量放大器的增益很高时,这种光子数的完全关联仍然存在. 在本小节中,我们将探索此类关联的更多性质.

从历史上看,非经典强度关联首先由 Heidmann 等人 (1987) 用高于阈值的光学参量振荡器进行了演示. 他们测量了 OPO 的信号场和闲置场之间光强差的噪声,并观察到噪声水平比两个光强的散粒噪声低 30%,这表明这两个场的强度涨落具有量子关联.

对于从参量放大器输出的孪生光束,早期实验通常没有足够的增益,以至于在自发模式下输出的光强太低,无法产生显著的光电流,从而无法克服光电探测器中的暗电流以对 4.6.1 小节中展示的理想光子数关联的关系进行直接的确认. 因此,为了增加光强,Aytür 和 Kumar(1990) 将相干态作为参量放大器的输入而注入其中并从放大器中获得了两个明亮的输出,它们具有与在 4.6.1 小节中所讨论的孪生光束相似的光子数关联.

考虑一个光学参量放大器,其输入输出关系与方程 (4.59) 相同,并且有相干态 $|\alpha\rangle$ 输入到模式 $a$ 中:

$$\hat{A} = \hat{S}_{ab}^{\dagger}\hat{a}\hat{S}_{ab} = G\hat{a} + g\hat{b}^{\dagger}, \quad \hat{B} = G\hat{b} + g\hat{a}^{\dagger} \tag{10.17}$$

为了简化讨论,我们假设 $g>0$. 显而易见,在 $G^2-g^2=1$ 的情况下,$\hat{A}^{\dagger}\hat{A} - \hat{B}^{\dagger}\hat{B} = \hat{a}^{\dagger}\hat{a} - \hat{b}^{\dagger}\hat{b}$. 那么,两个输出的光子数差具有下面的涨落:

$$\langle \Delta^2(\hat{N}_A - \hat{N}_B)\rangle = \langle \Delta^2(\hat{N}_a - \hat{N}_b)\rangle_{|\alpha\rangle} = |\alpha|^2 \tag{10.18}$$

现在,让我们将该噪声水平与光子数和两个输出一样的两个相干场的噪声水平或散粒噪声进行比较. 这是一个公平的比较,因为处于相干态的两个场具有散粒噪声水平且

在量子力学上是完全不关联的. 实际上,我们可以证明 (见习题 10.2),对于两个经典场,我们总是有 $\langle\Delta^2(\hat{I}_A-\hat{I}_B)\rangle_{\mathrm{cl}}\geqslant\langle\Delta^2\hat{I}_A\rangle_{\mathrm{cs}}+\langle\Delta^2\hat{I}_B\rangle_{\mathrm{cs}}=\langle\hat{I}_A\rangle+\langle\hat{I}_B\rangle$. 在这里,下标“cs”表示相干态.

具有相干态输入的参量放大器的两个输出场的光子数在 $|\alpha|^2\gg1$ 时分别为 $\langle\hat{N}_A\rangle=G^2|\alpha|^2+g^2\approx G^2|\alpha|^2$,$\langle\hat{N}_B\rangle=g^2|\alpha|^2+g^2\approx g^2|\alpha|^2$. 因此,在两个输出的光强上,两个场的光子数之差的散粒噪声简单地成为

$$\begin{aligned}\langle\Delta^2(\hat{N}_A-\hat{N}_B)\rangle_{\mathrm{sn}}&=\langle\Delta^2\hat{N}_A\rangle_{\mathrm{sn}}+\langle\Delta^2\hat{N}_B\rangle_{\mathrm{sn}}\\&=\langle\hat{N}_A\rangle+\langle\hat{N}_B\rangle=(G^2+g^2)|\alpha|^2\end{aligned}\tag{10.19}$$

在此请注意，散粒噪声是通过将光子数统计作为泊松分布来获得的：$\langle\Delta^2\hat{N}_{A,B}\rangle_{\mathrm{sn}}=\langle\hat{N}_{A,B}\rangle$. 因此，与散粒噪声水平相比，两个输出场光子数之差的噪声水平降低了如下倍数：

$$R\equiv\frac{\langle\Delta^2(\hat{N}_A-\hat{N}_B)\rangle}{\langle\Delta^2(\hat{N}_A-\hat{N}_B)\rangle_{\mathrm{sn}}}=\frac{1}{G^2+g^2}\tag{10.20}$$

当增益为无穷大时,我们将达到 100%的减少. 这有点类似于前面所讨论的 EPR 关联,但是 $\langle\Delta^2(\hat{N}_A-\hat{N}_B)\rangle=|\alpha|^2\neq0$. 在这里,我们用两个光束的散粒噪声水平之和作为参考来考虑相对噪声水平.

在有限增益下,噪声的减少小于 100%. 与先前计算推断误差 $\Delta^2X_A^{\mathrm{inf}}$,$\Delta^2Y_A^{\mathrm{inf}}$ 类似,我们应该考虑 $\hat{N}_A-\lambda\hat{N}_B$,其噪声方差在 $|\alpha|^2\gg1$ 的近似下计算为

$$\langle\Delta^2(\hat{N}_A-\lambda\hat{N}_B)\rangle=[(G^2+g^2)(G^2+g^2\lambda^2)-4\lambda G^2g^2]|\alpha|^2\tag{10.21}$$

相应的散粒噪声水平为

$$\begin{aligned}\langle\Delta^2(\hat{N}_A-\lambda\hat{N}_B)\rangle_{\mathrm{sn}}&=\langle\Delta^2\hat{N}_A\rangle_{\mathrm{sn}}+\lambda^2\langle\Delta^2\hat{N}_B\rangle_{\mathrm{sn}}\\&=\langle\hat{N}_A\rangle+\lambda^2\langle\hat{N}_B\rangle=(G^2+\lambda^2g^2)|\alpha|^2\end{aligned}\tag{10.22}$$

因此,降噪系数为

$$\frac{\langle\Delta^2(\hat{N}_A-\lambda\hat{N}_B)\rangle}{\langle\Delta^2(\hat{N}_A-\lambda\hat{N}_B)\rangle_{\mathrm{sn}}}=\frac{(G^2+g^2)(G^2+g^2\lambda^2)-4\lambda G^2g^2}{G^2+\lambda^2g^2}\tag{10.23}$$

当 $\lambda=G/g$ 时,降噪系数达到如下的最小值:

$$\frac{\langle\Delta^2(\hat{N}_A-\lambda\hat{N}_B)\rangle}{\langle\Delta^2(\hat{N}_A-\lambda\hat{N}_B)\rangle_{\mathrm{sn}}}=(G-g)^2=\frac{1}{(G+g)^2}\tag{10.24}$$

在大增益时,它优于方程 (10.20) 中的值大约 3 dB.

在实验上，由于 Aytür 和 Kumar(1990) 的方案相对易于实施，因此它已成为测试在不同非线性介质中实现的参量放大器所产生的孪生光束的标准技术，其中包括常规的 $\chi^{(2)}$-材料，在原子蒸气中进行的四波混频 (McCormick et al., 2007) 和在光纤中进行的四波混频 (Guo et al., 2012). 典型的实验装置如图 10.5 所示，其中我们在光学参量放大器 (OPA) 的输入端口中注入相干信号. 除了被放大后的信号场外，还会产生与信号光束共轭的闲置光束. 信号和闲置光束被分别导向两个相同的探测器，并用电子谱分析仪测量光电流的差. 借助一个可移动的反射镜 (M) 和分束器 (BS)，我们使用一个辅助相干光束来测量等效于两个孪生光束所产生的总散粒噪声水平. 为了确保它们相等，我们将两个探测器的直流输出电平用作参考，并在孪生光束和辅助光束之间达到一致. 实验结果显示在图 10.6 中，其中曲线 (i) 是来自两个孪生光束的等效总散粒噪声水平；曲线 (ii) 是孪生光束强度差的噪声水平，它显示噪声降低超过了 5 dB；曲线 (iii) 是无光照射时的电子噪声.

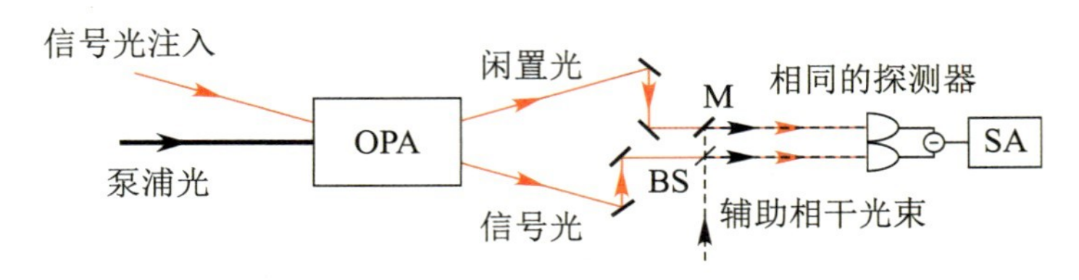


**图 10.5　用于观察孪生光束两个场之间光强关联的实验装置**

M：镜子；BS：分束器；SA：频谱分析仪.

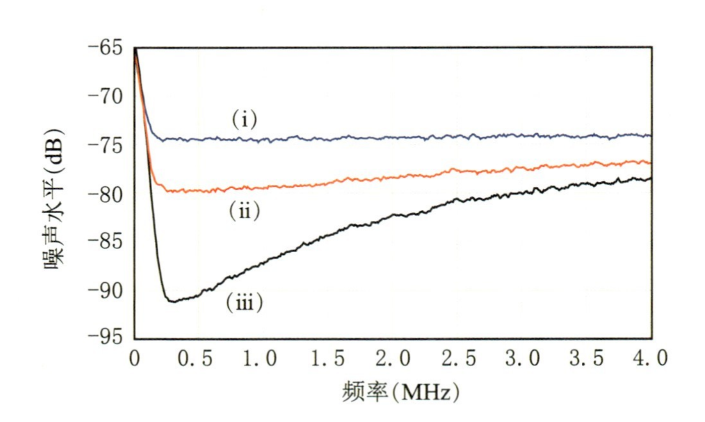


**图 10.6　光强差的谱**

(i) 两束光的总的散粒噪声水平；(ii) 孪生光束光强差的噪声水平；(iii) 电子噪声. (由贾俊提供)

有趣的是,上面讨论的强度关联是上一小节中讨论的 EPR 关联的特例. 正如我们在 9.8 节中讨论的那样,对于具有很强的实相干分量的场,强度涨落的测量基本上就是对于 $X$ 正交相位振幅的自零拍探测①. 因此,强度差的方差就等于 $\hat{X}_A - \hat{X}_B$ 的方差. 于是,得到强度差的噪声减小并不奇怪. 但是对 $Y$ 的测量对应于相位的测量,而我们在孪生光束的研究中并没有执行. 因此,在此我们无法通过方程 (10.16) 的不可分离标准来证明 EPR 悖论或 EPR 量子纠缠.

# 10.2 线性干涉仪中的量子噪声及其抑制

作为压缩态的实际应用,我们下面将研究线性干涉仪中的量子噪声,并找到如何在此设备中提高相位测量灵敏度的方法. 在第 11 章中,我们将更详细地在一个不只局限于线性干涉仪的更广泛的平台中讨论相位的精确测量.

## 10.2.1 马赫–曾德尔干涉仪的量子噪声分析

Caves(1981) 在其开创性文章中首先分析了线性干涉仪的量子噪声性能,该论文研究了使用迈克耳孙干涉仪作为探测引力波工具的灵敏度. 在那项研究中,他考虑了辐射压力对悬挂镜的影响. 但是为了简单起见,我们先将反射镜固定,以便可以忽略辐射压力的影响,而仅关注光的量子噪声对相位测量灵敏度的影响. 辐射压力的影响将在下一小节中讨论.

考虑图 10.7 中描述的马赫–曾德尔干涉仪. 假设两个分束器无损耗且为 50:50,即两臂平衡,与迈克耳孙干涉仪类似. 在 11.3.2 小节中,我们将讨论更普遍的非平衡情况.

这两个分束器由如下的输入输出关系描述:

$$\begin{aligned}
&\hat{A} = (\hat{a}_{\text{in}} + \hat{b}_{\text{in}})/\sqrt{2}, \quad \hat{B} = (\hat{b}_{\text{in}} - \hat{a}_{\text{in}})/\sqrt{2} \\
&\hat{a}_{\text{out}} = (\hat{A} - \hat{B}e^{i\varphi})/\sqrt{2}, \quad \hat{b}_{\text{out}} = (\hat{B}e^{i\varphi} + \hat{A})/\sqrt{2}
\end{aligned} \tag{10.25}$$

① 对于具有复相干分量的场的自零拍探测请参阅习题 10.3[方程 (10.112)].

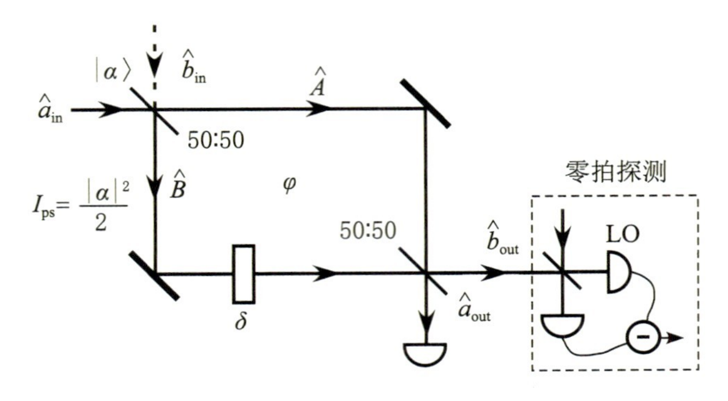


**图 10.7　通过零拍探测来测量小相移的马赫–曾德尔干涉仪**

$I_{\mathrm{ps}}$ 是相位感应场的光子数.

这里我们将干涉仪的整体相位差 $\varphi$ 只放在 $B$ 支路上. 干涉仪的输出如下:

$$\hat{a}_{\mathrm{out}} = t(\varphi)\hat{a}_{\mathrm{in}} + r(\varphi)\hat{b}_{\mathrm{in}}, \quad \hat{b}_{\mathrm{out}} = t(\varphi)\hat{b}_{\mathrm{in}} + r(\varphi)\hat{a}_{\mathrm{in}} \tag{10.26}$$

其中,$t(\varphi) = \mathrm{e}^{\mathrm{i}\varphi/2}\cos\varphi/2$; $r(\varphi) = -\mathrm{i}\mathrm{e}^{\mathrm{i}\varphi/2}\sin\varphi/2$. 因此,干涉仪实际上可视为一个分束器,其具有相位敏感的振幅透射率 $t(\varphi)$ 和反射率 $r(\varphi)$.

对于在 $\hat{a}_{\mathrm{in}}$ 输入的相干态 $|\alpha\rangle$ 和在 $\hat{b}_{\mathrm{in}}$ 输入的真空态,在干涉仪输出端口 $b$ 的输出光子数[①]可简单地表达为

$$I_b = \langle\hat{b}_{\mathrm{out}}^{\dagger}\hat{b}_{\mathrm{out}}\rangle = |\alpha|^2(1-\cos\varphi)/2 = I_{\mathrm{ps}}(1-\cos\varphi) \tag{10.27}$$

其中,$I_{\mathrm{ps}} \equiv \langle\hat{B}^{\dagger}\hat{B}\rangle = |\alpha|^2/2$ 是感应到相移的场 (相位感应场) 的光子数. 正如我们将在第 11 章证明的那样,相位感应场是决定相位测量精度的关键.

从方程 (10.27) 中我们看到,$\varphi$ 的微小变化 $\delta$ 将导致输出光子数的变化:

$$\delta I_b = I_{\mathrm{ps}}\delta\sin\varphi \tag{10.28}$$

这就是由相位变化 $\delta$ 而引起的信号. 由相位变化而导致的信号大小在 $\varphi = \pi/2$ 时为最大: $\delta I_b^{\mathrm{M}} = I_{\mathrm{ps}}\delta$. 对于干涉仪的噪声性能,我们可以在 $\varphi = \pi/2$ 处对相干态的输入计算输出的方差:

$$\Delta^2 I_b = \langle\hat{b}_{\mathrm{out}}^{\dagger}\hat{b}_{\mathrm{out}}\hat{b}_{\mathrm{out}}^{\dagger}\hat{b}_{\mathrm{out}}\rangle_{\pi/2} - \langle\hat{b}_{\mathrm{out}}^{\dagger}\hat{b}_{\mathrm{out}}\rangle_{\pi/2}^2 = |\alpha|^2/2 = I_{\mathrm{ps}} \tag{10.29}$$

因此,相位测量的信噪比为

$$\mathrm{SNR}_{\delta} = \frac{(\delta I_b)^2}{\Delta^2 I_b} = \frac{(I_{\mathrm{ps}}\delta)^2}{I_{\mathrm{ps}}} = I_{\mathrm{ps}}\delta^2 \tag{10.30}$$

① 对于该光场的单模描述,场强与光子数相差一个常数. 因此,我们将使用强度符号表示光子数.

实际上,另一个输出场 $a_{\text{out}}$ 也包含有关相位变化 $\delta$ 的信息. 通过利用联合测量 (两者相减) 将两个输出的信息相结合,我们可以将信噪比加倍:$\text{SNR}_{ab}=2I_{\text{ps}}\delta^2$. 其证明以及更多相关内容参见方程 (10.36) 和 11.3.2 小节.

由前述分析可知,最小可检测相移为 $\delta_{\text{m}}\propto 1/\sqrt{I_{\text{ps}}}$. 这就是所谓的相位测量的标准量子极限 (SQL),它以 $1/\sqrt{N_{\text{ps}}}$ 的关系依赖于相位感应光场的光子数 $N_{\text{ps}}=I_{\text{ps}}$.

从上面的推导中, 我们很难看出方程 (10.29) 中的噪声来自何处. 它似乎来自输入相干态的光子数起伏. 事实证明, 方程 (10.29) 甚至对没有光子数起伏的数态 ($|N\rangle$) 输入也成立. 噪声实际上源自干涉仪本身: 在 $\varphi=\pi/2$ 时, 干涉仪本质上就是具有 $|t(\pi/2)|=|r(\pi/2)|=1/\sqrt{2}$ 的 50:50 分束器,即使输入没有随机性,也会导致输出的随机性. 另一种思考的方式是,噪声的根源是分束器未使用端口的真空输入,这一点我们将在下面很快讲到.

从方程 (10.30) 可以看出,$I_{\text{ps}}$ 越大,灵敏度越好. 但是在输出端探测到的平均光子数为 $I_{\text{ps}}$,当输出端口的光子数增大一定程度后,将导致探测器饱和,因此在 $\varphi=\pi/2$ 的条件下工作是不切实际的. 避免此问题的方法是使干涉仪在暗条纹或 $\varphi=0$ 的条件下工作. 在这种情况下,方程 (10.28) 不成立,我们需要求高阶项并得到

$$\delta I_b=I_{\text{ps}}\delta^2/2 \tag{10.31}$$

由于干涉仪现在工作在暗条纹上,方程 (10.29) 将给出零噪声以及无限大的信噪比. 这显然是不对的. 在没有相移的情况下,输出为零,但在较小的相移下,输出变为方程 (10.31) 给出的值. 另外,探测器不能探测到少于一个光子的物理量. 因此,当 $\delta I_b=1$ 时,最小可探测的相移为 $\delta_{\text{m}}=1/\sqrt{I_{\text{ps}}/2}$. 这个结果类似于标准量子极限 SQL.

但是,对于低光照水平,探测器的暗电流将淹没 (一个光子) 信号. 因此,我们不能使用直接探测. 幸运的是,有一种可以克服暗电流的探测技术. 这就是我们在上一章中讨论的用于测量正交相位振幅的零拍探测方法 (见 9.3 节).

对于 $\varphi$ 的一个小的相移 $\delta$ 以及 $\alpha=\text{i}|\alpha|$,我们可以很容易得到

$$\begin{aligned}\langle\hat{X}^2_{b_{\text{out}}}\rangle&=\langle\hat{X}^2_{b_{\text{in}}}(\delta/2)\rangle\cos^2(\delta/2)+\langle\hat{Y}^2_{a_{\text{in}}}(\delta/2)\rangle\sin^2(\delta/2)\\&\approx 1+|\alpha|^2\delta^2\quad(\delta\ll 1,\ |\alpha|^2\gg 1)\end{aligned} \tag{10.32}$$

式中,$\hat{X}_b(\delta/2)=\hat{b}\text{e}^{\text{i}\delta/2}+\hat{b}^\dagger\text{e}^{-\text{i}\delta/2}$ 和 $\hat{Y}_a(\delta/2)=(\hat{a}\text{e}^{\text{i}\delta/2}-\hat{a}^\dagger\text{e}^{-\text{i}\delta/2})/\text{i}$ 是相应场的正交相位振幅. 显然,$\langle\hat{X}^2_{b_{\text{out}}}\rangle$ 中的 $|\alpha|^2\delta^2$ 对应于相位信号,而相位测量的噪声仅为方程 (10.32) 中的 1,即真空噪声. 因此,在线性干涉仪中测量 $\hat{X}$ 的信噪比为

$$\text{SNR}_X=|\alpha|^2\delta^2/1=2I_{\text{ps}}\delta^2 \tag{10.33}$$

这与方程 (10.30) 中得到的 $\text{SNR}_{ab}$ 一样. 当 $\text{SNR}_X = 1$ 时可得到标准量子极限 $\delta_{\text{SQL}} = 1/\sqrt{2N}$,其中 $N = I_{\text{ps}}$.

在我们的讨论中,相位变化 $\delta$ 只发生在一个臂上. 然而,这并不能给出相位测量的最佳 SNR,最佳信噪比可以通过光程非平衡的马赫–曾德尔干涉仪实现,我们将在 11.3.2 小节中讨论. 另外,如果另一个臂也受到大小相同但符号相反的相移,例如用于测量转动的 Sagnac 干涉仪和用于引力波检测的 Michelson 干涉仪 (见 10.2.3 小节) 中的情况,则平衡两个臂的光子数将获得最佳 SNR. 为了看到这一点,我们注意到总相移现在是 $2\delta$. 因此,我们可以简单地在方程 (10.33) 中用 $2\delta$ 替换 $\delta$,但由于是双臂感应相位,因此 $I_{\text{ps}} = 2 \times (|\alpha|^2/2) = |\alpha|^2$. 于是,我们获得 $\text{SNR}_X^{\text{dual}} = 4|\alpha|^2\delta^2 = 4I_{\text{ps}}\delta^2$,这是 11.3.2 小节中导出的最佳 SNR.

对方程 (10.32) 中的噪声项的起源进行仔细检查后发现,它来自未使用的输入端口 $\hat{b}_{\text{in}}$ 处的真空输入. 我们可以通过令 $\varphi = 0$ 得到的 $\hat{b}_{\text{out}} = \hat{b}_{\text{in}}$ 来证实这一点,其中 $\hat{b}_{\text{in}}$ 处于真空态下.

## 10.2.2 利用压缩态的亚散粒噪声干涉测量

知道了干涉仪中噪声的起源,我们可以使用量子噪声降低技术来减少它. Caves(1981) 最先建议将压缩真空态注入到干涉仪的未使用端口中. 从方程 (10.32) 可以很容易地看到,在未使用的输入端口 $b_{\text{in}}$ 处于压缩态而不是真空态的情况下,方程 (10.32) 变为

$$\langle \hat{X}^2_{b_{\text{out}}} \rangle_s = \mathrm{e}^{-2r} + |\alpha|^2\delta^2 \quad (|\alpha|^2 \gg 1, r) \tag{10.34}$$

在这里,我们选择压缩态的相位,以使 $\langle \hat{X}^2_{b_{\text{in}}}(\delta/2) \rangle$ 的最小值为 $\mathrm{e}^{-2r}$,其中压缩参数 $r > 0$ [见方程 (3.66)].

在压缩态产生之后不久,便进行了亚散粒噪声干涉测量的首次演示 (Xiao et al., 1987; Grangier et al., 1987). 接下来,我们仅讨论 Xiao 等人 (1987) 进行的实验.

与我们在上一小节中讨论的探测方案不同,Xiao 等人采用了一种自零拍探测的方案,如图 10.8 所示. $P_1$, $P_2$ 是两个电光调制器 (EOM),一个用于调整整体相位 $\varphi$,另一个用于引入相位信号 $\delta$. 输入端口 $\hat{E}_1$ 处于相干态 $|\alpha\rangle$,但另一个输入端口 $\hat{E}_s$ 可以处于真空态或来自 OPO 的压缩态. 在用频谱分析仪进行分析之前,两个输出均被探测并将

它们的光电流相减. 干涉仪和探测系统的组合类似于 9.7 节中讨论的平衡零拍探测, 不同之处在于, 50:50 的分束器被干涉仪代替了, 或如我们在前面一小节讲到的, 被一个与相位有关的分束器替代. 从方程 (10.26) 中的输入输出关系, 我们得到

$$\begin{aligned}\hat{I}_{-} \equiv &\hat{a}^{\dagger}_{\text{out}}\hat{a}_{\text{out}} - \hat{b}^{\dagger}_{\text{out}}\hat{b}_{\text{out}} \\ =&[|t(\varphi)|^2 - |r(\varphi)|^2](\hat{a}^{\dagger}_{\text{in}}\hat{a}_{\text{in}} - \hat{b}^{\dagger}_{\text{in}}\hat{b}_{\text{in}}) \\ &+ [t(\varphi)r^*(\varphi) - t^*(\varphi)r(\varphi)](\hat{a}_{\text{in}}\hat{b}^{\dagger}_{\text{in}} - \hat{a}^{\dagger}_{\text{in}}\hat{b}_{\text{in}})\end{aligned} \tag{10.35}$$

对于较小的相位变化 $\delta \ll 1$ 以及输入端口 $\hat{a}_{\text{in}}$(图 10.8中的 $\hat{E}_1$) 处于相干态 ($|\alpha\rangle$) 的情况, 我们得到相位信号为

$$\delta I_{-} = |\alpha|^2\delta\sin\varphi = 2I_{\text{ps}}\delta\sin\varphi \tag{10.36}$$

因此, 当 $\varphi = \pi/2$ 时, 我们得到的信号最大. 在上式中, 相位信号的大小是方程式 (10.28) 的两倍, 这是因为这里使用了两个探测器.

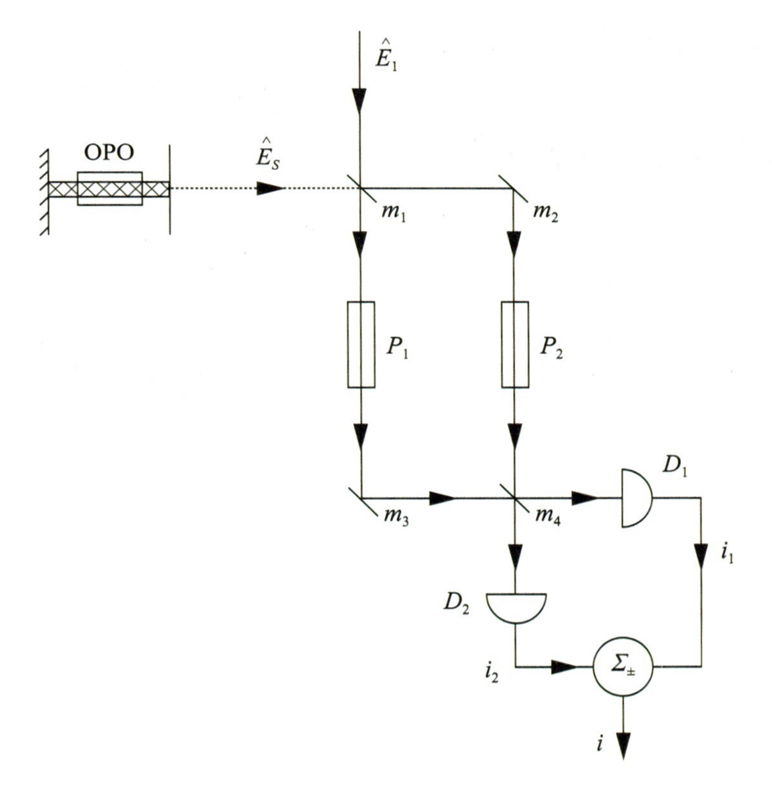


**图 10.8 用于相位测量的 Mach-Zehnder 干涉仪**

转载自 Xiao 等 (1987).

对于噪声,我们发现,当 $\varphi = \pi/2$ 时,我们有 $|t(\pi/2)| = |r(\pi/2)| = 1/\sqrt{2}$,即干涉仪成为一个 50:50 的分束器. 因此,其结果应该与平衡零拍探测方案相同:

$$\langle \Delta^2 \hat{I}_- \rangle = |\alpha|^2 \langle Y_{E_s}^2(\varphi_\alpha) \rangle = 2I_{\rm ps} \langle Y_{E_s}^2(\varphi_\alpha) \rangle \tag{10.37}$$

其中, 在图 10.8 中 $\hat{b}_{\rm in} = \hat{E}_s$, $\hat{Y}_{E_s}(\varphi_\alpha) = (\hat{b}_{\rm in} {\rm e}^{-{\rm i}\varphi_\alpha} - \hat{b}_{\rm in}^\dagger {\rm e}^{{\rm i}\varphi_\alpha})/{\rm i}$ 且 ${\rm e}^{{\rm i}\varphi_\alpha} = \alpha/|\alpha|$. 当 $\hat{E}_s$ 处于真空态时, $\langle Y_{E_s}^2(\varphi_\alpha) \rangle = 1$. 因此, 我们获得 $SNR = (\delta I_-)^2/\langle \Delta^2 \hat{I}_- \rangle = 2I_{\rm ps}\delta^2$ 和 $\delta_{\rm m} = 1\sqrt{2I_{\rm ps}}$, 即 SQL. 注意, 在这种情况下, $\langle \Delta^2 \hat{I}_- \rangle_v = |\alpha|^2 = 2I_{\rm ps}$ 即来自两个探测器的总的散粒噪声. 另外, 当 $\hat{E}_s$ 处于压缩态并且适当地选择 $\varphi_\alpha$ 时, 我们有 $\langle \Delta^2 \hat{I}_- \rangle_{\rm sq} = |\alpha|^2 {\rm e}^{-2r} = \langle \Delta^2 \hat{I}_- \rangle_v {\rm e}^{-2r}$,这样,噪声便被降低到散粒噪声水平之下.

图 10.9 显示了在分束器未使用的端口 $\hat{E}_s$ 处于真空态 [图 10.9(a)] 或处于压缩态 [图 10.9(b)] 时的相位信号和噪声大小. 请注意,对于压缩态输入,噪声比散粒噪声 (0 dB 的虚线) 低了约 3 dB,并且信噪比也提高了约 3 dB,从而实现了亚散粒噪声干涉测量.

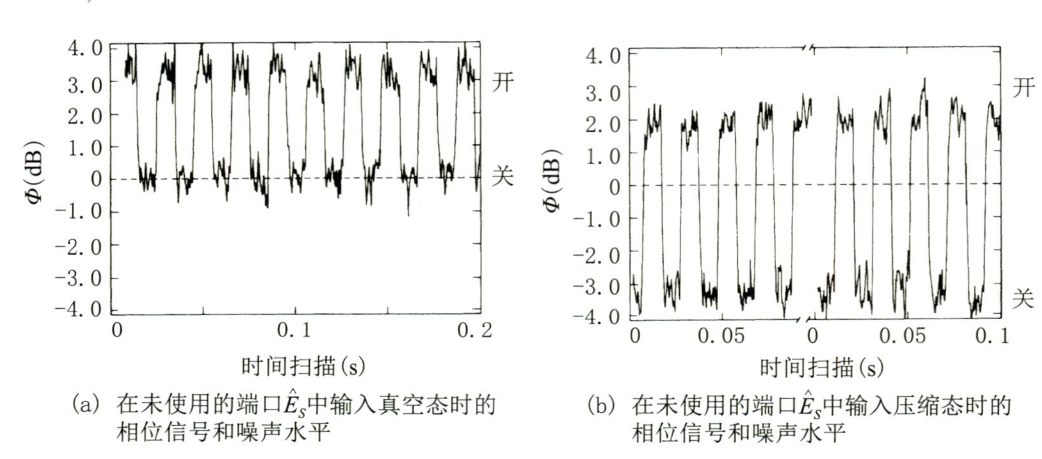


**图 10.9　在未使用的端口 $\hat{E}_s$ 中使用真空态或压缩态进行相位测量时的相位信号和噪声水平**

改编自 Xiao 等 (1987).

## 10.2.3　LIGO 的量子噪声分析

LIGO 是激光干涉引力波天文台的缩写. 它采用长基线迈克耳孙干涉仪来探测由引力波在其通过时在空间引起的畸变而得到的微小相位变化. 经过了四十多年的不懈努力,LIGO 终于在 2015 年 9 月 14 日发现了第一个信号 (Abbott, 2016),它是由两个黑洞合并产生的. LIGO 的工作原理是测量相移,因此它会同样受到前面各节中讨论的量子噪声的影响. 另外,由于光场在自由悬挂的反射镜上的光子数的随机性,还会产生辐射压力噪声①,这种噪声也是量子性质的. Caves(1981) 在其关于干涉仪中的量子噪声的开创性论文中,基于单模模型分析了这两种噪声源的影响. 在本小节中,我们将使用多频率模式的模型进行分析,以计算干涉仪的噪声频谱. 另外,与上一小节的分析不同,我们假设反射镜可以自由运动.

考虑具有两个自由悬挂的反射镜的迈克耳孙干涉仪,如图 10.10 所示. 一束强的相干激光从明亮端口 $\hat{E}_{\text{in}}^{\text{b}}$ 进入干涉仪,而在暗端口 $\hat{E}_{\text{in}}^{\text{d}}$ 处由真空输入. 假设空间模式在整个干涉仪中都匹配,我们可以用一维准单色近似 (见 2.3.5 小节) 来描述这些场:

$$\begin{aligned}\hat{E}_{\text{in}}^{\text{d}}(t) &= \frac{1}{\sqrt{2\pi}}\mathrm{e}^{-\mathrm{i}\omega_0 t}\int \mathrm{d}\Omega\hat{a}(\Omega)\mathrm{e}^{-\mathrm{i}\Omega t}\\ \hat{E}_{\text{in}}^{\text{b}}(t) &= \mathrm{e}^{-\mathrm{i}\omega_0 t}\left[E_0 + \frac{1}{\sqrt{2\pi}}\int \mathrm{d}\Omega\hat{b}(\Omega)\mathrm{e}^{-\mathrm{i}\Omega t}\right]\end{aligned} \tag{10.38}$$

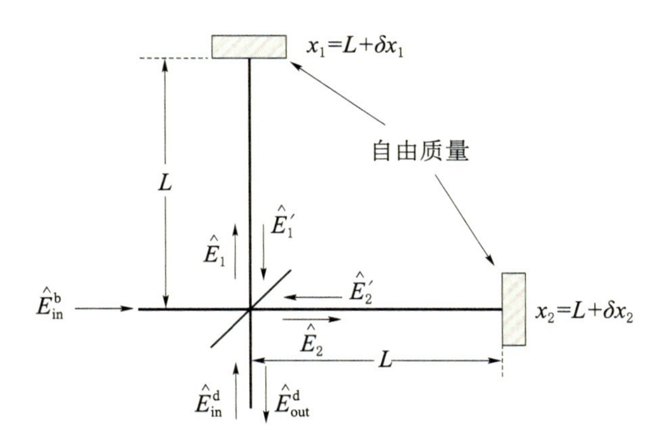


**图 10.10　用于引力波探测并带有两个自由悬挂的反射镜的迈克耳孙干涉仪**

在这里, 我们将强相干激光视为常数 $E_0$, 并将零频率移到强激光的中心频率 $\omega_0$. 在 50:50 分束器之后的场为

$$\hat{E}_1 = [\hat{E}_{\text{in}}^{\text{b}}(t) + \hat{E}_{\text{in}}^{\text{d}}(t)]/\sqrt{2},\quad \hat{E}_2 = [\hat{E}_{\text{in}}^{\text{d}}(t) - \hat{E}_{\text{in}}^{\text{b}}(t)]/\sqrt{2} \tag{10.39}$$

在它们被反射镜反射回来并在分束器中重新组合之后,输出场为

$$\hat{E}_{\text{out}}^{\text{d}} = [\hat{E}_1'(t) + \hat{E}_2'(t)]/\sqrt{2},\quad \hat{E}_{\text{out}}^{\text{b}} = [\hat{E}_2'(t) - \hat{E}_1'(t)]/\sqrt{2} \tag{10.40}$$

① 反射镜的自由悬挂是出于隔离地面震动的考虑.

这里，$\hat{E}'_j(t)=\hat{E}_j(t-2\hat{x}_j(t-L/c)/c)$，其中 $\hat{x}_j(t-L/c)$ 是两个自由悬挂的反射镜的位置算符. 这个表达式包含传播延迟，且 $L$ 是每个分支的长度，这里我们假设它们的长度是平衡的. 将方程 (10.38)、方程 (10.39) 代入方程 (10.40)，我们得到

$$\begin{aligned}\hat{E}_{\text{out}}^{\text{d}}&=\mathrm{e}^{-\mathrm{i}\omega_0[t-2\hat{x}_1(t-L/c)/c]}E_0/2-\mathrm{e}^{-\mathrm{i}\omega_0[t-2\hat{x}_2(t-L/c)/c]}E_0/2+\Delta\hat{E}(t)\\&\approx\mathrm{e}^{-\mathrm{i}\omega_0(t-2L/c)}(\mathrm{i}\omega_0/c)\Delta\hat{x}(t-L/c)E_0+\Delta\hat{E}(t)\end{aligned}\tag{10.41}$$

这里，$\Delta\hat{x}\equiv\delta\hat{x}_1-\delta\hat{x}_2$ 而 $\delta\hat{x}_j=\hat{x}_j-L(j=1,2)$ 是两个反射镜的相对位移，并且我们做了近似 $\mathrm{e}^{-\mathrm{i}2\omega_0\delta\hat{x}_j/c}\approx1-\mathrm{i}2\omega_0\delta\hat{x}_j/c$，其中

$$\Delta\hat{E}(t)=\frac{\mathrm{e}^{-\mathrm{i}\omega_0(t-2L/c)}}{\sqrt{2\pi}}\int\mathrm{d}\Omega\hat{a}(\Omega)\mathrm{e}^{-\mathrm{i}\Omega(t-2L/c)}\tag{10.42}$$

当引力波通过时，波的性质是在一个方向上拉伸空间并在正交方向上压缩它. 因此，将扰动 $h_{\text{GW}}(t)/2$ 或 $-h_{\text{GW}}(t)/2$ 分别添加到 $\hat{x}_1$ 或 $\hat{x}_2$ 中：$\delta\hat{x}_1=h_{\text{GW}}(t)/2+\hat{x}_1(t)-L$，$\delta\hat{x}_2=-h_{\text{GW}}(t)/2+\hat{x}_2(t)-L$. 自由悬挂的镜子可反射光场，因此它们的运动受到辐射压力的作用：

$$M\frac{\mathrm{d}^2\hat{x}_j(t)}{\mathrm{d}t^2}=\hat{F}_{\text{ph}}^{(j)}(t)\tag{10.43}$$

其中

$$\begin{aligned}\hat{F}_{\text{ph}}^{(j)}(t)=&\kappa\hat{E}_j^\dagger(t-L/c)\hat{E}_j(t-L/c)\\=&\frac{\kappa}{2}\left\{E_0^*+\frac{1}{\sqrt{2\pi}}\int\mathrm{d}\Omega[\hat{b}^\dagger(\Omega)\pm\hat{a}^\dagger(\Omega)]\mathrm{e}^{\mathrm{i}\Omega(t-L/c)}\right\}\\&\times\left\{E_0+\frac{1}{\sqrt{2\pi}}\int\mathrm{d}\Omega'[\hat{b}(\Omega')\pm\hat{a}(\Omega')]\mathrm{e}^{-\mathrm{i}\Omega'(t-L/c)}\right\}\\\approx&\frac{\kappa|E_0|^2}{2}+\frac{\kappa}{2}\left\{E_0^*\int\mathrm{d}\Omega[\hat{b}(\Omega)\pm\hat{a}(\Omega)]\frac{\mathrm{e}^{-\mathrm{i}\Omega(t-L/c)}}{\sqrt{2\pi}}+\text{h.c.}\right\}\end{aligned}\tag{10.44}$$

在这里，对于一维近似的场，我们从 2.3.5 小节知道 $|E|^2=R$ 是输入光子的通量. 这样，反射镜上的辐射力为 $F=2\hbar k_0R=2\hbar k_0|E|^2$，因此 $\kappa=2\hbar\omega_0/c$. 利用以下公式并在频域中求解方程 (10.43)：

$$\begin{aligned}&\hat{x}_j(t)=\frac{1}{\sqrt{2\pi}}\int\mathrm{d}\Omega\hat{x}_j(\Omega)\mathrm{e}^{-\mathrm{i}\Omega t}\quad h_{\text{GW}}(t)\frac{1}{\sqrt{2\pi}}\int\mathrm{d}\Omega h_{\text{GW}}(\Omega)\mathrm{e}^{-\mathrm{i}\Omega t}\\&\hat{F}_{\text{ph}}^{(j)}(t)=\frac{1}{\sqrt{2\pi}}\int\mathrm{d}\Omega\hat{F}_{\text{ph}}^{(j)}(\Omega)\mathrm{e}^{-\mathrm{i}\Omega t}\quad(j=1,2)\end{aligned}\tag{10.45}$$

我们得到

$$-M\Omega^2\hat{x}_j(\Omega)=\hat{F}_{\text{ph}}^{(j)}(\Omega)\quad(j=1,2)\tag{10.46}$$

其中

$$\hat{F}_{\rm ph}^{(j)}(\Omega)=\frac{\kappa}{2}\left\{E_0[\hat{b}^\dagger(-\Omega)\pm\hat{a}^\dagger(-\Omega)]+E_0^*[\hat{b}(\Omega)\pm\hat{a}(\Omega)]\right\}{\rm e}^{{\rm i}\Omega L/c} \tag{10.47}$$

式中,$j=1\to+$ 且 $j=2\to-$. 因此

$$\begin{aligned}(\delta\hat{x}_1-\delta\hat{x}_2)(\Omega)&=-\frac{1}{M\Omega^2}[\hat{F}_{\rm ph}^{(1)}(\Omega)-\hat{F}_{\rm ph}^{(2)}(\Omega)]+h_{\rm GW}\\&=h_{\rm GW}-\frac{\kappa}{M\Omega^2}[E_0\hat{a}^\dagger(-\Omega)+E_0^*\hat{a}(\Omega)]{\rm e}^{{\rm i}\Omega L/c}\end{aligned} \tag{10.48}$$

将以上结果代入方程 (10.41) 并使用方程 (10.45),我们得到

$$\begin{aligned}\hat{E}_{\rm out}^{\rm d}(t)=&\frac{{\rm e}^{-{\rm i}\omega_0(t-2L/c)}}{\sqrt{2\pi}}\int{\rm d}\Omega\ {\rm e}^{-{\rm i}\Omega t}\left\{\frac{\kappa E_0\omega_0}{{\rm i}M\Omega^2c}\big[E_0\hat{a}^\dagger(-\Omega)+E_0^*\hat{a}(\Omega)\big]{\rm e}^{2{\rm i}\Omega L/c}\right.\\&\left.+\hat{a}(\Omega){\rm e}^{2{\rm i}\Omega L/c}+({\rm i}\omega_0/c)E_0h_{\rm GW}(\Omega){\rm e}^{{\rm i}\Omega L/c}\right\}\end{aligned} \tag{10.49}$$

将 $\hat{E}_{\rm out}^{\rm d}(t)$ 如方程 (10.38) 那样写成一维近似的形式,我们得到

$$\hat{E}_{\rm out}^{\rm d}(t)=\frac{{\rm e}^{-{\rm i}\omega_0(t-2L/c)}}{\sqrt{2\pi}}\int{\rm d}\Omega\hat{A}(\Omega){\rm e}^{-{\rm i}\Omega(t-2L/c)} \tag{10.50}$$

其中

$$\begin{aligned}\hat{A}(\Omega)\equiv&\hat{a}(\Omega)+\frac{\kappa E_0\omega_0}{{\rm i}M\Omega^2c}\big[E_0\hat{a}^\dagger(-\Omega)+E_0^*\hat{a}(\Omega)\big]\\&+({\rm i}\omega_0/c)E_0h_{\rm GW}(\Omega){\rm e}^{-{\rm i}\Omega L/c}\end{aligned} \tag{10.51}$$

使用输入场 $E_0=|E_0|{\rm e}^{{\rm i}\varphi_0}$ 作为 LO 进行输出场的零拍探测,并利用第 9 章定义的零拍探测算符 $\hat{X}_{\rm out}(\Omega)\equiv\hat{A}(\Omega){\rm e}^{-{\rm i}\varphi_0}+\hat{A}^\dagger(-\Omega){\rm e}^{{\rm i}\varphi_0}$ 和 $\hat{Y}_{\rm out}(\Omega)\equiv[\hat{A}(\Omega){\rm e}^{-{\rm i}\varphi_0}-\hat{A}^\dagger(-\Omega){\rm e}^{{\rm i}\varphi_0}]/{\rm i}$,我们得到干涉仪的输入输出关系:

$$\begin{aligned}&\hat{X}_{\rm out}(\Omega)=\hat{X}_{\rm in}(\Omega)\\&\hat{Y}_{\rm out}(\Omega)=\hat{Y}_{\rm in}(\Omega)-\mathcal{K}\hat{X}_{\rm in}(\Omega)+\mathcal{M}\delta h_{\rm GW}(\Omega){\rm e}^{-{\rm i}\Omega L/c}\end{aligned} \tag{10.52}$$

在推导中我们使用了 $h_{\rm GW}^*(-\Omega)=h_{\rm GW}(\Omega)$ 和 $\delta h_{\rm GW}\equiv h_{\rm GW}/L$,以及

$$\mathcal{K}\equiv\frac{2\kappa|E_0|^2\omega_0}{M\Omega^2c},\quad\mathcal{M}\equiv2|E_0|\omega_0L/c \tag{10.53}$$

其中,$\mathcal{K}$ 是光机械耦合常数,它通过辐射压力将光场与反射镜的运动进行耦合. 取输入激光的功率为 $P_0=\hbar\omega_0R_{\rm in}=\hbar\omega_0|E_0|^2$,我们可以将方程 (10.53) 重写为

$$\mathcal{K}=\frac{4P_0\omega_0}{M\Omega^2c^2},\quad\mathcal{M}=2L\sqrt{\frac{P_0\omega_0}{\hbar c^2}}\equiv\frac{\sqrt{4\mathcal{K}}}{h_{\rm SQL}} \tag{10.54}$$

其中

$$h_{\mathrm{SQL}} \equiv \sqrt{\frac{4\hbar}{M\Omega^2L^2}} = \sqrt{\frac{2\hbar}{M_\mu\Omega^2L^2}} \tag{10.55}$$

式中,$M_\mu = M/2$ 是两个自由质量的约化质量. 这就是测量自由质量 $M_\mu$ 的位置的标准量子极限 (Braginsky et al., 1992). 利用这些符号,方程 (10.52) 可写成形式:

$$\begin{aligned}\hat{X}_{\mathrm{out}}(\Omega) &= \hat{X}_{\mathrm{in}}(\Omega)\\ \hat{Y}_{\mathrm{out}}(\Omega) &= \hat{Y}_{\mathrm{in}}(\Omega) - \mathcal{K}\hat{X}_{\mathrm{in}}(\Omega) + \sqrt{4\mathcal{K}}\frac{\delta h_{\mathrm{GW}}(\Omega)}{h_{\mathrm{SQL}}}\mathrm{e}^{-\mathrm{i}\Omega L/c}\end{aligned} \tag{10.56}$$

从第 9.5 节中,可以发现零拍探测中测得的光谱由下式给出:

$$S_{\mathrm{HD}}(\Omega) = S_{\mathrm{SN}}(\Omega)S(\Omega) \tag{10.57}$$

其中,光谱密度 $S(\Omega)$ 由下式来定义:

$$\langle\hat{Y}_{\mathrm{out}}(\Omega)\hat{Y}^\dagger_{\mathrm{out}}(\Omega')\rangle = S(\Omega)\delta(\Omega-\Omega') \tag{10.58}$$

对于真空输入,我们有 $\langle\hat{Y}_{\mathrm{in}}(\Omega)\hat{Y}^\dagger_{\mathrm{in}}(\Omega')\rangle = \langle\hat{X}_{\mathrm{in}}(\Omega)\hat{X}^\dagger_{\mathrm{in}}(\Omega')\rangle = \delta(\Omega-\Omega')$. 利用单边光谱密度来表征引力波应变谱,可得①

$$\langle\delta h_{\mathrm{GW}}(\Omega)\delta h^*_{\mathrm{GW}}(\Omega')\rangle = \frac{1}{2}S_{\mathrm{GW}}(\Omega)\delta(\Omega-\Omega') \tag{10.59}$$

由上述内容,可知实测光谱为

$$S(\Omega) = 1 + \mathcal{K}^2 + 2\mathcal{K}S_{\mathrm{GW}}(\Omega)/h^2_{\mathrm{SQL}} \tag{10.60}$$

显然,最后一项是信号,而前两项是量子噪声贡献,在这两项相等时我们得到最小可探测的引力波信号为

$$S_{\mathrm{GW}}(\Omega) = h^2_{\mathrm{SQL}}\frac{1+\mathcal{K}^2}{2\mathcal{K}} = \frac{h^2_{\mathrm{SQL}}}{2}\left(\frac{1}{\mathcal{K}}+\mathcal{K}\right) \tag{10.61}$$

当 $\mathcal{K}=1$ 或 $P_0^{\mathrm{SQL}} = M\Omega^2c^2/(4\omega_0)$ 时,其最小值为 $h^2_{\mathrm{SQL}}$.

为了更好地理解方程 (10.61) 中量子噪声频谱的物理含义,我们可以将方程 (10.56) 中的第二个表达式重新排列为

$$\hat{Y}_{\mathrm{out}}(\Omega) = \sqrt{4\mathcal{K}}\frac{\delta h_{\mathrm{GW}}(\Omega)+\hat{h}_n}{h_{\mathrm{SQL}}}\mathrm{e}^{-\mathrm{i}\Omega L/c} \tag{10.62}$$

① 方程 (10.58) 定义了双边光谱密度,因此在此定义中取其一半.

式中,我们定义了一个量子噪声算符

$$\hat{h}_n \equiv \frac{h_{\text{SQL}}}{\sqrt{2}} \mathrm{e}^{\mathrm{i}\Omega L/c} \frac{\hat{Y}_{\text{in}}(\Omega) - \mathcal{K}\hat{X}_{\text{in}}(\Omega)}{\sqrt{2\mathcal{K}}}$$
$$\propto \frac{1}{\sqrt{P_0}} \hat{Y}_{\text{in}}(\Omega) - \frac{\sqrt{P_0}}{P_0^m} \hat{X}_{\text{in}}(\Omega) \tag{10.63}$$

其单侧谱密度就是引力波探测的量子极限. 事实上,我们得到 $S_{h_n}(\Omega) = S_{\text{GW}}(\Omega)$. 方程 (10.63) 第二行中的表达式可帮助我们识别量子噪声的来源. 第一项与 $\sqrt{N}$ 成反比,其中 $N$ 为光子数. 这就是由光子探测中的散粒噪声引起的相位测量的标准量子极限. 对于相干态,第二项与 $\sqrt{N}$ 或 $\langle \Delta^2 N \rangle$ 成正比,因此是由光子数涨落引起的辐射压力噪声所产生的. 在上一小节的分析中,因为我们假设反射镜固定,所以没有出现第二项.

知道了噪声的来源,我们可以在暗端口 $\hat{E}^{\text{d}}_{\text{in}}$ [或 $\hat{a}(\Omega)$] 注入压缩态 (压缩参量为 $r$) 来减少散粒噪声:$\langle \hat{Y}_{\text{in}}(\Omega)\hat{Y}^{\dagger}_{\text{in}}(\Omega')\rangle = \mathrm{e}^{-2r}\delta(\Omega - \Omega')$. 与此同时,辐射压力噪声却也会增加:$\langle \hat{X}_{\text{in}}(\Omega)\hat{X}^{\dagger}_{\text{in}}(\Omega')\rangle = \mathrm{e}^{2r}\delta(\Omega - \Omega')$. 于是,方程 (10.60)、方程 (10.61) 分别变为

$$S^{\text{sq}}(\Omega) = \mathrm{e}^{-2r} + \mathrm{e}^{2r}\mathcal{K}^2 + 2\mathcal{K}S_{\text{GW}}(\Omega)/h^2_{\text{SQL}} \tag{10.64}$$

$$S^{\text{sq}}_{\text{GW}}(\Omega) = \frac{h^2_{\text{SQL}}}{2}\left(\frac{1}{\mathcal{K}\mathrm{e}^{2r}} + \mathcal{K}\mathrm{e}^{2r}\right) \tag{10.65}$$

这样,可探测的引力波最小信号还是位置测量的标准量子极限 $h_{\text{SQL}}$,但达到这个值所需的激光功率则变小了:$P_0^{\text{sq}} = P_0^{\text{SQL}}\mathrm{e}^{-2r}$. 这个结论首先由 Caves(1981) 得出.

为了对 LIGO 的状况有些了解, 让我们从 LIGO 设计中获取一些数据: $M_\mu =$ 30 kg/4(有四个自由质量),$L = 4\,000$ m,$\Omega = 2\pi \times 100$ rad/s(引力波信号频率 $\sim 100$ Hz),$\omega_0 = 1.8 \times 10^{15}$/s,我们得到 $h_{\text{SQL}} \sim 2 \times 10^{-24}/\sqrt{\text{Hz}}$ 及 $P_0^{\text{SQL}} \sim 1.5 \times 10^8$ W. 在实验室中无法实现如此高的激光功率. 因此,散粒噪声在传统的迈克耳孙干涉仪中占主导地位. 为了减少 $P_0^{\text{SQL}}$,LIGO 采取了一个具有功率增强腔的设计,如图 10.11(a) 所示.

使用谐振腔增强, 可以证明 (Kimble et al., 2001), 输出场算符采用与方程 (10.56) 相同的形式①但光机耦合常数 $\mathcal{K}$ 具有不同的频率响应,其被更改为

$$\mathcal{K} = \frac{2\gamma^4(P_0/\bar{P}_0^{\text{SQL}})}{\Omega^2(\gamma^2 + \Omega^2)} \tag{10.66}$$

① 因为我们对方程 (10.56) 中正交相位振幅的定义与所引用的参考文献差一个 $\sqrt{2}$ 的因子, 最后一项也相差同样的因子.

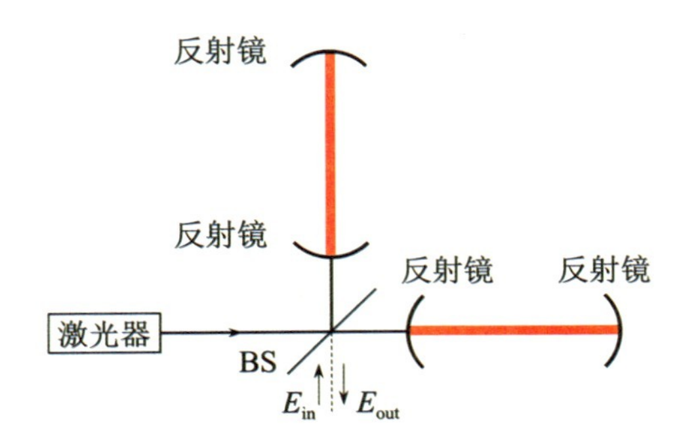


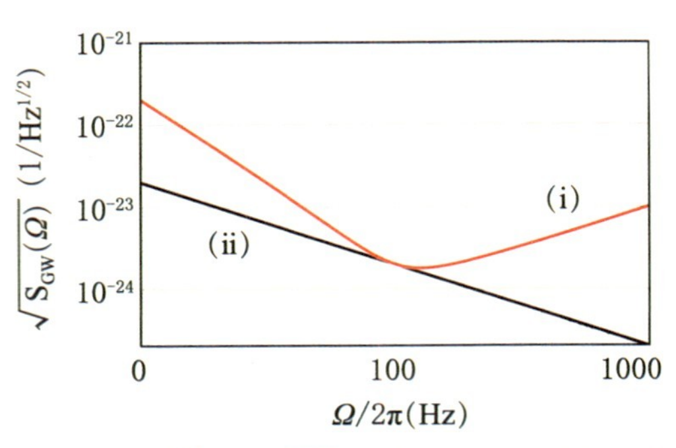


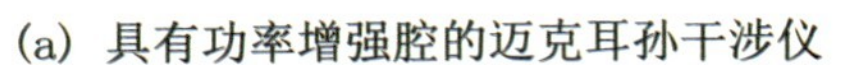
(a) 具有功率增强腔的迈克耳孙干涉仪

(b) 当$P_0 = P_0^{SQL}$时的$\sqrt{S_{GW}}$(红色)以及$h_{SQL}(\Omega)$(黑色)对频率的依赖性

图 10.11 具有功率增强腔的迈克耳孙干涉仪及其对频率的响应

式中,$\gamma \equiv cT/4L$,其中 $T$ 为耦合镜的透射率,而 $\bar{P}_0^{SQL} = ML^2\gamma^4/(4\omega_0)$ 是当 $\Omega = \gamma$ 时能达到 $h_{SQL}$ 的最佳输入功率. 取前面给出的数字和 $T = 0.033$, 我们得到 $\bar{P}_0^{SQL} \approx 1.0 \times 10^4$ W. 在实验室中,此激光功率更易于得到,尤其是在分束器之前再加上功率复用镜. 利用方程 (10.66) 中的 $\mathcal{K}$,最小可检测到的引力波频谱 $S_{GW}$ 的形式为

$$S_{GW}(\Omega) = \frac{h_{SQL}(\Omega)}{2}\left[\frac{\Omega^2(\gamma^2+\Omega^2)}{2\gamma^4} + \frac{2\gamma^4}{\Omega^2(\gamma^2+\Omega^2)}\right] \tag{10.67}$$

其中,$h_{SQL}(\Omega) \equiv 8\hbar/M\Omega^2L^2$. 图 10.11(b) 显示了 $\sqrt{S_{GW}(\Omega)}$ 的频率依赖性,其在 $\Omega = \gamma$ 处达到最小值. 在高频处,它主要由散粒噪声项决定,$S_{GW}(\Omega \gg \gamma) \propto \Omega^2/P_0$;而在低频处,辐射压力效应起主要作用,$S_{GW}(\Omega \ll \gamma) \propto P_0/\Omega^4$. 图 10.12 (Martynov, 2016) 显示了位于华盛顿州汉福德 (H1) 和路易斯安那州利文斯顿 (L1) 的两台 LIGO 干涉仪当前的噪声性能. 窄尖峰是特征明确的悬架振动模与校准线以及 60 Hz 电网谐波. 噪声在高于 150 Hz 处主要来自光子散粒噪声,在低频处来自其他噪声源. 2015 年 9 月 14 日世界标准时间 (UTC)09:50:45,位于华盛顿州汉福德和路易斯安那州利文斯顿的两个 LIGO 探测器同时探测到了来自质量分别为 36 和 29 个太阳质量的两个黑洞合并的引力波信号 GW150914 (Abbott, 2016). 来自两个探测器的信号如图 10.13 所示.

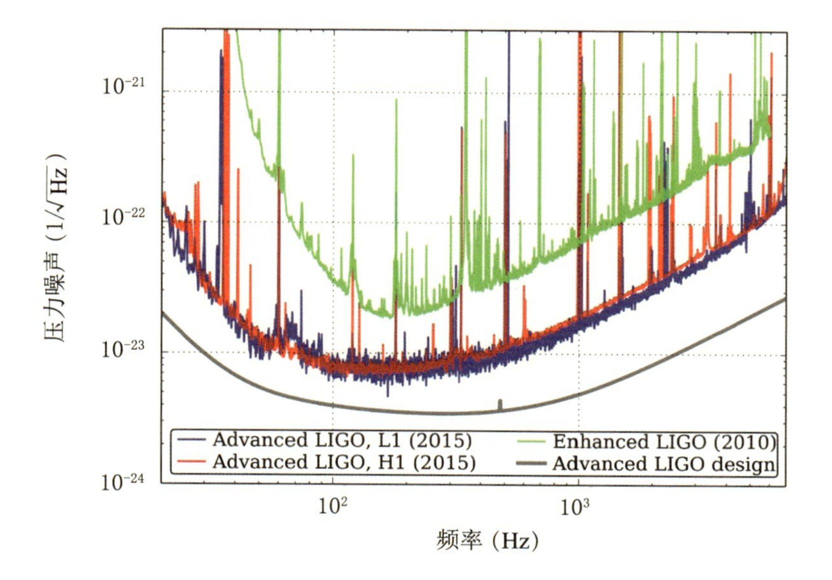


**图 10.12　2016 年 LIGO 噪声数据**

转载 Martynov 等 (2016).

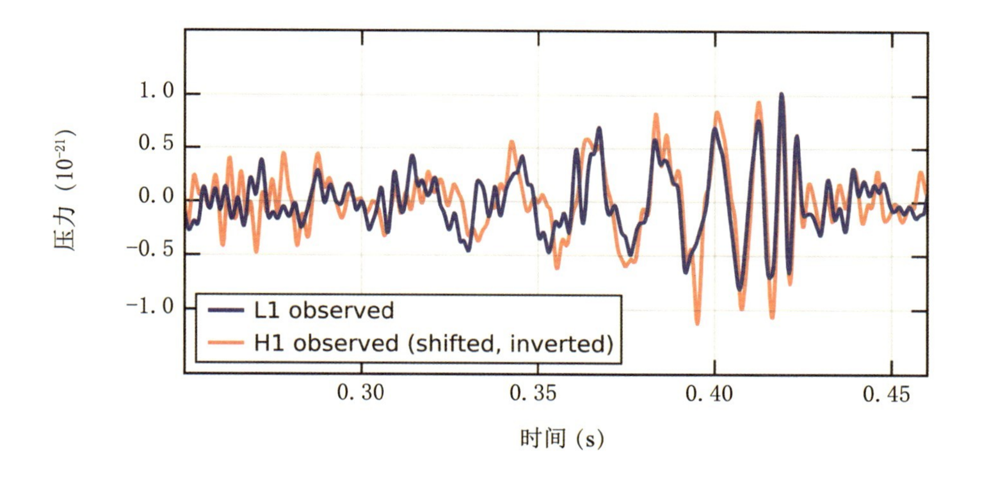


**图 10.13　GW150914 的引力波信号**

改编自 Abbott 等 (2016).

# 10.3 放大器中的量子噪声

## 10.3.1 量子放大器的一般性讨论

在放大小信号的实际应用中，放大器的噪声性能始终备受关注. 人们发明了很多技术来抑制噪声并增加信噪比. 但是，即使在理想的放大器中，当消除了所有传统上的噪声来源 (例如热噪声) 之后，由于量子力学中内禀的普遍存在的不确定性，仍然存在量子噪声. 这是与量子测量有关的基础性话题. 因此，我们会提出这样的问题：量子噪声在放大器的噪声性能中起什么作用?

放大器中量子噪声的研究最早始于 20 世纪 60 年代 (Haus et al., 1962; Heffner, 1962). 人们普遍认为，在放大过程中量子噪声总会通过放大器的内部自由度添加进来，以使量子克隆或微观可观察量的简单复制不可能实现 (Hong et al., 1985)，否则微观的量子叠加可以被放大到宏观尺度使得薛定谔猫态很容易产生 (Glauber, 1986). 因此，噪声增加是从微观量子世界到宏观经典世界的退相干过程的关键.

放大器的量子理论是在 20 世纪 80 年代建立起来的 (Caves, 1982; Ley et al., 1984)，并通过实验进行了检验 (Levenson et al., 1993; Ou et al.,1993). 相位非敏感放大器可以用量子力学描述为 (Caves, 1982; Ley et al., 1984)

$$\hat{a}_{\text{out}} = G\hat{a}_{\text{in}} + \hat{F} \tag{10.68}$$

其中，$G$ 是放大器的振幅增益. 在方程 (10.68) 中，$\hat{a}_{\text{out}}$ 的对易关系要求 $\hat{F}$ 的存在，它与放大器的增益介质有关，因此也被称为放大器的"内部自由度". 这些自由度通常未被考虑而处于真空态，如图 10.14 所示的概念性示意图. $\hat{F}$ 是自发辐射的原因，即一个加到放大器信号上的额外噪声. 即使 $\hat{F}$ 可能与放大器内部自由度的许多模式相关，我们也可以定义一个新的算符[①] $\hat{a}_0 \equiv \hat{F}^\dagger/g$，其中 $g \equiv \sqrt{G^2-1}$. 从方程 (10.68)，我们可以很容易地证明 $[\hat{a}_0, \hat{a}_0^\dagger] = 1$，因此 $\hat{a}_0$ 对应于一个单模湮灭算符. 当 $\hat{F}$(或 $\hat{a}_0$) 处于真空中时，输入和输出的光子数的关系为

$$N_{\text{out}} = G^2 N_{\text{in}} + g^2 \tag{10.69}$$

显然，$g^2$ 是放大器的自发辐射，并作为噪声起源于内部自由度的真空贡献.

① $g$ 的任何相位都可以被吸收到算符 $\hat{a}_0$ 中.

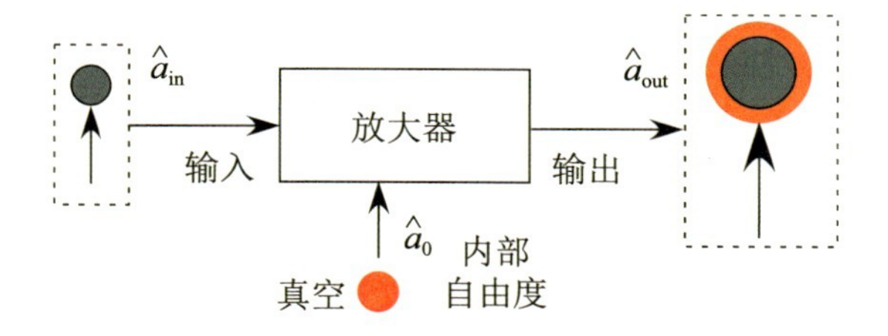


图 10.14　放大器中的量子噪声的概念性示意图

如果将信号信息编码在正交相位振幅 $\hat{X} = \hat{a} + \hat{a}^\dagger$ 中,则方程 (10.68) 变为

$$\hat{X}_{\text{out}} = G\hat{X}_{\text{in}} + g\hat{X}_0 \tag{10.70}$$

其中,$\hat{X}_j \equiv \hat{a}_j + \hat{a}_j^\dagger (j = \text{out}, \text{in}, 0)$. 于是,由 $\hat{X}_{\text{out}}$ 的方差所表达的放大器输出端的信号场噪声由下式给出:

$$\langle \Delta^2 \hat{X}_{\text{out}} \rangle = G^2 \langle \Delta^2 \hat{X}_{\text{in}} \rangle + g^2 \langle \Delta^2 \hat{X}_0 \rangle \tag{10.71}$$

在这里,我们假设输入信号场与放大器的内部模式无关. 通常,输入处于相干态,内部模式处于未被考虑的真空态. 因此,$\langle \Delta^2 \hat{X}_{\text{in}} \rangle = \langle \Delta^2 \hat{X}_0 \rangle = 1$. 在图 10.14 中,这种情况能通过输入和输出中的代表噪声的圆圈来很好地表示. 输出场噪声包括两种贡献:内部阴影圆圈表示直接从输入放大的噪声,外部红色环表示放大器内部自由度所增加的额外真空噪声. 如果输入信号由 $\langle \hat{X}_{\text{in}} \rangle$ 表示,那么输出信号就是 $\langle \hat{X}_{\text{out}} \rangle = G\langle \hat{X}_{\text{in}} \rangle$,输出信噪比 (SNR) 为

$$\begin{aligned} \text{SNR}_{\text{out}} \equiv \frac{\langle \hat{X}_{\text{out}} \rangle^2}{\langle \Delta^2 \hat{X}_{\text{out}} \rangle} &= \frac{G^2 \langle \hat{X}_{\text{in}} \rangle^2}{G^2 \langle \Delta^2 \hat{X}_{\text{in}} \rangle + |g|^2 \langle \Delta^2 \hat{X}_0 \rangle} \\ &= \frac{G^2 \langle \hat{X}_{\text{in}} \rangle^2}{G^2 + g^2} \end{aligned} \tag{10.72}$$

我们可以得到放大的噪声系数 (NF),其定义为输出信噪比与输入信噪比的比值:

$$\text{NF} \equiv \frac{\text{SNR}_{\text{out}}}{\text{SNR}_{\text{in}}} = \frac{G^2}{G^2 + g^2} = \frac{G^2}{2G^2 - 1} \tag{10.73}$$

这将导致高增益放大器 ($G \gg 1$) 信噪比著名的 3 dB 下降 ($1/2 = -3$ dB). 这种下降的根源是放大器内部模式额外贡献的真空噪声.

### 10.3.2 放大器中量子噪声的抑制

尽管无法避免额外增加的噪声，但是我们可以重新安排放大器中噪声的比例. 利用压缩态可以降低噪声的特性，我们就可以抑制那个被信号编码的正交相位振幅的额外噪声，同时将大多数的额外噪声转加到未使用的共轭正交分量上，正如方程 (10.71) 所示. 只要我们可以从外部进入到放大器的内部模式 $\hat{a}_0$，该想法就可以实现，如图 10.15 所示. 参数放大器就是这样一种放大装置，其内部模式就是闲置场：$\hat{a}_0 = \hat{b}_{\rm idl}$，于是方程 (10.71) 变为

$$\langle \Delta^2 \hat{X}_{\rm out} \rangle = G^2 \langle \Delta^2 \hat{X}_{\rm in} \rangle + g^2 \langle \Delta^2 \hat{X}_{\rm idl}(\theta) \rangle \tag{10.74}$$

其中，$\langle \Delta^2 \hat{X}_{\rm idl}(\theta) \rangle$ 是来自压缩真空态的与相位有关的噪声，其形式为 $\langle \Delta^2 \hat{X}_{\rm idl}(\theta) \rangle = {\rm e}^{-2r} \cos^2\theta + {\rm e}^{2r} \sin^2\theta$ [方程 (3.83)]，压缩参数值为 $r$. 当 $\theta = 0$ 时，可以最大程度地抑制额外的噪声.

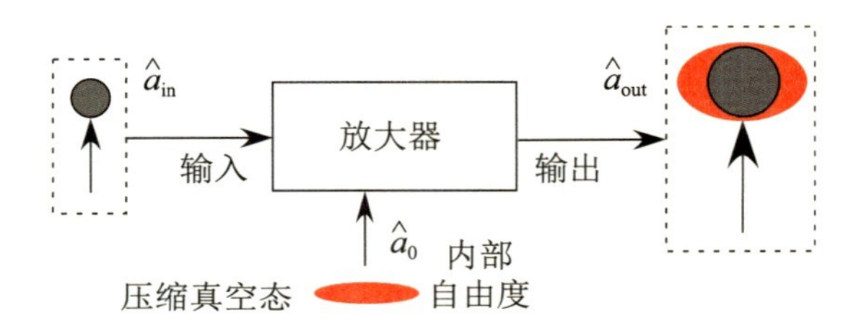


**图 10.15　通过将压缩态耦合到放大器的内部模式来减小放大器中量子噪声的概念示意图**

此方法最初由 Milburn 等人 (1987) 提出，后来由 Ou，Pereira 和 Kimble(1993) 演示，其结果如图 10.16 所示. 在这里，零拍探测方案用于测量非简并光学参量放大器 (NOPA) 的输出场的正交相位振幅，该放大器的闲置场被注入了压缩真空态. NOPA 是通过腔内的Ⅱ类位相匹配光学参量下转换过程实现的，其共振腔与下转换场的两个偏振分量共振以增强增益. 这种装置的理论模型在 6.3.4 小节中已经介绍过了. 在图 10.16 中，迹线 (ⅲ)($\Psi_0$) 是真空噪声；迹线 (ⅰ)($\Phi_G$) 是闲置场 ($\hat{a}_0$) 处于真空态时放大器的输出噪声水平. 根据方程 (10.71)，这是 $G^2 + g^2$，并给出了来自放大器真空噪声的噪声增益. 迹线 (ⅱ)($\Phi(\theta)$) 是压缩真空态耦合到闲置场时的输出噪声水平. 对于合适的相位 $\theta$，$\Phi(\theta)$ 低于 $\Phi_G$，从而实现了对放大器额外噪声的抑制.

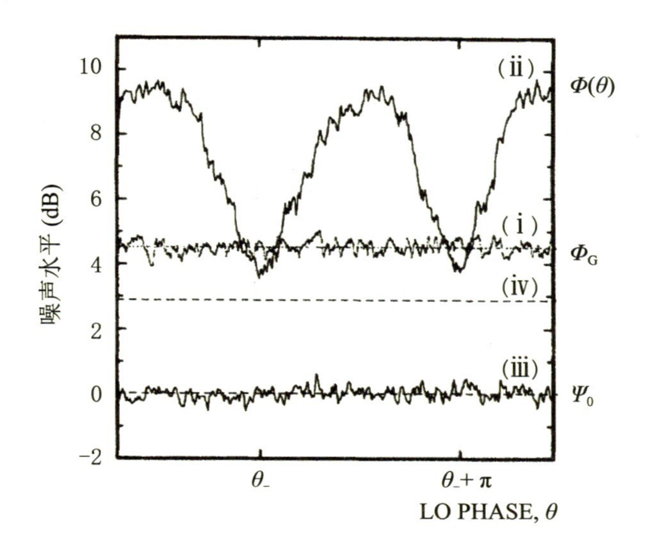


**图 10.16　在非简并参量放大器的输出场测得的噪声水平**

该放大器的闲置场模式被耦合到一个压缩态上，LO 是零拍检测中的本地振荡器，转载自 Ou 等 (1993).

注意，我们画出了一条虚线 [迹线 (iv)]，它对应于直接放大的输入信号噪声或无限压缩的无噪声情况. 因此，该方案仅抑制了额外的噪声，可以达到的最佳噪声特性是在放大过程中保留了信噪比 (SNR)($NF = 1$)，这相当于无噪声放大. 由于额外的噪声被添加到另一个正交分量上，因此量子态在放大过程中会发生变化，因此这并不是真正意义上的无噪声放大.

## 10.3.3　利用量子关联减小放大器量子噪声

到目前为止，在讨论放大器的量子噪声时，我们假定放大器的内部模式 ($\hat{F}$) 与信号 ($\hat{a}_{\text{in}}$) 无关，因为输入场通常是任意的或内部模式不可进入. 另外，如我们在 10.1.3 小节和 10.1.4 小节中所讲过的，量子力学还允许量子涨落的关联，从而引起量子场的纠缠并可以用来减去量子噪声. 因此，如果使放大器的内部模式与输入模式进行纠缠，如图 10.17 所示，则它们的量子噪声之间的关联性可以导致输出中的噪声消除. 此处的噪声降低不仅适用于减小内部自由度的多余噪声，还可用于减小输入噪声. 因此，放大后的输出可能具有比输入端口更好的信噪比.

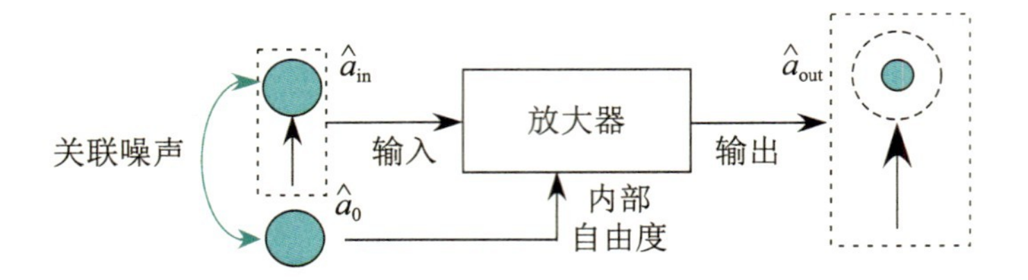


**图 10.17　通过将放大器的内部模式与输入信号场纠缠的方法来降低放大器中的量子噪声的概念图**

输出噪声水平取决于输入和内部模式之间的相位差.

从方程 (10.70),我们得到输出噪声为

$$\langle \Delta^2 \hat{X}_{\text{out}} \rangle = G^2 \langle \Delta^2 [\hat{X}_{\text{in}} + (g/G)\hat{X}_0] \rangle \tag{10.75}$$

如果内部模式 $\hat{a}_0$ 和输入场 $\hat{a}_{\text{in}}$ 相关联并且在调整到了正确的相位之后,相关联的量子涨落之间的量子噪声将被抵消,从而导致噪声的减小,这个现象我们已在 10.1.3 小节中用 EPR 纠缠态进行了演示. 在这种情况下,输入不能是任意的,而是需要处于与放大器的内部模式纠缠的量子态下. 由于非简并光学参量放大器也可以输出具有关联量子噪声的 EPR 纠缠态 (Ou et al., 1992b),因此我们使用具有 $t \ll 1$ 的分束器将 EPR 纠缠态的一束光与相干态混合,为放大器生成相干输入信号 $S = t\alpha$,如图 10.18 所示. 另一个相关联的光束则耦合到放大器的内部模式 $\hat{a}_0$,在这种情况下放大器也是一个 NOPA,其闲置模式为其内部模式.

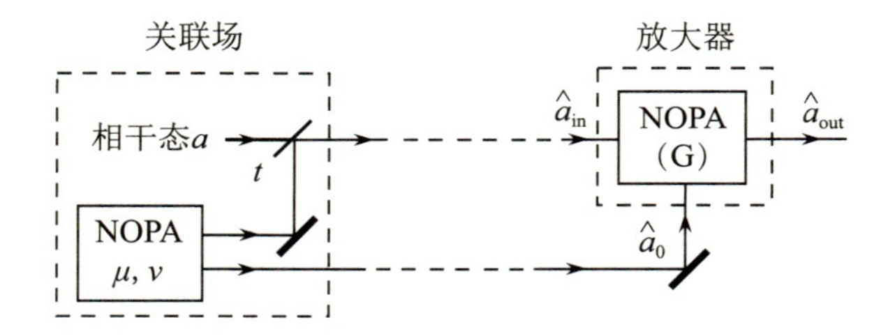


**图 10.18　使用 EPR 关联态的放大方案的示意图**

其中 EPR 关联态是通过具有增益参数 $\mu,\nu$ 的非简并光学参量放大器产生的.

假设用于产生 EPR 态的 NOPA 具有 $\mu$ 的振幅增益,而作为放大器的 NOPA 由振幅增益 $G$ 来描述. 令 $t \ll 1$,由方程 (10.70)、方程 (10.75) 计算输出的信号和噪声分别为

$$\begin{aligned} \langle \hat{X}_{\text{out}} \rangle &= GS = Gt\alpha \\ \langle \Delta^2 \hat{X}_{\text{out}} \rangle &= (\mu^2 + \nu^2)(G^2 + g^2) - 4\mu\nu Gg \end{aligned} \tag{10.76}$$

其中,$\nu=\sqrt{\mu^2-1}$,$g=\sqrt{G^2-1}$,并且调整了相对相位,以使噪声最小. 在这里,因为 $t\ll 1$,所以相干态对噪声性能的贡献可以忽略不计. 输出信噪比为

$$\begin{aligned}\mathrm{SNR_{out}}&=\langle\hat{X}_{\mathrm{out}}\rangle^2/\langle\Delta^2\hat{X}_{\mathrm{out}}\rangle\\&=\frac{G^2S^2}{(\mu^2+\nu^2)(G^2+g^2)-4\mu\nu Gg}\end{aligned}\tag{10.77}$$

当我们调整 EPR 态的 $\mu$ 使得 $\mu=G$ 时,信噪比的最大值为 $G^2S^2$. 这肯定比当放大器的信号和闲置场不相关并且分别处于相干态和真空态时的信噪比[①] $G^2S^2/(G^2+g^2)$ 要好. 注意,当 $\mu=G$ 时,放大器的输出噪声仅为 1,这不仅消除了放大器额外的内部噪声 (图 10.14 和图 10.15 中的红色部分),它甚至比输入信号的贡献还要小 [图 10.14 和图 10.15 中的阴影部分,以及方程 (10.74) 的第一项]. 这是因为输入的信号场和闲置场之间的相消干涉,这表现为方程 (10.70) 中两个场振幅相加的形式. 这种情况只有在输入场与闲置场相关联时才会发生.

以上方案的原理性演示实验是由 Kong 等人 (2013a) 用原子四波混频过程中得到的两个光学参量放大器完成的. Guo 等人 (2016a) 完成了在光纤放大器中的应用. 实验示意图如图 10.18所示. 噪声水平和信号分别在图 10.19(a) 和图 10.19(b) 中示出. 图 10.19(b) 中的"开"和"关"表示输入信号的"开"和"关"状态. 当放大器和纠缠源均处于关闭状态时,实验测得深蓝色的迹线 (ⅰ). 这对应于相干信号的输入. 当放大器打开但纠缠源关闭时,获得的绿色的迹线 (ⅱ) 对应于放大器的输入为不相关的情况. 当放大器和纠缠源同时开启并且纠缠源的相位调整使得噪声最小时,实验测得红色的迹线 (ⅲ). 这对应于关联输入的情况. 图 10.19(a) 中浅蓝色的迹线 (ⅳ) 与红色迹线 (ⅲ) 相同,但对纠缠源的相位进行了扫描. 如前所述,噪声水平的正弦变化表示输入信号与闲置场之间的干涉效应. 图 10.19 中显示的数据清楚地表明了由放大器的关联输入而引起的噪声消除效果. 对图 10.19(a) 中的迹线 (ⅱ) 和迹线 (ⅲ) 进行比较,输出噪声降低了约 2 dB,信噪比在图 10.19(b) 中也提高了约 2 dB.

纠缠关联性是一种额外的资源,因此通过直接将输出的信噪比与输入的信噪比进行比较来找到放大器的噪声系数并不恰当. 但是我们可以将纠缠的信号源和 NOPA 合在一起而视为一个放大设备,并观察其性能. 这时,输入信号为相干态. 很容易得到

$$\begin{aligned}\langle\hat{X}_{\mathrm{out}}\rangle&=Gt\alpha\\\langle\Delta^2\hat{X}_{\mathrm{out}}\rangle&=G^2t^2+[\mu G\sqrt{1-t^2}-\nu g]^2\\&\quad+[\nu G\sqrt{1-t^2}-\mu g]^2\end{aligned}\tag{10.78}$$

① 此信噪比可以通过在方程 (10.77) 中设置 $\mu=1$,$\nu=0$ 来获得.

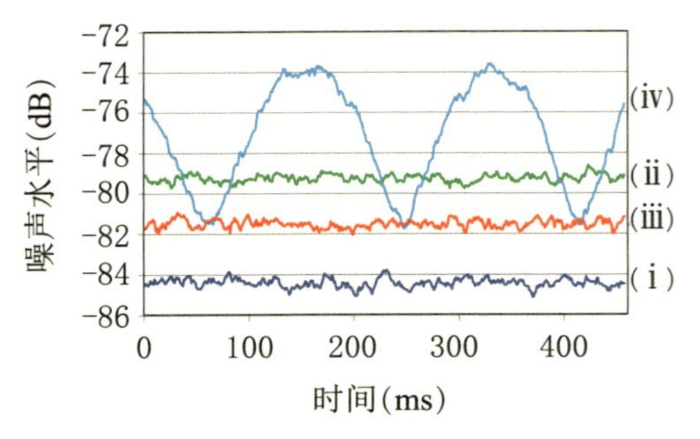


(a) 放大器的噪声水平，其中，深蓝色的迹线(i)为真空噪声，绿色的迹线(ii)为放大的噪声，迹线(iii, iv)为在有EPR纠缠态耦合到输入和内部模式时的情况，浅蓝色为相位扫描，而红色为相位锁定

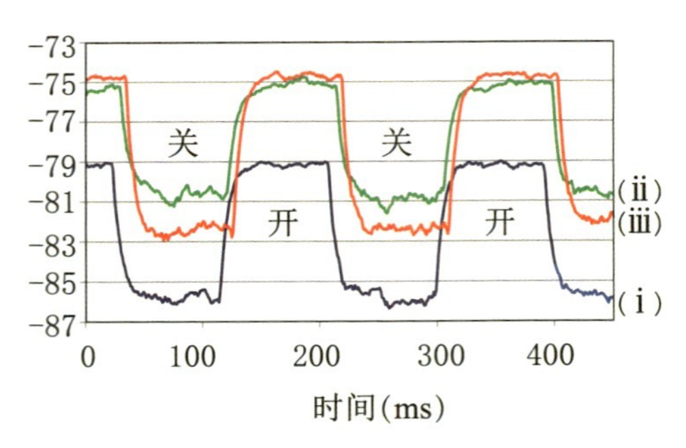


(b) 放大器的输入编码信号[深蓝色，迹线(i)]以及输出端放大的信号，其中，迹线(ii)(绿色)为内部模式耦合到真空态时的情况，迹线(iii)(红色)为内部模式耦合到纠缠态时的情况

**图 10.19 各种情况下放大器的噪声水平**

改编自 Kong 等 (2013a).

该设备的有效振幅增益为 $G' = Gt$. 噪声表达式中的第一项是相干态的贡献. 当 $\mu^2 = G^2(1-t^2)/(G^2t^2-1)$ 时，输出噪声达到最小值为 $2G^2t^2-1$. 这给出了输出信噪比 $\mathrm{SNR}'_{\mathrm{out}} = G^2t^2|\alpha|^2/(2G^2t^2-1)$，它与方程 (10.72) 或如图 10.14 所示的当放大器的内部模式为真空时的情况相同. 因此，我们不能使用这种方案来放大任意信号，这种信号通常与放大器中的任何东西都不相关. 但是我们可以将关联源和相干态的组合看作是对某些样品的探测场并进行信号编码. 如果采样后的信号太弱而无法检测到，我们可以使用目前的方案对其进行放大以进行更好的测量，如图 10.20 所示.

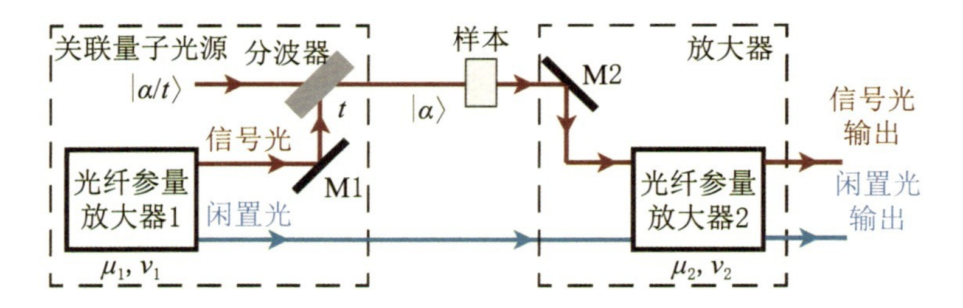


**图 10.20 关联源通过样品而获得的微弱信号的放大**

转载自 Guo 等 (2016a).

利用量子干涉来消除放大器中的量子噪声的方法将在 11.3.2 小节中应用于 SU(1,1) 干涉仪中，以增强相位测量的灵敏度.

### 10.3.4 相敏放大器

在 10.3.1 小节对放大器噪声的一般讨论中,我们考虑了直接与输入端口 ($\hat{a}_{\mathrm{in}}$) 耦合的输出端口 ($\hat{a}_{\mathrm{out}}$). 实际上,还有与内部模式有关的另外一个输出端口. 这个另外的输出端口还携带着输入信号的放大信息,只要可以使用这些模式,我们就可以利用这些信息. 对于非简并光学参量放大器,我们可以在输入和输出端同时使用信号和闲置 (内部) 模式. 于是,放大器的一般方程 (10.68) 变为

$$\begin{aligned}\hat{a}_{\mathrm{out}} &= G\hat{a}_{\mathrm{in}} + g\hat{b}_{\mathrm{in}}^{\dagger}\\ \hat{b}_{\mathrm{out}} &= G\hat{b}_{\mathrm{in}} + g\hat{a}_{\mathrm{in}}^{\dagger}\end{aligned} \tag{10.79}$$

在这里我们将内部模式的算符 $\hat{F}$ 替换为闲置模式算符 $\hat{b}$. 由于 $\hat{b}_{\mathrm{out}}$ 也包含关于输入的信息,因此让我们将两个输出加起来:

$$\hat{X}_{a_{\mathrm{out}}} + \hat{X}_{b_{\mathrm{out}}} = (G+g)(\hat{X}_{a_{\mathrm{in}}} + \hat{X}_{b_{\mathrm{in}}}) \tag{10.80}$$

注意,这是一个算符方程,因此

$$\begin{aligned}\langle\hat{X}_{a_{\mathrm{out}}} + \hat{X}_{b_{\mathrm{out}}}\rangle &= (G+g)\langle\hat{X}_{a_{\mathrm{in}}} + \hat{X}_{b_{\mathrm{in}}}\rangle\\ \langle\Delta^2(\hat{X}_{a_{\mathrm{out}}} + \hat{X}_{b_{\mathrm{out}}})\rangle &= (G+g)^2\langle\Delta^2(\hat{X}_{a_{\mathrm{in}}} + \hat{X}_{b_{\mathrm{in}}})\rangle\end{aligned} \tag{10.81}$$

这意味着 $\mathrm{SNR}_{\mathrm{out}} = \mathrm{SNR}_{\mathrm{in}}$ 或无噪声放大. 这里的缺点是,由于 $b_{\mathrm{in}}$ 处于真空态,因此只有一半的输入被放大. 但是我们可以通过将信号也注入 $b_{\mathrm{in}}$ 的方法来解决这个问题,如图 10.21 所示,其中我们先将输入信号均等地分成两部分,然后再发送到 NOPA 的信号和闲置输入端口并且将两个输出用另一个 50:50 分束器组合在一起. 使用图 10.21 中的符号,我们将方程 (10.79) 重写为

$$\begin{aligned}\hat{a} &= G\hat{a}_0 - g\mathrm{e}^{\mathrm{i}\varphi}\hat{b}_0^{\dagger}\\ \hat{b} &= G\hat{b}_0 - g\mathrm{e}^{\mathrm{i}\varphi}\hat{a}_0^{\dagger}\end{aligned} \tag{10.82}$$

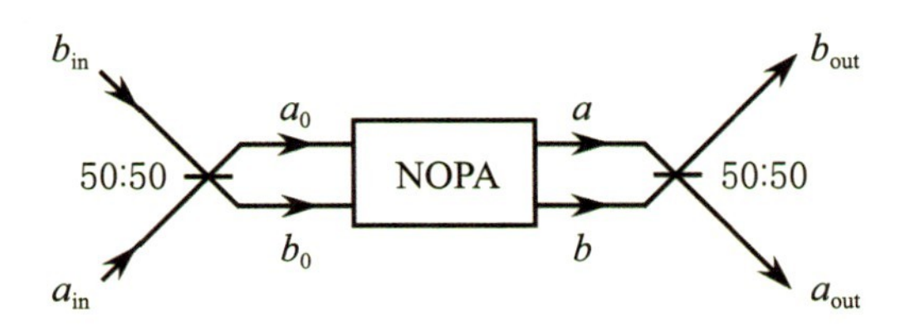


**图 10.21 能够实现无噪声放大的相敏放大器**

在这里，出于一般性的考虑，我们在 $g$ 中加进了相位 $-\mathrm{e}^{\mathrm{i}\varphi}$，这与 NOPA 的泵浦场的相位有关. 对于分束器，我们有

$$\begin{aligned}\hat{a}_0 &= (\hat{a}_{\text{in}} + \hat{b}_{\text{in}})/\sqrt{2}, \quad \hat{b}_0 = (\hat{b}_{\text{in}} - \hat{a}_{\text{in}})/\sqrt{2} \\ \hat{a}_{\text{out}} &= (\hat{a} - \hat{b})/\sqrt{2}, \quad \hat{b}_{\text{out}} = (\hat{b} + \hat{a})/\sqrt{2}\end{aligned} \tag{10.83}$$

将以上与方程 (10.82) 结合起来，我们得到

$$\begin{aligned}\hat{a}_{\text{out}} &= G\hat{a}_{\text{in}} + g\mathrm{e}^{\mathrm{i}\varphi}\hat{a}_{\text{in}}^\dagger \\ \hat{b}_{\text{out}} &= G\hat{b}_{\text{in}} - g\mathrm{e}^{\mathrm{i}\varphi}\hat{b}_{\text{in}}^\dagger\end{aligned} \tag{10.84}$$

于是，$\hat{a}_{\text{out}}$ 和 $\hat{b}_{\text{out}}$ 彼此不相耦合，并分别由以方程 (6.142) 的形式给出的简并参量放大器所描述，但它们的泵浦场具有 180° 的相位差. 由于它们不相耦合，因此我们只需要考虑其中一个，例如 $\hat{a}_{\text{out}}$. 使用相干态输入时，输出的光子数为

$$\begin{aligned}\langle \hat{a}_{\text{out}}^\dagger \hat{a}_{\text{out}} \rangle &= G^2|\alpha|^2 + g^2(|\alpha|^2+1) + Gg\mathrm{e}^{\mathrm{i}\varphi}\alpha^{*2} + Gg\mathrm{e}^{-\mathrm{i}\varphi}\alpha^2 \\ &= |G + g\mathrm{e}^{\mathrm{i}(\varphi - 2\varphi_\alpha)}|^2|\alpha|^2 + g^2\end{aligned} \tag{10.85}$$

最后一项来自自发辐射. 但是等效增益为 $G' \equiv |G + g\mathrm{e}^{\mathrm{i}(\varphi-2\varphi_\alpha)}|^2 = G^2 + g^2 + 2Gg\cos(\varphi - \varphi_\alpha)$ 并与相位有关. 因此，该放大器的增益取决于泵浦场相对于输入相干态的相位. Caves(1982) 对这种类型的相敏放大器进行了深入研究.

特别对于正交相位振幅，我们有

$$\begin{aligned}\hat{X}_{\text{out}} &= G\hat{X}_{a_{\text{in}}} + g\hat{X}_{a_{\text{in}}}(\varphi) \\ \hat{Y}_{\text{out}} &= G\hat{Y}_{a_{\text{in}}} - g\hat{X}_{a_{\text{in}}}(\varphi + \pi/2)\end{aligned} \tag{10.86}$$

其中，$\hat{X}_{a_{\text{in}}}(\varphi) = \hat{a}_{\text{in}}\mathrm{e}^{-\mathrm{i}\varphi} + \hat{a}_{\text{in}}^\dagger\mathrm{e}^{\mathrm{i}\varphi}$，$\hat{X}_{a_{\text{in}}} = \hat{X}_{a_{\text{in}}}(0)$，$\hat{Y}_{a_{\text{in}}} = \hat{X}_{a_{\text{in}}}(\pi/2)$. 取 $\varphi = 0$，方程 (10.86) 变为

$$\begin{aligned}\hat{X}_{\text{out}} &= (G+g)\hat{X}_{a_{\text{in}}} \\ \hat{Y}_{\text{out}} &= (G-g)\hat{Y}_{a_{\text{in}}}\end{aligned} \tag{10.87}$$

注意，上面是算符方程，因此我们有 $\text{SNR}_{\text{out}} = \text{SNR}_{\text{in}}$，或 $X$ 的无噪声放大而 $Y$ 的衰减. 因此，简并参量放大器可以对一个正交相位振幅实现无噪声放大，而对于另一个正交相位振幅则是衰减. 缺点是我们需要相对于泵浦相位锁定输入的相位，并且输入的 (经典) 相位噪声可以转换为输出中的强度噪声. Choi 等人 (1999) 进行了无噪声放大的实验演示.

## 10.4 量子态的完全测量:量子态层析测量技术

在第 9 章中，我们讨论了零拍探测，并发现零拍探测直接对应于正交相位振幅 $\hat{X}_\theta = \hat{a}\mathrm{e}^{-\mathrm{j}\theta} + \hat{a}^\dagger \mathrm{e}^{\mathrm{j}\theta}$ 的量子测量,其中 $\theta$ 是零拍探测的本地光 (LO) 的相位. 于是,我们可以对 $\hat{X}_\theta$ 进行多次测量并记录每个结果以建立统计分布. 用统计学的语言来说,就是对场的量子态进行 $\hat{X}_\theta$ 量的系综测量,即对于大量的相同的量子态测量 $\hat{X}_\theta$. 系综的一个例子是一系列脉冲,每个脉冲对应于系综中的一个样本. 这样,我们可以获得光场的量子态的概率分布 $P_\theta(x)$.

另外，我们从方程 (3.186) 发现，正交相位振幅 $\hat{X}_\theta$ 的概率分布与光场量子态的 Wigner 函数有如下关系：

$$P_\theta(x) = \int \mathrm{d}y\, W(x\cos\theta - y\sin\theta, y\cos\theta + x\sin\theta) \tag{10.88}$$

其中,Wigner 函数 $W(x,y)$ 对于单模场由方程 (3.168) 定义.

方程 (10.88) 中的积分称为 Radon 变换,可以将其进行反变换以获得 Wigner 函数 (Herman, 1980; Leonhardt, 1997)：

$$W(X,Y) = \frac{1}{2\pi^2}\int_0^\pi \int_{-\infty}^{\infty} P_\theta(x) K(X\cos\theta + Y\sin\theta - x)\mathrm{d}x\mathrm{d}\theta \tag{10.89}$$

其中,积分变换的函数核为

$$K(x) = \frac{1}{2}\int_{-\infty}^{\infty} |\xi|\mathrm{e}^{\mathrm{j}\xi x}\mathrm{d}\xi \tag{10.90}$$

上面的函数在常规形式下是发散的，因此它只能作为广义函数存在于积分内，类似于 Dirac 的 $\delta$ 函数. Leonhardt(1997) 对该函数及其在 Radon 逆变换中的用法进行了全面的描述.

因此,我们可以在一个固定的 $\theta$ 值下测量 $P_\theta(x)$ 并在 0 到 $\pi$ 的范围内改变 $\theta$,然后再用方程 (10.89) 执行 Radon 逆变换. 此技术类似于 X-射线断层扫描中的 CT 扫描 (Herman, 1980),因此被称为"量子态层析扫描".

或者,我们可以将方程 (10.89) 重写为

$$W(X,Y) = \frac{1}{2\pi^2}\langle K(X\cos\theta + Y\sin\theta - x)\rangle_{(x,\theta)} \tag{10.91}$$

严格根据方程 (10.91) 中的数学表达式,Wigner 函数 $W(X,Y)$ 就是内核函数 $K(X\cos\theta + Y\sin\theta - x)$ 对变量 $(x,\theta)$ 的系综平均, 它可以通过零拍探测进行测量：LO 相位给出 $\theta$

而零拍测量的光电流输出给出 $x$. 因此,我们可以通过观测 $x$ 的同时以可控方式 (例如 LO 场的相位扫描) 更改 $\theta$ 以实现对 $(x,\theta)$ 的 $N$ 次测量. 根据这些数据,可以将 Wigner 函数重构为

$$W(X,Y)=\lim_{N\to\infty}\frac{1}{2\pi^2 N}\sum_{m=1}^{N}K(X\cos\theta_m+Y\sin\theta_m-x_m) \tag{10.92}$$

在实践中, 还有许多更有效、更准确的方法可以通过实验来测量 Wigner 函数 (Leonhardt, 1997). Lvovsky 和 Raymer(2009) 对量子层析扫描技术进行了全面的回顾. Smithey 等人 (1993) 对从脉冲泵浦的参量下转化过程中产生的压缩态进行了量子态 Wigner 函数的首次实验测量. Lvovsky 和 Mlnyek(2001) 测量了单光子态的 Wigner 函数,这首次显示了 Wigner 函数的非经典负值.

## 10.5 量子态的完全隐形传输

量子态隐形传输是将系统的量子态转移到另一个不同的 (可能是远程的) 系统但无需将原始系统输运过去. 听起来像魔术吗? 是的,这就是量子纠缠的魔术. 这是可能的,因为量子纠缠允许非局域关联性的存在 (Bell, 1987). 这个想法最初是由 Bennett 等人 (1993) 提出的,它用于将一个粒子的未知自旋态传送到另一个粒子上去,Bouwmeester 等人 (1997) 用偏振纠缠态的光子进行了实验演示. 然而, 用该方案隐形传送的量子态属于有限维度的离散希尔伯特空间. 具有连续变量的量子态的隐形传态是由 Vaidman(1994) 首先提出的,之后 Braustein 和 Kimble(1998) 对其进行了分析,并应用于更实际的系统. 具有连续变量的量子态的第一个隐形传态实验是由 Furusawa 等人 (1998) 完成的.

Bennett 等人和 Vaidman 的量子态隐形传态方案都要求在发送者和接收者之间共享量子纠缠. 离散方案由贝尔偏振纠缠态 (4.4.2 小节) 协助完成,而 Vaidmen 的方案则是通过 EPR 纠缠态 (4.6.2 小节) 来实现的. Bennett 等人 (1996) 在离散方案中对量子态隐形传态的实现和确认可以使用第 7 章中讨论的光子计数技术来执行 (Bouwmeester et al., 1997). Vaidman 的连续变量方案可以使用第 9 章中讨论的零拍探测技术来实现 (Furusawa et al., 1998),后者是我们在这里要讨论的.

首先,Alice 和 Bob 共享由振幅增益为 $G=\cosh r$ 的非简并 OPA (NOPA) 产生的

EPR 纠缠源的两个场 (场 2 和场 3). Alice 希望将场 1 中的由 Wigner 函数 $W_{\text{in}}$ 描述的未知态传送给 Bob. 如图 10.22 所示, Alice 通过一个 50:50 分束器将她拥有的一个 EPR 纠缠场 (场 2) 与未知态结合在一起. Bob 拥有的另一个 EPR 场 (场 3) 是未知态将被传送到的输出场. EPR 纠缠场提供了传输量子纠缠的量子通道. Alice 进行零拍探测 ($\text{HD}_X$ 和 $\text{HD}_Y$),以测量分束器之后的混合场 1′ 的 $\hat{X}_1'$ 和混合场 2′ 的 $\hat{Y}_2'$. 测量的结果是光电流 $i_{X_1'}, i_{Y_2'}$, 这些光电流通过经典信息通道传给 Bob. Bob 使用此经典信息来修改场 3,以恢复输入的未知态 $W_{\text{in}}$.

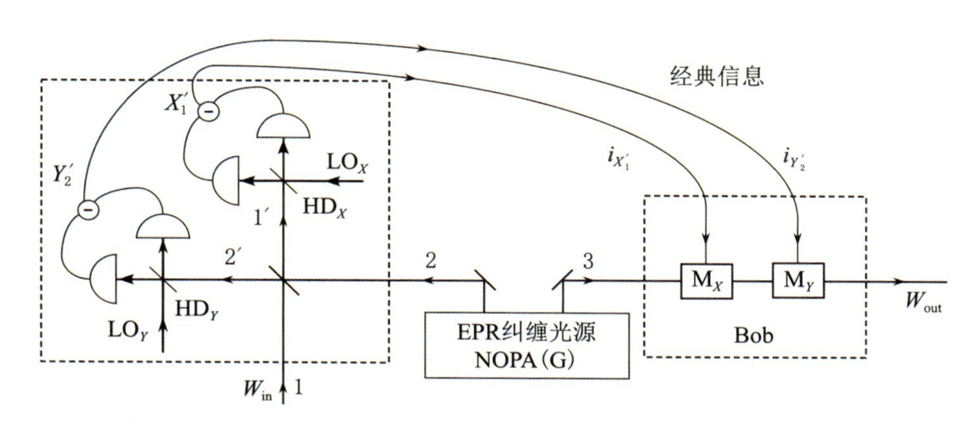


**图 10.22 利用从振幅增益为 $G = \cosh r$ 的非简并 OPA(NOPA) 产生的 EPR 纠缠源来实现具有连续变量的未知量子态隐形传输的示意图**

从方程 (10.12),我们得到 EPR 源的 Wigner 函数如下:

$$W_{\text{EPR}}(x_2, y_2; x_3, y_3) = \frac{1}{4\pi^2} \exp\left\{ -\frac{1}{4}\left[(x_3 + x_2)^2 + (y_3 - y_2)^2\right]\mathrm{e}^r - \frac{1}{4}\left[(x_3 - x_2)^2 + (y_3 + y_2)^2\right]\mathrm{e}^{-r} \right\} \tag{10.93}$$

这里,我们将变量 $x_1, y_1; x_2, y_2$ 更改为 $x_2, y_2; x_3, y_3$ 以便与图 10.22 中的符号一致. 为便于后续的分析和讨论,我们将 $r$ 转换为 $-r$.

从 6.2.3 小节中关于 50:50 分束器的 Wigner 函数转换的方程 (6.79), 我们得到 50:50 分束器之后的 Wigner 函数为

$$
\begin{aligned}
&W_{\mathrm{BS}}(x_1',y_1';x_2',y_2';x_3,y_3)\\
&=\frac{1}{4\pi^2}\exp\left\{-\frac{1}{4}\left[\left(x_3+\frac{x_1'+x_2'}{\sqrt{2}}\right)^2+\left(y_3-\frac{y_1'+y_2'}{\sqrt{2}}\right)^2\right]\mathrm{e}^{r}\right.\\
&\quad\left.-\frac{1}{4}\left[\left(x_3-\frac{x_1'+x_2'}{\sqrt{2}}\right)^2+\left(y_3+\frac{y_1'+y_2'}{\sqrt{2}}\right)^2\right]\mathrm{e}^{-r}\right\}\\
&\quad\times W_{\mathrm{in}}\left(\frac{x_1'-x_2'}{\sqrt{2}},\frac{y_1'-y_2'}{\sqrt{2}}\right)
\end{aligned}
\tag{10.94}
$$

如果我们不考虑 Bob 的场 (场 3),而只关心参与零拍探测的场,则可以通过将方程 (10.94) 中的 $x_3,y_3$ 积分来对场 3 取迹. 结果是

$$
\begin{aligned}
W_{\mathrm{BS}}(x_1',y_1';x_2',y_2')=&\frac{1}{2\pi\cosh r}\exp\left[-\frac{(x_1'+x_2')^2+(y_1'+y_2')^2}{4\cosh r}\right]\\
&\times W_{\mathrm{in}}\left(\frac{x_1'-x_2'}{\sqrt{2}},\frac{y_1'-y_2'}{\sqrt{2}}\right)
\end{aligned}
\tag{10.95}
$$

当 Alice 对 $\hat{X}_1'$ 和 $\hat{Y}_2'$ 进行零拍测量时,她获得的光电流 $i_{X_1'}$ 和 $i_{Y_2'}$ 的边缘概率为

$$
\begin{aligned}
P(i_{X_1'},i_{Y_2'})=&\int\mathrm{d}y_1'\mathrm{d}x_2'W_{\mathrm{BS}}(i_{X_1'},y_1';x_2',i_{Y_2'})\\
=&\frac{1}{2\pi\cosh r}\int\mathrm{d}y_1'\mathrm{d}x_2'\exp\left[-\frac{(i_{X_1'}+x_2')^2+(y_1'+i_{Y_2'})^2}{4\cosh r}\right]\\
&\times W_{\mathrm{in}}\left(\frac{i_{X_1'}-x_2'}{\sqrt{2}},\frac{y_1'-i_{Y_2'}}{\sqrt{2}}\right)\\
=&\frac{1}{2\pi\cosh r}\int\mathrm{d}x\mathrm{d}y\exp\left[-\frac{(i_{X_1'}\sqrt{2}-x)^2+(i_{Y_2'}\sqrt{2}-y)^2}{2\cosh r}\right]\\
&\times W_{\mathrm{in}}(x,y)
\end{aligned}
\tag{10.96}
$$

在这里我们做了变换 $x=(i_{X_1'}-x_2')/\sqrt{2}$ 和 $y=(y_1'-i_{Y_2'})/\sqrt{2}$. 这是 $W_{\mathrm{in}}$ 与宽度为 $\cosh r$ 的高斯函数之间的卷积. 当 $r\to\infty$ 时,高斯函数比 $W_{\mathrm{in}}$ 宽得多,可以将其提出积分,这样,方程 (10.96) 变为

$$
\begin{aligned}
P(i_{X_1'},i_{Y_2'})\approx&\frac{1}{2\pi\cosh r}\exp\left(-\frac{i_{X_1'}^2+i_{Y_2'}^2}{\cosh r}\right)\int\mathrm{d}x\mathrm{d}yW_{\mathrm{in}}(x,y)\\
=&\frac{1}{2\pi\cosh r}\exp\left(-\frac{i_{X_1'}^2+i_{Y_2'}^2}{\cosh r}\right)
\end{aligned}
\tag{10.97}
$$

它主要由场 2 决定,因此几乎不包含关于输入态的信息. 这是因为如果不考虑另一个场,来自 EPR 纠缠源的场处于平均光子数为 $\sinh^2 r$ 的热态,这样,叠加场在 $r\to\infty$ 时被很大的热态所主导.

但是，当对 $X_1', Y_2'$ 进行测量并得到结果为 $i_{X_1'}, i_{Y_2'}$ 时，整个系统将被投影到如下的态：

$$\hat{\rho}_{\text{proj}} = \text{Tr}_{1'2'}\left(|i_{X_1'}, i_{Y_2'}\rangle\langle i_{X_1'}, i_{Y_2'}|\hat{\rho}_{\text{sys}}\right) \tag{10.98}$$

于是，投影态的 Wigner 函数为

$$\begin{aligned}
W_{\text{proj}}(x_3, y_3) = & \int \mathrm{d}x_2'\mathrm{d}y_1' W_{\text{BS}}(x_1', y_1'; x_2', y_2'; x_3, y_3)|_{x_1'=i_{X_1'}, y_2'=i_{Y_2'}} \\
= & \frac{1}{4\pi^2}\exp\left(-\frac{x_3^2+y_3^2}{2\cosh r}\right)\int \mathrm{d}x\mathrm{d}y W_{\text{in}}(x, y) \\
& \times \exp\left\{-\frac{\cosh r}{2}\left[(x - i_{X_1'}\sqrt{2} - x_3\tanh r)^2\right.\right. \\
& \left.\left. + (y + i_{Y_2'}\sqrt{2} - y_3\tanh r)^2\right]\right\} \\
= & \frac{1}{4\pi^2}\exp\left(-\frac{x_3^2+y_3^2}{2\cosh r}\right)\int \mathrm{d}x'\mathrm{d}y' \exp\left[-\frac{\cosh r}{2}(x'^2+y'^2)\right] \\
& \times W_{\text{in}}(x' + i_{X_1'}\sqrt{2} + x_3\tanh r, y' - i_{Y_2'}\sqrt{2} + y_3\tanh r) \\
= & \frac{1}{2\pi\cosh r}\exp\left(-\frac{x_3^2+y_3^2}{2\cosh r}\right)\int \mathrm{d}x'\mathrm{d}y'\delta_r(x', y') \\
& \times W_{\text{in}}(x' + i_{X_1'}\sqrt{2} + x_3\tanh r, y' - i_{Y_2'}\sqrt{2} + y_3\tanh r)
\end{aligned} \tag{10.99}$$

其中，随着 $r\to\infty$，$\delta_r(x', y') \equiv (\cosh r/2\pi)\exp[-\cosh r(x'^2+y'^2)/2] \to \delta(x')\delta(y')$. 于是，当 $r$ 很大时，我们有

$$\begin{aligned}
W_{\text{proj}}(x_3, y_3) \approx & \frac{1}{2\pi\cosh r}\exp\left(-\frac{x_3^2+y_3^2}{2\cosh r}\right)W_{\text{in}}(x_3 + i_{X_1'}\sqrt{2}, y_3 - i_{Y_2'}\sqrt{2}) \\
= & P(x_3, y_3)W_{\text{in}}(x_3 + i_{X_1'}\sqrt{2}, y_3 - i_{Y_2'}\sqrt{2})
\end{aligned} \tag{10.100}$$

这就是被移位了的输入 Wigner 函数，它前面的系数就是方程 (10.97) 中的探测概率.

如果 Bob 在场 3 上不做任何事情，则输出态就是对 $i_{X_1'}, i_{Y_2'}$ 的积分，而得到的只是由 $P(x_3, y_3)$ 描述的热态，即 EPR 纠缠态在另一侧被舍弃后的一侧的态. 但是，如果 Bob 在从 Alice 接收到零拍探测结果 $i_{X_1'}, i_{Y_2'}$ 的信息后，在场 3 上进行 $x_3 + i_{X_1'}\sqrt{2}\to x_3$ 和 $y_3 - i_{Y_2'}\sqrt{2}\to y_3$ 的位移，他将在场 3 中获得 $W_{\text{proj}}(x_3, y_3)\propto W_{\text{in}}(x_3, y_3)$，从而恢复了输入态并将态从场 1 完全传送到场 3.

Wigner 相空间中的位移可以用相干态通过一个低耦合分束器来实现，这类似于 6.2.4 小节中讨论的方法，其中我们通过分束器将相干态与压缩真空态结合以产生相干压缩态. 通过对耦合进来的相干态进行振幅和相位调制就可以实现 $x_3\to x_3 + i_{X_1'}\sqrt{2}$ 和 $y_3\to y_3 - i_{Y_2'}\sqrt{2}$ 的位移. Furusawa 等人 (1998) 在首次连续变量量子态隐形传态实验中使用了这种策略. 此后，在实验室中实现了许多非平凡量子态的隐形传态，其中包括压缩

真空态 (Yonezawa et al., 2007),单光子态 (Lee et al., 2011) 和“薛定谔小猫”态 (Takeda et al.,2013).

## 习　题

**习题 10.1**　具有真空输入的非简并参量放大器所产生的量子态的 Wigner 函数.

从 6.1.2 小节中,我们发现具有真空输入的非简并参量放大器的输出态是一个双模压缩态,它也可以通过 50:50 分束器从两个具有 180° 相位差和 $r/2$ 压缩参数的单模压缩真空态产生 (6.2.4 小节). 因此,我们可以先写出这两个单模压缩态的 Wigner 函数 [方程 (3.177)]:

$$\begin{aligned} W_1(x,y) &= \frac{1}{2\pi}\exp\left[-\frac{1}{2}\left(x^2\mathrm{e}^r+y^2\mathrm{e}^{-r}\right)\right] \\ W_2(x,y) &= \frac{1}{2\pi}\exp\left[-\frac{1}{2}\left(x^2\mathrm{e}^{-r}+y^2\mathrm{e}^{r}\right)\right] \end{aligned} \tag{10.101}$$

在这里,我们将变量 $x_1,x_2$ 换为 $x,y$. 对 50:50 分束器使用方程 (6.79) 中的输入输出关系,证明输出的 Wigner 函数为

$$\begin{aligned} W_{\text{out}}(x_1,y_1;x_2,y_2) =&\frac{1}{4\pi^2}\exp\left\{-\frac{1}{4}\left[(x_1+x_2)^2+(y_1-y_2)^2\right]\mathrm{e}^{-r}\right. \\ &\left.-\frac{1}{4}\left[(x_1-x_2)^2+(y_1+y_2)^2\right]\mathrm{e}^{r}\right\} \\ &\to C\delta(x_1-x_2)\delta(y_1+y_2)\quad (r\to\infty) \end{aligned} \tag{10.102}$$

这就是非简并参量放大器输出的双模压缩态的 Wigner 函数.

**习题 10.2**　两个经典场的强度差涨落的极限.

考虑两个单模场的强度:$\hat{I}_A=\eta\hat{A}^\dagger\hat{A}$,$\hat{I}_B=\eta\hat{B}^\dagger\hat{B}$,其中 $\eta$ 是某个常数.

(1) 证明以下正则排序操作的结果:

$$(\hat{I}_A-\hat{I}_B)^2 = \ :(\hat{I}_A-\hat{I}_B)^2:+\eta(\hat{I}_A+\hat{I}_B) \tag{10.103}$$

这给出

$$\langle\Delta^2(\hat{I}_A-\hat{I}_B)\rangle=\langle:\Delta^2(\hat{I}_A-\hat{I}_B):\rangle+\eta(\langle\hat{I}_A\rangle+\langle\hat{I}_B\rangle) \tag{10.104}$$

(2) 使用 Glauber-Sudarshan P 表示来证明,对于处于任何经典态的 $A,B$ 场,有

$$\langle:\Delta^2(\hat{I}_A-\hat{I}_B):\rangle_{\text{cl}}\geqslant 0 \tag{10.105}$$

其中,等号在相干态时成立.

这给出了两个场的强度差涨落的经典极限:

$$\langle\Delta^2(\hat{I}_A-\hat{I}_B)\rangle_{\rm cl}\geqslant\langle\Delta^2(\hat{I}_A-\hat{I}_B)\rangle_{\rm cs}=\eta(\langle\hat{I}_A\rangle+\langle\hat{I}_B\rangle)\tag{10.106}$$

式中,“cs” 代表相干态,右式也是强度涨落的散粒噪声水平.

**习题 10.3** 振幅增益 $g$ 具有任意相位时的非简并参量放大器的量子纠缠与关联.

考虑一个非简并参量放大器,其输入和输出关系由下式给出:

$$\hat{A}=G\hat{a}+g\hat{b}^\dagger,\qquad \hat{B}=G\hat{b}+g\hat{a}^\dagger\tag{10.107}$$

其中,振幅增益 $g$ 可以是复数,即 $g=|g|{\rm e}^{{\rm i}\varphi_g}$. 在这里,相位 $\varphi_g$ 设为任意值,它通常由参量过程中泵浦场的相位决定.

(1) 定义如下的正交相位振幅: $\hat{X}_A(\theta_A)\equiv\hat{A}{\rm e}^{-{\rm i}\theta_A}+\hat{A}^\dagger{\rm e}^{{\rm i}\theta_A}$, $\hat{X}_B(\theta_B)\equiv\hat{B}{\rm e}^{-{\rm i}\theta_B}+\hat{B}^\dagger{\rm e}^{{\rm i}\theta_B}$. 如果输入场 $\hat{a},\hat{b}$ 处于真空态,证明

$$\langle\hat{X}_A(\theta_A)\hat{X}_B(\theta_B)\rangle=2G|g|\cos(\theta_A+\theta_B-\varphi_g)\tag{10.108}$$

以及

$$\begin{aligned}&\langle[\hat{X}_A(\theta_A)-\hat{X}_B(\theta_B)]^2\rangle\\&\quad=2(G^2+|g|^2)-4G|g|\cos(\theta_A+\theta_B-\varphi_g)\end{aligned}\tag{10.109}$$

当 $\theta_A+\theta_B=2n\pi+\varphi_g(n=\text{整数})$ 时,最小值为 $2(G-|g|)^2$.

(2) 现在我们定义

$$\begin{aligned}&\hat{X}_A\equiv\hat{X}_A(\theta_A-\varphi_g/2),\quad \hat{X}_B\equiv\hat{X}_B(\theta_B-\varphi_g/2)\\&\hat{Y}_A\equiv\hat{X}_A(\theta_A-\varphi_g/2+\pi/2)\\&\hat{Y}_B\equiv\hat{X}_B(\theta_B-\varphi_g/2+\pi/2)=-\hat{X}_B(\theta_B-\varphi_g/2-\pi/2)\end{aligned}\tag{10.110}$$

计算 $\langle\Delta^2(\hat{X}_A-\hat{X}_B)\rangle$ 和 $\langle\Delta^2(\hat{Y}_A+\hat{Y}_B)\rangle$, 并证明 $\langle\Delta^2(\hat{X}_A-\hat{X}_B)\rangle\langle\Delta^2(\hat{Y}_A+\hat{Y}_B)\rangle=4(G-|g|)^4$. 如果 $(G-|g|)^2<1$,这个乘积将小于 1,即展示出了 EPR 佯谬.

(3) 对于相干态 $|\alpha\rangle$ 的注入,其中 $|\alpha|^2\gg|g|^2\sim1$,计算 $\langle\hat{A}\rangle,\langle\hat{B}\rangle$ 并证明下面的自零拍探测的关系 (见 9.8 节):

$$\begin{aligned}&\hat{A}^\dagger\hat{A}\approx|\langle\hat{A}\rangle|^2+|\langle\hat{A}\rangle|[\hat{X}_A(\varphi_\alpha)-\langle\hat{X}_A(\varphi_\alpha)\rangle]\\&\hat{B}^\dagger\hat{B}\approx|\langle\hat{B}\rangle|^2+|\langle\hat{B}\rangle|[\hat{X}_B(\varphi_g-\varphi_\alpha)-\langle\hat{X}_B(\varphi_g-\varphi_\alpha)\rangle]\end{aligned}\tag{10.111}$$

(4) 利用方程 (10.111) 和方程 (10.109), 证明强度关联:

$$\langle\Delta^2(\hat{I}_A-\lambda\hat{I}_B)\rangle=\frac{\langle\hat{I}_A\rangle+\lambda^2\langle\hat{I}_B\rangle}{(G+|g|)^2} \tag{10.112}$$

其中, $\hat{I}_A=\hat{A}^\dagger\hat{A}$, $\hat{I}_B=\hat{B}^\dagger\hat{B}$, 及 $\lambda=G/|g|$. 这与方程 (10.24) 完全相同. 因此, 正如我们在 10.1.4 小节的最后所讨论的, 孪生光束中的强度关联对应于一种特殊的 EPR 型正交相位振幅关联 (对实数注入和 $g>0$ 的正振幅增益, 它就是 $\hat{X}_A-\hat{X}_B$).

**习题 10.4** 用于量子信息抽取的相敏放大器.

10.3.4 小节中讨论的相敏放大器可用于分发量子信息, 同时不会使信噪比变差. 这种类型的设备被称为"量子信息抽取"(Shapiro, 1980). 与此相反, 通过分束器分发的量子信息将会从未使用的真空端口中引入真空噪声, 而对于具有散粒噪声的输入, 输出的信噪比会降低 3 dB (Shapiro, 1980).

考虑图 10.21 中所示的相敏放大器的另一种形式, 其中我们拿走在输出端的分束器. 我们下面要研究一下这样的 NOPA 的两个输出 $\hat{a}$, $\hat{b}$ 作为输入 $\hat{a}_{\text{in}}$, $\hat{b}_{\text{in}}$ 的函数.

(1) 首先求出 $\hat{a}$, $\hat{b}$ 和 $\hat{a}_{\text{in}}$, $\hat{b}_{\text{in}}$ 之间的关系.

(2) 如果在 $\hat{a}_{\text{in}}$ 场输入相干态 $|\alpha\rangle$ 而在 $\hat{b}_{\text{in}}$ 场输入真空, 求在两个输出场 $\hat{a}$, $\hat{b}$ 的光子数. 证明它们是相位敏感的.

(3) 证明输出端的噪声对相位不敏感.

(4) 在给出最大输出的相位处, 证明信噪比的输出与输入之比由下面给出 (Levenson et al., 1993):

$$\frac{\text{SNR}_a}{\text{SNR}_{\text{in}}}=\frac{\text{SNR}_b}{\text{SNR}_{\text{in}}}=\frac{1}{2}\left(1+\frac{2Gg}{G^2+g^2}\right) \tag{10.113}$$

因此, 我们有

$$\frac{\text{SNR}_a}{\text{SNR}_{\text{in}}}+\frac{\text{SNR}_b}{\text{SNR}_{\text{in}}}=1+\frac{2Gg}{G^2+g^2} \tag{10.114}$$

它大于量子信息分发的经典极限值 1(Shapiro, 1980), 并在 $g\to\infty$ 时接近最大值 2. 这表明这个量子信息分发过程不会引入额外的噪声, 即实现了量子信息抽取.

# 第 11 章

# 相位测量中的量子噪声

在第 10 章中，我们已经在线性干涉仪中讨论了相位测量的灵敏度及其标准量子极限．但是，实现相位测量的方法有很多种，并不局限于线性干涉仪．一方面，对光场来说，相位这个概念是从经典物理中引入用来描述光场的波动状态的；另一方面，我们发现在量子力学中，相位并不能与任何可以用厄米算符表示的物理可观测量联系起来．所以，在量子力学中，我们只能把相位当作一个参数，这与时间类似．此外，相位的概念适用于各种波动，用来描述其振荡状态，这种振荡状态对很多物理量都是敏感的．例如，原子或电子的物质波可以形成物质波干涉仪，其相位差对重力敏感．因此，相位测量具有广泛的意义，与许多物理量的精密测量密切相关．

零拍测量是一种相位测量，其输入场和本地光场干涉产生对相位敏感的光电流，相位测量就是这种量子光学技术的一种应用．实际上，我们在第 10 章已经研究了在马赫–曾德尔干涉仪和迈克耳孙干涉仪中的相位测量．但鉴于相位测量的普遍性和重要性，我们将在这一章对它进行集中讨论．我们将给出相位测量的终极量子极限，即海森伯极限的一般推导，并进行一些一般性的讨论．此外，将引入一种基于非线性相互作用的新型干涉仪. 最后,相位测量技术也可以应用于光场振幅的测量中,这将引出相位和振幅联合测量的话题.

## 11.1　相位测量的一般性讨论

一方面,众所周知,电磁场的量子性质限制了光场物理量的测量精度. 一般认为,在光的任意态下,海森伯测不准关系设定了测量灵敏度的下限. 另一方面,如果允许我们将系统置于某些特定的量子态下,根据量子测量理论,只要这些量子态是代表量子力学中物理量的算符的本征态,就可以使这个物理量的测量提升到任意精度. 然而,对于光场的相位,答案并不那么简单,这主要是因为对一个量子化了的光场模式,在无限维态空间中不存在相位的厄米算符 (Dirac, 1927; Heitler, 1954; Susskind et al., 1964; Caruthers et al., 1968). 而在有限维态空间中,为找到相位的量子力学算符而用到的更现代的方法给出了以下极限状态下的态 (Pegg et al., 1988, 1989; Barnett et al., 1990):

$$|\theta\rangle = \lim_{s\to\infty}(s+1)^{-1/2}\sum_{m=0}^{s}\mathrm{e}^{\mathrm{i}m\theta}|m\rangle \tag{11.1}$$

类似于位置算符的本征态 (通过极限过程定义),它是一个 (也由极限过程定义的) 相位算符的本征态. 然而,方程 (11.1) 中的相位态存在一个问题:在极限过程中,这个相位态的平均光子数趋于无穷. 因此它不是物理上真实存在的态,这反映了在寻找相位的物理算符时所遇到的困难. 一个普遍共识是,在能量资源无限的情况下,我们可以测量相移到任意精度,但对于实际的有限能量系统,无论如何定义相位,相位测量的精度都是有限的.

除了那些为解决定义量子相位所产生的困难而在理论方面所作出的努力和尝试之外,另一种方法是从实验的角度出发,利用与测量过程相关的实验操作来定义相位 (Noh et al., 1991, 1992, 1993). 然而,这种方法在平均光子数很低时遇到了一些困难. 研究表明,问题出在用于测量的光子计数技术具有离散形式的输出 (Ou et al., 2003),这是场量子化的固有特性 (稍后我们将证明,这一特性也可用于推导相位精密测量中的海森伯极限). 因此,这为理解量子力学的相位问题提供了另一个视角:相位是一个基于连续波图像的经典概念,用于描述波的振荡状态. 这种相位的连续波图像与量子描述中量子场的能量离散性是不相容的，除非总能量趋于无穷大，从而使离散性转化为连续性，如我们在 2.3.3 节所示. 这时，量子描述通过对应原理过渡到经典描述.

另外，我们确实在系统量子叠加态的描述中看到一个类似于相位的量：

$$|\Psi\rangle = c_1 e^{i\varphi_1}|\psi_1\rangle + c_2 e^{i\varphi_2}|\psi_2\rangle = e^{i\varphi_1}\left(c_1|\psi_1\rangle + c_2 e^{i\Delta\varphi}|\psi_2\rangle\right) \tag{11.2}$$

其中，$c_1, c_2 \geqslant 0$. 这里，$\Delta\varphi$ 具有我们在光学中所熟悉的与经典相位有关的所有性质，因为它的改变会导致在对方程 (11.2) 中的叠加态进行测量时所产生的干涉条纹的漂移. 但是这个相位量还依赖于其他的物理量，比如光场的传播距离和加在原子态上的磁场. 干涉仪的输出对这个相位参数的变化非常敏感，因此相位的测量是各种物理量精密测量的基础.

上面讨论的相位往往作为模式函数的一部分而出现，例如光场的 $e^{ikz}$ 或时间演化函数 $e^{i\omega t}$，其中 $\omega$ 可能依赖于作用在原子态上的磁场. 在这些情况下，相位是一个依赖于其他物理量的参数. 因此，所有问题都归结为如何通过对系统量子态的测量来估算相位参数 $\Delta\varphi$.

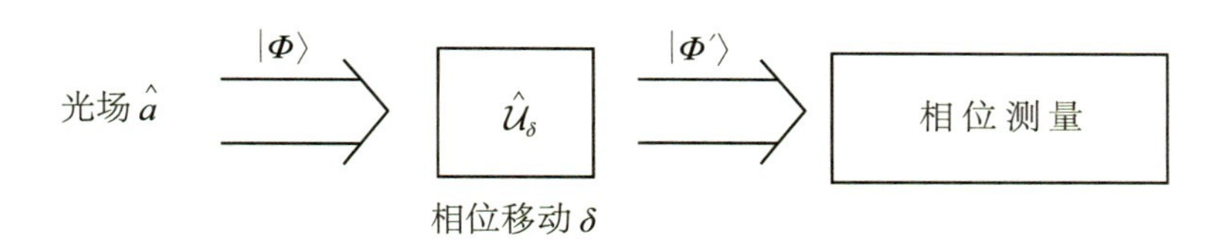


**图 11.1　在光场 $\hat{a}$ 上的相位移动 $\delta$ 将其量子态从 $|\Phi\rangle$ 变为 $|\Phi'\rangle$**

具体到光的量子理论中，如果线性光学元件在单模光场上引起了相位移动 $\delta$，那么它可以用量子态演化的幺正算符来描述：

$$\hat{U}_\delta = \exp(i\hat{n}\delta) \tag{11.3}$$

这里，$\hat{n} = \hat{a}^\dagger\hat{a}$ 是光子数算符，其中 $\hat{a}$ 是光场模式的湮灭算符 (有关单模场的演化，见 3.2.3 小节). 如果光场处于 $|\Phi\rangle$ 态，则相移后的态变为 $|\Phi'\rangle = \hat{U}_\delta|\Phi\rangle$(见图 11.1). 然后我们可以对 $|\Phi'\rangle$ 进行量子测量，以估算相移 $\delta$ 的大小. 事实上，测量 $\delta$ 在精密测量中起着至关重要的作用，在实际应用和基础研究中都具有广泛的应用.

测量 $\delta$ 最常用的方法是通过将 $|\Phi'\rangle$ 与某个参考光场进行比较的干涉法. 零拍测量是输入场与很强的本地光 (LO) 之间的一种干涉现象，其中本地光为参考光场. 在 11.3 节中，我们将介绍一些不同于传统干涉法 (如马赫–曾德尔干涉仪) 的相位测量的一般方案.

### 11.1.1 相位精密测量中的终极量子极限

因为在现实的物理世界中,我们只有有限的能量,所以在本章中,我们将讨论内容限制在有限能量的约束下. 既然如此,我们还能用有限的能量任意提高相位测量的精度吗? 从某种意义上说,无法在有限光子数的情况下找到相位的本征态就意味着对这个问题的否定回答. 对相位测量精度极限最直接的传统推导来自相位和光子数的海森伯测不准原理 (Dirac, 1927; Heitler, 1954):

$$\Delta\phi\Delta N \geqslant 1 \tag{11.4}$$

其中, $\Delta\phi$ 和 $\Delta N$ 分别是相位和光子数的涨落. 因此, 由光的粒子性引起的散粒噪声 ($\Delta N = \sqrt{\langle\Delta^2 N\rangle} \sim \sqrt{\langle N\rangle}$),将给出相位测量灵敏度所谓的散粒噪声极限或标准量子极限 (SQL):

$$\Delta\phi_{\text{SQL}} \gtrsim \frac{1}{\sqrt{\langle N\rangle}} \tag{11.5}$$

另外, 量子力学对光子数的涨落 $\Delta N$ 没有任何限制. 从直觉上来讲, 由于能量的限制, $\Delta N$ 应该受到平均光子数的约束,即 $\langle\Delta^2 N\rangle \sim O(\langle N\rangle^2)$. 因此,给定光子的平均数,相位精密测量的极限应为所谓的海森伯极限:

$$\Delta\phi_{\text{HL}} \gtrsim \frac{1}{\langle N\rangle} \tag{11.6}$$

注意,海森伯极限应理解为平均光子数很大时的渐近极限,即对于很大的平均光子数,相位不确定性将接近 $\langle N\rangle^{-1}$ 的量级. 我们在这一章都将这样处理.

然而,Shapiro 等人 (1989) 提出了以下的光子态可以作为相位精密测量的最佳态:

$$|\Phi\rangle_{\text{ssw}} = A\sum_{m=0}^{M}\frac{1}{m+1}|m\rangle \qquad (M \gg 1,\ \ A \simeq \sqrt{6/\pi^2}) \tag{11.7}$$

令人惊讶的是, 这种态的光子数涨落 $\langle\Delta^2 N\rangle$ 在 $M$ 很大时大约为 $\exp(\langle N\rangle/A^2)$. 因此, 方程 (11.4) 将给出 $\Delta\phi \gtrsim \exp(-\langle N\rangle/A^2)$ 的极限,这在 $\langle N\rangle$ 很大时要比方程 (11.6) 的海森伯极限好很多.

事实上,方程 (11.4) 的有效性在一般情况下不成立 (Susskind et al., 1964). 例如,对于真空态,方程 (11.4) 的左侧显然为零,从而违反了不等式. 因此,基于方程 (11.4) 中的海森伯测不准关系的推导在一般情况下不能成立,这样,下面的问题仍然没有答案:给定光子总数的平均数,相位精密测量的极限是什么? 接下来,我们将证明相位测量精度的最终量子极限正是方程 (11.6) 中给出的海森伯极限.

1. 一个简单的推导

在经典物理中,相位只是用来描述光场复振幅的幅角. 许多因素可能导致相位的改变. 传统的相移测量方法是干涉法. 这种方法依赖于光的干涉效应来比较两条路径中的相位. 如果我们固定一条路径的相位延迟,干涉仪输出光强任何能够测到的变化都将是由在另一条路径上发生的相位移动所引起的,从而对这个相位移动进行了测量. 更具体地说,如图 11.2 所示,相干光场被分束器分为两个场,然后再重新叠加形成干涉条纹. 如果干涉仪的两臂被适当地平衡,输出光强则有下列形式:

$$I_{\text{out}} = I_{\text{in}}(1 - \cos\phi)/2 \tag{11.8}$$

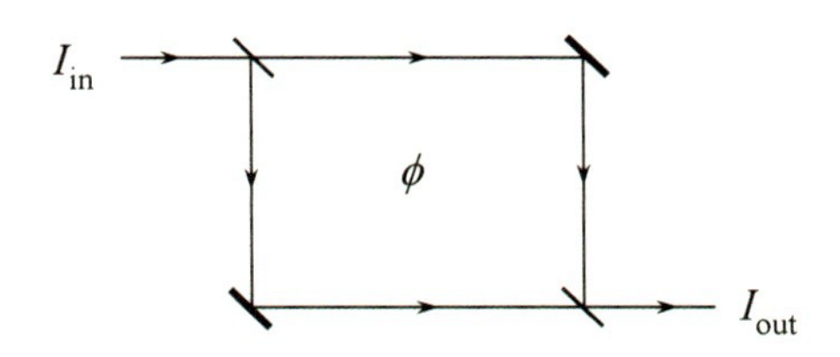


**图 11.2　用马赫–曾德尔干涉仪进行的相位测量**

其中,$I_{\text{in}}$ 是输入光场的强度,$\phi$ 是两个干涉路径之间的相对相位差. 如果输入光场具有一个固定的振幅,那么输出光强中的任何变化 $\Delta I_{\text{out}}$ 都必须来自相位差的变化 $\Delta\phi$. 当 $\phi$ 被设为 $\pi/2$ 时,灵敏度最高:

$$\Delta I_{\text{out}} = I_{\text{in}}\Delta\phi/2 \tag{11.9}$$

从经典意义上讲,光强的变化 $\Delta I_{\text{out}}$ 是不受限制的. 因此,原则上讲,对于可以测量到的相移 $\Delta\phi$ 的大小没有任何限制. 然而,在量子理论中,光的粒子性不允许能量的无限分割,这便设置了 $\Delta I_{\text{out}}$ 的下限. 我们可以用光子数将方程 (11.9) 重写为

$$\Delta N_{\text{out}} = N_{\text{in}}\Delta\phi/2 \tag{11.10}$$

其中,$N_{\text{in}}$ 是总的输入光子数,$\Delta N_{\text{out}}$ 是输出光子数的变化. 量子理论允许的最小 $\Delta N_{\text{out}}$ 为 1,对应于一个量子的变化. 因此,相位测量的量子极限为

$$\Delta\phi \geqslant \frac{1}{N} \quad (N = N_{\text{in}}/2) \tag{11.11}$$

这就是海森伯极限. $N = N_{\text{in}}/2$ 是干涉仪中发生了相移的那一路的光子总数.

此外，如果用光的经典态作为干涉仪的输入，则输出的光子统计在最好的情况下是泊松分布，即 $\Delta N_{\text{out}} \geqslant \sqrt{N_{\text{out}}}$. 但是在为了获得最佳灵敏度而设置 $\phi = \pi/2$ 时，$N_{\text{out}} = N_{\text{in}}/2 = N$. 因此，从方程 (11.10)，我们得出了传统干涉仪的标准量子极限 (Caves, 1981)：

$$\Delta\phi_{\text{SQL}} \geqslant 1/\sqrt{N} \tag{11.12}$$

这样，为了超越标准量子极限，以达到海森伯极限，我们就必须采用光的非经典态.

上面关于海森伯极限的半经典推导与输入场无关，即使我们用量子力学来描述光场，推导也同样成立. 然而，它仅限于用干涉方法测量相位的这种特定方案以及对强度进行测量的探测方案. 即使如此，上述半经典推导清楚地表明，在相位精密测量中，正是光场的量子化导致了海森伯极限. 接下来，我们将给出另一个更一般的海森伯极限的推导，它不依赖于相位测量的具体方案.

2. 利用量子力学互补原理进行的一般性推导

量子力学的互补原理 (Bohr, 1983) 涉及光的波和粒子二象性. 虽然光同时表现出类似波和粒子的行为，但是两者不可能同时被观察到. 当我们将互补原理应用于干涉现象时，我们发现在单个实验中不可能获得光子在两条可能的干涉路径中走哪一条的完整信息，而同时又观察到干涉效应. 换言之，如果我们确切地知道光子从两个可能的干涉路径中的哪一个到达探测器，则干涉效应将消失，而干涉效应的出现总是光子路径不可分辨性的体现. 用一种更为量化的语言来讲就是，干涉条纹的可见度和光子路径的信息通过一个不等式联系起来，这个不等式设置了路径信息量和干涉效应的可见度的上限 (Mandel, 1991; Englert, 1996). 如果我们确切地知道光子经过哪条路径，可见度即为零，而干涉条纹 100% 的可见度将导致我们根本无法得到光子走哪条路径的信息. 如果我们有关于光子通过哪条路径的部分信息，干涉的可见度将介于 0 和 1 之间. 此外，更进一步地讲，如果我们在不干扰干涉系统的情况下也能区分两个干涉路径，即使这种可能只在原理上存在，那么所有干涉现象也会消失. 请注意，为了使干涉消失，我们实际上不必进行实验来区分路径，仅仅有能执行它的可能就足以抑制干涉效应 (Zajonc et al., 1991). 这条对互补原理的补充是我们在下面推导相位精密测量终极量子极限的关键.

考虑图 11.3 中所示的单光子干涉仪. 在其中一个干涉路径 (场 $\hat{A}$) 中，我们添加了一个设备，该设备将场 $\hat{A}$ 与另一个标记为 $\hat{a}$ 的光场耦合，并允许在不破坏光子的情况下测量 $\hat{A}$ 中的光子数. 这是一种光子数的量子非破坏测量 (QND)(Braginsky et al., 1992). 这样，我们就可以在不破坏单光子的情况下 (不干扰系统的光子数) 获得单光子的路径信息. 我们已经知道,光的克尔效应可以用于实现光子数的 QND 测量 (Milburn et al., 1993; Imoto et al.,1985; Kartner et al., 1993). 在这种情况下, 被测量的场 (图 11.3 中的 $\hat{A}$) 的光子将在另一个被称为探测光的光场上 (图 11.3 中的 $\hat{a}$) 引起一个相位移动. 对探测光上相移的测量可以提供关于 $\hat{A}$ 场光子数的信息, 并将影响其干涉图样. 因此,该干涉系统为利用互补原理来讨论相位测量精度提供了一个平台. Sanders 和 Milburn(1989) 第一个建立起了这种关系. 下面用它来推导相位精密测量的极限.

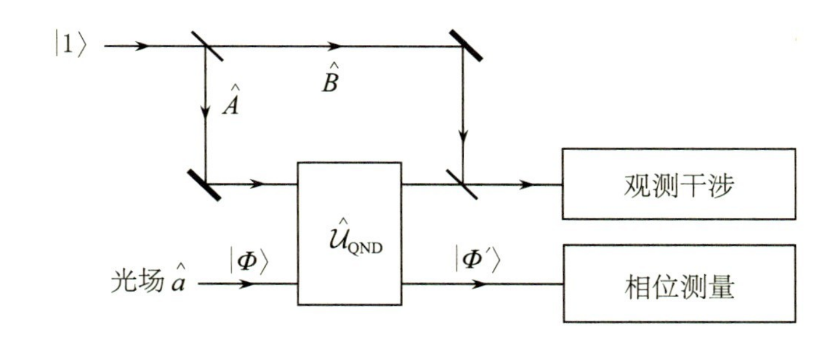


**图 11.3　单光子干涉与相位测量**

在单光子马赫–曾德尔干涉仪中用 QND 测量装置测量其中一个臂上的光子数,以获得光子走哪个路径的信息.

在用光的克尔相互作用测量光子数的量子非破坏测量 (QND) 中,两个场 $\hat{A}$ 和 $\hat{a}$(一个称为信号光,另一个称为探测光) 通过克尔介质互相耦合,其量子态的演化由下面的幺正算符决定 (Kartner et al., 1993):

$$\hat{\mathcal{U}}_{\mathrm{QND}} = \mathrm{e}^{\mathrm{i}\kappa\hat{a}^\dagger\hat{a}\hat{A}^\dagger\hat{A}} \tag{11.13}$$

其中, $\kappa$ 是一个参数, 它取决于相互作用的强度, 并且是可调整的. 为了进一步了解 $\kappa$ 的物理意义, 假设 QND 设备的输入态为信号场 $\hat{A}$ 处于单光子态而探测场 $\hat{a}$ 处于与图 11.1 类似的任意的态 $|\Phi\rangle$. 那么,这两个场的输出态为

$$\hat{\mathcal{U}}_{\mathrm{QND}}|1\rangle_A|\Phi\rangle_a = |1\rangle_A\mathrm{e}^{\mathrm{i}\kappa\hat{a}^\dagger\hat{a}}|\Phi\rangle_a = |1\rangle_A|\Phi'\rangle_a \tag{11.14}$$

于是, 根据方程 (11.3), 探测场 $\hat{a}$ 将由于信号场 $\hat{A}$ 中的单光子输入而引起一个相移 $\kappa$. 此外,如果场 $\hat{A}$ 的输入态是 $N$ 光子态 $|N\rangle_A$,则很容易看到场 $\hat{a}$ 的相移将是 $N\kappa$. 这样, $\kappa$ 便是由场 $\hat{A}$ 中单个光子引起的在场 $\hat{a}$ 上的相移.

接下来,我们在探测场 $\hat{a}$ 上进行某种测量,以估计相移的大小 (见图 11.1). 一方面,如果我们能用精度优于 $\kappa$ 的任何方法测量出场 $\hat{a}$ 中的相移,我们就能够判断光子是否在

路径 $\hat{A}$ 上. 因此,在单光子干涉仪的一个臂上使用该测量设备,我们就可以得到光子走哪条路径的信息,并且根据互补原理,干涉效应将消失. 另一方面,如果我们能在图 11.3 中的单光子干涉仪中观察到 100% 的可见度,则意味着无论我们使用何种方法或策略来测量相移,都不可能在场 $\hat{a}$ 中检测到大小为 $\kappa$ 的相移. 这样,干涉仪的可见度直接关系到我们能否分辨出单光子引起的相移 $\kappa$.

现在让我们来看看在路径 $\hat{A}$ 中带有 QND 设备的单光子干涉仪的可见度. 假设一个单光子态被注入到干涉仪的一个输入端口,而为更一般起见,我们将探测场 $\hat{a}$ 置于由密度算符 $\hat{\rho}_a$ 描述的混合态. 于是,整个系统的输入态由下面的密度算符描述:

$$\hat{\rho}_{\text{tot}} = |1\rangle\langle 1| \otimes \hat{\rho}_a \tag{11.15}$$

在第一个分束器之后,系统的量子态变为

$$\hat{\rho}'_{\text{tot}} = |\psi\rangle\langle\psi| \otimes \hat{\rho}_a \tag{11.16}$$

其中

$$|\psi\rangle = \frac{1}{\sqrt{2}}\Big(|1\rangle_A|0\rangle_B + |0\rangle_A|1\rangle_B\Big) \tag{11.17}$$

通过 QND 设备后,系统的态具有下面的形式:

$$\begin{aligned}\hat{\rho}''_{\text{tot}} =& \hat{\mathcal{U}}_{\text{QND}}\hat{\rho}'_{\text{tot}}\hat{\mathcal{U}}^\dagger_{\text{QND}} = \mathrm{e}^{\mathrm{i}\kappa\hat{a}^\dagger\hat{a}\hat{A}^\dagger\hat{A}}\hat{\rho}'_{\text{tot}}\mathrm{e}^{-\mathrm{i}\kappa\hat{a}^\dagger\hat{a}\hat{A}^\dagger\hat{A}} \\ =& \frac{1}{2}\Big(|1_A,0_B\rangle\langle 1_A,0_B|\mathrm{e}^{\mathrm{i}\kappa\hat{a}^\dagger\hat{a}}\hat{\rho}_a\mathrm{e}^{-\mathrm{i}\kappa\hat{a}^\dagger\hat{a}} + |0_A,1_B\rangle\langle 0_A,1_B| \\ &+ |0_A,1_B\rangle\langle 1_A,0_B|\hat{\rho}_a\mathrm{e}^{-\mathrm{i}\kappa\hat{a}^\dagger\hat{a}} + |1_A,0_B\rangle\langle 0_A,1_B|\mathrm{e}^{\mathrm{i}\kappa\hat{a}^\dagger\hat{a}}\hat{\rho}_a\Big)\end{aligned} \tag{11.18}$$

从这个态,我们可以计算在干涉仪的一个输出端口探测到光子的概率:$P_\pm = \langle\hat{A}^\dagger_\pm\hat{A}_\pm\rangle$,其中 $\hat{A}_\pm = (\hat{A} \pm \mathrm{e}^{\mathrm{i}\phi}\hat{B})/\sqrt{2}$,其形式为

$$P_\pm = \frac{1}{2}[1 \pm v\cos(\phi - \epsilon)] \tag{11.19}$$

其中,可见度是

$$v = \left|\mathrm{Tr}(\mathrm{e}^{\mathrm{i}\kappa\hat{a}^\dagger\hat{a}}\hat{\rho}_a)\right| \tag{11.20}$$

而 $\epsilon$ 为 $\mathrm{Tr}(\mathrm{e}^{\mathrm{i}\kappa\hat{a}^\dagger\hat{a}}\hat{\rho}_a)$ 的相位 (Sanders et al., 1989). 对于单模场,$\hat{\rho}_a$ 在数态基中具有如下的一般形式:

$$\hat{\rho}_a = \sum_{m,n}\rho_{mn}|m\rangle\langle n| \tag{11.21}$$

因此,干涉图案的可见度为

$$v = \left|\sum_m P_m\mathrm{e}^{\mathrm{i}m\kappa}\right| \tag{11.22}$$

其中,$P_m = \rho_{mm}$. 为了与 100% 的可见度进行比较,让我们对 $1 - v$ 这个量进行如下计算:

$$
\begin{aligned}
1 - v &= 1 - \left|\sum_m P_m \mathrm{e}^{\mathrm{i}m\kappa}\right| \leqslant \left|1 - \sum_m P_m \mathrm{e}^{\mathrm{i}m\kappa}\right| \\
&= 2\left|\sum_m P_m \mathrm{e}^{\mathrm{i}m\kappa/2} \sin\frac{m\kappa}{2}\right| \leqslant 2\sum_m P_m \left|\sin\frac{m\kappa}{2}\right|
\end{aligned} \tag{11.23}
$$

其中,我们使用了 $\sum\limits_m P_m = 1$. 在方程 (11.23) 中使用不等式 $\sin x < x$,我们得到以下不等式:

$$
1 - v < \langle N\rangle\kappa \quad 或 \quad \langle N\rangle > \frac{1-v}{\kappa} \tag{11.24}
$$

其中,$\langle N\rangle \equiv \sum\limits_m mP_m$ 为场 $\hat{a}$ 中的平均光子数. 这个不等式设定了场 $\hat{a}$ 所需的总平均光子数的下限,以使得在对场 $\hat{a}$ 的相位测量中能分辨出 $\kappa$ 的相移. 这个结论是根据如下推理得到的:如果我们无论使用任何方法可以分辨出场 $\hat{a}$ 中的相移 $\kappa$ 时,我们就可以判断进入干涉仪的光子是通过单光子干涉仪中的路径 $\hat{A}$ 还是 $\hat{B}$. 根据互补原理,由于我们知道了光子走哪条路径的信息,干涉仪中的干涉效应将消失或等效地,$v \sim 0$. 于是,从方程 (11.24),我们发现场 $\hat{a}$ 中的总平均光子数必须满足 $\langle N\rangle \gtrsim 1/\kappa$,它便给出了为分辨相移 $\kappa$ 场 $\hat{a}$ 所需光子数的下限. 此外,方程 (11.24) 还可以写成

$$
\kappa > \frac{1-v}{\langle N\rangle} \tag{11.25}
$$

它设定了在给定了场 $\hat{a}$ 中可用光子的总平均数时最小可测得相移的下限. 如果相位移动 $\kappa$ 可以通过任何方式被测出来,如前面的推导所示,这将导致干涉图案的消失或 $v \sim 0$. 从方程 (11.25),我们有 $\kappa \gtrsim 1/\langle N\rangle$. 这样,场 $\hat{a}$ 的最小可测相移大约为 $1/\langle N\rangle$ 或海森伯极限.

上面的推导适用于场 $\hat{a}$ 中只有一个模式的情况. 如果有多模场探测相移,该情况相当于相位的多测量方案 (Shapiro et al., 1989; Braunstein et al., 1992; Lane et al., 1993; Braunstein, 1992). 多测量方案将可用的能量分给多个场,每个场感应相同的相移. 我们可以基于量子信息理论,对测量策略进行优化,以计算相移. 对于这种测量方案,我们可以做出类似于单模情况的推导,但是需要修改用于 QND 测量的幺正算符,以包括对多个场的耦合. 修正后的幺正算符具有以下形式:

$$
\hat{U}_{\mathrm{QND}} = \exp\left[\mathrm{i}\kappa\hat{A}^\dagger\hat{A}\sum_j \hat{a}_j^\dagger\hat{a}_j\right] \tag{11.26}
$$

其中,湮没算符 $\hat{a}_j$ 所代表的多模场与单模场 $\hat{A}$ 相互耦合,该单模场是单光子干涉仪的一个分支. 注意,方程 (11.26) 中的幺正算符涉及一个假想的相互作用,这里使用它纯粹是为了进行推理. 可以很容易地看到,场 $\hat{A}$ 中的单个光子会在所有模式 $\{\hat{a}_j\}$ 中都引起相移 $\kappa$. 我们可以对所有模式进行联合测量来计算相移. 用与前面单模情况相同的推理过程,我们可以很容易地证明,联合相位测量的精度不能优于 $\langle N_{\text{tot}}\rangle^{-1}$,其中 $\langle N_{\text{tot}}\rangle = \sum_j \langle\hat{a}_j^\dagger\hat{a}_j\rangle$ 为所有模式中总的平均光子数. 因此,我们将终极量子极限的证明推广到了多模情形. 此外,我们在这里并没有具体说明能量是如何在不同模式之间分配的. 因此,这一推理过程适用于能量分布不均的情况,也适用于所有涉及的场中能量平均分配的情况 (Shapiro et al., 1989; Braunstein et al., 1992; Lane et al., 1993; Braunstein, 1992).

注意,尽管干涉的消失 ($v\sim 0$) 依赖于分辨相移 $\kappa$ 的能力,但我们并不需要实际进行相移的测量. 实际上,仅仅使探测场 $\hat{a}$ 通过就足以令单光子干涉效应消失. 要知道其中原因,我们只需注意,虽然场 $\hat{A}$ 中的单光子可以导致场 $\hat{a}$ 中的 $\kappa$ 相移,场 $\hat{a}$ 对场 $\hat{A}$ 的影响也是相同的:它也会根据场 $\hat{a}$ 中的光子数在场 $\hat{A}$ 中引起相移. 如果光场 $\hat{a}$ 的光子数有大的起伏,它将会引起场 $\hat{A}$ 的相位起伏,而且如果这个相位起伏足够大,无论是由于 $\kappa$ 的大小还是场 $\hat{a}$ 光子数的波动,则单光子干涉仪中的干涉条纹将被平均掉,从而导致 $v\sim 0$. 从下面的例子中我们可以看到这样的结果. 在这些例子中,我们得到了场 $\hat{a}$ 处于某些已知量子态时可见度的具体表示形式. 使用方程 (11.22),我们可以直接计算各种已知态的可见度:

(1) 对于相干态 $|\alpha\rangle$,$v=\mathrm{e}^{-|\alpha|^2(1-\cos\kappa)}$,并当 $\kappa\ll 1$ 时,$v\approx \mathrm{e}^{-\langle N\rangle\kappa^2/2}$(Sanders et al., 1989). 于是,当 $\langle N\rangle \gg 1/\kappa^2$ 时,$v\sim 0$,这与用相干态干涉仪测量得到的相位测量灵敏度的散粒噪声极限 $1/\sqrt{\langle N\rangle}$ 一致. 在这种情况下,光子数涨落为 $\langle\Delta^2 N\rangle=\langle N\rangle$,这导致单光子干涉仪的相位涨落为 $\Delta\phi=\kappa\sqrt{\langle N\rangle}$. 当 $\Delta\phi=\kappa\sqrt{\langle N\rangle}\sim\pi$ 时,干涉条纹将消失.

(2) 对于密度矩阵为 $\hat{\rho}_{\text{th}}=\sum_n P_n|n\rangle\langle n|$(其中,$P_n=\langle N\rangle^n/(\langle N\rangle+1)^{n+1}$) 所描述的热态:

$$
\begin{aligned}
v &= \frac{1}{[1+4\langle N\rangle(\langle N\rangle+1)\sin^2\kappa/2]^{1/2}} \\
&\simeq \frac{1}{[1+\langle N\rangle^2\kappa^2]^{1/2}} \quad (\langle N\rangle\gg 1,\kappa\ll 1)
\end{aligned}
\tag{11.27}
$$

注意,$v$ 只有在 $\kappa\gtrsim 1/\langle N\rangle$ 时才与 100% 显著不同,这与海森伯极限一致. 同样,热态的光子数涨落为 $\langle\Delta^2 N\rangle=\langle N\rangle^2$,其所引起的相位涨落为 $\Delta\phi=\kappa\langle N\rangle$. 这与方程 (11.27) 一致.

(3) 对于方程 (11.1) 中的相位态:

$$v=\lim_{s\to\infty}\frac{1}{s+1}\left|\frac{\sin(s+1)\kappa/2}{\sin\kappa/2}\right|=0\quad(\kappa\neq 0)\tag{11.28}$$

这反映了如下事实:在这种态中,无论相移有多小,都有可能对相位进行精确的测量. 另外,对于有限的 $s$,我们有 $v=|\text{sinc}[(s+1)\kappa/2]/\text{sinc}(\kappa/2)|$,而且 $v$ 只有在 $\kappa\gtrsim 2/s=1/\langle N\rangle_\theta$ 时才与 100% 不同.

(4) 对于数态 $|M\rangle$,$v=1$,即无论 $\langle N\rangle=M$ 有多大,都不可能分辨相移. 这是因为光子数态不会引起相位起伏,并且由于数态相位的随机性,它不适合测量相移 $\kappa$.

(5) 从 (1) 和 (2) 的例子中,我们发现光子数涨落对单光子干涉可见度的消失起了一定的作用. 但是它们没有必然的联系. 例如,方程 (11.7) 的相位态具有很大的光子数涨落,当 $\langle N\rangle\gg 1$ 以及 $\kappa\ll 1$ 时,$v\simeq 1-6\kappa/\pi$. 因此,对于 $\kappa\ll 1$,$v\simeq 1$,这意味着方程 (11.7) 中的态不适合作为探测场 $\hat{a}$ 来探测它的小相移. 事实上,许多研究表明,方程 (11.7) 中的态所具有的相位分布不适合高精度相移测量 (Schleich et al., 1991; Braunstein et al., 1992; Lane et al., 1993).

令人困惑的是,我们在上面的例子 (2) 中注意到,对于热态,干涉图形的消失 ($v\sim 0$) 未必与是否存在一个对这个态进行测量并能分辨相移 $\kappa$ 的方案有关,因为在例子 (2) 中,当 $\langle N\rangle\kappa\gg 1$,我们总能得到 $v\sim 0$,但相位移动后的热态 $\rho'=\hat{U}\hat{\rho}\hat{U}^\dagger=\rho$ 不包含任何有关这个相移的信息. 这一事实似乎与互补原理相矛盾,这个原理说的是,如果在原则上不存在找到路径信息的方法时,总是应该有干涉条纹的. 为了解决这一困扰,我们必须指出这样一个事实:混合态是由于我们对其他与之相关联的态取迹而获得的,取迹的原因是我们对这些态不感兴趣 (例如热态的热库场). 一旦我们扩大态空间,将这些相关态引入,使之成为纯态,整个系统就会携带相移信息了. 现在的问题是:是否总是存在这样一个相位测量方案,每当这个改变了的量子态被用在场 $\hat{a}$ 中来测量相移时,它可以分辨相位移动 $\kappa$,并使得单光子干涉仪的 $v=0$? 我们将在 11.1.3 小节讨论相位测量的一般方案时再回到这个问题上.

## 11.1.2 达到海森伯极限的必要条件

目前已知利用压缩态的干涉仪可以达到海森伯极限 (Bondurant et al., 1984),其他一些方案也具有相同的灵敏度 (Yurke et al., 1986; Holland et al., 1993; Jacobson et al.,

1995). 但是能够达到海森伯极限的相位测量方案并不常见. 例如,利用相干态的干涉仪测量仅达到 $1/\sqrt{\langle N\rangle}$ 的灵敏度,或标准量子极限 (SQL). 正如我们在方程 (11.12) 中所证明的,如果在图 11.2 所示的传统干涉仪中使用经典光源,则灵敏度总是受限于标准量子极限或 $1/\sqrt{\langle N\rangle}$. 为了达到海森伯极限,我们必须使用非经典光源. 那么,在相位测量方案中,对能够达到海森伯极限的光场一般有什么要求?

让我们考虑那些光子数起伏相对较小的态以至于对于很大的 $\langle N\rangle$,它有

$$\langle\Delta^2 N\rangle \ll \langle N\rangle^2 \tag{11.29}$$

我们将在探测场 $\hat{a}$ 中使用这些态,而在单光子干涉仪中使用的 QND 测量装置具有如下的耦合常数:

$$\kappa \sim \frac{1}{\langle N\rangle} \tag{11.30}$$

这也是由场 $\hat{A}$ 中的单个光子所引起的在场 $\hat{a}$ 上的相移. 进一步假设这些态的光子分布概率 $P_m$ 是平滑的, 因此对于那些满足 $|m-\langle N\rangle| > \sqrt{\langle\Delta^2 N\rangle}$ 的 $m$, 光子分布概率 $P_m \sim 0$. 因此, 在方程 (11.22) 的可见度公式中对求和的贡献仅来自那些具有 $|m-\langle N\rangle| \lesssim \sqrt{\langle\Delta^2 N\rangle}$ 的项,于是我们可以将方程 (11.22) 近似为

$$v \approx \left|\sum_{|m-\langle N\rangle|\lesssim\sqrt{\langle\Delta^2 N\rangle}} P_m \mathrm{e}^{\mathrm{i}m\kappa}\right| \tag{11.31}$$

但对于 $|m-\langle N\rangle| \lesssim \sqrt{\langle\Delta^2 N\rangle}$,方程 (11.29)、方程 (11.30) 的结果使得 $\kappa\sqrt{\langle\Delta^2 N\rangle} \ll 1$,这样,我们可以用 $\mathrm{e}^{\mathrm{i}\langle N\rangle\kappa}$ 来近似 $\mathrm{e}^{\mathrm{i}m\kappa}$. 方程 (11.31) 成为

$$v \approx \left|\sum_{|m-\langle N\rangle|\lesssim\sqrt{\langle\Delta^2 N\rangle}} P_m \mathrm{e}^{\mathrm{i}\langle N\rangle\kappa}\right| \approx \left|\mathrm{e}^{\mathrm{i}\langle N\rangle\kappa}\sum_m P_m\right| = 1 \tag{11.32}$$

因此,在场 $\hat{a}$ 的态满足方程 (11.29) 且相移为 $\kappa \sim 1/\langle N\rangle$ 的情况下,我们可以观察到可见度为 100% 的干涉图形,这表明无论我们在场 $\hat{a}$ 上做什么测量,都不可能分辨 $\kappa \sim 1/\langle N\rangle$ 的相移. 这样,为了在相位测量中获得海森伯极限的灵敏度,我们必须使用满足下面条件的态来测量相移:

$$\langle\Delta^2 N\rangle \gtrsim \langle N\rangle^2 \tag{11.33}$$

注意,方程 (11.33) 中的条件只是一个必要条件,因为方程 (11.7) 中的态是一个反例,它具有很大的光子数涨落,但却给出了 $v \sim 1$,如我们在上面例子 (5) 中所示. 可以很容易地验证,到目前为止能达到海森伯极限的相位测量方案都使用了满足方程 (11.33) 中条件的态.

### 11.1.3 寻找达到海森伯极限的相位测量方案的基本思想原则

从上一小节的结果中我们发现，在寻找灵敏度达到海森伯极限的相位测量方案时，必须首先考虑满足方程 (11.33) 中必要条件的那些态. 之后，需要构造一个方案在场 $\hat{a}$ 中使用这些态来测量相移. 迄今为止，已经有几个方案在相位测量方面达到了海森伯极限 (Bondurant et al., 1984; Yurke et al., 1986; Holland et al., 1933; Jacobson et al., 1995). 其中，有些是在传统干涉仪中采用了不同探测方法 (Bondurant et al., 1984; Holland et al., 1993)，而另一些则使用了不采用线性分束器作为分波元件的非传统干涉仪 (Yurke et al., 1986; Jacobson et al., 1995). 下面，我们将就该问题做一个不限于干涉仪具体类型的一般性的讨论.

为了探测相移，我们一般要对场 $\hat{a}$ 进行测量. 然而，直接的光强探测并不能得到关于光场相位的任何信息. 因此，我们要首先将场 $\hat{a}$ 的态转换为其他态，而这些态的光探测是对相位敏感的 (例如零拍探测). 设场 $\hat{a}$ 的态为具有相移信息的 $|\Phi'\rangle$ 或不带相移的 $|\Phi\rangle$. 我们现在设计一个幺正算符 $\hat{U}$，对应于某个相位测量方案. 它在态 $|\Phi\rangle$ 或 $|\Phi'\rangle$ 上操作时给出下面的态：

$$|\Psi\rangle = \hat{U}|\Phi\rangle \quad 或 \quad |\Psi'\rangle = \hat{U}|\Phi'\rangle \tag{11.34}$$

这个过程将是相位敏感的，也就是说，对 $|\Psi'\rangle$ 的测量结果将与 $|\Psi\rangle$ 的结果有明显的不同. 我们的目标就是要探测出 $|\Psi\rangle$ 和 $|\Psi'\rangle$ 之间的差异. 为了比较容易地实现这一点，我们可以选择 $|\Psi\rangle$ 为那些能使它们在探测中出现测量结果为零的量子态，而在 $|\Psi'\rangle$ 上的探测将产生非零的结果. 其中一个可以充任 $|\Psi\rangle$ 的态就是真空态. 这样，如果在 $|\Psi'\rangle$ 态中能探测到任何光子，都将意味着相移的存在.

此外，相位是一个相对量. 我们通常需要一个参考光来找出相位的变化. 因此，我们引入另一个场作为参考，将此场称为 $\hat{b}$(例如，由分束器组成的传统光学干涉仪的另一个臂中的场或零拍探测中的本地光). 当我们找到了满足方程 (11.33) 中条件的某个态 $|\Phi\rangle$(或混合态) 后，我们最好能将态空间扩大并将场 $\hat{b}$ 包括进来以使场 $\hat{a}, \hat{b}$ 相互关联. 因此，整个系统的态在数态基矢中具有如下形式：

$$|\Phi\rangle_{\text{tot}} = \sum_{m,n} c_{mn}|m\rangle_a|n\rangle_b \tag{11.35}$$

幺正算符 $\hat{U} \equiv \hat{U}_{ab}$ 将作用于包含这两个场的被扩大了的态空间. 通常，输出也包括两个场. 然后，我们可以对这两个输出场进行测量，并从中提取相移信息.

如果态 $|\Psi\rangle$ 很容易获得,例如真空态,我们可以通过 $\hat{U}_{ab}$ 的逆过程生成特殊的态 $|\Phi\rangle$ 来作为相位测量的态. 于是,我们便构成了一种通用形式的干涉仪,如图 11.4(a) 所示. 其中,$\hat{U}_{ab}$ 是幺正算符的一般形式,它满足我们从 $|\Phi\rangle$ 生成某个特殊态 $|\Psi\rangle$ 的要求. 这样,就将我们的讨论推广到更具有普遍性的非常规干涉仪. 特殊的,对于利用分束器的传统干涉仪,有 $\hat{U}_{ab}=\exp[\theta(\hat{a}^{\dagger}\hat{b}-\hat{a}\hat{b}^{\dagger})]$,其详细推导过程在附录 A .

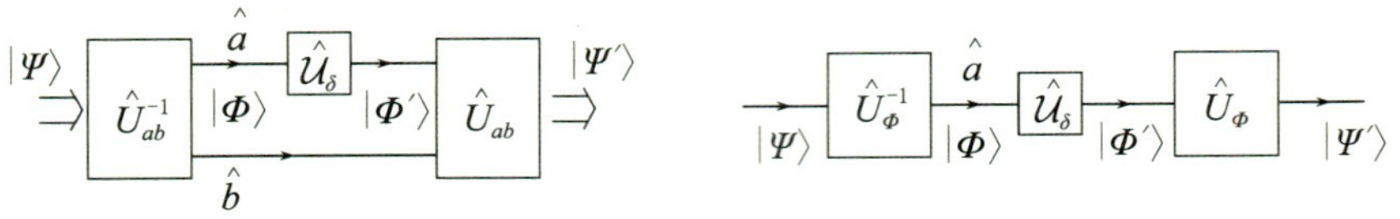

(a) 具有参考场 $\hat{b}$ 的方案　(b) 具有真空输入态 $|\Psi\rangle=|\mathrm{vac}\rangle$ 但没有参考场的方案

**图 11.4　利用某种幺正运算 $\hat{U}_{ab}$,$\hat{U}_{ab}^{-1}$ 作为广义的分束器的相位测量一般方案**

现在让我们回到 11.1.1 小节末尾提出的问题,即当在单光子干涉仪中的 $v=0$ 时,我们是否总能找到一个可以分辨相移 $\kappa$ 的测量方案. 为回答这个问题,我们试着寻找这样的相位测量方案. 首先考虑纯态的情况,对于场 $\hat{a}$,它在数态基中具有如下的一般形式:

$$|\Phi\rangle=\sum_{m}c_m|m\rangle \tag{11.36}$$

对于希尔伯特空间中具有非零长度的任意态 $|\Phi\rangle$,我们总可以找到一个幺正变换 $\hat{U}_{\Phi}$,使

$$\hat{U}_{\Phi}|\Phi\rangle=|0\rangle\equiv|\Psi\rangle \quad \text{或} \quad |\Phi\rangle=\hat{U}_{\Phi}^{-1}|0\rangle \tag{11.37}$$

其中,$|0\rangle$ 是不包含光子的真空态. 因此,它可以作为具有特殊功能的态 $|\Psi\rangle$ 用来分辨相移. 图 11.4(b) 是该干涉仪的原理性示意图. 其中,只使用了一个单模场,这与传统干涉仪不同 (请参阅 11.3 节中有关非传统干涉仪的更多讨论).

显然,从方程 (11.36)、方程 (11.37) 可以得到

$$c_m=\langle m|\hat{U}_{\Phi}^{-1}|0\rangle=\langle m|\hat{U}_{\Phi}^{\dagger}|0\rangle=\langle 0|\hat{U}_{\Phi}|m\rangle^{*} \tag{11.38}$$

当态 $|\Phi\rangle$ 发生相移时,输出态为

$$|\Psi'\rangle=\hat{U}_{\Phi}|\Phi'\rangle=\hat{U}_{\Phi}\mathrm{e}^{\mathrm{i}\hat{n}\delta}\hat{U}_{\Phi}^{-1}|0\rangle \tag{11.39}$$

在推导中,我们使用了方程 (11.37). 在没有相移的情况下,输出场即为 $|0\rangle$,但在非零相移的情况下,输出态将包含光子,而不再是真空态. 因此,在输出场中探测到任何光子都

是非零相移的结果. 对此更好的判据是在输出场中探测到任何光子的概率 $\bar{P}$. 显然,我们有 $\bar{P}=1-P_0$,其中 $P_0$ 是没有光子的概率. 当输出态为方程 (11.39) 时,我们得到

$$P_0=|\langle 0|\Psi'\rangle|^2=|\langle 0|\hat{U}_\Phi \mathrm{e}^{\mathrm{i}\hat{n}\delta}\hat{U}_\Phi^{-1}|0\rangle|^2=\left|\sum_m |c_m|^2\mathrm{e}^{\mathrm{i}m\delta}\right|^2 \tag{11.40}$$

其中,我们在最后一个等式中使用了基矢态的完备性关系 $\sum|m\rangle\langle m|=1$ 和方程 (11.38). 因此,我们得到可能探测到光子的概率:

$$\bar{P}=1-P_0=1-\left|\sum_m P_m\mathrm{e}^{\mathrm{i}m\delta}\right|^2=1-v^2 \tag{11.41}$$

在推导中,我们使用了方程 (11.22) 和 $\kappa=\delta$ 来表示单光子干涉仪的可见度 $v$. 因此,如果我们使用此方案来测量探测场 $\hat{a}$ 上的相移,该相移是由在图 11.3 中的单光子干涉仪的场 $\hat{A}$ 中的光子引起的,每当 $v=0$ 时,$\bar{P}=1$,这表示我们能够探测到 $\delta$ 的相移. 这样,就证明了,每当干涉消失 $(v=0)$ 时,我们至少在原理上有一种方法以 100% 的概率知道单光子是否通过路径 $\hat{A}$. 纯态的一个很好的例子是方程 (11.1) 中具有有限 $s$ 的相位态. 事实上,这样的方案达到了海森伯极限. 从方程 (11.41) 中,我们看到方程 (11.22) 中所表示的参数 $v$ 是寻找最佳相位测量方案的一个很好的衡量标准.

接下来,让我们考虑更一般的混合态的情况:

$$\hat{\rho}_a=\sum_{mn}\rho_{mn}|m\rangle\langle n| \tag{11.42}$$

正如我们在 11.1.1 小节末尾所讨论的,当我们扩大了态空间后,假设我们能够得到如下形式的纯态:

$$|\Phi\rangle_{ab}=\sum_{m,\lambda}c_m(\lambda)|m\rangle_a|\lambda\rangle_b \tag{11.43}$$

这个态在对场 $\hat{b}$ 取迹之后,应该重新给出方程 (11.42) 中的混合态. 态 $\{|\lambda\rangle_b\}$ 表示场 $\hat{b}$ 中与场 $\hat{a}$ 相关的其他态. 我们总可以使态 $\{|\lambda\rangle_b\}$ 成为一组正交态,即 $\langle\lambda'|\lambda''\rangle=\delta_{\lambda'\lambda''}$. 因此,在对场 $\hat{b}$ 取迹并与方程 (11.42) 进行比较之后,我们得到

$$\rho_{mn}=\sum_\lambda c_m(\lambda)c_n^*(\lambda) \tag{11.44}$$

对于场 $\hat{a},\hat{b}$ 中的所有相关模式,考虑真空态 $|0\rangle_a|0\rangle_b$. 和以前一样,可以找到一个幺正算符 $\hat{U}_{ab}$,使得 $\hat{U}_{ab}|\Phi\rangle_{ab}=|0\rangle_a|0\rangle_b$. 然后,我们可以进行与场 $\hat{a}$ 处于纯态的情况相同的推理. 这里唯一不同的是,找到相移的标准是在场 $\hat{a},\hat{b}$ 的任何模式中探测到有光子存在. 这样就证明了,如果我们在态空间扩大后能以纯态的形式来描述系统的态,那么当单光子干涉仪的可见度为零时,我们也总是有可能找到一种测量方案来分辨单个光子引起的相移.

## 11.2 达到海森伯极限的相位测量方案

在实验室能够方便地获得的量子态中，只有热态和单模以及双模压缩态的光子数的方差大约为平均光子数的平方，从而满足方程 (11.33) 中的条件. 更具体地说，对于压缩态，方差为 $\langle \Delta^2 N\rangle = 2\langle N\rangle(1+\langle N\rangle)$，其中 $\langle N\rangle$ 表示总平均光子数，而对于热态或在对其中一个模式取迹之前的双模压缩态 (见 4.6.1 小节)，方差为 $\langle \Delta^2 N\rangle = \langle N\rangle(1+\langle N\rangle)$. 在这一节中，我们将讨论利用压缩态、双模压缩态和其他非经典态以实现相位精确测量的海森伯极限的几个方案.

### 11.2.1 利用传统干涉仪达到海森伯极限的相位测量方案

首先让我们考虑压缩态. 利用压缩态形成干涉仪的方法有很多种. 事实上，在相位精密测量中第一个超越散粒噪声极限的干涉仪，就是在传统干涉仪的未使用输入端口中注入压缩真空态 (Xiao et al., 1987; Grangier et al., 1987). 我们已经在 10.2.2 小节中详细讨论了这个方案. 在这一小节中，我们将考虑另外一些相位测量方案，这些方案都基于传统干涉仪，如马赫–曾德尔 (MZ) 干涉仪.

然而，在未使用的端口中仅使用压缩真空并不能达到海森伯极限设定的灵敏度. Bondurant 和 Shapiro 提出使用压缩相干态来代替相干态并同时在未使用的端口中输入压缩真空态，并证明了这种方案可以达到海森伯极限 (Bondurant et al., 1984). 推理如下：

考虑图 11.5 中的马赫–曾德尔干涉仪，其中将压缩真空态 $|-r\rangle$ 和压缩相干态 $|r,-\mathrm{i}\alpha\rangle$ (见 3.4 节) 注入其两个输入端口. 在图 11.5中，对于相同的 50:50 分束器，我们有

$$\begin{aligned}
&\hat{A} = (\hat{a}_{\text{in}} + \hat{b}_{\text{in}})/\sqrt{2}, \quad \hat{B} = (\hat{b}_{\text{in}} - \hat{a}_{\text{in}})/\sqrt{2} \\
&\hat{A}' = \hat{A}\mathrm{e}^{\mathrm{i}\varphi}, \quad \hat{B}' = \hat{B}\mathrm{e}^{\mathrm{i}\theta} \\
&\hat{a}_{\text{out}} = (\hat{A}' - \hat{B}')/\sqrt{2}, \quad \hat{b}_{\text{out}} = (\hat{B}' + \hat{A}')/\sqrt{2}
\end{aligned} \tag{11.45}$$

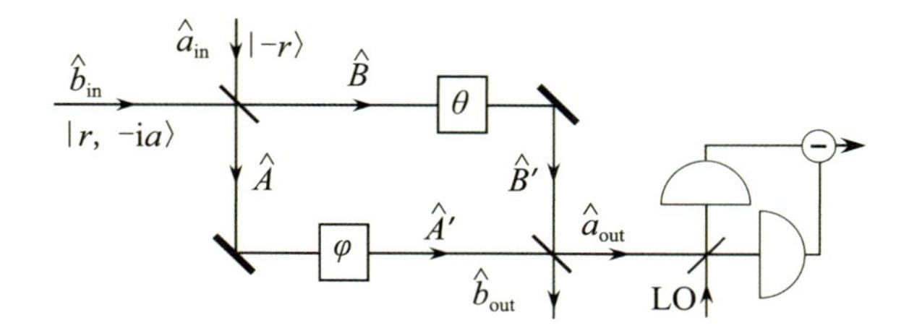


图 11.5　具有压缩真空态和压缩相干态输入的马赫–曾德尔干涉仪

为了在 $\hat{a}_{\rm out}$ 得到暗条纹输出,我们设 $\theta=\pi,\varphi=\delta\ll 1$,于是

$$\begin{aligned}\hat{a}_{\rm out}&=\mathrm{i}\mathrm{e}^{\mathrm{i}\delta/2}(\hat{a}_{\rm in}\sin\delta/2-\mathrm{i}\hat{b}_{\rm in}\cos\delta/2)\\&\approx(\mathrm{i}\delta/2)\hat{a}_{\rm in}+(1+\mathrm{i}\delta/2)\hat{b}_{\rm in}\end{aligned}\tag{11.46}$$

利用零拍探测方法测量 $\hat{X}_a=\hat{a}_{\rm out}+\hat{a}_{\rm out}^\dagger$,可得

$$\hat{X}_a=-(\delta/2)(\hat{Y}_{a_{\rm in}}+\hat{Y}_{b_{\rm in}})+\hat{X}_{b_{\rm in}}\tag{11.47}$$

其中,$\hat{X}_{b_{\rm in}}=\hat{b}_{\rm in}+\hat{b}_{\rm in}^\dagger,\hat{Y}_{b_{\rm in}}=(\hat{b}_{\rm in}-\hat{b}_{\rm in}^\dagger)/\mathrm{i}$. 对于 $\hat{a}_{\rm in}$ 处于输入态 $|-r\rangle$,$\hat{b}_{\rm in}$ 处于 $|r,-\mathrm{i}\alpha\rangle$,我们得到

$$\begin{aligned}\langle\hat{X}_a\rangle&=\delta(\mu+\nu)\alpha\\\langle\Delta^2\hat{X}_a\rangle&=(\mu-\nu)^2\end{aligned}\tag{11.48}$$

其中,$\mu=\cosh r,\nu=\sinh r$. 所以,信噪比是

$$\mathrm{SNR}\equiv\frac{\langle\hat{X}_a\rangle^2}{\langle\Delta^2\hat{X}_a\rangle}=\frac{\delta^2(\mu+\nu)^2\alpha^2}{(\mu-\nu)^2}\tag{11.49}$$

定义测量相位的光子数为 $N_{\rm ps}\equiv\langle\hat{A}^\dagger\hat{A}\rangle=\nu^2+\alpha^2(\mu+\nu)^2/2$. 如果保持 $N_{\rm ps}$ 不变,并假设 $\nu\gg 1$,以使 $\mu-\nu=1/(\mu+\nu)\approx 1/2\nu$,方程 (11.49) 变为

$$\mathrm{SNR}=8\delta^2(N_{\rm ps}-\nu^2)\nu^2\leqslant 2\delta^2N_{\rm ps}^2\tag{11.50}$$

上式中的最大信噪比在 $\nu^2=N_{\rm ps}/2$ 时得到. 当信噪比 $\sim 1$ 时,我们得到最小可测的相移 $\delta_m\sim 1/N_{\rm ps}$ 或海森伯极限.

另一种使用马赫–曾德尔干涉仪达到海森伯极限的方案是在其两个输入端采用光子数态. 光子数态可以看作是振幅压缩态. 它没有光子数的涨落. Holland 和 Burnett(1993) 在 1993 年提议将双数态 $|N,N\rangle$ 注入马赫–曾德尔干涉仪. 在 6.2.2 小节中,我们得到了

当 $|N,N\rangle$ 输入到 50:50 分束器时的输出态，该输出态现在就是探测相移 $\delta$ 的探测场所处的态. 利用方程 (6.65)，我们得到干涉仪中第一个分束器的输出态的光子数分布为

$$P(k)=\frac{(2k)!(2N-2k)!}{2^{2N}[k!(N-k)!]^2} \tag{11.51}$$

此光子数分布将给出光子数涨落 $\langle\Delta^2N\rangle\sim N^2/2$，如图 11.6 的数值计算所示，由 $\langle\Delta^2N\rangle$ 在对数坐标中与 $N^2$ 的函数关系，能观察出接近于 $\langle\Delta^2N\rangle=N^2/2$ 的线性依赖关系 (红线). 事实上，对于较大的 $N$，方程 (11.51) 中的分布接近于

$$P(x)=\frac{1}{\pi\sqrt{x(1-x)}} \tag{11.52}$$

其中，$x=k/N$. 我们可以从中得到 $\langle\Delta^2x\rangle=1/2$ 或 $\langle\Delta^2N\rangle=N^2/2\sim N^2$. 因此，当这个态被用来探测相移时，它满足方程 (11.33) 中达到海森伯极限的必要条件.

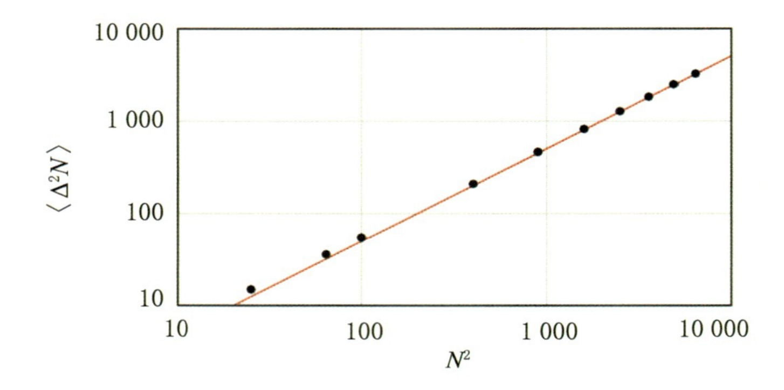


**图 11.6　对数坐标**

光子数涨落 $\langle\Delta^2N\rangle$ 作为 $N^2$ 的函数. 红线是 $\langle\Delta^2N\rangle=N^2/2$.

现在我们需要找到一个具体的相位测量方案，并分析其相位测量精度是否达到海森伯极限. 为此，我们设置马赫–曾德尔干涉仪的工作点使得当相移 $\delta$ 为零时，输出态与输入态相同，且两个输出之间的光子数差为零. 在图 11.5 中的马赫–曾德尔干涉仪中设 $\theta=0,\varphi=\delta\ll1$，我们就达到了这个要求. 从方程 (11.45) 中，我们得到输入输出关系的形式为

$$\begin{aligned}\hat{a}_{\text{out}}&=\hat{a}_{\text{in}}\cos\delta/2+\mathrm{i}\hat{b}_{\text{in}}\sin\delta/2\\ \hat{b}_{\text{out}}&=\hat{b}_{\text{in}}\cos\delta/2+\mathrm{i}\hat{a}_{\text{in}}\sin\delta/2\end{aligned} \tag{11.53}$$

当存在相移时，输出光子数之差将不为零. 这可以通过计算光子数差的涨落方差 $\langle\Delta^2N_-^{(\text{out})}(\delta)\rangle$ 来确认，其中 $\hat{N}_-^{(\text{out})}\equiv\hat{a}_{\text{out}}^\dagger\hat{a}_{\text{out}}-\hat{b}_{\text{out}}^\dagger\hat{b}_{\text{out}}$. 为此，我们首先计算

$$\langle\hat{N}_-^{(\text{out})}(\delta)\rangle = \langle\hat{a}_{\text{in}}^\dagger\hat{a}_{\text{in}} - \hat{b}_{\text{in}}^\dagger\hat{b}_{\text{in}}\rangle\cos\delta + \text{i}\langle\hat{a}_{\text{in}}^\dagger\hat{b}_{\text{in}} - \hat{b}_{\text{in}}^\dagger\hat{a}_{\text{in}}\rangle\sin\delta \tag{11.54}$$

对于 $|N,N\rangle$ 的输入态,我们可以很容易地得到 $\langle\hat{N}_-^{(\text{out})}\rangle(\delta) = 0$,这意味着两个输出的光子数分布是对称的. 接下来,我们用同样的方法计算 $\langle\hat{N}_-^{(\text{out})2}(\delta)\rangle$:

$$\begin{aligned}\langle\hat{N}_-^{(\text{out})2}(\delta)\rangle &= -\langle(\hat{a}_{\text{in}}^\dagger\hat{b}_{\text{in}} - \hat{b}_{\text{in}}^\dagger\hat{a}_{\text{in}})^2\rangle\sin^2\delta \\ &= \langle\hat{a}_{\text{in}}^\dagger\hat{b}_{\text{in}}\hat{b}_{\text{in}}^\dagger\hat{a}_{\text{in}} + \hat{b}_{\text{in}}^\dagger\hat{a}_{\text{in}}\hat{a}_{\text{in}}^\dagger\hat{b}_{\text{in}}\rangle\sin^2\delta \\ &= 2N(N+1)\sin^2\delta\end{aligned} \tag{11.55}$$

其中,我们使用了输入光子态的性质:$\hat{N}_-^{(\text{in})}|N,N\rangle = 0$.

在这种情况下,由于对于 $\delta$ 的任何值都有 $\langle N_-^{(\text{out})}\rangle = 0$,我们不能将其作为探测相移 $\delta$ 的信号. 但是,对非零的 $\delta$,我们有 $\langle\hat{N}_-^{(\text{out})2}(\delta)\rangle \neq 0$,这样,它就可以用作信号. 但是噪声并不能简单地写成 $\sqrt{\langle\Delta^2\hat{N}_-^{(\text{out})}(\delta)\rangle}$. 事实上,当 $\delta = 0$ 时,对于任何非零整数 $m$,我们都有 $\langle(\hat{N}_-)^m\rangle = 0$,以至于任何非零的 $N_-$ 都表示 $\delta \neq 0$. 但是 $N_-$ 是离散的,只能取值为 $0,\pm1,\pm2,\cdots$. 这样,$N_-$ 的噪声就是 1. 因此,$\text{SNR} = \langle\Delta^2\hat{N}_-^{(\text{out})}\rangle$,并且对于 $\langle N\rangle \gg 1$ 和 $\delta \ll 1$,信噪比 $\text{SNR} \simeq 2N^2\delta^2$,于是,最小可检测的相移为 $\delta_{\min} \sim 1/N = 1/\langle N\rangle$,这就是海森伯极限.

上述情况也可以从光子数差的分布来解释. 对于 $\delta = 0$,输出的态与输入的态 $|N,N\rangle$ 相同. 当 $\delta \neq 0$ 时, 我们将得到其他的态, 如 $|N-m,N+m\rangle$, 其中 $m \neq 0$. 当方差 $\langle\Delta^2\hat{N}_-^{(\text{out})}(\delta)\rangle = \langle\hat{N}_-^{(\text{out})2}(\delta)\rangle \gtrsim 1$ 时,得到 $N_-^{(\text{out})} = 2m \neq 0$ 的机会将会很大,这表明存在非零的相移 $\delta$. 这需要 $\delta \gtrsim 1/N$. 因此,最小可检测 $\delta$ 为海森伯极限.

为了进一步证明上述推理的合理性,让我们考虑在两个输出端探测到光子数不平衡的概率,即在输出端具有 $|N-m,N+m\rangle(m \neq 0)$ 的概率. 为此,我们需要得到干涉仪的输出态. 由于干涉仪相当于一个分束器,我们可以在方程 (A.6) 中找到它的演化算符:

$$\hat{U}(\delta) = \exp[\delta(\hat{b}\hat{a}^\dagger - \hat{a}\hat{b}^\dagger)/2] \tag{11.56}$$

这里,对于相位差为 $\delta$ 的马赫–曾德尔干涉仪,我们取 $t = \cos\delta/2, r = \sin\delta/2$. 干涉仪的输出态是 $|N-m,N+m\rangle$ 的概率则为

$$\begin{aligned}P_{2m}(\delta) &= |\langle N-m,N+m|\hat{U}(\delta)|N,N\rangle|^2 \\ &= |\langle N-m,N+m|\text{e}^{\delta(\hat{b}\hat{a}^\dagger - \hat{a}\hat{b}^\dagger)/2}|N,N\rangle|^2\end{aligned} \tag{11.57}$$

当 $N$ 较大且 $m \ll N$ 时,Holland 和 Burnett(1993) 证明了 $P_{2m}(\delta) \approx \text{J}_m^2(N\delta)$,其中 $\text{J}_m$ 为 $m$ 阶 Bessel 函数. 我们对 $P_0(\delta)$ 尤其感兴趣,这是因为探测到任何非零的 $m$ 的概率

为 $\bar{P}(\delta)=1-P_0(\delta)=1-\mathrm{J}_0^2(N\delta)$. 当 $N\delta\ll 1$ 时,$\mathrm{J}_0\sim 1$ 且 $\bar{P}(\delta)\sim 0$,这表明我们无法探测到任何非零的 $m$. 但是,对于足够大的 $N\delta$,$\mathrm{J}_0$ 开始下降. 尤其是在 $\mathrm{J}_0(x)=0$ 的第一个根为 $x_1=2.405$ 时,也就是说,当 $N\delta\approx 2.4$ 时,我们有 $\bar{P}(\delta)=1$. 这意味着我们将能够探测到 $\delta\approx 2.4/N$ 的相移,这就是相位测量的海森伯极限.

然而,在实验中测量输出光子数分布并不容易. 为了避免这一缺点,Campos 等人 (2003) 建议只在干涉仪的一个输出端采用奇偶性测量. 奇偶算符定义为 $\hat{O}=(-1)^{\hat{a}^\dagger\hat{a}}=\exp(\mathrm{i}\pi\hat{a}^\dagger\hat{a})$. 结果表明,$\langle\hat{O}\rangle_N=\mathrm{P}_N[\cos(2\delta)]$,其中 $\mathrm{P}_N(x)$ 为 Legendre 多项式,此测量方案在相位测量灵敏度方面也给出了海森伯极限.

实际上,在实验室中很难产生双数态 $|N,N\rangle$. 但是 4.6.1 小节中讨论的孪生光束态 $|\eta_{ab}\rangle$ 具有此处所需的与孪生光子相同的属性 $\hat{N}_-|\eta_{ab}\rangle=0$. 现在让我们分析输入为孪生光束时,这个实验方案的特性.

假设在两个输入端口 $\hat{a}_{\text{in}},\hat{b}_{\text{in}}$ 注入 4.6.1 小节中讨论的孪生光束态,即由下式给出的态:

$$|\eta_{ab}\rangle=\hat{S}_{ab}(\eta)|\text{vac}\rangle \tag{11.58}$$

其中

$$\hat{S}_{ab}(\eta)=\mathrm{e}^{\eta\hat{a}_{\text{in}}^\dagger\hat{b}_{\text{in}}^\dagger-\text{h.c.}} \tag{11.59}$$

在这里,我们改变了符号 $a,b\to a_{\text{in}},b_{\text{in}}$. 从 4.6.1 小节,我们知道对于任何非零的整数 $m$,$(\hat{a}_{\text{in}}^\dagger\hat{a}_{\text{in}}-\hat{b}_{\text{in}}^\dagger\hat{b}_{\text{in}})^m|\eta_{ab}\rangle=0$.

类似于 $|N,N\rangle$ 态输入的情况,我们可以从方程 (11.53) 中的输入输出关系中得到输出处的平均光子数差为 $\langle N_-^{(\text{out})}\rangle=0$,但方差为 $\langle\Delta^2N_-^{(\text{out})}(\delta)\rangle=4\mu^2\nu^2\sin^2\delta=4(\langle N\rangle+1)\langle N\rangle\sin^2\delta$,其中 $\mu^2=\cosh^2|\eta|$,$\nu^2=\sinh^2|\eta|$,且 $\langle N\rangle=|\nu|^2$ 是干涉仪一个臂中的光子的总平均数. 当 $\langle N\rangle\gg 1$ 和 $\delta\ll 1$ 时,$\langle\Delta^2N_-^{(\text{out})}(\delta)\rangle\simeq 4\langle N\rangle^2\delta^2$.

采用与 $|N,N\rangle$ 注入时类似的推理过程,我们发现对于孪生光束态 $|\eta_{ab}\rangle$,当 $\langle\Delta^2N_-^{(\text{out})}(\delta)\rangle\simeq 4\langle N\rangle^2\delta^2\sim 1$ 时,可以得到很大的 $N_-\neq 0$ 的机会. 于是,最小可探测的相移为 $\delta_{\min}\sim 1/2\langle N\rangle$,即海森伯极限. 这还可以通过考虑探测到 $N_-\neq 0$ 的概率 $\bar{P}$ 来确认. 很显然,$\bar{P}=1-P_0$,其中 $P_0$ 为测到 $N_-=0$ 的概率. 我们可以先计算 $N_-$ 的特征函数,由此来找到 $P_0$:

$$\begin{aligned}C(r)&\equiv\langle\mathrm{e}^{\mathrm{i}r\Delta N}\rangle\\&\approx 1/(1+4\langle N\rangle^2\delta^2\sin^2r)^{\frac{1}{2}}\quad(\langle N\rangle\gg 1,\delta\ll 1)\end{aligned} \tag{11.60}$$

然后进行有限傅里叶变换：

$$P_m = \frac{2}{\pi}\int_0^{\frac{\pi}{2}} \mathrm{d}r \frac{\cos 2mr}{(1+4\langle N\rangle^2\delta^2\sin^2 r)^{\frac{1}{2}}} \tag{11.61}$$

因此，$P_0 = 2K(-4\langle N\rangle^2\delta^2)/\pi$，其中 $K(x)$ 是第一类完全椭圆函数. 图 11.7 显示了 $\bar{P}$ 作为 $\langle N\rangle\delta$ 的函数. 显然，当 $\langle N\rangle\delta \ll 1$ 时，$\bar{P} \simeq 0$，但当 $\langle N\rangle\delta \sim 1$ 时，$\bar{P}$ 开始上升，这意味着非零的相移 $\delta$. 所以我们从这个图中得到最小可探测的相移大约为 $1/\langle N\rangle$，于是，这个干涉仪能达到海森伯极限.

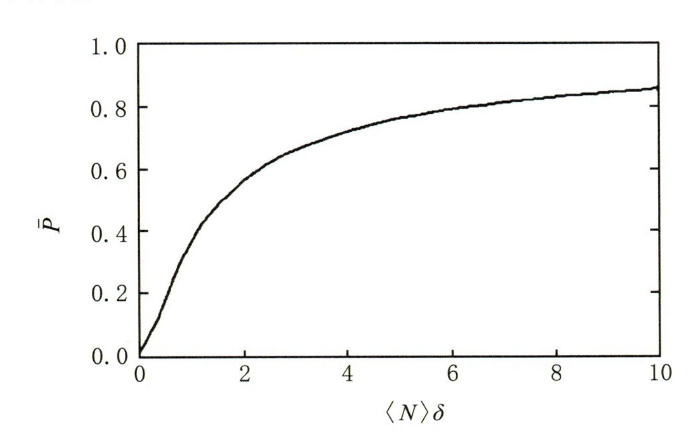


**图 11.7　孪生光束干涉仪**

在孪生光束干涉仪中，测到任何非零的 $N_-$ 的概率 $\bar{P}$ 作为 $\langle N\rangle\delta$ 的函数，转载自 Ou(1997a).

## 11.2.2　利用非传统干涉仪达到海森伯极限的相位测量方案

让我们回到 11.1.3 小节讨论的相位测量的一般方案. 在前一小节中，已经证明了在图 11.4 中使用分束器作为幺正变换的一些相位测量方案可以达到海森伯极限. 在这一小节中，我们将用更普遍的幺正变换来代替分束器.

第一种方案是使用压缩算符

$$\hat{S}(\xi) = \exp\left[\frac{\xi}{2}(\hat{a}^2 - \mathrm{h.c.})\right] \quad (\xi = \text{实数}) \tag{11.62}$$

以构成一个单模干涉仪. 众所周知，当压缩算符作用于真空态时，将产生一个压缩真空态，其光子数涨落的方差为 $\langle \Delta^2 N\rangle \sim \langle N\rangle^2$(习题 3.5)，从而满足方程 (11.33) 中达到海森

伯极限的条件. 因此,我们可以选择 $|\Phi\rangle = \hat{S}(\xi)|\text{vac}\rangle$ 来探测相移 $\delta$. 于是,在图 11.4(b) 的一般方案中,我们有 $\hat{U}_\Phi = \hat{S}^{-1}(\xi)$ 和 $|\Psi\rangle = |\text{vac}\rangle$. 单模压缩真空态干涉仪的形式如图 11.8 所示.

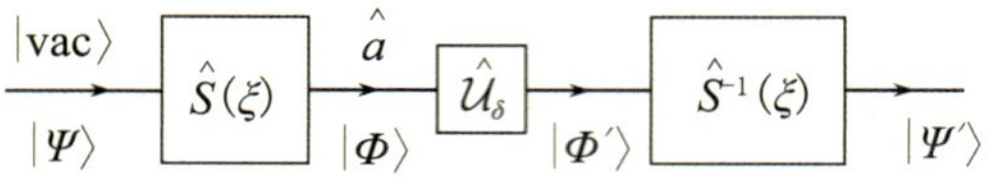

**图 11.8　单模压缩态干涉仪**

没有相移时,系统的输出态就是 $|\Psi\rangle_{\text{out}} = \hat{S}^{-1}\hat{S}|\text{vac}\rangle = |\text{vac}\rangle$. 当对态 $|\Phi\rangle = \hat{S}|\text{vac}\rangle$ 进行一个相移 $\delta$ 时,输出态变为

$$|\Psi'\rangle_{\text{out}} = \hat{S}^{-1}\text{e}^{\text{i}\hat{a}^\dagger\hat{a}\delta}\hat{S}|\text{vac}\rangle \tag{11.63}$$

且干涉仪输出的平均光子数为

$$\langle\Psi'|\hat{a}^\dagger\hat{a}|\Psi'\rangle_{\text{out}} = 4\langle N\rangle(1+\langle N\rangle)\sin^2\delta \tag{11.64}$$

其中,$\langle N\rangle = \sinh^2\xi$ 是态 $|\Phi\rangle$ 中的平均光子数. 由于干涉仪的输出在没有相移的情况下是真空,每当我们在输出端测到光子时,就可以得出具有相移 $\delta$ 的结论. 所以,和之前一样,我们把输出中的噪声简单地看作为一个光子. 因此,我们得到的信噪比为

$$\begin{aligned}\text{SNR} &= 4\langle N\rangle(1+\langle N\rangle)\sin^2\delta \\ &\approx 4\langle N\rangle^2\delta^2 \quad (\langle N\rangle \gg 1, \delta \ll 1)\end{aligned} \tag{11.65}$$

这样,信噪比只有在 $\delta \sim 1/\langle N\rangle$ 时才显著. 既然光子的探测是非零相移的指标,那么,衡量干涉仪灵敏度更好的参数是在输出端得到光子数不为零的概率 $\bar{P}$. 显然 $\bar{P} = 1 - P_0$, 其中 $P_0$ 是在输出中没有光子的概率. $P_0$ 可以从光子计数的方程 (5.65)($n=0$) 计算为

$$\begin{aligned}P_0 &= \langle\Psi'|:\text{e}^{-\hat{a}^\dagger\hat{a}}:|\Psi'\rangle_{\text{out}} \\ &= \frac{1}{\sqrt{1+4\langle N\rangle(1+\langle N\rangle)\sin^2\delta}} \\ &\approx \frac{1}{\sqrt{1+4\langle N\rangle^2\delta^2}} \quad (\langle N\rangle \gg 1,\ \delta \ll 1)\end{aligned} \tag{11.66}$$

这个表达式也可以从方程 (11.41) 通过压缩态的可见度 $v$ 导出 (Sanders et al., 1989). 因此,当 $\delta \gtrsim 1/\langle N\rangle$ 时,$\bar{P}$ 的值将显著地有别于零,即有很大概率能探测到光子输出. 这样,干涉仪在海森伯极限下工作. Yurke 等人 (1986) 也讨论了这个方案,他们使用信噪比来得到灵敏度.

作为第二个例子,我们考虑如下的态:

$$|\Phi\rangle_M = \frac{1}{\sqrt{2}}(|M\rangle_a|0\rangle_b + |0\rangle_a|M\rangle_b) \tag{11.67}$$

它是两个模式的光子数纠缠态. 这就是所谓的 NOON 态 (4.5.1 小节)(Kok et al., 2002). 显然, $\langle\Delta^2 N\rangle_a = M^2/4 = \langle N\rangle_a^2$, 因此它也满足方程 (11.33) 中的必要条件. 然而, 要想如 11.1.3 小节所讨论的那样找到一个演化过程来产生一个特殊的态 $|\Psi\rangle$ 却并不是一件容易的事. 但是上面的 $M$ 光子纠缠态看起来类似于 4.3.1 小节中的单光子纠缠态 $|1\rangle_{ab} = (|1\rangle_a|0\rangle_b + |0\rangle_a|1\rangle_b)/\sqrt{2}$,它可以由 50:50 分束器从单光子态产生. 从分束器的演化算符 $\hat{U}_{BS} = \exp[\theta(\hat{b}\hat{a}^\dagger - \hat{a}\hat{b}^\dagger)]$(见附录 A),我们看出它是一个单光子的产生和湮灭过程. 对于 $M$ 个光子作为一个整体的产生和湮灭,我们可以考虑下面的演化算符:

$$\hat{U}_M = \exp\left(\frac{\pi}{4M!}\left[(\hat{a}\hat{b}^\dagger)^M - \text{h.c.}\right]\right) \tag{11.68}$$

它来自如下的哈密顿量:

$$\hat{H}_I = \mathrm{i}\hbar\xi[(\hat{a}\hat{b}^\dagger)^M - \text{h.c.}] \tag{11.69}$$

很容易确认

$$\begin{aligned} \hat{U}_M|0\rangle_a|M\rangle_b &= \frac{1}{\sqrt{2}}(|0\rangle_a|M\rangle_b - |M\rangle_a|0\rangle_b) \\ \hat{U}_M|M\rangle_a|0\rangle_b &= \frac{1}{\sqrt{2}}(|0\rangle_a|M\rangle_b + |M\rangle_a|0\rangle_b) \end{aligned} \tag{11.70}$$

使得

$$\hat{U}_M|\Phi\rangle_M = |0\rangle_a|M\rangle_b \equiv |\Psi\rangle_M \tag{11.71}$$

当场 $\hat{a}$ 中的相移为 $\delta$ 时,态 $|\Phi'\rangle$ 成为

$$|\Phi'\rangle = \mathrm{e}^{\mathrm{i}\delta\hat{a}^\dagger\hat{a}}|\Phi\rangle = \frac{1}{\sqrt{2}}(|0\rangle_a|M\rangle_b + \mathrm{e}^{\mathrm{i}M\delta}|M\rangle_a|0\rangle_b) \tag{11.72}$$

输出态便具有如下的形式:

$$\begin{aligned} |\Psi'\rangle_M &= \hat{U}_M|\Phi'\rangle \\ &= \mathrm{e}^{\mathrm{i}M\delta/2}\left(\cos\frac{M\delta}{2}|0\rangle_a|M\rangle_b + \mathrm{i}\sin\frac{M\delta}{2}|M\rangle_a|0\rangle_b\right) \end{aligned} \tag{11.73}$$

这样,如果我们在输出端口 $a$ 测量光子数,探测到任何光子都意味着有一个相移发生. 在输出端口 $a$ 中测到光子的概率为

$$\bar{P} = \sin^2 M\delta/2 = \frac{1}{2}(1 - \cos M\delta) \tag{11.74}$$

它只有当 $\delta \sim 1/(M/2) = 1/\langle N\rangle_a$ 时才与 0 显著不同. 因此,这样的方案达到了海森伯极限.

这里用于探测相移的标准不同于 11.1.3 小节中的一般讨论,这是由于方程 (11.68) 中幺正算符的形式. 它并不像一般方案中所要求的那样必须湮灭所有光子以产生真空态,而是将光子转化到另一个模式里以使总光子数守恒.

由于幺正算符的特殊形式 (取决于总输入光子数 $M$),与前面讨论的单模压缩态方案相比,该方案不太可能具有实用性. 本小节只是在这里将它作为另一个能达到海森伯极限的非传统干涉仪的例子. 但是,一个与方程 (11.68) 形式稍有不同的幺正算符可以在囚禁离子系统中模拟出来 (Leibfried et al., 2002),并由下式给出:

$$\hat{U}_{1-M} = \mathrm{e}^{\xi(\hat{a}^{\dagger M}\hat{b}-\mathrm{h.c.})} \tag{11.75}$$

这是一个从单个光子到 $M$ 个光子的分束器. 我们在 6.1.4 小节中提到过这种类型的相互作用,其中在方程 (6.19) 中的光子数倍增器的演化算符与方程 (11.75) 的形式相同,只是在那里 $M=2$. 这样,方程 (11.75) 中的幺正算符描述了 1 到 $M$ 个光子的转换器. 如果我们使用这种类型的相互作用,但只进行部分转换 ($\xi\sqrt{M!}=\pi/4$),那么我们可以将 $\hat{b}$ 场中的一个光子转换成下面形式的叠加态:

$$|\varPhi\rangle_{1-M} = \frac{1}{\sqrt{2}}(|M\rangle_a|0\rangle_b + |0\rangle_a|1\rangle_b) \tag{11.76}$$

如果我们使用场 $\hat{a}$ 来测量相移,则相移后的态为

$$|\varPhi'\rangle_{1-M} = \frac{1}{\sqrt{2}}(\mathrm{e}^{\mathrm{i}M\delta}|M\rangle_a|0\rangle_b + |0\rangle_a|1\rangle_b) \tag{11.77}$$

类似于方程 (11.73),输出态为

$$\begin{aligned}|\varPsi'\rangle_{1-M} &= \hat{U}|\varPhi'\rangle \\ &= \mathrm{e}^{\mathrm{i}M\delta/2}\left(\cos\frac{M\delta}{2}|0\rangle_a|1\rangle_b + \mathrm{i}\sin\frac{M\delta}{2}|M\rangle_a|0\rangle_b\right)\end{aligned} \tag{11.78}$$

在 $\hat{a}$ 场中探测到光子的概率为

$$P_a(\delta) = \sin^2\frac{M\delta}{2} = \frac{1}{2}(1-\cos M\delta) \tag{11.79}$$

注意,$P_a$ 具有 $2\pi/M$ 周期,它对 $\delta$ 的敏感程度是传统 MZ 干涉仪的 $M$ 倍. 于是,我们可以用与之前相同的推理过程来证明基于方程 (11.75) 的幺正变换的干涉仪可以达到海森伯极限. Leibfried 等人 (2002) 进行了实验演示,模拟了方程 (11.75) 中 $M=2,3$ 的幺正算符,并证实了方程 (11.79) 中对相位的依赖性.

接下来，让我们考虑热态，这是因为它的光子数涨落也满足方程 (11.33) 中达到海森伯极限的必要条件. 但由于热态缺少相位干性，光靠热态是不可能实现干涉的. 然而，正如我们之前讨论过的，我们总是可以将态空间扩大以包含场 $\hat{b}$ 并形成纯态 $|\Phi\rangle_{ab}$，这样我们就可以使得场 $\hat{a}$ 和 $\hat{b}$ 之间具有相干性. 我们已经在 4.6 节中已经证明了非简并参量下转换过程中产生的双模压缩态有两个相互关联的场，每个场本身都具有热统计分布，换句话说，$\langle\Delta^2 N\rangle_{a,b} = \langle N\rangle(\langle N\rangle + 1)$. 这种态可以通过将下面的算符作用在真空上生成 (见 4.6节)：

$$\hat{S}_{ab}(\eta) = \mathrm{e}^{\eta\hat{a}^\dagger\hat{b}^\dagger - \mathrm{h.c.}} \tag{11.80}$$

现在让我们考虑它的逆过程，将双模压缩态的场作为图 11.4(a) 中的场 $\hat{a},\hat{b}$，并设 $|\Phi\rangle_{ab} = \hat{S}_{ab}(\eta)|\mathrm{vac}\rangle_{ab}$ 以及 $|\Psi\rangle = |\mathrm{vac}\rangle_{ab}$. 那么方程 (11.34) 中所需的幺正算符就是 $\hat{U}_{ab} = \hat{S}_{ab}^{-1}(\eta)$. 于是，整个系统形成的干涉仪与图 11.4(a) 中所示的双模干涉仪具有相同的形式. 在这种情况下，当相移为零时，$|\Psi\rangle = \hat{S}_{ab}^{-1}(\eta)|\Phi\rangle_{ab} = |\mathrm{vac}\rangle_{ab}$. 但是当我们有一个非零的相移 $\delta$ 时，输出态变为

$$|\Psi'\rangle = \hat{S}_{ab}^{-1}(\eta)\mathrm{e}^{\mathrm{i}\delta\hat{a}^\dagger\hat{a}}\hat{S}_{ab}(\eta)|\mathrm{vac}\rangle_{ab} \tag{11.81}$$

显然，态 $|\Psi'\rangle$ 的平均光子数不是零. 通过测量干涉仪一个输出端的光子数，我们可以探测到相移 $\delta$.

为了求出干涉仪输出的平均光子数，我们发现计算算符的演化要比计算态的演化更容易些. 参考图 11.9，场 $\hat{a},\hat{b}$ 与真空输入场 $\hat{a}_0,\hat{b}_0$ 的关系为

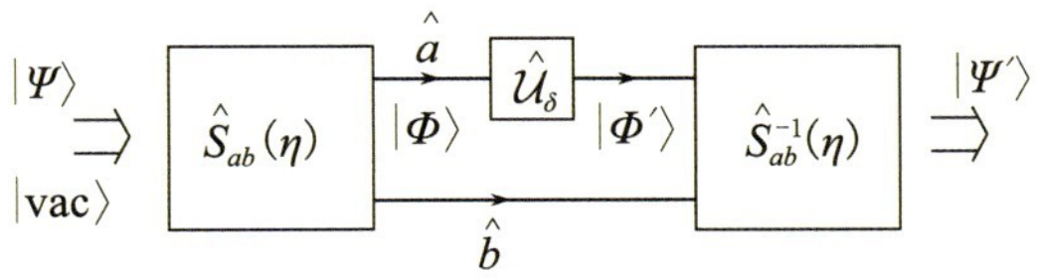

**图 11.9　具有真空输入的 SU(1,1) 干涉仪**

$$\hat{a} = \mu\hat{a}_0 + \nu\hat{b}_0^\dagger, \quad \hat{b} = \mu\hat{b}_0 + \nu\hat{a}_0^\dagger \tag{11.82}$$

其中，$\mu = \cosh|\eta|$，$\nu = \sinh|\eta|$. 假设场 $\hat{a}$ 被移动了一个相位 $\delta$. 那么干涉仪的输出场 $\hat{a}_{\mathrm{out}},\hat{b}_{\mathrm{out}}$ 与场 $\hat{a},\hat{b}$ 的关系为

$$\hat{a}_{\mathrm{out}} = \mu\hat{a}\mathrm{e}^{\mathrm{i}\delta} - \nu\hat{b}^\dagger, \quad \hat{b}_{\mathrm{out}} = \mu\hat{b} - \nu\hat{a}^\dagger\mathrm{e}^{-\mathrm{i}\delta} \tag{11.83}$$

于是

$$\hat{a}_{\text{out}} = \left(1 + 2\mathrm{i}\mathrm{e}^{\mathrm{i}\delta/2}\mu^2 \sin\frac{\delta}{2}\right)\hat{a}_0 + 2\mathrm{i}\mathrm{e}^{\mathrm{i}\delta/2}\mu\nu\sin\frac{\delta}{2}\,\hat{b}_0^\dagger$$
$$\equiv G\,\hat{a}_0 + g\,\hat{b}_0^\dagger \tag{11.84}$$

其中,$G \equiv 1 + 2\mathrm{i}\mathrm{e}^{\mathrm{i}\delta/2}\mu^2\sin\delta/2$ 和 $g \equiv 2\mathrm{i}\mathrm{e}^{\mathrm{i}\delta/2}\mu\nu\sin\delta/2$. 输出场 $\hat{a}_{\text{out}}$ 的光子数算符是

$$\hat{n}_{a_{\text{out}}} = |G|^2\,\hat{a}_0^\dagger\hat{a}_0 + |g|^2\,\hat{b}_0\hat{b}_0^\dagger + Gg^*\,\hat{a}_0\hat{b}_0 + G^*g\,\hat{a}_0^\dagger\hat{b}_0^\dagger \tag{11.85}$$

设 $\langle N\rangle \equiv |\nu|^2$ 是场 $\hat{a}$ 中的平均光子数. 对于 $\langle N\rangle \gg 1$, 我们很容易得到 $\langle\hat{n}_{a_{\text{out}}}\rangle = |g|^2 \simeq 4\langle N\rangle^2\sin^2\delta/2$. 与前面讨论的压缩态干涉仪类似,噪声 $\Delta n_{a_{\text{out}}}$ 是一个光子,这使得 $\text{SNR} = 4\langle N\rangle^2\sin^2\delta/2$. 因此,仅当 $\delta \sim 1/\langle N\rangle$ 时,$\text{SNR} \sim 1$. 此外,与压缩态干涉仪类似,我们发现在输出场 $\hat{a}_{\text{out}}$ 探测到光子数不为零的概率为

$$\begin{aligned}\bar{P} &= 1 - P_0 = 1 - \langle:\mathrm{e}^{-\hat{n}_{a_{\text{out}}}}:\rangle \\ &= \frac{4\langle N\rangle(\langle N\rangle+1)\sin^2\delta/2}{1+4\langle N\rangle(\langle N\rangle+1)\sin^2\delta/2} \\ &\simeq \frac{\langle N\rangle^2\delta^2}{1+\langle N\rangle^2\delta^2} \quad (\langle N\rangle \gg 1, \delta \ll 1)\end{aligned} \tag{11.86}$$

因此,只有当 $\delta \gtrsim 1/\langle N\rangle$ 时,探测到大小为 $\delta$ 的相移的概率才与零显著不同. 因此,最小可测的相移为 $1/\langle N\rangle$,也即海森伯极限. Yurke 等人在提出了 SU(1,1) 干涉仪的概念后首先讨论了这种方案. "SU(1,1)"一词的出现,是由于在单模和双模压缩态干涉仪中分别使用的幺正算符 [方程 (11.62) 和方程 (11.80)] 都属于 SU(1,1) 对称群. 相比之下,方程 (A.6) 中的无损耗分束器的幺正算符则属于 SU(2) 对称群.

注意,这里探测相移的标准是只在 $\hat{a}_{\text{out}}$ 场中测到光子,而不考虑 $\hat{b}_{\text{out}}$ 场. 这与前面 11.1.3 小节中讨论的标准有很大不同. 对于 11.1.3 小节讨论过关于混合态的一般情况,我们得到的具有普遍性的标准是在相关模式中都测到光子,其中包括模式 $\hat{a}_{\text{out}}$ 和 $\hat{b}_{\text{out}}$. 这个差别的原因是输出场 $\hat{a}_{\text{out}}, \hat{b}_{\text{out}}$ 实际上处于孪生光子态,正如方程 (11.84) 所示,并且模式 $\hat{a}_{\text{out}}, \hat{b}_{\text{out}}$ 的光子数完全关联,使得两个模式在任何时候都具有完全相同的光子数. 因此,仅在 $\hat{a}_{\text{out}}$ 模式中测到光子就相当于在两个场中的任何一个场中都测到光子.

## 11.3 非传统干涉仪

我们已经在 11.2.2 小节中讨论了几个相位测量方案,在这些方案中,干涉仪中用来实现分束的元件不是传统的分束器. 它们都可以使相位测量的灵敏度达到海森伯极限.

在这一节中,我们先对这种非常规干涉仪的相位测量进行一般性的讨论,之后,将聚焦于讨论一种特殊类型的干涉仪,即采用相干态增强的 SU(1,1) 干涉仪,它更具实用性并能在实验室中实现.

### 11.3.1 一般考虑

如前所述,为了提高传统干涉仪 (如 MZ 干涉仪) 相位测量的灵敏度,我们采用了压缩态来降低测量中的量子噪声;也可以使用其他一些具有量子关联的非经典态,例如光子数关联的孪生光束态. 因此,我们的注意力集中在干涉仪中使用的量子态上,但是干涉仪的硬件结构没有改变. 自从 Caves(1981) 在一篇开创性的论文中指出量子噪声是传统干涉仪的限制因素之后,这样的想法是再直接不过的了. 因此,为了提高相位测量的灵敏度,大部分的研究工作都是通过寻找具有各种量子关联的合适的量子态来实现噪声降低的. 然而,以信噪比 (SNR) 为特征的测量灵敏度通常不仅仅只取决于噪声,还取决于信号的大小,即

$$\text{SNR} = \frac{\text{信号}}{\text{噪声}} \tag{11.87}$$

即使在噪声相同的情况下,信号的增大也会提高测量灵敏度. 事实上,我们已经在方程 (11.74)、方程 (11.79) 中遇到了信号增加的例子:因相位变化 $\delta$ 而导致的测量信号 $\delta N$ 的变化为 $\delta N = N_0\delta P = MN_0\delta$ ($N_0$ 是光子总数). 这是传统干涉仪的 $M$ 倍. 相位信号的这种增加是因为干涉条纹依赖于 $\sin(M\delta)$,其斜率在 $\delta = 0$ 时是传统干涉仪的 $\sin\delta$ 函数的 $M$ 倍. 实现这一点的方法是使用了由方程 (11.68)、方程 (11.75) 描述的非传统分束器.

因此,信号的增加依赖于干涉仪中的硬件或结构的改变,而这是基于图 11.4 中的幺正变换 $\hat{U}_{ab}$,$\hat{U}_{\Phi}$. 另外,量子态的变化可以看作软件编程. 因此,为了找到最佳的相位测量方案,必须同时考虑这两种策略. 接下来,我们将重新回到 SU(1,1) 干涉仪,它在这两个方面都具有优势.

## 11.3.2 相干态增强的 SU(1,1) 干涉仪

SU(1,1) 干涉仪中的单模和双模压缩态虽然都可以在实验室中产生，但存在一个给实际应用带来困难的严重问题．对于真空输入，我们可以得到压缩态的光子数为 $\langle N\rangle = |\nu|^2 = \sinh^2 r$，其中 $r$ 为压缩参数．然而，在实验室中通常很难获得非常大的压缩参数，因此用来测量相位的光场具有非常低的光子数，这就无法与传统的激光干涉仪相比，因为激光干涉仪通常具有很大的光子数．为了增加测量相位的光子数，我们可以用激光产生的相干态注入到 SU(1,1) 干涉仪中．这一想法最早由 Plick 等人 (2010) 提出，被称为"相干态增强的 SU(1,1) 干涉仪"．此外，前面讨论的探测方案主要是光子数测量，其灵敏度受到光探测器暗计数的限制．正如我们在第 9 章所讲的，零拍探测可以克服暗计数的问题，并实现量子极限下的测量．在本小节中，我们将分析相干态增强的 SU(1,1) 干涉仪的性能，并将其与传统的马赫–曾德尔干涉仪进行比较．

参考图 11.4(a) 中的方案，我们将 $|\Psi\rangle = |\alpha\rangle_a|\text{vac}\rangle_b$ 作为输入态，$\hat{U}_{ab}$ 是可以产生双模压缩态的参量放大器 (4.6 节)．在此基础上，我们将这个装置在图 11.10(a) 中重新绘制，同时绘制的还有图 11.10(b) 中为了进行比较的传统马赫–曾德尔干涉仪 (MZI)．可以看出，该方案类似于传统干涉仪，只是波的分束与合束元件不是常规的分束器，而是参量放大器．对于一般讨论，我们假设两个参量放大器 (PA1，PA2) 的增益分别由 $G_1, g_1$ 和 $G_2, g_2$ 表示．相干态在两个干涉仪的入射场 $a_{\text{in}}$ 中输入，而场 $b_{\text{in}}$ 则处于真空中．

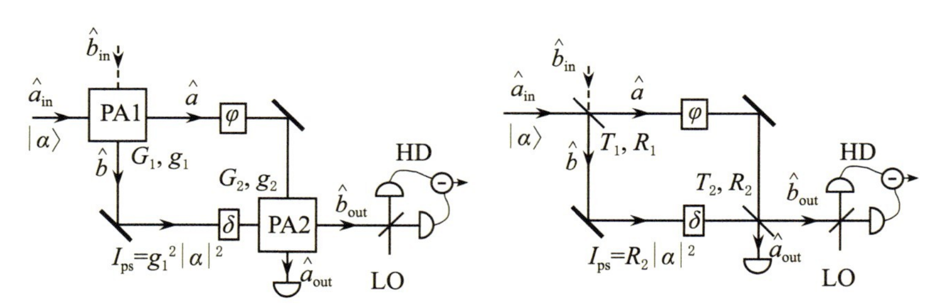


(a) 以参量放大器(PA1，PA2)为等效分束器的SU(1, 1)干涉仪　　(b) 传统的马赫-曾德尔干涉仪

**图 11.10　SU(1,1) 干涉仪与传统的马赫–曾德尔干涉仪**

HD：零拍测量．

为了进行比较，我们从分析传统干涉仪开始．作为它的一个特殊情况，我们在 10.2

节中已经详细讲解了平衡的马赫–曾德尔干涉仪. 在一般情况下, 考虑图 11.10(b) 中所示的一般类型的马赫–曾德尔干涉仪, 入射场由透射率 $T_1$ 和反射率 $R_1$ 的分束器 (BS1) 分波, 其中一个光束用于检测小的相移 $\delta$, 而另一个光束则用作相移固定为 $\varphi$ 的参考光. 之后, 两束光由另一个相同类型, 但具有透射率 $T_2$ 和反射率 $R_2$ 的分束器 (BS2) 重新合束, 以此组成一个马赫–曾德尔干涉仪, 其工作点由固定相移 $\varphi$ 所设置. 对于无损耗分束器, $T_{1,2}+R_{1,2}=1$. 分束器的输入输出关系由下式给出:

$$\begin{aligned}&\hat{a}=\sqrt{T_1}\hat{a}_{\text{in}}+\sqrt{R_1}\hat{b}_{\text{in}},\quad \hat{b}=\sqrt{T_1}\hat{b}_{\text{in}}-\sqrt{R_1}\hat{a}_{\text{in}}\\&\hat{a}_{\text{out}}=\sqrt{T_2}\hat{a}\text{e}^{\text{i}\varphi}-\sqrt{R_2}\hat{b}\text{e}^{\text{i}\delta},\quad \hat{b}_{\text{out}}=\sqrt{T_2}\hat{b}\text{e}^{\text{i}\delta}+\sqrt{R_2}\hat{a}\text{e}^{\text{i}\varphi}\end{aligned}\tag{11.88}$$

我们可以用输入来表示干涉仪的输出:

$$\begin{aligned}\hat{a}_{\text{out}}&=\text{e}^{\text{i}\varphi}[t(\varphi,\delta)\hat{a}_{\text{in}}+r(\varphi,\delta)\hat{b}_{\text{in}}]\\\hat{b}_{\text{out}}&=\text{e}^{\text{i}\delta}[t^*(\varphi,\delta)\hat{b}_{\text{in}}-r^*(\varphi,\delta)\hat{a}_{\text{in}}]\end{aligned}\tag{11.89}$$

其中, $t(\delta)=\sqrt{T_1T_2}+\sqrt{R_1R_2}\text{e}^{\text{i}(\delta-\varphi)}$, $r(\delta)=\sqrt{R_1T_2}-\sqrt{R_2T_1}\text{e}^{\text{i}(\delta-\varphi)}$.

对于在 $\hat{a}_{\text{in}}$ 处的相干态和在 $\hat{b}_{\text{in}}$ 处的真空态输入, 我们很容易得到干涉仪输出处的光子数:

$$\begin{aligned}I_{a_{\text{out}}}&=|\alpha|^2(T_1T_2+R_1R_2+2\sqrt{T_1T_2R_1R_2}\cos(\delta-\varphi)]\\I_{b_{\text{out}}}&=|\alpha|^2(T_1R_2+R_1T_2-2\sqrt{T_1T_2R_1R_2}\cos(\delta-\varphi)]\end{aligned}\tag{11.90}$$

注意, 这两个输出具有 180° 的相位差, 这便给出能量守恒关系: $I_{a_{\text{out}}}+I_{b_{\text{out}}}=|\alpha|^2\equiv I_{\text{in}}$. 对于要测量的小相位改变 $\delta$, 输出光子数的变化为

$$\delta I_{b_{\text{out}}}=-\delta I_{a_{\text{out}}}\approx 2|\alpha|^2\delta\sqrt{T_1T_2R_1R_2}\sin\varphi\tag{11.91}$$

上式表明, 两个输出场都包含小相移 $\delta$ 的信息. 因此, 我们可以通过测量差值 $I_-=I_{b_{\text{out}}}-I_{a_{\text{out}}}$ 来充分利用这两个输出, 使变化量加倍:

$$\delta I_-=4|\alpha|^2\delta\sqrt{T_1T_2R_1R_2}\sin\varphi\tag{11.92}$$

显然, 当 $\varphi=\pi/2$ 时, $\delta I_-$ 的变化是最大的, 这将是我们在下面讨论中的干涉仪的工作条件.

测量灵敏度还取决于测量时的噪声水平. 对于相干态的输入, 线性干涉仪的输出场也处于相干态, 因此测量噪声是相干态的光子数涨落, 其具有泊松统计: $\langle\Delta^2I_{a_{\text{out}},b_{\text{out}}}\rangle=I_{a_{\text{out}},b_{\text{out}}}$. 由于两个相干态的涨落在量子力学上是不关联的, 我们得到

$$\langle\Delta^2I_-\rangle=\langle\Delta^2I_{a_{\text{out}}}\rangle+\langle\Delta^2I_{b_{\text{out}}}\rangle=I_{a_{\text{out}}}+I_{b_{\text{out}}}=|\alpha|^2\tag{11.93}$$

信噪比 (SNR) 的定义为

$$\mathrm{SNR} \equiv \frac{(\delta I_-)^2}{\langle \Delta^2 I_- \rangle} \tag{11.94}$$

于是,我们得到 MZ 干涉仪的信噪比为

$$\mathrm{SNR_{MZI}} = 16|\alpha|^2\delta^2 T_1 T_2 R_1 R_2 = 16 T_1 T_2 R_2 I_{\mathrm{ps}}\delta^2 \tag{11.95}$$

其中, $I_{\mathrm{ps}} \equiv R_1|\alpha|^2 = I_b$ 是探测相位变化 $\delta$ 的 $b$ 场的光子数. 在对不同测量方案的信噪比公平地进行比较时, 探测光场的光子数是一个重要指标. 由于 $T_2 + R_2 = 1$, 当 $T_2 = R_2 = 1/2$ 以及 $T_1 \to 1$ 时我们得到最佳的 SNR:

$$\mathrm{SNR_{MZI}^{(op)}} = 4 I_{\mathrm{ps}}\delta^2 \tag{11.96}$$

而当 $\mathrm{SNR_{MZI}^{(op)}} = 1$ 时,我们得到最小可测量的相移为 $\delta_{\mathrm{m}} = 1/2\sqrt{I_{\mathrm{ps}}}$. 对于给定探测光场的光子数 $I_{\mathrm{ps}}$,这是使用经典探测场可实现的最佳相位测量灵敏度. 由于测量噪声来自泊松性质的光子数涨落,并且与电流中的散粒噪声相同,因此这种相位测量灵敏度在实验中常被称为"散粒噪声极限 (SNL)". 此外,由于光子数涨落源于光的量子性质,所以这个极限也常被理论家们称为相位测量的"标准量子极限 (SQL)".

注意,最佳条件 $T_1 \sim 1$ 导致干涉仪两臂中的光子数极不平衡. 这与常见的平衡式干涉仪相反,并且与我们在 10.2 节中对平衡的迈克耳孙干涉仪的分析不同. 这是因为迈克耳孙干涉仪的两个臂都用于探测相位变化,就像激光干涉仪引力波天文台 (LIGO) 中用于探测引力波的装置一样. 同样, 用于感应旋转的 Sagnac 干涉仪的情况涉及两个方向上的相位感测,因此最佳条件也是 $T_1 = R_1 = 1/2$,也属于平衡的干涉仪. 而在这里讨论的马赫–曾德尔干涉仪中,我们只使用一臂来探测相位改变,而另一臂作为参考,这是通常使用的测量相位变化的方式,其最佳条件是 $T_1 \sim 1 \gg R_1$. 另外,这里的不平衡方案实际上对应于零拍测量技术,其中本地振荡器 (LO) 具有比被探测信号场强得多的光强. 在这里的不平衡方案中, 带有相位信息的场 $(\hat{b})$ 被视为被测量的信号场, 而具有更大光子数的另一臂 $(\hat{a})$ 被认为是 LO. $T_2 = R_2 = 1/2$ 的条件对应于 9.7 节中讨论的平衡零拍测量. 因此,平衡零拍测量技术实现了经典干涉测量中的最佳相位测量灵敏度. 注意,参考相位 $\varphi$(LO 相位) 被设置为 $\pi/2$ 是对应于零拍检测中的 $\hat{Y} \equiv (\hat{b} - \hat{b}^\dagger)/\mathrm{i}$,并给出相位测量. 在稍后的 11.4 节中,我们将看到 $\hat{X} \equiv \hat{b} + \hat{b}^\dagger$ 对应于幅度调制的测量.

也可以从另一个角度来更好地理解为何采用不平衡的干涉仪来获得最佳灵敏度. 那就是讨论任何光场都具有的相位不确定度 $\Delta^2\phi$ (Ou et al., 2003). 干涉方法测量的是相位差 $\phi = \phi_a - \phi_b$,因此,如果两臂中的相位涨落是独立的 (实际上,相干态的量子涨落确实是独立的), 则测量不确定度为 $\Delta^2\phi = \Delta^2\phi_a + \Delta^2\phi_b$. 然而, 可以证明 (Ou et al.,

2003),相位不确定性 $\Delta^2\phi_i(i=a,b)$ 与 $I_i$ 成反比. 因此 $I_a \gg I_b$ 会得到 $\Delta^2\phi_a \ll \Delta^2\phi_b$,因此 $\Delta^2\phi \approx \Delta^2\phi_b = \Delta^2\phi_{\rm ps} \sim 1/I_{\rm ps}$(下标 ps 表示测量相位的光场). 但是对于平衡的干涉仪,$I_a = I_b$ 或 $\Delta^2\phi_a = \Delta^2\phi_b$,所以我们有 $\Delta^2\phi = 2\Delta^2\phi_{\rm ps}$. 因此,不平衡干涉仪的测量不确定度是平衡干涉仪一半,因此它具有两倍的 SNR 以及更好的灵敏度.

如果我们将压缩态 $|r\rangle$ 注入到干涉仪 (Caves, 1981) 的未使用端口 $\hat{b}_{\rm in}$ (虚线), 如图 11.10(b) 所示,则散粒噪声极限可以被超越. 在 $T_2 = R_2 = 1/2$ 和 $T_1 \to 1, R_1 \ll 1$ 的最佳操作条件下,探测场 $\hat{b}$ 变为相干压缩态 $|\alpha_{\rm ps}, r\rangle$,其中 $\alpha_{\rm ps} = \alpha\sqrt{R_1}$ 以及压缩参数为 $r$(见 6.2.4节);这是由振幅放大为 $G = \cosh r, g = \sinh r (r > 0)$ 的简并参量放大器所产生的压缩态. 如前所述,第二个分束器相当于平衡零拍测量,此时可以直接得到光子数涨落如下 (见 3.4.3 小节和 9.7 节):

$$\langle \Delta^2 I_-^{\rm sq} \rangle = |\alpha|^2 {\rm e}^{-2r} = |\alpha|^2/(G+g)^2 \tag{11.97}$$

这给出信噪比为

$$\text{SNR}_{\rm MZI}^{\rm sq} = 4I_{\rm ps}\delta^2(G+g)^2 \tag{11.98}$$

注意, 与方程 (11.96) 中的最佳经典 SNR 相比, 压缩态干涉测量的 SNR 具有 $(G+g)^2 = {\rm e}^{2r}$ 的增强因子, 或当 $\text{SNR}_{\rm MZI}^{\rm sq} = 1$ 时, $\delta_{\rm m}^{\rm sq} = {\rm e}^{-r}/2\sqrt{I_{\rm ps}} = \delta_{\rm m}{\rm e}^{-r}$. 由于方程 (11.97) 中的探测噪声小于方程 (11.93) 中的散粒噪声水平,这就是亚散粒噪声干涉测量 (Xiao et al., 1987; Grangier et al., 1987).

在上面的表达式中,我们假设 $R_1|\alpha|^2 \gg g^2 = \sinh^2 r$,因此相干态为相位测量提供了大部分光子. 在 $r$ 值很大的情况下,压缩态会为 $I_{\rm ps}$ 贡献相当大的光子数,而对 $r$ 和 $\alpha$ 之间进行的优化将给出所谓的海森伯相位测量极限. 我们将这个证明留作习题 (习题 11.4).

高灵敏度需要很高的 $I_{\rm ps}$[见方程 (11.96)], 这会使探测器饱和. 因此, 在实际操作时, 干涉仪通常在 $\hat{b}_{\rm out}$ 的暗条纹模式下工作. 从方程 (11.90) 中, 我们发现这需要 $\varphi = 0$, $T_1 = T_2, R_1 = R_2$. 为了避免电子噪声和探测器的暗计数, 我们会在暗端口 $(\hat{b}_{\rm out})$ 进行零拍测量. 在这种情况下, 输出噪声便仅仅是来自未使用输入端口的真空噪声或压缩噪声 [图 11.10(b) 中的 $\hat{b}_{\rm in}$], 因此可以很容易证明, 这种情况下的 SNR 是当 $T_1 = T_2 \gg R_1 = R_2$ 时最大,并与方程 (11.96) 给出的最优经典 SNR 或方程 (11.98) 给出的压缩态情况相同.

对于图 11.10(a) 中的 SU(1,1) 干涉仪, 参量放大器 (PA1) 现在充当分束器的角色, 将输入信号光束 $(a_{\rm in})$ 分成为放大信号光束 $a$ 和伴随光束 $b$. 另一个参量放大器 (PA2)

则充当光束合束器的角色以组成一个干涉仪. 即使放大器的输入模式 $b_{\text{in}}$ 没有任何注入,真空仍会产生量子噪声. 放大器的完整输入输出关系由下式给出 (见 4.6 节):

$$\begin{aligned}\hat{a}&=G_1\hat{a}_{\text{in}}+g_1\hat{b}_{\text{in}}^{\dagger},\quad \hat{b}=G_1\hat{b}_{\text{in}}+g_1\hat{a}_{\text{in}}^{\dagger}\\ \hat{a}_{\text{out}}&=G_2\hat{a}\text{e}^{\text{i}\varphi}-g_2\hat{b}^{\dagger}\text{e}^{-\text{i}\delta},\quad \hat{b}_{\text{out}}=G_2\hat{b}\text{e}^{\text{i}\delta}-g_2\hat{a}^{\dagger}\text{e}^{-\text{i}\varphi}\end{aligned}\tag{11.99}$$

其中,我们假设放大器具有幅度增益 $G_1,G_2$ 并满足 $|G_i|^2-|g_i|^2=1(g=1,2)$. 我们选择 $g_2$ 的符号为负,使 PA2 充当压缩器. 我们在场 $\hat{b}$ 上引入 $\delta$ 的相移作为相位信号,在场 $\hat{a}$ 上引入固定相移 $\varphi$ 作为参考. 因此,干涉仪的输出输入关系为

$$\begin{aligned}\hat{a}_{\text{out}}&=\text{e}^{\text{i}\varphi}[G_T(\varphi+\delta)\hat{a}_{\text{in}}+g_T(\varphi+\delta)\hat{b}_{\text{in}}^{\dagger}]\\ \hat{b}_{\text{out}}&=\text{e}^{\text{i}\delta}[G_T(\varphi+\delta)\hat{b}_{\text{in}}+g_T(\varphi+\delta)\hat{a}_{\text{in}}^{\dagger}]\end{aligned}\tag{11.100}$$

其中,$G_T(\varphi+\delta)\equiv G_1G_2-g_1g_2\text{e}^{-\text{i}(\varphi+\delta)}$,$g_T(\varphi+\delta)=G_2g_1-G_1g_2\text{e}^{-\text{i}(\varphi+\delta)}$. 当 $\delta=0=\varphi$ 以及 $G_1=G_2,g_1=g_2$ 时,干涉仪在 $b_{\text{out}}$ 形成暗条纹并且总增益 $G_T(0)=1$(Yurke et al., 1986).

如图 11.10(a) 所示,假设在 $a_{\text{in}}$ 输入相干态 $|\alpha\rangle$ 且 $|\alpha|\gg1$,$b_{\text{in}}$ 没有输入. 类似于方程 (11.90),我们可以很容易得到两个输出端口的光子数:

$$\begin{aligned}I_{a_{\text{out}}}&=|\alpha|^2[G_1^2G_2^2+g_1^2g_2^2-2G_1G_2g_1g_2\cos(\varphi+\delta)]\\ I_{b_{\text{out}}}&=|\alpha|^2[G_1^2g_2^2+G_2^2g_1^2-2G_1G_2g_1g_2\cos(\varphi+\delta)]\end{aligned}\tag{11.101}$$

将方程 (11.101) 与方程 (11.90) 进行比较,我们发现 SU(1,1) 干涉仪 (SUI) 有如下三个可与 Mach-Zehnder 干涉仪 (MZI) 区分开来的显著特性:

(1) SUI 的两个输出同相,而 MZI 的方程 (11.90) 中相位差为 180°;

(2) 干涉条纹取决于 SUI 两臂的相位和,而不是 MZI 中的相位差;

(3) 当增益参数 $G_2,g_2$ 较大时,输出端的相位信号被放大.

SU(1,1) 干涉仪关于同相条纹的第一个特性在继首次实验演示之后 (Jing et al., 2011),又在原子–光混合干涉仪中 (Chen et al., 2015) 得到了验证. 这一特性使得 $I_{a_{\text{out}}}-I_{b_{\text{out}}}=|\alpha|^2$,与传统 MZI 的方程 (11.92) 不同,它完全独立于相位,以至于无法在两个输出的光子数差中获得任何相位变化信息. 这也表明两个输出的光子数高度关联. 这是参量过程的一个特征,被称为 Manley-Rowe 关系. 关于相位和的第二个特性使 SU(1,1) 干涉仪不能直接推广变形为与 Sagnac 干涉仪类似的共光路形式,但是当两个光束都用于探测相位变化时可以获得信号的增强. 第三个特性将使由探测场的相位微小变化 $\delta(\ll1)$ 而产生的信号大小得到增强,具体表达式如下:

$$
\begin{aligned}
\delta I_{a_{\text{out}}} = \delta I_{b_{\text{out}}} &\approx 2\delta|\alpha|^2 G_1 G_2 g_1 g_2 \sin(\varphi) \\
&\approx 2G_2 g_2 I_{\text{ps}} \delta \sin(\varphi) \quad (g_1 \gg 1)
\end{aligned} \tag{11.102}
$$

其中,$I_{\text{ps}} \equiv g_1^2|\alpha|^2 = I_b$. 与方程 (11.92) 中 MZI 的相位信号在 $T_1 = R_1 = T_2 = R_2 = 1/2$ 时的最大值相比,两个输出端口的增强因子均为 $2G_2g_2$. 当两个场在第二参量放大器中混合时,它们在两个输出端同时获得了参量放大器提供的增益:

$$
\begin{aligned}
I_{b_{\text{out}}} &\approx 2G_2^2 g_1^2|\alpha|^2[1 - \cos(\varphi + \delta)] \quad (G_1 \approx g_1 \gg 1, G_2 \approx g_2 \gg 1) \\
&= 2G_2^2 I_{\text{ps}}[1 - \cos(\varphi + \delta)]
\end{aligned} \tag{11.103}
$$

将上述公式与 MZI 的方程 (11.90) 进行比较,我们发现对于相同的 $I_{\text{ps}}$,干涉条纹的大小增加了 $2G_2^2$ 的因子.

尽管与马赫–曾德尔干涉仪相比,SU(1,1) 干涉仪中由于相位变化而产生的信号有所增加,但有人可能会认为这一点并不奇怪,因为包含相位信号的场被 PA2 放大了. 如果我们在 MZI 的输出端也放置一个放大器,或许也可以获得相同的效果. 然而,相位测量的灵敏度不仅依赖相位变化引起的信号大小,还取决于输出的噪声水平. 我们测量信号的精确度通常以信噪比 (SNR) 表征,尤其是在实验中. 正如在 10.3.1 小节中所分析的,信号的放大也同时伴随着噪声的放大,通常还会有额外噪声的加入,从而导致更差的 SNR. 相反,对于 SU(1,1) 干涉仪,情况则有不同. 事实上,第一个参量放大器 (PA1) 的作用在这里至关重要. 它产生了一对纠缠场 ($\hat{a}$ 和 $\hat{b}$),它们的噪声具有量子关联. 我们已经在 10.3.3 小节中证明,由于具有关联的输入场之间的相消量子干涉,输出噪声可以被抵消. 结果就是 SUI 在放大信号的同时并不放大噪声,从而可提高信噪比. 为了更清楚地看到这一点,我们在下面计算 SUI 输出场的噪声水平.

假设 SU(1,1) 的输入是相干态 $|\alpha\rangle$, 我们对 PA2 的输出进行零拍探测, 即测量 $\hat{X}(\theta) = \hat{a}\text{e}^{-\text{i}\theta} + \hat{a}^\dagger\text{e}^{\text{i}\theta}$. 可以直接计算量子涨落为

$$
\begin{aligned}
\langle \Delta^2 \hat{X}_{a_{\text{out}}}(\theta) \rangle &= \langle \Delta^2 \hat{X}_{b_{\text{out}}}(\theta) \rangle \\
&= |G_T(\varphi + \delta)|^2 + |g_T(\varphi + \delta)|^2 \\
&= (G_1^2 + g_1^2)(G_2^2 + g_2^2) - 4G_1G_2g_1g_2\cos(\varphi + \delta)
\end{aligned} \tag{11.104}
$$

注意,上式对 $\varphi + \delta$ 的依赖性与方程 (11.101) 中的相同,因此这是 SUI 中量子干涉的结果. 对于给定的 $G_1, g_1$,最小噪声在 $\varphi + \delta = 0$ 和 $G_2 = G_1, g_2 = g_1$ 的平衡增益时的暗条纹处达到:

$$
\begin{aligned}
\langle \Delta^2 \hat{X}_{a_{\text{out}}}(\theta) \rangle_{\text{m}} &= \langle \Delta^2 \hat{X}_{b_{\text{out}}}(\theta) \rangle_{\text{m}} \\
&= 1 + 2(G_1g_2 - G_2g_1)^2
\end{aligned}
$$

$$= 1 \quad (G_1 = G_2, g_1 = g_2) \tag{11.105}$$

由于 PA1 之后 SUI 的每个臂中的噪声是 $G_1^2 + g_1^2 = 1 + 2g_1^2 > 1$,因此在 SUI 的输出处 (PA2) 的噪声被减小了. 这是因为两臂之间的相消量子干涉抵消了每一臂中很大的量子噪声. Hudelist 等人 (2014) 在 SU(1,1) 的量子噪声性能的首次测量中观察到了这种噪声减少的效果.

注意,方程 (11.105) 与正交角 $\theta$ 无关,这意味着对于所有正交相位振幅 $\hat{X}_{a_{\text{out}}, b_{\text{out}}}(\theta)$,噪声都是最小. 这与 10.2 节中讨论的压缩态干涉测量法截然不同,其中只有压缩的正交相位振幅具有噪声降低. 因此, SU(1,1) 干涉仪输出端噪声减少的物理原理是量子相消干涉,与压缩态干涉法相比,量子相消干涉可降低包括所有正交相位振幅在内的整个场的噪声,而压缩态干涉测量法的噪声取决于正交相位振幅的角度.

尽管最小噪声出现在 $\varphi = 0$, 但我们从方程 (11.102) 中发现, 微小 $\delta$ 引起的输出光子数变化在 $\varphi = \pi/2$ 时最大. 这是因为我们在这里测量的是正交相位振幅, 而方程 (11.102) 是关于不同的物理量,即光子数或强度的测量. 对于相位信号测量,当干涉仪的输入场 $a_{\text{in}}$ 处于强相干态 $|\alpha\rangle$ 且 $\alpha$ 为正时 [图 11.10(a)], $\hat{Y} = \mathrm{i}(\hat{a}^\dagger - \hat{a})$ 通常是被测量的量 (详见 11.4 节). 如果将总相位 $\varphi$ 设置为 0 以得到两个输出处的最小噪声,当在 SU(1,1) 干涉仪一臂引入微小相位变化时,我们在两个输出端获得的信号为

$$\langle \hat{Y}_{a_{\text{out}}} \rangle = 2g_1 g_2 |\alpha| \delta, \quad \langle \hat{Y}_{b_{\text{out}}} \rangle = 2g_1 G_2 |\alpha| \delta \tag{11.106}$$

利用方程 (11.104) 所给出的输出噪声,两个输出端口的信噪比分别为

$$\begin{aligned} \text{SNR}_{\text{SUI}}^{(a)} &= \frac{\langle \hat{Y}_{a_{\text{out}}} \rangle^2}{\langle \Delta^2 \hat{Y}_{a_{\text{out}}} \rangle} \\ &= \frac{4g_2^2 g_1^2 |\alpha|^2 \delta^2}{(G_1^2 + g_1^2)(G_2^2 + g_2^2) - 4G_1 G_2 g_1 g_2} \\ &= \frac{4g_2^2 I_{\text{ps}} \delta^2}{(G_1^2 + g_1^2)(G_2^2 + g_2^2) - 4G_1 G_2 g_1 g_2} \end{aligned} \tag{11.107}$$

以及

$$\begin{aligned} \text{SNR}_{\text{SUI}}^{(b)} &= \frac{4G_2^2 g_1^2 |\alpha|^2 \delta^2}{(G_1^2 + g_1^2)(G_2^2 + g_2^2) - 4G_1 G_2 g_1 g_2} \\ &= \frac{4G_2^2 I_{\text{ps}} \delta^2}{(G_1^2 + g_1^2)(G_2^2 + g_2^2) - 4G_1 G_2 g_1 g_2} \end{aligned} \tag{11.108}$$

其中, $I_{\text{ps}} = g_1^2 |\alpha|^2$ 是相位探测场的光子数. 当 $g_2 > g_1$ 以及 $g_2 \gg 1$ 以使得 $G_2^2 = 1 + g_2^2 \approx g_2^2$ 时, SNR 取最大值为

$$\text{SNR}_{\text{SUI}}^{(a,b)\text{op}} = 2(G_1 + g_1)^2 I_{\text{ps}} \delta^2 \tag{11.109}$$

注意,最佳 SNR 不是在两个 PA 的增益相等的情况下获得的,而是在 $g_2 > g_1, g_2 \gg 1$ 的条件下得到的. 相等增益的情况是在早期研究 (Yurke et al., 1986; Ou, 1997a; Plick et al., 2010) 以及 SU(1,1) 最早的实验 (Jing et al., 2011; Hudelist et al., 2014) 中常用的操作条件,它对应于输出处的最小噪声水平,如方程 (11.105) 所示. 但从方程 (11.107),方程 (11.108) 中发现, 它给出的 SNR 为 $(G_1+g_1)^2 I_{\rm ps}\delta^2$(对于 $g_1 \gg 1$), 这比方程 (11.109) 中给出的最佳值小 2 倍.

事实上,我们注意到两个输出都包含如方程 (11.106) 所示的相位信号. 因此,如果可以通过对两个输出信号进行联合测量来充分利用输出端的信号,则类似于在关于 MZI 的方程 (11.92) 中所讨论的,我们可以增加相位测量的 SNR. 该方法适用于有限的 $g_2$,特别是上述 $g_2 = g_1$ 的相等增益的情况,并给出与方程 (11.109) 中相同的最佳 SNR,而且与 $g_2$ 无关. 我们将把这个的证明留作习题 (习题 11.5).

将方程 (11.109) 与方程 (11.96) 中的最佳经典 SNR 进行比较, 我们得到 $(G_1 + g_1)^2/2$ 的 SNR 增强因子. 这比方程 (11.98) 中给出的压缩态干涉测量法的因子小 2 倍. 其原因是我们并没有充分利用 SUI 的潜力. 当我们将 SUI 与 MZI 进行比较时,回想前面讨论过的性质 (2):干涉条纹取决于 SUI 两臂的相位之和,即 $\varphi+\delta$. 如果我们使用两个臂来检测微小的相位变化 $\delta$,则相位信号将加倍,即 $\delta$ 在方程 (11.106) 中被 $2\delta$ 替换,但是我们还需要将 $I_{\rm ps}$ 加倍变为 $2g_1^2|\alpha|^2$(对于 $g_1 \gg 1$),这是因为我们现在使用了两个波束进行相位探测. 这样,方程 (11.109) 中的 SNR 将加倍,以给出 $(G_1+g_1)^2$ 的增强因子. 这与方程 (11.98) 给出的压缩态干涉测量的增强因子相同. 尽管上面的推理是针对 $g_1 \gg 1$ 的情况,但对于任意大小的 $g_1$ 也是如此. 我们将把证明留作习题 (习题 11.6).

我们已经看到, 与马赫–曾德尔干涉仪相比, SU(1,1) 干涉仪在相位测量中具有更高的灵敏度. 但是干涉仪的输入还是经典的相干态和真空态, 与 MZI 一样. 因此, 灵敏度的提高归因于参量放大器所产生的量子态. 我们知道向 MZI 注入压缩态可以提高灵敏度, 那么 SUI 呢? 为了回答这个问题, 我们考虑 SUI 在暗条纹下运行时的一个简单情况: $\varphi = 0, \delta \ll 1$ 以及 $G_1 = G_2 \equiv G, g_1 = g_2 \equiv g$. 在这种情况下, 我们有 $G_T(0) \approx 1, g_T(0) \approx 0$,并且 $\hat{a}_{\rm out} \approx \hat{a}_{\rm in}, \hat{b}_{\rm out} \approx \hat{b}_{\rm in}$. 因此,对于暗端口输出 $\hat{b}_{\rm out}$,噪声便只是源自未使用的输入端口 $\hat{b}_{\rm in}$. 我们可以在该端口处输入压缩参数为 $r$ 的压缩态来减少它,即 $\langle \hat{Y}_{b_{\rm in}}^2 \rangle \approx {\rm e}^{-2r}$ $(\delta \ll 1)$. 因为压缩真空具有 $\langle \hat{Y}_{b_{\rm in}} \rangle = 0$,所以相位信号不变,并在方程 (11.106) 中给出,但要做替换 $G_2 = G, g_1 = g$. 于是,与方程 (11.96) 中的最佳经典 SNR 相比,相位测量的灵敏度可以进一步提高 ${\rm e}^{2r}$ 倍:

$$\mathrm{SNR}_{\rm SUI}^{\rm sq}/\mathrm{SNR}_{\rm MZI}^{\rm op} = G^2{\rm e}^{2r} \tag{11.110}$$

该增强因子是通过将放大得到的信号增加与输入压缩态的噪声降低相结合而实现的.

另一个有趣的情况是完全没有相干态的注入. 这是最初提出的方案 (Yurke et al., 1986). 对于 $\varphi=0,\delta\ll 1$ 以及 $G_1=G_2\equiv G,g_1=g_2\equiv g$ 的暗条纹操作条件,我们得到

$$\langle\hat{Y}_{a_{\text{out}}}^2\rangle(\delta)=\langle\hat{Y}_{b_{\text{out}}}^2\rangle(\delta)\approx 1+2G^2g^2\delta^2 \tag{11.111}$$

其中,我们展开到 $\delta^2$ 的第一个非零项. 显然,第一项的 1 是噪声,第二项的 $2G^2g^2\delta^2$ 是相位信号,因此我们得到了没有相干态注入时的信噪比

$$\text{SNR}_{\text{SUI}}^{\text{nc}}=2G^2g^2\delta^2=2I_{\text{ps}}(I_{\text{ps}}+1)\delta^2 \tag{11.112}$$

其中,$I_{\text{ps}}=g^2$ 是这种情况下的相位测量光子数. 这便给出了海森伯极限 (Yurke et al., 1986):

$$\delta_{\text{m}}=1\Big/\sqrt{2I_{\text{ps}}(I_{\text{ps}}+1)}\sim 1/N \tag{11.113}$$

其中,$N\equiv I_{\text{ps}}\gg 1$ 作为探测相移的光子数. 在输入端口处的压缩真空注入还可以进一步增加 SNR,但光子数也会增加,因为压缩真空也包含光子.

SU(1,1) 干涉仪的实验是首先由 Jing 等人 (2011) 以原子四波混频过程作为两个参量放大器而实现的. 图 11.11 显示了两个输出端口处的干涉条纹. 注意,这两个干涉条纹是同相的,而 MZI 的相位差为 180°. 这是 SU(1,1) 干涉仪的典型例子 (Chen et al., 2015).

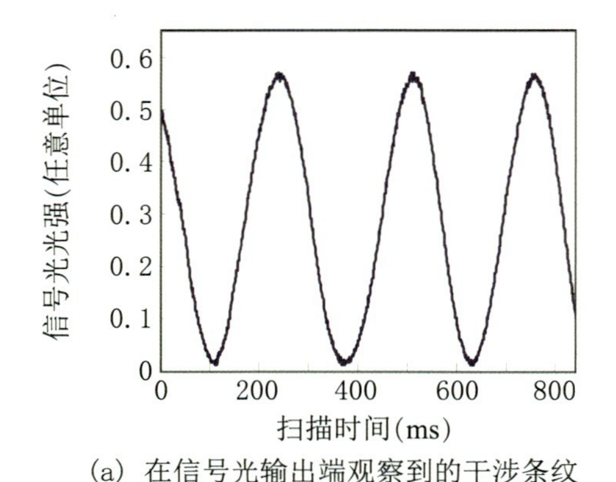


(a) 在信号光输出端观察到的干涉条纹

(b) 在闲置光输出端观察到的干涉条纹

**图 11.11　在 SU(1,1) 干涉仪的两个输出端观察到的干涉条纹**

转载自 Jing 等 (2011).

SU(1,1) 干涉仪的噪声行为如图 11.12(b) 所示，其可与图 11.12(a) 所表示的不相关情况相比较. 每个地方的圆圈代表噪声大小，其标识与图 11.12 (c) 中标识的噪声水平相对应. SU(1,1) 干涉仪的量子噪声性能首先由 Hudelist 等人测量 [Hudelist et al.(2014)]，其结果如图 11.12 (c) 所示. 当干涉仪的相位随时间扫描时，深蓝色曲线给出了噪声水平变化. 它显示了方程 (11.104) 中预测的干涉条纹图形. 与 MZI 相比，SU(1,1) 干涉仪的 SNR 提高了 4 dB，Hudelist 等人也证明了这一点.

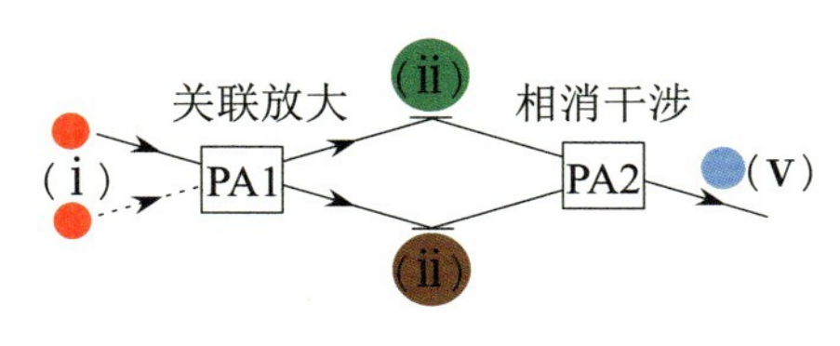


(a) 组成SU(1, 1)干涉仪的量子关联放大器的情况示意图(蓝色)

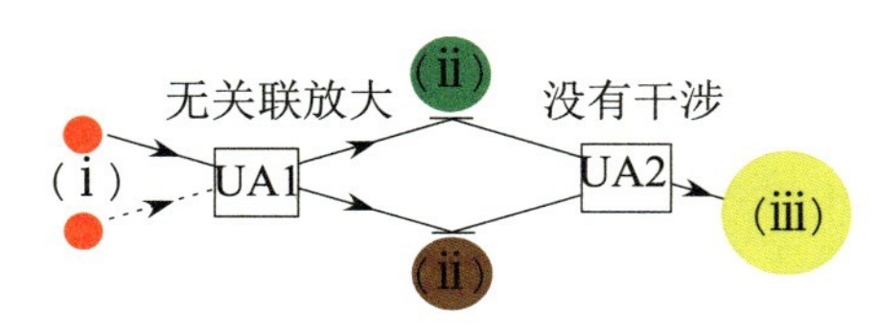


(b) 具有噪声放大的不相关放大器的情况示意图(黄色)

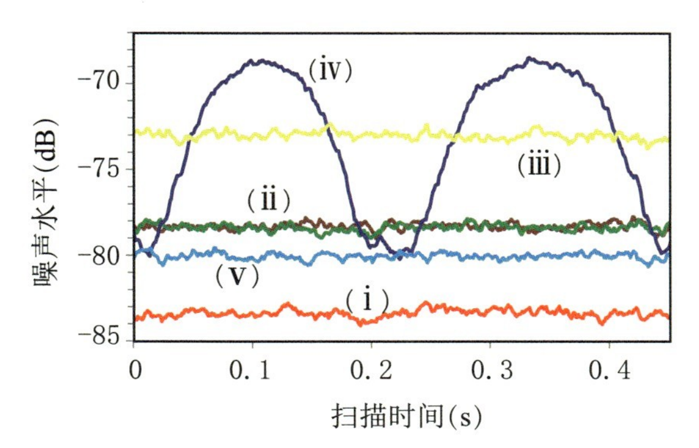


(c) SU(1, 1)干涉仪的b输出端口进行零拍探测而测量到的量子噪声. 红色曲线(i)：散粒噪声；棕色和绿色曲线(ii)：每个参量放大器单独的噪声水平；黄色曲线(iii)：串联的两个不相关放大器的噪声水平；蓝色曲线(iv)：SU(1, 1)干涉仪中关联参量放大器的噪声水平(浅蓝色(v)是锁定在暗条纹处的噪声水平；深蓝色表示相位在时间上扫描)

**图 11.12 具有量子关联和没有关联的放大器的情况示意图以及 SU(1,1) 干涉仪的量子噪声**

(a) 与 (b) 中的圆圈大小表示噪声水平的高低，其标识的颜色对应于 (c) 部分的实验测得的噪声水平，转载自 Hudelist 等 (2014).

从方程 (11.104) 中，我们发现当 $\delta = 0 = \varphi$，$G_1 = G_2$ 时，$\langle \Delta^2 \hat{X}_{b_{\rm out}} \rangle = 1$，这是 Hudelist 等人实验中的工作点，即它处于散粒噪声水平. 然而，图 11.12(c) 中的浅蓝色曲线比散粒噪声水平 (红色) 高约 3 dB. 这是因为干涉仪内部存在损耗. SU(1,1) 干涉仪内部的损耗将由于无关联的真空噪声的引入而破坏量子关联. 这些无关联的真空噪声不会被抵消，但会被放大到高于散粒噪声的水平. 接下来，我们将对损耗的影响进行定量分析.

### 11.3.3 SU(1,1) 干涉仪的损耗分析

众所周知，损耗是限制压缩态在精密测量中应用的主要因素．接下来我们将研究损耗对 SU(1,1) 干涉仪灵敏度的影响．其中有两种类型的损耗：干涉仪内部的和外部的．我们先从干涉仪外部的损耗开始．

1. 干涉仪外部损耗的影响

干涉仪外部的损耗可以来自传输损耗、非完美的零拍探测模式匹配以及探测器有限的量子效率．我们可以将所有这些损耗计入为总损耗 $L$ 中，并用透射率为 $1-L$ 的分束器对其进行模拟：$\hat{b}'_{\text{out}}=\hat{b}_{\text{out}}\sqrt{1-L}+\hat{b}_0\sqrt{L}$．为了简化推理过程，我们在这里考虑两个 PA 的增益相等的情况：$G_1=G_2\equiv G,g_1=g_2\equiv G$，和 $\varphi=0$ 的暗条纹条件．从方程 (11.100) 可以直接得到

$$\langle\hat{Y}^2_{b'_{\text{out}}}\rangle=1+4(1-L)G^2g^2|\alpha|^2\delta^2 \tag{11.114}$$

其中，$\text{SNR}=4(1-L)G^2I_{\text{ps}}\delta^2$ $(I_{\text{ps}}=g^2|\alpha|^2)$．这样，与方程 (11.108) 在 $G_1=G_2\equiv G,g_1=g_2\equiv g$ 时相比，信噪比降低了 $1-L$．这样的减少可以通过增益 $(G,g)$ 的增加来补偿．灵敏度的量子增强是不会因 SU(1,1) 干涉仪外部损耗的引入而降低的．

与之相比，对于基于压缩态的方案，即使在有很大压缩的情况下，灵敏度的量子增强效应会因损耗而大幅降低．从这个意义上讲，采用 SU(1,1) 干涉仪的方案比基于压缩态的干涉仪更能抵御探测损耗的影响．这种对损耗不敏感现象的物理机制是 SU(1,1) 干涉仪的输出是在真空噪声水平 $(G_1=G_2)$ 或之上 $(G_1\neq G_2)$．因此通过损耗引入的真空噪声并不会对其噪声性能产生太大的影响．另外，如果我们将压缩真空注入未使用的输入端口 $(\hat{b}_{\text{in}})$ 以进一步提高信噪比，如方程 (11.110) 中所示，则损耗将限制输入的压缩态的效果，与基于压缩态的方案一样．

2. 干涉仪内部损耗的影响

对于干涉仪内部的损耗，情况并没有那么好．我们考虑两种情况：(1) 两个参量放大器之间的传输损耗；(2) 参量放大器内部的损耗．对于第一种情况，我们可以再次用分束器对损耗进行模拟：$\hat{a}'=\sqrt{1-L_1}\hat{a}+\sqrt{L_1}\hat{a}_0,\hat{b}'=\sqrt{1-L_2}\hat{b}+\sqrt{L_2}\hat{b}_0$．于是，$\hat{b}_{\text{out}}$ 输出端口为 (我们设置 $\varphi=0$ 以得到相消干涉并假设 $\delta\ll 1$)

$$\hat{b}_{\text{out}} = G'(\delta)\hat{b}_{\text{in}} + g'(\delta)\hat{a}_{\text{in}}^{\dagger} + g_2\sqrt{L_1}\hat{a}_0^{\dagger} + G_2\sqrt{L_2}\hat{b}_0 \tag{11.115}$$

其中

$$\begin{aligned} G'(\delta) &= G_1G_2\mathrm{e}^{\mathrm{i}\delta}\sqrt{1-L_2} - g_1g_2\sqrt{1-L_1} \\ g'(\delta) &= g_1G_2\mathrm{e}^{\mathrm{i}\delta}\sqrt{1-L_2} - g_2G_1\sqrt{1-L_1} \end{aligned} \tag{11.116}$$

对于 $|\alpha|^2 \gg 1$ 的强相干态,以及为达到 100% 可见度而设置的如下关系:

$$g_2G_1\sqrt{1-L_1} = g_1G_2\sqrt{1-L_2} \equiv gG\sqrt{1-L} \tag{11.117}$$

我们得到输出光子强度为

$$\begin{aligned} \langle \hat{b}_{\text{out}}^{\dagger}\hat{b}_{\text{out}} \rangle &\approx 2G^2g^2(1-L)|\alpha|^2(1-\cos\delta) \\ &= 2G_2^2I_{\text{ps}}(1-L_2)(1-\cos\delta) \end{aligned} \tag{11.118}$$

因此,在有损耗的情况下,干涉条纹的大小只减少了 $1-L_2$. 然而,量子噪声并非如此. 假设 $\alpha = |\alpha|$ 和 $\delta \ll 1$,我们可以从方程 (11.115) 中得到对 $\hat{Y}_{b_{\text{out}}} = \mathrm{i}(b_{\text{out}}^{\dagger} - b_{\text{out}})$ 测量而获得的相位信息如下:

$$\begin{aligned} \langle \hat{Y}_{b_{\text{out}}}^2 \rangle =& \left(\left|g_2G_1\sqrt{1-L_1} - g_1G_2\mathrm{e}^{\mathrm{i}\delta}\sqrt{1-L_2}\right|^2\right)(4|\alpha|^2+1) + G_2^2L_2 + g_2^2L_1 \\ &+ \left|g_1g_2\sqrt{1-L_1} - G_1G_2\mathrm{e}^{\mathrm{i}\delta}\sqrt{1-L_2}\right|^2 \end{aligned} \tag{11.119}$$

利用方程 (11.117) 的条件和 $\delta \ll 1$,方程 (11.119) 变成

$$\langle \hat{Y}_{b_{\text{out}}}^2 \rangle \approx 1 + 2g_2^2L_1 + (4|\alpha|^2+2)g_1^2G_2^2(1-L_2)\delta^2 \tag{11.120}$$

因此,信噪比为

$$\begin{aligned} \text{SNR}'_{\text{SUI}} &= (4|\alpha|^2+2)g_1^2G_2^2(1-L_2)\delta^2/(1+2g_2^2L_1) \\ &\approx 4I_{\text{ps}}G_2^2(1-L_2)\delta^2/(1+2g_2^2L_1) \quad (|\alpha| \gg 1) \end{aligned} \tag{11.121}$$

与没有损耗和相等增益的情况下的方程 (11.108) 相比,信噪比降低了 $(1-L_2)/(1+2g_2^2L_1)$. 与 MZI 相比,信噪比的提高为 $G_2^2(1-L_2)/(1+2g_2^2L_1)$,当 $g_2^2$ 很大时,信噪比的提高约为 $(1-L_2)/2L_1$. 因此,与压缩态输入的 MZI 一样,信噪比的增加受到损耗 $L_1$ 的限制.

此外,在没有相干态注入 ($|\alpha| = 0$) 的情况下,信噪比变为

$$\text{SNR}_{\text{SUI}}^{\text{nc}\,\prime} = 2g_1^2G_2^2(1-L_2)\delta^2/(1+2g_2^2L_1) \tag{11.122}$$

如果我们设定 $g_1^2 = g_2^2 \equiv I_{\text{ps}}$ 以及 $L_1 = L_2 \equiv L$, 那么

$$\text{SNR}_{\text{SUI}}^{\text{nc}\,\prime} = 2I_{\text{ps}}(I_{\text{ps}}+1)(1-L)\delta^2/(1+2I_{\text{ps}}L) \tag{11.123}$$

因此,最小可测相位在光子数较小,即 $I_{ps} \ll 1/L$ 时达到海森伯极限,而在光子数较大,即 $I_{ps} \gg 1/L$ 的情况下,方程 (11.123) 变为

$$\mathrm{SNR}_{\mathrm{SUI}}^{\mathrm{nc}\ \prime} = (I_{\mathrm{ps}}^{\mathrm{SI}} + 1)(1-L)\delta^2/L \tag{11.124}$$

它只比标准量子极限提高了 $(1-L)/L$ 倍,这类似于强相干注入的情况. 这说明在相位精密测量中,损耗是达到海森伯极限的限制因素.

干涉仪的第二类损耗是参量放大器内部的损耗. 这种损耗不能用分束器来模拟,但可被视为外部真空被耦合到参量放大器内部,这在讨论非简并 OPO 的习题 6.6 时描述过. 在习题 11.1 中,我们用这种参量放大器来处理 SU(1,1) 干涉仪,并得到相位测量的信噪比由方程 (11.148) 给出如下:

$$\begin{aligned}\mathrm{SNR}_{\mathrm{SUI}}'' &= 4I_{\mathrm{ps}}\bar{G}^2\delta^2/(1+4\bar{g}'^2) \\ &\approx I_{\mathrm{ps}}\delta^2(\beta/\gamma) \quad (\bar{G} \gg 1) \\ &= 4I_{\mathrm{ps}}\delta^2(T/4L)\end{aligned} \tag{11.125}$$

其中, 我们使用了方程 (6.161) 来表示 $\bar{G},\bar{g},\bar{G}',\bar{g}'$. 这个 SNR 只比方程 (11.96) 中的 $\mathrm{SNR}_{\mathrm{MZI}}^{\mathrm{op}}$ 增加了 $T/4L$ 倍. 注意,$L/T \approx \mathcal{S}$ 是两个非简并参量放大器中的一个所产生的最大压缩. 这样,通过腔内损耗漏入到两个参量放大器中的总的真空噪声限制了信噪比增强的效果.

## 11.4 共轭变量的联合测量

量子力学中的海森伯测不准关系限制了两个共轭可观测量的测量精度. 利用压缩态,可以使一个观测量的精度超过标准量子极限,但代价是与其共轭的另一个量的测量精度变得更差. 然而,在某些应用中,我们需要同时获得包含在这两个共轭可观测量中的信息. 例如,光学介质的线性电极化常数的实部和虚部分别对应于对通过该介质的光场的相位调制和振幅调制. 在这一节中,我们将讨论两个共轭变量的联合测量问题.

## 11.4.1　经典测量方案

对于两个正交相位振幅的联合测量，一种简单的方法是通过透射率为 $T$ 的分束器将调制光束分成两部分，并分别测量每个正交相位振幅，如图 11.13 所示．假设用于信号编码的光束处于相干态 $|\alpha\rangle$，其中 $\alpha=|\alpha|\mathrm{e}^{\mathrm{i}\varphi_0}$．将 $\delta\ll 1$ 的相位调制和 $\epsilon\ll 1$ 的振幅调制同时加在输入光束上，它们可以用相位 $\mathrm{e}^{\mathrm{i}\delta}\approx 1+\mathrm{i}\delta$ 和振幅 $\mathrm{e}^{-\epsilon}\approx 1-\epsilon$ 来表示，那么调制场①就成为 $\hat{A}=\hat{a}_{\mathrm{in}}\mathrm{e}^{\mathrm{i}\delta}\mathrm{e}^{-\epsilon}\approx\hat{a}_{\mathrm{in}}(1+\mathrm{i}\delta-\epsilon)$．

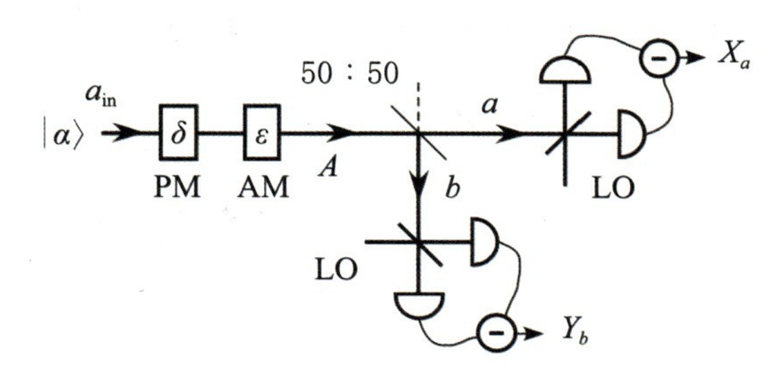


图 11.13　用分束器联合测量两个正交可观测量

50:50 分束器的输出由如下给出：

$$\hat{a}=(\hat{A}+\hat{B})/\sqrt{2},\quad \hat{b}=(\hat{B}-\hat{A})/\sqrt{2} \tag{11.126}$$

其中，$\hat{B}$ 处于真空态．现在我们在一个输出上测量 $\hat{X}_a=\hat{a}\mathrm{e}^{-\mathrm{i}\varphi_0}+\hat{a}^\dagger\mathrm{e}^{\mathrm{i}\varphi_0}$，在另一个输出上测量 $\hat{Y}_b=(\hat{b}\mathrm{e}^{-\mathrm{i}\varphi_0}-\hat{b}^\dagger\mathrm{e}^{\mathrm{i}\varphi_0})/\mathrm{i}$．由于输入处于相干态，因此，对 $\hat{X}_a$ 和 $\hat{Y}_b$ 来说，噪声都简单地为真空噪声：

$$\langle\Delta^2\hat{X}_a\rangle=1=\langle\Delta^2\hat{Y}_b\rangle \tag{11.127}$$

测量到的信号为

$$\begin{aligned}\langle\hat{Y}_b\rangle&=-\big[|\alpha|\mathrm{e}^{\mathrm{i}\varphi_0}(1+\mathrm{i}\delta-\epsilon)\mathrm{e}^{-\mathrm{i}\varphi_0}/\sqrt{2}-\mathrm{c.c.}\big]/\mathrm{i}=-\sqrt{2}|\alpha|\delta\\ \langle\hat{X}_a\rangle&=|\alpha|\mathrm{e}^{\mathrm{i}\varphi_0}(1+\mathrm{i}\delta-\epsilon)\mathrm{e}^{-\mathrm{i}\varphi_0}/\sqrt{2}+\mathrm{c.c.}=\sqrt{2}|\alpha|(1-\epsilon)\end{aligned} \tag{11.128}$$

因此，由调制产生的信号是 $S_{X_a}=2|\alpha|^2\epsilon^2$，$S_{Y_b}=2|\alpha|^2\delta^2$，信噪比是

$$\mathrm{SNR}_X=2I_{\mathrm{ps}}\epsilon^2,\quad \mathrm{SNR}_Y=2I_{\mathrm{ps}}\delta^2 \tag{11.129}$$

其中，$I_{\mathrm{ps}}\equiv|\alpha|^2$ 是探测光束的光子数．

① 因为 $\epsilon\ll 1$，我们不考虑传输损耗 $\mathrm{e}^{-\epsilon}$ 导致的真空项．

然而，由于非理想探测器引入的损耗，实际测量的信噪比可以小于上面给出的信噪比. 避免这种情况的方法是在零拍探测之前使用参量放大器作为分束器，如图 11.14所示. 参量放大器由以下输入输出关系描述：

$$\hat{a} = G\hat{A} + g\hat{B}^\dagger, \quad \hat{b} = G\hat{B} + g\hat{A}^\dagger \tag{11.130}$$

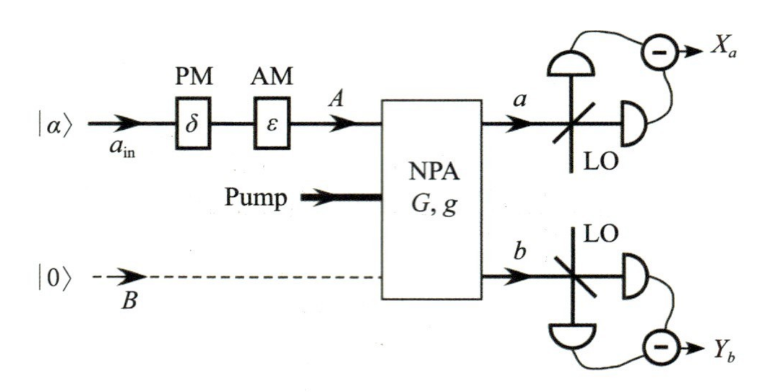


图 11.14　利用非简并参量放大器 (NPA) 将入射场 $A$ 分束以便同时测量两个正交可观测量的联合测量

其中，$\hat{A}$ 是处于相干态的被调制的信号光束，而 $\hat{B}$ 处于真空态. 很明显，输出信号是

$$\langle X_a\rangle^2 = 4G^2 I_{\text{ps}}\epsilon^2, \quad \langle Y_b\rangle^2 = 4g^2 I_{\text{ps}}\delta^2 \tag{11.131}$$

输出噪声为

$$\langle\Delta^2 X_a\rangle = G^2 + g^2 = \langle\Delta^2 Y_b\rangle \tag{11.132}$$

放大器方案的输出信噪比为

$$\text{SNR}_X^{\text{amp}} = \frac{4G^2 I_{\text{ps}}\epsilon^2}{G^2 + g^2}, \quad \text{SNR}_Y^{\text{amp}} = \frac{4g^2 I_{\text{ps}}\delta^2}{G^2 + g^2} \tag{11.133}$$

上标“amp”是指放大器方案. 当增益 $g^2 \gg 1$ 时，方程 (11.133) 中的结果与方程 (11.129) 中的结果相同.

上述两个方案是用于联合测量的经典方案，因为它们都在散粒噪声极限下工作，并且在信息平等分配时 (从场 $B$) 引入了真空噪声导致联合测量的信噪比降低了 3 dB $=$ 1/2(对于 $G \gg 1$).

## 11.4.2 利用 EPR 关联态的联合测量

我们已经在 10.2.1 小节中证明了,利用压缩态等量子资源可以提高相位测量的灵敏度,使其超越经典极限. 然而,为了保持海森伯测不准关系,$X$ 分量的噪声降低总是伴随着 $Y$ 分量的噪声增加. 因此,对于 $X$ 和 $Y$ 的联合测量,在图 11.13 和图 11.14 的未使用端口 (场 $\hat{B}$) 注入压缩态的方案将失灵. 量子力学的基本定律似乎使得我们无法使分别编码在两个正交共轭可观测量中的信号测量精度同时超越经典极限.

另外,量子力学通过量子纠缠,允许比经典关联更大的量子关联,正如在爱因斯坦–波多尔斯基–罗森 (EPR) 悖论中完美地呈现出来的那样. 在 10.1.3 小节中,我们证明了可以通过 EPR 关联推断出两个共轭可观测量的值,并具有优于海森伯测不准关系所允许的精度. 接下来,我们将利用这种量子关联,通过联合测量,同时提高两个正交共轭可观测量所携带信息的测量灵敏度.

一种实现的方法是对具有 EPR 关联光束的其中一个进行信息编码,并将两个具有 EPR 关联的光束用一个 50:50 的分束器叠加起来. 我们已经在 6.2.4 小节中证明,当两个压缩态 [方程 (6.93)] 用一个 50:50 的分束器叠加时,可以产生双模压缩态或 EPR 纠缠态 [方程 (6.97)]. 如果我们反转该过程,使用分束器将两个 EPR 纠缠光束叠加,如图 11.15 中的分束器部分所示,两个输出光束将处于压缩态,一个在 $X$ 上压缩,另一个则在 $Y$ 上压缩 (另见习题 10.1). 因此,如果我们在输入光束的 $X$ 和 $Y$ 上同时编码信号,并在一个输出光束上测量 $X$,在另一个上测量 $Y$,则编码的信号在两侧仅分成一半,但是噪声可以在 $X$ 和 $Y$ 上同时压缩,从而实现 $X$ 和 $Y$ 的联合测量,并可以同时提高信噪比.

然而,对于自发模式下的参量放大器,其输出端用于编码信息的光场强度很弱,也即光子数非常小. 为克服此弱点,我们将相干态输入到参量放大器中来增加光子数,类似于在 11.3.2 小节中讨论过的 SU(1,1) 干涉仪的情况. 此方案如图 11.15所示. 参量放大器可以同样被描述为

$$\hat{A} = G\hat{a}_{\text{in}} - g\hat{b}_{\text{in}}^{\dagger}, \quad \hat{B} = G\hat{b}_{\text{in}} - g\hat{a}_{\text{in}}^{\dagger} \tag{11.134}$$

其中,$\hat{a}_{\text{in}}$ 处于相干态 $|\alpha\rangle$,而 $\hat{b}_{\text{in}}$ 处于真空态. 我们改变了 $g$ 的符号,使得相应的正交相位振幅的噪声被压缩. 我们对输出场 $\hat{B}$ 进行信号调制:$\hat{B}' = \hat{B}(1 + \text{j}\delta - \epsilon)$. 分束器的输出与输入的关系为

$$\hat{a} = (\hat{A} + \hat{B}')/\sqrt{2}, \quad \hat{b} = (\hat{B}' - \hat{A})/\sqrt{2} \tag{11.135}$$

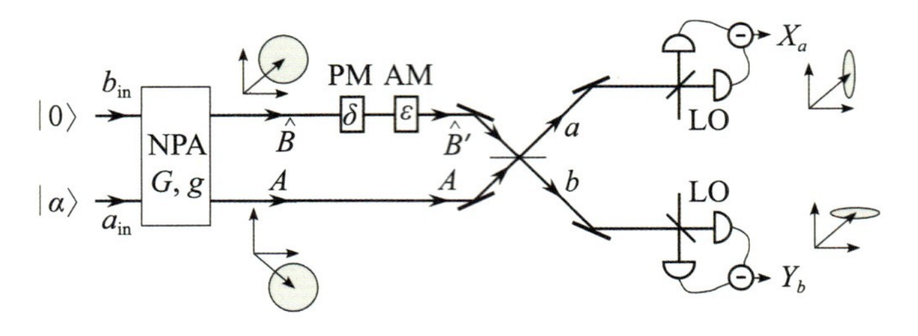


图 11.15　利用非简并参量放大器产生的纠缠场联合测量两个正交可观测量

而 $\hat{X}_a = \hat{a}\mathrm{e}^{-\mathrm{j}\varphi_0} + \hat{a}^\dagger \mathrm{e}^{\mathrm{j}\varphi_0}$ 和 $\hat{Y}_b = (\hat{b}\mathrm{e}^{-\mathrm{j}\varphi_0} - \hat{b}^\dagger \mathrm{e}^{\mathrm{j}\varphi_0})/\mathrm{j}(\varphi_0 \equiv \alpha/|\alpha|)$ 的噪声为

$$\langle \Delta^2 \hat{X}_a \rangle = (G-g)^2 = \langle \Delta^2 \hat{Y}_b \rangle \tag{11.136}$$

显然,上式中的噪声起伏低于散粒噪声水平,这与 $\hat{A}$ 和 $\hat{B}$ 同处于 EPR 纠缠态的预期一致. 因为 $\delta, \epsilon \ll 1$,我们在上式同时删除了与 $\delta$ 和 $\epsilon$ 有关的项. 由调制而产生的信号也很容易计算:

$$\langle X_a \rangle^2 = 2I_{\text{ps}}\epsilon^2, \quad \langle Y_b \rangle^2 = 2I_{\text{ps}}\delta^2 \tag{11.137}$$

其中,$I_{\text{ps}} \equiv g^2|\alpha|^2$. 信噪比为

$$\mathrm{SNR}_X^{\mathrm{EPR}} = \frac{2I_{\text{ps}}\epsilon^2}{(G-g)^2}, \quad \mathrm{SNR}_Y^{\mathrm{EPR}} = \frac{2I_{\text{ps}}\delta^2}{(G-g)^2} \tag{11.138}$$

这个结果比方程 (11.129) 中的经典信噪比提高了 $1/(G-g)^2 = (G+g)^2$ 倍.

## 11.4.3　利用 SU(1,1) 干涉仪的联合测量

上一节的方案涉及减少光探测中的散粒噪声, 因此对探测时引入的损耗极为敏感. 为了避免这个缺点,我们可以使用参量放大器来替换分束器,并将图 11.15 和图 11.14 中的方案结合在一起. 新方案如图 11.16 所示,这就是我们在 11.3.2小节中讨论的 SU(1,1) 干涉仪. 接下来我们将分析 SU(1,1) 干涉仪在联合测量两个正交相位振幅方面的表现.

第一个参量放大器 (NPA1) 将处于相干态 $|\alpha\rangle$ 的输入信号场 $\hat{a}_{\text{in}}$ 放大到场 $\hat{A}$,并同时产生与之关联的闲置场 $\hat{B}$. 闲置场的输入 $\hat{b}_{\text{in}}$ 处于真空态. 然后闲置场 $\hat{B}$ 经过相位调制器 (PM) 和振幅调制器 (AM),用于对正交可观测量的信号编码. 第二个参量放大器

(NPA2) 作为光束合束器就组成了干涉仪,其信号场和闲置场的输出分别用 $\hat{a}$ 和 $\hat{b}$ 表示. 将两个参量放大器的振幅增益分别取为 $G_1, g_1$ 和 $G_2, g_2$. 于是,这些算符的关系为

$$\begin{aligned} \hat{A} &= G_1\hat{a}_{\text{in}} + g_1\hat{b}_{\text{in}}^{\dagger}, \quad \hat{B} = G_1\hat{b}_{\text{in}} + g_1\hat{a}_{\text{in}}^{\dagger} \\ \hat{a} &= G_2\hat{A} - g_2\hat{B}'^{\dagger}, \quad \hat{b} = G_2\hat{B}' - g_2\hat{A}^{\dagger} \end{aligned} \tag{11.139}$$

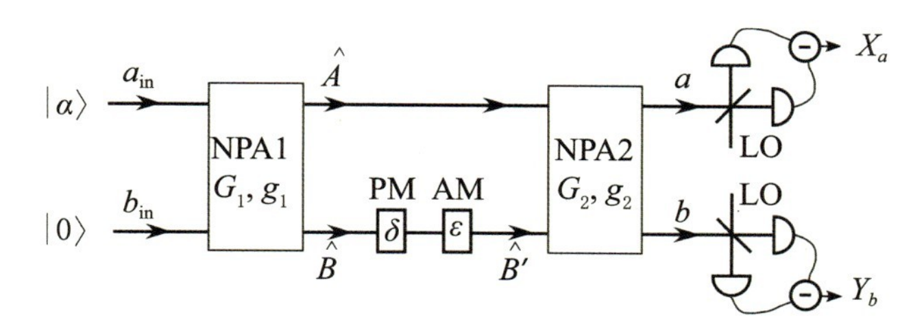


图 11.16 利用 SU(1,1) 干涉仪联合测量两个正交可观测量

$\hat{B}'$ 是被调制了的场,并有 $\hat{B}' = \hat{B}(1 + \mathrm{j}\delta - \epsilon)$. 在这里,我们选择了振幅增益的符号,使干涉仪在暗条纹处工作. 在这种情况下,由 NPA1 产生的具有关联噪声的两个场,在相敏放大器 NPA2 中发生量子相消干涉,因此输出场的噪声方差减小. 为计算输出的噪声,我们可以设 $\delta = 0 = \epsilon$ 以忽略调制项,这是因为 $\delta, \epsilon \ll 1$. 于是,输出与输入关系为

$$\hat{a} = \tilde{G}\hat{a}_{\text{in}} + \tilde{g}\hat{b}_{\text{in}}^{\dagger}, \quad \hat{b} = \tilde{G}\hat{b}_{\text{in}} + \tilde{g}\hat{a}_{\text{in}}^{\dagger} \tag{11.140}$$

其中,$\tilde{G} = G_2G_1 - g_2g_1$,$\tilde{g} = G_2g_1 - g_2G_1$ 是暗条纹处的相位敏感增益.

对于任意正交相位角 $\theta_1, \theta_2$,干涉仪输出的噪声水平可以计算为

$$\begin{aligned} \left\langle \Delta^2\hat{X}_a(\theta_1) \right\rangle &= (G_2G_1 - g_1g_2)^2 + (G_1g_2 - G_2g_1)^2 \\ \left\langle \Delta^2\hat{X}_b(\theta_2) \right\rangle &= (G_2G_1 - g_1g_2)^2 + (G_1g_2 - G_2g_1)^2 \end{aligned} \tag{11.141}$$

注意,输出场的正交相位振幅的噪声方差只由参量放大器的增益 $g_1$ 和 $g_2$ 决定,与角度 $\theta_1, \theta_2$ 无关,这不同于压缩态干涉仪 (Xiao et al., 1987). 当 $g_1 = g_2$ 时,输出噪声方差为最小:$\left\langle \Delta^2\hat{X}_{a,b}(\theta) \right\rangle = 1$,这意味着两个放大器组合起来的输出噪声水平可以降低到散粒噪声水平,并同时在干涉仪的两个输出端得到. 这与单个放大器的情况完全不同,在那里,输出噪声水平总是从散粒噪声水平上被放大. 这是因为相消量子干涉效应使得具有量子关联的噪声相抵消 (Ou, 1993; Kong et al., 2013a). 因此,SU(1,1) 干涉仪可以应用于并不一定相互正交的任意两个相位振幅的联合测量,测量可在两个输出端口进行.

对于两个输出端口的输出信号,我们得到

$$\langle X_a \rangle^2 = 4g_2^2 I_{\text{ps}}\delta^2, \quad \langle Y_b \rangle^2 = 4G_2^2 I_{\text{ps}}\epsilon^2 \tag{11.142}$$

其中，$I_{\mathrm{ps}} = \langle \hat{B}^\dagger \hat{B} \rangle = g_1^2|\alpha|^2(|\alpha|^2 \gg 1)$ 是探测场 $\hat{B}$ 的光子数.

结合方程 (11.141) 和方程 (11.142)，我们得到输出端口 $\hat{a}$ 和 $\hat{b}$ 处的信噪比为

$$\begin{aligned}\mathrm{SNR}_{\mathrm{SUI}}(X_a) &= \frac{4g_2^2 I_{\mathrm{ps}}\delta^2}{(G_2G_1 - g_1g_2)^2 + (G_1g_2 - G_2g_1)^2} \\ \mathrm{SNR}_{\mathrm{SUI}}(Y_b) &= \frac{4G_2^2 I_{\mathrm{ps}}\epsilon^2}{(G_2G_1 - g_1g_2)^2 + (G_1g_2 - G_2g_1)^2}\end{aligned} \tag{11.143}$$

其中，下标 SUI 表示 SU(1,1) 干涉仪的测量方案. 设振幅增益 $g_1$ 固定不变，当 $g_2 \to \infty$ 时，正交相位振幅的 $\mathrm{SNR}_{\mathrm{SUI}}$ 取最大值. 在这种情况下，$\mathrm{SNR}_{\mathrm{SUI}}(X_a) = 2(G_1 + g_1)^2 I_{\mathrm{ps}}\delta^2$, $\mathrm{SNR}_{\mathrm{SUI}}(Y_b) = 2(G_1 + g_1)^2 I_{\mathrm{ps}}\epsilon^2$. 注意，这里的最佳条件不同于方程 (11.141) 中讨论的最小输出噪声条件 $(g_1 = g_2)$. 这是因为随着增益 $g_2$ 的增加，调制信号比噪声放大得更多.

与方程 (11.129) 中的经典联合测量方案 (图 11.13 和图 11.14) 的结果相比，我们得到的信噪比提高的因子为

$$\frac{\mathrm{SNR}_{\mathrm{SI}}(X(\theta))}{\mathrm{SNR}_{\mathrm{c}}(X(\theta))} = (G_1 + g_1)^2 \quad (\theta = 0, \pi/2) \tag{11.144}$$

这个提高因子与使用 EPR 态的方案相同. 然而，由于压缩态的性质，EPR 态方案只能用于 $X_a$ 和 $Y_b$ 正交量的联合测量. 其他正交相位振幅将达不到最小噪声. 采用 SU(1,1) 干涉仪的方案则情况不同，它可用于任意两个正交相位振幅的联合测量. 这是因为方程 (11.141) 中给出的干涉仪的噪声输出不依赖于相位角 $\theta$，即由于干涉仪中的相消量子干涉，所有正交相位振幅的噪声都被减少了.

Li 等人 (2002) 利用 Zhang 和 Peng(2000) 提出的方案 (习题 11.3)，对两个正交可观测量的联合测量进行了实验演示，并得到的精度超过了经典极限.

## 习　　题

**习题 11.1**　参量放大器内部损耗对 SU(1,1) 干涉仪性能的影响.

我们已经在习题 6.6 的方程 (6.160) 中处理过参量放大器 (NOPA) 内部的损耗. 使用该结果并假设图 11.10(a) 中的 SU(1,1) 干涉仪的两个参量放大器相同.

(1) 如果在 $b$ 场上移动一个相位 $\delta$，证明干涉仪的输出场为

$$\begin{aligned}\hat{b}_{\mathrm{out}} =& \bar{G}_T(\delta)\hat{b}_{\mathrm{in}} + \bar{g}_T(\delta)\hat{a}_{\mathrm{in}}^\dagger + \bar{G}_T'(\delta)\hat{b}_{01} \\ &+ \bar{g}_T'(\delta)\hat{a}_{01}^\dagger + \bar{G}'\hat{b}_{02} + \bar{g}'\hat{a}_{02}^\dagger\end{aligned} \tag{11.145}$$

其中,$\hat{a}_{01}$,$\hat{b}_{01}$,$\hat{a}_{02}$,$\hat{b}_{02}$ 是通过损耗进入两个 NOPA 的真空模式,且

$$\begin{aligned}&\bar{G}_T(\delta)=\bar{g}^2-\bar{G}^2\mathrm{e}^{\mathrm{i}\delta},\quad \bar{g}_T(\delta)=\bar{g}\bar{G}(1-\mathrm{e}^{\mathrm{i}\delta})\\&\bar{G}'_T(\delta)=\bar{g}\bar{g}'-\bar{G}\bar{G}'\mathrm{e}^{\mathrm{i}\delta},\quad \bar{g}'_T(\delta)=\bar{G}'\bar{g}-\bar{G}\bar{g}'\mathrm{e}^{\mathrm{i}\delta}\end{aligned}\tag{11.146}$$

$\bar{G}$,$\bar{g}$,$\bar{G}'$,$\bar{g}'$ 由方程 (6.161) 给出.

(2) 当 $\delta\ll 1$ 且 $\hat{a}_{\mathrm{in}}$ 场处于相干态时,证明

$$\begin{aligned}\langle\hat{X}^2_{b_{\mathrm{out}}}\rangle=&(\bar{g}^2-\bar{G}^2)^2+4I^{\mathrm{SI}}_{\mathrm{ps}}\bar{G}^2\delta^2+(\bar{g}\bar{g}'-\bar{G}\bar{G}')^2\\&+(\bar{g}\bar{G}'-\bar{G}\bar{g}')^2+\bar{G}'^2+\bar{g}'^2\\=&4I^{\mathrm{SI}}_{\mathrm{ps}}\bar{G}^2\delta^2+1+2(\bar{g}\bar{G}'-\bar{G}\bar{g}')^2+2\bar{g}'^2\end{aligned}\tag{11.147}$$

其中,$I^{\mathrm{SI}}_{\mathrm{ps}}=\langle\hat{b}^\dagger\hat{b}\rangle\equiv\bar{g}^2|\alpha_{\mathrm{in}}|^2$. 因此,信噪比为

$$\mathrm{SNR}''_{\mathrm{SI}}=4I^{\mathrm{SI}}_{\mathrm{ps}}\bar{G}^2\delta^2/(1+4\bar{g}'^2)\tag{11.148}$$

在这里我们使用了方程 (6.161).

**习题 11.2** 由参量放大器和分束器组成的非常规干涉仪 (Kong et al., 2013b).

图 11.15 所示的联合测量方案实际上是一种非常规干涉仪,在这种干涉仪中,光场的分束是通过一个参量放大器完成的,而被分后的光场的叠加是通过一个常见的分束器实现的. 只要来自参量放大器 (NPA) 的两个输出 $A$,$B$ 在频率上简并,这种干涉方案就可行. 为了讨论的普遍性,我们假设分束器的透射率为 $T$. 下一步,我们还假设 $a_{\mathrm{in}}$ 场有一个强相干态注入,即 $|\alpha|\gg 1$.

(1) 将图 11.15 中的调制器换为移动量为 $\varphi$ 的相位位移器. 证明分束器的两个输出的光强随着 $\varphi$ 的变化而显示干涉条纹. 求干涉的可见度作为 $g$、$\alpha$ 和 $T$ 的函数,并证明当 $T=g^2/(G^2+g^2)$ 时,一侧输出的可见度达到 100%,而当 $T=G^2/(G^2+g^2)$ 时,另一侧的可见度也可成为 100%.

(2) 让我们只考虑输出 $a$ 的零拍探测. 证明当 $T=4G^2g^2/(8G^2g^2+1)$(即当 $G\gg 1$, $T\to 1/2$) 时,信噪比具有最大值:

$$\mathrm{SNR}_{\mathrm{max}}=4I_{\mathrm{ps}}\delta^2(G^2+g^2)\tag{11.149}$$

注意,这个方案也可以同时进行振幅测量. 利用方程 11.129 中得到相应的经典方案的相位测量信噪比为 $\mathrm{SNR}_{\mathrm{cl}}=2I_{\mathrm{ps}}\delta^2$,则对经典方案的改进是

$$\frac{\mathrm{SNR}_{\mathrm{max}}}{\mathrm{SNR}_{\mathrm{cl}}}=2(G^2+g^2)\tag{11.150}$$

与方程 (11.138) 的结果相比,这个结果有小小的改进,因为我们在这里可以优化 $T$.

**习题 11.3** 利用 EPR 光源与分束器进行联合测量的直接光强探测方案 (Zhang et al., 2000).

图 11.15 所示的联合测量方案涉及零拍探测,它需要作为本地光 (LO) 的额外光场并且要锁定相位来测量 $\hat{X}_a$ 和 $\hat{Y}_b$. 这使得在实验上执行起来非常复杂. 在 9.8 节中,我们讨论了无需本地光而进行直接探测的自零拍探测方案. 我们将在这里使用它来简化探测过程.

在 9.8 节中,我们证明了,直接探测一个平均值为实数的明亮光场 ($\langle\hat{a}\rangle$ = 实数) 将给出 $\hat{X}=\hat{a}+\hat{a}^{\dagger}$ 的测量,而在 10.1.4 小节末尾的讨论部分中,我们发现在参量放大器中注入一个实相干态 ($|\alpha\rangle,\alpha$ = 实数) 时,其所产生的孪生光束所具有的强度关联相当于 $\hat{X}_A-\hat{X}_B$ 的噪声减少. 这种情况出现在增益参数为正的参量放大器中,即 $g>0$. 现在考虑负增益的情况,也就是说,

$$\hat{A}=G\hat{a}_{\text{in}}-g\hat{b}_{\text{in}}^{\dagger},\quad \hat{B}=G\hat{b}_{\text{in}}-g\hat{a}_{\text{in}}^{\dagger} \tag{11.151}$$

这将给出

$$\begin{aligned}\hat{X}_A+\hat{X}_B&=(G-g)(\hat{X}_{a_{\text{in}}}+\hat{X}_{b_{\text{in}}})\\ \hat{Y}_A-\hat{Y}_B&=(G-g)(\hat{Y}_{a_{\text{in}}}-\hat{Y}_{b_{\text{in}}})\end{aligned} \tag{11.152}$$

如果 $\hat{a}_{\text{in}},\hat{b}_{\text{in}}$ 处于真空或相干态中,上述关系将给出 $\hat{X}_A+\hat{X}_B$ 和 $\hat{Y}_A-\hat{Y}_B$ 的噪声减少,而不是在 10.1.3 小节讨论的正增益 ($g>0$) 情况下 $\hat{X}_A-\hat{X}_B$ 和 $\hat{Y}_A+\hat{Y}_B$ 的噪声减少 [方程 (10.10)]. 在 10.1.4 小节的末尾,我们讨论了只在参量放大器的一个输入端有注入的方案,并发现它总会导致 $\hat{X}_A-\hat{X}_B$ 的噪声降低. 但在两个输入端都有注入时,情况就不同了.

(1) 现在考虑图 11.17 左侧所示的注入方案 (虚线框内). 证明对于实数的 $\alpha$,输出为 $\langle\hat{A}\rangle=(G-g)\alpha/\sqrt{2}=\langle\hat{B}\rangle$ = 实数. 因此,直接探测 $A,B$ 场将给出 $\hat{X}_A,\hat{X}_B$.

(2) 再考虑图 11.17 右侧的探测方案 (虚线框外部). 我们先把 PM 和 AM 调制器和相位移动器拿开. 证明,如果 $\langle\hat{A}\rangle,\langle\hat{B}\rangle$ 很大或 $\bar{\alpha}\equiv(G-g)\alpha/\sqrt{2}\gg 1$,我们有

$$\begin{aligned}\hat{a}^{\dagger}\hat{a}+\hat{b}^{\dagger}\hat{b}&=\hat{A}^{\dagger}\hat{A}+\hat{B}^{\dagger}\hat{B}\approx\bar{\alpha}(\hat{X}_A+\hat{X}_B)+2\bar{\alpha}^2\\ \hat{a}^{\dagger}\hat{a}-\hat{b}^{\dagger}\hat{b}&\approx\bar{\alpha}(\hat{Y}_A-\hat{Y}_B)\end{aligned} \tag{11.153}$$

因此,电流之和与电流之差分别给出 $\hat{X}_A+\hat{X}_B,\hat{Y}_A-\hat{Y}_B$ 的测量,这样我们就实现了这两个量同时的自零拍探测. 证明这些电流的涨落低于散粒噪声水平 $1/(G+g)^2$ 倍.

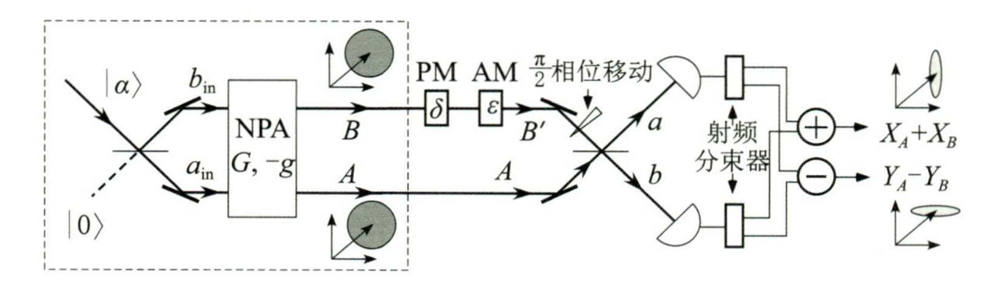


**图 11.17　利用直接光强探测的方法进行两个正交物理量的联合测量**

分束器都为 50:50.

在 10.1.4 小节的明亮孪生光束产生方案中,只有 $\hat{X}_A - \hat{X}_B$ 一个量可以进行自零拍探测. 与该方案相比,在这里提出的方案实现了 $\hat{X}_A + \hat{X}_B$ 和 $\hat{Y}_A - \hat{Y}_B$ 两个量的自零拍探测,并且它们具有 EPR 类型的量子关联,这就用自零拍探测方法展示了 EPR 的悖论.

(3) 现在把相位 (PM) 和振幅 (AM) 调制器和相位移动器移到如图 11.17 所示的位置. 计算电流之和与电流之差的信号大小,并证明电流之和的测量给出振幅调制 $\epsilon$ (AM),而电流之差给出相位调制 $\delta$(PM).

(4) 证明这两个输出电流的信噪比为

$$\mathrm{SNR}_+ = \frac{2I_{\mathrm{ps}}\epsilon^2}{(G-g)^2}, \quad \mathrm{SNR}_- = \frac{2I_{\mathrm{ps}}\delta^2}{(G-g)^2} \tag{11.154}$$

其中,$I_{\mathrm{ps}} \equiv \bar{\alpha}^2$. 因此,我们可以实现对在两个正交物理量上编码的信息的联合测量,并具有同时优于标准量子极限的灵敏度. Li 等人 (2002) 首次对该方案进行了实验演示.

**习题 11.4**　利用具有压缩态注入的 Mach-Zehnder 干涉仪进行相位测量的海森伯极限.

让我们考虑图 11.10(b) 所示用于相位测量的方案,其中注入的压缩为参数 $r$ 的压缩态的光子数不可忽略.

(1) 求 $T_1 \sim 1$ 情况下的测量相位的光子数 $I_{\mathrm{ps}}$.

(2) 证明对于一个很大的压缩参数 $r(\gg 1)$,在 $\mathrm{e}^{2r} = 4|\alpha|^2 R_1$ 时,我们能得到最佳的 SNR 为

$$\mathrm{SNR}^{\mathrm{op}} \approx 4\delta^2 I_{\mathrm{ps}}^2 \tag{11.155}$$

这便给出海森伯极限:对于很大的 $I_{\mathrm{ps}}$,$\delta_m \sim 1/2I_{\mathrm{ps}}$.

**习题 11.5**　用于相位测量的 SU(1,1) 干涉仪的两个输出的联合测量.

考虑图 11.18(a) 中所示的 SU(1,1) 干涉仪的两个输出. 对物理量 $\hat{Y}_{ab}=\hat{Y}_{b_{\text{out}}}+\lambda\hat{Y}_{a_{\text{out}}}$ 进行联合测量,其中使用 $\lambda$ 作为可调电子增益/衰减.

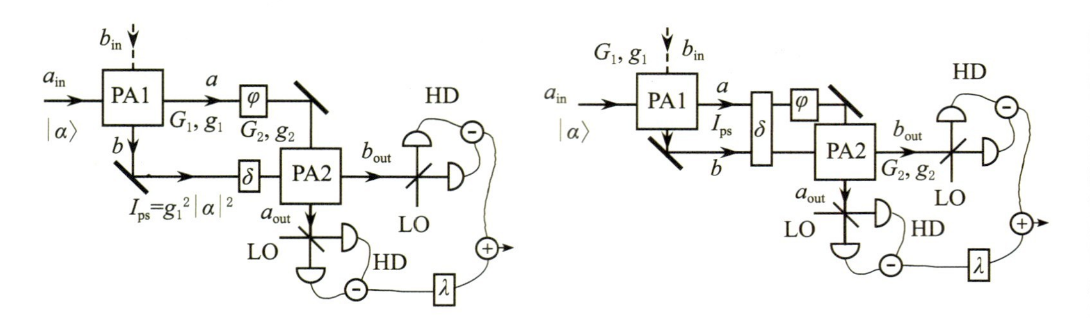


(a) 联合测量两个输出, 以获得相位测量的最佳信噪比　　(b) 双光束探测相位的测量方案

**图 11.18　为提高测量灵敏度而对 SU(1,1) 干涉仪进行的两种变形**

将具有正 $\alpha=|\alpha|$ 的强相干态 $|\alpha\rangle$ 输入到 $\hat{a}_{\text{in}}$,而真空输入到 $\hat{b}_{\text{in}}$,并且在 $\varphi=0$ 的相消干涉下进行操作,并对很小的相移 $\delta(\ll 1)$ 进行测量. 给定任意的 $\lambda$ 值,找到 $\hat{Y}_{ab}$ 的信噪比. 对 $\lambda$ 进行优化以得到最佳的 SNR,并证明最佳的 SNR 为

$$\text{SNR}^{\text{op}}=2I_{\text{ps}}\delta^2(G_1+g_1)^2 \tag{11.156}$$

此值与 $G_2$ 无关. 这尤其适用于平衡增益 $G_2=G_1$ 的情况,这时 $\lambda_{\text{op}}=1$.

**习题 11.6**　用双光束探测相位变化的 SU(1,1) 干涉仪.

考虑图 11.18(b) 中的方案,其中我们使用干涉仪的两臂来探测在两个场中引起相位变化 $\delta$ 的样品. 证明在 $G_2$ 很大的极限下,$b_{\text{out}}$ 处的 SNR 为

$$\text{SNR}_{b_{\text{out}}}=4I_{\text{ps}}\delta^2(G_1+g_1)^2 \tag{11.157}$$

此式便导出与方程 (11.96) 中的最佳经典 SNR(SNR $=4I_{\text{ps}}\delta^2$) 相比的增强因子 $(G_1+g_1)^2$,这与方程 (11.98) 中给出的压缩态干涉测量的增强因子相同.

如果与习题 11.5 一样使用两个输出的联合测量,证明不需要 $G_2$ 很大的极限也能达到方程 (11.157) 给出的信噪比.

# 附 录 A

# 无损耗分束器的 $\hat{U}$ 表达式的推导

这个 $\hat{U}$ 的推导与量子力学中旋转操作的角动量算符有一些相似之处.

对于无损耗分束器,由于我们有 $t^2+r^2=1$,我们可以将 $t$ 写为 $\cos\theta$ 以及 $r$ 写为 $\sin\theta$. 这样,我们可以将方程 (6.53) 中的算符关系重写为

$$\begin{cases}\hat{b}_1=\hat{U}^\dagger\hat{a}_1\hat{U}=\cos\theta\hat{a}_1+\sin\theta\hat{a}_2\\ \hat{b}_2=\hat{U}^\dagger\hat{a}_2\hat{U}=\cos\theta\hat{a}_2-\sin\theta\hat{a}_1\end{cases}\tag{A.1}$$

这类似于转角为 $\theta$ 的二维旋转变换. 与任何变换一样,我们考虑 $\delta\theta\ll 1$ 的无穷小变换,并作如下线性近似

$$\hat{U}(\delta\theta)\approx 1+\mathrm{i}\delta\theta\hat{I}\tag{A.2}$$

其中 $\hat{I}$ 是 $\hat{a}_1,\hat{a}_2$ 的待定函数. 因为 $\hat{U}\hat{U}^\dagger=\hat{U}^\dagger\hat{U}=1$,我们有 $\hat{I}=\hat{I}^\dagger$ 或 $\hat{I}$ 是厄米算符. 对于有限 $\theta$ 的变换,我们有

$$\hat{U}(\theta)=\hat{U}(\theta/N)^N$$

$$
\begin{aligned}
&= \lim_{N\to\infty}(1+\mathrm{i}\hat{I}\theta/N)^N \\
&= \exp(\mathrm{i}\theta\hat{I})
\end{aligned}
\tag{A.3}
$$

将方程 (A.2) 代入方程 (A.1),我们得到

$$
[\hat{a}_1,\hat{I}] = -\mathrm{i}\hat{a}_2, \quad [\hat{a}_2,\hat{I}] = \mathrm{i}\hat{a}_1 \tag{A.4}
$$

从对易关系:$[\hat{a}_1,\hat{a}_1^\dagger] = [\hat{a}_2,\hat{a}_2^\dagger] = 1$,我们得到

$$
\hat{I} = -\mathrm{i}\hat{a}_2\hat{a}_1^\dagger + \mathrm{i}\hat{a}_1\hat{a}_2^\dagger + f(\hat{a}_1,\hat{a}_2) \tag{A.5}
$$

但是 $\hat{I}$ 是一个厄米算符,因此 $f(\hat{a}_1,\hat{a}_2)=0$,而 $\hat{U}$ 的最终表达式就是

$$
\hat{U} = \exp[\theta(\hat{a}_2\hat{a}_1^\dagger - \hat{a}_1\hat{a}_2^\dagger)] \tag{A.6}
$$

其中,$t=\cos\theta$,$r=\sin\theta$. 上述表达式与基于角动量理论的 (Campos et al., 1989) 中的表达式相同.

# 附录 B

# 方程 (8.100) 中两个和的计算

很容易得出方程 (8.100) 中的第一个和为

$$
\begin{aligned}
\sum_{k=l} =&\frac{1}{2^{N+1}}\int \mathrm{d}t_0\mathrm{d}t_1\cdots\mathrm{d}t_N\sum_{k=0}^{N}\mathbb{P}_{t_0t_k}\left[\left|\sum_{\mathbb{P}}G(t_0;\mathbb{P}\{t_1,\cdots,t_N\})\right|^2\right]\\
=&\frac{N+1}{2^{N+1}}\int \mathrm{d}t_0\mathrm{d}t_1\cdots\mathrm{d}t_N\sum_{\mathbb{P}'}G^*(t_0;\mathbb{P}'\{t_1,\cdots,t_N\})\sum_{\mathbb{P}}G(t_0;\mathbb{P}\{t_1,\cdots,t_N\})\\
=&\frac{N+1}{2^{N+1}}\sum_{\mathbb{P}'}\int \mathbb{P}'\{\mathrm{d}t_0\mathrm{d}t_1\cdots\mathrm{d}t_N\}G^*(t_0;t_1,\cdots,t_N)\\
&\times\sum_{\mathbb{P}}G(t_0;\mathbb{P}\{\mathbb{P}'\{t_1,\cdots,t_N\}\})\\
=&\frac{N+1}{2^{N+1}}N!\int \mathrm{d}t_0\mathrm{d}t_1\cdots\mathrm{d}t_N G^*(t_0;t_1,\cdots,t_N)\sum_{\mathbb{P}}G(t_0;\mathbb{P}\{t_1,\cdots,t_N\})\\
=&(N+1)!\mathcal{N}
\end{aligned}
\tag{B.1}
$$

其中

$$\mathcal{N} \equiv \frac{1}{2^{N+1}} \int \mathrm{d}t_0 \mathrm{d}t_1 \cdots \mathrm{d}t_N G^*(t_0;t_1,\cdots,t_N) \sum_{\mathbb{P}} G(t_0;\mathbb{P}\{t_1,\cdots,t_N\})$$

在这里,在计算积分时我们做了变量变换:$\mathbb{P}'\{t_1, \cdots, t_N\} \to \{t_1, \cdots, t_N\}$.

要计算方程 (8.100) 中的第二个和,我们假设对 $n=1,\cdots,m$, $T_n=T_0$,但对 $n=m+1,\cdots,N,|T_0-T_n| \gg \Delta T$,也就是说,进入端口 2 的单光子与进入端口 1 的 $N$ 光子态中的 $m$ 个光子完全重叠,但与其他 $N-m$ 光子完全分离. 我们计算其中一个任意项如下:

$$\begin{aligned}
P_{kl} \equiv & \frac{1}{2^{N+1}} \int \mathrm{d}t_0 \mathrm{d}t_1 \cdots \mathrm{d}t_N \mathbb{P}_{t_0 t_k} \Big[ \sum_{\mathbb{P}'} G^*(t_0;\mathbb{P}'\{t_1,\cdots,t_N\}) \Big] \\
& \times \mathbb{P}_{t_0 t_l} \Big[ \sum_{\mathbb{P}} G(t_0;\mathbb{P},\{t_1,\cdots,t_N\}) \Big] \\
= & \frac{1}{2^{N+1}} \int \mathrm{d}t_0 \mathrm{d}t_1 \cdots \mathrm{d}t_N \sum_{\mathbb{P}'} G^*(t_k;\mathbb{P}'\{t_1,\cdots,t_0,\cdots,t_N\}) \\
& \times \sum_{\mathbb{P}} G(t_l;\mathbb{P}\{t_1,\cdots,t_0,\cdots,t_N\})
\end{aligned} \tag{B.2}$$

由于 $k \neq l$,我们可以在不改变积分的情况下更改变量:$t_0 \leftrightarrow t_l$. 这是因为 $t_0,t_l$ 两个都在函数 $G^*(t_k;\mathbb{P}'\{t_1,\cdots,t_0,\cdots,t_N\})$ 的排列置换 $\mathbb{P}'$ 中,并且置换内的交换不会改变结果. 因此,我们有

$$\begin{aligned}
P_{kl} = & \frac{1}{2^{N+1}} \int \mathrm{d}t_0 \mathrm{d}t_1 \cdots \mathrm{d}t_N \sum_{\mathbb{P}'} G^*(t_k;\mathbb{P}'\{t_1,\cdots,t_0,\cdots,t_N\}) \\
& \times \sum_{\mathbb{P}} G(t_0;\mathbb{P}\{t_1,\cdots,t_l,\cdots,t_N\})
\end{aligned} \tag{B.3}$$

为了计算积分,我们注意到 $G(t_0;t_1,\cdots,t_N) \equiv g(t_0-T_0)g(t_1-T_1)\cdots g(t_N-T_N)$,其中 $g(t)$ 的宽度为 $\Delta T$. 由于 $t_0$ 不在 $G(t_0;\mathbb{P}\{t_1,\cdots,t_l,\cdots,t_N\})$ 的排列交换中,所以此函数始终有一个 $g(t_0-T_0)$ 的项,它将根据 $t_0$ 在方程 (B.3) 第一项 $G^*(t_k;\mathbb{P}'\{t_1,\cdots,t_0,\cdots,t_N\})$ 里的位置决定积分的结果. 如果 $t_0$ 在前 $m$ 项之外,例如 $\{t_1,\cdots,t_m,\cdots,t_0,\cdots,t_N\}$,则积分将为零,这是因为对 $|T_0-T_j| \gg \Delta T(j=m+1,\cdots,N)$, $\int \mathrm{d}t_0 g^*(t_0-T_j)g(t_0-T_0)=0$. 但如果 $t_0$ 在前 $m$ 项之内,例如 $\{t_1,\cdots,t_0,\cdots,t_m,\cdots,t_N\}$,我们则有 $G^*(t_k;\mathbb{P}'_0\{t_1,\cdots,t_0,\cdots,t_N\}) = G^*(t_0;\mathbb{P}'_k\{t_1,\cdots,t_k,\cdots,t_N\})$,这是因为对 $j=1,\cdots,m$, $T_j=T_0$. 这里 $\mathbb{P}'_0,\mathbb{P}'_k$ 分别是不包括 $t_0$ 和 $t_k$ 的排列置换. 这些项都一样且不为零. 这样的非零项总共有 $m$ 个,于是方程 (B.3) 成为

$$P_{kl} = \frac{m}{2^{N+1}} \int \mathrm{d}t_0 \mathrm{d}t_1 \cdots \mathrm{d}t_N \sum_{\mathbb{P}'_0} G^*(t_k;\mathbb{P}'_0\{t_1,\cdots,t_0,\cdots,t_N\})$$

$$
\begin{aligned}
&\times\sum_{\mathbb{P}}G(t_0;\mathbb{P}\{t_1,\cdots,t_l,\cdots,t_N\})\\
=&\frac{m}{2^{N+1}}\int\mathrm{d}t_0\mathrm{d}t_1\cdots\mathrm{d}t_N\sum_{\mathbb{P}'_k}G^*(t_0;\mathbb{P}'_k\{t_1,\cdots,t_k,\cdots,t_N\})\\
&\times\sum_{\mathbb{P}}G(t_0;\mathbb{P}\{t_1,\cdots,t_l,\cdots,t_N\})\\
=&\frac{m}{2^{N+1}}\sum_{\mathbb{P}'_k}\int\mathrm{d}t_0\mathrm{d}t_1\cdots\mathrm{d}t_NG^*(t_0;t_1,\cdots,t_k,\cdots,t_N)\\
&\times\sum_{\mathbb{P}}G(t_0;\mathbb{P}\{t_1,\cdots,t_l,\cdots,t_N\})\\
=&m(N-1)!\mathcal{N}
\end{aligned}\tag{B.4}
$$

为了计算方程 (B.4) 第二行的积分, 我们再次更改变量 $\mathbb{P}'_k\{t_1,\cdots,t_k,\cdots,t_N\}\to\{t_1,\cdots,t_N\}$. 并且 $\mathbb{P}'_k$ 有 $(N-1)!$ 项. 因此,我们得到最后一个求和为

$$
\sum_{k\neq l}=(N+1)N\times m(N-1)!\mathcal{N}=m(N+1)!\mathcal{N}\tag{B.5}
$$

在这里,求和总计有 $N(N+1)$ 项.

# 参考文献


Abbott B P,2016. Observation of gravitational waves from a binary black hole merger[J]. Physical Review Letters,116: 061102.

Agarwal G S, 2013. Quantum optics[M]. Cambridge: Cambridge University Press.

Andrews D L, Babiker M, 2013. The angular momentum of Light[M]. Cambridge: Cambridge University Press.

Ashkin A, Boyd G D, Dziedzic J M, 1966. Resonant optical second harmonic generation and mixing[J]. IEEE Journal of Quantum Electronics, 2(6): 109-124.

Aytur O, Kumar P,1990. Pulsed twin beams of light[J]. Physical Review Letters, 65: 1551.

Bachor H A, Ralph T C, 2004. A Guide to experimentsin quantum optics[M]. 2nd. Hoboken:Wiley-VCH.

Barnett S M, Pegg D T, 1990. Quantum theory of rotation angles[J]. Physical Review A, 41(7): 3427.

Bell J S, 1964. On the einstein podolsky rosen paradox[J]. Physics: Physique. Fizika,1:195.

Bell J S, 1987. Speakable and unspeakable in quantum mechanics [M]. New York : Cambridge University Press.

Bennett C H, Brassard G, Crepeau C, et al., 1993. Teleporting an unknown quantum state via dual classical and Einstein-Podolsky-Rosen channels[J]. Physical Review Letters, 70(13):

1895-1899.

Bennink R S, Bentley S J, Boyd R W, 2002. "Two-photon" Coincidence Imaging with a Classical Source[J]. Physical Review Letters, 89(11): 113601.

Beugnon J, Jones M P A, Dingjan J, et al.,2006. Quantum interference between two single photons emitted by independently trapped atoms[J]. Nature, 440(7085): 779-782.

Bocquillon E, Freulon V, Berroir J -M,et al.,2013. Coherence and indistinguishability of single electrons emitted by independent sources[J]. Science, 339: 1054.

Bohr N, 1983. Quantum theory and measurement[M]. Princeton:Princeton University Press.

Bondurant R S, Shapiro J H, 1984. Squeezed states in phase-sensing interferometers[J]. Physical Review D, 30(12): 2548-2556.

Born M, Wolf E, 1999. Principlesof optics[M]. 7nd. Oxford: Pergamon Press.

Boto A N, Kok P, Abrams D S,et al., 1999. Quantum interferometric optical lithography: exploiting entanglement to beat the difraction limit[J]. Physical Review Letters, 85(13): 2733.

Bouwmeester D, Pan J W, Daniell M, et al.,1999. Observation of three-photon Greenberger-Horne-Zeilinger entanglement[J]. Physical Review Letters, 82(7): 1345-1349.

Bouwmeester D, Pan J W, Mattel K, et al., 1997. Experimental quantum teleportation[J]. Nature, 390 (390): 575.

Boyd R W, 2003. Nonlinear optics[M]. 2nd .San Diego: Academic Press.

Braginsky V B, Khalili F Y, Thorne K S, 1992. Quantum measurement[M]. Cambridge: Cambridge University Press .

Braunstein S L, 1992. Quantum limits on precision measurements of phase[J]. Physical Review Letters, 69(25): 3598-3601.

Braunstein S L, Kimble H J, 1998. Teleportation of continuous quantum variables[J]. Physical Review Letters, 80(4): 869.

Braunstein S L, Lane A S, Caves C M,1992. Maximum-likelihood analysis of multiple quantum phase measurements[J]. Physical Review Letters, 69(15): 2153-2156.

Braunstein S L, Mann A, 1995. Measurement of the bell operator and quantum teleportation[J].

Physical Review A, 51(3): R1727-R1730.

Brendel J, Gisin N, Tittel W, et al.,1999. Pulsed Energy-Time entangled Twin-Photon source for quantum communication[J]. Physical Review Letters, 82(12): 2594-2597.

Brune M, Hagley E, Dreyer J, et al., 1996. Observing the progressive decoherence of the "meter"in a quantum measurement[J]. Physical Review Letters, 77(24): 4887-4890.

Buck J A,1995. Fundamentals of Optical Fibers[M]. New York : John Wiley & Sons .

Burnham D C, Weinberg D L, 1970. Observation of simultaneity in parametric production of optical photon Pairs[J]. Physical Review Letters, 25(2): 84-87.

Campos R A, Gerry C C, Benmoussa A, 2003. Optical interferometry at the Heisenberg limit with twin Fock states and parity measurements[J]. Physical Review A, 68(2): 023810.

Campos R A, Saleh B E A, Teich M C, 1989. Quantum-mechanical lossless beam splitter: Su(2) symmetry and photon statistics[J]. Physical Review A, 40(3): 1371-1384.

Caruthers P, Nieto M M, 1968. Phase and angle variables in quantum mechanics[J]. Review of Modern Physics, 40(2): 411-440.

Casimir H B G, 1948. On the attraction between two perfectly conducting plates[J]. Koninklijke Nederlandse Akademie van Wetenschappen, B51: 793-795.

Caves C M,1981. Quantum-mechanical noise in an interferometer[J]. Physical Review D, 23: 1693.

Caves C M, 1982. Quantum Limits on Noise in Linear Amplifiers[J]. Physical Review D, 26(8): 1817.

Caves C M, Schumaker B L, 1985. New formalism for two-photon quantum optics I, Quadrature phases and squeezed states[J]. Physical Review A, 31(5): 3068-3092.

Chen B, Qiu C, Chen S, et al., 2015. Atom-light hybrid interferometer[J]. Physical Review Letters, 115: 043602.

Choi S K, Vasilyev M, Kumar P, 1999. Noiseless optical Amplification of Images[J]. Physical Review Letters, 83 (10): 1938-1941.

Clauser J F,1974. Experimental distinction between the quantum and classical field-theoretic predictions for the photoelectric efect [J]. Physical Review D, 9: 853.

Collett M J, Walls D F,1985. Squeezing spectra for nonlinear optical systems[J]. Physical Review A, 32(5): 2887.

Dagenais M, Mandel L, 1978. Investigation of two-time correlations in photon emissions from a single atom[J]. Physical Review A, 18(5): 2217.

Dayan B, Pe'er A, Friesem A A, et al., 2005. Nonlinear interactions with an ultrahigh flux of broad-band entangled photons[J]. Physical Review Letters, 94(4): 043602.

de Riedmatten H, Marcikic I, Tittel W, et al., 2003. Quantum interference with photon pairs created in spatially separated sources[J]. Physical Review A, 67(2): 022301.

de Riedmatten H, Scarani V, Marcikic I, et al., 2004. Two independent photon pairs versus four-photon entangled states in parametric down conversion[J]. Optica Acta International Journal of Optics, 51(11): 1637-1649.

Deleglise S, Dotsenko I, Sayrin C, et al., 2008. Reconstruction of non-classical cavity field states with snapshots of their decoherence [J]. Nature, 455:510.

Diedrich F, Walther H, 1987. Nonclassical radiation of a single stored ion[J]. Physical Review Letters ,58(3): 203-206.

Ding Y, Ou Z Y, 2010. Frequency down-conversion for a quantum network[J]. Optics Letters, 35(15): 2591-2593.

Dirac P A M, 1927. The quantum theory of the emission and absorption of radiation[J]. Proceedings of the Royal Society of London, 114(767): 243-265.

Dirac P A M, 1930. The principles of quantum mechanics[M]. 2nd .Oxford:Claren-don Press.

Du S, 2015. Quantum-state purity of heralded single photons produced from frequency-anticorrelated biphotons[J]. Physical Review A, 92: 043836.

Duan L M, Giedke G, Cirac J I, et al., 2000. Inseparability criterion for continuous variable Systems[J]. Physical Review Letters, 84 (12): 2722-2725.

Dur W, 2001. Multipartite entanglement that is robust against disposal of particles[J]. Physical Review A, 63: 020303(R).

Einstein A, 1905. On a heuristic point of view about the creation and conversion of light[J]. Annalen

Der Physik, 18: 132-148.

Einstein A, 1909. Physikalische Zeitschrift,10: 185-193.

Einstein A,1917. Zur Quantentheorie der Strahlung[J]. Physikalische Zeitschrift, 18: 121-128.

Einstein A, Podolsky B, Rosen N, 1935. Can quantum-mechanical description of physical reality be considered complete? [J]. Physical Review, 47:777.

Ekert A K, 1991. Quantum cryptography based on Bell's theorem[J]. Physical Review Letters, 67(6): 661.

Englert B G,1996. Fringe visibility and which-way information: An inequality[J]. Physical Review Letters, 77(11): 2154.

Fan J, Dogariu A, Wang L J, 2005. Generation of correlated photon pairs in a microstructure fiber[J]. Optics Letters,30(12): 1530.

Fano U, 1961. Quantum theory of interference efects in the mixing of light from phase independent sources[J]. American Journal of Physics, 29(8): 539-545.

Fearn H,Loudon R,1987. Quantum theory of the lossless beam splitter[J]. Optics Communications, 64(6): 485-490.

Fearn H, Loudon R, 1989. Theory of two-photon interference[J]. Journal of the Optical Society of America B,6(5): 917-927.

Fortsch M, Forst J U, Wittmann C, 2013. A versatile source of single photons for quantum information processing[J]. Nature Communications, 4:1818.

Foster G T, Mielke S L, Orozco L A, 2000. Intensity correlations in cavity QED[J]. Physical Review A, 61(5): 3821.

Franson J D, 1989. Bell inequality for position and time [J]. Physical Review Letters, 62(19): 2205-2208.

Friberg S, Hong C K, Mandel L, 1985a. Measurement of time delays in the parametric production of Photon Pairs[J]. Physical Review Letters, 54(18): 2011-2013.

Friberg S, Hong C K, Mandel L, 1985b. Intensity dependence of the normalized intensity correlation function in parametric down-conversion[J]. Optics Communications, 54(5): 311-316.

Furusawa A, Sorensen J L, Braunstein S L, et al.,1998. Unconditional quantum teleportation[J]. Science, 282(5389): 706-709.

Gardiner C W, Collett M J, 1985. Input and output in damped quantum systems: Quantum stochastic differential equations and the master equation[J]. Physical Review A, 31(6): 3761.

Gatti A, Brambilla E, Bache M, et al., 2004. Correlated imaging, quantum and classical[J]. Physical Review A, 70 : 013802.

Gentle J E, 1998. Numerical linear algebra for applications in statistics[M]. Berlin: Springer-Verlag.

Ghosh R, Mandel L, 1987. Observation of nonclassical effects in the interference of two photons[J]. Physical Review Letters, 59(17): 1903-1905.

Glauber R J, 1963a. The quantum theory of optical coherence[J]. Physical Review, 130: 2529.

Glauber R J, 1963b. Coherent and incoherent states of the radiation field[J]. Physical Review, 131(6): 2766.

Glauber R J, 1963c. Photon correlations[J]. Physical Review Letters,10(3): 84-86.

Glauber R J, 1964. Quantum coherence: Quantum optics and Electronics (LesHouches Lectures)[C]. New York: Gordon and Breach.

Glauber R J, 1986. Frontiers in quantum optics[C]. Bristol: Institute of physics.

Goodman J W, 2015. Statistical Optics[M]. 2nd . New York : John Wiley and Sons Ltd.

Goto H, Yanagihara Y, Wang H, et al., 2003. Observation of an oscillatory correlation function of multimode two-photon pairs[J]. Physical Review A, 68(1): 356-367.

Grangier P, Slusher R E, Yurke B, et al., 1987. Squeezed-light -enhanced polarization interferometer[J]. Physical Review Letters, 59(19): 2153-2156.

Kafatos M, 1989. Bell's theorem, quantum theory and conceptions of the universe[J]. Orthopedie, 37.

Guo X, Li X, Liu N, et al., 2016a. Quantum information tapping using a fiber optical parametric amplifier with noise figure improved by correlated inputs[J]. Scientific Reports, 6: 30214.

Guo X, Li X, Liu N, et al., 2012. An all-fiber source of pulsed twin beams for quantum communication[J]. Applied Physics Letters, 101(26): 261111.

Guo X, Liu N, Liu Y, et al., 2016b. Generation of continuous variable quantum entanglement using a fiber optical parametric amplifier[J]. Optics Letters, 41(3): 653.

Hanbury-Brown R, Twiss R Q, 1956a. Correlation between Photons in two coherent beams of light[J]. Nature, 177: 27-29.

Hanbury-Brown R, Twiss R Q, 1956b. A test of a new type of stellar interferometer on sirius[J]. Nature, 178: 1046-1048.

Hanbury-Brown R, Twiss R Q, 1958. Interferometry of intensity fluctuations in light ii : an experimental test of the theory for partially coherent light[J]. Proceedings of The Royal Society A Mathematical Physical and Engineering Sciences, 243: 291-319.

Haroche S, Kleppner D,1989. Cavity quantum electrodynamics[J]. Physics Today, 31(1): 24.

Haus H A, Mullen J A, 1962. Quantum noise in linear amplifiers[J]. Physical Review, 128(5): 2407-2413.

Heidmann A, Horowicz R J, Reynaud S,et al., 1987. Observation of quantum noise reduction on twin laser beams[J]. Physical Review Letters, 59: 2555.

Heitler W, 1954. The quantum theory of radiation[M]. 3rd. London: Oxford university press.

Herman G T,1980. Image reconstruction from projections : The Fundamentals of computerized tomography[M]. New York : Academic Press.

Herzog T J, Kwiat P G, Weinfurter H, et al., 1995. Complementarity and the quantum eraser[J]. Physical Review Letters, 75: 3034.

Herzog T J, Kwiat P G, Weinfurter H, et al., 1994. Frustrated two-photon creation via interference[J]. Physical Review Letters, 72: 629.

Holland M J, Burnett K,1993. Interferometric detection of optical phase shifts at the heisenberg limit[J]. Physical Review Letters, 71: 1355.

Hong C K, Friberg S, Mandel L, 1985. Conditions for nonclassical behavior in the light amplifier[J]. Journal of the Optical Society of America B, 2(3): 494.

Hong C K, Mandel L, 1986. Experimental realization of a localized one-photon state[J]. Physical Review Letters, 56(1): 58-60.

Hong C K, Ou Z Y, Mandel L, 1987. Measurement of subpicosecond time intervals between two photons by interference[J]. Physical Review Letters, 59(18): 2044-2046.

Huang J, Kumar P, 1992. Observation of quantum frequency conversion[J]. Physical Review Letters, 68 : 2153.

Hudelist F, Kong J, Liu C, et al., 2014. Quantum metrology with parametric amplifier-based photon correlation interferometers[J]. Nature Communications, 5:3049.

Imoto N, Haus H A, Yamamoto Y, 1985. Quantum nondemolition measurement of the photon number via the optical kerr effect[J]. Physical Review A, 32: 2287.

Jacobson J, Bjork G, Chuang I, et al., 1995. Photonic de broglie waves[J]. Physical Review Letters, 74(24): 4835.

Javanaainen J, Yoo S M, 1996. Quantum phase of a bose-einstein con- densate with an arbitrary number of atoms [J]. Physical Review Letters, 76(2):161.

Jing J, Liu C, Zhou Z, et al., 2011. Realization of a nonlinear interferometer with parametric ampliiers[J]. Applied Physics Letters, 99(1): 333.

Kartner F X, Haus H A, 1993. Quantum-nondemolition measurements and the "collapse of the wave function"[J]. Physical Review A, 47(6): 4585-4592.

Kelley P L, Kleiner W H, 1964. Theory of electromagnetic field measurement and photoelectron counting[J]. Physical Review, 136(2A): 316-334.

Kimble H J, Dagenais M, Mandel L, 1977. Photon antibunching in resonance luorescence[J]. Physical Review Letters, 39: 691-695.

Kimble H J, Levin Y, Matsko A B, et al., 2001. Conversion of conventional gravitational-wave interferometers into quantum nondemolition interferometers by modifying their input and/or output optics[J]. Physical Review D, 65 : 022002.

Knill E, Lalamme R, Milburn G J, 2001. A scheme for effcient quantum computation with linear optics[J]. Nature, 409(6816): 46-52.

Kok P, Lee H, Dowling J P ,2002. Creation of large-photon-number path entanglement conditioned on photodetection[J]. Physical Review A, 65: 052104.

Kong J, Hudelist F, Ou Z Y, et al., 2013a. Cancellation of Internal Quantum Noise of an Amplifier by Quantum Correlation[J]. Physical Review Letters, 111(3): 033608.

Kong J, Ou Z Y, Zhang W, 2013b. Phase-measurement sensitivity beyond the standard quantum limit in an interferometer consisting of a parametric amplifier and a beam splitter[J]. Physical Review A, 87(2): 23825.

Kozlovsky W J, Nabors C D, Byer R L, 1988. Effcient second harmonic generation of a diode-laser-pumped CW Nd: YAG laser using monolithic MgO: $LiNbO_3$ external resonant cavities[J]. Quantum Electronics IEEE Journal of, 24:913.

Kwiat P G, Vareka W A, Hong C K, et al., 1990. Correlated two-photon interference in a dualbeam Michelson interferometer[J]. Physical Review A, 41(5):2910.

Kwiat P G, Steinberg A M, Chiao R Y, 1992. Observation of a "quantum eraser": A revival of coherence in a two-photon interference experiment[J]. Physical Review A, 45(11): 7729-7739.

Lamb W E, 1995. Anti-photon[J]. Applied Physics B, 60: 77-84.

Lamb W E, Retherford R C,1947. Fine structure of the hydrogen atom by a microwave method[J]. Physiological Reviews, 72(3): 241-243.

Lane A S, Braunstein S L, Caves C M, 1993. Maximum-likelihood statistics of multiple quantum phase measurements[J]. Physical Review A, 47(3): 1667-1696.

Lee N, Benichi H, Takeno Y, et al., 2011. Teleportation of nonclassical wave packets of light[J]. Science, 332(6027): 330.

Legero T, Wilk T, Hennrich M, et al., 2004. Quantum beat of two single photons[J]. Physical Review Letters, 93(7): 070503.

Leibfried D, Demarco B, Meyer V, et al., 2002. Trapped-Ion quantum simulator: Experimental Application to Nonlinear Interferometers [J]. Physical Review Letters, 89(24): 247901.

Leonhardt U, 1997. Measuring the quantum state of light[M]. Cambridge: Cambridge University Press.

Levenson J A, Abram I, Rivera T, et al., 1993. Quantum optical cloning amplifier[J]. Physical Review Letters, 70(3): 267.

Ley M, Loudon R, 1986 .Theory of single-photon interference experiments[J]. Optica Acta International Journal of Optics, 33(4): 371-380.

Li X, Chen J, Voss P, et al., 2004. All-fiber photon-pair source for quantum communications: Improved generation of correlated photons[J]. Optics Express, 12(16): 3737-3744.

Li X, Pan Q, Jing J, et al., 2002. Quantum dense coding exploiting a bright Einstein-Podolsky-Rosen beam[J]. Physical Review Letters, 88(4): 047904.

Li X, Yang L, Ma X, et al., 2012. An all fiber source of frequency entangled photon pairs[J]. Physical Review A, 79(3): 1039-1044.

Liu B H, Sun F W, Gong Y X, et al., 2007. Four-photon interference with asymmetric beam splitters[J]. Optics Letters, 32(10): 1320-1322.

Liu N, Liu Y, Guo X, et al., 2016. Approaching single temporal mode operation in twin beams generated by pulse pumped high gain spontaneous four wave mixing[J]. Optics Express, 24(2): 1096.

Loudon R, 2000. The Quantum Theory of Light[M]. 3rd . Oxford: Oxford University Press.

Lu Y J, Campbell R L, Ou Z Y, 2003. Mode-Locked Two-Photon States[J]. Physical Review Letters, 91(16): 163602.

Lu Y J, Ou Z Y, 2002. Observation of nonclassical photon statistics due to quantum interference[J]. Physical Review Letters, 88(2): 023601.

Lu Y J, Ou Z Y, 2000. Optical parametric oscillator far below threshold: Experiment versus theory[J]. Physical Review A, 62(3): 133-136.

Lukens J M, Dezfooliyan A, Langrock C, et al., 2013. Demonstration of high-order dispersion cancellation with an ultrahigh-efficiency sum-frequency correlator[J]. Physical Review Letters, 111: 193603.

Lvovsky A I, Hansen H, Aichele T, et al., 2001. Quantum state reconstruction of the single-photon Fock state[J]. Physical Review Letters, 87(5): 050402.

Lvovsky A I, Raymer M G, 2009. Continuous-variable optical quantum-state tomography[J]. Reviews of Modern Physics, 81: 299.

Machida S, Yamamoto Y, 1988. Ultrabroadband amplitude squeezing in a semiconductor laser[J]. Physical Review Letters, 60(9): 792-794.

Machida S, Yamamoto Y, Itaya Y, 1987. Observation of amplitude squeezing in a constant-current-driven semiconductor laser[J]. Physical Review Letters, 58(10): 1000.

Mandel L, 1983. Photon interference and correlation effects produced by independent quantum sources[J]. Physical Review A, 28(2): 929-943.

Mandel L, 1991 . Coherence and indistinguishability[J]. Optics Letters, 16(23): 1882-1883.

Mandel L, 1999 . Quantum Effects in One-Photon and Two-Photon Interference[J]. Review of Modern Physics, 71(2): S274.

Mandel L, Sudarshan E C G, Wolf E, 1964. On a heuristic point of view about the creation and conversion of light[J]. Proceedings of the Royal Society of London A, 84: 435.

Mandel L, Wolf E, 1997. Optical Coherence and Quantum optics[M]. New York : Cambridge University Press.

Martynov D V, Hall E D, Abbott B P, et al., 2016. Sensitivity of the Advanced LIGO detectors at the beginning of gravitational wave astronomy[J]. Physical Review D, 9: 112004.

Maunz P, Moehring D L, Olmschenk S, et al., 2007. Quantum Interference of Photon Pairs from Two Trapped Atomic Ions[J]. Nature Physics, 3: 538.

Mccormick C F, Boyer V, Arimondo E, et al., 2007. Strong relative intensity squeezing by four-wave mixing in rubidium vapor[J]. Optics Letters, 32(2): 178-180.

Mehta C L, Sudarshan E C G, 1965 .Relation between Quantum and Semiclassical Description of Optical Coherence[J]. Physical Review, 138(1B): B274-B280.

Michelson A A, Pease F G, 1921. Measurement of the Diameter of Alpha-Orionis by the Interferometer[J]. Astrophysical Journal, 53249.

Milburn G J, Steyn-Ross M L, Walls D F, 1987. Linear amplifiers with phase-sensitive noise [J]. Physical Review A, 35(10): 4443-4445.

Milburn G J, Walls D F, 1983. Quantum nondemolition measurements via quantum counting [J]. Physical Review A, 28(5): 2646-2648.

Monroe C, Meekhof D M, King B E, et al., 1996. A “Schrdinger Cat” Superposition State of an Atom[J]. Science, 272: 1131.

Myatt C J, King B E, Turchette Q A, et al., 2000. Decoherence of quantum superpositions through coupling to engineered reservoirs [J]. Nature, 403(6767): 269-273.

Nasr M B, Saleh B E A, Sergienko A V, et al., 2003. Demonstration of Dispersion-Cancelled Quantum-Optical Coherence Tomography[J]. Physical Review Letters, 91(8): 083601.

Niu X L, Gong Y X, Liu B H, et al., 2009. Observation of a generalized bunching effect of six photons[J]. Optics Letters, 34(9): 1297-1299.

Noh J W, Fougères, A, Mandel L, 1991. Measurement of the quantum phase by photon counting[J]. Physical Review Letters, 67(11): 1426.

Noh J W, Fougères, A, Mandel L, 1992. Operational approach to the phase of a quantum field[J]. Physical Review A, 45(1): 424-442.

Noh J W, Fougères, A, Mandel L, 1993. Measurements of the probability distribution of the operationally defined quantum phase difference[J]. Physical Review Letters, 71(16): 2579.

Ou Z Y, 1988. Quantum theory of fourth-order interference[J]. Physical Review A, 37(5): 1607.

Ou Z Y, 1993. Quantum amplification with correlated quantum fields[J]. Physical Review A, 48(3): R1761-R1764.

Ou, Y Z, 1996. Quantum multi-particle interference due to a single-photon state[J]. Quantum & Semiclassical Optics Journal of the European Optical Society Part B, 8(2): 315.

Ou Z Y, 1997a. Fundamental quantum limit in precision phase measurement[J]. Physical Review A, 55(4): 2598-2609.

Ou Z Y, 1997b. Parametric down-conversion with coherent pulse pumping and quantum interference between independent fields[J]. Quantum & Semiclassical Optics Journal of the European Optical Society Part B, 9(4): 599.

Ou Z Y, 2008. Characterizing temporal distinguishability of an N-photon state by a generalized photon bunching effect with multiphoton interference[J]. American Physical Society, 77: 043829.

Ou Z Y, Hong C K, Mandel L, 1987. Relation between input and output states for a beam splitter[J].

Optics Communications, 63(2): 118-122.

Ou Z Y, Kimble H J, 1993. Enhanced conversion efficiency for harmonic generation with double resonance[J]. Optics Letters, 18(13): 1053.

Ou Z Y, Kimble H J, 1995. Probability distribution of photoelectric currents in photodetection processes and its connection to the measurement of a quantum state[J]. Physical Review A, 52(4): 3126-3146.

Ou Z Y, Lu Y J, 1999. Cavity Enhanced Spontaneous Parametric Down-Conversion for the Prolongation of Correlation Time between Conjugate Photons[J]. Physical Review Letters, 83(13): 2556-2559.

Ou Z Y, Mandel L, 1988. Observation of Spatial Quantum Beating with Separated Photodetectors[J]. Physical Review Letters, 61(1): 54-57.

Ou Z Y, Mandel L, 1989. Derivation of reciprocity relations for a beam splitter from energy balance[J]. American Journal of Physics, 57(1): 66-67.

Ou Z Y, Pereira S F, Kimble H J, 1992a. Realization of the Einstein-Podolsky-Rosen paradox for continuous variables in nondegenerate parametric amplification[J]. Applied Physics B, 55(3): 265-278.

Ou Z Y, Pereira S F, Kimble H J, 1993. Quantum noise reduction in optical amplification[J]. Physical Review Letters, 70(21): 3239-3242.

Ou Z Y, Pereira S F, Kimble H J, et al., 1992b. Realization of the Einstein-Podolsky-Rosen paradox for continuous variables[J]. Physical Review Letters, 68(25): 3663.

Ou Z Y, Rhee J K, Wang L J, 1999a. Observation of Four-Photon Interference with a Beam Splitter by Pulsed Parametric Down-Conversion[J]. Physical Review Letters, 83(5): 959-962.

Ou Z Y, Rhee J K, Wang L J, 1999b. Photon bunching and multiphoton interference in parametric down-conversion[J]. Physical Review A, 60(1): 593-604.

Ou Z Y, Su Q, 2003. Uncertainty in determining the phase for an optical field due to the particle nature of light[J]. Laser Physics, 13(9): 1175-1181.

Ou Z Y, Zou X Y, Wang L J, et al., 1990a. Observation of nonlocal interference in separated photon channels [J]. Physical Review Letters, 65(3): 321-324.

Ou Z Y, Zou X Y, Wang L J, et al., 1990b. Experiment on nonclassical fourth-order interference[J]. Physical Review A, 42(5): 2957-2965.

Ou Z Y J, 2007. Multi-Photon Quantum Interference[M]. New York: Springer .

Pan J W, Bouwmeester D, Weinfurter H, et al., 1998. Experimental entanglement swapping : Entangling photons that never interacted[J]. Physical review letters, 80: 3891.

Pegg D T, Barnett S M, 1988. Unitary Phase Operator in Quantum Mechanics[J]. Europhysics Letters, 6(6): 483.

Pegg D T, Barnett S M, 1989. Phase properties of the quantized single-mode electromagnetic field[J]. Physical Review A, 39(4): 1665-1675.

Pfleegor R L, Mandel L, 1967a. Interference effects at the single photon level[J]. Physics Letters A, 24(13): 766-767.

Pfleegor R L, Mandel L, 1967b. Interference of independent photon beams[J]. Physical Review, 159(5): 1084.

Pittman T B, Shih Y H, Strekalov D V, et al., 1995. Optical imaging by means of two-photon quantum entanglement[J]. Physical Review A, 52(5): R3429.

Pittman T B, Strekalov D V, Migdall A, et al., 1996. Can Two-Photon Interference be Considered the Interference of Two Photons?[J]. Physical Review Letters,77(10): 1917.

Planck M, 1900. On an improvement of wien, sequation for the spectrum[J]. Verhandlungender Deutschen physikalischen Gesellschaft, 2: 202-204.

Plick W N, Dowling J P, Agarwal G S, 2010. Coherent-light-boosted, sub-shot noise, quantum interferometry[J]. New Journal of Physics, 12(8): 285.

Polzik E S, Kimble H J, 1991. Frequency doubling with $KNbO_3$ in an external cavity[J]. Optics Letters, 16(18): 1400.

Prasad S, Scully M O, Martienssen W, 1987. A quantum description of the beam splitter[J]. Optics Communications, 62(3): 139-145.

Rarity J G, Tapster P R, 1989. Fourth-order interference in parametric downconversion[J]. Journal of the Optical Society of America B, 6: 1221.

Reid M D,1989. Demonstration of the Einstein-Podolsky-Rosen paradox using nondegenerate parametric ampliication[J]. Physical Review A, 40: 913.

Rice P R, Carmichael H J, 1988. Single-atom cavity-enhanced absorption. I. Photon statistics in the bad-cavity limit[J]. IEEE Journal of Quantum Electronics, 24(7): 1351-1366.

Sanaka K, Jennewein T, Pan J W, et al., 2004. Experimental Nonlinear Sign Shift for Linear Optics Quantum Computation[J]. Physical Review Letters, 92(1): 017902.

Sanaka K, Resch K J, Zeilinger A, 2006. Filtering Out Photonic Fock States[J]. Physical Review Letters, 96(8): 083601.

Sanders B C, Milburn G J, 1989. Complementarity in a quantum nondemolition measurement[J]. Physical Review A, 39(2): 694-702.

Santori C, Fattal D, Vuckovi J, et al., 2002. Indistinguishable photons from a single-photon device[J]. Nature, 419: 594-597.

Schawlow A L, Townes C H, 1958. Infrared and Optical Masers[J]. Physiological Reviews, 112(6): 1940-1949.

Schleich W P, Dowling J P, Horowicz R J, 1991. Exponential decrease in phase uncertainty[J]. Physical Review A, 44(5): 3365-3368.

Schleich W, Wheeler J A, 1987. Oscillations in photon distribution of squeezed states and interference in phase space[J]. Nature, 326(6113): 574-577.

Schleich W P, 2001. Quantum Optics in Phase Space[M]. Berlin: Wiley-VCH Verlag GmbH.

Scully M O, Druhl K, 1982. Quantum eraser: A proposed photon corre-lation experiment concerning observation and "delayed choice" in quantum mechanics[J]. Physical Review A, 25(4): 2208-2213.

Scully M O, Englert B G, Walther H, 1991. Quantum optical tests of complementarity[J]. Nature, 351(6322): 111-116.

Scully M O, Zubairy M S,1995. Quantum optics[M]. New York: Cambridge university press.

Shafiei F, Srinivasan P, Ou Z Y, 2004. Generation of three-photon entangled state by quantum interference between a coherent state and parametric down-conversion[J]. Physical Review A, 70(4):

43803.

Shapiro J H, 1980. Optical waveguide tap with infinitesimal insertion loss[J]. Optics Letters, 5(8): 351.

Shapiro J H, Shepard S R, Wong N C, 1989. Ultimate quantum limits on phase measurement[J]. Physical Review Letters, 62(20): 2377-2380.

Short R, Mandel L, 1983. Observation of Sub-Poissonian Photon Statistics[J]. Physical Review Letters,51: 384.

Siegman A E, 1986. Lasers[M]. Mill valley,CA: University Science Books .

Simon R, 2000. Peres-Horodecki separability criterion for continuous variable systems[J]. Physical Review Letters, 84: 2726.

Slusher R E, Grangier P, Laporta A, et al., 1987. Pulsed Squeezed Light[J]. Physical Review Letters, 59(22): 2566.

Slusher R E, Hollberg L W, Yurke B, et al., 1986. Observation of Squeezed States Generated by Four-Wave Mixing in an Optical Cavity[J]. Physical Review Letters, 55(7): 2409.

Mascarenhas K S, 1991. Comment on "Derivation of reciprocity relations for a beam splitter from energy balance,"by Z. Y. Ou and L. Mandel[J]. American Journal of Physics, 59(12): 1150.

Smithey D, Beck M, Raymer M, et al., 1993. Measurement of the Wigner distribution and the density matrix of a light mode using optical homodyne tomography: Application to squeezed states and the vacuum[J]. Physical Review Letters, 70(9): 1244.

Stoler D, 1970. Equivalence Classes of Minimum Uncertainty Packets[J]. Physical Review D, 1(12): 3217-3219.

Sudarshan E C G, 1963. Equivalence of Semiclassical and Quantum Mechanical Descriptions of Statistical Light Beams[J]. Physical Review Letters, 10(7): 277-279.

Sun F W, Liu B H, Gong Y X, et al., 2007. Stimulated emission as a result of multiphoton interference[J]. Physical Review Letters, 99(4): 043601.

Sun F W, Wong C W, 2009. Indistinguishability of independent single photons[J]. Physical Review A, 79: 013824.

Susskind L, Glogower J, 1964. Quantum mechanical phase and time operator[J]. Physics Physique Fizika, 1(1): 49.

Takeda S, Mizuta T, Fuwa M, et al., 2013. Deterministic quantum teleportation of photonic quantum bits by a hybrid technique[J]. Nature, 500: 315.

Takesue H, 2010. Single-photon frequency down-conversion experiment[J]. Physical Review A, 82: 013833.

Teich M C, Saleh B E A, 1988. Photon bunching and an-tibunching[J]. Progress in Optics, 26: 1-104.

Vahlbruch H, Mehmet M, Danzmann K, et al., 2016. Detection of 15 dB Squeezed States of Light and their Application for the Absolute Calibration of Photoelectric Quantum Efficiency[J]. Physical Review Letters, 117(11): 110801.

Vaidman L, 1994. Teleportation of quantum states[J]. Physical Review A, 49: 1473.

van Cittert P H, 1934. Descriptive catalogue of the collection of microscopes in charge of the Utrecht University Museum ; with an introductory historical survey of the resolving power of the microscope[J]. Physica, 1: 201.

Vandevender A P, Kwiat P G, 2004. High efficiency single photon detection via frequency upconversion[J]. Journal of Modern Optics, 51: 1433.

Walls D F, Milburn G J, 1985. Effect of dissipation on quantum coherence[J]. Physical Review A, 31(4): 2403-2408.

Walls D F, Milburn G J, 2008. Quantum Optics[M]. 2nd. Berlin: Springer-Verlag.

Wang H, Kobayashi T, 2005. Phase measurement at the Heisenberg limit with three photons[J]. Physical Review A, 71(2): 159.

Wang L J, Rhee J K, 1999. Technical Digest: Summaries of Papers Presented at the Quantum Electronics and Laser Science Conference - Observation of the two- and four-photon bunching effects at a beamsplitter[J]. Optical Society of America, 143-144.

Wigner E P, 1932. On the Quantum Correction For Thermodynamic Equilibrium[J]. Physiological Reviews, 40(40): 749-759.

Wu L A, Kimble H J, 1985. Interference effects in second-harmonic generation within an optical cavity[J]. Journal of the Optical Society of America B, 2(5): 679-703.

Wu L A, Kimble H J, Hall J L, et al., 1986. Generation of Squeezed States by Parametric Down Conversion[J]. Physical Review Letters, 57(20): 2520-2523.

Wu L A, Xiao M, Kimble H J, 1987. Squeezed states of light from an optical parametric oscillator[J]. Journal of the Optical Society of America B, 4(10): 1465.

Xiao M, Wu L A, Kimble H J, 1987. Precision measurement beyond the shot-noise limit[J]. Physical Review Letters, 59: 278.

Xie Z, Zhong T, Shrestha S, et al., 2015. Harnessing high-dimensional hyperentanglement through a biphoton frequency comb[J]. Nature Photonics, 9: 536.

Yonezawa H, Braunstein S L, Furusawa A, 2007. Experimental demonstration of quantum teleportation of broadband squeezing[J]. Physical Review Letters, 99(11): 110503.

Yuen H P, 1976. Two-photon coherent states of the radiation field[J]. Physical Review A, 13:2226.

Yuen H P, Chan V W S, 1983. Noise in Homodyne and Heterodyne Detection[J]. Optics Letters, 8(3): 177-179.

Yurke B, Mccall S L, Klauder J R, 1986. SU(2) and SU(1,1) interferometers[J]. Physical Review A, 33(6): 4033-4054.

Yurke B, Potasek M, 1987. Obtainment of thermal noise from a pure quantum state[J]. Physical Review A, 36: 3464.

Yurke B, Stoler D, 1992. Einstein-Podolsky-Rosen effects from independent particle sources[J]. Physical Review Letters, 68(9): 1251-1254.

Zajonc A G, Wang L J, Zou X Y, et al., 1991. Quantum eraser[J]. Nature, 353(6344): 507-508.

Zeilinger A, 1981. General properties of lossless beam splitters in interferometry[J]. American Journal of Physics, 49(9): 882-883.

Zeilinger A, 1999. Experiment and the Foundations of Quantum Physics[J]. Review of Modern Physics, 71(2): S288.

Zernike F, 1938. The concept of degree of coherence and its application to optical problems[J]. Physica, 5(8): 785-795.

Zhang J, Peng K, 2000. Quantum teleportation and dense coding by means of bright amplitude-squeezed light and direct measurement of a Bell state[J]. Physical Review A, 62(6): 064302.

Zou X Y, Wang L J, Mande L, 1991a. Violation of classical probability in parametric downconversion[J]. Optics Communications, 84(5/6): 351-354.

Zou X Y, Wang L J, Mandel L, 1991b. Induced coherence and indistinguishability in optical interference[J]. Physical Review Letters, 67(3): 318.

Zukowski M, Zeilinger A, Weinfurter H, 2006. Entangling Photons Radiated by Independent Pulsed Sourcesa[J]. Annals of the New York Academy of Sciences, 755(1): 91-102.